**Gerald M. Edelman**
**Unser Gehirn – ein dynamisches System**

Gerald M. Edelman

# UNSER GEHIRN – EIN DYNAMISCHES SYSTEM

Die Theorie
des neuronalen Darwinismus
und die biologischen Grundlagen
der Wahrnehmung

Aus dem Amerikanischen von
Friedrich Griese

Mit einer Farbtafel und 62 Abbildungen

Piper
München Zürich

Wissenschaftliche Beratung für die deutsche Ausgabe:
Andreas K. Engel, Frankfurt/M.

Die Originalausgabe erschien unter dem Titel
»Neural Darwinism – The Theory of Neuronal Group Selection«
bei Basic Books, Inc., Publishers, New York.

ISBN 3-492-03450-0
© 1987 by Basic Books, Inc.
Deutsche Ausgabe:
© R. Piper GmbH & Co. KG, München 1993
Gesamtherstellung: Clausen & Bosse, Leck
Printed in Germany

Die Annahme, daß das Auge mit all seinen unnachahm-
lichen Einrichtungen: die Linse den verschiedenen Entfernungen anzupassen, wechselnde Lichtmengen zuzulassen
und sphärische wie chromatische Abweichungen zu verbessern, durch die natürliche Zuchtwahl entstanden sei,
erscheint, wie ich offen bekenne, im höchsten Grade als
absurd. Als zum erstenmal ausgesprochen wurde, die
Sonne stehe still und die Erde drehe sich um sie, hielt man
allgemein diese Meinung für falsch; dem alten Sprichwort
»vox populi, vox dei« darf aber die Wissenschaft kein Ver-
trauen schenken.

CHARLES DARWIN
›*Organe von äußerster Vollkommenheit und Verwicklung*«
Die Entstehung der Arten, deutsch von Carl W. Neumann


And in the midst of this wide quietness
A rosy sanctuary will I dress
With the wreath'd trellis of a working brain,
    With buds, and bells, and stars without a name,
With all the gardener Fancy e'er could feign,
    Who breeding flowers, will never breed the same

Und in dies weite schweigende Gebiet
    Bau ich ein Heiligtum, das rosig blüht,
Aus eines tätigen Gehirns Geflecht,
    Aus Knospen, Glocken, Sternen ohne Zahl,
Die je der Gärtner Phantasie erdächt,
    Der züchtend neues züchtet jedesmal.

JOHN KEATS
*Ode an Psyche*
Deutsch von Mirko Bonné

# Inhalt

Verzeichnis der Abbildungen 13
Verzeichnis der Tabellen 17
Vorwort 19

## TEIL 1
## SOMATISCHE SELEKTION

1. Zusammenfassung und historische Einführung 27
   Einführung 27
   Kurze Skizze der Theorie 28
   Der Populationsgedanke in der Neurobiologie 35
   Die natürliche Selektion und der Populationsgedanke
      in bezug auf das Verhalten 37
   Niedergang und erneuter Aufschwung selektionistischer
      Theorien 38
   Der Gedanke der somatischen Selektion 42
   Wichtige Unterschiede zwischen selektionistischen
      Theorien 46
   Selektion und Instruktion in globalen Hirntheorien 51

2. Struktur, Funktion und Wahrnehmung 54
   Einführung 54
   Perzeptuelle Kategorisierung und Generalisierung 58
   Vielfalt und überlappende Verbindungsstruktur
      in neuronalen Strukturen 67
   Probleme instruktionistischer Modelle und des
      Paradigmas der Informationsverarbeitung 73

3. Selektion neuronaler Gruppen 80
   Einführung 80
   Degeneriertheit und die Definition einer Gruppe 84
   Orte der Variabilität 98
   Die Notwendigkeit reziproker struktureller und
      funktionaler Kopplung 102
   Erklärungskraft der Theorie 109
   Die adaptive Relevanz der Selektion neuronaler
      Gruppen 113

TEIL 2
EPIGENETISCHE MECHANISMEN

4. Grundlagen der entwicklungsbedingten Vielfalt:
   Das primäre Repertoire 119
   Einführung 119
   CAMs und die Modulation der Zelloberfläche
      in der Morphogenese 121
   CAM-Expressionssequenzen in Embryogenese
      und Neurogenese 131
   Kausale Bedeutung der CAM-Funktion 138
   Die Regulator-Hypothese 144
   Variabilität und Konstanz von Mustern in der
      neuronalen Struktur 154

5. Zelluläre Dynamik neuronaler Karten 160
   Einführung 160
   Repräsentation und Kartenbildung 163
   Entwicklungsbedingte Beschränkungen der
      Kartenbildung 167
   Zelluläre Primärprozesse und Selektion 177
   Ordnung von Karten in der Entwicklung 181
   Adulte Karten: Stabilisierte Konkurrenz in
      fixierten Schaltungen 188
   *Variabilität funktioneller Karten und Karten-*
      *Reorganisation* 189
   *Axonale Verzweigung und Überschneidung* 198

An kritische Phasen gebundene Kartenveränderungen 201
Schlußfolgerungen 205

6. Evolution und Funktion von verteilten Systemen 208
   Einführung 208
   Evolutionärer Wandel in neuronalen Netzwerken 212
   Ein Netzwerk-Beispiel 219
   Intraspezifische Variabilität: Der evolutionäre Ursprung
   von Kernen, Schichten und Parallelschaltungen 223
   Entwicklungsbeschränkungen und evolutionärer
   Wandel: Das Verhältnis der Regulator-Hypothese
   zur Heterochronie 230
   Evolutionäre Konstanz der Degeneriertheit in
   verteilten Systemen 237
   Überlappende Axonbäume und gekoppelte Karten 239
   *Gruppenbeschränkung* 244
   *Gruppenselektion* 245
   *Gruppenkonkurrenz* 249
   Kartenfunktion und Heterochronie 253

7. Synapsen als Populationen: Die Grundlagen des
   sekundären Repertoires 259
   Einführung 259
   Hintergrund für ein Populationsmodell 262
   Formalisiertes Beispiel der postsynaptischen Regel
   und eine Anwendung auf die Kartenbildung 266
   Mathematische Darstellung präsynaptischer
   Modifikationen 277
   Populationseffekte, die sich aus den beiden Regeln
   in einem Netzwerk ergeben 281
   Konsequenzen eines Populationsmodells,
   das den zwei Regeln gehorcht 286
   Transmitterlogik 290
   Zusammenhang zwischen synaptischer Änderung
   und Gedächtnis 293

## TEIL 3
## GLOBALE FUNKTIONEN

8. Handeln und Wahrnehmung                                   299
   Einführung 299
   Das motorische Ensemble 303
   Evolutionäre Überlegungen 305
   Funktionelle Grundlagen von Gesten 315
   Gesten und Selektion neuronaler Gruppen 323
   Motorische Aktivität und ihre Auswirkung
     auf sensorische Oberflächen: Merkmalskorrelation
     und parallele Erfassung 329
   Globalkartierungen 336
   Zusammenfassung 339

9. Kategorisierung und Gedächtnis                            342
   Einführung 342
   Einschränkungen und Definitionen 345
   Kategorisierung 348
   Kategorisierung von Wahrnehmungsinhalten 351
     *Generalisierung bei Tauben* 352
     *Objekterkennung und auditorisches Erkennen*
     *beim Kleinkind* 358
   Kritische Zusammenfassung 365
   Neuronale Organisation und der Vorgang
     der Generalisierung 369
   Nochmals zum Problem des Gedächtnisses 377

10. Selektive Netzwerke und Erkennungsautomaten             385
    Einführung 385
    Der Systemaufbau von Darwin II 387
    Die Reaktionen von Darwin II 395
    Leistungsgrenzen und Aussichten 407

11. Selektion, Lernen und Verhalten                         410
    Einführung 410
    Die moderne Interpretation von Lernexperimenten 412

Lernen und Überraschung   415
Verhalten und Konditionierung   418
Selektionshierarchien beim Lernen in der
    Entwicklungsphase: Der Vogelgesang   422
Selektion neuronaler Gruppen als Bestandteil des
    Lernens   426
Von selektiven gekoppelten Netzwerken zur
    Informationsverarbeitung   433

SCHLUSS
12. Zusammenfassung, Vorhersagen und Implikationen   441
Einführung   441
Angemessenheit   449
Vorhersagen   451
*Selektionsmechanismen*   452
*Topographische Projektionen und*
    *Signalaustausch*   455
*Perzeptuelle Kategorisierung und Lernen*   457
Unerledigte Fragen und allgemeine Implikationen   459

Literaturverzeichnis   463
Abkürzungen und mathematische Symbole   495
Bildnachweise   499
Register   501

# Verzeichnis der Abbildungen

1.1 Ein Mnemon, die von J. Z. Young (1965) vorgeschlagene Gedächtniseinheit. 44

2.1 Figur. 59

2.2 Kontext. 60

2.3 Die Wundt-Heringsche Täuschung. 61

2.4 Blattmuster aus Cerellas Experimenten (Cerella 1977). 63

2.5 Polymorphe Regel für Mengenzugehörigkeit, nach Dennis et al. (1973). 65

2.6 Anatomische Variabilität (Pearson und Goodman 1979; Macagno et al. 1973; Rámon y Cajal 1904). 69

3.1 Abhängigkeit zweier Formen der Erkennungsfunktion von der Anzahl $N$ der Elemente in einem Repertoire, berechnet anhand eines einfachen Modells. 87

3.2 Zwei extreme Fälle von Repertoires mit eindeutig zugeordneten (nichtdegenerierten) und vollständig degenerierten Elementen. 88

3.3 Vergleich der theoretischen und der experimentellen Erkennungsfunktionen in Darwin I. 92

3.4 Ein Klassifikationspaar, das dank reziproker Kopplung in Echtzeit arbeitet. 105

4.1 Schematische Darstellung von Primärprozessen. 121

4.2 Diagramm der linearen Kettenstruktur zweier primärer CAMs (N-CAM und L-CAM) und des sekundären Ng-CAM. 123

4.3 CAM-Bindungsweise und Zelloberflächen-Modulation. 126

4.4 Bedeutende CAM-Expressionssequenz. 132

4.5 Veränderung in der Verteilung von N-CAM und L-CAM während der Bildung der Neuralplatte (neurale Induktion) und der Neuralrinne (Neurulation). 133

4.6 N-CAM an der motorischen Endplatte und Häufigkeitsänderungen im Muskel nach Denervierung. 141

4.7 Ursächliche Beteiligung von CAMs an der Modifikation der embryonalen Induktion und der Bildung von Grenzen. 142

4.8 Kombinierte CAM-Anlagekarte beim Küken. 148

4.9 Die Regulator-Hypothese am Beispiel eines CAM-Regelungszyklus und in epigenetischen Sequenzen. 151

5.1 Schematische Zeichnung von vier radialen Gliazellen und Gruppen mit ihnen assoziierter wandernder Neurone nach der Darstellung von Rakic (1981 a). 171

5.2 Retinotektale Projektion bei *Xenopus* (Fraser 1985). 183

5.3 Auswirkungen von CAM-Antikörpern auf die Topographie retinotektaler Projektionen. 187

5.4 Normale Variationen der somatosensorischen Karte (Merzenich et al. 1983 b). 190

5.5 Zeitliche Veränderungen in somatosensorischen Karten nach Läsionen (Merzenich et al. 1983 b). 193

5.6 Veränderungen der rezeptiven Felder im somatosensorischen Kortex nach einer peripheren Läsion (Merzenich et al. 1983 b). 196

5.7 Eine thalamische Afferenz zu Area 3 b, sichtbar gemacht durch Injektion von Meerrettichperoxidase (Landry und Deschênes 1981). 199

5.8 Augendominanzsäulen (Hubel und Wiesel 1977). 203

6.1 Das visuelle Netzwerk von *Pseudemys*, eine echte Herausforderung für die evolutionäre Analyse (Ulinski 1980). 221

6.2 Die Parzellierungstheorie von Ebbesson (1980). 224

6.3 Die Regulator-Hypothese. 232

6.4 Die drei Komponenten der Kartenbildung nach der Theorie der Selektion neuronaler Gruppen. 243

6.5 Schematisches Konzept des angenommenen Prozesses der Gruppenbeschränkung. 246

6.6 Hochgradig idealisierte Darstellung überlappender thalamischer Afferenzenbäume. 247

6.7 Schematische Darstellung der dynamischen vertikalen und horizontalen Kopplungen innerhalb eines zusammenhängenden Systems von Schichten und Kernen. 252

7.1 Schematische Darstellung der von einem Neuron empfangenen Eingänge. 264

7.2 Vorschlag für den postsynaptischen Mechanismus. 268

7.3 Zeitliche Randbedingungen für die postsynaptische Modifikation. 270

7.4 Kinetik einer zustandsabhängigen Modifikation am Beispiel eines Zwei-Zustände-Modells für einen Kanal. 271

7.5 Computersimulation eines auf der postsynaptischen Regel basierenden Modells der Plastizität somatosensorischer Karten. 272

7.6 Flußdiagramm zur Funktionsweise der präsynaptischen Regel. 279

7.7 Klassen von Verbindungen zwischen Gruppen. 284

7.8 Schema der Netzwerk-Konnektivität, die in Computersimulationen der einzeln und simultan wirkenden Regeln benutzt wurde. 287

7.9 Computersimulation zu den Auswirkungen der synaptischen Regeln. 289

7.10 Illustration der langfristigen Änderungen, die infolge der Wirkung der zwei Regeln zu Varianz führen. 291

8.1 Vergleich der elektromyographischen Aktivität der Kiefermuskulatur und der Kieferbewegungen von *Percidae* und *Cichlidae* (Liem 1974). 309

8.2 Wie Bernstein (1967) zeigte, werden Kreisbewegungen des gestreckten Arms bei gleichartigen Trajektorien von gänzlich verschiedenen Innervationsschemata ausgeführt. 316

8.3 Gangarten beim Laufen in unterschiedlichen Altersstufen (aufeinanderfolgende Streifen) nach Bernstein (1967). 319

8.4 »Topologie« nach Bernstein (1967). 321

8.5 Schematische Darstellung einiger Komponenten, die zu einer Globalkartierung beitragen. 326

9.1 Experiment von Herrnstein (1982) zur Diskrimination von Bäumen. 353

9.2 Beispiele für die Darbietungen, die Kellman und Spelke (1983) benutzten, um die Wahrnehmung teilweise verdeckter Objekte durch vier Monate alte Kinder zu testen. 359

9.3 Klassifikationsschwierigkeiten nach Bongard (1970). 370

9.4 Die Selektion von Gliederungen neuronaler Gruppen als Folge der reziproken Abbildung von Disjunktionen von Gliederungen in polymorphen Mengen von Signalen. 372

9.5 Diagramm des reziproke Kopplung nutzenden Klassifikationspaares. 374

10.1 Logische Struktur einer Gruppe in Darwin II. 388

10.2 Vereinfachter Konstruktionsplan von Darwin II. 392

10.3 Reaktionen einzelner Repertoires ($E$, $E$ von $E$ und $E_B$) auf ein hohes, schmales $A$, ein niedrigeres, breiteres $A$ und ein $X$. 397

10.4 Histogramme der Reaktionshäufigkeit. 398

10.5 Schematische Darstellungen von Darwin II in drei Phasen eines assoziativen Erinnerungstests. 402

10.6 Reaktionen einzelner $E$-von-$E$-Gruppen in einem assoziativen Erinnerungstest. 404

11.1 Schema zur Veranschaulichung einiger Interaktionen zwischen der Evolution und verschiedenen Entwicklungsbedingungen, die durch embryologische Vorgänge und somatische Selektion neuronaler Gruppen in Individuen aufgerichtet werden. 436

# Verzeichnis der Tabellen

2.1 Ungelöste strukturelle und funktionelle Probleme in der Neurowissenschaft. 76

3.1 Statistik der selektiven Erkennung in Darwin I, ein minimales Computermodell. 94

3.2 Erkennung durch Vergleich verwandter Reize in Darwin I. 95

3.3 Orte und Ebenen der neuronalen Variation. 100

4.1 CAM-Modulationsmechanismen. 130

4.2 Altersabhängige Verteilung primärer und sekundärer CAMs während der neuralen Morphogenese. 135

4.3 Orte, an denen während der Embryogenese des Kükens epigenetische Regeln für die CAM-Expression sichtbar werden. 146

4.4 Vergleich zwischen Modulation und strenger Chemoaffinität. 157

5.1 Phasen der Neurogenese (Cowan 1978). 168

6.1 Strukturelle Themen in der Evolution des Nervensystems. 214

10.1 Grundregeln für den Bau eines Erkennungsautomaten. 387

10.2 Kriterien für gelungene Leistung. 395

10.3 Klassifikation in Darwin II. 399

10.4 Generalisierung in E von E. 401

12.1 Vorhergesagte pathologische Folgen von Änderungen in der Aktivität verschiedener kortikaler Zelltypen. 456

# Vorwort

Ziel dieses Buches ist es, eine Theorie der Hirnfunktion zu beschreiben, deren Hauptaufgabe es ist, die biologischen Grundlagen der Wahrnehmung zu erklären. Um dieses Problem zu lösen, versucht die Theorie der Selektion neuronaler Gruppen einige zentrale Fragen zu beantworten. Wie werden in großen Populationen von Nervenzellen Verbindungen festgelegt? Nach welchen Prinzipien werden Repräsentationen und Karten im Nervensystem organisiert? Auf welchen Bauprinzipien des Gehirns beruht die Fähigkeit zur Kategorisierung und Generalisierung von Wahrgenommenem? Die zur Beantwortung dieser Fragen vorgeschlagene Theorie bezieht eine eindeutig selektionistische Position, indem sie Hirnentwicklung und Evolution mit Struktur und Funktion verknüpft. In dieser Theorie wird der Populationsgedanke, der für die gesamte Biologie von zentraler theoretischer Bedeutung ist, auf individuelle Gehirne, die in somatischer Zeit arbeiten, angewandt. Ihr zufolge können höhere Hirnfunktionen erst erklärt werden, wenn zuvor jene der Evolution auferlegten Entwicklungszwänge erklärt sind, auf denen die somatische Variation der Hirnstruktur wie der Hirnfunktion beruht. Die Selektion funktionaler Varianten aus den neuronalen Populationen, die durch diese Variation während der Entwicklung eines Individuums entstehen, wird als das zentrale Prinzip betrachtet, das dem Verhalten zugrunde liegt. Dieser Ansatz wird weder in der Gegenwart allgemein anerkannt, noch hat er gewichtige Vorläufer in der Geschichte einer Wissenschaft, der es an aus anderen Ideenbereichen stammenden Spekulationen wahrlich nicht mangelt.

Beim gegenwärtigen Stand unseres Wissens müssen dem Versuch, zwischen dem Gehirn und dem psychischen Geschehen einen Zusammenhang herzustellen, gewisse Einschränkungen auferlegt werden, wenn er wissenschaftlich haltbar sein soll. Ich habe mich deshalb, als ich an diese theoretische Aufgabe ging, strikt auf etwas beschränkt, was einem kognitiven Psychologen als eine sehr begrenzte Reihe psychischer Funktionen erscheinen mag. Die großen Themen, die in William James' großartigen *Principles* (1890, Neuauflage 1950) ständig zur Sprache kommen, werden von mir kaum gestreift. Wie schmal der von mir behandelte Bereich ist, wird im Vergleich mit dem Problemkatalog deutlich, der in einer moderneren Aufzählung (Norman 1981) zu den »zwölf grundlegenden Themen« gerechnet wird: Überzeugungen, Bewußtsein, Entwicklung, Emotion, Interaktion, Sprache, Lernen, Gedächtnis, primäre Wahrnehmung, Leistung, motorische Fähigkeiten und Denken. Ich werde mich im wesentlichen nur mit Entwicklung, Wahrnehmung (speziell der Kategorisierung von Wahrnehmungsinhalten), Gedächtnis und Lernen befassen, und zwar in dieser Reihenfolge. Aus einer begrenzten Theorie, die diese Prozesse miteinander zu verknüpfen vermag, wird man, wie ich hoffe, eine umfassendere Beschreibung entwickeln können, die sich nicht auf die Kategorisierung von Wahrnehmungen beschränkt, sondern auch das subjektive Wahrnehmungserlebnis einschließt.

Diese Beschränkung erscheint mir notwendig, wenn wir mit dem ungemein schwierigen Problem, die biologischen Grundlagen des psychischen Geschehens zu verstehen, vorankommen wollen. Was die Forschungsgegenstände betrifft, müssen wir uns derartige Beschränkungen dagegen nicht auferlegen: Auf der Suche nach relevanten Tatsachen sollte ein engmaschiges Netz über viele Bereiche ausgeworfen werden. Diese Strategie habe ich hier befolgt, in der Überzeugung, daß eine brauchbare Theorie mit den wichtigsten Prinzipien der Entwicklungs- und Evolutionsbiologie übereinstimmen muß. Eine meiner stillschweigenden Annahmen besteht darin, daß eine erfolgreiche Theorie mehrere bislang ungelöste Probleme dieser Bereiche angehen muß, insbesondere jene, welche die Zusammenhänge zwischen Entwicklungsgenetik, Epigenese und morphologischer Evolution betreffen. Ich habe daher, um die Theorie zu erhärten, von der Molekularbiologie bis zur Ethologie alles durchstreift.

Vielleicht sind noch ein paar Worte zur Themenfolge angebracht. Der erste Teil des Buches ist einer allgemeinen Beschreibung der Selektion neuronaler Gruppen während der Lebenszeit eines Individuums gewidmet. Der zweite Teil behandelt eingehend die beiden wichtigsten epigenetischen Mechanismen, die diese Selektion während der Entwicklung und während des normalen Verhaltens kontrollieren. Diese Mechanismen werden in den Kontext herausragender Tatbestände der Entwicklungsbiologie und der Evolution gerückt. Kapitel 4 könnte, da hier eine Vielzahl embryogenetischer Vorgänge betrachtet wird, als eine Abweichung vom zentralen Thema der Hirnfunktion erscheinen. Doch beschreibt dieses Kapitel den ersten der epigenetischen Mechanismen, die für die Entstehung anatomischer Varianten verantwortlich sind, und ich hielt es deshalb für besonders wichtig, den Zusammenhang zwischen den zentralen Prinzipien der Entwicklung innerhalb und außerhalb des Nervensystems darzustellen. Der zweite epigenetische Mechanismus der Theorie (der zur Selektion synaptischer Verbindungen führt) mußte, um wirklich überzeugen zu können, mit Hilfe von Formeln dargestellt werden. Wem dies bei einer ersten Lektüre des Kapitels 7 zu anstrengend erscheint, der kann den mathematischen Teil übergehen; im Text dieses Kapitels finden sich hier und da qualitative Beschreibungen von Veränderungen der Stärke synaptischer Verbindungen und ihren Folgen. Der dritte Teil des Buches ist der Integration der beiden epigenetischen Mechanismen bei Phänotypen gewidmet, die zu motorischem Handeln, Kategorisierung und Lernen fähig sind. Hier soll vor allem die kleinste Selektionseinheit bestimmt werden, die zu solchen globalen Funktionen in der Lage ist.

Viele neuere Forschungsgebiete, die für die Neurobiologie von zentraler Bedeutung sind, wurden nicht eingehend behandelt, darunter die detaillierte Analyse des visuellen Systems, die regionale Kartierung von Neurotransmittern, die endokrine Modulation neuraler Funktionen und diverse Merkmale der Nervensysteme von Wirbellosen. Bei der Auswahl der behandelten Beispiele habe ich mich davon leiten lassen, ob sie unmittelbar mit entscheidenden Punkten der Theorie zu tun haben. So mag auf den ersten Blick der Eindruck einer recht ungewöhnlichen Ansammlung von Beispielen aus verschiedenen biologischen Disziplinen entstehen. Ich kann nur hoffen, daß der Leser die Gründe meiner Auswahl in dem Maße einsehen wird, wie er eine Theorie, die selbst ungewöhnlich ist, besser versteht. Ich habe mich jedenfalls bemüht, überall dort, wo es möglich ist, bestimmte Ideen oder Prozesse durch detaillierte Modelle zu veranschaulichen, in der Erwartung, daß die Risiken dieses Verfahrens durch seinen heuristischen Wert mehr als wettgemacht werden. Ich glaube, daß dieses Vorgehen in einer frühen Phase der Erforschung bei jedem Gegenstand hilfreich ist, also erst recht bei einer so komplizierten Angelegenheit wie den Hirnfunktionen.

Weil es hier um ein komplexes und zugleich wenig vertrautes Thema geht, habe ich mich, um dem Leser zu helfen, eines weiteren ungewöhnlichen Mittels bedient. Bei jedem Kapitel sind unter der Überschrift die im folgenden behandelten Themen, Beispiele und Ideen aufgelistet; wichtige Beispiele, die der herrschenden Meinung widersprechen oder für die Theorie besonders bedeutsam sind, habe ich kursiv gesetzt. Die Aufzählung soll helfen, einen raschen Überblick über den Inhalt des jeweiligen Kapitels zu gewinnen; sie ist *nicht* identisch mit der Kapiteleinteilung des Inhaltsverzeichnisses. Kapitel 1 bietet eine knappe Einführung in Gestalt einer Zusammenfassung der Theorie und einer kurzen Geschichte des Populationsgedankens in der Neurobiologie, bevor in den folgenden Kapiteln experimentelle Argumente und eingehendere Überlegungen zu zentralen Ideen vorgetragen werden. Diese knappe Schilderung ist bestenfalls eine Andeutung dessen, was den Leser erwartet. Nach einer gründlicheren Darstellung der Theorie der Selektion neuronaler Gruppen, die den Hauptteil des Buches ausmacht, mache ich am Schluß eine Reihe spezifischer Vorhersagen, um die Grenzen der Theorie zu bestimmen und zu zeigen, daß sie empirisch überprüfbar ist.

Der psychologisch wichtige Punkt der sozialen Übermittlung wird in diesem Buch kaum behandelt, doch war mir dieser Prozeß, während ich es schrieb, ständig gegenwärtig. Der regelmäßige Austausch mit meinen Kollegen am Neurosciences Institute

(NSI), besonders mit seinem Forschungsleiter Dr. W. Einar Gall, war mir eine große Hilfe, für die ich dankbar bin. Ich danke auch Susan Hassler, Redakteurin am NSI, für ihre Unterstützung. Es war ein Privileg, am Institut mit Dr. Leif Finkel und Dr. George N. Reeke, Jr., über mehrere Modelle, die für die Theorie bedeutsam sind, zu arbeiten. Daß ich Gelegenheit hatte, mit ihnen in der wissenschaftlichen Atmosphäre des NSI Ideen auszutauschen, bestärkt mich in der Hoffnung, daß das Institut auch künftig die Entwicklung der theoretischen Arbeit in den Neurowissenschaften fördern und jüngere Wissenschaftler ermutigen wird, sich ihr zu widmen.

New York, 1986                                        Gerald M. Edelman

# ERSTER TEIL
## SOMATISCHE SELEKTION

# 1
# Zusammenfassung und historische Einführung

Die ambivalente Ökonische · *Zusammenfassung der Theorie und ihrer Thesen* · Verhältnis zu Entwicklung und Evolution · *Kortikale Karten* als Voraussetzung der Kategorisierung von Wahrnehmungen · *Die Notwendigkeit der Kategorisierung des Wahrgenommenen vor größeren Lernprozessen* · Allgemeine Eigenschaften von Selektionstheorien · Frühgeschichte des Populationsgedankens in bezug auf das Verhalten · Spätere Vernachlässigung selektionistischer Ideen – Wiederaufleben des selektionistischen Denkens in der Ethologie · *Neuere Vorstellungen über die somatische Selektion* · Kritik selektionistischer Theorien · Gesamttheorien, die auf dem Neuron basieren: die Lerntheorie und die Selektionstheorie

## Einführung

Man kann sich nur schwer vorstellen, wie sich die Welt einem neugeborenen Organismus einer anderen – oder auch unserer eigenen – Spezies darbietet. Die gesellschaftlichen Konventionen, die Erinnerungen an sinnlich Erfahrenes und vor allem eine wissenschaftliche Ausbildung machen es uns schwer, die Vorstellung zu akzeptieren, daß die Umwelt, wie sie sich einem solchen Organismus darstellt, ihrem Wesen nach mehrdeutig ist: Selbst für Tiere, die wie wir am Ende sprachfähig sind, ist die Welt zu Anfang ein Ort ohne Etikettierungen. Die Anzahl möglicher Klassifizierungen potentieller »Objekte« oder »Ereignisse« in einer Ökonische ist riesig, wenn nicht unendlich, und ihre positiven oder negativen Werte für ein individuelles Tier – mag es auch ein vielfältig strukturiertes Nervensystem besitzen – sind relativ, nicht absolut.

Nervensysteme, ob sie nun vielfältig strukturiert oder einfach sind, entwickelten sich verhältnismäßig rasch, um ein individuelles Verhalten zu generieren, das innerhalb der Ökonische einer Spezies adaptiv ist. Ein solches Verhalten eines Phänotyps setzt voraus, daß zuvor die wesentlichen Aspekte der Umwelt kategorisiert wurden, um ein Lernen auf der Grundlage der entwickelten Kategorien zu ermöglichen. Eine grundlegende Aufgabe der Neurowissenschaft besteht daher darin, zu zeigen, daß Struktur und Funktion des Nervensystems einer Spezies eine Kategorisierung von Wahrnehmungsinhalten als Grundlage für Lernprozesse und sinnvolles adaptives Verhalten zulassen. Es läuft auf die Frage hinaus: Wie lassen sich die psychologischen Aspekte der Wahrnehmung mit der neuronalen Struktur und Funktion verknüpfen? Viele der bisherigen Versuche, diese Frage zu beantworten, stützten sich auf unterschiedlicheTheorien, deren gemeinsame Grundlage in der Idee besteht, daß das Gehirn vorgegebene Informationen verarbeite. Demgegenüber vertrete ich in diesem Buch die Auffassung, daß eine befriedigende Antwort auf diese Frage eine neue Theorie erfordert, die weitreichende Konsequenzen sowohl für die Neurowissenschaft als auch für unsere Vorstellung von unserem Platz in der Natur hat. In diesem Einführungskapitel skizziere ich diese Theorie und gehe kurz auf ihre historischen Vorläufer ein. Die verschiedenen Belege, die ich anschließend für die Theorie vortrage, werden dem Leser dadurch hoffentlich leichter einsichtig. Dabei ist mir bewußt, daß diese Skizze den Mangel hat, allzu abstrakt zu sein, und daß ein umfassenderes Verständnis der zentralen Ideen der Theorie eine detaillierte Würdigung des experimentellen Materials erfordert.

## Kurze Skizze der Theorie

Die Theorie der Selektion neuronaler Gruppen wurde formuliert, um eine Reihe offenkundiger Widersprüche in unseren Kenntnissen von der Entwicklung, der Anatomie und der physiologischen Funktion des Zentralnervensystems zu erklären. Vor allem wurde sie formuliert, um zu erklären, wie eine Kategorisierung von Wahrnehmungsinhalten möglich ist, ohne zu unterstellen, daß die

Welt bereits im voraus fest strukturiert ist oder es im Gehirn einen Homunkulus gibt. Warum die Idee, daß Gehirne hauptsächlich aus der Umwelt vorgegebene Informationen verarbeiten, aufgegeben werden sollte, werde ich im nächsten Kapitel eingehend begründen; hier sollen vor allem die zentralen Ideen einer alternativen Sichtweise skizziert werden.

Um die Kategorisierung ohne die Annahme der Verarbeitung vorgegebener Information zu erklären, geht die Theorie davon aus, daß die Organisation des Gehirns entscheidend von einem Populationsprinzip bestimmt wird und es, was seine Arbeitsweise angeht, ein selektierendes System ist. Gemäß der Theorie (Edelman 1978, 1981; Edelman und Reeke 1982; Edelman und Finkel 1984) ist das Gehirn dynamisch in zellulären Populationen von Nervenzellen mit hochgradig variierenden Verknüpfungsmustern organisiert, deren Struktur und Funktion im Laufe der Entwicklung und des Verhaltens auf unterschiedliche Weise selektiert werden. Die der Selektion unterworfenen Einheiten sind Bündel von Hunderten oder auch Tausenden stark miteinander vernetzter Nervenzellen, sogenannte neuronale Gruppen, die dementsprechend auch funktionell als Einheiten auftreten. Die Theorie stellt drei grundlegende Behauptungen auf:

1. Die Diversifikation der anatomischen Verknüpfungen vollzieht sich epigenetisch im Laufe der individuellen Entwicklung und führt dazu, daß durch Selektion primäre Repertoires strukturell variierender Neuronengruppen entstehen. Durch diese Diversifikation wird es unwahrscheinlich, daß zwei Tiere in entsprechenden Hirnregionen identische Verknüpfungen aufweisen. Diese strukturelle Verschiedenheit rührt daher, daß während der Entwicklung eine Reihe von selektiven mechanisch-chemischen Vorgängen abläuft, die reguliert werden von Zell- und Substrat-Adhäsionsmolekülen (CAMs und SAMs), welche die Teilung, die Wanderung, den Tod und die Ausdifferenzierung der Zellen steuern.

2. Ein zweiter Selektionsvorgang vollzieht sich im Laufe des postnatalen Verhaltens durch Modifikation der Stärke synaptischer Verbindungen in der und zwischen den neuronalen Gruppen. Dadurch werden Kombinationen zwischen jenen Gruppen

selektiert, deren Aktivitäten mit Signalen korreliert sind, die von
adaptivem Verhalten ausgehen. Diese Selektion erfolgt innerhalb
des ursprünglichen Ensembles anatomisch variierender Gruppen
(des *primären Repertoires*), und sie führt zur Bildung eines *sekundären Repertoires*, das aus funktional relevanten Gruppen besteht, bei denen die Wahrscheinlichkeit, in künftigem Verhalten
genutzt zu werden, erhöht ist. Neurone sind in neuronalen Gruppen zu Populationen zusammengefaßt, und Repertoires sind
Populationen höherer Ordnung.

3. Die zeitliche Koordination der Reaktionen von Rezeptorzel-
len an sensorischen Oberflächen mit motorischen Ensembles und
interagierenden neuronalen Gruppen in verschiedenen Hirnregionen erfolgt durch den wechselseitigen Austausch von Signalen. Diese beruht auf der Existenz von miteinander verknüpften neuronalen Karten. Diese Karten verbinden die sekundären
Repertoires miteinander, die dynamisch aus den oben erwähnten
selektiven Entwicklungsvorgängen und der Selektion synaptischer Kontakte hervorgehen, und ihre fortgesetzte Interaktion gewährleistet die raumzeitliche Kontinuität der in Reaktion auf Signale aus der Außenwelt entstehenden Repräsentationen.

Besonders wichtig ist es, das Verhältnis dieser Prozesse zu spezifischen Mechanismen der individuellen Entwicklung und der
Evolution zu klären. Während der ontogenetischen Entwicklung,
in der die primären Repertoires aus strukturell unterschiedlichen
Neuronengruppen aufgebaut werden, wird die lokale Anatomie
dieser Gruppen bestimmt von genetischen Faktoren, welche die
Gestalt der Zelle regulieren, und von epigenetischen Vorgängen,
welche die primären Entwicklungsprozesse der Zellteilung, der
Wanderung, des Todes, der Adhäsion und der zellulären Differenzierung regulieren. Bezüglich der Struktur eines bestimmten
Hirnbereichs besteht zwischen Tieren einer Spezies zwar eine formale Ähnlichkeit, doch bei den feinen Verästelungen und Verbindungen der Axone und Dendriten gibt es starke individuelle
Variationen der Gestalt, der Größe und der Verschaltung. Diese
Variationen sorgen für die Vielfalt, auf welche die somatische Selektion einwirken kann, und sie beruhen auf den dynamischen regulatorischen Eigenschaften von Zell- und Substrat-Adhäsions-

molekülen. Dabei nimmt man an, daß auch Mutationen, welche die entwicklungsbedingten Zwänge in der zeitlichen Regulation der Expression dieser Moleküle verändern, eine wichtige Grundlage für die Evolution bestimmter Hirnregionen bilden. Diese regulatorischen Eigenschaften erlauben die somatische Anpassung des Nervensystems an voneinander unabhängige evolutionäre Veränderungen des Phänotyps wie zum Beispiel bei den Muskeln, Knochen und Sinnesrezeptoren. Diese Ansichten, die einen Zusammenhang zwischen Epigenese und Heterochronie in der neuronalen Entwicklung auf der einen und der morphologischen Evolution auf der anderen Seite herstellen, sind Bestandteil einer wichtigen Hypothese unserer Theorie, der sogenannten Regulator-Hypothese.

Diese epigenetischen Entwicklungsprozesse führen innerhalb des primären Repertoires einer gegebenen Hirnregion, die einer spezifischen Funktion dient, zu einer erheblichen Anzahl unterschiedlicher Gruppen, die mehr oder weniger gut auf einen bestimmten Input reagieren können. Das Vorhandensein solcher funktional gleichwertigen, aber strukturell verschiedenen neuronalen Strukturen in den einzelnen Repertoires wird als Degeneriertheit bezeichnet, ein Begriff, der für die Theorie fundamental ist. Vielfältige degenerierte Netze neuronaler Gruppen, bestehend aus Neuronen mit Dendritenbäumen und axonalen Fortsätzen, die sich mit starken Überschneidungen über relativ weite Bereiche erstrecken, sind ein zwangsläufiges Ergebnis der epigenetischen Vorgänge, die sich im Lauf der Entwicklung vollziehen. Die Entstehung solcher sich überschneidender Baumstrukturen ist durchaus zu vereinbaren mit der Tatsache, daß anatomische Kontakte nur zu bestimmten Zelltypen hergestellt werden, und solche Kontakte können sogar auf einzelne Regionen bestimmter Nervenzellen beschränkt sein.

Nachdem das primäre Repertoire in der frühen Entwicklung weitgehend hergestellt ist, erfolgt eine zweite epigenetische Selektion während des Verhaltens nach der Geburt. Eingehende Signale werden an den sensorischen Oberflächen sowie von Hirnregionen, die bestimmte Reizmerkmale extrahieren und korrelieren (hauptsächlich sensomotorische Systeme) und zusammen

ein globales Kartierungssystem bilden, abstrahiert und gefiltert.
Aktive neuronale Gruppen innerhalb bestimmter Repertoires,
die solche Signale empfangen, werden in Konkurrenz mit anderen selektiert.

Erfolgreiche Selektion besteht darin, daß die funktionelle
Wirksamkeit von Synapsen in jenen Teilen des Netzes, die solchen Gruppen entsprechen, so verändert wird, daß sie künftig
auf ähnliche oder identische Signale mit größerer Wahrscheinlichkeit reagieren. Das Ergebnis dieser Konkurrenz hängt ab von
der strukturellen Vielfalt in einem primären Repertoire, der Wirkung unabhängiger prä- und postsynaptischer Mechanismen,
welche die Interaktionen der Neurone in einer Gruppe bestimmen, und der Häufigkeit und Lokalisierung ähnlicher oder identischer Signale. Durch wiederholte Darbietung dieser Signale bilden sich sekundäre Repertoires, die aus dynamisch selektierten
neuronalen Gruppen bestehen. Die für die Selektion von sekundären Repertoires verantwortlichen synaptischen Modifikationsregeln wirken auf ganze Populationen von Synapsen ein, und
folglich hängt die Wirkung dieser Regeln eng mit der spezifischen
Anordnung und Dichte der Verschaltungen innerhalb eines gegebenen primären Repertoires zusammen. Ein spezifisches Populationsmodell der synaptischen Selektion, das zwei Selektionsregeln postuliert, wird als integraler Bestandteil der Theorie erläutert werden.

Die Regulator-Hypothese und das Modell der synaptischen Selektion beschreiben die beiden wichtigsten epigenetischen Mechanismen der Selektion, die von der Theorie verlangt werden:
die erste bezieht sich auf die Selektion im Laufe der Entwicklung, aus der das primäre Repertoire hervorgeht, das zweite auf
die Selektion während der Verhaltenserfahrung, aus der das sekundäre Repertoire entsteht. Die Selektion neuronaler Gruppen
allein auf diesen Wegen kann jedoch nicht die Zusammenhänge
erklären, welche die raumzeitliche Kontinuität aufrechterhalten,
die für eine Kategorisierung des Wahrgenommenen Voraussetzung ist. Dazu bedarf es verschiedener Formen der Kartierung,
und mit einem Beispiel der Entstehung einer lokalen Karte durch
Selektion neuronaler Gruppen in der Großhirnrinde (die den

Prinzipien von räumlicher Beschränkung, Selektion und Wettbewerb folgt) werden wir uns ausgiebig befassen.

Der Theorie zufolge muß es zwischen verschiedenen topographisch geordneten Hirnregionen zu einer Koordination und Verstärkung der Selektion neuronaler Gruppen kommen. Dies geschieht durch Austausch von Signalen über reziproke anatomische Verbindungen zwischen den topographisch geordneten Regionen. Eine solche Rezirkulation von Signalen ermöglicht es, eine dynamische Verbindung zwischen verschiedenen Systemen neuronaler Gruppen herzustellen, die selektiert werden und in Echtzeit parallel arbeiten. Reziproke anatomische Verbindungen, die als Grundlage eines wechselseitigen Signalaustauschs dienen können, findet man in zahlreichen Regionen; beispielsweise die thalamokortikalen und kortikothalamischen Bahnen, die Bahnen zwischen den beiden Hirnhälften und verschiedene Verbindungen zwischen primären und sekundären sensorischen (Zeki 1975, 1978a; Van Essen 1985) und motorischen Feldern. Reziproke Verbindung von Karten erübrigt den expliziten Austausch von Zeit- und Ortmarkierungen, wie sie in parallelen Computersystemen erforderlich sind.

Eine zentrale Annahme der Theorie besagt, daß die Kategorisierung von Wahrnehmungsinhalten dem Lernen vorausgehen und mit ihm einhergehen muß. Es gehört zu den grundlegenden Aufgaben des Nervensystems, Wahrgenommenes in adaptiver Weise zu kategorisieren – in einer Welt ohne apriorische Struktur, in der die makroskopische Erscheinung von Objekten und Ereignissen, mögen diese auch den Gesetzen der Physik gehorchen, für den Organismus nicht präfiguriert sein kann. Es wird angenommen, daß eine notwendige Bedingung dieser perzeptuellen Kategorisierung im Signalaustausch zwischen parallelen Systemen lokaler Karten besteht, die – verschiedenen Sinnes-Modalitäten dienend – voneinander unabhängig einen bestimmten Reizbereich abtasten können. Hinreichende Bedingungen für eine perzeptuelle Kategorisierung sind im allgemeinen jedoch nur dann gegeben, wenn eine Reihe solcher Karten zu globalen Kartierungssystemen zusammengefaßt ist, die sowohl motorische als auch sensorische Systeme umfassen. Die vorübergehende

Kopplung dieser vielfältigen parallelen Systeme im Gehirn liefert einen gewichtigen Beitrag zu seiner rhythmischen Aktivität. Das motorische Verhalten des seine Umwelt erkundenden Tieres ist seinerseits eine wichtige Quelle des kontinuierlichen Abtastens, das Voraussetzung der Selektion neuronaler Gruppen ist, die zur Kategorisierung von Wahrnehmung führt.

Angesichts dieser Annahmen ist es besonders wichtig zu zeigen, wie Selektion neuronaler Gruppen und Rezirkulation von Signalen in kartierten Systemen widerspruchsfrei zusammenwirken und perzeptuelle Kategorisierung erzeugen können. Die Widerspruchsfreiheit der Theorie der Selektion neuronaler Gruppen als Grundlage der Kategorisierung wurde durch den Bau eines Wahrnehmungsautomaten gezeigt, der die Annahmen der Theorie verkörpert. Die Leistungen dieses Automaten bei der Kategorisierung zweidimensionaler Figuren legen den Schluß nahe, daß vorübergehende wechselseitige Verknüpfung von mehreren topographisch geordneten Repertoires von Gruppen zur Entstehung assoziativer Funktionen führen können, die in den beteiligten Repertoires anfangs nicht vorhanden waren. Wie in Kapitel 10 gezeigt wird, kann die auf degenerierte Repertoires von wechselseitig gekoppelten Neuronengruppen einwirkende Selektion bei diesem Automaten zu einer effektiven Kategorisierung führen, auch wenn vorher keine explizite Beschreibung der zu kategorisierenden Objekte vorliegt. Man wird sehen, daß alle Hypothesen, die in den der Beschreibung dieses Automaten vorangehenden Kapiteln dargestellt werden, gut zu seinem tatsächlichen Funktionieren passen. Nun ist die Theorie der Selektion neuronaler Gruppen aber eine biologische und nicht eine schlicht physikalische Theorie, und zum Verständnis ihrer Implikationen ist ein kurzer Blick auf ihre biologischen Voraussetzungen angezeigt. Insbesondere müssen wir eine tragfähige evolutionstheoretische Grundlage für ihre Behauptungen schaffen.

## Der Populationsgedanke in der Neurobiologie

Bei der Anpassung an die Umwelt unterliegen die tierischen Arten (vorausgesetzt, sie wurden nicht in der Form, in der wir sie kennen, erschaffen) der natürlichen Selektion, die auf die Varianz innerhalb von Populationen einwirkt. Durch die Veränderungen in der Umwelt und gewisse Isolationsmechanismen entsteht eine Vielzahl von Taxa. Ein mit einem reichstrukturierten Gehirn ausgestattetes einzelnes Tier muß sich ebenfalls ohne Instruktion an eine komplexe Umwelt anpassen und Wahrnehmungskategorien oder eine innere Taxonomie entwickeln, die seine künftigen Reaktionen auf seine Welt bestimmt. Die hier vorgeschlagene Theorie besagt, daß eine solche Adaptation auch in der Weise erfolgt, daß Populationen neuronaler Gruppen in diesem Tier einer somatischen Selektion unterliegen. Die Annahme scheint naheliegend, daß die natürliche Selektion zur Selektion neuronaler Gruppen geführt haben könnte, denn zwischen der Entstehung von Taxa in der Phylogenese und der Entstehung von Populationen neuronaler Gruppen und von Wahrnehmungskategorien bei Individuen besteht eine gewisse Ähnlichkeit. Diese Analogie darf aber nicht so weit getrieben werden, daß man eine bloße Mimikry annimmt. In den Details und Mechanismen bestehen gewaltige Unterschiede zwischen der natürlichen Selektion, der Selektion neuronaler Gruppen und der klonalen Selektion der Immunabwehr, jenem anderen biologischen Prozeß, bei dem Populationsvariablen die Grundlage für Erkennungsmechanismen in somatischer Zeit bilden. Trotz dieser Unterschiede läßt sich aufgrund von drei wichtigen Merkmalen, die alle Selektionstheorien miteinander gemein haben, ein Vergleich ziehen: Ihnen gemeinsam sind variable Repertoires von Elementen, deren Variationsursachen in keinem kausalen Zusammenhang mit den späteren Selektions- oder Erkennungsvorgängen stehen, Möglichkeiten der Konfrontation mit einer sich unabhängig verändernden Umwelt, welche die Selektion einer oder mehrerer günstiger Varianten erlauben, und schließlich eine Möglichkeit der verstärkten Fortpflanzung oder Vermehrung mit Vererbung der innerhalb einer Population selektierten Varianten.

Im Unterschied zur Evolutionstheorie hat die Theorie der Selektion neuronaler Gruppen es nicht mit feststehenden, sondern
nur mit approximativen Ursachen zu tun. Gleichwohl müssen wir,
wie bei den Argumenten zugunsten der natürlichen Selektion in
der Evolution, zur Erhärtung der Theorie Tatsachen aus vielen
verschiedenen Gebieten heranziehen. Um diese Tatsachen in
einen geeigneten Zusammenhang zu rücken, mag ein kurzer
Rückblick auf den Populationsgedanken in der Neurobiologie
hilfreich sein. Ich hoffe zeigen zu können, daß die Theorie der
Selektion neuronaler Gruppen mit anderen biologischen Selektionstheorien zwar gewisse Grundsätze gemein hat, sich aber in
ihren einzelnen Mechanismen und evolutionären Auswirkungen
von ihnen unterscheidet. Es würde jedoch über die Intention dieses Buches hinausgehen, eine allgemeine historische Darstellung
selektionistischer Ideen zu geben oder den Populationsgedanken
in bezug auf das Verhalten darzustellen. Zum ersteren verweise
ich den interessierten Leser auf das bemerkenswerte Buch von
Mayr (1982), zum letzteren auf eine Reihe von Darstellungen, die
einen Überblick über die vergleichende Psychologie und Ethologie bieten (Gottlieb 1979; Lythgoe 1979; Gould 1982; Griffin
1982; MacPhail 1982; Terrace 1983).

In der Vergangenheit fanden selektionistische Vorstellungen in
der Neurobiologie überwiegend Eingang in die Beschreibung evolutionärer Aspekte des Verhaltens und der Evolution des Gehirns
und seiner einzelnen Zentren. Abgesehen von ethologischen Untersuchungen zur Entstehung bestimmter Verhaltensmuster im
Gehirnaufbau übergehen diese Darstellungen in der Regel die *somatische* Selektion, das heißt die neuronale Selektion als ein wichtiges Prinzip, das die Ontogenese und die physiologische Funktion
des Gehirns während der Lebenszeit des Organismus erklären
kann. Bei den ethologischen Untersuchungen ging es vorwiegend
um die große Schleife der natürlichen Selektion in bezug auf das
Verhalten im Ganzen, die in Kapitel 11 (siehe Abbildung 11.1)
erörtert wird, und nicht um die Selektion in ihrer Auswirkung auf
die Biologie der einzelnen Zelle und die Physiologie von Individuen.

Erst seit relativ kurzer Zeit interessiert man sich dafür, den

Populationsgedanken auf Entstehung und Funktion individueller Nervensysteme anzuwenden. Wie im vorigen Abschnitt angedeutet, gehört es gleichwohl zu den Aufgaben einer kompromißlosen somatischen Theorie, die Selektion von Hirnstrukturen mit individuellen phänotypischen Hirnfunktionen zu verknüpfen, die sowohl während der Entwicklung als auch danach durch somatische Selektion hervortreten. Diese Aufgabe unterscheidet den Gedanken der somatischen Selektion von neuronalen Gruppen und Synapsen-Populationen von selektionistischen Vorstellungen in der Ethologie. Ein kurzer historischer Rückblick macht es vielleicht einfacher, zwischen den verschiedenen Ebenen, auf denen Selektionsvorstellungen angewandt wurden, zu unterscheiden und eine Verwechslung dieser Ebenen besonders dann zu vermeiden, wenn es um die Tatsachen geht, die für die Ideen der somatischen Selektion sprechen.

## Die natürliche Selektion und der Populationsgedanke in bezug auf das Verhalten

Charles Darwin trug als erster den Gedanken vor, daß die natürliche Selektion das Verhalten verändert und umgekehrt. Er erörterte den Zusammenhang der Evolution mit den tierischen Instinkten (Darwin 1859), und er spekulierte über die Bedeutung von Emotionen und Affekten für die Evolution (Darwin 1872). Darwins Ideen wurden aufgegriffen von seinem Zeitgenossen George John Romanes (1884, 1899), der die Auffassung vertrat, das Verhalten sei eine artabhängige Eigenschaft und die Kontinuität des Verhaltens phyletisch. C. Lloyd Morgan (1896, 1899, 1930) befaßte sich mit dem Zusammenhang zwischen der Komplexität der somatischen neuronalen Organisation und der Komplexität des Verhaltens. Er betonte, daß die Komplexität des Verhaltens eines Tieres ein Ausdruck der Komplexität seines Nervensystems sei, so daß aus evolutionären Veränderungen der Anatomie neue Verhaltensmuster hervorgehen können; den relativen Anteil von Instinkt und Gewohnheit klärte er jedoch nicht. C. Wesley Mills (1898) war wohl der erste, der die Bedeutung der Entwicklung für das spätere Verhalten erkannte. Was man damals zur Klärung der Einschränkungen unternahm, denen die Hirnfunktion und das Verhalten des adulten Tieres durch die Gehirnentwicklung unterliegt, wurde verdeckt durch Haeckels Idee der Rekapitulation, eine falsche Vorstellung, deren Geschichte von S. J. Gould (1977) erschöpfend beschrieben wurde. Dennoch begriff J. M. Baldwin (1895, 1902) als einer der ersten die Bedeutung der Veränderungen von Individuen im Laufe der Ontogenese, und er war so klarsichtig, das Problem im Sinne der Darwinschen Theorie zu beschreiben. Er bemerkte, daß das typische Verhalten aller Tiere einer Spezies trotz der unterschiedlichen Erfahrungen der Individuen weitgehend konstant ist. Der sogenannte Baldwin-Effekt (für eine Analyse siehe Gottlieb 1979) war wohl der früheste Hinweis darauf, daß während der Ontogenese vorkommende Phänomene die Morphologie und das Verhalten beeinflussen können; Baldwin wollte erklären, wie die weitere Erfahrung solche Veränderungen erleichtern und bewahren kann.

## Niedergang und erneuter Aufschwung selektionistischer Ideen

Nach diesen ersten Bemühungen kam es, was die Anwendung des Populationsgedankens in der Psychologie betrifft, zu einem bemerkenswerten Niedergang, der mit der Entwicklung des Behaviorismus in den Anfängen dieses Jahrhunderts einherging. Der gelegentliche Gebrauch selektionistischer Begriffe bei der Beschreibung von Verhaltensänderungen durch Lernen könnte einen dazu verleiten, eine Verwandtschaft mit dem Darwinschen Denken anzunehmen. Tatsächlich spricht kaum etwas eindeutig für eine solche Ansicht, auch wenn vorgeschlagen wurde (Dennett 1978), in der Erklärung von Thorndikes (1911) Situations-Reaktions-Paradigma (S-R) eine Analogie zu sehen. Dieses Paradigma ging ein in das »Gesetz des Effektes«, demzufolge der Zusammenhang zwischen einem bestimmten Reiz und einer bestimmten Reaktion oder Handlung verstärkt wird in Abhängigkeit von der Größe der durch die Handlung erzeugten Belohnung. Diesem Gesetz zufolge wird ein Verhalten, das zu den Organismus befriedigenden Ergebnissen führt, in dessen Nervensystem »eingeprägt«, während ein Verhalten, das Unbehagen oder Schmerz nach sich zieht, ausgelöscht wird. Thorndike betonte die Rolle der motorischen Aktivität bei der Erzeugung befriedigender Folgen durch Veränderung innerer Zusammenhänge. Er erkannte unzweifelhaft, daß ein vergrößertes Hirnvolumen für das Verhalten von Bedeutung ist, leitete daraus aber keine Verallgemeinerung ab. Von dieser Arbeit führt offenkundig eine Linie zum Behaviorismus; ihre weniger offenkundige, aber durchaus vorhandene Verwandtschaft mit der Darwinschen Evolutionslehre scheint man leider übersehen zu haben.

Thorndikes Ideen und Experimente markierten, zusammen mit den Arbeiten Pawlows (siehe Mackintosh 1983; Staddon 1983; Jenkins 1984), den Beginn des Behaviorismus in der Lerntheorie, einer theoretischen Position, die es erlaubt, das Verhalten eines Tieres zu erforschen und dabei die Vorgänge in seinem Gehirn auszuklammern. Diese Schule brachte neben der erheblichen Steigerung der Versuchsgenauigkeit einen lerntheoretischen Beiklang in die Interpretationen des Verhaltens. Gleichzeitig wurde den wichtigen Unterschieden in der inneren Organisation der Nervensysteme verschiedener Individuen und Arten geringere Bedeutung beigemessen. Die Behavioristen vernachlässigten die ungeheuren Unterschiede in der Organisation der Nervensysteme verschiedener Arten wohl deshalb, weil nach ihrer Auffassung von Verhalten fast jeder Reiz durch Konditionierungsparadigmen mit jeder Reaktion verknüpft werden konnte. Reize und Reaktionen unabhängig von der detaillierten Ordnung und dem evolutionären Ursprung des Nervensystems auf die sonstigen Manifestationen des Phänotyps zu beziehen, wurde zur allgemein vorherrschenden Richtung, und dies hielt die Psychologie davon ab, einem Populationsansatz zu folgen.

Es scheint demnach, daß gerade der Erfolg, den Thorndike und Hull (1943, 1952) sowie andere mit ihren Methoden hatten, den Populationsgedanken aus der Psychologie fernhielt. Darin liegt eine gewisse Ironie, denn wie Dennett (1978) feststellte, hat das Gesetz des Effektes, oberflächlich betrachtet, viele Ähnlichkeiten mit der natürlichen Selektion. Zwischen dem Gesetz des Effektes und der natürlichen Selektion lassen sich zwar Analogien herstellen, doch sind beide _nicht_ homolog – ersteres ist weitgehend instruktionistisch, umweltorientiert und implizit mit der Vorstellung von einem innerlich leeren Tier verbunden, das von äußeren Einflüssen angetrieben wird. Der radikalste unter den modernen Behavioristen, Skinner (1981), hat einen Artikel über »Selection by Consequences« geschrieben, der innerhalb eines ganz und gar behavioristischen und instruktionistischen Rahmens ebendiese Analogie herstellt. In seinen Formulierungen findet sich nicht eine Spur der Idee, daß die Hirnstrukturen _selbst Populationen_ sind, auf welche die Selektion einwirkt, oder daß eine solche Selektion die Basis der rezeptiven Kategorisierung ist.

Die neueren Arbeiten von Neurologen und Neurophysiologen haben größtenteils nichts zur Widerlegung der Auffassung der ersten Behavioristen beigetragen. Die Untersuchungen von Hughlings Jackson (1931; Taylor 1931) über die hierarchische Organisation des Zentralnervensystems (ZNS) und von Sherrington (1906) über Reflexe hatten sogar einen scheinbar verwandten Beigeschmack – Reiz hinein, Reaktion heraus –, so etwas wie eine durchlaufendes Signal. Doch als 1949 Hebbs Buch _The Organization of Behavior_ erschien, war zumindest schon einigen Behavioristen klargeworden, daß es notwendig ist, die Rolle der inneren Zustände des Nervensystems zu begreifen. Hebb versuchte zwischen wichtigen psychologischen Prinzipien und bestimmten Eigenschaften des Nervensystems einen Zusammenhang herzustellen. Insbesondere wendete er das Gesetz des Effektes auf die Ebene individueller Synapsen an, indem er, ähnlich wie Hayek (1952), ein Korrelationsmodell der Modifikation synaptischer Verbindungen vorschlug. Seine Arbeit war insofern richtungweisend, als sie zum Ausgangspunkt für eine ganze Reihe von theoretischen Untersuchungen wurde, doch ließ sie darwinistische Interpretationen außer acht und vertrat weiterhin eine instruktionistische Sicht der Wahrnehmung und des Lernens, wie am Schluß dieses Kapitels erörtert werden wird.

Eine Betrachtung der Natur der Generalisierung und Kategorisierung (siehe Kapitel 2 und 9) wirft ein Schlaglicht auf die instruk-

tionistischen Auffassungen der intellektuellen Nachfolger Thorndikes und jener Instruktionisten, die den Behaviorismus ableh-
nen. Wie Reed (1981) dargelegt hat, gibt es unter den Konzeptualisten (denen zufolge die Mitglieder einer Kategorie unter ein und
dieselbe mentale Repräsentation fallen) zwei Spielarten: Realisten oder Kognitivisten, die darauf beharren, daß Kategorien
durch spezifische Merkmale repräsentiert werden, und Nominali-
sten, die weiterhin der Meinung sind, daß es solche mentalen Repräsentationen an sich nicht gibt. Nach Ansicht der letzteren sind
die scheinbaren mentalen Kategorien nichts anderes als Häufig-
keiten der Reiz-Reaktions-Kopplung; wer diese Ansicht teilt, ist
im Grunde ein Behaviorist. In beiden Auffassungen findet sich
jedoch kein Hinweis darauf, daß das Problem möglicherweise
darin besteht, neuronale Varianten in einem degenerierten Repertoire adaptiv an äußere Situationen anzupassen, die disjunkte
Mengen von Merkmalen oder Eigenschaften einschließen, so daß
eine Generalisierung über Prozesse erfolgen kann, die denen
ähneln, durch die in der Evolution Taxa entstehen.

Erst mit dem Auftreten der modernen Ethologie (siehe Gottlieb 1979; Terrace 1987) wurde die Tendenz zum Instruktionismus
bei der Interpretation des molaren Verhaltens zumindest teilweise
umgekehrt. Diese Entwicklung und die auf ihr basierenden Untersuchungen machten deutlich, daß Verhalten artspezifisch ist. Die
Komplexität und Angepaßtheit der Verhaltensrepertoires verschiedener Arten, die vielfach ohne ein erkennbares forciertes
Lernen im Laufe der normalen Entwicklung auftraten, sprachen
sehr dafür, daß das Verhalten eine selektionistische Komponente
aufweist. Aus ethologischen Untersuchungen ging klar hervor,
daß die Evolution das Verhalten und das Verhalten wiederum die
Evolution beeinflußt haben kann, und damit wurde die Bedeutung der Anpassungsfähigkeit des Verhaltens in einer Weise deutlich, die nicht mehr übersehen werden konnte. Doch ungeachtet
dieses glänzenden Beitrags unterschätzte man die Möglichkeit,
daß die Entwicklungs- oder epigenetischen Aspekte der neuronalen Organisation für ein Verständnis des Verhaltens mindestens
ebenso wichtig waren wie die evolutionäre Ursache, der Überlebenswert und die Funktion dieses Verhaltens. Die entwicklungs-

bedingten Einschränkungen, denen die Evolution unterliegt (Edelman 1986b; Alberch 1987), werden in der ethologischen Theorie im allgemeinen außer acht gelassen. Gottlieb (1979) hat in einem hervorragenden Überblick über diese Frage verdeutlicht, daß die ethologische Analyse des späteren Verhaltens durch eine Betrachtung der Entwicklung des Nervensystems ergänzt werden muß. Dieser Auffassung wird zunehmend Rechnung getragen in verschiedenen Arbeiten, in denen die Entwicklungsgenetik mit der Evolution in Beziehung gesetzt wird, nicht nur für das Gehirn, sondern für den gesamten Phänotyp (siehe Bonner 1982; Raff und Kaufman 1983; Edelman 1986b). In neueren Untersuchungen zur Entwicklung des Gesangs bei verschiedenen Sperlingsarten sind einige Ethologen (Gould und Marler 1984) sogar zu der Auffassung gelangt, bestimmte Aspekte dieses Prozesses ließen sich möglicherweise mit einer Form der Selektion neuronaler Gruppen erklären, wie sie in diesem Buch und an anderer Stelle vertreten wird.

Diese kurze (und natürlich gedrängte) Darstellung können wir dahingehend zusammenfassen, daß der Faden, der von Darwin gesponnen wurde, zunächst einmal abriß, um nach einiger Zeit wieder geknüpft zu werden, und daß er gegenwärtig in ein größeres Gewebe eingefügt wird, in dem das Verhalten sowohl unter dem Aspekt der natürlichen Selektion als auch der somatischen Selektion und darüber hinaus in einem Sinne betrachtet wird, der beide Formen der Selektion miteinander verknüpft. Auf wichtige Besonderheiten dieses Gewebes gehen wir ausführlicher in Kapitel 11 ein, wo wir versuchen, die auf der somatischen Selektion basierende perzeptuelle Kategorisierung mit dem Lernen des sich verhaltenden Tieres in Beziehung zu setzen.

## Der Gedanke der somatischen Selektion

Einer der wichtigsten Bestandteile dieses Gewebes ist die sich jetzt herausbildende selektionistische Auffassung von der Funktion individueller Nervensysteme *in somatischer Zeit*, d. h. in der Lebensspanne eines Individuums. Zwar lassen sich unmöglich alle

Einflüsse feststellen, die zu dieser Idee hinführten, doch dürfte es eine gewisse Rolle gespielt haben, daß selektionistische Vorstellungen in der Immunologie (bei einem zugegebenermaßen nichtkognitiven System) erfolgreich waren (Edelman 1974). Aber es haben auch andere Faktoren mitgespielt, darunter Überlegungen zum Gedächtnis (Young 1973, 1975) und zu recht detaillierten anatomischen und physiologischen Fragen, die mit der Entwicklung der Innervation von Muskeln zusammenhängen (Changeux und Danchin 1976; siehe Van Essen 1982). All diese Einflüsse waren daran beteiligt, daß wertvolle, aber unvollständige Gedanken über die somatische Selektion zustande kamen; ich werde sie hier kurz besprechen, um ihren heuristischen Wert zu unterstreichen.

Einer der am klarsten definierten frühen Vorschläge war der von J. Z. Young (1965, 1973, 1975), der sich im Hinblick auf die Bedeutung neuronaler Netze für das Gedächtnis des Tintenfisches für die »Mnemon«-Hypothese aussprach. Dieser Idee zufolge wies ein bestimmtes Stück neuronalen Gewebes trotz an sich festgelegter Verbindungsstruktur eine gewisse Anzahl potentiell verstärkbarer Verknüpfungen auf. Diejenigen, die zu keiner Belohnung führten, wurden selektiv gehemmt oder eliminiert, bis die verbleibenden funktionalen Netze bezüglich ihrer Verbindungsstruktur und eines potentiell adaptiven Verhaltens stabilisiert waren und damit das darstellten, was Young als Mnemon bezeichnete (Abb. 1.1). Der vorgeschlagene Prozeß ist eine Form der eliminierenden oder stabilisierenden Selektion (Schmalhausen 1949; Mayr 1982). Allerdings stand beim Mnemon-Konzept der Populations- und statistische Aspekt der Neuronen-Selektion nicht im Vordergrund. Außerdem berücksichtigte es nicht, daß die Entwicklung an der Entstehung von Variabilität beteiligt ist, und es versäumte, das Verhältnis der Selektion bzw. des Gedächtnisses zum Problem der Kategorien zu klären. Von einigen begrenzten Formen des Lernens abgesehen, ist die Möglichkeit des adaptiven Wandels beim Mnemon-Modell bislang gering, da eliminative Selektionsprozesse im allgemeinen ein geringeres konstruktives Anpassungsvermögen besitzen als andere Formen der Selektion. Trotz dieser Einschränkungen brachte aber die

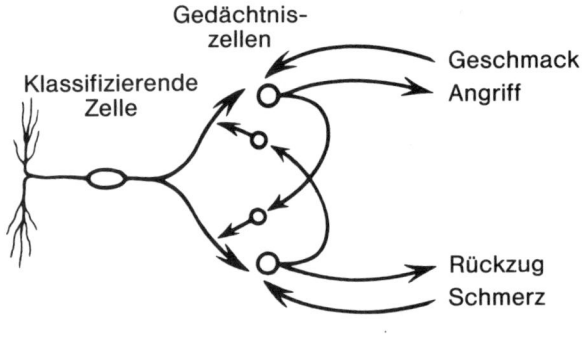

Klassifizierende Zelle

Gedächtnis-zellen

Geschmack
Angriff

Rückzug
Schmerz

MNEMON

Abbildung 1.1

*Ein Mnemon, die von J. Z. Young (1965) vorgeschlagene Gedächtnisein-heit. Die klassifizierende Zelle, auch Merkmalszelle genannt, reagiert auf das Vorkommen einer speziellen Art von Ereignis (etwa das Vorhanden-sein eines Objekt mit vertikaler Silhouette). Die Zelle hat zwei Ausgänge, so daß alternative Handlungsmöglichkeiten bestehen. Es besteht eine leichte Tendenz zugunsten einer von beiden, die beispielsweise einen lang-samen Angriff auf das Objekt hervorruft. Die daraufhin eintreffenden Si-gnale melden die Ergebnisse der Handlung und werden entweder die bis-herige Handlungsweise verstärken oder die entgegengesetzte Handlung (Rückzug) hervorrufen. Nebenäste aktivieren daraufhin die kleinen Zel-len und veranlassen sie, einen hemmenden Transmitter auszuschütten, der den ungewünschten Pfad blockiert. Nach diesen Vorgängen kann dieser Merkmalsdetektor nur eine Reaktion erzeugen.*

Mnemon-Hypothese den Gedanken, daß Netze selektiert und stabilisiert werden, erheblich weiter, als man vorher angenom-men hatte.

In einem merkwürdigen Artikel, der eindeutig von der Theorie der klonalen Selektion (Burnet 1959) beeinflußt war, schlug Jerne (1967) etwas vor, das ganz nach einem selektionistischen Modell der Hirnfunktion aussah. In Wahrheit handelte es sich leider um ein verkapptes essentialistisches oder typologisches Modell, das nicht die Entsprechung zwischen disjunkten Merk-malen von Mengen von Objekten in der Außenwelt und partiell adaptiven degenerierten Netzen im Gehirn berücksichtigte.

Diese Fragen wurden vielmehr umgangen, und bezüglich des Lernens, ja sogar der Regeln und Repräsentationen der Sprache wurde so etwas wie eine Platonsche Vision geltend gemacht. Als Theorie unzureichend, war es immerhin eine selektionistische Analogie, die einen gewissen heuristischen Wert besaß. Einen selektionistischen Vorschlag, der besonders auf die Entwicklung und die Epigenese abstellt, haben J.-P. Changeux und Mitarbeiter (Changeux und Danchin 1976; Changeux et al. 1984) vorgetragen. Ihre Ausführungen stützten sich teils auf die Vorschläge von J. Z. Young (1973), teils auf die Arbeit von Victor Hamburger (1968, 1975) über die neuromuskuläre Entwicklung (Van Essen 1982) und teils auf die logische Überlegung, daß die Komplexität des Genoms nicht hinreichend sei, um die Komplexität der Verknüpfungen des Nervensystems zu erklären. Offenbar wurde vorausgesetzt, daß zwar die invarianten Merkmale des Nervensystems von den Genen bestimmt werden, jedoch zusätzliche Mannigfaltigkeit im Zuge der Entwicklung entsteht. Der Begriff der Degeneriertheit wurde hier nicht erfaßt, doch wurde in diesem Vorschlag besonders die Redundanz synaptischer Verbindungen betont sowie der Umstand, daß diese durch die Aktivität des sich entwickelnden Neuronen-Netzes beseitigt oder verändert wird. Das wichtigste Beispiel für eine solche Beseitigung war, wie schon erwähnt, die im Laufe der Entwicklung abnehmende Zahl der Synapsen an der motorischen Endplatte (Van Essen 1982). Ausgehend von diesen Vorstellungen wurde ein Modell der selektiven Stabilisierung von Synapsen vorgeschlagen.

Diese Darstellung hatte – wie zuvor die Darstellungen von J. Z. Young – den Vorzug, die inneren Grenzen und Beschränkungen der Komponenten zu klären, die Lernvorgängen zugrunde liegen, und deutlich zu machen, daß wir die epigenetischen Elemente der neuronalen Entwicklung besser verstehen müssen. Doch zugleich legte sie den Schwerpunkt auf die eliminative Selektion und berücksichtigte weder globale Funktionen noch die Fragen der Kategorisierung, der Generalisierung, der Rezirkulation von Signalen und der Entstehung von Karten, die für eine Theorie der neuronalen Selektion von wesentlicher Bedeutung sind. Außerdem sah sie das Objekt der Selektion im individuellen Neuron.

1975 machte ich einen ersten Versuch, selektionistische Ideen auf das Funktionieren höherer Nervensysteme anzuwenden (Edelman 1975), und 1977 trug ich die Umrisse einer allgemeinen Theorie vor. Wesentliche Konzepte meiner Theorie der Selektion neuronaler Gruppen (Edelman 1978) waren die Ausbildung der neuronalen Vielfalt während der Entwicklung, Gruppen von Nervenzellen als Objekt der Selektion, die Degeneriertheit und der wechselseitige Signalaustausch. Die wichtigsten Elemente, auf die ich in diesem Band ausführlich eingehe, waren in der Theorie schon enthalten, aber es war dennoch eine Minimalversion, die in einer sehr verdichteten und abstrakten Form vorgetragen wurde. Das war eine bewußte Entscheidung, und ich hoffte, ihre Nachteile im Laufe der Zeit durch konkretere, experimentell belegte Versionen zu mildern (Edelman 1981; Edelman und Finkel 1984). Die vorliegende Arbeit kann als Teil dieses fortgesetzten Bemühens betrachtet werden.

## Wichtige Unterschiede zwischen selektionistischen Theorien

Der Begriff der Selektion ist, wie der kurze geschichtliche Rückblick gezeigt hat, sowohl auf die sich verhaltenden Tiere als auch auf ihr Nervensystem bezogen worden. Da sich der Populationsgedanke auf unterschiedliche Ebenen der neuronalen und der Verhaltensorganisation beziehen kann, ist es wichtig, die verschiedenen Stränge, Kontexte und Mechanismen des Selektionismus auseinanderzuhalten, damit keine Verwirrung entsteht, wenn wir uns dem Tatsachenmaterial aus unterschiedlichen Bereichen zuwenden. Das kann man machen, indem man zunächst allgemein darstellt, was alle Selektionstheorien gemein haben, um dann aufzuzeigen, was speziell eine befriedigende Theorie der *somatischen* Selektion im Nervensystem leisten muß.

Die abstrakten, allgemeinen Anforderungen an eine Selektionstheorie sind, wie wir gesehen haben, (1) eine Quelle der Diversifikation, die Varianten erzeugt, (2) eine Möglichkeit der effektiven Begegnung mit oder des »Abtastens« einer unabhängigen Umwelt, die nicht von Anfang an in einer absoluten oder vorherbestimmten Weise kategorisiert ist, und (3) eine Möglichkeit, daß Varianten, die einen größeren adaptiven Wert besitzen, sich in einer Population über einen bestimmten Zeitraum verstärkt vermehren. Diese Vermehrung kann stochastisch erfolgen, muß aber gleichwohl den Anteil der Angepaßteren an der Population erhöhen. Voraussetzung einer unterschiedlichen Vermehrung ist eine Form von Vererbung oder Gedächtnis, die dafür sorgt, daß mindestens einige Anpassungen erhalten bleiben und nicht durch den Prozeß der Variation, der gleichzeitig erfolgen muß, gänzlich verlorengehen.

Diese Bedingungen erfüllt offenkundig die Evolution; Mutation, Rekombination und Genfluß sind die Hauptquellen der Vielfalt, das Funktionieren des Phänotyps bietet ein Abtasten der Umwelt, und die Vererbung sorgt dafür, daß einige Ergebnisse der natürlichen Selektion zu einer verstärkten Reproduktion der angepaßten Phänotypen führen (Mayr 1982). Jede dieser Bedingungen wird ebenfalls von einem somatischen Selektionssystem – dem Immunsystem – erfüllt, bei dem die somatische Rekombination und Mutation von Genabschnitten für die Bildung des variablen Teils der Antikörper zur Entstehung eines Repertoires unterschiedlicher Antikörper-Bindungsstellen führt (Burnet 1959; Edelman 1973). Jeder Lymphocyt produziert eine bestimmte Sorte von Antikörpern, die eine Population darstellen. Fremde Antigene werden durch den komplexen Kreislauf der Lymphocyten bekämpft, und die Bindung eines Antigens oberhalb einer bestimmten Affinitätsschwelle führt zur verstärkten klonalen Vermehrung jener Lymphocyten, welche die Antikörper enthalten, die dieses Antigen mehr oder weniger gut binden können.

Die Theorie der Selektion neuronaler Gruppen erfüllt die drei oben genannten allgemeinen Bedingungen insofern, als ihr zufolge die Diversifikation der Verbindungsstruktur während der Entwicklung und die Diversifikation der Synapsenstärke später erfolgt. Im Zuge des Verhaltens kommt es zur Begegnung mit und zugleich zum Abtasten der Umwelt, wobei die Synapsen derjenigen neuronalen Gruppen verstärkt werden, deren Interaktionen adaptiven Wert haben.

Aufgrund des wechselseitigen Austauschs von Signalen kann sich auf allen Ebenen des Systems eine koordinierte Selektion vollziehen, während der synaptische Mechanismus, der für das Gedächtnis sorgt, einige der selektierten Gruppenvarianten im Hinblick auf künftige Selektionsvorgänge stabilisiert.

Die Theorie der Selektion neuronaler Gruppen ist generell anwendbar und vereint eine Reihe von disparaten Phänomenen, die in komplexen Nervensystemen vorkommen; sie ist jedoch mehr als eine bloße Übertragung anderer Selektionstheorien. Obwohl auch sie die grundlegenden Bedingungen erfüllt – eine Quelle der Vielfalt, ein Äquivalent des Erbmechanismus in Gestalt der Synapsenveränderung und eine aus diesem Mechanismus resultierende unterschiedliche Vermehrung –, weicht sie sowohl in ihrer Organisation wie in ihren Mechanismen von der Theorie der natürlichen Selektion (Darwin 1859; Mayr 1982) und von der Theorie der klonalen Selektion (Burnet 1959) ab.

Eine Theorie ist nur insofern nützlich, als sie mittels detaillierter, spezifischer Mechanismen eine Vielzahl von Phänomenen auf ihrem Gebiet erklärt und neue Experimente anregt. Welche neuen Richtungen oder Interpretationen bietet nun eine Theorie der somatischen Selektion der neuronalen Funktion? Eine solche Theorie betont, daß der Reiz dynamisch und polymorph ist, daß es zwei anfangs voneinander unabhängige Bereiche der Variation gibt (die Welt der potentiellen Reize und Mengen von neuronalen Gruppen) und daß die erste und wichtigste Grundlage des Lernens die Kategorisierung von Wahrnehmungsinhalten ist.

Die Theorie der Selektion neuronaler Gruppen unterstreicht die Bedeutung der Varianz in neuronalen Populationen und betont, daß die Vielfalt innerhalb der Nervensysteme während der Entwicklung entsteht. Die Selektion wird in zwei zeitliche Abschnitte gegliedert – die Zeit der Entwicklung und die der Erfahrung. Das heißt auch, daß eine angemessene Theorie der Hirnfunktion nicht möglich ist ohne ein Verständnis der Entwicklungsprozesse und Randbedingungen, die den Aufbau des Gehirns und die Vielfalt synaptischer Verbindungen bestimmen. Während der Erfahrung des adulten Tieres wird die Selektion unter Populationen von Synapsen zum entscheidenden Vorgang; in den meisten Fällen der postnatalen Erfahrung wird die Änderung der Synapsen-Populationen bedeutsamer als die Entstehung neuer neuroanatomischer Strukturen (Finkel und Edelman 1985). Wechselseitiger Signalaustausch und topographische Abbildung werden, beide ständig durch Verhaltensprozesse modifiziert, zu dem Mittel, durch das ein solches hierarchisches System seine innere Konsistenz erhalten kann. Die Theorie erkennt an, daß die Generalisierung für das Problemlösen und das Lernen wichtig ist und daß sie eine neuronale Basis haben muß; sie unterstreicht daher die grundlegende Rolle der Degeneriertheit neuronaler Gruppen in Repertoires und der reziproken Verbindung und wechselseitigen Beeinflussung der durch diese Repertoires gebildeten parallelen Systeme und Karten.

Die Theorien der neuronalen Selektion haben ein wichtiges Dogma bezüglich der neuronalen Entwicklung gemein:»Die Verdrahtung ist, im Rahmen individueller Besonderheiten, irreversibel«, d. h. daß die Struktur der neuronalen Schaltungen zwar von Variablen der Evolution, der Entwicklung und des Verhaltens abhängt, aber nicht *instruktiv* in Reaktion auf äußere Einflüsse aufgebaut oder abgeändert wird, sondern – sobald sie existiert – im großen und ganzen feststeht und *die Basis für synaptische Selektion bildet*. Dies gilt auch für regenerierende Systeme – den Selektionstheorien zufolge beginnt, wenn durch neuronale Regeneration ein neues Netz entstanden ist, das Spiel der synaptischen Selektion von vorn. Eine vollständige genetische Festlegung des Gehirns und des Verhaltens ist nach diesen Theorien ausgeschlossen; das Ausmaß der Festlegung ist vielmehr abhängig von der Evolution der jeweiligen Spezies, den ökologischen Bedingungen und dem für die somatische Anpassungsreaktion des Individuums erforderlichen Zeitraum. Dies steht im Einklang mit der selektionistischen Vorstellung, daß es keine Allzweck-Tiere – im Unterschied zu Computern und Turing-Maschinen – gibt, sondern nur die adaptive Evolution bestimmter sensorischer Oberflächen und motorischer Ensembles sowie des somatischen Selektions-Prinzips selbst, wie sie sich in bestimmten Mechanismen beim Phänotyp äußert. Deshalb steht die von selektionistischen Theorien vertretene Auffassung – im Gegensatz zur Ansicht behavoristischer Modelle – im Einklang mit ethologischen Beschränkungen und mit der einzigartigen Angepaßtheit verschiedener Spezies und ihrer Nervensysteme an bestimmte ökologische Nischen.

Man muß begreifen, daß Selektionsprozesse, die nur während der Entwicklung stattfinden und lediglich eliminativen Charakter haben, nicht hinreichen, um das zur Kategorisierung führende adaptive Verhalten zu erklären. Eine gewisse Diversifikation unter selektiven Bedingungen muß auch während der somatischen Lebenszeit neuronaler Systeme stattfinden, und es muß *sowohl* positive *als auch* negative Selektion geben. Obwohl die statistische Wahrscheinlichkeit dafür spricht, daß die anfängliche Degeneriertheit des Systems bei Lernvorgängen zurückgeht, bleibt die statistische Möglichkeit bestehen, daß es während der gesamten Lebensdauer des Organismus in den interagierenden neuronalen Netzen und den Hierarchien solcher Netze zu neuen Variationen kommt.

Die wichtigsten experimentellen Fragen, die sich aus der Theorie der Selektion neuronaler Gruppen ergeben, sind die Ermittlung der entwicklungsbedingten Ursachen der Variabilität, die Feststellung derjenigen Regeln, die das Verhalten der Synapsen-Populationen in degenerierten neuronalen Netzen bestimmen, sowie die Erforschung der zeitlichen und physikalischen Randbedingungen wechselseitigen Signalaustauschs, und zwar jeweils im Kontext der umfassenderen evolutionären Beschränkungen, denen das Verhalten und die Form einer Spezies unterliegen. Dieses anspruchsvolle Programm des neuronalen Darwinismus (Edelman 1985a) führt zu interessanten und neuen Auffassungen über die Natur von Gedächtnis, Wahrnehmung und Lernen und regt zu einer großen Zahl neuer Experimente an (siehe Kapitel 12).

## Selektion und Instruktion in globalen Hirntheorien

Zum Abschluß dieser kurzen historischen und interpretierenden
Darstellung mag es nützlich sein, auf Unterschiede zwischen einer
früher sehr einflußreichen globalen Theorie der Hirnfunktion und
der Theorie der Selektion neuronaler Gruppen hinzuweisen, zumal dieser fundamentale Unterschied verwischt oder mißverstan-
den wurde. Die fragliche Theorie ist Hebbs Theorie der Zellverbände (Hebb 1949, 1980, 1982; Jusczyk und Klein 1980), in der
sich Thorndikes Ideen über den Reiz-Reaktions-Zusammenhang
und das Lernen durch Versuch und Irrtum im Sinne einer instruktionistischen Zelltheorie niederschlugen. Dieser Theorie zufolge
werden Ansammlungen von Zellen nach einer bestimmten synaptischen Regel, die von Einzel-Neuron zu Einzel-Neuron die
Stärke der Synapsen beeinflußt, zu Verbänden zusammengefaßt.
Dieser Prozeß wird durch äußere Reize induziert. Komplexe Ab-
folgen solcher Ereignisse sorgen dafür, daß die Zellverbände in
sogenannten»Phasenfolgen« nacheinander aktiviert werden.

Eine Gegenüberstellung der Hebbschen Theorie und der Theorie der Selektion neuronaler Gruppen ist insofern von besonde-
rem Interesse, als sie erlaubt, den Unterschied zwischen einer in-
struktionistisch-materialistischen Theorie und einer solchen, die
ganz und gar auf dem Populationsgedanken basiert, klar heraus-
zuarbeiten. Zwar ist Hebbs Theorie keineswegs eine wörtliche
Wiedergabe von Thorndikes Ideen (Thorndike 1911, 1931), doch
zumindest in einigen Aspekten ist sie durchaus instruktionistisch.
Der Populationsgedanke stand bei der Formulierung der Theorie
der Zellverbände nicht Pate. Die Zellverbände wurden nicht unter dem Aspekt der entwicklungs- und evolutionsbedingten
Zwänge und der Varianz betrachtet, sondern sollten sich unter
dem Einfluß bestimmter Signale aus der Umwelt und aus dem
Nervensystem, die sich von Zelle zu Zelle fortpflanzen, aus einzelnen Zellen zusammenschließen. Das Problem der Embryologie
und die Beziehung zwischen Evolution und Verhalten wurden in
der Theorie nicht angesprochen. Sie ging nicht ausdrücklich auf
die Art der Selektion ein, besaß keinen durchdachten Begriff von
Kategorisierung in der inneren und äußeren Umwelt und erkannte

nicht die Notwendigkeit eines akkuraten Verfahrens für Mustererkennung. Wohl berücksichtigte sie die sequentielle Aktivierung
von Zellverbänden als Ergebnis eines aktiven Erkundens der Umwelt und letztlich der Aufmerksamkeit und des Lernens, doch ging
sie nicht eindeutig auf die Frage ein, wie sich in einem komplexen
und parallel organisierten Netzwerk raumzeitliche Kontinuität
aufrechterhalten läßt.

Die historische Bedeutung der Theorie der Zellverbände beruht auf der Betonung verschiedener Sachverhalte: der Relevanz
zentraler Zustände und komplexer Reaktionseinheiten, der sequentiellen Natur der Wahrnehmung, dem rezeptiven Lernen und
der Generalisierung und vor allem der Rolle der Aufmerksamkeit
für das Lernen. Sie war zu ihrer Zeit der systematischste Versuch,
eine sehr breite Skala psychologischer Phänomene mit Hilfe von
Neuroanatomie und Neurophysiologie zu erklären, und insofern
war sie bahnbrechend. Wenn man jedoch die sich aus dem Populationsgedanken ergebenden weiteren Randbedingungen außer
acht läßt, kann man alle psychologischen Phänomene lediglich in
einer Weise »erklären«, die experimentell nicht streng nachprüfbar ist (ein bemerkenswertes Beispiel findet man bei Bindra
1976).

Im Gegensatz zur Theorie der Zellverbände ist die Theorie der
Selektion neuronaler Gruppen festgelegt auf strukturelle Konstanten und Populationsvariablen, darunter (1) Entwicklungsprozesse mit bestimmten neuroanatomischen Folgen (z. B. lokale
Organisation von Gruppen, reziproke Verbindungsstrukturen),
(2) ein Populationsansatz in der Neurophysiologie (Einwirkung
der Synapsen-Selektionsregeln auf die Struktur der ganzen
Gruppe – statt der bloßen Interaktion von Einzelneuronen, wie es
das Hebbsche Gesetz postuliert), und (3) eine strikte Interdepen-
denz zwischen der Dynamik der reziproken Projektion zwischen
neuronalen Karten und der perzeptuellen Kategorisierung im
Verhalten.

Diese Populationstheorie steht noch vor der großen Aufgabe,
detailliert zu zeigen, durch welche Wege und Mechanismen die
somatische Selektion mit ihren unterschiedlichen Populationen
über die Evolution zu der Fähigkeit bestimmter Spezies führen

kann, Information zu speichern, zu übertragen und schließlich zu verarbeiten.

Eine auf präexistente Kategorien einwirkende Selektion, eine eliminative oder stabilisierende Selektion und eine während der Entwicklung sich vollziehende Selektion der Synapsen wird allein – das hat dieser kurze historische und kritische Rückblick gezeigt – im allgemeinen keine befriedigende Antwort liefern können. Man muß einen Mechanismus angeben können, der ontogenetische Vielfalt produziert und sich mit der Evolution einer bestimmten Spezies in ihrer jeweiligen Nische im Einklang befindet. Ferner müssen wir die Grundlagen der auf Erfahrung basierenden Selektion im individuellen Gehirn aufzeigen. Diese Mechanismen müssen nicht nur die Mustererkennung in stabilen Umwelten erklären, sondern auch die beim Auftreten von Neuem. Schließlich muß der für diese perzeptuelle Kategorisierung vorgeschlagene Mechanismus auch das gewöhnliche Lernen erklären.

Eine angemessene Theorie muß das Auftreten dieser bemerkenswerten Eigenschaften verstehen lassen, ohne auf Homunkuli oder das Argument einer teleologischen Schöpfung zurückzugreifen, und sie muß zeigen, welchen adaptiven Wert die vorgeschlagenen Mechanismen für den Organismus haben. Wie wir sehen werden, wenn wir die Selektion neuronaler Gruppen in Bezug zu experimentellen Daten setzen, liefert kein Einzelgebiet der Neurowissenschaft und keine einzelne deskriptive Untersuchung hinreichende Belege für diese Mechanismen. Wir werden deshalb zum Beweis unserer Theorie Daten aus vielen Disziplinen heranziehen, von der Molekularbiologie über die Entwicklungsbiologie bis hin zur Populationsbiologie und zur Ökologie. Die von der Theorie vorgeschlagenen Selektionsmechanismen werden in diesem Buch detailliert untersucht. Ihre Aufhellung müßte einen präziseren Rahmen zur Bewertung des Beweismaterials aus den einzelnen Disziplinen liefern. Zunächst sollten wir vielleicht die Wichtigkeit der perzeptuellen Kategorisierung verdeutlichen und zeigen, daß instruktionistische Modelle ihre beobachteten Eigenschaften nicht zu erklären vermögen.

# 2

# Struktur, Funktion und Wahrnehmung

Modelle der Informationsverarbeitung und Untersuchungen der Hirnstruktur · Wahrnehmung und Kategorisierung · Die Bedeutung von Generalisierung und Kontext · Visuelle Generalisierung bei sprachlosen Spezies · Wittgenstein und *polymorphe Mengen* · *Anatomische Variabilität* von Nervensystemen · Funktionale Variabilität neuronaler Karten · *Modelle der Informationsverarbeitung in der Krise*

## Einführung

Überblickt man die vielen Taxa, weist das Verhalten eine bemerkenswerte Vielfalt auf, und was sein Verhältnis zur neuronalen Struktur angeht, kann man fast von Launenhaftigkeit sprechen. Damit ein Wurm mit seinem Schwanz wackeln kann, mag ein Netz von Tausenden von Neuronen erforderlich sein (Horridge 1968), doch ein Fisch braucht, um mit dem Schwanz zu schlagen, nur ein einziges Neuron, die Mauthner-Zelle (Faber und Korn 1978). Und wenn man von diesem einfachen Beispiel zu komplexeren übergeht und zu klären versucht, wie ein Nervensystem organisiert sein muß, damit beim Primaten Wahrnehmungen möglich werden, wird die Zahl der Fachdisziplinen so unübersichtlich und schon die Definition des Problems so schwierig, daß man ernsthafte Versuche unterläßt. Früher war es bei dieser Frage üblich, in Anatomie und Physiologie nach einfachen Einheitsprinzipien zu suchen (z. B. der Reflexbogen oder das chemische Verhalten der Synapse) oder neuronale Strukturen und Mechanismen zu ignorieren und das Verhalten als solches nach rein funktionalen Kriterien zu beurteilen. Ein in Wahrnehmungsstudien der kognitiven Psychologie gebräuchliches Funktionsbeispiel (Underwood 1978; Anderson 1981; Norman 1981) ist das Modell der Informationsverarbeitung, wie ich es nennen werde, ein Modell, das solche

Einheiten wie Neurone, Synapsen und Netze als gegeben voraussetzt, die Einzelheiten ihrer Funktionsweise aber für nicht so wichtig hält wie die Vorstellung, daß das Gehirn – wie ein Digitalrechner – Informationen mit Hilfe von Programmen verarbeitet, die teils von der Umwelt und teils von der neuronalen Verdrahtung diktiert sind.

Für einen Neurobiologen, der zugleich Reduktionist ist, hat das Doppelprojekt, die neuronale Struktur zu verstehen und sie mit der Funktion zu verknüpfen, natürlich weit größere, ja zentrale Bedeutung. Er muß aber zugeben, daß allein schon die Zahl der neuronalen Elemente, die Kompliziertheit ihrer Verknüpfungen und das Unvermögen, die globale Funktion lediglich aus der Netzstruktur abzuleiten, zumindest ärgerlich sind. Für den Psychologen, der gleichzeitig eine Art funktionalistischer Interpretation betreibt, gibt es ein weiteres Ärgernis. Programme, Software und gelernte Routinen sind etwas für logische Maschinen. Es könnte sich herausstellen, daß trotz der Existenz gewisser »Programme« im Gehirn (Young 1978) die logische Strukturiertheit seiner Schaltungen für ein Tier nicht ausreicht, um in seinen ersten Interaktionen adaptiv mit den Dingen dieser Welt umgehen zu können.

Genau dies ist die Position, die ich hier vertreten werde: Die Umwelt oder die Nische, an die ein Organismus sich anpassen muß, ist nicht nach einer Logik geordnet, und den möglichen Formen ihrer Ordnung sind keine absoluten Werte zugeordnet. Damit bestreite ich nicht, daß die materielle Ordnung in einer solchen Nische den Gesetzen der Quantenphysik gehorcht; ich sage nur, daß zu dem Zeitpunkt, da ein höherer Organismus *zum ersten Mal* auf seine Welt trifft, die meisten makroskopischen Dinge und Vorgänge nicht in wohlgeordneten Kategorien erscheinen. Natürlich gibt es Ausnahmen von dieser Regel; wie Ethologen betont haben (vgl. Marler 1982; Marler und Terrace 1984), können bestimmte Anordnungen in der Nische eines Tieres infolge der natürlichen Selektion kategorial wahrgenommen werden. Das entscheidende Problem für die von Anatomen und Physiologen durchgeführten Struktur- und Funktionsanalysen wie für die von den Psychologen vorgenommene Beschreibung der globalen

Funktion bleibt die Frage, wie Tiere die Kategorisierung während ihres Lebens durchführen. Ich vertrete hier die These, daß das zentrale Problem der Neurobiologie darin besteht, die neuronalen Grundlagen einer solchen Kategorisierung der wahrgenommenen Welt zu verstehen. Seltsamerweise versteht man dieses Problem am besten, wenn man zunächst höherentwickelte Nervensysteme betrachtet und danach auf einfachere zurückkommt.

Weil man nicht zu erkennen vermochte, daß die mit der Kategorisierung zusammenhängenden Probleme durch getrennte Struktur- bzw. Funktionsanalysen nicht zu lösen sind, ist man zu Interpretationen gelangt, die einige ernste Schwierigkeiten, Widersprüche und Lücken der Neurowissenschaft entweder umgehen oder verwischen. Doch im Unterschied zur Ultraviolett-Katastrophe, die in der hochgradig verschränkten Struktur der Physik nicht ignoriert werden konnte (siehe McCormmach 1982), sind diese Schwierigkeiten durch ihre Verteilung auf eine Vielzahl neurobiologischer Teildisziplinen verschleiert worden, und es wurde nicht recht deutlich, daß sich in allen die gleiche Krise äußert, nämlich die Unfähigkeit zu erklären, wie die neuronale Struktur und Funktion von den normalen Lernvorgängen zur Mustererkennung bzw. zur Kategorisierung von Wahrnehmungsinhalten und Generalisierung führen kann.

Welche strukturellen Eigenschaften neuronaler Netze und ihrer Synapsen erlauben es einem Organismus, eine große Zahl verschiedener Beispiele einer Kategorie zu erkennen, nachdem er zunächst nur mit wenigen konfrontiert war? Eine biologisch befriedigende Antwort setzt eine Theorie der höheren Hirnfunktion voraus, die vor allem auf die neuronale Struktur abgestellt ist. Die Theorie, die hier vorgeschlagen wird, um eine solche Antwort zu liefern, unterscheidet sich radikal sowohl von den früher vorgeschlagenen als auch von den gegenwärtig – stillschweigend oder ausdrücklich – als gültig anerkannten Theorien. Es ist daher wichtig, gleich zu Beginn die Ursprünge wie auch die Grenzen dieses theoretischen Vorhabens darzulegen.

Darwin (1859) erklärte, die Taxa seien durch natürliche Selektion entstanden, die auf Varianten einer Population einwirkte und dazu führte, daß die Angepaßtesten sich stärker vermehrten

(Mayr 1982). Wie im vorigen Kapitel kurz angedeutet, besagt das theoretische Prinzip, das ich hier entfalten werde, daß die Kategorien im Rahmen der höheren Hirnfunktion durch somatische Selektion entstehen, die auf eine riesige Zahl von Varianten neuronaler Verschaltungen innerhalb von Netzen einwirkt, die bei jedem Individuum epigenetisch im Laufe seiner Entwicklung aufgebaut werden; Ergebnis dieser Selektion ist die verstärkte Vermehrung von Populationen von Synapsen in den selektierten Varianten. Ich vertrete mit anderen Worten die Ansicht, daß das Gehirn ein selektives System ist, das in seinem Funktionieren eher der Evolution als der Daten- oder Informationsverarbeitung gleicht. Die ausführliche Begründung dieser Ansicht wird eine Übung im Populationsdenken (Mayr 1982) sein, dem zufolge die Varianz innerhalb einer Population real ist und die Individualität die Basis der Selektion darstellt. Diese Übung im neuronalen Darwinismus (Edelman 1985 a) muß gleichwohl auf ganz spezifische Mechanismen gestützt werden, die aufgrund unserer Kenntnisse des Nervensystems ausführlich zu beschreiben sind.

Nach einer allgemeinen Einführung in das Problem der perzeptuellen Kategorisierung und einer weitergehenden Darstellung der Theorie werde ich mich experimentellen Daten zuwenden, die auf Selektionsvorgänge während der embryonalen Entwicklung hindeuten, und hier insbesondere zeigen, daß die Vielfalt der Verknüpfungen aus biochemischen Prozessen resultiert. Anschließend werde ich erörtern, wie die Selektion mittels synaptischer Modifikationsregeln auf Repertoires von Neuronen einwirkt, die die Vielfalt ihrer Verknüpfungen während ihrer embryonalen Entwicklung hergestellt haben, so daß regionale Karten wie die in der Großhirnrinde entstanden sind. Schließlich möchte ich beschreiben, wie bestimmte reziproke Wechselwirkungen zwischen solchen regionalen Karten zu sogenannten globalen Kartierungssystemen führen, die eine denkbare Lösung für das zentrale Problem der perzeptuellen Kategorisierung enthalten.

# Perzeptuelle Kategorisierung und Generalisierung

Wahrnehmung können wir vorläufig definieren als die durch eine oder mehrere Sinnesmodalitäten vorgenommene Unterscheidung eines Objekts oder Ereignisses vom Hintergrund bzw. von anderen Objekten oder Ereignissen. Wir wählen die Wahrnehmung als zentrales Thema vor allem deshalb, weil sie an der Grenze zwischen Physiologie und Psychologie liegt und andere Themen wie Aufmerksamkeit, Motivation, Lernen oder Gedächtnis eigentlich nicht untersucht werden können, wenn man nicht die Wahrnehmungsprozesse verstanden hat. Wahrnehmung schließt Kategorisierung ein, einen Prozeß, der es einem Individuum erlaubt, nichtidentische Objekte bzw. Ereignisse als äquivalent zu betrachten. Ich will nun – im Stil einer Einführung – einige Phänomene betrachten, die mit der Kategorisierung von Wahrnehmungsgegenständen zusammenhängen. Wenn wir unsere vorläufige Definition der Wahrnehmung nehmen, erhebt sich, da es vorweg keine unwandelbaren Kategorien von Dingen gibt, die Frage, woher wir eigentlich wissen, was ein Objekt ist? Wenn wir die Welt betrachten, so gibt es dort keine fertige semantische Ordnung: Ein Tier muß nicht nur Dinge identifizieren und klassifizieren, sondern außerdem entscheiden, was es zu tun gedenkt angesichts der Tatsache, daß es – von einigen feststehenden Programmen (Marler und Terrace 1984) abgesehen, die es der Evolution verdankt – keine detaillierten Beschreibungsprogramme vorfindet. Dies muß betont werden, weil es für alle anderen Überlegungen von zentraler Bedeutung ist: Anfangs ist das Problem der Wahrnehmung gewissermaßen ein Problem der Taxonomie, bei dem das individuelle Tier die Dinge seiner Welt »klassifizieren«, »einordnen« muß. Welche Lösungen für dieses Problem der einzelne Organismus auch wählt, sie müssen mit seiner ökologischen Nische zusammenpassen und seinem adaptiven Vorteil entsprechen. Die innere Taxonomie der Wahrnehmung ist, anders gesagt, adaptiv, aber nicht unbedingt wahrheitsgemäß in dem Sinne, daß sie mit den Beschreibungen der Physik übereinstimmt (Vernon 1970).

Aus der Sicht des sich anpassenden Organismus ist die Kategorisierung der Dinge relativ und zudem abhängig von Hinweisen auf bestimmte Kategorisierungsmöglichkeiten, vom Kontext und von der Auffälligkeit der Reize (Staddon 1983). Kategorien sind nicht unwandelbar, sondern vom jeweiligen Zustand des Organismus abhängig, der wiederum eine Funktion des Gedächtnisses und der Situation ist. Auf der makroskopischen Ebene sind solche Kategorien nicht allgemeingültig in dem Sinne, in dem es eine quantenphysikalische Beschreibung der Teilchen ist. Dennoch sind Tiere fähig zu *generalisieren*; ein individueller Organismus kann also unter Lernbedingungen einigen wenigen Beispielen einer Kategorie begegnen und anschließend eine sehr große Zahl von zwar verwandten, aber neuartigen Beispielen erkennen (Herrnstein 1982). Diese Fähigkeit von Individuen einer Spezies, neuartige Objekte zu Klassen zusammenzufassen, spiegelt in verblüffender Weise das wider, was man die idiosynkratische (d. h. selbstadaptive) Verallgemeinerungsfähigkeit neuronaler Netze nennen könnte.

Bevor wir an unsere eigentliche Aufgabe gehen, die strukturelle Basis dieser Fähigkeit zu verstehen, mag es hilfreich sein, hier kurz auf einige ihrer phänomenalen Aspekte und ihre Grenzen einzugehen. Nehmen wir als erstes den Kontext. In Abbildung 2.1 sehen Sie vermutlich ein Gesicht, einigermaßen karikaturhaft. Betrachten Sie nun Abbildung 2.2. Der Zeichnung ist der Titel

Abbildung 2.1
*Figur.*

FRÖSCHE FRESSEN SCHMETTERLINGE,
SCHLANGEN FRESSEN FRÖSCHE,
SCHWEINE FRESSEN SCHLANGEN,
MENSCHEN ESSEN SCHWEINE

(WALLACE STEVENS)

Abbildung 2.2
*Kontext.*

eines Gedichts von Wallace Stevens beigegeben. Dieses Kontextmaterial hat Ihre Art, die Einzelheiten dieser Zeichnung wahrzunehmen, wohl unwiderruflich verändert. Wichtig ist, daß Kontext, zusätzliche Hinweise und auffällige Merkmale Einfluß darauf haben, wie Einzelheiten gesehen werden. Das hier angeführte Beispiel benutzte der Einfachheit halber die Sprache und bezog sich auf ein subjektives Wahrnehmungserlebnis, aber auch Organismen, die nicht über Sprache verfügen, gestalten die wahrgenommenen Einzelheiten nach bestimmten Variablen, die nicht notwendigerweise in der Objekt-Kategorie selber enthalten sind. Ein weiteres Beispiel, das der Psychophysik und dem Wahrnehmungsvorgang näher kommt, mag den Einfluß des Kontexts und den Unterschied zwischen sensorischer und physikalischer Welt noch mehr verdeutlichen. Es handelt sich um die in Abbildung 2.3 wiedergegebene Wundt-Heringsche Täuschung. Die meisten Beobachter werden sich darin einig sein, daß die Linien im unteren Teil der Abbildung parallel sind. Um einen wissenschaftlichen Beweis gebeten, wird man an verschiedenen Punkten den rechtwinkligen Abstand messen und wohl in etwa die gleichen Werte erhalten.

Betrachten wir nun die zwei Linien in der Wundt-Heringschen Täuschung. Im mittleren Beispiel scheinen sie nach innen, im obe-

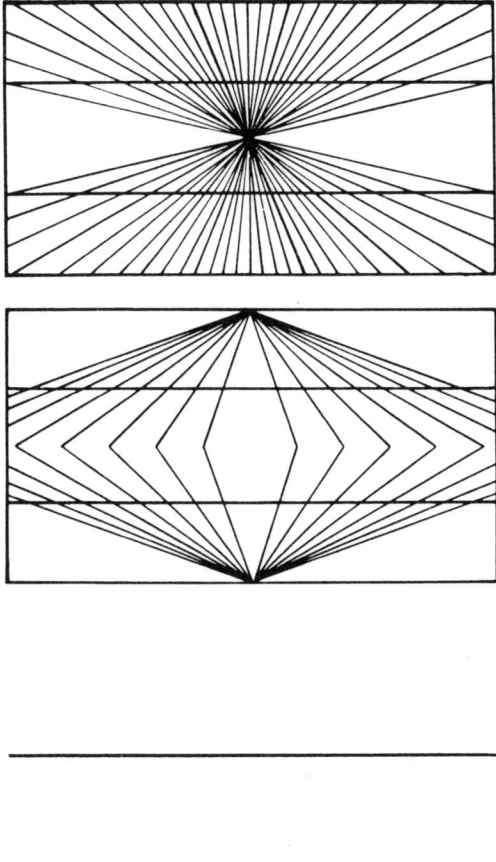

Abbildung 2.3
*Die Wundt-Heringsche Täuschung.*

ren nach außen gebogen zu sein. Tatsächlich sind sie in allen drei
Fällen parallel. An dieser ziemlich banalen Übung zeigt sich, daß
zwischen der sensorischen und der physikalischen Ordnung, wie
Hayek (1952) sie genannt hat, nur eine ungefähre Entsprechung
besteht. Mit dieser Feststellung hängt auch die Tatsache zusammen, daß die wahrgenommene Welt eine Welt der Adaptation
und nicht so sehr eine Welt der vollkommenen Wahrhaftigkeit ist.
Dies wird auch durch andere optische Täuschungen (Coren und
Girgus 1978; Deregowski 1980), die sogenannten Wahrnehmungskonstanzen (Vernon 1970) und neuere Versuche zum sogenannten vor-aufmerksamen Sehen (Treisman 1979, 1983;
Treisman und Gelade 1980; Julesz 1984) bestätigt. Man weiß
über solche Phänomene bei Tieren weniger Bescheid als bei Menschen, aber auch schon aus den Untersuchungsbefunden an Menschen lassen sich eindrucksvolle Folgerungen ableiten. Es gibt
Kontexte, in denen wir an Objekten gewisse Merkmale selektiv
wahrnehmen und auf Unerwartetes im Interesse der Sicherheit
übertrieben reagieren; in anderen Kontexten haben unsere Wahrnehmungen eine Neigung zu Stabilität und Kohärenz, die selbst
auffällige Veränderungen oder Differenzen in der physikalischen
Welt nicht erschüttern können. Aus beiden Fällen schließen wir
abermals, daß die Wahrnehmung adaptiv und nicht streng wahr-
heitsgetreu ist. Im übrigen zeigen ausführliche Untersuchungen
über Wahrnehmungskonstanzen sowie Wechselbeziehungen und
Merkmalsgruppierungen (siehe Kubovy und Pomerantz 1981;
Dodwell und Caelli 1984), daß völlig verschiedenartige Reizmerkmale ein und dieselbe Wahrnehmung hervorrufen können, daß
die Attribute der wahrgenommenen Form auf unterschiedlichen
Ebenen entstehen und daß die wahrgenommene Form auch dann
unverändert bleiben kann, wenn verschiedene Teile einer sensorischen Oberfläche gereizt werden.

Somit können beeindruckende Beweise dafür angeführt werden, daß die Kategorisierung der Wahrnehmungsobjekte relativ
und kontextabhängig ist. Noch eindrucksvoller sind die Belege
dafür, daß auch Geschöpfe ohne Sprache einer perzeptuellen Generalisierung fähig sind. Zwar sind die Menschen stolz auf ihre
(zum großen Teil der Sprache verdankte) weitreichende Verallge-

meinerungsfähigkeit, doch haben Cerella (1979), Herrnstein (1982) und andere eindeutig bewiesen, daß Tauben der Generalisierung fähig sind. Abbildung 2.4 zeigt Muster von Eichenblättern (das mittlere von der Weißeiche), die Cerella bei einem Versuch der operanten Konditionierung mit Tauben als Reize benutzte. Die Taube konnte, nachdem sie drei- oder viermal beim Zeigen der Abbildung eines Blattes von *Quercus alba* belohnt worden war, verallgemeinern und Muster von Eichenblättern jedweder Gattung von Mustern aller sonstigen Arten von Blättern unterscheiden. Wer dieses Ergebnis auf eine evolutionär oder ethologisch determinierte Fähigkeit oder versteckte, für den Experimentator nicht erkennbare Reizmerkmale zurückführen möchte, muß zur Kenntnis nehmen, daß Herrnstein bei Tauben ähnliche Fähigkeiten der Generalisierung fand, wenn er ihnen Bilder von Wasser, von Frauengestalten, von Bäumen und sogar von Fischen darbot. Wenn die Ergebnisse stimmen, müssen wir mit Herrnstein (1982) schließen, daß Tiere, die nicht über Sprache verfügen, auf der Grundlage der Erkennung einiger weniger gesehener Muster zu verallgemeinern vermögen. In manchen Fällen (Staddon 1983) mag für die Prozesse, die zur Generalisierung führen, assoziatives Lernen erforderlich sein, aber hinreichend ist es auf keinen Fall.

Abbildung 2.4
*Blattmuster aus Cerellas Experimenten (Cerella 1977). Oben: Blätter der Weißeiche. Das linke und rechte Muster zeigen die Extreme der Variation in einer Stichprobe von vierzig Eichenblättern, das mittlere ist das bei den Experimenten tatsächlich benutzte. Unten: Nicht-Eichenblätter.*

Das Tier muß, um sowohl Neuartiges als auch die Klassenzugehörigkeit erkennen zu können, noch über eine andere Fähigkeit verfügen. Beides, die Kontextabhängigkeit der perzeptuellen Kategorisierung und die Fähigkeit, anhand weniger gelernter Beispiele zu verallgemeinern, stellt eine logische oder »informationsgestützte« Erklärung der Ergebnisse nachdrücklich in Frage. Ein und dasselbe Objekt kann zu verschiedenen Zeiten unterschiedlich klassifiziert werden, und ein Tier kann sich bei der Klassifikation dieses Objektes zu verschiedenen Zeiten unterschiedlicher Mittel bedienen. Diese Resultate zu erklären ist eine der wichtigen Aufgaben einer angemessenen Theorie der höheren Hirnfunktion. Ehe wir zu den entsprechenden Modellen und Hypothesen kommen, sollten wir zur Klärung des Problems näher auf bestimmte Merkmale der von Menschen und Tieren durchgeführten Generalisierung eingehen. Betrachtet man das Problem der Kategorisierung aus philosophischer Sicht, so lassen die Ergebnisse den Schluß zu, daß die klassische Kurzformel, nach der eine Klasse definiert ist durch Bedingungen, die einzeln notwendig und gemeinsam hinreichend sind, nicht zutrifft. Die Zugehörigkeit zu einer Klasse entspricht eher der Familienähnlichkeit: Jemand ähnelt seiner Schwester, weil er Kinn und Augen vom Vater hat, Nase und Ohren dagegen nicht; die Schwester hat Nase und Augen, nicht aber Kinn und Ohren vom Vater usw. Dies ist eine der zentralen Fragen, die Wittgenstein (1953) in seinen *Philosophischen Untersuchungen* erörtert hat (Pitcher 1968). Wittgensteins Überlegungen führten zu der Auffassung, daß Kategorisierungen in Wirklichkeit polymorph seien (Ryle 1949), auch wenn zur Definition der Kategorien die Sprache benutzt wird.

Was unter polymorphen Mengen zu verstehen ist, läßt sich anhand der Konstruktion (Abbildung 2.5) von Dennis et al. (1973) erklären. Die Regel, nach der sich die Zugehörigkeit zur Kategorie *J* richtet, ist ganz und gar nicht durchsichtig oder evident. Sie leuchtet jedoch ein, wenn sie folgendermaßen formuliert ist: »Der Besitz von mindestens zwei der Eigenschaften schwarz, rund oder symmetrisch definiert die Zugehörigkeit zu *J*.« Bei dieser Definition sind disjunktiv *beliebig viele m* von insgesamt *n* möglichen

Eigenschaften zugelassen (wie Wittgenstein [1953] es in der Diskussion der Spieltheorie tat). Ein klassischer Realist würde auf der Konjunktion – *n* von *n* Eigenschaften – bestanden haben, die jeweils einzeln notwendig und gemeinsam hinreichend sind, um eine Menge zu definieren. Ein Nominalist hätte auf vollständige Disjunktion gepocht, d. h. daß Mitglieder von Mengen nichts miteinander gemein haben, außer daß man sich entschließen kann, jedes von ihnen in einer bestimmten Weise (von insgesamt *n* möglichen Weisen) zu benennen.

Nicht ganz so abstrakt wollen wir hier einige verwandte Auffassungen erörtern, die aus psychologischen Experimenten zur Bildung von Begriffen und Kategorien (Smith und Medin 1981) abgeleitet wurden. Diese Untersuchungen, auf die in Kapitel 9 aus-

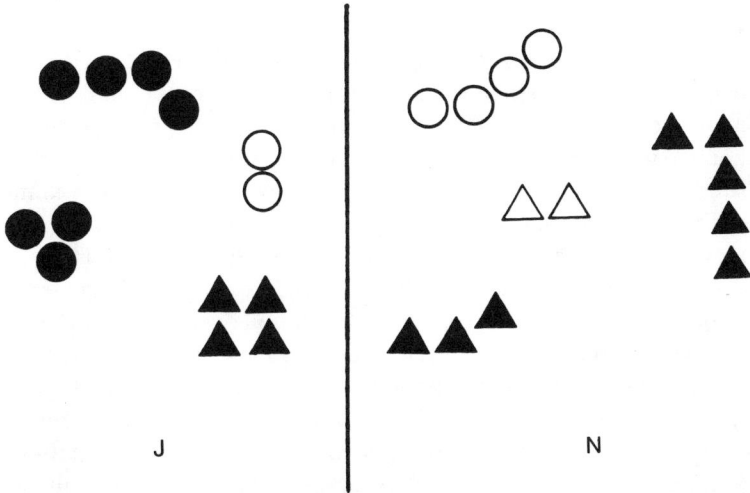

Abbildung 2.5
*Polymorphe Regel für Mengenzugehörigkeit, nach Dennis et al. (1973).*
*Mitglieder der Menge (die mit J für »ja« gekennzeichnete Gruppe) haben*
*zwei der Eigenschaften Rundheit, Farbe oder bilaterale Symmetrie. Nicht-*
*mitglieder (die mit N für »nein« gekennzeichnete Gruppe) haben nur eine*
*dieser Eigenschaften.*

führlicher eingegangen wird, führten zu allgemeinen Folgerungen, die sich mehr oder weniger mit der Vorstellung von polymorphen Mengen decken: Menschen bilden Kategorien nicht anhand abgeschlossener Listen von einzeln notwendigen und gemeinsam hinreichenden Bedingungen mit feststehenden unter- und übergeordneten Beziehungen zwischen den Klassenmitgliedern. Sie verwenden vielmehr statistische oder disjunktive Kombinationen von Attributen oder skalierten Variablen, oder sie benutzen Musterbeispiele; es gibt auch Fälle, in denen sie beide Strategien verwenden. Viele der einschlägigen Befunde, die vor allem von Rosch und anderen gewonnen wurden (siehe Rosch und Lloyd 1978), beziehen sich im wesentlichen auf *begriffliche* Fragen, die sehr stark sprach- und in einem gewissen Umfang kulturgebunden sind. Auf dem Gebiet der Generalisierung der Wahrnehmung liegen leider weniger Ergebnisse vor, doch scheinen, wie Smith und Medin (1981) andeuten, die Fragen und Schlußfolgerungen verwandt zu sein.

Nimmt man zu diesen Beobachtungen die Hinweise für Generalisierung bei Tauben hinzu, so spricht vieles dafür, daß einem adaptiven Lebewesen – auch einem, das über Begriffe verfügt – beim Auftreten von etwas Neuem keine abgeschlossene, umfassende Beschreibung von Objekten zur Verfügung steht; keine »Stimme im brennenden Dornbusch« sagt diesem Tier, wie die Beschreibung der Welt sein sollte. Vielleicht wirkt der Hinweis erhellend, daß man über natürliche Objekte und Vorgänge in der ökologischen Nische im Laufe der Evolution dasselbe sagen kann: Für das wahrnehmende und sich verhaltende Tier sind Werte relativ und Mengen polymorph, und im allgemeinen kann den Objekten, die in Teilen einer Nische angetroffen werden, kein absoluter ökologischer Wert zugeschrieben werden (siehe Lewontin 1968; Pantin 1968). Die einzigen Ausnahmen liefern Untersuchungen der Ethologen über »natürliche Kategorien«: Aufgrund der evolutionären Selektion sind Tiere einer gegebenen Spezies in der Lage, bestimmte wiederkehrende Objekte bzw. relativ konstante Merkmale von Objekten in einer Nische konsistent und wiederholt zu erkennen (Marler 1982; Gould und Marler 1984). Diese Ausnahmen sind jedoch nicht weit verbreitet (jedenfalls sind sie nicht ubiquitär), und daß sie vorkommen, spricht nur für das Gegenteil.

Unsere ursprüngliche Frage nach der Kategorisierung der Wahrnehmungsinhalte ist damit noch nicht beantwortet, aber sie lautet jetzt anders: Welche Eigenschaften seines Nervensystems erlauben es einem Tier, adaptiv mit polymorphen Mengen umzugehen? Wenden wir uns nun der Möglichkeit zu, daß Varianz in neuronalen Strukturen eine wichtige derartige Eigenschaft sein könnte.

## Vielfalt und überlappende Verbindungsstruktur in neuronalen Strukturen

Nach dem bisher Gesagten deutet nichts darauf hin, daß es in der makroskopischen Welt detaillierte Datenstrukturen gibt, die ein Programm für das Nervensystem im Sinne einer fest verdrahteten Apparatur, die in der Lebensspanne eines Individuums arbeitet, liefern könnten; die Gesetze der Physik stellen zwar wesentliche Einschränkungen dar, reichen aber nicht aus, um ein solches Programm auf der makroskopischen Ebene zu liefern. Die philosophischen Implikationen liegen auf der Hand: Wir können, wenn es tatsächlich keine vorgegebene kategoriale Struktur gibt, nicht als vollkommen naive Realisten an psychologische Fragen herangehen (siehe z. B. Gibson 1979 und vgl. Ullman 1980); wir können aber auch keine so radikalen Materialisten sein wie Demokrit, der verkündete, Farbe, Süße oder Bitterkeit seien nur Konvention und in Wahrheit gebe es nur Atome und das Nichts.

Statt auf diese philosophischen Fragen näher einzugehen, sollten wir überlegen, was sich aus diesen Folgerungen für die empirische Forschung ergibt. Bislang haben wir vor allem die Psychologie betrachtet, weil sie uns hilft, das Problem darzustellen. Schlagen wir nun eine andere Richtung ein und wenden uns einem unserer zentralen Anliegen zu, der strukturellen Vielfalt individueller Nervensysteme, die vielleicht die Lösung des Problems enthält, wie eine Welt, die keinerlei Etikettierung trägt, in Kategorien gefaßt wird. Ich möchte am Ende zeigen, welche Bedeutung diese Vielfalt für das Problem der Generalisierung und für jene Phänomene hat, die auf die Differenz zwischen der wahrgenommenen und der physikalischen Welt (Hayek 1952) hindeuten. Untersuchungen auf den Gebieten der Neuroanatomie, Neurophysiologie, Neuropharmakologie und vor allem der Entwicklungs-Neurobiologie müssen etwas dazu beisteuern, um die Entstehung der neuronalen Vielfalt zu erhellen. Aber sind diese Untersuchungen überhaupt nötig? Könnte ein exakt verdrahtetes Nervensystem nicht auch Generalisierungen vornehmen, ohne daß die Ordnung der Objekte in der Welt von einem strengen Programm bestimmt wird? Eine passende Antwort ist nicht verfügbar, doch zum Glück entheben uns die Tatsachen einer Erörterung dieser Fragen: In seinen feinsten Verästelungen ist das Nervensystem hochgradig variabel und nicht exakt verdrahtet in dem Sinne, in dem ein Computer oder ein elektronisches Gerät es ist.

Einige Ursachen der Varianz lassen sich auf der Ebene der Entwicklung, der Anatomie und der Physiologie ausmachen (Edelman und Finkel 1984; siehe nachstehend Kapitel 3, besonders Tabelle 3.3). Zunächst zur Entwicklung. Es ist deutlich geworden, daß die Entstehung neuronaler Karten in der Entwicklung nicht auf vorher festgelegten biochemischen Markierungen oder dem Detail der Netzwerkstruktur (Ortsangaben) beruht (Edelman 1984a; Easter et al. 1985). Die Bildung von Karten hängt vielmehr von einer komplizierten dynamischen Regulation

Abbildung 2.6
*Anatomische Variabilität.* A: *Vier Beispiele der Variabilität in der Verzweigung des absteigenden kontralateralen Bewegungsdetektors (DCMD) im Metathoraxganglion von* Locusta migratoria. *(Aus Pearson und Goodman 1979.)* B: *Schematische Darstellung der Verzweigungssequenz einer Faser von einem Ommatidium-Rezeptorneuron von* Daphnia magna. *Gezeigt werden die Neurone der linken (L) und der rechten Seite (R) von vier erbgleichen Exemplaren (I, II, III und IV). (Aus Macagno et al. 1973.)* C: *Längsschnitt der Hinter- und Seitenstränge des Rückenmarks, um die Anordnung der Hinterwurzeln und den Ursprung der Kollateralen zu zeigen. (Aus Rámon y Cajal 1904.) Man beachte die Variabilität der repetitiven Strukturen.*

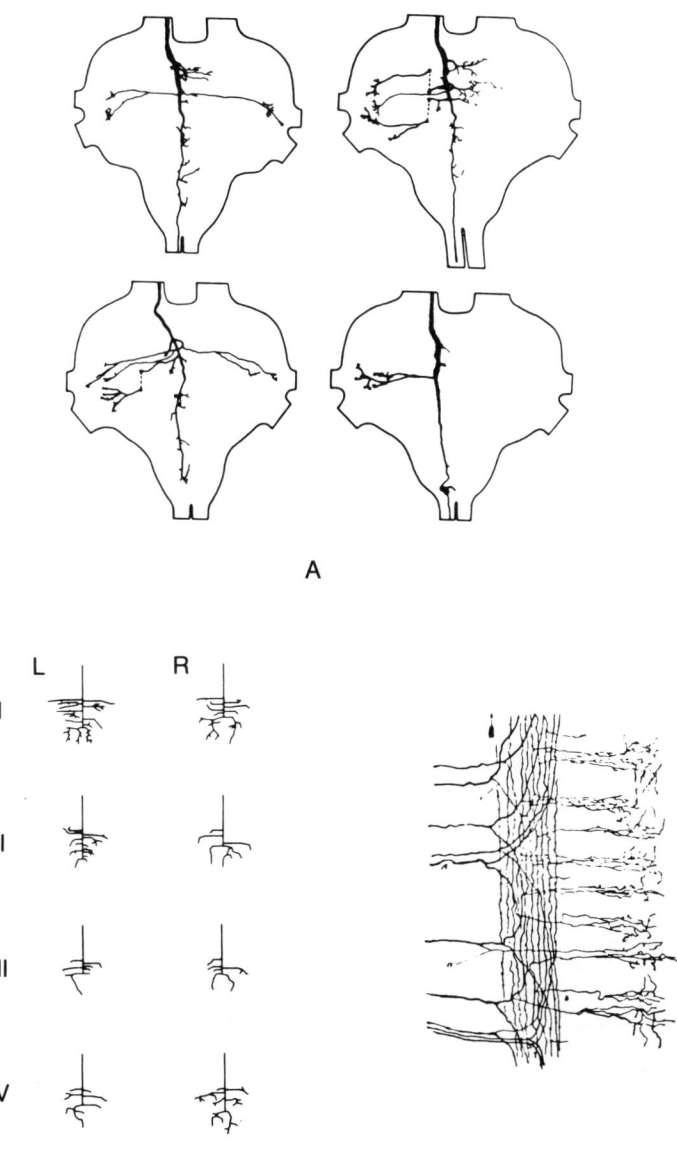

A

B                                    C

der Zellbewegung und des Neuritenwachstums ab; diese geht von der lokalen Oberflächenverteilung spezieller Zell-Adhäsionsmoleküle, der CAMs, aus, die man hauptsächlich bei Wirbeltieren beschrieben hat. Die Wirkungsweise der CAMs beruht, wie wir in Kapitel 4 darstellen werden, auf der Einschränkung bzw. Regulierung der Bewegung von Zellkörpern und Neuriten, mit entsprechenden Auswirkungen auf die stattfindenden Entwicklungsvorgänge. Die dynamische Steuerung solcher epigenetischen Prozesse führt dann zwangsläufig zu Variabilität.

Daß es auch bei niederen,»einfachen« Tieren eine solche Variabilität gibt, ist inzwischen erwiesen, auch wenn noch keine CAMs bei diesen Tieren gefunden wurden. Betrachten wir Abbildung 2.6, _A_. Sie zeigt Diagramme aus Pearsons und Goodmans Arbeit (Goodman 1979; Goodman et al. 1979) über den»absteigenden kontralateralen Bewegungsdetektor« im Metathorax-Ganglion der Wanderheuschrecke. Dieses Interneuron weist durchschnittlich fünf Verzweigungen auf. Wichtig ist, daß diese Forscher in den Gewebsproben vieler verschiedener Tiere nicht ein einziges Durchschnittsmuster fanden, das als allgemeingültig bezeichnet werden könnte. So sind etwa die zu den Flügelmuskeln verlaufenden dorsalen Zweige gelegentlich auf einer Seite wiederholt. Die ventralen Zweige, die zu den schnellen Unterschenkelstreckmuskeln verlaufen, sind manchmal verzweigt, manchmal nicht. Die bei der Heuschrecke beobachteten Variationen weichen in verschiedenen Neuronen voneinander ab, doch selbst bei relativ feststehenden Mustern kommen»Fehler« vor (Altman und Tyrer 1977). Eine Untersuchung der in der Entwicklung auftretenden Verästelung sensorischer Neurone von Blutegeln (Kramer und Stent 1985; Kramer et al. 1985) deutet ebenfalls auf Variation der Verzweigungsmuster hin.

Falls hier eingewendet wird, daß diese Beispiele von einer genetisch uneinheitlichen Population stammen, verweise ich auf die klassischen Experimente von Macagno et al. (1973) an _Daphnia magna_, einem Geschöpf, das sich in bestimmten Situationen als parthenogenetisches Weibchen vermehrt und Klone hervorbringt. Abbildung 2.6, _B_, zeigt das Axon eines Ommatidien-Rezeptorneurons aus den links- und rechtsseitigen optischen Ganglien von vier erbgleichen Individuen. Jeder Fall liegt anders. Um schließlich dem außergewöhnlichen Neurowissenschaftler Ramón y Cajal Anerkennung zu zollen und repetitive Strukturen innerhalb eines Organismus zu studieren, betrachte man eine Zeichnung aus seinen klassischen Studien (Ramón y Cajal 1904) über das Rückenmark des Kaninchens; dieses Beispiel macht die außerordentliche Vielfalt solcher sich wiederholender Strukturen und besonders ihrer Endverzweigungen deutlich.

Es gibt nicht nur Varianz bei repetitiven Strukturen – es gibt auch immer mehr Belege dafür, daß die Endäste von Dendriten und Axonen, die in relativ geordneten Bündel von verschiedenen Zellen ausgehen, relativ ausgedehnte Teile des jeweiligen Zielgebietes erfassen und sich folglich erheblich überlappen müssen (Gilbert und Wiesel 1979; Landry und Deschênes 1981). Erhalten Zellen im Verzweigungsbereich dieser Äste eine hinreichende Zahl von Synapsen, läßt sich für diese Synapsen die Ursprungszelle nicht anhand der Zelle, an der sie endigen, feststellen. Diese Art von Varianz bedeutet aber nicht notwendigerweise, daß solche neuronalen Netze oder Verknüpfungen zufallsbedingt sind.

Bei der Betrachtung der funktionalen oder physiologischen Implikationen solcher Befunde entdecken wir weitere Anzeichen von Varianz. Die Mehrheit der synaptischen Kontakte eines gegebenen Neurons sind zu einem gegebenen Zeitpunkt funktionell inaktiv, und diese Menge der inaktiven Kontakte wechselt im Laufe der Zeit ihre Mitglieder. Aus der Tatsache, daß sich überlappende Axonverzweigungen mit vielen Synapsen sowohl beim adulten Organismus als auch in der Entwicklung auftreten, schließen wir, daß ein Neuron meist nicht die Möglichkeit hat, die empfangenen Signale bestimmtes Input-Neuronen, die zu solchen Ästen beitragen, zuzuordnen.

Noch auffälliger ist vielleicht die an sensorischen Systemen gemachte Beobachtung, daß die Karten der Großhirnrinde, die mit neurophysiologischen Methoden bestimmt wurden (Kaas et al. 1983; siehe Edelman und Finkel 1984), außerordentliche Variationen aufweisen. Diese Variationen treten auf, obwohl die Kartengrenzen sehr scharf definiert sind – sehr viel schärfer, als man aufgrund der anatomischen Struktur der oben erwähnten sich überlappenden Axonbüschel erwarten würde. Diesem Thema der lokalen Karten werden wir das ganze Kapitel 5 widmen, denn ein Verständnis ihrer Grundlagen und Ursprünge ist von zentraler Bedeutung für die Theorie der Selektion neuronaler Gruppen. Hier dürfen wir kurz anmerken, daß bei verschiedenen Individuen (z. B. der Spezies der Nachtaffen) die Grenzen der Areale 3 b und 1 des somatosensorischen Kortex unterschiedlich verlaufen, daß die Grenzen in Areal 1 großen zeitlichen Schwankungen unterliegen und daß Eingriffe – zum Beispiel die Ausschaltung des Inputs durch Durchtrennung des Nervus medianus – bei adulten Tieren zu erheblichen Veränderungen der Karten führen, und dies auch in solchen Teilen der Karte, von denen man nicht angenommen hatte, daß die entfernteren Afferenzen überhaupt zu ihnen projizieren (Kaas et al. 1983). Die Kartengrenzen können sich bei einem adulten Tier auch ohne chirurgischen Eingriff durch bloße Veränderung der Reizung verschieben, etwa durch Verminderung einer leichten Berührung oder des wiederholten Klopfens mit einem Finger.

Im Grenzbereich zwischen Physiologie, Psychophysik und Psychologie gibt es eine Reihe weiterer Beobachtungen, die allein mit den klassischen Modellen des Lernens oder der Informationsverarbeitung nicht zu erklären sind. Wir haben bereits auf den erstaunlichen Tatbestand hingewiesen, daß Tauben, die ja keine Sprache besitzen, zu weitgehenden Generalisierungen im Objektbereich in der Lage sind. Für unser letztes Beispiel (das aber die Liste keineswegs erschöpft) dürfen wir in den Bereich des Wahrnehmungserlebens überwechseln und es wagen, von subjektiven Eindrücken zu sprechen. Wahrnehmungsprozesse, von denen bekannt ist, daß sie auf komplexen, parallel ablaufenden Teilprozessen beruhen und sich auf mehrere untereinander verbundene, aber relativ unabhängig arbeitende neuronale Zentren stützen, werden von den meisten Menschen als etwas Einheitliches wahrgenommen. Am Sehen zum Beispiel sind bei einigen Spezies bis zu dreizehn verschiedene Hirnregionen beteiligt (Zeki 1981; Cowey 1981; Maunsell und Van Essen 1983; Phillips et al. 1984). Neuere psychophysische Experimente zeigen, daß zwischen der unbewußten, unterhalb der Aufmerksamkeitsschwelle ablaufenden visuellen Verarbeitung von Mustern und dem aufmerksamen Absuchen von Bildern große Unterschiede bestehen (Julesz 1984). Weder die Struktur des neuronalen Substrats noch derartige psychophysische Funktionsanalysen liefern überzeugende Beweise dafür, daß die perzeptuelle Kategorisierung ein so einheitlicher oder geschlossener Prozeß ist, wie es dem Wahrnehmenden erscheint.

## Probleme instruktionistischer Modelle und des Paradigmas der Informationsverarbeitung

Diese kurze Erörterung einiger struktureller und funktionaler Besonderheiten komplexer Nervensysteme macht die Schwierigkeiten deutlich, mit denen Informationsverarbeitungs-Modelle des Nervensystems zu rechnen haben, die weitgehend auf Analogien mit Computern beruhen (siehe z. B. Marr 1982). Ich möchte, wenn ich einige zentrale Aussagen dieser Modelle beschreibe, zu zeigen versuchen, daß sie diese Besonderheiten von Nervensystemen nicht angemessen zu erklären vermögen. Das wird uns in die Lage versetzen, im folgenden Kapitel die Möglichkeit zu erörtern, diese Schwierigkeiten dadurch zu überwinden, daß wir an das Problem der Kategorisierung und Generalisierung der Wahrnehmungsinhalte mit Hilfe des Populationsgedankens herangehen.

Folgt man den Modellen der Informationsverarbeitung, so werden von der Peripherie einlaufende neuronale Signale auf diese oder jene Weise *codiert* und anschließend von verschiedenen Kerngebieten und Zwischenstationen umgewandelt; schließlich werden sie von immer raffinierteren Relais-Systemen auf diese oder jene Weise weitertransformiert, bis sie im Kortex verarbeitet und umgesetzt werden. Diese Sichtweise legt zwangsläufig großes Gewicht auf präzise Regeln für die Erzeugung einer exakten Verdrahtung während der Entwicklung des Gehirns. Solche Modelle stützen sich in hohem Maße auf die neuronale Codierung (Bullock 1967) und Übertragung von *Information* von einem Neuron an ein anderes. Diese Sichtweise macht ferner eine Annahme über die Natur des Gedächtnisses, das ihr zufolge in der Repräsentation von Ereignissen durch die Aufzeichnung bzw. Reproduktion ihrer informationalen Einzelheiten besteht. Das Modell der Informationsverarbeitung neigt dazu, die Fähigkeit des Zentralnervensystems zu betonen, die relevanten Invarianzen einer physikalischen Welt zu *berechnen*. Diese Sichtweise gipfelt in der Erörterung von Algorithmen und Rechenoperationen, wobei sie der Annahme folgt, daß das Gehirn algorithmisch arbeite (Marr 1982). Es wird stillschweigend unterstellt, daß Kategorien natürlicher Objekte in der physikalischen Welt unter definierte Klassen oder Typologien fallen, mit denen ein Programm arbeiten kann. Einige Versionen dieses Modells gehen noch weiter und halten es für möglich, daß die Regeln und Repräsentationen (Chomsky 1980), die sich scheinbar bei der Realisierung syntaktischer Strukturen und höherer semantischer Funktionen der Sprache zeigen, aus analogen Strukturen auf neuronaler Ebene hervorgehen. Wenn die statistische Variabilität bei dieser Sicht des Gehirns überhaupt in Anschlag gebracht wird, dann im Sinne des Rauschens in einem Signal, das in Modellen der Informationsverarbeitung als die hauptsächliche Manifestation der Variation gilt.

Mit dieser eingestandenermaßen zusammengestückelten Darstellung sind wir in der Lage, die Modelle der Informationsverarbeitung mit einer Liste der im vorigen Absatz erwähnten Schwierigkeiten zu konfrontieren, die in den folgenden Kapiteln eingehender dokumentiert werden. Diese Liste soll die Probleme präzisieren, die bei der Verknüpfung psychologischer Phänomene mit der

1. Ergebnisse aus der Entwicklungsbiologie lassen eine exakte Punkt-für-Punkt-Verdrahtung unwahrscheinlich erscheinen (Edelman 1984a,b; 1985a; Easter et al. 1985). Sie deuten darauf hin, daß durch die Wirkungsweise von Molekülen, welche die Adhäsion von Nervenzellen vermitteln, zwangsläufig Variabilität in prinzipiell ähnlichen Teilen des Nervensystems verschiedener Individuen einer Spezies gebracht wird. Neuere Fortschritte in der Neuroanatomie, dank derer die Verzweigungsstruktur einzelner Nervenzellen bestimmt werden kann, bestätigen nachdrücklich die Existenz von Variabilität und deuten darauf hin, daß eine exakte Punkt-für-Punkt-Verdrahtung nicht die Grundlage neuronaler Karten sein kann; sie sprechen ferner dafür, daß dendritische und axonale Bäume sich in sehr großem Ausmaß überlappen.
2. Neuropharmakologische Befunde sprechen dafür, daß ansonsten identische Strukturen an unterschiedlichen Stellen im Nervensystem ver-

schiedene Neurotransmitter verwenden bzw. chemisch heterogen sein können, was die Annahme lokaler Varianz bestätigt (Chan-Palay et al. 1981; Ingram et al. 1985).

3. Es gibt keine neurophysiologischen Anhaltspunkte für die Existenz multipler neuronaler Codes (Bullock 1967).

4. Betrachtet man höhere Integrationsebenen, so deuten neuere neurophysiologische Untersuchungen darauf hin, daß Kartengrenzen zwar exakt definiert werden können, aber dennoch starke Variationen bei den kortikalen Karten vorkommen (Kaas et al. 1983). Sie sprechen ferner dafür, daß die meisten Synapsen zu einem gegebenen Zeitpunkt gar nicht aktiv sind. Nimmt man die anatomische Variabilität hinzu, so heißt das, daß das einzelne Neuron im allgemeinen von den genauen Quellen seines Inputs (d. h. von den Quellen, welche die Aktivitäten von ansonsten identifizierbaren einzelnen Neuronen weiterleiten) nichts »wissen« kann.

5. Einige psychologische Experimente sprechen dafür, daß dank der Organisation der neuronalen Netze beim Phänotyp schon aufgrund einiger weniger komplexer Reize eine Generalisierung möglich ist. Lernen kann hierfür erforderlich sein, aber dies kann keineswegs, außer in den trivialsten Fällen, mit Lernen vollständig erklärt werden.

6. Psychophysische Befunde sprechen dafür, daß der Eindruck des Wahrnehmenden, der Wahrnehmungsprozeß sei etwas Geschlossenes, auf dem Zusammenspiel mehrerer Mechanismen beruht; diese Befunde lassen sich zwar nicht exakt auf neuroanatomische Strukturen zurückführen, stehen aber im Einklang mit dem neuroanatomischen Befund, daß mehrere parallel arbeitende und weit auseinander liegende Gebiete im Nervensystem einer und derselben sensorischen Funktion oder Sinnesmodalität dienen.

7. Eine Analyse von Untersuchungen zur Bildung von perzeptuellen und begrifflichen Kategorien zeigt, daß es, abgesehen von der Psychologie, keine makroskopische Theorie gibt, welche die physikalischen Ordnungen bzw. die Gestalten der makroskopischen Objekte erklärt, daß die physikalische und die subjektiv wahrgenommene Welt zwar zusammenhängen, aber nicht identisch sind, und daß die physikalisch-wissenschaftlichen Beschreibungen (mit zahlreichen skeptischen Vorbehalten) zwar die Regeln angeben, von denen die Eigenschaften des physikalischen Universums bestimmt werden, aber keine unabhängige Möglichkeit bieten, die Objekte der Wahrnehmung für eine bestimmte Spezies zu kategorisieren. Außerdem sind solche wissenschaftlichen Beschreibungen nicht einfach identisch mit sprachlichen Kategorien, auch wenn die physikalische, die wahrgenommene und die sprachliche Welt einander bisweilen entsprechen.

Tabelle 2.1

*Ungelöste strukturelle und funktionelle Probleme*
*in der Neurowissenschaft*

| Tatsachen | angebotene Erklärung |
|---|---|
| Eine exakte, von vornherein feststehende Punkt-zu-Punkt-Verdrahtung ist ausgeschlossen. | »Rauschen« |
| Eindeutig spezifische Verbindungen kann es nicht geben. | »Zuständigkeit höherer Ebenen« |
| Wegen Überlappung von Endästen kann der Ursprung von Synapsen an einer Zelle in den meisten Fällen nicht festgestellt werden. | »Codes« |
| Die Mehrheit der anatomischen Verbindungen ist funktionell nicht wirksam. | »Stumme Synapsen« |
| Starke zeitliche Fluktuationen in Karten; einzigartige Karten in jedem Individuum; Variabilität der Karten bei adulten Tieren von vorhandenem Input abhängig. | »Alternative Systeme« |
| Für eine weitgehende Generalisierung in der Objekterkennung bedarf es nicht der Sprache. | »Verborgene Hinweise« |
| Wahrnehmungsvorgänge, die sich in Wirklichkeit aus komplexen parallelen Teilprozessen zusammensetzen, erscheinen dem Wahrnehmenden als ein geschlossener Prozeß. | »Algorithmen, Berechnungen, Invarianten« |

neuronalen Struktur auftreten, und die Unzulänglichkeiten verschiedener Formen der Informationsverarbeitung hervorheben: Diese Liste ist keineswegs vollständig, doch dürfte es hilfreich sein, sich zu überlegen, was wohl die Befürworter von instruktionistischen und Informationsverarbeitungs-Modellen zu den einzelnen Punkten sagen würden (siehe Tabelle 2.1). Diese Modelle geraten, wie man sehen wird, in erhebliche Schwierigkeiten, die besonders offenkundig werden, wenn wir die Liste als Ganzes betrachten. Wenn man eine exakte, von vornherein festgelegte Punkt-für-Punkt-Verdrahtung ausschließt, kann derjenige, der auf dem Modell der Informationsverarbeitung besteht, nur sagen, daß die anatomische Variabilität hauptsächlich zum Rauschen beiträgt und folglich durch Redundanz oder durch Lernvorgänge überwunden werden muß. Umgekehrt muß er, um angesichts dieses Rauschens eine hinreichend exakte Verdrahtung und zuverlässig verschlüsselte Signale zu erhalten, die Annahme machen, daß sich Nervenzellen während der Entwicklung in hochspezifischer Weise erkennen – so als sei ein mikroskopisch großer Elektriker dabei, die auf verschiedenen Neuronen gelegenen Punkte *A* und *B* mit einem grünen, *C* und *D* mit einem roten Draht zu verbinden usw. Um die Spezifität der Entwicklung zu erklären, sind tatsächlich derartige Theorien vorgeschlagen worden (Sperry 1963; Edelman 1984c). Wenn man den Verfechter des instruktionistischen Modells überzeugt, daß es auf der mikroskopischen Ebene der Endverzweigungen ganz allgemein keine hochspezifischen Verbindungen geben kann, entgegnet er vielleicht, daß auf dieser Ebene zwar Variation und Rauschen herrschen mögen, daß man aber – geht man eine Ebene höher – von der enormen Präzision der neuroanatomischen Strukturen auf jeden Fall beeindruckt sein wird (Brodal 1981). Wenn man auf die überzeugenden Belege hinweist, daß divergierende, sich überlappende Axonbäume zu einer Vielzahl von Neuronen in einem bestimmten Gebiet (z. B. der Großhirnrinde) ziehen, so daß ein gegebenes Neuron diese Verästelungen und die Neurone, von denen sie ausgehen, unmöglich identifizieren kann, wird er vielleicht erwidern, daß es neuronale Codes gibt. Bestimmte Arten des Feuerns könnten sozusagen ein Meldesystem darstellen, durch das sich eine bestimmte synaptische Signalkette identifiziert, so daß die Neurone voneinander unterschieden werden können. Angesichts der ungeheuren Komplexität des Systems würde er jedoch einräumen müssen, daß eine gewaltige Zahl von Codes notwendig sein würde, mit entsprechend strengen Anforderungen an ihre Zuverlässigkeit wegen des Rauschens.

Wenden wir uns von diesen strukturellen Fragen den funktionalen Befunden zu, die mit den Methoden der Physiologie und Psychologie erhoben wurden, so steht der Verfechter der Idee der Informationsverarbeitung vor einem anderen Problem: Die meisten anatomischen Verbindungen, die der Mikroanatom ausmachen kann, sind bei einem gegebenen Verhalten gar nicht in Funktion. Oft wird dieser Schwierigkeit so begegnet, daß man die entsprechenden Verbindungen als »stumme Synapsen« bezeichnet, womit angedeutet wird, daß sie funktionieren könnten, ohne daß aber gesagt wird, wie. Wird des weiteren darauf hingewiesen, daß die Karten im Gehirn starke zeitliche Schwankungen aufweisen, daß die Karten bei jedem Individuum anders sein können und daß die Variabilität der Karten bei adulten Tieren von der individuellen Vorerfahrung des Organismus abhängt, die in der Lebensgeschichte des Individuums vorkam (Kaas et al. 1983), so kann der Instruktionist stets auf die ungeheure Komplexität der nächsthöheren Ebene verweisen und sich darauf berufen, daß es doch alternative anatomische Systeme geben könne, deren Funktion eben bislang noch nicht entdeckt worden sei. Um die Variabilität der Karten im somatosensorischen Kortex zu erklären, könnte er etwa darauf hinweisen, daß außer den Hinterstrangbahnen des Rückenmarks auch dessen Vorderstrangbahnen auf die fraglichen Gebiete projizieren; wird der normale Input unterbunden, bilden sich neue Karten – ein denkbarer Hinweis darauf, daß ein solches alternatives System eingesprungen ist. Doch die Variabilität und Kontinuität der entstehenden neuen Karten sind, wie wir noch sehen werden, viel zu groß, als daß man sie auf diese Weise erklären könnte.

Würde man in diesem imaginären Dialog darauf hinweisen, daß exakt verdrahtete, codierte Systeme schwerlich die Tatsache erklären können, daß Tauben und andere Tiere in komplexen Umgebungen einer weitgehenden Generalisierung fähig sind, so könnte der Instruktionist entgegnen, die Versuchsanordnung habe versteckte Hinweise enthalten, die über die Invarianzen eines Objekts Aufschluß geben; freilich bliebe dabei unerklärt, woher diese Invarianzen stammen. Es steht fest, daß es für den Beobachter Invarianzen gibt: Bei präattentiver Wahrnehmung (Julesz 1984) werden Subprozesse, von denen bekannt ist, daß sie parallel in verschiedenen Hirnzentren ablaufen, vom Wahrnehmenden zu einer einheitlichen Erfahrung kombiniert. An dieser Stelle taucht der Homunkulus auf, dieser nahe Verwandte des winzigen Elektrikers, der während der Entwicklung die Kabel verlegt, und des neuronalen Entschlüsselungsexperten. Dies ist zwar nicht der geeignete Ort, um darüber zu diskutieren, wie es zur einheitlichen Erfahrung im

Bewußtsein und in der Wahrnehmung kommt, doch geht man wohl nicht fehl in der Annahme, daß die Mehrheit der Neurobiologen den Homunkulus für wissenschaftlich ebenso indiskutabel hält wie die dualistische Lösung (Popper und Eccles 1981) des Problems der subjektiven Erfahrung. Das Problem ist der Aufmerksamkeit derer nicht entgangen, die zu Modellen der Informationsverarbeitung neigen: Dennett (1978) hat ein vernünftiges, wenn auch unzureichendes Versprechen abgegeben, Homunkuli aus den Modellen der Informationsverarbeitung zu entfernen. Es ist erstaunlich, daß Neurobiologen, die dem erklärenden Rückgriff auf Homunkuli keinen Glauben schenken, auf der anderen Seite annehmen, in neuronalen Strukturen seien exakte Algorithmen implementiert und es würden buchstäblich Berechnungen von Invarianzen vorgenommen. Daran glaubt man noch immer – obwohl das neuronale Gewebe des Nervensystems eine enorme strukturelle und funktionale Variabilität aufweist, die in einem entsprechenden Parallel-Computer selbst mit den besten Programmen zur Fehlerkorrektur innerhalb kurzer Zeit nur noch blühenden Unsinn produzieren würde. Die Algorithmen, die von diesen Forschern zur Erklärung von Hirnfunktionen vorgeschlagen wurden, funktionieren deshalb, weil sie auf der Basis ingeniöser und präziser mathematischer Modelle, in einer auf sozialer Überlieferung basierenden Kultur, von Wissenschaftlern ersonnen wurden; sie wurden nicht von Homunkuli geschaffen, und es spricht nichts dafür, daß sie in unseren Gehirnen tatsächlich existieren.

Dieses Kapitel hatte eine doppelte Aufgabe: die Ansicht zu begründen, daß die Kategorisierung von Wahrnehmungsinhalten ein zentrales Problem der Neurobiologie sei, und aus ganz unterschiedlichen Bereichen Tatsachen anzuführen, die zeigen, daß Modelle der Informationsverarbeitung zur allgemeinen Erklärung von Struktur und Funktion des Gehirns ungeeignet sind. Eine angemessene Erklärung dieser Tatsachen erfordert eine andere Theorie der Organisation neuronaler Netze. Diese alternative Theorie und die für sie sprechenden Tatsachen sind Gegenstand der folgenden Kapitel.

# 3

# Selektion neuronaler Gruppen

*A posteriori*-Natur der selektierten Information · Der Populationsgedanke · Hauptaussagen der Theorie der Selektion neuronaler Gruppen · Vorläufige Definition einer Gruppe · *Umfang des Repertoires, Reichweite und Spezifität* · *Degeneriertheit* · *Darwin I, ein einfaches Modell* · *Orte und Ebenen der neuronalen Variation* · Einführung in die Idee der reziproken Kopplung · Die Informationsverarbeitung in der Krise · Der adaptive Wert der somatischen Selektion

## Einführung

Im vorigen Kapitel habe ich zu zeigen versucht, daß die Modelle der Informationsverarbeitung bzw. des Instruktionismus eine Reihe von anatomischen, physiologischen und psychologischen Befunden nicht befriedigend zu erklären vermögen. Früher oder später fällt auf, daß solche Modelle ein typologisches Denken oder einen Essentialismus vertreten, sie also vorgegebene Kategorien in der Umwelt, im Gehirn oder in beiden zugleich annehmen. Die größte Schwierigkeit besteht für die Modelle der Informationsverarbeitung darin, den Homunkulus (oder seine Artgenossen) aus dem Gehirn zu entfernen. Wer oder was entscheidet darüber, was Information ist? Wie und wo werden »Programme« erstellt, die in noch nie dagewesenen Situationen kontextabhängig Muster zu erkennen vermögen? Informationsverarbeitende Systeme benötigen Informationen, die *a priori* für sie definiert sind, so wie auch das Shannonsche Maß der Information (siehe Pierce 1961) *a priori* einen vereinbarten Code und ein Verfahren angeben muß, nach dem die Wahrscheinlichkeit, daß man unter diesem Code ein bestimmtes Signal erhält, abgeschätzt werden kann. Derartige Informationen können von einem Organismus aber erst *a posteriori* definiert werden (d. h. eine Kategorisierung kann erst nach dem

Eingang von Signalen erfolgen, also aufgrund evolutionärer Selektion oder infolge somatischer Erfahrung). Es ist diese gelungene adaptive Kategorisierung, welche die biologische Mustererkennung ausmacht. Modelle der Informationsverarbeitung nehmen, indem sie entweder informationale Kategorien in der Umwelt annehmen oder neuronale Programme, die eine breite Palette plastischen, adaptiven Verhaltens erzeugen können, postulieren, zwangsläufig eine Position ein, die der Theorie des göttlichen Schöpfungsplanes ähnelt, wie sie vor Darwin bezüglich der Arten vorherrschend war (Mayr 1982).

Die Theorie der Selektion neuronaler Gruppen geht auf eine andere Betrachtungsweise zurück, die – obwohl Grundlage aller biologischen Theorie – in der Neurobiologie nicht ganz so heimisch ist – nämlich auf den Populationsgedanken (Mayr 1982; Edelman und Finkel 1984). Nach dieser Auffassung ist das Gehirn auf der Ebene der neuronalen Prozesse ein selektives System (Edelman 1978). Sie nimmt nicht an, daß das Gehirn algorithmisch arbeitet, sondern daß sich in den anatomischen Repertoires, aus denen sich eine Hirnregion zusammensetzt, durch epigenetische Mechanismen Variabilität und Individualität entwickeln und dann neuronale Gruppen selektiert werden, deren Aktivität einem gegebenen Signal entspricht. Genetisch bedingt, besteht von einem Individuum zum anderen eine formale Ähnlichkeit der Repertoires in einer gegebenen Region, doch zeigen sie erhebliche Abweichungen, was die neuronale Morphologie und die Verbindungsstruktur angeht, speziell bei den feinsten Verästelungen von Dendriten und Axonen. Im Laufe der Entwicklung kommt es außerdem zu einer großen Variabilität bei den Synapsen, die sich darin äußert, daß ihre biochemische Struktur sich verändert und eine wachsende Zahl unterschiedlicher Neurotransmitter auftritt. Diese ganze Variabilität ist Voraussetzung für jene Selektion, die dann im Lauf der Wahrnehmung stattfindet und jene Netze auswählt, die auf einen bestimmten Input wiederholt und adaptiv reagieren. Die Selektion unter den Populationen von Synapsen folgt bestimmten epigenetischen Regeln, doch zielt sie nicht auf einzelne Neurone, sondern auf neuronale Gruppen, deren Verknüpfungen und Reaktionen adaptiv sind.

Auf den ersten Blick scheint diese Auffassung (Edelman 1978; 1981; Edelman und Reeke 1982) nicht die attraktive Einfachheit des Modells der Informationsverarbeitung zu besitzen. Wie könnten solch variablen Strukturen eindeutige neuronale Antworten und Verhaltensreaktionen entlockt werden, wenn vorher keine Codes existieren? Und ließen sich nicht die Wahrnehmung und andere Verhaltensweisen besser mit den Paradigmen des klassischen und des operanten Lernens unter Einbeziehung von evolutionär adaptierten Algorithmen (Kapitel 11) erklären? Wodurch zeichnet sich dieser neuronale Darwinismus gegenüber dem Modell der Informationsverarbeitung aus?

Die Antwort lautet: Im Unterschied zu Modellen der Informationsverarbeitung erfordert die Selektionstheorie nicht, daß wir im Gehirn oder in der Welt willkürlich Etiketten verteilen. Da diese Populationstheorie der Hirnfunktion Varianz in den neuronalen Strukturen voraussetzt, macht sie nur in minimalem Umfang von Codes Gebrauch und vermeidet dadurch etliche der im vorigen Kapitel geschilderten Schwierigkeiten. Vor allem erspart sich die Selektionstheorie das Problem des Homunkulus, indem sie annimmt, daß das motorische Verhalten des Organismus, der Signale aus der Umwelt aufnimmt, dynamisch durch Selektion auf die bereits neuronal repräsentierten potentiellen Strukturen einwirkt, statt diese durch »Information«, die bereits in der Umwelt vorhanden ist, bestimmen zu lassen.

Bevor wir auf die Tatsachen eingehen, die dafür sprechen, daß die Selektion der zentrale Mechanismus der neuronalen Funktion ist, sollten wir noch einmal die wichtigsten Ideen der in Kapitel 1 skizzierten Theorie darlegen. Die drei Hauptaussagen der Theorie lauten: (1) Neuronale Netze bilden im Lauf ihrer Entwicklung eine variable Struktur aus; sie ist die Grundlage dafür, daß (2) innerhalb solcher Netze durch Veränderung der Effizienz synaptischer Populationen neuronale Gruppen selektiert werden; (3) durch reziproke Verbindungen und Signalaustausch werden hierarchisch angeordnete Repertoires von Gruppen in der Weise zu Karten zusammengefaßt, daß die Reaktionen auf einen Reizgegenstand eine raumzeitliche Kontinuität erhalten. Lassen wir einstweilen den reziproken Signalaustausch außer acht und befassen wir uns mit den beiden ersten Aussagen.

Der Theorie zufolge werden *primäre Repertoires* von neuronalen Gruppen während der Entwicklung aufgebaut, wobei die anatomischen Einzelheiten vom Zelltyp und den primären Entwicklungsprozessen abhängen (Cowan 1973, 1978). Wohl weisen die anatomischen Strukturen einer bestimmten Hirnregion aufgrund genetischer Programme bei den Individuen einer Spezies eine formale Ähnlichkeit auf, doch kommt es bei den feinsten Verästelungen und Verknüpfungen der Axone und Dendriten während der Entwicklung zu einer beträchtlichen epigenetischen Variation. Dieser Entwicklungsprozeß führt zur Ausbildung degenerierter Netze neuronaler Gruppen, deren Dendritenbäume und Axonbüsche sich verhältnismäßig weit ausbreiten (bis zu Millimetern) und sich dabei sehr stark überlappen.

Während der Erfahrung und nach dem Eingang von Inputsignalen, die durch rezeptorische Oberflächen, Merkmals-Extraktoren und Merkmals-Korrelatoren in reziprok und topographisch verknüpften sensomotorischen Systemen gefiltert und ausgesondert werden, werden bestimmte neuronale Gruppen im Wettbewerb gegenüber anderen positiv *selektiert*. Die Selektion setzt an bei der Variation ihrer Strukturen und Aktivitäten und wird durch mindestens zwei voneinander unabhängige synaptische Regeln vermittelt (Finkel und Edelman 1985), die zusammen die zeitlichen Interaktionen (und damit die elektrische und biochemische Aktivität) der Neurone innerhalb einer Gruppe steuern (siehe Kapitel 7). Die Selektion ist ein Wettbewerbsvorgang, bei dem es vorkommt, daß eine Gruppe durch eine stärkere Veränderung der Wirksamkeit von Synapsen Zellen benachbarter Gruppen einfängt. Dieser Prozeß, in dem die häufiger stimulierten Gruppen mit größerer Wahrscheinlichkeit nochmals selektiert werden, führt zur Bildung eines *sekundären Repertoires* von selektierten neuronalen Gruppen, das durch Änderungen der Synapsenstärken dynamisch aufrechterhalten wird. Diese synaptische Selektion – das muß betont werden – setzt an einem dynamischen, äußerst aktiven neuronalen Substrat an und beruht auf dessen elektrischer und biochemischer Aktivität.

Die Theorie der Selektion neuronaler Gruppen muß, wenn sie Mechanismen vorschlägt, durch die aus dem primären Repertoire im Wettbewerb ein sekundäres Repertoire selektiert wird, die Beschaffenheit und die adaptive Bedeutung der selektierten Teile des variierenden anatomischen Substrats erklären. Die strukturelle Variabilität im primären Repertoire muß derart beschaffen sein, daß im sekundären Repertoire eine nennenswerte *funktionale* Variabilität auftreten kann, die sich dann am Ende in der Wahrnehmung und im Verhalten des Tieres manifestiert. Da sowohl für das Lernen als auch für das Gedächtnis die dynamische Bildung neuronaler Gruppen als notwendig betrachtet wird und beide für den individuellen Oganismus evolutionär adaptiv sind, besitzt die Erhaltung von Repertoires von Gruppen, deren Funktion eine gesteigerte Fähigkeit zu adaptivem Verhalten nach sich zieht, Überlebenswert.

Auf dieser Grundlage können wir nun die Definitionen von neuronalen Gruppen, Degeneriertheit, Variabilität und reziproker Kopplung prüfen und verfeinern. Danach können wir fragen, wie gut die Theorie jene Befunde erklärt, die mit instruktionistischen Modellen so schwer auf einen Nenner zu bringen waren.

## Degeneriertheit und die Definition einer Gruppe

Bevor wir untersuchen, wie Variabilität und Konstanz in der Entwicklung entstehen, wollen wir zwei etwas abstraktere Fragen erörtern, nämlich (1) wie die Variabilität mit der Größe und Mannigfaltigkeit von Strukturen zusammenhängt, die über das Gehirn verteilt sind, und (2) ob verschiedene variable Strukturen gleichwertige Funktionen ausfüllen können. Wir müssen uns dazu mit dem Begriff der Degeneriertheit befassen; unsere Überlegungen werden dazu führen, daß wir bezüglich der Mechanismen der Signalerkennung durch neuronale Gruppen einige Vorhersagen und bedeutsame Einschränkungen formulieren werden.

Definieren wir zunächst eine neuronale Gruppe; später (in Kapitel 7) werden wir diese Definition unter Berücksichtigung bestimmter neuroanatomischer Aspekte weiter verfeinern und mo-

difizieren. Vorläufig dürfen wir unter einer neuronalen Gruppe
eine Ansammlung von Zellen ähnlichen oder leicht variierenden
Typus verstehen, die einige hundert bis einige tausend Zellen umfaßt, welche untereinander stark verschaltet sind und deren dynamische Interaktion durch Erhöhung der synaptischen Effizienz
noch gesteigert werden kann. Die Anzahl der eine Gruppe bildenden Zellen kann sich je nach Input- oder Output-Anforderungen
oder durch den Wettbewerb mit anderen Gruppen verändern.
Diese Variationen schlagen sich nicht anatomisch nieder, sondern
erfolgen durch Veränderung erregender oder hemmender Synapsen. Wir können ein primäres Repertoire definieren als eine Ansammlung sehr variabler neuronaler Gruppen, deren Außenver-
bindungen und potentielle Funktionen in einer bestimmten Hirnregion bis zu einem gewissen Grad schon während der Ontogenese
und der Entwicklung festgelegt werden. Ohne hier näher darauf
einzugehen, nehmen wir an, daß eine neuronale Gruppe, die auf
einen Input, der aus einer bestimmten raumzeitlichen Konfiguration von Signalen besteht, mehr oder weniger spezifisch mit einem
charakteristischen elektrischen Output und einer chemischen Änderung reagiert, mit dieser Signal-Konfiguration »zusammen-
paßt« oder ein »Paar« bildet.

Wenn wir den Begriff der Selektion aus einem Repertoire neuronaler Gruppen entwickeln wollen, müssen wir die allgemeinen
Anforderungen berücksichtigen, die an solch ein Repertoire gestellt werden, besonders in bezug auf seinen Umfang und die Art
seiner Mannigfaltigkeit. Das Repertoire muß – dies eine zentrale
Forderung – hinreichend groß sein, d. h. es muß genug unterschiedliche Elemente enthalten, um zu gewährleisten, daß angesichts einer Vielzahl verschiedener Input-Signale und einer Reak-
tionsschwelle eine endliche Wahrscheinlichkeit dafür besteht, daß
im Repertoire für jedes Signal mindestens ein passendes Element
gefunden wird. Außerdem müssen zumindest einige Elemente des
Repertoires hinreichend spezifisch reagieren, um zwischen verschiedenen Input-Signalen mit relativ geringer Fehlerquote zu unterscheiden (diese also zu »erkennen«). Ein solches »Erkennen«
kann in einem selektiven System *im allgemeinen nicht hundertprozentig* sein – es kann allenfalls eine für das Erkennen erforderliche

Schwelle mehr oder weniger deutlich überschreiten. Die gegenteilige Annahme würde entweder eine Umkehrung von Ursache und Wirkung in voneinander unabhängigen Bereichen (Gehirn und Welt) verlangen oder einen Instruktions-Mechanismus erforderlich machen.

Welche allgemeinen Eigenschaften würden ein großes Repertoire neuronaler Gruppen in die Lage versetzen, sowohl eine Vielzahl von Signalen zu erkennen als auch spezifisch auf individuelle Signale zu reagieren? Für jede beliebig gewählte große Zahl verschiedener Input-Signale muß es im Repertoire eine signifikant große Zahl von Kombinationen geben, die mit diesen Signalen zusammenpassen (Abbildung 3.1). Definieren wir das »Zusammenpassen« durch eine Schwelle, die das System befähigt, innerhalb gewisser Fehlergrenzen zwischen zwei eng verwandten Ereignissen zu unterscheiden. Wenn das Repertoire $N$ Elemente enthält und $p$ die Wahrscheinlichkeit ist, daß ein Element und ein Signal zusammenpassen, können wir eine Erkennungsfunktion $r = f(p, N)$ definieren, welche die Effektivität des Systems beim Erkennen einer Reihe möglicher Input-Signale mißt. Man kann je nach der Effektivität, die man messen will, mehrere solcher Funktionen definieren (Edelman 1978; Lumsden 1983).

Wie man aus Abbildung 3.1 ersieht, wird $r$ bei kleinem $N$ und nicht speziell gewählten Inputs nahe bei Null liegen. Überschreitet $N$ eine bestimmte Zahl, so nimmt $r$ zu, doch von einem hohen Wert von $N$ an ist bei weiterer Steigerung der Größe des Repertoires keine signifikante Verbesserung des »Erkennens« mehr zu erreichen. Wenn wir die oben getroffene Feststellung bedenken, daß das die Schwelle überschreitende Erkennen bei einer ersten Begegnung *im allgemeinen* nicht gleichförmig gut und bestimmt nicht hundertprozentig sein kann, so folgt daraus für das Zentralnervensystem, daß $N$ groß sein muß. Für einfache Erkennungsfunktionen der in Abbildung 3.1 gezeigten Art wird der kritische Wert von $N$ im allgemeinen bei $1/p$ liegen, doch der exakte Wert wird vom jeweiligen Modell abhängen; diese einfache Schätzung wird sich, wenn wir noch nichtlineare Wechselwirkungen und reziproke Verbindungsstrukturen berücksichtigen, als unangemessen herausstellen. Bedenkt man die Zahl der in jeder beliebigen Region des menschlichen Gehirns vorhandenen Zellen, dürfen wir hier annehmen, daß ein Repertoire aus mindestens $10^6$ verschiedenen Zellgruppen, die jeweils 50 bis 10000 Zellen umfassen, nicht unrealistisch ist. Aus diesem Argument und der Idee des selektiven Erkennens

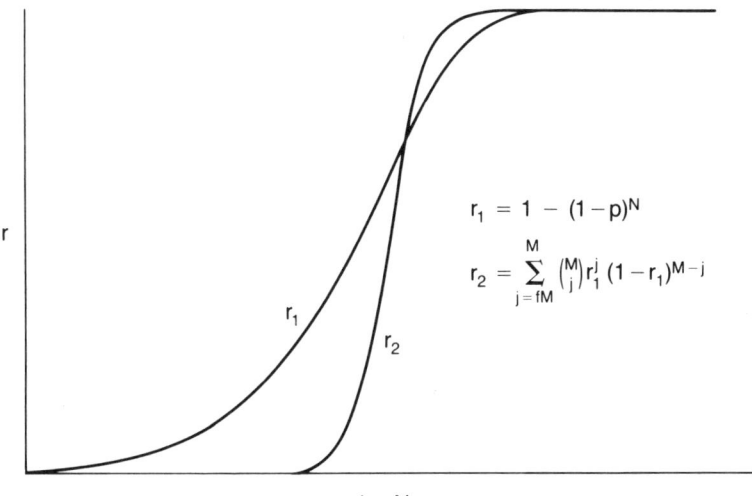

$$r_1 = 1 - (1-p)^N$$

$$r_2 = \sum_{j=fM}^{M} \binom{M}{j} r_1^j (1-r_1)^{M-j}$$

log N

Abbildung 3.1
*Abhängigkeit zweier Formen der Erkennungsfunktion von der Anzahl N der Elemente in einem Repertoire, berechnet anhand eines einfachen Modells. In diesem Modell ist jedem Element eine konstante a priori-Wahrscheinlichkeit zugeordnet, ein zufällig ausgewähltes Signal zu erkennen. Hier steht* $r_1$ *für den Bruchteil aller möglichen Signale, von dem man erwartet, daß er erkannt werden wird,* $r_2$ *für die Wahrscheinlichkeit, daß mehr als ein Bruchteil f (in diesem Fall 63 Prozent) der M möglichen Signale erkannt werden wird. Der für M gewählte Wert hat, sofern M groß ist, keinen Einfluß auf den Kurvenverlauf. Auch verschiebt sich, wenn man p ändert, die ganze Kurve nach links oder rechts, ein Ausdruck der veränderten Spezifität der Erkennung, doch der Kurvenverlauf ändert sich nicht signifikant. Ein realistischeres Modell würde verschiedenen p-Werten unterschiedliche Repertoire-Elemente zuordnen (Lumsden 1983); die Berechnung würde dadurch komplizierter, doch an der Art der Abhängigkeit* r's *von N würde sich im Grunde nichts ändern.*

ergibt sich die wichtige Folgerung, daß eine nennenswerte Zahl von Signalen oder Konfigurationen von Signalen nur erkannt werden kann, wenn das Repertoire degeneriert ist. Degeneriertheit bedeutet, daß ab einer bestimmten Schwelle im allgemeinen mehr als nur ein Weg existieren muß, um ein Input-Signal befriedigend zu erkennen. Es müssen folglich mehrere neuronale Gruppen *mit unterschiedlicher Struktur* vorliegen, von denen jede imstande ist, ein und dieselbe Funktion mehr oder weniger gut auszuführen: Degeneriertheit bedeutet, daß nicht-isomorphe Gruppen isofunktional sein müssen.

Die Notwendigkeit der Degeneriertheit wird man wohl am ehesten am Beispiel von zwei Extremfällen des Erkennens einsehen, dem ohne jede Degeneriertheit und dem mit vollständiger Degeneriertheit (Abbildung 3.2). Betrachten wir zunächst ein Repertoire, das für ein beliebig gewähltes Input-Signal nur eine neuronale Gruppe enthält, die dieses Signal erkennen kann. Ein System, das in der Lage sein soll, Signale zu erkennen, denen es

Repertoire von Zellgruppen $(G_n)$　　　　Signale $(S_n)$

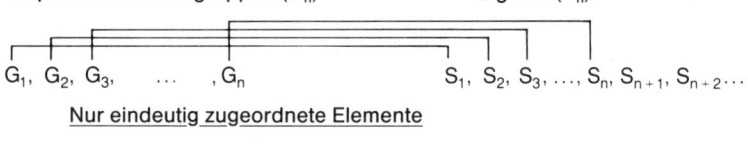

$G_1$, $G_2$, $G_3$, 　…　, $G_n$　　　　　　$S_1$, $S_2$, $S_3$, …, $S_n$, $S_{n+1}$, $S_{n+2}$…

**Nur eindeutig zugeordnete Elemente**

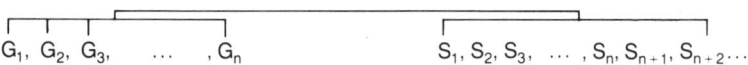

$G_1$, $G_2$, $G_3$, 　…　, $G_n$　　　　　　$S_1$, $S_2$, $S_3$, …, $S_n$, $S_{n+1}$, $S_{n+2}$…

**Vollständig degeneriertes Repertoire**

Abbildung 3.2

*Zwei extreme Fälle von Repertoires mit* eindeutig zugeordneten *(nichtdegenerierten) und vollständig degenerierten Elementen. Im ersten Fall führt der Umfang des Bereichs der zu erkennenden Signale (z. B. jenseits von* $S_n$*) zu einem häufigen Versagen der Erkennung. Im letzteren geht Spezifität verloren, und häufig wird nicht zwischen verschiedenen Signalen unterschieden, da jedes G auf alle Signale reagieren kann.*

nie zuvor begegnet ist, wäre unter diesen Bedingungen niemals groß genug – es müßte außer den *n* Inputs, die von *N* Gruppen erkannt werden, zahlreiche Inputs existieren, die unerkannt bleiben würden. Würden wir trotzdem darauf bestehen, daß der sehr große Bereich der Signale, die bislang nie vorgekommen sind, von einem solchen Repertoire erkannt und sicher unterschieden wird, so müßte die Grundforderung, daß das Signal nicht an der Ausbildung des Repertoires beteiligt sein darf, durchbrochen werden, und wir hätten es mit einem instruktionistischen System zu tun. Und in dem anderen Extremfall, daß *jedes* Element des Repertoires *jedes beliebige* Input-Signal erkennt, wäre zwar die Größe des Systems ausreichend, doch würde die Spezifität völlig verlorengehen – und damit die Fähigkeit, zwischen verschiedenen, aber eng verwandten Signalmustern zu unterscheiden. Wir kommen zu dem Schluß, daß die Zusammensetzung des Repertoires derart sein muß, daß sie zwischen diesen Extremen liegt, daß es also mehrere (vielleicht auch viele) verschiedene Zellgruppen gibt, die einen gegebenen Input mehr oder weniger gut (d. h. hinreichend weit oberhalb der für das Erkennen erforderlichen Schwelle) zu unterscheiden vermögen.

Diese Überlegung zeigt, daß Degeneriertheit eine Eigenschaft ist, die unbedingt erfüllt sein muß, um Spezifität und Reichweite der Erkennung miteinander zu verbinden. Degeneriertheit verträgt sich, wie wir sehen werden, mit einer Reihe weiterer Eigenschaften des Zentralnervensystems des Menschen und bestimmter Tierarten. Sie ist eine Populationseigenschaft (setzt also Varianz voraus) und muß von Redundanz unterschieden werden, unter der hier nur die Existenz mehrfach vorkommender Einheiten und das Vorhandensein von Gruppen mit identischen Struktur- und Reaktionsmerkmalen verstanden wird. Redundanz allein reicht nicht für eine große Reichweite spezifischer Erkennung aus, denn sie sorgt nicht für die sich überlappenden, dabei aber nichtidentischen Reaktionsmerkmale, die für die Erkennung eines ganzen Universums möglicher Reize erforderlich sind. Degeneriertheit kann jedoch wie Redundanz wirken und in einem System aus unzuverlässigen Elementen für Zuverlässigkeit sorgen (von Neumann 1956; Winograd und Cowan 1963).

Diese etwas abstrakte und ein wenig vereinfachte Argumentation läuft darauf hinaus, daß ein selektives Nervensystem mit den hohen Klassifikationsanforderungen, welche die Wahrnehmung der realen Welt stellt, adaptiv nur dann zurechtkommt, wenn das primäre Repertoire ein hohes Maß an degenerierter Variabilität aufweist. Die Theorie *sagt voraus*, daß Degeneriertheit existiert, und die Belege dafür müssen gefunden werden. Vielleicht denkt man, Degeneriertheit zerstöre die Selektivität des Nervensystems. Doch wie wir später noch sehen werden, werden die physiologischen Wirkungen bestimmter afferenter bzw. efferenter Bahnen auch dann, wenn eine erhebliche anatomische Degeneriertheit der einen oder anderen Art vorliegt, in hohem Maße durch das Verhalten synaptischer Populationen und durch Signalaustausch bestimmt, so daß auch in einem degenerierten primären Repertoire durchaus eindeutige Selektionen erfolgen können; es werden höchstens einige Neurone dabei aktiviert, und auch dies nur in einem Bruchteil der innervierten Bezirke. Diese Vorgänge führen zur Selektion aus einem anatomisch degenerierten Repertoire, mit dem Ergebnis, daß ein weit besser adaptiertes und weniger degeneriertes sekundäres Repertoire entsteht.

Damit die Begriffe Größe, Verstärkung und Degeneriertheit des Repertoires etwas faßbarer werden, sollten wir vielleicht ein minimales Computer-Modell für ein selektives Erkennungssystem diskutieren. Dieses Modell, das von G. N. Reeke jr. und mir entwickelt wurde (Edelman 1981), ist zwar abstrakt, dafür aber extrem einfach; daß es nicht die Funktionsweise des Nervensystems wiedergeben soll, ist offensichtlich. Es geht vielmehr um die mittels einer Paarungsregel festgestellte Ähnlichkeit zwischen einer Serie von 32-Bit-Binärzahlen und einer anderen. Die Idee, die ein wenig an die Beschreibung der Immunreaktion erinnert, besteht darin, zu zeigen, wie eine beliebig gewählte 32-Bit-Binärzahl (»ein Reiz«) durch ein selektives Erkennungssystem, das aus einem Repertoire anderer derartiger Ziffern besteht, in adaptiver Weise erkannt wird (in Tabelle 3.2, die noch ausführlich besprochen wird, findet der Leser einige Beispiele).

Das Modell – nennen wir es Darwin I – besteht aus einem Repertoire-Generator, der ein Repertoire von zufälligen Bitketten erzeugt, einem Reizgenerator, der die eingegebenen Bitketten, die erkannt werden sollen, erzeugt, einer Paarungsregel, die nach Paaren oder Entsprechungen zwischen einem zufällig ausgewählten Reiz und einzelnen Elementen des Repertoires sucht, und einem Verstärker, der die künftige Reaktions-Wahrscheinlichkeit jener Repertoire-Elemente erhöht, bei denen Übereinstimmung mit eingegebenen Reizen gefunden wurde.

Betrachten wir diese Merkmale genauer. Das Repertoire enthält keinerlei Information über die Natur der Reize, bevor nicht zwischen einem Element des Repertoires und einem Reiz ein Vergleich stattgefunden hat. Das Repertoire besteht aus $10^4$ Bitmustern, die zufällig aus den insgesamt möglichen $2^{32} \cong 4,3 \times 10^9$ Mustern ausgewählt wurden. Auch die Reize bestehen aus 32-Bit-Zahlen, die zufällig aus der Gesamtheit aller möglichen 32-Bit-Zahlen ausgewählt wurden. In einer Teilmenge der Reize wird die Hälfte der Bits (z. B. alle Einer oder alle Nullen) willkürlich festgelegt, während die andere Hälfte frei variieren darf. Man kann nun eine »Vergleichs-Funktion« definieren, die einen gegebenen Reiz mit einem Repertoire-Element vergleicht. Wir wählen eine Funktion, die lediglich die Anzahl der Bits zählt, die in beiden Ketten (Repertoire-Element und Reiz) bezüglich Position und Wert identisch sind. Man kann für die Übereinstimmungen einen Schwellenwert festlegen, ab dem ein Vergleich als »Erkennung« anerkannt werden soll; so bedeutet beispielsweise eine Trefferzahl von 27 oder mehr, daß in 27 oder mehr Bits an einer beliebigen Stelle Übereinstimmung zwischen einem Repertoire-Element und einem Reiz besteht. Schließlich wird das gesamte Repertoire für verschieden gewählte Reize und Trefferzahlen seriell nach Übereinstimmungen abgesucht.

Für jeden Reiz wird eine Liste der Übereinstimmungen erstellt, und die Repertoire-Elemente, die die höchsten Trefferzahlen ergeben, werden verstärkt. Diese Verstärkung liegt dem adaptiven Verhalten des Systems zugrunde. Im Modell besteht die Verstärkung darin, daß von einem erfolgreichen Repertoire-Element (dessen Übereinstimmungen über dem Schwellenwert liegen) eine vorher festgelegte Anzahl von Kopien gemacht und beliebig im Repertoire verteilt wird. Die Anzahl der Kopien kann von der

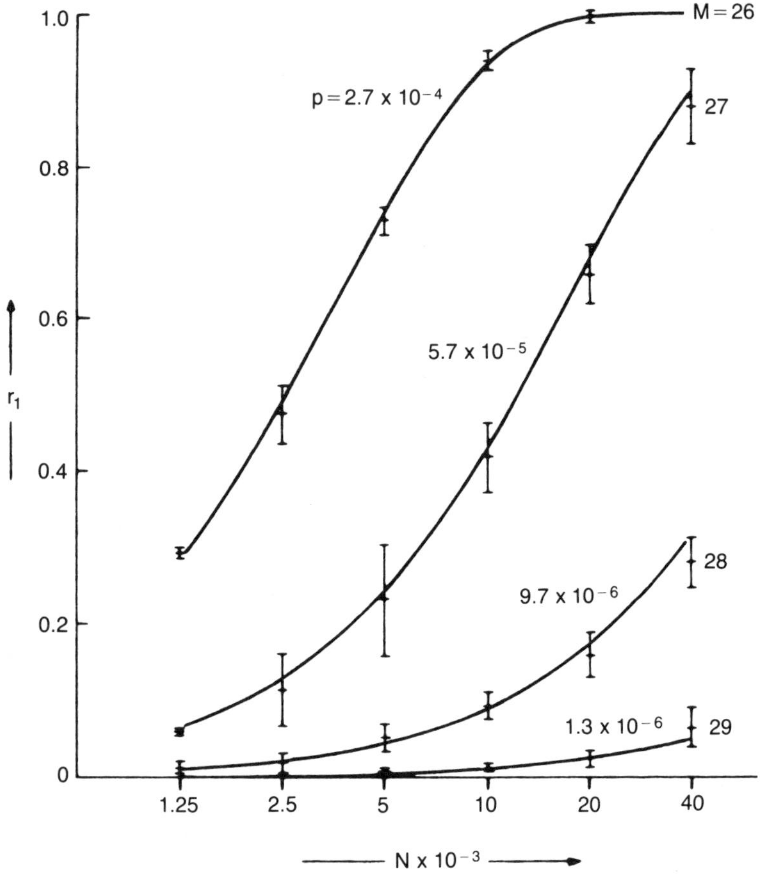

Abbildung 3.3

*Vergleich der theoretischen und der experimentellen Erkennungsfunktion* $r_1$ *als Funktion der Erkennungsschwelle und der Repertoiregröße in Darwin I.* $r_1$ = *Anteil der dargebotenen Reize, von denen man erwartet, daß sie erkannt werden. Die durchgezogenen Kurven wurden berechnet nach der Formel* $r_1 = 1 - (1-p)^N$, *wobei* p = *Wahrscheinlichkeit, daß irgendein Reiz erkannt wird,* N = *Anzahl der Elemente im Repertoire (siehe Abbildung 3.1). Die Versuchsergebnisse sind dargestellt als Gedankenstriche mit Fehlerspannen, welche die Standardabweichungen von* $r_1$ *für*

Trefferzahl abhängig gemacht oder fixiert werden. Um die Berechenbarkeit im Computer zu gewährleisten, wird die Größe des Repertoires konstant gehalten und verstärkte Elemente ersetzen einfach andere, beliebige Elemente. Bei einem Repertoire, das im Verhältnis zum Verstärkungsfaktor hinreichend groß ist, ergibt diese Verfahrensweise fast dasselbe Verhalten wie bei der Ausweitung des Repertoires durch die Verstärkung.

Wir können nun einige aufschlußreiche Fragen stellen: Gehorcht Darwin I der in Abbildung 3.1 dargestellten Erkennungsfunktion? Ist sein Erkennen degeneriert? Kann bei geeigneten Verstärkungs- und Schwellenwert-Verfahren eine »Kreuz-Reaktion« oder Generalisierung stattfinden?

Wie Abbildung 3.3 zeigt, befindet sich die statistische Verteilung der Übereinstimmungen, die mit verschiedenen Schwellenwerten *M* und Anzahlen von Repertoire-Elementen *N* erzielt wurden, völlig im Einklang mit den theoretischen Vorhersagen der in Abbildung 3.1 dargestellten Erkennungsfunktion. Darwin I verkörpert darüber hinaus eine degenerierte Erkennung – viele Repertoire-Elemente können oberhalb der Schwelle auf jeden Reiz reagieren und entsprechend »verstärkt« werden. Tabelle 3.1 zeigt die statistische Verteilung der Verstärkung, ausgedrückt durch die durchschnittliche Anzahl der Übereinstimmungen oberhalb der Schwelle, d. h. der »Treffer«. Unter den verwendeten Bedingungen wirkt sich das Verstärkungsverfahren praktisch nicht darauf aus, wie das Modell auf nicht-verwandte Kontrollreize reagiert, woraus man schließen kann, daß noch eine erhebliche Kapazität für das Erkennen und Reagieren auf neue Reize aus anderen Klassen, die noch dargeboten werden könnten, zur Verfügung steht. Die einzige Auswirkung auf die Kontrollreize besteht darin, daß der erkannte Anteil leicht zurückgeht, da die Repertoiregröße

---

*vier Reihen zu 100 Versuchen darstellen. Bei den einzelnen Kurven sind die Erkennungsschwelle* M *(Anzahl der Bits von insgesamt 32, die in Reiz und Repertoire-Element identisch sein müssen, damit eine »Erkennung« erfolgt) und die entsprechende Erkennungswahrscheinlichkeit* p *angegeben. Wie zu erwarten war, kam die statistische Verteilung der mit dem Modell erzielten Übereinstimmungen den theoretischen Werten sehr nahe.*

Tabelle 3.1

*Statistik der selektiven Erkennung in Darwin I,*
*ein minimales Computermodell[a]*

| | *vor*<br>*Verstärkung* | *nach*<br>*Verstärkung[b]* |
|---|---|---|
| Testreize[c], Prozentsatz übereinstimmend | 44 | 38 |
| Durchschnittliche Trefferzahl<br>(alle Reize)[d] | 0,57 | 4,63 |
| Durchschnittliche Trefferzahl (überein-<br>stimmende Reize) | 1,28 | 12,18 |
| Durchschnittliche Zahl der Versuche bis<br>zur ersten Übereinstimmung | 4471 | 3289 |
| Kontrollreize[e], Prozentsatz überein-<br>stimmend | 38 | 36 |
| Durchschnittliche Trefferzahl (alle Reize) | 0,48 | 0,46 |
| Durchschnittliche Trefferzahl (überein-<br>stimmende Reize) | 1,28 | 1,28 |
| Durchschnittliche Zahl der Versuche bis<br>zur ersten Übereinstimmung | 4801 | 4659 |

[a]  Der Repertoireumfang betrug $10\,000 \times 32$ Bits.

[b]  Verstärkung: Für jeden Testreiz wurden die drei besten Übereinstimmungen verfünffacht.

[c]  Testreize: 400 Reize wurden nach Zufallsverfahren aus einer von vier Klassen ausgewählt, in denen jeweils 16 Bits feststanden und 16 Bits zufallsbedingt waren. Nach festgestellter Übereinstimmung wurden die Testreize in der beschriebenen Weise verstärkt.

[d]  Treffer = durchschnittliche Anzahl der Übereinstimmungen oberhalb der Schwelle.

[e]  Kontrollreize: Als Kontrolle wurden 200 Reize verwendet, bei denen alle Bits zufallsbedingt waren. Bei der Darbietung dieser Reize fand keine Verstärkung statt.


feststeht und die Zahl jener Übereinstimmungen steigt, die darauf beruhen, daß Erkennung durch Kreuz-Reaktion der Testreize stattfindet.

Die Möglichkeiten der Kreuz-Reaktion werden ausführlicher in Tabelle 3.2 dargestellt. In diesem Beispielfall wurden vier verschiedene Reize benutzt: S1 ist der Testreiz, der für die Verstärkung verwendet wurde; S2 und S3 sind »verwandte« Reize, die

## Tabelle 3.2

*Erkennung durch Vergleich verwandter Reize in Darwin I*[a]

| Reiz | | Bitmuster | Bits verschieden von S1 |
|---|---|---|---|
| 1. Reize | S1 | 111100001111110011110001111110110 | 0 |
| | S2 (X-R)[b] | 011100001111111011110101110110110 | 4 |
| | S3 (X-R) | 111111011111101001111001111111011 | 8 |
| | S4 (NX-R)[c] | 000111100100011010101010001011111 | 20 |

| | Reiz | Repertoire-Position | Repertoire-Element | Treffer insges.[d] |
|---|---|---|---|---|
| 2. Reaktion vor Verstärkung | S1 | 3579 | 11110010111101101111000110110110 | 2 |
| | S2 (X-R) | 6520 | 11110010011101101111000111110100 | |
| | | 3579 | 11110010111101101111000110110110 | 3 |
| | | 3147 | 10100000011111111111010110110110 | |
| | S3 (X-R) | 3575 | 01010100111111101101111110110110 | |
| | | 2336 | 11111101111100001011011111010011 | 2 |
| | S4 (NX-R) | 8289 | 11111001101111001111101111101011 | |
| | | 1658 | 00011110001000101010101101010111 | 1 |

| | Reiz | Repertoire-Position | Repertoire-Element | Treffer insges.[d] |
|---|---|---|---|---|
| 2. Reaktion nach Verstärkung[e] | S1 | 445 | 11110010111101101111000110110110 | 21 |
| | | 2627 | 11110010111101101111000110110110 | |
| | | 7751 | 11110010111101101111000110110110 | |
| | | 9636 | 11110010011101101111000111110100 | |
| | | | ... 17 weitere ... | |
| | S2 (X-R) | 2627 | 11110010111101101111000110110110 | 20 |
| | | 3147 | 10100000011111111111010110110110 | |
| | | 5090 | 10100000011111111111010110110110 | |
| | | 8244 | 10100000011111111111010110110110 | |
| | | | ... 16 weitere ... | |
| | S3 (X-R) | 2336 | 11111101111100001011011111010011 | 2 |
| | | 8289 | 11111001101111001111101111101011 | |
| | S4 (NX-R) | 1658 | 00011110001000101010101101010111 | 1 |

[a] Der Repertoireumfang betrug bei diesem Lauf 10000 Elemente zu je 32 Bits.
[b] X-R = verwandter Reiz, wird möglicherweise durch Vergleich erkannt.
[c] NX-R = relativ unverwandter Reiz, wird nicht durch Vergleich erkannt.
[d] Anzahl der Übereinstimmungen, bei denen 27 oder mehr Bits in Reiz- und Repertoire-Ketten identisch sind.
[e] Repertoire-Elemente, bei denen im Vergleich zu S1 die Zahl der Übereinstimmungen 24 überstieg, wurden verzehnfacht.

von S1 in vier bzw. acht Bitpositionen abweichen; S4 ist ein »relativ nicht-verwandter« Reiz, der sich in zwanzig Positionen von S1 unterscheidet. Vor der Verstärkung zeigten die vier Reize mit jeweils durchschnittlich zwei Treffern oberhalb eines Schwellenwertes von 27 ein ähnliches Reaktionsniveau. Einer dieser Treffer, das Element 3579, wurde bei zwei Reizen, S1 und S2, erreicht. Dieses Element repräsentiert eine präexistierende zufällige Kreuz-Reaktion. Eine interessantere Art von Kreuz-Rekation tritt auf, wenn die Schwelle für die Verstärkung während der Darbietung von S1 gesenkt wird. Nachdem alle Repertoire-Elemente, die in *vierundzwanzig oder mehr Positionen* mit S1 übereinstimmen, durch Verzehnfachung verstärkt wurden, wurde *auf dem ursprünglichen 27-Treffer-Niveau* eine verstärkte Reaktion sowohl auf S1 als auch auf S2 erzielt. Die Elemente, bei denen in Reaktion auf S2 mehr als 27 Treffer auftraten, waren nicht alle vom Element 3579 abgeleitet, das zuerst Übereinstimmung gezeigt hatte; einige gehörten zu denen, die in Reaktion auf S1 schlechter abgeschnitten hatten (24–26 Treffer) und ebenfalls verstärkt worden waren. Elemente, die auf einen bestimmten Reiz (S1) schwach reagieren, können also verstärkt werden, wenn die Schwelle tief genug gelegt wird und die spätere Reaktion auf einen Reiz, dem sie noch nicht begegnet sind (S2), auch dann verstärken, wenn an diese Reaktion strengere Bedingungen gestellt werden als an die, welche Voraussetzung der Verstärkung ist. Die auf sich überschneidenden Spezifitäten in einem degenerierten Repertoire beruhende Kreuz-Reaktivität kann somit, wie diese Resultate zeigen, die Fähigkeit eines Systems zur Generalisierung steigern, d. h. die Fähigkeit zum Erkennen von Reizen, die neu sind, aber einigen der bereits vorgekommenen Reize ähneln. Besonders vorteilhaft kann diese Fähigkeit in den frühen Phasen der Adaptation sein, wenn erst relativ wenige Reize vorgekommen sind, doch später kann sie die äußerst selektiven Prozesse beeinträchtigen, die das Unterscheiden zwischen ähnlichen, bekannten Reizen ermöglichen.

Es muß nach diesen Überlegungen so etwas wie ein Schleusensystem geben, das die Erkennungs-Schwelle zu unterschiedlichen Zeiten und in verschiedenen Subrepertoires eines selektiven Systems regelt. Durch ein solches System kann der Grad der Genauigkeit beim Vergleichen dem bereits erreichten Grad der Repertoire-Spezifität angepaßt werden.

Darwin I erfüllt einen heuristischen Zweck, indem er einige der Anforderungen verdeutlicht, denen selektive Systeme generell unterliegen. Er verkörpert die Ideen, die wir hier entwickelt haben, aber von den meisten Merkmalen des Nervensystems weiß er nichts: Er kennt keine Reizvorverarbeitung, zwischen den Elementen seines Repertoires gibt es keinen Signalaustausch, und natürlich weist er keinerlei Netzwerk-Eigenschaften auf. Ein selektiver Erkennungsautomat namens Darwin II, der in Kapitel 10 beschrieben wird, hat diese Eigenschaften und ähnelt sehr viel stärker realen Nervensystemen.

Wir können jetzt kurz zusammenfassen, was über Repertoire-Größe und Degeneriertheit zu sagen ist. In einem großen Repertoire, in dem es keine Degeneriertheit gibt (Abbildung 3.2), kann es zu der überaus unwahrscheinlichen Kombination von Vorgängen kommen, daß die Gruppe 1 das Signal 1 erkennt, Gruppe 2 Signal 2 und so weiter bis hin zu Gruppe $N$. Doch oberhalb von $n$ Signalen kommt irgendwann zwangsläufig ein Punkt, an dem das System völlig versagen wird. Wenn wir im entgegengesetzten Fall annehmen, daß jede einzelne Gruppe jedes einzelne Signal erkennt (der Fall der vollständigen Degeneriertheit), so wird zwar alles gerade noch erkannt, aber nichts wird unterschieden. Außer der allgemeinen Bedingung, daß die Repertoires groß sein müssen, müssen selektive Systeme eine weitere wichtige Bedingung erfüllen: Sie müssen irgendwo zwischen den Extremen der absoluten Spezifität und des völligen Mangels an selektiver Erkennung liegen. Ist dies der Fall, so kann es in dem daraus resultierenden Verhalten des Systems zu subtilen Variationen kommen, die dem Organismus eine Flexibilität und Wahlfreiheit erlauben, die er mit ausschließlich monofunktionalen Einheiten nicht haben würde.

Der Ausbau von degenerierten Systemen stößt jedoch an eine Leistungsgrenze. Wir haben in funktioneller Hinsicht angenommen, daß beim Aufbau eines selektiven Systems kein Informationstransfer von den Objekten der Erkenntnis zum Erkennenden stattfindet. Die neuronalen Schaltkreise, die bei höheren Tieren während der Embryogenese entstehen, enthalten keine oder wenig Information über das, was ihnen in der Erfahrungsphase begegnen wird (siehe Hamburger 1963, 1970). Natürlich wird, wenn die Zahl der Elemente im Repertoire zu gering ist, nur eine ganz geringe Wahrscheinlichkeit bestehen, daß überhaupt etwas erkannt wird. Andererseits liegt es gerade in der Eigenart eines selektiven Systems, daß die Erkennung nie hundertprozentig sein kann (zumindest gilt dies für alle Elemente des Systems), und es muß irgendeine Zahl geben, oberhalb derer eine Ausweitung des Repertoires keinen weiteren Gewinn mehr bringt; soll die Leistung gesteigert werden, müssen andere Mechanismen ins Spiel gebracht werden.

Vollbringt *jede* Gruppe jeweils nur eine Leistung, und könnten alle Gruppen irgendwann nur eine Leistung vollbringen? Aus der angenommenen Degeneriertheit folgt, daß das Repertoire isofunktionale Elemente mit völlig verschiedener Struktur enthalten kann, so daß eine bestimmte Struktur mehr als eine Funktion erfüllen und eine Funktion von mehr als einer Struktur erfüllt werden kann. Eine Gruppe kann bald diese, bald eine andere Funktion erfüllen. Da Degeneriertheit eine mehrdeutige Abbildung mit mehr als einer Option impliziert, kann dieses wichtige Merkmal selektiver Systeme in verschiedenen Kombinationen zur Anwendung kommen, wie es die Umstände erfordern oder auch durch Zufall. Nachdem dies geklärt ist, wollen wir uns nun erneut mit der Variabilität als der empirischen Grundlage der Degeneriertheit in realen neuronalen Netzen befassen.

## Orte der Variabilität

Welche Belege gibt es dafür, daß die Struktur des Nervensystems von einem Individuum zum anderen hochgradig variiert, und auf welchen Ebenen finden wir diese Variabilität? Die meisten Neurobiologen werden sicherlich zustimmen, daß es nicht schwerfällt, Variationen in Struktur und Aktivität zu finden, besonders an Orten wie der Großhirnrinde und sogar in äußerst regelmäßigen Strukturen wie dem Cerebellum (Chan-Palay et al. 1981, 1982; Ingram et al. 1985). Das Problem besteht darin, diese Variabilität zu definieren und in Begriffe zu fassen, ihre quantitative Verteilung und ihre Bedeutung auf verschiedenen Funktionsebenen zu bestimmen und die Mechanismen zu analysieren, von denen sie erzeugt wird. Im Hinblick auf die von der Theorie der Selektion neuronaler Gruppen vorgeschlagenen zwei Phasen der Selektion (Entwicklung und Erfahrung) sollte außerdem deutlich unterschieden werden zwischen der lokalen Strukturvariabilität (Mikroanatomie) und einer dynamischen Variabilität der Zustände von Zellen und Synapsen.

Leider sind die Populations- und numerischen Aspekte der Neuroanatomie bisher kaum unter gut kontrollierten Bedingungen untersucht worden. Es lassen sich aber, wie Tabelle 3.3 zeigt, zumindest Ebenen angeben, auf denen Variation sich äußern kann. Eine Population von Neuronen kann in struktureller oder funktionaler Hinsicht variieren. Mikroanatomisch können Neurone eines gegebenen Typs sich nach Lage, Form und Größe des Somas sowie nach den Verzweigungsmustern und Verbindungen ihrer Dendriten und Axone unterscheiden. Biochemisch können ihre intrazellulären Strukturen, der axoplasmatische Fluß, der Transmittertyp und die Membranrezeptoren voneinander abweichen. Diese können zu Unterschieden in den Eigenschaften rezeptiver Felder und zu Unterschieden bezüglich elektrischer Eigenschaften führen.

Eine detaillierte Diskussion der unterschiedlichen zeitlichen Aktivität der Neurone (Burns 1968; Bindman und Lippold 1981) oder der verschiedenen Arten von Neurotransmittern stellen wir im Augenblick zurück. Diese Variationen sind bei der Selektion des primären und des sekundären Repertoires ohne Zweifel von Bedeutung und werden später berücksichtigt werden. Hier ist der Hinweis angebracht, daß während der Entwicklung komplexe Varianten von chemischen Synapsen entstehen und sich sogar in sehr »normalen« Geweben wie dem Cerebellum erhalten können (Chan-Palay et al. 1981, 1982). Variationen, die mit dem Sexualdimorphismus zusammenhängen, können ebenfalls eine Rolle spielen, beispielsweise in der Ausbildung der callosalen Verbindungen (de Lacoste-Utamsing und Holloway 1982).

Was läßt sich über die anatomische Grundlage der Degeneriert-

Tabelle 3.3

*Orte und Ebenen der neuronalen Variation*

---

A. Variation bezüglich genetischer Merkmale und primärer Entwicklungsprozesse: Zellteilung, -wanderung, -adhäsion, -differenzierung und -tod (siehe Abbildung 4.1)

B. Variation bezüglich der Zellmorphologie
1. Gestalt und Größe der Zelle
2. Dendriten- und Axonbäume
   a. Räumliche Verteilung
   b. Verzweigungsfolge
   c. Länge der Zweige
   d. Anzahl der »Dornen«

C. Variation bezüglich der Verbindungsmuster
1. Anzahl der Ein- und Ausgänge
2. Anordung der Verbindungen zu anderen Neuronen
3. Lokale bzw. weitreichende Verbindungen
4. Grad der Überlappung von Verästelungen

D. Variation bezüglich der Zytoarchitektonik
1. Anzahl oder Dichte der Zellen
2. Dicke der einzelnen kortikalen Schichten
3. Relative Dicke der supra- und infragranulären sowie der Körnerschicht
4. Position der Zellkörper
5. Variation bezüglich der »Säulen«
6. Variation von Endverzweigungen bezüglich der gebildeten »Streifen« oder »Flecken« der Endigungen
7. Variation bezüglich der Anisotropie von Fasern

E. Variation bezüglich der Transmitter
1. Zwischen Zellen in einer Population
2. Zwischen Zellen zu verschiedenen Zeitpunkten

F. Variation bezüglich der dynamischen Reaktion
1. Bezüglich Chemie und Größe der Synapse
2. Bezüglich der elektrischen Eigenschaften
3. Bezüglich des Verhältnisses zwischen exzitatorischen und inhibitorischen Synapsen und ihrer Lokalisierung
4. Bezüglich der lang- oder kurzfristigen synaptischen Änderung
5. Bezüglich des metabolischen Zustands

G. Variation bezüglich des neuronalen Transports

H. Variation bezüglich der Interaktionen mit Glia

heit sagen? Beispiele dafür findet man in den erstaunlich stark verzweigten afferenten Fasern in vielen Regionen des Nervensystems. So läßt sich etwa feststellen, daß Axone von pyramidalen motorischen Neuronen mehrere Rückenmarksegmente versorgen (Shinoda et al. 1981, 1982, 1986), daß retinotektale Afferenzen sich über Gebiete ausbreiten, die bis zu einem Viertel des Tektums ausmachen (Schmidt 1982, 1985; Meyer 1980), daß Axone von X-Zellen sich weit über das Korpus geniculatum laterale verteilen (Sur und Sherman 1982) und daß die Endverzweigungen einzelner genikulärer Afferenzen ihrerseits eine ganze Augendominanzsäule in Area 17 versorgen können (Gilbert und Wiesel 1979). Ferner erstrecken sich thalamokortikale Axone in der primären Hörrinde über ganze, 2–3 mm breite Isofrequenzbänder (Middlebrooks und Zook 1983; Merzenich et al. 1984a).

Diese Beispiele stellen nicht die einzig möglichen Arten anatomischer Degeneriertheit dar. Degeneriertheit kann sich beispielsweise anatomisch in bestimmten Bündeln oder Nervensträngen äußern, wenn man sie bilateral vergleicht, und in diesem Fall ohne besondere funktionale Folgen sein. Außerdem kann Degeneriertheit durch evolutionäre Selektion und andere Mechanismen bei einigen Spezies und in einigen Hirngebieten auf ein Minimum reduziert sein (Horridge 1968; Faber und Korn 1978).

Es besteht natürlich ein dringendes Bedürfnis, die Populationsverteilung der in Tabelle 3.3 qualitativ dargestellten neuronalen Variation in statischer wie dynamischer Hinsicht experimentell zu quantifizieren. Das wäre aber nur hilfreich, wenn Variabilität und Degeneriertheit zur Funktion in Beziehung gesetzt werden. Eines der faszinierendsten Probleme hinsichtlich der Beziehung zwischen Funktion und mikroskopischer anatomischer Variabilität wird durch die Variabilität kortikaler Karten aufgeworfen (Edelman und Finkel 1984; Merzenich et al. 1984a). Diese Frage wird ausführlich in späteren Kapiteln diskutiert – und zwar aus folgenden Gründen: (1) Sie verknüpft die anatomische Variabilität mit der funktionalen Variabilität; (2) sie lenkt die Aufmerksamkeit auf Populationen von Neuronen; (3) sie ist eng verknüpft mit Input-Output-Zusammenhängen und hebt daher das Wechselspiel hervor zwischen der Funktion solcher Neuronen, die während des sensorischen Inputs eine Selektion vorzunehmen haben, und anderen, die mit motorischen und Verhaltensakten befaßt sind; und (4) wird sie uns zu einer eingehenden Untersuchung der Karten selbst führen, speziell zu der Frage, wie trotz der entwicklungsbedingten Variabilität funktionierende Karten entstehen und in halbwegs geordneter Weise miteinander verknüpft werden können. Diese letztere Frage bringt uns unmittelbar zu einer Betrachtung reziproker Kopplungen.

## Die Notwendigkeit reziproker struktureller und funtionaler Kopplung

Der Begriff der reziproken Kopplung, insbesondere der zwischen Karten, ist für Selektionstheorien neuronaler Netze zentral. Seine Bedeutung beruht einerseits auf der Parallelstruktur der neuronalen Prozesse, die für die Kategorisierung der physikalischen Welt Voraussetzung sind, und andererseits auf den distribuierten Eigenschaften der neuronalen Populationen, die zur Degeneriertheit führen. Das Problem läßt sich in die Frage kleiden: Wie schaffen es die verschiedenen neuronalen Gruppen in einer so komplizierten Kette von topographisch verknüpften Strukturen, wie man sie etwa in den visuellen und somatosensorischen Systemen vor sich hat, ihre Reaktionen in bezug auf ein gegebenes Wahrnehmungsobjekt zu koordinieren?

Wenn verschiedene Ansammlungen neuronaler Gruppen auf unterschiedlichen Ebenen, die auf Merkmale eines Objekts reagieren, *ausschließlich* im Gehirn auf dieses eine äußere Objekt bezogen sein sollen, muß zwischen den Zuständen dieser Gruppen eine Echtzeit-Korrelation erfolgen. Diese Bedingung wird noch zwingender, wenn es um Repräsentationen mehrerer bewegter Objekte geht, die verschiedene Sinnesmodalitäten anregen. Die fortlaufende Korrelation zeitlicher Sequenzen von Signalen, die aus den Inputs mehrerer Sinne stammen, ist wegen der parallelen und distributiven Natur des Zentralnervensystems ein ungeheures Problem. In Computern erfordert eine auch nur partielle Ordnung solcher Sequenzen einen beträchtlichen Aufwand an Management: Zeit- bzw. Datumstempel, Stapelspeicher und Identifizierungskennzeichen (Lamport 1978). Man hat zwar Programme entwickelt, um in Netzen die Information dorthin zu befördern, wo sie »benötigt« wird, ohne daß die entsprechende Stelle genau angegeben wird, doch muß dann die lokale Zuordnung von Input und Output exakt begrenzt werden (Sahin 1973). Derartige Programme dürften wegen dieser strengen Forderung und wegen der Variabilität, der parallelen Anordnung und der Komplexität von Nervensystemen kaum anwendbar sein. Überdies muß ein distribuiertes degeneriertes System, das sich nicht auf den Reizgegenstand selbst rückbezieht, sondern nur auf die neuronalen Repräsentationen dieses Gegenstands, (1) *mehrere* Repräsentationen aufrechterhalten, wobei spezielle Markierungen erforderlich sind, um Merkmale in einer Repräsentation mit denen in anderen Repräsentationen zu korrelieren, und (2) eine einzige Echtzeituhr betreiben, um die Inputs aus der gerade zurückliegenden Vergangenheit erneut zu korrelieren. Nimmt man hinzu, daß die zu korrelierenden neuronalen Repräsentationen des Objekts *degeneriert* sind (siehe Abbildung 3.2), so wird die Informationsverarbeitung zu einer riesigen Aufgabe.

Eine Lösung dieses Problems besteht darin, bereits verarbeitete Signale an einer bestimmten Stelle (z. B. innerhalb einer Karte in einem primären Rindengebiet) wieder einzuspeisen, so daß sie später mit nachfolgenden Input-Signalen korreliert werden können (Edelman 1978). Ein wiedereingespeistes Signal könnte mit den kartierten Merkmalen des nächsten Signals in einer zeitlichen Abfolge korreliert werden. Diese zeitliche Korrelation könnte dann von neuronalen Gruppen auf höheren Ebenen »gelesen« werden, die auf die gekoppelten rezirkulierenden Signale reagieren (Edelman 1978). Diese Form der Korrelation würde eine fortlaufende raumzeitliche Repräsentation des Objekts erlauben. Insbesondere würde sie die Notwendigkeit aufwendiger Markierungssysteme bei der Repräsentation von Objekten umgehen, und sie würde die Forderung nach einer umfassenden zeitlichen Ordnung der einzelnen Signale innerhalb des distribuierten Systems abschwächen. In einem Informationsverarbeitungs-System mit spezifischen Datenströmen würde ein Rezirkulationsmechanismus dieser Art natürlich nicht funktionieren, aber er eignet sich besonders für ein Selektionssystem, in dem Kartierung und Verstärkung erfolgen können. Diese Rezirkulation erlaubt nicht nur die Verknüpfung von Signalen zwischen Systemen neuronaler Gruppen, die in Echtzeit parallel arbeiten – vielmehr können, wie in einem Computermodell gezeigt wurde, spezifische reziproke Verknüpfungen zwischen zwei Mengen von Gruppen zum Entstehen assoziativer Funktionen führen, die vorher in keiner der Mengen von Gruppen vorhanden waren (Edelman und Reeke 1982; siehe Kapitel 10). Eine der eindrucksvollsten Konsequenzen dieser Art von Kopplung ist, daß sie die Repräsentation von Kategorien äußerer Objekte durch mindestens zwei unabhängige Mengen von Eigenschaften ermöglicht, die sich auf verschiedene Objektmerkmale bzw. Korrelationen beziehen. Außerdem ist Rezirkulation ein wichtiges Verfahren, um die Verknüpfung der nachfolgenden neuronalen Repräsentationen, besonders derjenigen in Karten, zu vermitteln.

Aufgrund der assoziativen Eigenschaften (Edelman 1978; Reeke und Edelman 1984) eines verteilten degenerierten Systems würde bei jedem Rezirkulations-Zyklus zwischen zwei Ebenen bzw. Karten eine große Zahl von assoziierungsfähigen neuronalen Gruppen in Anspruch genommen. In Nervensystemen würden die Assoziationen in Reaktion auf geringfügige Variationen des sensorischen Inputs, veränderte motorische Zustände oder Änderungen im retikulären Aktivierungssystem ständig wechseln. Unabhängig von den Funktionen, die das Aktivierungssystem im Gehirn sonst noch erfüllen mag, postuliert die Theorie (Edelman 1978), daß es die Gleichzeitigkeit zellulärer Reaktionen zu sichern hilft, die sowohl für die Rezirkulation als auch für die Vermeidung von Redundanzen, die sonst bestimmend werden könnten, Voraussetzung ist.

Wenn in einem nicht-instruierten System disjunktiv dynamische Kategorisierungen erfolgen sollen, müssen von einem Reizgegenstand bzw. einer Kategorie mindestens zwei verschiedene und voneinander unabhängige Abstraktionen vorgenommen werden. Mindestens zwei unabhängige abstrahierende Netzwerke müssen also in Reaktion auf einen Reiz gleichzeitig (und disjunktiv) tätig werden und sich anschließend durch reziproke Kopplung austauschen, um eine abstrakte Verknüpfung höherer Ordnung von ihren Repräsentationen zu schaffen. Wir wollen diese Ideen an einer bestimmten Form anatomischer und dynamischer Kopplung verdeutlichen. In diesem Beispiel werden zwei unabhängige Netzwerke benutzt, doch sollten wir bedenken, daß in realen Nervensystemen mehr als zwei gleichzeitig tätige Netzwerke nicht nur möglich, sondern auch wahrscheinlich sind. Das Anschauungsbeispiel, ein sogenanntes Klassifikationspaar, ist in Abbildung 3.4 dargestellt. Ein Klassifikationspaar besteht aus (1) einem Satz

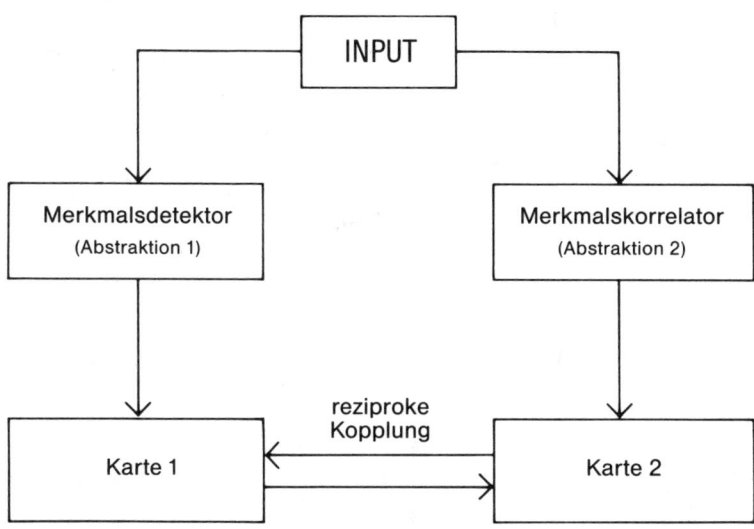

Abbildung 3.4

*Ein Klassifikationspaar, das dank reziproker Kopplung in Echtzeit arbeitet. Der Input wird unabhägig von zwei Netzwerken erfaßt, von denen das eine die Merkmalsdetektion und das andere die Merkmalskorrelation durchführt. Selektierte, auf höheren Ebenen abgebildete Reaktionen tauschen über wechselseitige Verbindungen zwischen kartierten Gebieten Signale aus. Weitere Einzelheiten im Text; ein eindeutiges Beispiel wird ausführlich in Kapitel 10 diskutiert.*

sensorischer Merkmalsdetektoren (die sich bei verschiedenen Tierarten natürlich nicht gleichen müssen), (2) einem weiteren Satz Merkmalsdetektoren, die simultan in einer anderen Modalität arbeiten, oder – als Alternative – einem unabhängigen sensomotorischen System, das verknüpfte Merkmale einer Reizkategorie oder eines Reizgegenstandes durch Bewegung *unabhängig* korreliert, (3) unabhängigen Netzwerken oder Repertoires degenerierter Gruppen, mit denen diese beiden Verarbeitungseinheiten getrennt, jeder für sich, verbunden sind, und dies gewöhnlich in topographisch geordneter Form, und (4) einer anatomisch vorgegebenen reziproken Verbindung dieser Netzwerke höherer Ordnung und einem synaptischen Verfahren, das Richtung und Stärke des Signalaustauschs zwischen ihnen steuert.

Wenn bestimmte Gruppen in einem topographisch geordneten Netzwerk in Echtzeit gleichzeitig mit bestimmten Gruppen in einem anderen kartierten Netzwerk Aktivität zeigen, wird es möglich, die unabhängig aktivierten Gruppen in den getrennten Netzwerken zu verknüpfen (z. B. durch Verstärkung ihrer gegenseitigen Kopplung auf dem Weg über Veränderung der Synapsen von reziproken Verbindungen, die zufällig zwischen diesen Gruppen bestehen; siehe Abbildung 3.4). Würden derartige Synapsen-Veränderungen aufrechterhalten, könnte diese Verbindung dazu dienen, bestimmte gleichzeitig auftretende Merkmale des Objekts oder des Reizes zu korrelieren. Eine solche Korrelation oder Kategorisierung durch disjunktives Abtasten einer polymorphen Menge (siehe Abbildung 2.5) könnte, außer in einem ganz trivialen Sinne, bei einem einzigen Netzwerk nicht zustande kommen. Wegen der reziproken Kopplung der beiden Netzwerke kann zwischen ihnen eine neue Netzwerk-Funktion entstehen. Die Leistung eines solchen Systems hängt natürlich von der jeweiligen anatomischen Verteilung der reziproken Fasern und von der phasischen bzw. zeitlich korrelierten Steuerung der Richtung des Signalflusses ab. In Kapitel 10 wird ein detailliertes Beispiel für die Simulation und Funktionsweise eines Klassifikationspaares gegeben.

Reziproke Kopplung allein in sensorischen Systemen reicht nicht aus, um ein System der Gruppenselektion angemessen funktionieren zu lassen. Die für das Handeln zuständigen Hirnfunktionen und der Output an motorische Systeme sind für zwei wichtige Aufgaben erforderlich. Die erste Aufgabe besteht darin, die Auswahl geeigneter Inputs dadurch zu unterstützen, daß das Verhältnis der sensorischen Systeme zur Umgebung durch spontane oder erlernte Bewegungen verändert wird. Dadurch werden die selektiven Züge des Systems weiter verstärkt, und die Merkmals-Korrelation wird ermöglicht. Eine zweite Aufgabe motorischer Systeme besteht darin, die unmittelbaren dynamischen Reaktionen und die verstärkten Verbindungen, die aus dem Wirken von Gruppen in primären wie in sekundären Repertoires resultieren, zu überprüfen und durch Handeln zu bestätigen. Beide Aufgaben erfüllen den Zweck, die Reaktionen in diesen Repertoires auf den neuesten Stand zu bringen (MacKay 1970). Eine solche Aktualisierung findet beim reziproken Signalaustausch zwar laufend statt, doch wird dieser Prozeß durch die mit einer bestimmten sensorischen Aufgabe verbundene motorische Aktivität sehr verstärkt, und auf diese Weise können etwa entstandene Korrelationsfehler durch motorische Reaktionen getilgt werden.

Eine derartige Aktivität setzt, wie wir in Kapitel 8 sehen werden, die Existenz einer zusammengesetzten Struktur voraus, eines globalen Beziehungssystems. Die motorische Aktivität dient nach dieser Auffassung dem Zweck, das Funktionieren reziproker Kopplungen laufend auf ihre interne Konsistenz zu überprüfen. Eine weitere Verringerung von Fehlermöglichkeiten erwächst aus der schon erwähnten Tatsache, daß Degeneriertheit in der gleichen Weise wie Redundanz dazu dienen kann, Unzuverlässigkeit in einem verteilten System zu reduzieren. Schließlich stellt die motorische Aktivität die wichtigste (von Bernstein 1967 als »topologisch« bezeichnete) Grundlage für die Schaffung der Kontinuitätseigenschaften und globalen Korrelationen von Merkmalsmengen dar.

Die reziproke Kopplung wird deshalb so ausführlich diskutiert, weil eine der wichtigsten Funktionen eines höherentwickelten Nervensystems in der Fähigkeit besteht, mehrere parallele Modi eines vierdimensionalen Inputs zunächst mit mehreren zweidimensionalen, verschiedene kartierte Sinnesmodalitäten repräsentierenden sensorischen Schichten sowie mit mehreren motorischen Reaktionen zu verknüpfen, so daß eine multidimensionale Korrelation entsteht. Voraussetzung dafür ist, daß Objektreize in Reaktionen in gekoppelten Karten umgewandelt werden, um die raumzeitlichen Korrelationen zwischen mehreren internen Repräsentationen an verschiedenen Stellen im Gehirn sicherzustellen. Außerdem sind anatomische Kopplungen notwendig, damit verschiedene Hirnkerne und -regionen (mit jeweils unterschiedlich entwickelten Funktionen) interagieren können; auf diese Weise wird sichergestellt, daß neue somatische Funktionen erzeugt und mehrere Regionen in einer Sinnesmodalität korreliert werden können.

Kurz gesagt, Signalaustausch gewährleistet die raumzeitliche Korrelation der Eigenschaften von äußeren Objekten, eine entsprechende Korrelation von internen Kategorien im Gedächtnis und die Möglichkeit, in einem parallelen System neue Funktionen zu erzeugen. Es macht ferner, wie schon erwähnt, die (in einem effektiven Informationsverarbeitungs-Modell absolut notwendigen) Zeit- und Ortsmarkierungen an Signalen überflüssig, die in untereinander verbundenen und in Echtzeit zusammenwirkenden parallelen Netzwerken verarbeitet werden. Verkoppelte Netzwerke umgehen aufgrund dieser Eigenschaften die Notwendigkeit von *a priori* vorgegebenen bzw. instruktiven Objektdefinitionen. Kopplungs-Netzwerke sind notwendig für die interne Korrelation in selektiven Systemen; ohne sie könnten verschiedene degenerierte Repertoires, die verschiedene neuronale Funktionen unterstützen, nicht zusammenarbeiten, um unabhängige Merkmale von dynamischen Kategorien miteinander zu verknüpfen. Es ist bedeutsam, daß eine große Mehrheit der neuronalen Netze im Wirbeltiergehirn reziproke anatomische Verknüpfungen besitzt, entweder lokal oder über große Distanzen oder beides (Brodal 1981). Einen physiologischen *Beweis* für die phasische Natur des Signalaustauschs gibt es bisher nicht. Dennoch spricht wegen der verteilten und degenerierten Natur des Nervensystems viel für einen phasischen Signalaustausch – wenn sich zeigen läßt, daß ein solcher nicht existiert, wird die Theorie der Selektion neuronaler Gruppen wohl nicht zu halten sein.

## Erklärungskraft der Theorie

Wir können jetzt die Prämissen der Theorie neu formulieren, um zu zeigen, daß sie die in Kapitel 2 diskutierten Schwierigkeiten zu berücksichtigen vermögen. Die Prämissen lauten:

1. Es existieren primäre Repertoires neuronaler Gruppen, entstanden durch Entwicklungsmechanismen, die in Regionen, welche mehrere identifizierbare neuronale Strukturen enthalten, Variation herbeiführen. Diese Erzeugung von Vielfalt wird eingeengt durch das Gleichgewicht zwischen der evolutionären Selektion bestimmter Arten von Neuronen und durch die epigenetische Variation der Verbindungen, mit denen die primären Repertoires von Gruppen aufgebaut werden. Wir können hier von der Entwicklungs-Phase der Selektion sprechen.

2. Während des Aufenthalts eines Tieres in seiner ökologischen Nische wird dann aus den Gruppen des primären Repertoires ein sekundäres Repertoire selektiert. Die Selektion erfolgt zwischen Populationen von Synapsen, indem die synaptische Effizienz bei einem Teil der Synapsen verstärkt und bei einem anderen Teil vermindert wird – ein Prozeß, der zur Bildung eines sekundären Repertoires führt. Wir können hier von der Erfahrungs-Phase der Selektion sprechen. Die Veränderung der Synapsen kann verstanden werden als fortlaufende Entwicklung durch eine Selektion, die von den bei der Bildung des primären Repertoires beteiligten selektiven Prozessen im Hinblick auf Mechanismen und Verhalten abweicht. Ferner besitzt die Erfahrungs-Selektion einen anderen adaptiven Wert als die Selektion in der frühen Entwicklungsphase (siehe unten). In beiden Selektionsphasen sind Variationen, die in der Außenwelt, der physikalischen Welt auftreten, und solche, die in der neuronalen Welt auftreten, auf unterschiedliche Weise verursacht (und zwar notwendigerweise), zumindest während der ersten Begegnungen eines Tieres mit der Umwelt.

3. Innerhalb des verteilten (Mountcastle 1978) neuronalen Systems findet über alle Arten von Verbindungen (lokale und weitreichende) ein dynamischer, zeitabhängiger Signalaustausch statt. Seine anatomische Grundlage sind reziproke Kopplungen, die man sowohl in parallel laufenden Bahnsystemen (z. B. kortikothalamische und thalamokortikale Verbindungen) als auch in komplexeren Anordnungen findet, etwa den Verbindungen zwischen Kortex, Cerebellum und Basalganglien. Eines der eindrucksvollsten Beispiele für reziproke Verbindungsstrukturen liefert das visuelle System. Es gibt Affenarten mit bis zu fünfzehn visuellen Feldern, die unterschiedliche Funktionen erfüllen. Die funktionelle Organisation der Projektionen (Zeki 1975, 1978a) weist auf

reziproke Kopplungen hin. Tatsächlich bestehen zwischen allen bislang untersuchten visuellen Feldern wechselseitige Verbindungen, die für einen reziproken Signalaustausch sprechen (van Essen 1985). Dieser ist notwendig, um zu gewährleisten, daß die Selektion neuronaler Gruppen auf verschiedenen Ebenen im hochgradig parallelen Nervensystem abgestimmt wird mit der Existenz kohärenter Signale von Objekten bzw. anderen neuronalen Gruppen. Dieser Mechanismus ist um so mehr erforderlich, als die Theorie alle allgemeinen Vorstellungen über feststehende Informations-Kategorien in der makroskopischen, physikalischen Welt aufgibt und gleichzeitig auf jede Form von spezifisch codierten Orts- und Zeit-Identifikationskennzeichen verzichtet, welche die Vorgänge in parallelgeschalteten neuronalen Netzen koordinieren. Die Idee des reziproken Signalaustauschs ist eine notwendige Annahme, um raumzeitliche Kontinuität neuronaler Repräsentationen erklären zu können.

Nach dieser Zusammenfassung wird es aufschlußreich sein, die Theorie der Selektion neuronaler Gruppen in gleicher Weise kritisch mit Problemen zu konfrontieren, wie es im vorigen Kapitel geschehen ist. Es ist keine Überraschung, daß viele der Momente, die dem Instruktionismus und den Modellen der Informationsverarbeitung Schwierigkeiten machen, umgangen oder sogar zu Bedingungen der Selektion neuronaler Gruppen werden (siehe Tabelle 2.1, deren Reihenfolge hier befolgt wird). In einem selektiven System muß es während der Entwicklung Mechanismen geben, die nicht nur für gemeinsame Strukturen, sondern auch für Variation sorgen. Wir werden in weiteren Erörterungen der Entwicklung (Kapitel 4) noch sehen, daß solche Mechanismen eine molekulare Grundlage haben. Eine von vornherein feststehende Punkt-für-Punkt-Verdrahtung ist zwar mit bestimmten Versionen der Theorie nicht unvereinbar, aber im allgemeinen nicht erforderlich, und es bedarf auch keiner hochspezifischen Verbindungen an bestimmten Stellen auf den Dendriten. Überlappende Dendriten- und Axonverästelungen verstärken sogar die Möglichkeit der kombinatorischen Varianz und Degeneriertheit im primären Repertoire. Auch unidentifizierbare Inputs einer Zelle bereiten keine Schwierigkeit, geht die Theorie doch davon aus, daß das Neuron »unwissend« ist und nicht mit notwendigerweise im voraus codierter Information versorgt wird.

Um die Tatsache zu erklären, daß die Mehrheit der anatomischen Verbindungen funktional nicht in Anspruch genommen wird, braucht man keine »stummen Synapsen« einzuführen; in einem selektiven System wird zu einem beliebigen Zeitpunkt die Mehrheit der Varianten nicht selektiert. Die adaptive Selektion neuronaler Gruppen durch synaptische Regeln, die (wie die Kapitel 6 und 7 zeigen) auf Populationen von Synapsen einwirken, erklärt ohne weiteres sowohl die zeitlichen Schwankungen der Kartengrenzen wie auch ihre Individualität und die Abhängigkeit ihres Aussehens vom vorhandenen Input. Dieses Thema, die Kartenbildung, ist für alles, was mit der Korrelation von Input und Output und dem Problem der Kategorisierung zusammenhängt, so bedeutsam, daß es in mehreren Kapiteln ausführlich behandelt werden soll.

Die zentralen Probleme der Kategorisierung und Generalisierung sind die großen Stolpersteine für Modelle der Informationsverarbeitung. Es wäre zwar übertrieben zu sagen, die Selektionstheorie habe diese Probleme vollständig gelöst, doch ein der Theorie entsprechendes Modell wurde in einem Automaten realisiert, der in begrenztem Umfang Kategorisierung und Generalisierung zu leisten vermag (Edelman und Reeke 1982; Reeke und Edelman 1984). Der Automat führt diese Aufgaben ohne ein explizites Programm und ohne Vorwissen über die Kategorien aus, für deren Repräsentation er ein Verfahren entwickelt. Der Leser wird diese Behauptungen vorerst gutgläubig hinnehmen müssen; in Kapitel 10 werden wir sie untermauern.

In dem erwähnten Modell realisiert, handelt die Theorie der Selektion neuronaler Gruppen in derselben Weise wie Darwins natürliche Selektion von der Adaptation an eine relative, sich wandelnde, polymorphe Welt (Mayr 1982). Typologische, essentialistische Annahmen oder Steuerung durch übergeordnete Zentren werden vermieden. Selektionstheorien der Hirnfunktion vermeiden, indem sie die Umwelt dynamisch auf bereits im Organismus vorhandene potentielle Ordnungen einwirken lassen, das Problem des Homunkulus, so wie die Evolutionstheorie das Problem des göttlichen Schöpfungsplans vermeidet. Implizit sind derartige Ordnungen bereits vorhanden, sie resultieren aus der Exi-

stenz variierender neuronaler Strukturen, die Degeneriertheit
aufweisen; solche Strukturen sind, um geordnet zu werden, nicht
ausschließlich auf von außen definierte Kategorien angewiesen,
die dann im Innern von kleinen grünen Männlein interpretiert
werden. Wie wir überdies in Kapitel 10 sehen werden, lassen Homunkuli sich vermeiden, und dennoch kann Kategorisierung stattfinden.

Wenn wir betrachten, wie die Theorie der Selektion neuronaler
Gruppen den in Tabelle 2.1 aufgezeigten Schwierigkeiten begegnet, finden wir einen Erklärungsbereich, der – eben weil wir bewußt darauf verzichten, das Wahrnehmungserlebnis in größerem
Umfang zu berücksichtigen – bestenfalls unvollständig ist und
schlimmstenfalls ungelöst bleibt. Es geht um den Anschein der
phänomenalen Einheit der Sinneswelt, trotz der Pluralität der
neuronalen Mechanismen, die schon in einer einzigen Sinnesmodalität wirksam sind. An dieser Stelle mag der Hinweis genügen,
daß die Theorie der Selektion neuronaler Gruppen mit ihren Begriffen der Degeneriertheit und des reziproken Signalaustauschs
auf verschiedenen hierarchischen Ebenen sich durchaus damit
verträgt, daß in komplexen neuronalen Systemen, die als Einheit
funktionieren, mehrere Repräsentationen und Zentren existieren. Das Konzept des Signalaustauschs bietet einen geeigneten
Mechanismus zur Synchronisation der neuronalen Aktivitäten auf
diesen verschiedenen Ebenen. Im dritten Teil werden wir die
Frage aufgreifen, wie aus solchen Mechanismen Funktionen höherer Ordnung und globale Beziehungen erzeugt werden. An dieser Stelle mag es nützlich sein, kurz in allgemeiner Weise darauf
einzugehen, wie die Steigerung der Fähigkeiten der Selektion neuronaler Gruppen die Wahrscheinlichkeit eines adaptiven Verhaltens und des Lernens erhöht. Wie diese adaptiven Fähigkeiten damit zusammenhängen, daß im Laufe der Evolution dann tatsächlich Informationsverarbeitung auftritt, wird am Schluß von Kapitel 11 erörtert.

## Die adaptive Relevanz der Selektion neuronaler Gruppen

Die Selektion neuronaler Gruppen umfaßt eine Reihe somatischer Vorgänge, die historisch und in jedem Organismus einmalig sind. Von bestimmten epigenetischen Vorgängen während der Entwicklung abgesehen, kann die Evolution individuelle Selektionsvorgänge nicht *direkt* beeinflußt haben, da sie alle auf der somatischen Erzeugung von Vielfalt beruhen. In der Evolution entsteht eine solche Vielfalt durch die Notwendigkeit, daß degenerierte Netzwerke in somatischer Zeit unter wechselnden Umweltbedingungen Kategorien bilden müssen. Dies lenkt die Aufmerksamkeit auf die Frage nach der adaptiven Bedeutung der Mechanismen der Gruppenselektion. Die Antwort auf diese Frage ist wichtig für ein Verständnis sowohl der Evolutionsvorgänge, die zum Entstehen primärer Repertoires führten, als auch der epigenetischen Mechanismen der somatischen Selektion.

Da auf der Ebene der Neurone keine Instruktion erfolgt (der Grundsatz der neuronalen Unwissenheit) und die zur Kategorisierung der Wahrnehmung führende Gruppenselektion *Voraussetzung* eines offenen Lernens ist (siehe Kapitel 11), ist klar, daß es in der Evolution einen Selektionsvorteil bot, wenn Größe und Varianz von bestimmten neuronalen Repertoires gesteigert und von anderen vermindert wurden, wodurch sich ihre Sensitivität für Regeln der Synapsenmodifikation änderte. Die durch solche wechselnden Arrangements ermöglichten neuen Arten des Lernens und die wachsende Offenheit des Lernens können sich auf die Wahrnehmung auswirken und bewirken, daß bestimmte Phänotypen mit speziellen Repertoires durch die Evolution selektiert werden. Gegenstand der evolutionären Selektion bestimmter Repertoires und Karten sind, wie wir in den Kapiteln 4 und 6 sehen werden, überwiegend Entwicklungsvarianten, die hervorgehen aus epigenetischen Abwandlungen, welche auf der veränderten Wirkung von Regulatorgenen beruhen.

Da das Muster der neuronalen Verschaltungen eines Individuums schließlich im wesentlichen festliegt, kann die Offenheit des Lernens danach nur von sekundären Repertoires und von der

Synapsenmodifikation abhängen. Dieser Mechanismus entwik-kelte sich wahrscheinlich deshalb, weil Zellsysteme zeitlichen Zwängen unterliegen: Nicht durch differentielle Vermehrung, sondern nur durch differentielle Verstärkung kann ein aus Neuro-nen bestehendes, selektives somatisches System rasch genug auf Bewegung reagieren und ein Lernverhalten entwickeln, das zum Überleben führt.

An diesem Punkt kann (*ceteris paribus*) ein Organismus mit be-sonders reichen primären Repertoires und einer leistungsfähigen Transmitterlogik (siehe Kapitel 7) eine größere Chance haben, sich rasch an die Gefährdungen und Notwendigkeiten in einer sich schnell verändernden ökologischen Nische anzupassen. Der ent-scheidende Punkt in der (in Abbildung 11.1 dargestellten)»gro-ßen Schleife« der Evolution – natürliche Selektion → somatische Selektion auf der Grundlage der Ontogenese → adaptives Verhal-ten → weitere natürliche Selektion innerhalb einer Spezies – ist die Evolution von somatischen selektiven Systemen für die Kategori-sierung des Wahrgenommenen, die gekoppelt sind mit adaptivem Verhalten und effizienterem Lernen. Die Evolution solcher Sy-steme vorausgesetzt, ist alles vorhanden, damit sich bei bestimm-ten Spezies die soziale Überlieferung (Boyd und Richerson 1985) entwickeln kann und weitere, an höhere Hirnfunktionen ge-knüpfte evolutionäre Fortschritte erzielt werden können.

Auf der Selektion aus Vielfalt beruhend, erfüllt die Theorie der Selektion neuronaler Gruppen die klassischen Forderungen des Populationsgedankens. Sie stellt einen Zusammenhang her zwi-schen der individuellen Varianz in der neuronalen Struktur, dem Verhalten und der Evolution. Indem sie von der perzeptuellen Kategorisierung zum Lernen fortschreitet (Kapitel 11), zeigt sie, wie durch Mechanismen der Kategorisierung, die bei jedem Indi-viduum ohne zentrale Steuerung ablaufen, innerhalb einer Spe-zies die Informationsverarbeitung fixiert werden kann. Beschrei-bungen im Sinne des Modells der Informationsverarbeitung kön-nen, wie wir noch sehen werden, hilfreich sein, wenn bestimmte Aspekte des Lernens zu klären sind, doch wenn man sie auf die Hirnstruktur und die Evolution von Mechanismen der perzeptuel-len Kategorisierung überträgt, gerät man unweigerlich in einen

*circulus vitiosus.* Die Theorie der Selektion neuronaler Gruppen
vermag dagegen zu erklären, wie man von den bei Individuen
stattfindenden stochastischen Prozessen der somatischen Selektion, bei denen Information nicht vernünftig definiert werden
kann, zu Beschreibungen gelangt, in denen es möglich ist, Information zu definieren und durch kommuniziertes Lernen sowie
durch das in vielen individuellen Nervensystemen einer Spezies
vorhandene Gedächtnis zu stabilisieren.

# ZWEITER TEIL
# EPIGENETISCHE
# MECHANISMEN

---
# 4
---

# Grundlagen der
# entwicklungsbedingten Vielfalt:
# Das primäre Repertoire

Molekulare Erklärungen für die Entstehung der neuronalen Vielfalt ·
Das Grundproblem der Entwicklungsbiologie · Primäre Entwicklungs-
prozesse · *Modulation der Zelloberfläche* · Sequentielle Expression von
CAMs in der Entwicklung · Störung des Patterns durch Blockade der
CAM-Funktion · *Kausale Beteiligung von CAMs bei der Induktion: die
Feder* · *Die Regulator-Hypothese* · *CAM-Regeln* · Dynamische Ausbil-
dung neuronaler Strukturen · Chemoaffinitäts-Marker versus Modula-
tion

## Einführung

Eine zentrale Aussage der Theorie der Selektion neuronaler
Gruppen lautet, daß die primären und die sekundären Repertoires durch epigenetische Mechanismen entstehen: Vorgänge,
die sich in der Entwicklungs- wie in der Erfahrungsphase der Selektion abspielen, führen, wenn auch durch genetische Zwänge
begrenzt, mit der Zeit doch zu wachsender Heterogenität und
räumlicher Vielfalt von Zellen und zellulären Strukturen. Diesen
Vorgängen müssen in Zeiträumen, die im Vergleich zur Dauer
intrazellulärer Vorgänge lang sind, andere vorausgegangen sein,
und die betroffenen Zellen zeigen interaktive und kooperative
räumliche Ordnungen, die nicht direkt im genetischen Code gespeichert gewesen sein können.
  Die Hauptaufgabe dieses Kapitels besteht darin, Belege für die
erste der zentralen Aussagen der Theorie der Selektion neuronaler Gruppen zu liefern, daß nämlich die epigenetischen molekula-

ren Mechanismen der Interaktion zwischen Neuronen und Glia
während der Entwicklung zwangsläufig für anatomische Variation
und damit für individuelle Vielfalt der primären Repertoires sorgen.

Wie entsteht anatomische Vielfalt der individuellen Nervensysteme, obwohl es artspezifische konstante Strukturen gibt? Dieses
Problem, das die Aufmerksamkeit auf die molekulare Grundlage
der neuronalen Struktur lenkt, ist das komplexeste unter allen
Problemen der Morphogenese. Auch wenn es vermutlich auf
Mechanismen beruht, die ausschließlich auf das Nervensystem
spezialisiert sind, teilt es doch fundamentale zellbiologische Eigenschaften und Mechanismen mit anderen histogenetischen Systemen. Es ist daher sinnvoll, die neuronale Entwicklung in einen
größeren Rahmen zu stellen, um das Bild, das klassischere Studien von der Neurogenese zeichnen, einer Überprüfung zu unterziehen (Spemann 1924, 1938; Ramón y Cajal 1929; Harrison 1935;
Weiss 1939, 1955; Sperry 1965; Hamburger 1980).

Aus neueren Untersuchungen geht hervor, daß Adhäsionsmoleküle als Vermittler der Entwicklungsmechanismen, die für Variation im primären Repertoire sorgen, eine zentrale Rolle spielen. Die Kontrolle der Expression dieser Moleküle hängt ferner
mit Evolutionsvorgängen zusammen, die zur Konstanz der neuralen Strukturen führen. Wir werden zunächst einige Eigenschaften
dieser Moleküle und ihre Verteilung im Nervensystem betrachten. Daraufhin werden wir eine allgemeine Hypothese vortragen,
die die entwicklungsgenetischen und mechanisch-chemischen
Grundlagen der neuralen Struktur mit dem fundamentalen Problem der morphologischen Evolution verknüpft. Diese sogenannte Regulator-Hypothese wird hier so gefaßt, daß sie besonders auf die Morphogenese und Strukturbildung abstellt; die evolutionären Implikationen für das Nervensystem werden in Kapitel
6 diskutiert. Um unser Ziel zu erreichen, werden wir einen Abste-
cher in die Molekular- und Zellbiologie machen müssen. Dabei
werden wir auf einen überzeugenden Mechanismus für die Erklärung der Vielfalt der Verbindungen im Nervensystem stoßen.

## CAMs und die Modulation
## der Zelloberfläche in der Morphogenese

Zwar kann das Genom keine spezifische Information über die genaue Lage der beteiligten Zellen in Raum und Zeit enthalten, doch wird die neurale ebenso wie die nichtneurale Morphogenese der Theorie zufolge genetisch gesteuert. In dem Bestreben, den scheinbaren Widerspruch aufzulösen, können wir das Grundproblem der Morphogenese in Gestalt von zwei allgemeinen Fragen formulieren:

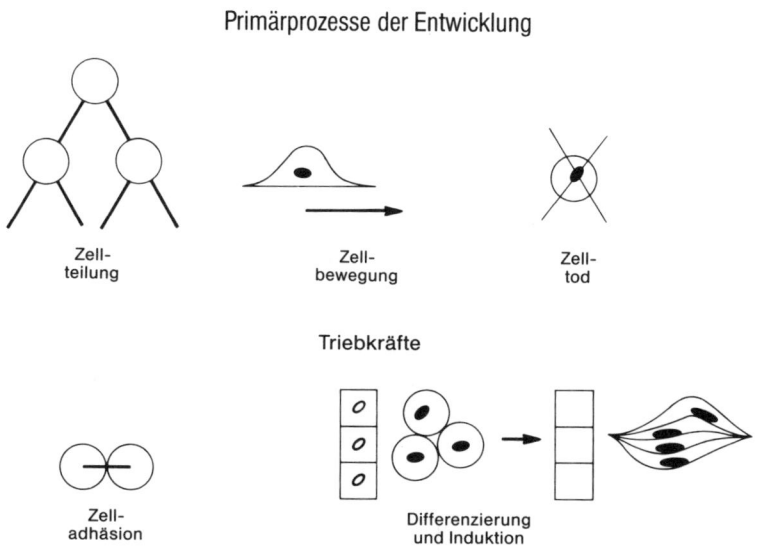

Abbildung 4.1

*Schematische Darstellung von Primärprozessen. Die »Triebkraft«prozesse – Zellteilung, Zellbewegung und Zelltod – werden durch Adhäsions- und Differenzierungsvorgänge reguliert. Der entscheidende Vorgang ist die milieuabhängige Differenzierung oder embryonale Induktion, die sich nicht zwischen einzelnen Zellen, sondern zwischen Zellkollektiven abspielt.*

1. Auf welche Weise spezifiziert ein eindimensionaler genetischer Code ein dreidimensionales Tier?

2. Wie läßt sich die Antwort auf diese Frage mit der Möglichkeit eines relativ raschen morphologischen Wandels in relativ kurzen evolutionären Zeiträumen vereinbaren?

Die Antworten auf beide Fragen müssen weitgehend in entwicklungsgenetischen und epigenetischen Vorgängen gesucht werden (Raff und Kaufman 1983). Dazu müssen Genprodukte identifiziert werden, deren Expression mechanisch-chemisch die primären Entwicklungsprozesse regulieren könnte, die – in Gestalt von Triebkräften wie der Mitose und formschaffender Bewegungen (Abbildung 4.1) – die Bedingungen für eine Abfolge von Signalen schaffen, welche die weitere Genexpression regulieren. In neueren Untersuchungen über die molekularen Mechanismen der Zelladhäsion bei Tieren, die eine regulative Entwicklung durchmachen, sind Moleküle identifiziert worden, die für diese Rolle in Frage kommen. Es sind die sogenannten Zell-Adhäsions-

Abbildung 4.2
*Diagramm der linearen Kettenstruktur zweier primärer CAMs (N-CAM und L-CAM) und des sekundären Ng-CAM. Von N-CAM sind zwei Ketten dargestellt, die sich in der Größe ihres zytoplasmatischen Bereichs unterscheiden. Durch den* offenen *Strich am COOH-Ende angedeutet, enthält das ld (large domain)-Polypeptid in diesem Abschnitt 261 Aminosäurereste mehr als das sd (small domain)-Polypeptid. Die ld-Kette findet man nur an ganz spezifischen Stellen im Zentralnervensystem (Murray et al. 1986b). Ein drittes, das kleinste (ssd) Polypeptid, das durch ein Phosphatidylinositol-Zwischenglied mit der Zellmembran verbunden ist, ist nicht dargestellt. Der* dicke senkrechte Strich *deutet den Membranverankerungs-Abschnitt an. Unter den Ketten befinden sich die durch begrenzte Proteolyse gewonnenen Fragmente Fr1 und Fr2. Im mittleren Bereich ist das Kohlehydrat überwiegend, angedeutet durch* senkrechte Linien, *an drei Stellen kovalent gebunden, und es ist sulfatiert, auch wenn die genaue Sulfatierungsstelle unbekannt ist. An diese Kohlehydrate ist Polysialinsäure gebunden. Im COOH-terminalen Bereich gibt es auch Phosphorylierungsstellen (P). Die Treppe bezeichnet die kovalente Bindung von Palmitat. L-CAM ergibt ein größeres proteolytisches Fragment (Ft1) und hat vier Bindungsstellen für Kohlehydrat (*senkrechte Linien*, aber*

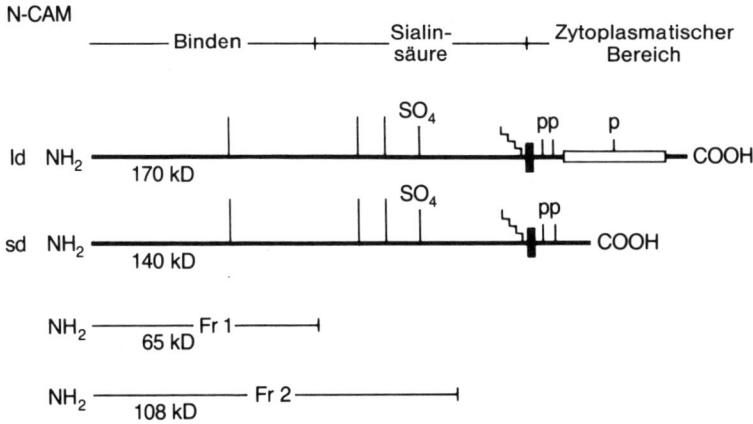

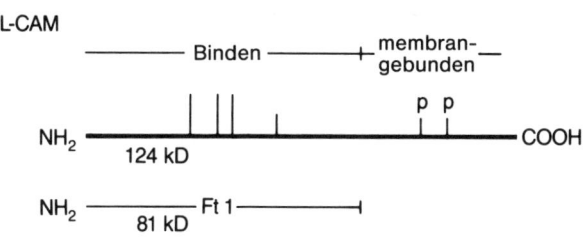

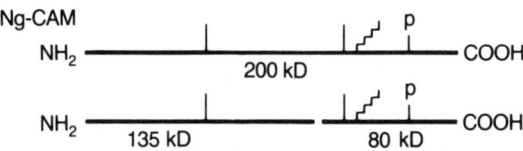

keine Polysialinsäure. Ng-CAM ist als eine 200-kD-Hauptkette dargestellt. Es gibt zwei Komponenten (135 und 80-kD), die wahrscheinlich von einem posttranslational abgespaltenen Vorläufer stammen. Beide sind mit der 200-kD-Hauptkette (die dieser Vorläufer sein könnte) verbunden, und die kleinere ist, wie dargestellt, an der Basis einer bekannten Phosphorylierungsstelle angebracht.

moleküle (*cell adhesion molecules* – CAMs) und Substrat-Adhäsionsmoleküle (*substrate adhesion molecules* – SAMs) (für einen Überblick siehe Edelman 1983, 1985b, 1985d, 1985e, 1985f, 1986a; Damsky et al. 1984; Edelman und Thiery 1985; Obŕink 1986). Wenn wir ihre Eigenschaften und ihre Modulation an der Zelloberfläche betrachten, werden wir vielleicht Aufschluß darüber erhalten, wie sie sich auf neurale Strukturen auswirken. Der Grundgedanke läßt sich folgendermaßen umreißen. Diese Moleküle verbinden Zellen zu Kollektiven, deren Grenzen durch CAMs von unterschiedlicher Spezifität definiert werden. Die Bindungseigenschaften von Zellen, die durch CAMs verbunden sind, werden dynamisch von den Zellen selbst über Signale gesteuert, die zwischen Kollektiven ausgetauscht werden. Die Zellbindung reguliert ihrerseits die Zellbewegung und die weitere Signalgebung und somit die entstehenden Formen. Die Formkonstanz einer Spezies wird dadurch gesichert, daß spezifische biochemische Mechanismen an bestimmten morphologischen Stellen die CAM-Regulatorgene beeinflussen und so die Expression von CAM-Genen steuern. Da aber die eigentliche Funktion von CAMs darin besteht, dynamische zelluläre Prozesse zu regulieren und nicht Zell-Adressen exakt zu spezifizieren, wird Variabilität auch während der Entwicklung eingeführt. Um diese Idee überzeugend zu belegen, werde ich Struktur und Bindung von CAMs, ihre Veränderungen an der Zelloberfläche und Formen der CAM-Expression während der Entwicklung darstellen. Damit besitzen wir eine Grundlage, auf der wir Befunde diskutieren können, denen zufolge eine Änderung der CAM-Bindung die Morphologie verändert und eine Änderung der Morphologie die CAM-Expression verändert.

Bisher wurden drei CAMs von unterschiedlicher Spezifität und Struktur isoliert und ausführlich beschrieben (Abbildung 4.2); einige weitere sind identifiziert, wurden aber noch nicht chemisch bestimmt. Das kalziumabhängige L-CAM (*liver cell adhesion molecule* – Leberzellen-Adhäsionsmolekül; Cunningham et al. 1984) und das kalziumunabhängige N-CAM (*neural cell adhesion molecule* – Nervenzellen-Adhäsionsmolekül; Edelman 1983) werden als primäre CAMs bezeichnet und treten im Frühstadium der Embryogenese auf den Derivaten aller Keimschichten auf. Das Ng-CAM (Neuron-Glia-CAM) ist ein sekundäres CAM, das in der frühen Embryogenese nicht beobachtet wird und nur auf neuroektodermalen Derivaten auftritt, speziell auf postmitotischen Neuronen (Grumet und Edelman 1984; Grumet et al. 1984). Ein viertes Adhäsionsmolekül, das Zytotactin (Grumet et al. 1985; Crossin et al. 1986), tritt ein wenig später in der Entwicklung an Gliazellen auf und ist an der neuronalen Migration entlang von Gliazellen beteiligt; es scheint ein extrazelluläres Matrixprotein oder SAM zu sein, das man auch an etlichen extraneuralen Orten findet (Crossin et al. 1986). Zwei weitere kalziumabhängige CAMs (N und P cadherin) wurden identifiziert (Hatta et al. 1985), aber noch nicht charakterisiert.

Alle gut untersuchten CAMs sind Glykoproteine, die von den Zellen synthetisiert werden, auf denen sie ihre Funktion ausüben. N-CAM und L-CAM sind integrale Membranproteine; diese Eigenschaft ist für Ng-CAM nicht eindeutig geklärt. N-CAM und vermutlich L-CAM binden durch homophile Mechanismen (Abbildung 4.3, *A*), d. h. ein CAM auf einer Zelle bindet sich an ein anderes, identisches CAM auf einer benachbarten Zelle. Während die N-CAM-Bindung kalziumunabhägnig ist, ist L-CAM sowohl für seine Strukturintegrität als auch für seine Bindung auf dieses Ion angewiesen; diese beiden primären CAMs zeigen keine Bindung und keine gegenseitige Spezifität füreinander. Das sekundäre Ng-CAM auf Neuronen kann, was allerdings noch nicht bewiesen ist, durch einen heterophilen Mechanismus binden, also Ng-CAM auf einem Neuron an ein anderes CAM oder einen chemisch andersartigen Rezeptor auf Glia (Grumet und Edelman 1984; Grumet et al. 1984).

Es ist eine grundlegende Erkenntnis (Edelman 1976, 1983, 1984a, 1984b), daß die Zelle ihre eigene Bindung dynamisch steuert und daß CAMs diese Bindung über eine Reihe von Mechanismen der Zelloberflächen-Modulation regulieren, darunter Veränderungen der Konzentration von CAMs an der Zelloberfläche sowie Veränderung ihrer zellulären Position oder Polarität und ihrer chemischen Struktur, sofern sie die Bindung beeinflußt (Abbildung 4.3, *B*). Es ist gezeigt worden, daß all diese Mecha-

A

Zelloberfläche

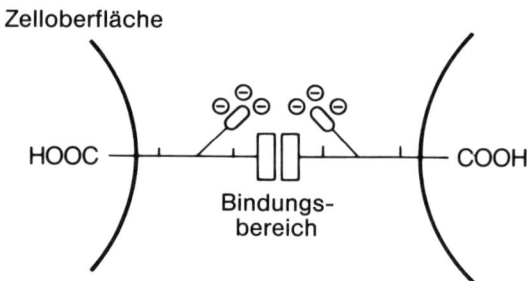

HOOC ———————— COOH

Bindungs-
bereich

B

Lokale Zelloberflächen-Modulation

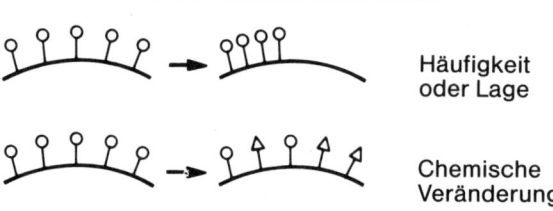

Häufigkeit
oder Lage

Chemische
Veränderung

Abbildung 4.3

*CAM-Bindungsweise und Zelloberflächen-Modulation. A: Die N-CAM-Bindung ist homophil, d. h. sie erfolgt zum Bindungsbereich eines N-CAM auf einer anderen Zelle. B: Schematische Darstellung einiger Formen der lokalen Zelloberflächen-Modulation. Die einzelnen Elemente stellen ein spezifisches Glykoprotein (z. B. N-CAM) auf der Zelloberfläche dar. Die obere Bildfolge zeigt die Modulation durch Änderung sowohl der Häufigkeit eines bestimmten Moleküls als auch seiner Verteilung auf der Zelloberfläche. Die untere zeigt die Modulation durch chemische Modifikation, durch die neue oder verwandte Formen (Dreiecke) des Moleküls mit anderen Aktivitäten entstehen. Die lokale Modulation ist etwas anderes als die globale Modulation, die sich auf Veränderungen an der gesamten Membran bezieht, von denen unabhängig von ihrer Spezifität ganz verschiedene Rezeptoren betroffen sind.*

nismen bei dem einen oder anderen CAM zu irgendeinem Entwicklungszeitpunkt auftreten (Edelman 1984 a).

Ein untersuchter Fall der chemischen Modulation (Hoffman et al. 1982; Rothbard et al. 1982) bezieht sich auf die α-2-8-gebundene Polysialinsäure, die sich an drei Stellen im mittleren Bereich des N-CAM-Moleküls findet. In der elektrophoretisch mikroheterogenen embryonalen Form (E) des N-CAM kommen 30 Gramm auf 100 Gramm Polypeptid, in den unterscheidbaren adulten Formen (A) geht der Anteil zurück auf 10 Gramm pro 100 Gramm Polypeptid; während der Entwicklung werden in den verschiedenen Teilen des Gehirns die E-Formen in unterschiedlichem Tempo durch A-Formen ersetzt. *In vitro*-Untersuchungen zeigen, daß die N-CAMs an der Zelloberfläche ausgetauscht und die E-Formen durch neusynthetisierte A-Formen ersetzt werden, die weniger Polysialinsäure enthalten. Das Kohlenhydrat ist an der Bindung zwar nicht direkt beteiligt, doch kinetische Analysen (Hoffman und Edelman 1983) der Bindung von Membranvesikeln, die N-CAM enthalten, deuten darauf hin, daß die Konversion von E zu A während der Entwicklung zur Vervierfachung der Bindungsrate führen kann. Es ist zu vermuten, daß die negativ geladene Polysialinsäure entweder die Konformation der benachbarten CAM-Bindungsregion moduliert oder durch Ladungsabstoßung direkt die homophile Bindung (Abbildung 4.3) von Zelle zu Zelle vermindert (Edelman 1983). Da die Konversion von E zu A von Enzymen reguliert wird, die durch andere Gene als das CAM-Gen spezifiziert werden, und dieser Wechsel einen Austausch an der Zellmembran erfordert, ist ihr Einfluß auf die Zellbindung zwangsläufig ein epigenetischer.

Noch eindrucksvoller als die Auswirkungen der Konversion von E zu A ist die Abhängigkeit der homophilen Bindung von Veränderungen der N-CAM-Konzentration oder Oberflächendichte: Eine Verdoppelung der E-Formen an der Membran führt zu einer mehr als dreißigfachen Steigerung der Bindungsrate (Hoffmann und Edelman 1983). Ursache ist vermutlich eine Erhöhung der Valenz durch *cis*-Anlagerung von zwei oder mehr CAM-Polypeptiden an der Zelloberfläche. Entsprechende Untersuchungen bei verschiedenen Wirbeltierarten (Hoffman et al. 1984) lassen vermuten, daß der N-CAM-Bindungsmechanismus sich im Laufe der Evolution erhalten hat. Die aus chemischer Veränderung und Veränderung der Konzentration resultierenden nichtlinearen Bindungseffekte ermöglichen ein wirksames lokales Umschalten von zellulären Bindungszuständen, ein Mechanismus, der sich mit der Vorstellung deckt, daß CAMs als empfindliche dynamische Regulatoren der Zellaggregation und der Zellbewegung dienen.

Es gibt auch, wie neuere Untersuchungen zeigen, eine andere Form der Modulation von N-CAM, unter Verwendung von zu verschiedenen Produkten verarbeiteten RNAs, die durch ein einziges Gen spezifiziert werden. Die Modulations-Hypothese betont, daß die CAM-Expression von einer kleinen Zahl von Genen reguliert wird, und geht nicht von großen Genfamilien aus, die variierende Versionen von jedem dieser Proteine spezifizieren. Bislang wird diese Vorstellung von der Analyse der cDNA-Klone der bekannten CAMs gestützt. Es wurde gezeigt (Murray et al. 1984), daß das einzige Gen für N-CAM bei der Maus auf Chromosom 9 (D'Eustachio et al. 1985), beim Menschen auf Chromosom 11 liegt (Nguyen et al. 1986). Es gibt höchstens drei Gene (und möglicherweise weniger ) für L-CAM (Gallin et al. 1985). Geht man davon aus, daß N-CAM nur von einem Gen codiert ist, spricht einiges dafür, daß die unterschiedlichen Polypeptid-Formen von N-CAM auf unterschiedlicher Verarbeitung der RNA beruhen. Erkenntnisse über die Basensequenz deuten darauf hin, daß die zwei größeren Polypeptid-Formen von N-CAM, die sogenannten *large domain*- und *small domain*-Ketten, sich in der Größe ihrer cytoplasmatischen Bereiche unterscheiden, im übrigen aber ähnlich oder identisch sind (Hemperly et al. 1986b); nach neueren Ergebnissen (Hemperly et al. 1986a) entsteht auch eine dritte Kette (das sogenannte *small surface domain*-Polypeptid) durch RNA-Verarbeitung. Diese *small surface domain*-Kette hat keine zytoplasmatischen Bereiche und ist durch Phosphatidylinositol-Zwischenglieder an die Zelloberfläche gebunden.

Angesichts der Tatsache, daß das *large domain*-Polypeptid (siehe Abbildung 4.2) nervensystemspezifisch ist (Murray et al. 1986b) und an anderen neuronalen Orten erzeugt wird als das *small domain*-Polypeptid, zeichnet sich die interessante Möglichkeit ab, daß eine bestimmte Form der Zelloberflächen-Modulation im Nervensystem von Signalen bewirkt werden kann, die zu unterschiedlichen Formen der RNA-Weiterverarbeitung führen, die ihrerseits die Mengen von *large domain-* und *small domain-*Ketten auf Zellen an bestimmten neuronalen Orten verändern. Diese Interpretation ist durch neuere Untersuchungen (Murray et al. 1986 a, 1986 b) entschieden gestützt worden: Zwar sind die Bindungseigenschaften von Neuronen mit unterschiedlichen N-CAM-Ketten nicht untersucht worden, doch nimmt man an, daß sie beeinflußt werden von den unterschiedlichen cytoplasmatischen Wechselwirkungen der verschiedenen Bereiche in den zwei Arten von Polypeptidketten, die im übrigen identische Bindungsspezifitäten besitzen. Solche Wechselwirkungen, insbesondere mit dem Zytoskelett, könnten beispielsweise die Anhäufung oder die Valenzzustände der Molekülteile an der Zelloberfläche verändern, mit entsprechenden Veränderungen der Zellbindung oder der Zellbewegung.

Es hat den Anschein, daß die initiale Kontrolle der CAM-Expression sich auf frühe Stufen der Regulation der entsprechenden Strukturgene, auf RNA-Verarbeitung und möglicherweise auf die Kontrolle der mRNA-Stoffwechselrate stützt. Um festzustellen, auf welcher Ebene die Expression von N-CAM kontrolliert wird, hat man letzthin ein Perturbationssystem verwendet, in dem Zellstämme aus dem Rattenkleinhirn von temperaturempfindlichen Mutanten des Virus Rous sarcoma verändert wurden (Greenberg et al. 1984). Die Ergebnisse (R. Brackenbury und G. M. Edelman, unveröffentlichte Beobachtungen) decken sich mit der Vorstellung, daß die Kontrolle überwiegend auf der Ebene der Transkription stattfindet.

Alle Fakten über die Zelloberflächen-Modulation von CAMs sind in Tabelle 4.1 sowie in einem Diagramm (Abbildung 4.3, *B*) zusammengefaßt, das die Idee der lokalen Zelloberflächen-Modulation veranschaulicht (Edelman 1976, 1983, 1984 a). Die grundlegende Vorstellung ist, daß CAMs während der Entwicklung Veränderungen erfahren können – das betrifft die Anzahl der Moleküle pro Zelle, die Typen der zytoplasmatischen Bereiche bzw. Membranbindungsstellen sowie die Verteilung auf Teile der

## Tabelle 4.1

### *CAM-Modulationsmechanismen*

| Mechanismus | Wirkung | Beispiele | Quelle |
|---|---|---|---|
| *Häufigkeit* (Änderung der Synthese oder Expression an Zelloberfläche) | Zu- oder Abnahme der Bindungsrate | Homophile Bindung von N-CAM zwei- bis dreißigfache Steigerung der Rate | Edelman et al. 1983; Hoffman und Edelman 1983 |
| *Differentielle Häufigkeit* (Änderung der relativen Expression von CAMs unterschiedlicher Spezifität auf derselben Zelle) | Grenzbildung für Zellkollektive | CAM-Expressionsregeln N-CAM/Ng-CAM | Chuong und Edelman 1985a, 1985b; Daniloff et al. 1986a |
| *Veränderung des zytoplasmatischen Bereichs* (Änderung von Größe und Struktur des zytoplasmatischen Bereichs durch unterschiedliche RNA-Weiterverarbeitung) | Selektive Expression von ld- bzw. sd-Polypeptiden; veränderte zytoskeletale Interaktion (?) | Selektive Expression von N-CAM-ld-Kette in zerebellären Schichten | Murray et al. 1986b |
| *Polarität* (Änderung der Lage in ausgewählten Zellregionen) | Lokalisierung der Bindung an die Zelle | Motorische Endplatte (N-CAM) Neuritenverlängerung und Wachstumskegel wandernde Zellen (Ng-CAM) exokrine Pankreaszellen | Rieger et al. 1985; Daniloff et al. 1986a |
| *Chemisch* (Posttranslationale Strukturänderung) | Geänderte Bindungsraten; Auflösung der Bindung (?) | E-zu-A-Konversion von N-CAM: Verlust von 2/3 Polysialinsäure → Vervierfachung der Bindung | Chuong und Edelman 1984; Hoffman et al. 1982 |

Zelle; sie können aber auch posttranslationale chemische Strukturveränderungen erfahren; jede dieser Modulationen durch die Zelle kann zu Veränderungen des Bindungsverhaltens führen. Die Modulation der CAM-Bindung in Reaktion auf lokale Signale könnte die Dynamik und die Wechselwirkungen jener primären Entwicklungsprozesse beeinflussen, die als Triebkräfte wirken und entsprechende Formveränderungen nach sich ziehen. Solche Modulations-Mechanismen lassen sich mit Theorien der Morphogenese vereinbaren, die sich auf epigenetische Vorgänge stützen (Edelmann 1984a, 1984b, 1985b) – statt auf die Existenz von zellspezifischen Positionsmarkierungen, die als Basis der neuronalen Spezifität vorgeschlagen wurden (Sperry 1963, 1965; siehe Easter et al. 1985). Es muß jedoch betont werden, daß das Auftreten der Modulation nicht die Existenz unterschiedlicher CAM-Bindungsspezifitäten ausschließt, die für die Ausbildung von Grenzen in benachbarten Zellkollektiven erforderlich sind.

## CAM-Expressionssequenzen in Embryogenese und Neurogenese

Wenn die Zelloberflächen-Modulation von CAMs an der Regelung der Morphogenese beteiligt ist, sollte man erwarten, daß sich in der CAM-Expression während der Entwicklung bestimmte Muster ergeben. Zwar liegen noch keine ausführlichen Ergebnisse darüber vor, wie sich die CAM-Gentranskription an verschiedenen Stellen des Embryos während der Entwicklung verändert, doch ist mit immunzytochemischen Verfahren geklärt worden, daß es zwischen Zeit und Ort der Zelloberflächen-Expression der CAMs, den Stellen der embryonalen Induktion und wichtigen Vorgängen der Histogenese Zusammenhänge gibt. Zunächst werde ich die Expressionssequenz für den ganzen Embryo beschreiben (siehe Abbildung 4.4), um anschließend auf einige detailliertere Beispiele von histogenetischen Sequenzen einzugehen, die im Nervensystem zu beobachten sind.

Das Vorkommen von CAMs ist beim Küken nicht für sehr frühe Zeitpunkte nachgewiesen, doch L-CAM kommt bei der Maus im

Zwei-Zellen-Stadium vor (Shirayoshi et al. 1983), und später, vor der neuralen Induktion, tritt auch N-CAM auf. In geringen Mengen sind auf dem Blastoderm des Kükens vor der Gastrulation sowohl N-CAM als auch L-CAM vorhanden. Wenn beim Küken die Gastrulation erfolgt und Zellen durch den Primitivstreifen nach innen wandern, sinkt die Menge beider CAMs, die auf den wandernden Zellen feststellbar ist. (Thiery et al. 1992; Edelman et al. 1983; Edelman 1984a; Crossin et al. 1985), worin sich vermutlich die Tatsache äußert, daß sie herunterreguliert oder maskiert

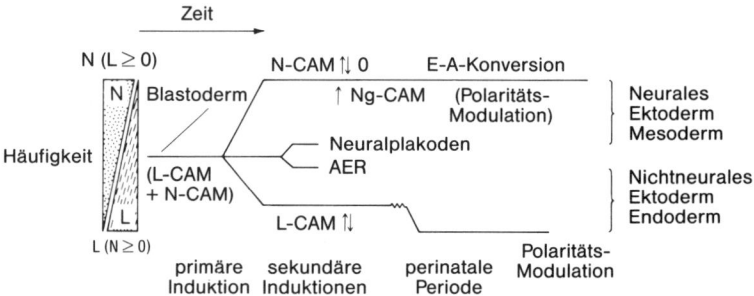

Abbildung 4.4

*Bedeutende CAM-Expressionssequenz. Die schematische Darstellung zeigt den zeitlichen Ablauf der Expression wichtiger CAMs während der Embryogenese des Huhns. Die vertikalen Keile links deuten die relative Häufigkeit des jeweiligen CAMs in den verschiedenen Teilen des Embryos an; bei dem Strich, der auf das Blastoderm verweist, sind sowohl N-CAM als auch L-CAM vorhanden, bei dem Strich dagegen, der auf das Neuroektoderm verweist, relativ viel N-CAM, aber wenig oder kein L-CAM. Nach einer primären Induktion divergiert die Häufigkeit von N-CAM und L-CAM auf den verschiedenen Zellen; sie wird dann in Gebieten sekundärer Induktion ($\uparrow \downarrow$) moduliert oder geht stark zurück (O), wenn Mesenchym gebildet wird oder Zellwanderung eintritt. Bei Plakoden mit beiden CAMs spielen sich dieselben Vorgänge ab wie bei der neuralen Induktion. Unmittelbar vor der Gliabildung tritt ein sekundäres CAM (Ng-CAM) auf. In der perinatalen Periode kommt es zu epigenetischen Modulationen: zur E-A-Konversion bei N-CAM und zur polaren Umverteilung bei L-CAM.*

wurden. Dieses Phänomen sieht man deutlich an Mesoblasten, aus denen schließlich das Mesoderm hervorgeht.

Nach der Gastrulation und gleichzeitig mit der neuralen Induktion ändert sich die Verteilung der beiden primären CAMs erheblich. Im Gebiet der Neuralplatte und Neuralrinne nimmt durch Immunfluoreszenzfärbung markiertes N-CAM zu, während ebenso markiertes L-CAM abnimmt. In dem umgebenden somatischen Ektoderm nimmt gleichzeitig die L-CAM-Färbung zu, während N-CAM langsam zurückgeht (Abbildungen 4.4 und 4.5). Die Neuralwulst-Zellwanderung (Le Douarin 1982) geht einher mit Reduzierung oder Maskierung von Zelloberflächen-N-CAM (Thiery et al. 1982). Die sogenannten Plakoden, aus denen spezialisierte neuronale Strukturen hervorgehen, erzeugen anfangs

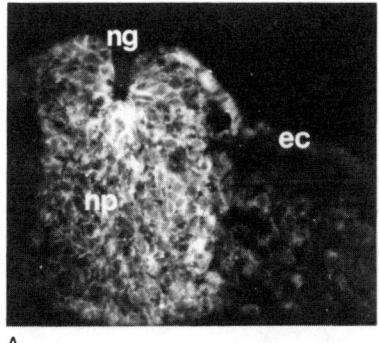 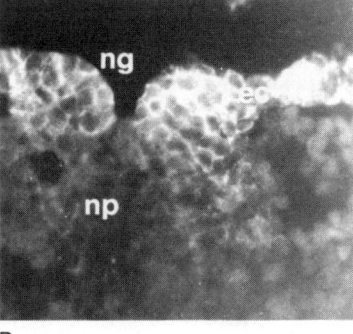

A                    B

Abbildung 4.5

*Veränderung in der Verteilung von N-CAM und L-CAM während der Bildung der Neuralplatte (neurale Induktion) und der Neuralrinne (Neurulation). A: Schnitt durch die Neuralplatte (np) während der Bildung der Neuralrinne (ng). N-CAM befindet sich in großen Mengen im Chorda-Mesoderm sowie im neuralen Mesoderm, in geringen Mengen im Ektoderm (ec) sowie im angrenzenden Mesoderm. B: L-CAM-Färbung verschwindet aus dem neuralen Ektoderm in der Neuralrinne und wird auf das neurale Ektoderm (ec) beschränkt. Unmittelbar vor diesen Vorgängen waren N-CAM und L-CAM in allen Bereichen des Blastoderms, aus dem diese Strukturen hervorgingen, vorhanden.*

beide CAMs, verlieren aber in spezifisch differenzierten neuronalen Regionen das L-CAM (für eine eingehende Untersuchung der Ohr-Plakode siehe Crossin et al. 1987; Richardson et al. 1987). Ein wenig später, nach der Neurulation, zeigen alle Orte der sekundären Induktion eine veränderte Konzentration von N-CAM oder L-CAM oder beiden (Abbildung 4.4). Die äußerste Spitze der ektodermalen Gliedmaßenknospe erzeugt beispielsweise, während die Gliedmaße induziert wird, beide CAMs. Wenn Neuralwulstzellen als Ektomesenchym wandern, ist auf der Oberfläche kein N-CAM feststellbar. Es tritt wieder auf oder wird demaskiert an den Stellen, wo diese Zellen Ganglien bilden (Thiery et al. 1982). Gleichzeitig verlieren wandernde sekundäre Mesenchymzellen – beispielsweise jene, die Feder-Plakoden induzieren sollen – N-CAM, gewinnen es aber wieder in der Nähe des L-CAM-positiven Ektoderms, wenn sich dermale Verdichtungen bilden (Chuong und Edelman 1985a, 1985b).

Manchmal kann eine Zelle zwei CAMs erzeugen, so etwa das Küken-Blastoderm die primären CAMs und Neurone Ng-CAM und N-CAM. Bei der Federbildung und der Induktion von Schlund- und Darmfortsätzen können Zellen des Ekto- bzw. Entoderms L-CAM und N-CAM gleichzeitig erzeugen; dies gilt auch für das Nieren-Mesoderm (Crossin et al. 1985). Die CAM-Erzeugung ist im allgemeinen dynamisch und ändert sich, so daß das eine oder andere CAM gewöhnlich verschwindet, wenn solche Gewebe zum adulten Zustand heranreifen.

Wir können nun diese neuen molekular-embryologischen Erkenntnisse in einen engeren Zusammenhang mit der Entwicklung von Struktur und Variation im Nervensystem bringen. Innerhalb der zuvor beschriebenen umfassenden Expressionssequenz lassen sich im Nervensystem Mikrosequenzen ausmachen (Tabelle 4.2), besonders im Zusammenhang mit histogenetischen Vorgängen, die durch zelluläre Differenzierung charakterisiert sind. Nach der neuralen Induktion und der Neurulation (Abbildung 4.5) findet man N-CAM über das ganze Nervensystem verteilt. Bei E 3.5 im Küken tritt das sekundäre Ng-CAM (Grumet et al. 1984) auf Neuronen auf, die bereits N-CAM aufweisen (Thiery et al. 1985; Daniloff et al. 1986a). Dieses Molekül, das Neurone an Neurone und in

# Tabelle 4.2:

*Altersabhängige Verteilung primärer und sekundärer CAMs während der neuralen Morphogenese*

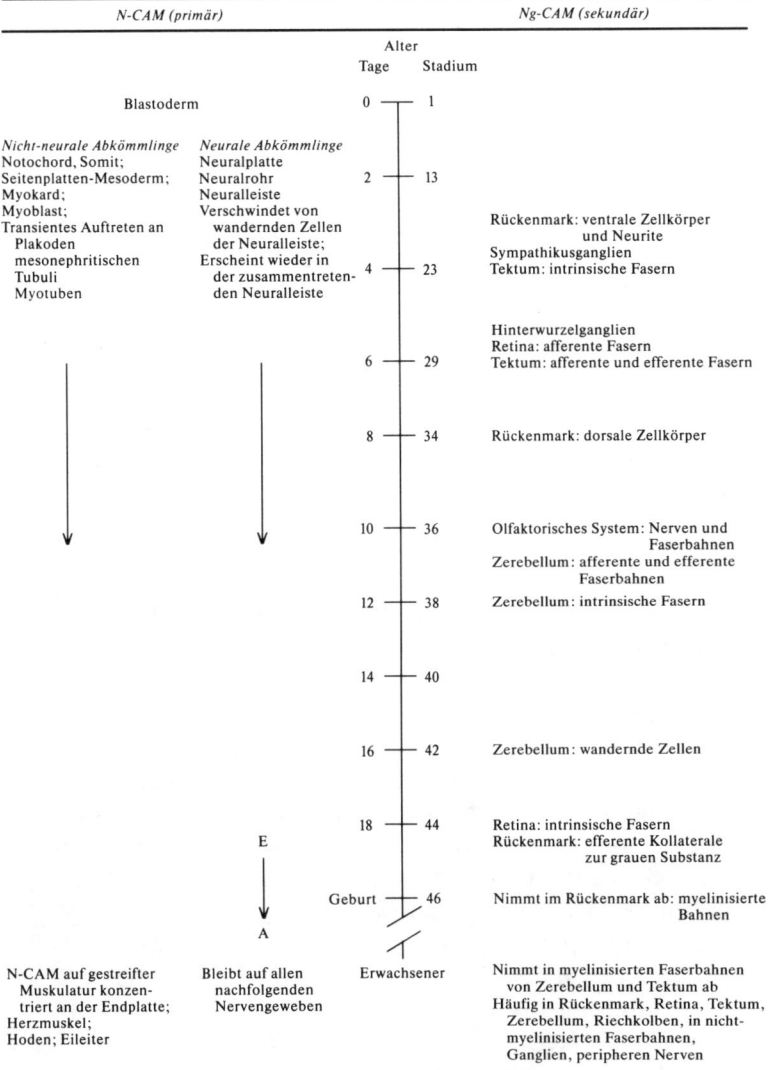

| N-CAM (primär) | | Alter | | Ng-CAM (sekundär) |
|---|---|---|---|---|
| | | Tage | Stadium | |
| Blastoderm | | 0 | 1 | |
| *Nicht-neurale Abkömmlinge* Notochord, Somit; Seitenplatten-Mesoderm; Myokard; Myoblast; Transientes Auftreten an Plakoden mesonephritischen Tubuli Myotuben | *Neurale Abkömmlinge* Neuralplatte Neuralrohr Neuralleiste Verschwindet von wandernden Zellen der Neuralleiste; Erscheint wieder in der zusammentretenden Neuralleiste | 2  4 | 13  23 | Rückenmark: ventrale Zellkörper und Neurite Sympathikusganglien Tektum: intrinsische Fasern |
| | | 6 | 29 | Hinterwurzelganglien Retina: afferente Fasern Tektum: afferente und efferente Fasern |
| | | 8 | 34 | Rückenmark: dorsale Zellkörper |
| | | 10 | 36 | Olfaktorisches System: Nerven und Faserbahnen Zerebellum: afferente und efferente Faserbahnen |
| | | 12 | 38 | Zerebellum: intrinsische Fasern |
| | | 14 | 40 | |
| | | 16 | 42 | Zerebellum: wandernde Zellen |
| | E | 18 | 44 | Retina: intrinsische Fasern Rückenmark: efferente Kollaterale zur grauen Substanz |
| | A | Geburt | 46 | Nimmt im Rückenmark ab: myelinisierte Bahnen |
| N-CAM auf gestreifter Muskulatur konzentriert an der Endplatte; Herzmuskel; Hoden; Eileiter | Bleibt auf allen nachfolgenden Nervengeweben | Erwachsener | | Nimmt in myelinisierten Faserbahnen von Zerebellum und Tektum ab Häufig in Rückenmark, Retina, Tektum, Zerebellum, Riechkolben, in nicht-myelinisierten Faserbahnen, Ganglien, peripheren Nerven |

*In vitro*-Versuchen Neurone an Glia bindet, wird zwar nur an postmitotischen Neuronen beobachtet, doch kann es auf denselben neuronalen Oberflächen vorkommen wie N-CAM (Grumet et al. 1984). Im Zentralnervensystem (ZNS) findet sich Ng-CAM im wesentlichen auf wachsenden Neuriten und nur geringfügig oder gar nicht auf Zellkörpern. Diese Polaritätsmodulation beobachtet man auch bei Zellen, die an Radialglia entlangwandern, so etwa im Kleinhirn und im Rückenmark. Ein anderes Bild ergibt sich im peripheren Nervensystem: Nachdem Ng-CAM einmal da ist, findet man es ständig sowohl auf Neuriten wie auf Zellkörpern (Thiery et al. 1985; Daniloff et al. 1986a).

Diese Beobachtungen deuten darauf hin, daß die bekannten Entwicklungssequenzen des Neuritenwachstums und der Zellwanderung mit einer konsistenten Mikrosequenz von Vorkommen von Ng-CAM verbunden sind (Thiery et al. 1985; Daniloff et al. 1986a). Die in Tabelle 4.2 dargestellte Reihenfolge des Vorkommens ist von einem Tier auf das andere übertragbar. Diese geordnete Sequenz läßt darauf schließen, daß sowohl für das Vorkommen wie für die bemerkenswerte Konzentrations-Modulation von Ng-CAM auf der Zelloberfläche lokale Signale verantwortlich sind, die mit der Zellreifung und möglicherweise mit Wachstumsfaktoren zusammenhängen, die von Glia-Vorstufen erzeugt werden. Neuere Untersuchungen (Friedlander et al. 1986) haben tatsächlich ergeben, daß das Ng-CAM, das die Neuritenbündelung und die Neuron-Glia-Wechselwirkung vermittelt, in dem neuronalen Zellstamm PC12 vorkommt und daß der Nervenwachstumsfaktor (*nerve growth factor*, NGF) seine Erzeugung in solchen Zellen fördert. Dies steht im Einklang mit dem in derselben Untersuchung gelieferten Nachweis, daß das Ng-CAM identisch ist mit dem sogenannten NILE-Glykoprotein, von dem man schon wußte, das es durch NGF induziert werden kann.

Während des Vorkommens von Ng-CAM, das einen großen Teil der Entwicklungszeit einnimmt, gibt es in der Konzentration von N-CAM auf verschiedenen Zelloberflächen Veränderungen von geringerem Ausmaß und längerer Dauer. Außerdem tritt die *Large domain*-Kette nur an bestimmten Orten auf, so in der Molekularschicht des sich entwickelnden Kleinhirns (Murray et al.

1986b). Wenn im weiteren Verlauf der Mikrosequenz (Tabelle 4.2) viele neuronale Bahnen entstanden sind und die Myelinisierung beginnen soll, wird das mit immunhistochemischen Methoden festgestellte Ng-CAM an der Zelloberfläche jener Bahnen des ZNS, die zu weißer Substanz werden sollen, herabreguliert. Im peripheren Nervensystem wird eine solche Reduzierung nicht beobachtet. Etwa zur gleichen Zeit erfährt das N-CAM die Konversion von E zu A (Chuong und Edelman 1984; Daniloff et al. 1986a), eine posttranslationale chemische Modulation, die, wie schon berichtet, *in vitro* zu erhöhten Bindungsraten führt und wohl auch *in vivo* die CAM-Funktion beeinflußt.

Die verschiedenen während der Entwicklung vorkommenden Arten der Modulation der Zelloberfläche (Tabelle 4.1) führen am Ende dazu, daß der relative Anteil der beiden gut untersuchten neuronalen CAMs sich innerhalb des ZNS stark verändert (Tabelle 4.2). In den Bereichen des ZNS, die bis ins Erwachsenenstadium hinein noch neue Verbindungen aufbauen können (wie etwa dem Riechkolben), und im peripheren Nervensystem ändert sich die relative Häufigkeit der beiden CAMs dagegen nicht. Es wurden Karten erstellt (Daniloff et al. 1986a), aus denen die Veränderungen und Konstanzen für viele Hirnregionen des Kükens zu ersehen sind.

Wie neuere Untersuchungen ergeben, können auch extrazelluläre Matrixproteine (bzw. Substrat-Adhäsionsmoleküle, SAMs) zu bestimmten Zeiten auf bestimmten Geweben erzeugt werden und damit die Morphologie über Modulations-Mechanismen beeinflussen. So kommt etwa das Glykoprotein Zytotactin in Basalschichten des frühen Embryos, in glatter Muskulatur und im ZNS vor (Grumet et al. 1985; Crossin et al. 1986). Dieses Molekül, das eindeutig ein peripheres Membranprotein ist und insofern von den CAMs abweicht, tritt nach etwa neun Tagen auf Glia im Kükengehirn auf. Zytotactin vermittelt die Neuron-Glia-Adhäsion *in vitro*, und Antikörper gegen das Molekül blockieren oder verzögern die Wanderung von äußeren Körnerzellen auf Bergmann-Glia in Gewebsschnitten vom Kleinhirn (Chuong et al. 1987). Dieses Matrixprotein könnte somit ein SAM sein, das *in vivo* an der Wanderung von Neuronen auf radialem Glia beteiligt ist. Ng-CAM bindet, wie wir noch erörtern werden, nicht an dieses Glia-Protein, aber es scheint ebenfalls eine notwendige (und möglicherweise eine selektive) Rolle bei dieser Wanderung von äußeren Körnerzellen auf radialem Kleinhirn-Glia zu spielen. Nimmt man die Resultate zusammen, so decken sie sich mit der Aussage, daß die Regulation der Expression von Oberflächenmolekülen (wie CAMs und SAMs), die die Adhäsion vermitteln und die Wanderung fördern bzw. steuern, ein entscheidender Faktor für Konstanz und Variation der neuronalen Struktur ist.

Die Daten über Mikrosequenzen im Nervensystem zeigen, daß Oberflächenmodulationen und CAM- sowie SAM-Expressionen in relativ kleinen Zellpopulationen in einer bestimmten Reihenfolge vorkommen können. Diese Feststellung wird bestätigt durch weitere Befunde über Mikrosequenzen der primären CAM-Expression bei der Feder-Histogenese (Chuong und Edelman 1985a, 1985b; siehe auch Abbildung 4.7) und über von N-CAM vermittelte Nerv-Muskel-Wechselwirkungen (Rieger et al. 1985; siehe auch Abbildung 4.6), die ebenfalls darauf hindeuten, daß die aufeinanderfolgenden Signale für die CAM-Expression in Zeit und Raum klar lokalisiert sind.

## Kausale Bedeutung der CAM-Funktion

Zwar deuten die Expressionssequenzen auf Zusammenhänge zwischen den Zeiten des CAM-Vorkommens, Oberflächenmodulationen und wichtigen morphogenetischen Vorgängen hin, doch geben sie keinen direkten Aufschluß über die kausale Beteiligung der CAMs an der neuronalen Morphogenese. Die CAM-Expression könnte, unvoreingenommen betrachtet, Ursache oder Wirkung sein, sie könnte sogar, zyklisch und parallel zu anderen Prozessen auftretend, Ursache und Wirkung zugleich sein. Durch Störungsexperimente und Identifizierung sowie Charakterisierung der Regulatoren von CAM-Genen lassen sich die Grundlagen dafür schaffen, daß man die entsprechenden Auslösesignale aufspürt und die kausalen Abläufe der zellulären Steuerung klärt, auf denen die neuronale Struktur beruht. In den verbleibenden

Abschnitten dieses Kapitels werde ich kurz einige relevante Beobachtungen zur Störung der CAM-Wirkung mitteilen, die eine kausale Beteiligung der CAMs zeigen, und ein theoretisches Modell der CAM-Regulation skizzieren, das in Systemen embryonaler Induktion überprüft werden kann. Dieses Modell, konkretisiert in der Regulator-Hypothese, ist deshalb ein wichtiger Baustein der Theorie der Selektion neuronaler Gruppen, weil es eine Basis für Konstanz und Variabilität der Strukturen liefert.

In einer Reihe von Systemen wurden Experimente zur Störung der CAM-Funktion bzw. mit Änderungen der CAM-Expression durchgeführt (Edelman 1983, 1984a, 1985b). Die Zufuhr von Anti-L-CAM-Antikörpern führt zur Verhinderung der histotypischen Aggregatbildung von Leberzellen (Bertolotti et al. 1980). Anti-Ng-CAM-Antikörper unterbrechen *in vitro* die Nervenbündelung (Hoffman et al. 1986), und Anti-N-CAM behindert in einer Organkultur sehr stark die Schichtbildung bei der Kükenretina (Buskirk et al. 1980). Ins Gewebe eingebrachte Anti-N-CAM-Antikörper verhindern *in vitro* die retinotektale Kartenbildung beim Frosch (Fraser et al. 1984). *In vivo* auf zerebelläre Gewebsproben aufgebracht, hemmen Anti-Ng-CAM-Antikörper die normale Bewegung von äußeren Körnerzellen längs des radialen Glia zur inneren Körnerschicht (Hoffman et al. 1986); diese Antikörper scheinen das Eindringen von Zellen in die Molekularschicht zu verhindern. In kinetischen Untersuchungen wurde gezeigt, daß Anti-Zytotactin (und bis zu einem gewissen Grad Anti-Ng-CAM) die Wanderung von Körnerzellen, die sich bereits in der Molekularschicht befinden, verlangsamen (Chuong et al. 1987). Diese Beobachtungen deuten darauf hin, daß an formbildenden Bewegungen die CAM- und die SAM-Expression sowohl von Neuronen wie von Glia beteiligt ist. Nervenzellen, darunter zerebelläre Zellstämme, auf die man eine temperaturempfindliche Mutante des Rous-sarcoma-Virus ansetzte (Greenberg et al. 1984), zeigten bei der unverträglichen Temperatur weiterhin die normale Morphologie, adulte N-CAM-Werte und normales Aggregationsverhalten. Bei der für das Virus verträglichen Temperatur wurden die Zellen jedoch verändert, und innerhalb von Stunden reduzierten sie ihr Oberflächen-N-CAM und wurden beweglicher. Durch

Wechsel von der unverträglichen zur verträglichen Temperatur konnte ein ähnliches Aggregationsverhalten erreicht werden wie bei den Zellen der Originalkultur.

All diese Untersuchungen zeigen, daß die Morphogenese durch eine Störung der CAM- und der SAM-Funktion gestört werden kann. Wenn jedoch die Vorstellung, daß die Modulation auf die Gewebestruktur Einfluß hat, korrekt ist, so folgt umgekehrt, daß die Regulation der Stärke und der Orte der CAM-*Expression* ihrerseits von der Morphologie, das heißt, von der Integrität des Gewebes und von kollektiven Zellwechselwirkungen abhängt, bei denen Signale ausgetauscht werden. Im Einklang mit dieser Idee wurde festgestellt, daß Störung der normalen Wechselwirkungen von Zelle zu Zelle und der Verbindungsstruktur von Geweben *in vivo* zu Veränderungen der CAM-Expression und -Verteilung führt. So findet man N-CAM an der Endplatte von quergestreiften Muskeln (Rieger et al. 1985), nicht aber auf der übrigen Oberfläche der Myofibrille. Nach Durchtrennen des Ischiasnervs nimmt die N-CAM-Menge an der Endplatte ab, die Anti-N-CAM-Färbung im Zytoplasma nimmt zu, und das Molekül tritt diffus an der Zelloberfläche auf (Abbildung 4.6). Nach neueren Untersuchungen der Bildung und Regeneration von peripheren Nerven kommt es auch bei Schwann-Zellen nach einer Durchtrennung an dieser Stelle zu einer erheblich veränderten Expression von N-CAM, Ng-CAM und Zytotactin, und in dem betreffenden Segment kommt es bei den Hinterwurzel-Ganglien sowie im Vorderhorn zu Veränderungen des N-CAM und des Ng-CAM (Daniloff et al. 1986b). Alle diese Befunde zeigen, daß eine Störung der Morphologie mit einer veränderten CAM-Modulation und -Expression einhergehen kann.

Veränderte CAM-Modulationen sind auch bei genetischen Defekten beobachtet worden, die die neuralen Verbindungen beeinträchtigen. Bei der Mausmutante *staggerer*, die Verbindungsdefekte im Kleinhirn zwischen Parallelfasern und Purkinje-Zellen aufweist, verbunden mit einem weitgehenden Absterben der Körnerzellen, ist die Konversion von E zu A (bzw. die chemische Modulation) von N-CAM im Kleinhirn stark verzögert (Edelman und Chuong 1982). N-CAM, Ng-CAM und Zytotactin finden sich in spezifischen Mustern an den Ranvierschen Schnürringen zusammengelagert (Rieger et al. 1986). Bei dysmyelinisierenden Mausmutanten wie *trembler* und Mutanten mit einer Erkrankung der motorischen Endplatten sind diese Verteilungen sehr stark verändert, eine Folge des veränderten Verhältnisses zwischen Neuronen und Schwann-Zellen.

Die wohl eindrucksvollsten Störungsexperimente sind jene (Abbildung 4.7), bei denen Anti-L-CAM-Antikörper auf Gewebsexplantaten von sechs Tage alter Kükenhaut benutzt wurden (Gallin et al. 1986). Die Epidermis wird durch L-CAM zusammengehalten, und Verdichtungen von mesodermalem Mesenchym, die zunächst N-CAM-negativ sind, erzeugen N-CAM, während sie in einem sechseckigen Muster Federkeime induzieren (Chuong

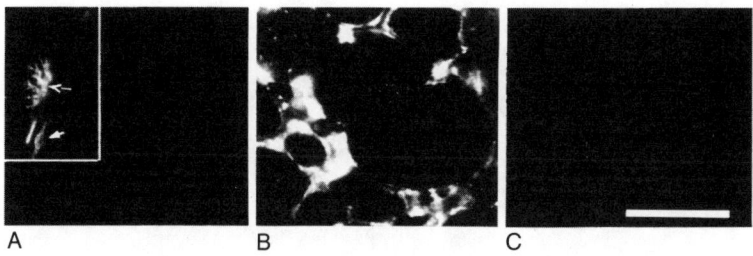

A    B    C

Abbildung 4.6

*N-CAM an der motorischen Endplatte und Häufigkeitsänderungen im Muskel nach Denervierung (Rieger et al. 1985; Daniloff et al. 1986b). Querschnitte durch den mit polyklonalem N-CAM-Antikörper gefärbten Gastrocnemius-Muskel von Küken (A-C) zeigten, daß die Oberflächen von Muskelfasern bei normalen Kükenmuskeln nur schwach gefärbt waren (A). Das eingefügte Bild zeigt ein Ganzpräparat von normalen adulten Hühnermuskelfasern (× 7). Die Muskeloberfläche war geringfügig mit N-CAM-Antikörper gefärbt; intensiv gefärbt waren eine motorische Endplatte (durchbrochener Pfeil) und mehrere mononukleare Zellen, die vermutlich Satellitenzellen sind (durchgehender Pfeil). Zehn Tage nach Durchtrennung des Ischiasnervs steigerte sich die N-CAM-Intensität dramatisch (B); nach 150 Tagen stellte sich wieder eine normale Verteilung her (C). Eichstrich = 50 μm. (Aus Daniloff et al. 1986b.)*

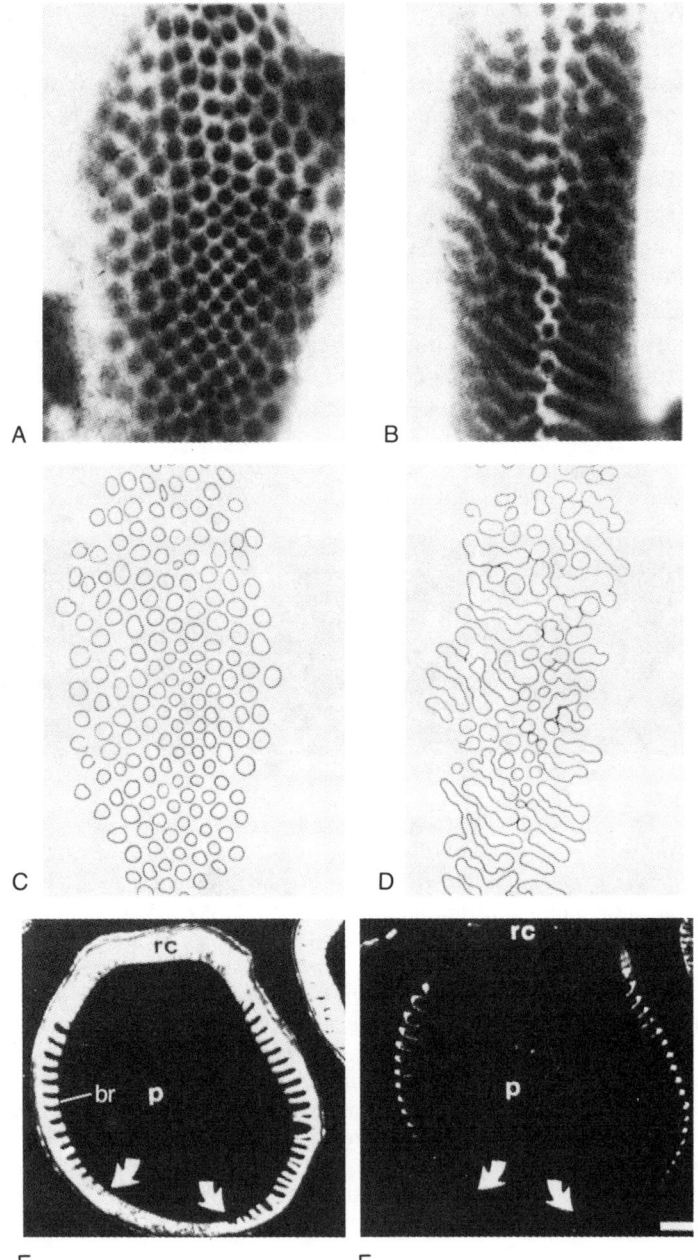

und Edelman 1985 a, b). Ähnliche Regulationen der Expression der einzelnen CAMs werden in verschiedenen späteren Stadien der Federentwicklung beobachtet, die in der Entwicklung von Federfahne und Federästen kulminieren (Abbildung 4.7, *A–F*). Während des letzten Stadiums der Feder-Induktion wurde in Kulturen beobachtet, daß Antikörper gegen L-CAM (die das Meso-

Abbildung 4.7

*Ursächliche Beteiligung von CAMs an der Modifikation der embryonalen Induktion und der Bildung von Grenzen. A und B: Störung des Musters der Federinduktion in N-CAM-verbundenem Mesoderm durch L-CAM-Antikörper, der auf L-CAM-verbundenes Ektoderm einwirkt. Ganzpräparate von Kükenhautexplantaten wurden in Kultur weitergezüchtet, fixiert, gefärbt und im Durchlicht betrachtet. Während der Induktion von Federkeimen induzieren N-CAM-positive Hautverdichtungen L-CAM-positives Ektoderm. A: Sieben Tage alte Embryohaut, die drei Tage lang mit 1 mg/ml nichtimmunem Kaninchen-[Fab'] gezüchtet wurde. B: Sieben Tage alte Embryohaut, die drei Tage lang in einem Medium gezüchtet wurde, das 1 mg/ml L-CAM-[Fab']-Antikörper enthielt. C: Aufzeichnung des Musters von Verdichtungen in Bild A. D: Aufzeichnung des Musters von Verdichtungen in Bild B. Das Muster hat sich geändert – aus kreisförmigen, im Sechseck angeordneten Kondensaten wurden Streifen, die der Störung entsprechen, ein Zeichen dafür, daß CAMs an der Reaktion auf Induktion ursächlich beteiligt sind. E und F: Querschnitte durch sich später entwickelnde Federfollikel aus dem Flügel eines frisch geschlüpften Kükens, die eine alternierende Expression von L-CAM (E) und N-CAM während der Histogenese der adulten Feder erkennen lassen. Dieselben Schnitte wurden mit fluoreszierenden Antikörpern gegen das jeweilige CAM gefärbt. Die Bildung der Federäste (br) beginnt auf der dorsalen Seite (der Seite mit der Rhachis) und breitet sich beidseitig zur ventralen Seite hin aus, so daß ein dorsoventraler Reifungsgradient vorliegt. Die Positionen der zuletzt gebildeten Äste sind durch gekrümmte Pfeile angedeutet. L-CAM-Antikörper (E) färbt alle Zellen des Federast-Epithels. Die helle N-CAM-Antikörper-Färbung (F) beginnt in den Tälern zwischen je zwei Federästen aufzutreten. Das Auftreten von N-CAM beginnt etwa acht Äste von dem zuletzt gebildeten Ast entfernt und steigert sich, was Färbungsintensität und Verteilung betrifft, in dorsaler Richtung bis hin zur Rhachis (rc). Schließlich werden alle L-CAM tragenden Zellgebiete keratinisiert, und alle N-CAM tragenden Zellgebiete werden absterben.*

derm nicht direkt beeinflussen können) zur Bildung von mesodermalen Verdichtungsstreifen führen, die das normale sechseckige Muster durchbrechen (Abbildung 4.7, *A–D*). Als ungestörte Kulturen zehn Tage lang gezüchtet wurden, entwickelten sie regelmäßige filamentöse Strukturen, die den Federvorstufen ähnelten. Die durch Antikörper gestörten Kulturen entwickelten dagegen Plaques, die Schuppen ähnelten. Aus der Tatsache, daß L-CAM im Mesoderm nicht vorkommt und nichts dafür spricht, daß L-CAM direkt als Signal für das Mesoderm fungiert, wurde geschlossen (Gallin et al. 1986), daß die Störung durch Anti-L-CAM die Dynamik der gegenseitigen induktiven Signalgebung zwischen Epidermis und Corium beeinflußte. Dieses Feder-Störungsexperiment läßt den Schluß zu, daß CAMs neben ihrer Rolle bei der Grenzbildung auch in der embryonalen Induktion eine kausale Rolle spielen könnten.

Die besprochenen Befunde deuten darauf hin, daß Störungen der CAM-Bindung zu einer veränderten Morphogenese führen können und daß die veränderte Morphogenese zu Veränderungen bei der CAM-Expression und Modulation führen kann. Diese Schlußfolgerungen bieten die Grundlage, auf der wir verstehen können, wie derartige Modulationen die Form regulieren und gleichzeitig zu individueller Variation führen.

## Die Regulator-Hypothese

Die vorstehend besprochenen Beobachtungen legen nahe, daß CAMs nicht einfach als Marker für differenzierte Zellen dienen, sondern vielmehr Zellen zu Kollektiven verbinden und Grenzen zwischen Kollektiven bilden. Solche Grenzen entstehen zwischen Epithelien und Mesenchym und kommen als Orte für den Austausch von Signalen in Frage, die mit der embryonalen Induktion und dem regulativen Aspekt der Entwicklung zusammenhängen. In der regulativen Entwicklung (Weiss 1939; Slack 1983; Nieuwkoop et al. 1985) werden Zellen mit unterschiedlicher Vorgeschichte durch morphogenetische Bewegungen zusammengebracht, und das Resultat ist die embryonale Induktion bzw.

die milieuabhängige Differenzierung. Die embryonale Induktion hängt von der Position ab (die ihrerseits von der bisherigen Bewegung und Geschichte abhängt) und wirkt auf zusammenhängende Kollektive von pluripotenten Zellen ein, deren Kompetenz sich mit der Geschichte und dem Entwicklungszeitpunkt ändert (Jacobson 1966).

Wenn die CAM-Modulation mit der Bildung von Grenzen zwischen diesen Kollektiven zu tun hat, sollte man nicht nur eine kausale Rolle bei der Strukturbildung, wie beispielsweise bei der Feder-Induktion, beobachten können, sondern auch ein regelhaftes Muster der CAM-Expression bei unterschiedlichen Geweben. Eine solche Regelhaftigkeit ist tatsächlich für zwei der primären CAMs gefunden worden. Mesenchymale Gewebe, die durch Umbildung aus Epithelien entstehen, und stabile Epithelien veranschaulichen zwei unterschiedliche Regeln oder Modi (Crossin et al. 1985) der Modulation der CAM-Expression (Tabelle 4.3). An Orten der Induktion findet man Zellen in Kollektiven, die Regel I ($N \rightarrow O \rightarrow N$) gehorcht haben, neben anderen Zellen, die zu epithelialen Kollektiven gehören, und Regel II($NL \rightarrow N$ oder $NL \rightarrow L$) gehorcht haben.

Diese Beobachtungen hängen mit einem umfassenderen Gesamtmuster zusammen. Stellt man die CAM-Verteilungen während der frühen Entwicklungsstadien auf dem Küken-Blastoderm zusammen mit einer klassischen Karte der Gewebsschicksale auf dem Blastoderm dar, ergibt sich eine weniger detaillierte, aber kongruente CAM-Karte (Abbildung 4.8) mit sich überschneidenden N-CAM- und L-CAM-Verteilungen an den Gewebsschicksals-Grenzen. Bei den meisten Geweben verschwindet die Überschneidung der beiden CAMs (Crossin et al. 1985), wenn der erwachsene Zustand erreicht wird und der Modulations-Modus II eintritt. Dennoch – und das muß beachtet werden – geht aus der Karte dieser primären CAMs deutlich hervor, daß die Verteilung der einzelnen CAMs die Gewebegrenzen überschreitet; nimmt man die Expressionssequenz (Abbildung 4.5) hinzu, so folgt daraus, daß CAMs in der Histogenese generell an der frühen Ausbildung von Grenzen beteiligt sind, noch vor vielen Vorgängen der Zelldifferenzierung.

## Tabelle 4.3

*Orte, an denen während der Embryogenese des Kükens epigenetische
Regeln für die CAM-Expression sichtbar werden*

| Regel I: Mesenchymale Konversion[a] | Regel II: Epithelien[b] |
|---|---|
| *Ektodermal* | *Ektodermal* |
| $N \to 0 \to N$ | $NL \to N$ |
| Neuralleiste | Neuralrohr |
|   – peripherer Nerv | Ganglien aus Plakoden |
|   – Ganglien | $NL \to L$ |
| | Somatisches Ektoderm |
| *Mesodermal* | Keimschicht |
| $N \to 0 \to N$ | Äußere Epidermisplatte |
| Somit | Branchiales Ektoderm |
|   – Skelettmuskel (nur Endplatte) | $NL \to N \to {}^*$ |
|   – dermale Papille (Feder) | Linse |
| Nephrotom | Rand- und Axialplatte der Feder |
|   – Gonadenkeimepithel | $NL \to L \to {}^*$ |
|   – Gonadengrundgewebe | Stratum corneum |
| Splanchnopleura | Federstrahl, Rhachis |
|   – Milzgrundgewebe | |
|   – Lamina propria des Darms | |
|   – einige Mesenterien | *Mesodermal* |
| $N \to 0 \to N \to {}^*$ | $N \to NL \to L$ |
| Somit | Wolff-Gang |
|   – Chondrocyten | Mesonephritische Tubuli |
| Seitenplatte | Müller-Gang |
|   – glatte Muskulatur | |
| | *Entodermal* |
| | $N \to L$ |
| | Epithel von: |
| |     Luftröhre |
| |     Gastrointestinaltrakt |
| |     Ductus hepaticus |
| |     Gallenblase |
| |     Schilddrüse |
| | Pharynx-Abkömmlinge |
| | *NL* |
| | Parabronchi (Lungenepithelien) |

[a] Regel I zeigt zyklische Veränderungen bzw. Verschwinden von N-CAM. Einige dieser Übergänge treten mit Bewegung auf; 0 bedeutet geringe Mengen von CAM. Die ursprünglichen Gewebe sind am linken Rand aufgelistet. Geweben mit hohem Gehalt von N-CAM ist ein Gedankenstrich vorangestellt. Wo * erscheint, kann das CAM durch ein Differenzierungsprodukt ersetzt werden.

[b] Regel II zeigt Ersetzen eines CAM durch ein anderes oder das Verschwinden des CAM. * steht für Differenzierungsprodukte (z. B. Keratin, Kristallin) bei Verschwinden des CAM.

Daß bei der Expression der primären CAMs in benachbarten Zellkollektiven an verschiedenen Orten der embryonalen Induktion Regeln beobachtet werden, stellt eine eindrucksvolle Generalisierung dar, die sich mit der Schlußfolgerung deckt, daß CAMs bei der Bildung morphogenetischer Grenzen und Strukturen vor der Gewebsdifferenzierung eine wichtige Rolle spielen. Man hat beobachtet, daß die sukzessive Anwendung dieser Regeln in sich differenzierenden Zellpopulationen an vielen Stellen mit einer morphologischen Transformation und zugleich einer Gewebetransformation einhergeht (Chuong und Edelman 1985a, 1985b; Crossin et al. 1985; für ein Beispiel siehe Tabelle 4.3 und Abbildung 4.7).

Wir gelangen hier zu einer wichtigen Feststellung. In Anbetracht der kinetischen (und – an manchen Stellen – der stochastischen) Natur der Triebkräfte der Zellbewegung, der Zellteilung und des Zelltodes gehen solche *Transformations*prozesse zwangsläufig einher mit *Variations*prozessen, die zu mikroskopischer Strukturvielfalt führen. Diese Variationsprozesse sind im Nervensystem entscheidend für die Ausbildung des primären Repertoires, und sie sind der Ursprung der von der Theorie geforderten Vielfalt. Dieses Bild der mechanisch-chemischen Regulation der morphogenetischen Bewegungen von Gewebsschichten, Zellen und Zellprozessen durch Regulation der CAM- und SAM-Expression und Signalgebung über Grenzen hinweg erlaubt es uns, zwischen den primären Prozessen der Adhäsion, der Bewegung, der Teilung, des Todes und der Induktion einen Zusammenhang herzustellen.

Einen einheitlichen Rahmen, der diese mit der Entwicklung verbundenen Veränderungen mit der Evolution verknüpft, bietet die Regulator-Hypothese (Edelman 1984c), eine Idee von zentraler Bedeutung für die Theorie der Selektion neuronaler Gruppen. Dieser Hypothese zufolge regulieren CAMs und SAMs durch Zelloberflächen-Modulation die morphogenetische Bewegung, die Integrität von Epithelien und die mesenchymale Verdichtung, die zur Grenzbildung zwischen verschiedenen, Induktionssignale austauschenden Zellkollektiven führt, und dies nicht nur im Nervensystem, sondern in allen Geweben. Die evolutionären Implikatio-

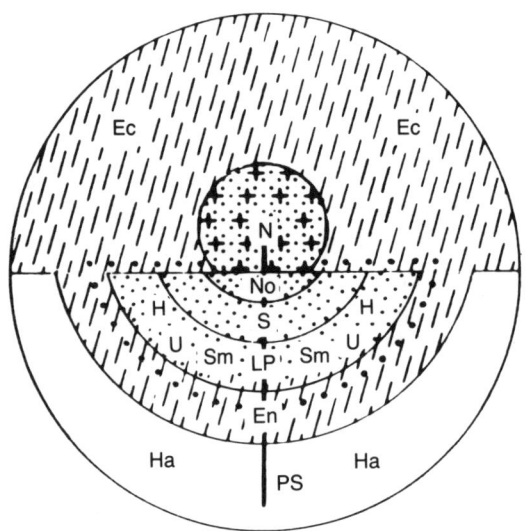

Abbildung 4.8

*Kombinierte CAM-Anlagekarte beim Küken.* Die Verteilung von N-CAM
(punktiert), *L-CAM* (gestrichelt) *und* Ng-CAM (gekreuzt) *auf Geweben
von fünf bis vierzehn Tage alten Embryos ist auf die Gewebe-Vorläufer-
zellen im Blastoderm zurückprojiziert.* Zusätzlich werden Regionen einer
*vorübergehenden N-CAM-Färbung beim frühen Embryo (fünf Tage) ge-
zeigt* (dickere Punkte). *Beim frühen Embryo überschneiden sich die
Grenzen der CAM-Expression mit den Grenzen der Keimschichten; das
bedeutet, daß Derivate aller drei Keimschichten beide CAMs exprimieren.
Später geht die Überlappung zurück: N-CAM verschwindet aus dem somatischen Ektoderm und dem Entoderm, mit Ausnahme einer Population in der Kükenlunge. L-CAM wird auf allen ektodermalen Epithelien
exprimiert, bleibt aber im Mesoderm auf epitheliale Derivate des Urogeni-
talsystems beschränkt. Der* senkrechte Strich *bezeichnet den Primitivstreifen* (PS); Ec: *intra- und extraembryonales Ektoderm;* En: *Entoderm;* N: *Nervensystem;* No: *prächordales und Chorda-Mesoderm;* S:
*Somit;* Sm: *glatte Muskulatur,* Ha: *hämangioblastischer Bereich.*

nen der Regulator-Hypothese verschieben wir auf Kapitel 6, um hier vor allem ihre Implikationen für die Embryogenese und die neuronale Histogenese zu erörtern.

Aus der Tatsache, daß die CAM-Expression in den meisten induzierten Gebieten anfangs der Expression der meisten Produkte der Zytodifferenzierung vorausgeht, folgt die Hypothese, daß die Gene, die die CAM- und SAM-Expression betreffen (morphoregulatorische Gene), unabhängig von und zeitlich vor den Genen wirksam werden, welche die gewebespezifische Differenzierung kontrollieren (historegulatorische Gene). Dies deckt sich mit der Beobachtung, daß die Expression von CAM-Typen in Geweben (Abbildung 4.8) die Grenzen der klassischen Schicksalskarte schneidet, der die Schicksale der einzelnen Gewebearten zu entnehmen sind.

Auf eine gegebene Zellart in einem Kollektiv und deren Abkömmlinge bezogen, kann die CAM-Expression als zyklisch aufgefaßt werden (Abbildung 4.9). Das Durchlaufen der äußeren Schleife dieses Zyklus führt entweder zum An- oder zum Abschalten des einen oder anderen CAM-Gens. Den modalen Regeln (Tabelle 4.3; Crossin et al. 1985) entsprechend wird bei mesenchymalen Zellen, die zu sekundären Induktionsarten beitragen, und bei Neuralwulst-Zellen das An- und Abschalten derselben Gene (Regel I) angenommen. Bei Epithelien wird der Übergang zu einem anderen CAM-Gen (Regel II) angenommen. Die anschließende Wirksamkeit der historegulatorischen Gene (*innere Schleife*, Abbildung 4.9) geht, so wird angenommen, auf Signale zurück, die in den neuen Milieus entstehen, welche durch vorhergegangene CAM-abhängige Zellaggregation, Bewegung, Grenzbildung und Gewebefaltung zustande kommen. Zu beachten ist, daß – im Rahmen des Zyklus – Wechselwirkungen der verschiedenen historegulatorischen Genaktivierungen auf der zellulären Ebene ebenfalls zu Formänderungen führen können. Würde etwa die Expression der historegulatorischen Gene zu veränderter Zellbewegung oder -form oder zu veränderten, die CAMs betreffenden posttranslationalen Vorgängen führen, würde das die Auswirkungen anschließender Durchläufe der äußeren Schleife auf die Morphogenese verändern. Ein bekannter Fall, der direkt Zellen betrifft, die N-CAM enthalten, sind die historegulatorischen Gene, welche das Enzym oder die Enzyme spezifizieren, die für die Konversion von E zu A verantwortlich sind.

Die Kombination der äußeren mit der inneren Schleife des Zyklus und die Verbindung zweier dieser Zyklen zu »CAM-Paaren«, die den modalen Regeln der Expression an benachbarten Induktionsorten gehorchen, könnte zu vielfältigen Effekten führen, die den Verlauf der Morphogenese verändern würden. Dies ist eindeutig der Fall bei der Feder (deren ursprüngliche Induktion nach Störung durch L-CAM-Antikörper verändert wird und ein neues Muster ergibt [Abbildung 4.7, *A–D]*). Die weiteren Stadien der Federbildung bieten Anhaltspunkte für sukzessiv ablaufende CAM-Zyklen und die sukzessive Anwendung der Regeln (Abbildung 4.7, *E, F*).

Die Frage, wie die Interaktion zweier Zyklen (die sich jeweils auf ein anderes CAM beziehen) über die CAM-Regeln vermittelt sein könnte, führt uns zurück auf ein großes, ungelöstes Problem, welcher Art nämlich die Signale sind, die während der Induktion die morphoregulatorischen und historegulatorischen Gene aktivieren. Es ist einstweilen offen, ob diese Signale in Morphogenen bestehen, die von Zellen ausgeschüttet werden, welche durch ein spezielles CAM verbunden sind (Abbildung 4.9, *dicker Pfeil links)*, oder ob sie auf mechanischen Veränderungen der Zell-

Abbildung 4.9
*Die Regulator-Hypothese am Beispiel eines CAM-Regelungszyklus und in epigenetischen Sequenzen. A: Frühe Induktionssignale* (dicker Pfeil links) *führen zur CAM-Genexpression. Oberflächenmodulation (durch Änderungen der Häufigkeit, polare Umverteilung auf der Zelle oder chemische Veränderungen wie die Konversion von E zu A) beeinflußt die Bindungsraten von Zellen. Dies reguliert die Gestaltbewegungen, die sich wiederum auf die embryonale Induktion bzw. die milieuabhängige Differenzierung auswirken. Die induktiven Veränderungen können sich wiederum auf die CAM-Genexpression und die Expression anderer Gene für bestimmte Gewebe auswirken. Die dicken Pfeile links und rechts beziehen sich auf mögliche Signale für die Einleitung der Induktion, von denen wir noch nichts wissen. Diese Signale könnten ein Ergebnis der globalen*

**A** CAM-Zyklus

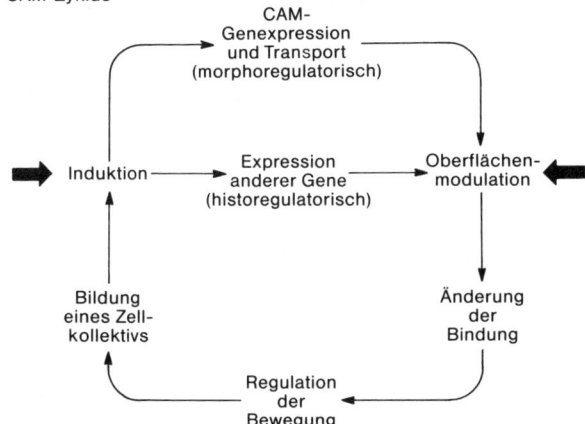

**B** Epigenetische Sequenzen

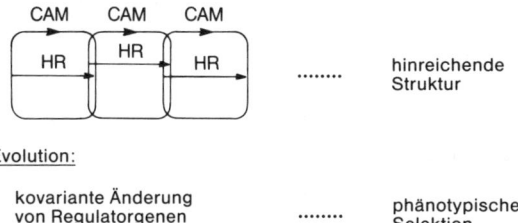

*Oberflächenmodulation infolge von CAM-Bindung* (rechts) *oder der Freisetzung von die Induktion beeinflussenden Morphegenen* (links) *oder von beidem sein; auf jeden Fall stellt der Zyklus einen mechanochemischen Zusammenhang zwischen Genexpression und Morphogenese her.*
B: *Epigenetische Sequenzen auf der Grundlage sukzessiver CAM-Zyklen und evolutionärer Wandel auf der Grundlage von Mutationen der morphoregulatorischen und historegulatorischen Gene. Dieser Wandel vollzieht sich unter morphologischen Bedingungen, die von diesen Zyklen bestimmt werden. Da bei einem Embryo jeweils mehr als ein Zyklus ablaufen kann, sind die Zyklen seriell-parallel angeordnet.*

oberfläche bzw. des Zytoskeletts (Abbildung 4.*9, dicker Pfeil rechts*) durch eine globale Modulation der Zelloberfläche beruhen (Edelman 1976). Möglicherweise sind beide Arten von Signalen zugleich erforderlich. Den ersten Anhaltspunkt, was die Natur dieser Signale betrifft, liefern Experimente, die darauf hindeuten, daß der Nervenwachstumsfaktor die Ng-CAM-Expression beeinflussen kann (Friedlander et al. 1986).

Bei der Regulation der Expression von morphologisch bedeutsamen Genprodukten geht es sehr wahrscheinlich um eine Kaskadensteuerung durch mehrere Arten von Genen, die Transkriptionsvorgänge beeinflussen. Das Diagramm in Abbildung 4.9 benennt solche Gene zwar nicht, doch sind sie wahrscheinlich ein wichtiger Bestandteil des Pfades, der durch verschiedene Morphogene bzw. durch Oberflächenmodulation (*die beiden breiten Pfeile rechts und links*) eingeleitet wird. Einigermaßen überzeugende Beweise für solche Steuerungskaskaden erbrachten Untersuchungen der Genexpression in der Embyogenese von *Drosophila* (Scott und O'Farrell 1986). Die Analyse dieser Genwirkung bei Wirbeltieren und die Übertragung der molekularen Analyse der bei Wirbeltieren beobachteten Zellwechselwirkung auf *Drosophila* sollte ein detaillierteres und realistischeres Bild des Signalweges von der Genexpression bis zur Entstehung einer zellulären Struktur liefern.

Die dynamische Auffassung der Regulation der Morphogenese, wie sie die Regulator-Hypothese vertritt, bedeutet, daß diese Signale auf mehreren Ebenen wirksam sein müssen. Die Hypothese geht davon aus, daß die Zelle die Steuerungseinheit und die Zelloberfläche der Nexus der Steuerungsvorgänge ist, daß Zelladhäsion und -differenzierung die Triebkräfte der Zellbewegung und Zellteilung ordnen und daß die Wirkung der Adhäsion in der Erzeugung von Kollektiven besteht; diese entsenden lokale Signale, die wiederum epigenetisch auf die benachbarten Kollektive in CAM-Paaren wirken (für ein Beispiel sehe Abbildung 4.7). Der Annahme zufolge ist die Zelle zwar die Steuerungseinheit, doch die (die entsprechenden Signale erzeugende) Induktionseinheit ist ein Zellkollektiv von hinreichender Größe, das durch ein bestimmtes primäres CAM oder eine Kombination von CAMs zusammengehalten wird. Die Grenzbildung, welche die Struktur mit dem Austausch von Signalen verknüpft, wird durch die unterschiedlichen Spezifitäten der CAMs in den einzelnen Kollektiven sichergestellt.

Nach der Regulator-Hypothese sind CAMs (und SAMs) Moleküle, die den Zusammenhang zwischen den Genen und den mechanisch-chemischen Voraussetzungen der epigenetischen Abläufe herstellen. Miteinander verbundene CAM-Zyklen in unterschiedlichen Kontexten könnten eine Lösung des Problems sein, wie während der regulativen Entwicklung die mechanisch-chemische, vom Gen bis zum Organ und wieder zurück zum Gen mehrere Ebenen umfassende Struktursteuerung erfolgt. Um so mehr gilt dies für das Nervensystem, auch wenn dessen Komplexität und synaptische Organisation ein System von Signalen erfordern mag, das stärker abgestuft und komplexer ist, als man es an einem der übrigen Orte der Morphogenese beobachtet. Diese Aussage ist jetzt experimentell nachprüfbar, besonders auf dem Weg der Störung von *In-vitro*-Induktionssystemen und Neuronenkulturen durch Anti-L-CAM-Antikörper, verbunden mit Analysen der Genexpression mittels geeigneter cDNA-Sonden. *In-vitro*-Experimente zur Störung von Feder-Induktionssystemen durch Anti-L-CAM-Antikörper haben inzwischen eine frühe Brechung der Symmetrie von Feder-Feldern nachgewiesen, bei der statt der im Sechseck angeordneten Punkte Streifen entstehen, während die Morphologie sich zu flachen Gebilden wandelt, die eher an Schuppen erinnern (Gallin et al. 1986). Diese Experimente sichern den CAMs definitiv einen Platz in der komplexen Kausalkette der embryonalen Induktion, und in Anbetracht der generellen CAM-Wirkung wäre es keine Überraschung, wenn die Entwicklung von »blobs« und Streifen in neuronalen Strukturen (Hubel und Wiesel 1970) auf ähnlichen Grundlagen beruhte.

## Variabilität und Konstanz von Mustern
## in der neuronalen Struktur

Wir sind jetzt in der Lage, einige bekannte Erscheinungen der neuronalen Strukturbildung und bestimmte Aspekte der Regulator-Hypothese in einer Generalisierung zusammenzufassen, die eine Basis für die Variation im primären Repertoire liefert und daher für die Theorie der Selektion neuronaler Gruppen zentral ist. Unser Ziel ist, die strukturelle Variation im Nervensystem (siehe Tabelle 3.3) mit der molekularen Variation und Modulation der CAMs in der Ontogenese in Beziehung zu bringen und zu zeigen, daß die Anzahl der molekularen Spezifitäten sehr viel kleiner sein kann als die Anzahl der durch Modulations-Mechanismen erzielbaren Strukturen.

Es ist nicht bekannt, wieviele CAMs mit unterschiedlichen Spezifitäten während der Morphogenese wirksam sind, doch die bisher geschilderten Fakten lassen den Schluß zu, daß – berücksichtigt man die Existenz unterschiedlicher Modulations-Mechanismen – eine relativ kleine Zahl von Molekülen mit verschiedener Spezifität (vielleicht Dutzende, aber nicht Hunderte), die dynamischen Veränderungen unterliegen, die Entstehung von Strukturen im Nervensystem und anderswo erklären könnten. Wenngleich die Tatsachen es nicht erlauben, die Anzahl der verschiedenen Spezifitäten abzuschätzen, die für die neurale Strukturbildung erforderlich sind, lassen sie doch erkennen, daß die dynamische Regulation der bekannten CAMs sich in einer exakten Reihenfolge vollzieht.

Zur Erhellung der verschiedenen Auffassungen mag die Gegenüberstellung von zwei Typen morphogenetischer Theorien dienen: (1) Theorien der Struktur- bzw. der strengen Chemospezifität (Sperry 1963; siehe Cowan und Hunt 1985; Easter et al. 1985), in denen die neuronale Struktur auf der komplementären Erkennung von beiderseits spezifischen Zelloberflächen-Markern beruht, von denen es einen sehr großen Bestand gibt, und (2) regulatorische Theorien, die dynamische Modulations-Mechanismen annehmen (Edelman 1984b, 1985b). In diesen regulatorischen Theorien, die eine selektive und dynamische Entstehung von Mustern in gleichgewichtsfernen Prozessen annehmen, beruht der strukturierte Übergang von einem Zustand der Zellaggregation in einen anderen auf der Modulation der chemischen Struktur oder der Verteilung von CAMs bzw. SAMs, die wiederum Triebkräfte wie die Zellbewegung und die Zellteilung regulieren.

Die Existenz von Dynamik allein kann weder die eine noch die andere Art von Theorien widerlegen. Gleichwohl lassen sich die beobachtete Oberflächenmodulation bei der neuronalen Induktion und der anschließend beobachtete Zusammenhang zwischen dem Auftreten von CAMs und der sekundären Induktion eher mit regulatorischen Theorien der Morphogenese in Einklang bringen. So ist es beispielsweise notwendig und hinreichend, lediglich die N-CAM- bzw. Ng-CAM-Bindung zu blockieren, um die Ausbildung neuronaler Muster in verschiedenen Geweben zu unterbinden. Neuronale CAMs verändern die Stärke der Bindung durch Modulation, also unter zellulärer Kontrolle; sie bilden keine sehr große Familie unterschiedlicher molekularer Spezifitäten und werden nicht durch eine große Genfamilie spezifiziert. Tatsächlich ist ein und dieselbe N-CAM-*small-domain*-Kette, die bei Beginn der neuronalen Induktion eine entscheidende Rolle spielt, ubiquitär auf differenzierten Neuronen anzutreffen und spielt außerdem eine entscheidende Rolle in der späteren Histogenese.

Die neuronale Musterbildung beruht entscheidend auf Neuron-Glia-Wechselwirkungen sowie auf Neuron-Neuron-Wechselwirkungen (Sidman 1974; Rakic 1981a), und bei der Expression von Ng-CAM und Zytotactin wird ebenfalls Modulation und nicht eine Fülle unterschiedlicher Spezifitäten beobachtet. Verschiedene primäre Entwicklungsprozesse tragen im übrigen zur neuronalen Struktur in einer dynamischen Weise bei, die ihrerseits auf die CAM-Expression reagiert. Ein schlagendes Beispiel ist die Modulation von N-CAM an der Oberfläche von Neuralwulst-Zellen, bei denen die Zellbewegung und die CAM-Expression zeitlich korreliert sind. Ein anderes Beispiel ist das Auftreten von Zytotactin auf Glia an Stellen, wo kurz darauf eine Bewegung von Neuronen erfolgt. Eine vernünftige Hypothese besagt, daß Strukturen in Geweben, die aus diesen Zellen gebildet werden, durch eine Veränderung der differentiellen Selektivität einer relativ kleinen Anzahl von CAM- und SAM-Spezifitäten entstehen, die differentiell exprimiert werden und zu verschiedenen Zeitpunkten über mehrere Mechanismen interagieren, um so die Differenzierung und die Bewegung zu beeinflussen (Hoffman et al. 1986; Chuong et al. 1987). Solche dynamischen Veränderungen der Selektivität sind vermutlich eine Folge von zeitlichen Veränderungen der zellulären Expression dieser Moleküle in Reaktion auf lokale Signale innerhalb des Gewebes. Daß in Reaktion auf ein Signal wie den NGF die Modulation eines CAM erfolgen kann, ist bereits *in vitro* gezeigt worden (Friedlander et al. 1986).

Dieses dynamische Bild und die Daten über CAM-Expressionssequenzen (Abbildung 4.4, Tabelle 4.3) lassen sich kaum mit der Vorstellung vereinbaren, daß die exakte Position und Adresse sowie die Verbindungen neuraler Zellen von einer sehr großen Zahl spezifischer Moleküle bestimmt werden. Würden solche Adressen existieren, so würden die Bewegungsabläufe eine außergewöhnliche Koordination der Expression des jeweiligen Moleküls zwischen individuellen Zellen erfordern, denn die Tatsache, daß die primären Prozesse in einer bestimmten Reihenfolge ablaufen, schließt die Möglichkeit einer vollständigen Durchmischung und der Austestung einer jeden Zelle durch jede andere Zelle aus. Kommt es doch zu solchen Kontakten, wie bei Sortierungsexperimenten zur gewebstypischen Aggregation *in vitro* (Holtfreter 1939, 1948), so entstehen Pseudogewebe, aber keine Form und keine globale Organisation. Es ist ausgeschlossen, daß die Gene Informationen über die räumliche Verteilung von Zellen innerhalb neuronaler Netzwerke enthalten, und die lokale Information scheint kaum auszureichen, um die koordinierte Expression und Suppression einer sehr großen Zahl von Markern auf der Ebene der individuellen Zelle zu kontrollieren. Wir stellen fest, daß es den »Elektriker« (den Cousin zweiten Grades des Homunkulus, was die Entwicklung angeht) nicht gibt. Ebensowenig gibt es, ausgehend von der Dynamik der CAM-Modulation, in komplexen Nervensystemen auf der Ebene ihrer feinsten Verästelungen eine exakte Verdrahtung.

Ein kurzer Vergleich der beiden gegensätzlichen Auffassungen im Hinblick auf ihre Postulate und die dafür vorgetragenen Fakten

Tabelle 4.4

*Vergleich zwischen Modulation und strenger Chemoaffinität*

|  | Modulation | Chemoaffinität |
|---|---|---|
| Anzahl unterschiedlicher Moleküle | einige zehn | bis zu einigen Millionen |
| Spezifität | Jedes CAM spezifisch für Bindungspartner; Homophil: N-CAM an N-CAM; Heterophil: Ng-CAM; Zwei Fälle von Ionenabhängigkeit: $Ca^{2+}$ bei L-CAM, bei N-CAM keine | Äußerst verfeinert; ausreichend, um jedes Markerpaar zu unterscheiden |
| Affinitätsänderungen | sehr groß, dynamisch | Nicht eigens untersucht, äußern sich aber vermutlich in unterschiedlichen Spezifizitäten |
| Dieselben Moleküle in der frühen und späten Entwicklung? | Ja, mit mehreren neuen Zusätzen | Möglicherweise, aber mit *vielen* neuen Zusätzen |
| Dieselben Moleküle bei verschiedenen Spezies? | Ja, wobei ein gewisser genetischer Polymorphismus zu erwarten ist; bei sehr weit getrennten Taxa verschiedene Moleküle möglich | Um die detaillierten strukturellen Unterschiede zwischen den Spezies zu erzeugen, müssen zahlreiche Unterschiede bestehen |
| Methode der Formerzeugung | Selektive Beschränkungen der Interaktionen von primären Prozessen | Erkennung der entsprechenden komplementären Zellmarker |
| Evolutionäre Basis der veränderten neuronalen Form | Verändertes Muster der Regulatorgene für CAMs und primäre Prozesse; modulatorischer CAM-Zyklus (siehe Abbildung 4.9) | Änderungen in der Anzahl oder der Art der Marker durch Mutation und Genexpression |

(Tabelle 4.4) spricht eindeutig für die Modulation und gegen die strenge chemische Spezifität. Diese Tatsachen lassen sich vereinbaren mit der Existenz von bis zu mehreren Dutzend dynamisch regulierten CAMs, nicht aber mit Tausenden oder Millionen. Gleichwohl ist es denkbar, daß einzelne Neurone Moleküle produzieren könnten, die mit der Zelladhäsion nicht direkt zusammenhängen, sondern auf derselben Zelle mit neuronalen CAMs interagieren und deren Interaktionen nochmals modulieren. Solche Moleküle würden jedoch nicht die Spezifität der Bindung, sondern nur deren Selektivität im Einklang mit einer dynamischen Vorstellung von der Bildung von Grenzen und Strukturen durch Modulation verändern.

Unter dem Einfluß von fünf oder sechs Mechanismen der Oberflächenmodulation kann, so die Regulator-Hypothese, aus den Funktionen einer relativ kleinen Anzahl von CAMs unterschiedlicher Spezifität eine außerordentlich große Anzahl von neuronalen Strukturen resultieren. Die anfängliche Regulation von CAM-Genen, an die sich, wie im CAM-Zyklus gezeigt, relativ unabhängig die von historegulatorischen Genen gesteuerte Zelldifferenzierung anschließt, könnte zu einer praktisch unbegrenzten Menge von Strukturen führen. Die Vielfalt dieser Strukturen würde auf den unvermeidlichen lokalen Schwankungen der Modulations-Mechanismen beruhen.

Nun bietet die Regulator-Hypothese zwar einen Mechanismus für die Entstehung somatischer Vielfalt im primären Repertoire, doch ist sie bemerkenswerterweise auch mit einer evolutionären Erklärung der regionalen neuronalen Strukturkonstanz innerhalb einer Spezies in Einklang zu bringen (Edelman 1985c, 1985b). Diese Konstanz beruht vermutlich auf der zeitlichen Steuerung der relativ geringen Anzahl morphoregulatorischer Gene für CAMs und SAMs (siehe Kapitel 6). Formähnliche Strukturen in bestimmten Hirnregionen beruhen vermutlich auf der evolutionären Selektion spezifischer Muster der CAM-Genexpression (Tabelle 4.3) in Verbindung mit der Expression bestimmter historegulatorischer Gene. Die neuronale Struktur mag, bedingt durch genetische Einflüsse auf die Dynamik der Regulation, bei verschiedenen Individuen im ganzen übereinstimmen, doch muß sie auf der Ebene der individuellen Neurone und ihrer Fortsätze zugleich Variation aufweisen. Innerhalb der formalen dreidimensionalen anatomischen Struktur, die eine bestimmte Spezies charakterisiert, könnte hinsichtlich der Verbindungen eine enorme lokale Variabilität bestehen.

Die somatische Variabilität im primären Repertoire beruht dieser Ansicht zufolge auf der Regulation, Wechselwirkung und (positiven wie negativen) Rückkopplung der Zelladhäsion mit den übrigen primären Entwicklungsprozessen. CAMs und SAMs und deren Modulationen sind eine notwendige, aber natürlich keine hinreichende Bedingung für die Diversifikation der neuronalen Struktur. Wie wir im folgenden Kapitel sehen werden, bedarf es weiterer Gesichtspunkte wie synaptischer Aktivität und Plastizität, um die zunehmend mikroskopischen Details der späteren neuralen Histogenese zu erklären.

Die zentrale Schlußfolgerung des hier entwickelten Arguments besagt, daß molekulare Mechanismen der Zelladhäsion während der Entwicklung des Nervensystems sich sowohl mit der globalen Konstanz geordneter Strukturen als auch mit der von selektiven Theorien geforderten individuellen Variation bezüglich der Mikrostruktur neuronaler Netze völlig im Einklang befinden. Diesen letzteren Punkt – die molekularen Ursprünge der Vielfalt – zu klären, war das zentrale Anliegen des vorliegenden Kapitels. Die Regulator-Hypothese bietet einen epigenetischen Mechanismus auf der molekularen Ebene, der die Entstehung von Variabilität bei neuronalen Gruppen erklärt. Sie bietet jedoch keine vollständige Lösung des Problems, wie spezifische neuroanatomische und funktionale Karten im Nervensystem entstehen. Im folgenden Kapitel werden wir ausführlicher auf dieses Problem eingehen und zeigen, daß beide – die durch primäre Prozesse eingeführte Varianz und die Kontrolle der Zelladhäsion – zum Mechanismus der Kartenbildung beitragen, auch wenn das Problem der Kartenbildung noch nicht völlig gelöst ist.

# 5

# Zelluläre Dynamik neuronaler Karten

Konstanz versus Variation in der Anatomie, ein scheinbarer Widerspruch · Die Bedeutung von Karten · *Allgemeine Eigenschaften von Karten* · Zelluläre Eigenschaften, die die Entwicklung von Karten begrenzen · Experimentelle Beweise für *unabhängige Primärprozesse* in der neuronalen Strukturbildung · *Konkurrenz um Zielgebiete* · Ein auf der Regulator-Hypothese basierendes Modell dafür, wie Neurone ihren Weg finden · *Die retinotektale Karte* · Die Steuerung der Kartenbildung auf verschiedenen Ebenen · Die unerwartete Plastizität *adulter* Karten · Die Konkurrenz um Repräsentation · *Ausbreitung und Überlappung von axonalen und dendritischen Verästelungen* · Einige scheinbare Ausnahmen: Karten, die nur in kritischen Phasen plastisch sind

## Einführung

In den bisherigen Kapiteln wurden Befunde geschildert, die dafür sprechen, daß die Variabilität ihre Grundlage in der Struktur, der Funktion und der Entwicklung von Neuronen hat. Doch auch die in Kapitel 4 besprochenen überzeugenden molekularen und zellulären Befunde können einer Reihe von Tatsachen, die auf die Konstanz der Neuroanatomie hindeuten, nicht ganz beikommen – Tatsachen, die uns zu Schlußfolgerungen verleiten könnten, die den molekularen Fakten zuwiderlaufen. Was die Neuroanatomie betrifft, zeichnen sich Gehirne, zumindest in einem bestimmten Vergrößerungsmaßstab, durch Ordnung und Spezifität (Brodal 1981) und nicht durch Variabilität aus. Wie können wir beispielsweise die Existenz anatomischer und funktionaler Karten in einem Gebilde wie der Großhirnrinde, das eine hochkomplizierte Zytoarchitektonik aufweist (siehe Schmitt et al. 1981; Edelman et al. 1984), mit der Existenz von Variabilität auf der molekularen

Ebene, der Ebene der Entwicklung und der Ebene der individuellen Neurone in Einklang bringen?

Um ein tieferes Verständnis der epigenetischen Grundlage der neuronalen Struktur und einen Kontext zu entwickeln, in dem wir diesem scheinbaren Widerspruch angemessen begegnen können, verschoben wir die ausführliche Erörterung wichtiger zellulärer und anatomischer Fragen der Entwicklungs-Neurobiologie auf das vorliegende Kapitel. Wir werden sie hier wegen ihrer zentralen Bedeutung für die Theorie als maßgebende Beispiele aufgreifen und in ihrem Rahmen die molekulare Regulation mit der Entwicklungs-Neuroanatomie und -Funktion in Beziehung setzen. Die Abbildung auf Karten ist ein entscheidender Aspekt gruppenselektiver Netzwerke mit reziproken Kopplungen, und sie spielt eine wesentliche Rolle beim Abgleich von Veränderungen in der Umwelt mit dynamischen Strukturen, die im Gehirn bestehen. Die Theorie betrachtet, wie wir noch sehen werden, die Evolution von geordneten Abbildungs-Mechanismen als wesentlich dafür, daß der Organismus mit den sein Verhalten betreffenden adaptiven Aspekten der perzeptuellen Kategorisierung fertig wird. Auf kaum einem Gebiet der neurobiologischen Forschung geschieht so viel wie auf dem der Erkundung der evolutionären, entwicklungsbedingten und funktionalen Aspekte von Karten (siehe Edelman et al. 1984). Ziel dieses Kapitels ist nicht, diese gesamte Arbeit ausführlich zu würdigen, sondern ihr jenes Tatsachenmaterial zu entnehmen, das für oder gegen die Theorie der Selektion neuronaler Gruppen spricht. An der Abbildung sind, wie wir sehen werden, zwei Arten von Selektionsvorgängen beteiligt – anatomische, aus denen die primären, und synaptische, aus denen die sekundären Repertoires hervorgehen; in bestimmten Entwicklungsstadien werden durch Interaktion dieser beiden Arten von Vorgängen Karten gebildet bzw. fixiert.

Um für die Beurteilung dieses Tatsachenmaterials eine Grundlage zu schaffen, wollen wir zunächst betrachten, wie die Theorie die Entstehung von Karten interpretiert. Anschließend werden wir auf die allgemeinen Prinzipien eingehen (Cowan 1978; Edelman et al. 1985; Purves und Lichtman 1985), die für die Entwicklung neuronaler Bahnen bestimmend sind und insofern die

Kartenbildung bestimmen. Dazu müssen wir kurz auf das Zellver-
halten in der embryonalen Entwicklung eingehen. Um die Ordnung von Faktersträngen während der Embryogenese mit den im
vorigen Kapitel beschriebenen Mechanismen der CAM-Modulation zu verknüpfen und einige der Variablen hervorzuheben, die
für die den Karten zugrunde liegende Anatomie verantwortlich
sind, werden wir dann die Entwicklung der retinotektalen Projektion betrachten (Easter et al. 1985; für Übersichten über neuere
Arbeiten siehe Edelman et al. 1985). Schließlich werden wir uns
mit den Beweisen für Variabilität in funktionierenden Karten befassen, die bereits als sekundäre Repertoires in anatomisch fixierten Strukturen etabliert sind, und zu diesem Zweck auf das Verhältnis zwischen Anatomie und neuronaler Funktion in Karten
adulter Tiere eingehen, die cytoarchitektonischen Regeln gehorchen. Diese funktionale Variabilität adulter Karten, die sich in
sekundären Repertoires niederschlägt (Merzenich et al. 1983a),
liefert einen der stärksten Beweise für die Selektion neuronaler
Gruppen.

Zuvor muß darauf hingewiesen werden, daß die Definition
einer Karte ein sehr dehnbarer Begriff sein kann; selbst bei Spezies mit wenigen Neuronen und einem begrenzten Verhaltensre-
pertoire könnte man versucht sein, jede Art von Verschaltung als
Kartenbildung zu bezeichnen. Wir werden den Begriff hier auf
geordnete Arrangements und auf die Aktivität neuronaler Gruppen und Fasterstränge beziehen, die auf Schichten und Kerne mit
klar abgegrenzter Funktion projizieren, und zwar bei Organismen, deren Gehirne eine Vielzahl von Funktionen erfüllen (Palmer CAM 1978; Tusa et al. 1981). Die Art von Karten, von der wir
sprechen werden, verbindet mehr oder weniger kontinuierlich
»Punkt mit Gebiet« oder »Gebiet mit Gebiet«. Wir machen diese
Einschränkung, um die Verwirrung zu vermeiden, die entstehen
könnte, wenn wir gleichzeitig einzelne neuronale Verbindungen
und jene Ensembles von Verbindungen in größeren Gebieten behandeln würden, die im Laufe der Evolution entstanden sind, um
bestimmte motorische oder sensorische Funktionen zu erfüllen.
Diese Einschränkung soll außerdem betonen, daß die Theorie der
Selektion neuronaler Gruppen Vorstellungen der Äquipotentiali-

tät (Lashley 1950) meidet und es ihr nicht um einzelne Neurone oder zufällig verbundene Ensembles von Neuronen geht.

## Repräsentation und Kartenbildung

Bevor wir versuchen, die Entwicklungs- und die physiologischen Variablen zu behandeln, die zur Bildung von Karten führen, ist es sinnvoll, einige ihrer allgemeinen funktionalen Aspekte zu betrachten. Die neuronalen Verknüpfungen müssen, der Theorie zufolge, überwiegend in einer überlappenden und degenerierten Form vorliegen (Edelman 1981). Das impliziert folgendes: (1) Innerhalb des primären Repertoires gibt es variierende Zellgruppen, die ein und dieselben Gruppenfunktionen mehr oder weniger gut ausführen; (2) diese Degeneriertheit kann ähnlich wie die Redundanz dazu dienen, das Problem der Unzuverlässigkeit in einem distribuierten System zu kompensieren, aber sie geht über die Redundanz insofern hinaus, als sie mit der »Unzuverlässigkeit« fertig wird, die von neuartigen Situationen ausgeht; (3) auch noch nach der Gruppenselektion, die während der Erfahrungsphase des Tieres stattfindet, kann das primäre Repertoire Zellgruppen enthalten, die denen im sekundären Repertoire funktional gleichwertig oder sogar potentiell leistungsfähiger sind, und (4) während der Selektion dieses sekundären Repertoires können neuronale Gruppen eine konkurrenzbedingte Ausschließung erleiden.

Aus diesen Eigenschaften und anderen, die noch erörtert werden, folgt, daß das Gehirn ein distribuiertes System ist (Mountcastle 1978), in dem eine Funktion auf vielen verschiedenen Ebenen ausgeführt werden kann. Weil Repertoires neuronaler Gruppen ein degeneriertes distribuiertes System darstellen, können Unterschiede in der zeitlichen Abfolge, in der Korrelation und Repräsentation von Signalen sowie in der Speicherung und im Abrufen von Assoziationen zu kritischen Problemen werden. Wir stehen hier vor einer zentralen Schwierigkeit, die mit einem Wesenszug der für die Wahrnehmung erforderlichen Repräsentation zusammenhängt: Welches Mittel zu diesem Zweck auch benutzt wird, es muß eine kontinuierliche und kohärente Verknüpfung verschiedener zeitlicher und räumlicher Aspekte eines neuronalen Konstrukts mit zumindest einigen Merkmalen eines realen Objekts erlauben. Wir können, um dieses Problem der Repräsentation – besonders im Hinblick auf das Problem der Kategorisierung – anzugehen, eine Reihe von Fragen formulieren. Besteht im Gehirn überhaupt ein Bedarf für topologische und topographische Repräsentationen oder isomorphe Karten der geometrischen und physikalischen Eigenschaften von realen Objekten? Wenn ja, ist das Gehirn so konstruiert, daß es eine Reihe von Karten anlegt, beispielsweise Karten von Karten? Wenn in der Umwelt Bewegung vorkommt, wie werden dann in der neuronalen Repräsentation, die für die Wahrnehmung entscheidend ist, Merkmale über eine Zeit »aufbewahrt« bzw. mit einer zweiten Repräsentation derselben Szene korreliert? Wir werden bei der Behandlung dieser Fragen die Großhirnrinde (Schmitt et al. 1981; Edelman et al. 1984) als Beispiel verwenden; die abgeleiteten Prinzipien werden sich wahrscheinlich mit nur geringfügigen Abweichungen auf andere kartierte Regionen übertragen lassen.

Es erscheint notwendig, daß es im Gehirn zumindest eine Ebene der Repräsentation von sensorischem Input gibt, welche die Merkmale einer topographischen oder räumlichen Karte hat, die zumindest Teilen von realen Objekten im Raum entspricht (Edelman und Finkel 1984). Gäbe es keine topographische Invarianz in einem frühen Stadium der neuronalen Verarbeitung, ließen sich Entsprechungen zum raumzeitlichen Ort oder die Kontinuität eines Objekts (bzw. seiner Teile) in einer anschließenden neuronalen Repräsentation schwerlich herstellen bzw. aufrechterhalten. Es genügt jedoch, wenn eine solche frühe Karte lediglich gewisse Grundmerkmale festhält, die sich auf die raumzeitliche Kontinuität eines Objekts beziehen; eine vollständige Punkt-für-Punkt-Abbildung im mathematischen Sinne ist nicht erforderlich. Bislang ist nicht gezeigt worden, daß es im Nervensystem eine solche Punkt-für-Punkt-Abbildung gibt; entsprechend der bestehenden Degeneriertheit waren vielmehr alle lokalen Karten, die man untersucht hat, Punkt-für-Gebiet- und Gebiet-für-Gebiet-Abbildungen. Die teilweise verschobene Überlappung, die im pirmären sensorischen Kortex beobachtet wurde (Mountcastle 1978), scheint tatsächlich einen Sonderfall der Degeneriertheit darzustellen und kann als Hinweis darauf verstanden werden, daß auf der Ebene der Funktion Degeneriertheit existiert. Die Punkt-zu-Gebiet-Beziehung von afferentem Input zur anfänglichen cerebralen Repräsentation in solchen Regionen wird sowohl durch die laterale Hemmung als auch durch eine Reihe von dynamischen Eigenschaften des Systems verstärkt. Ein offenkundiges Beispiel für letzteres ist die Bewegung der Rezeptoroberfläche relativ zur äußeren Szene. Auch beim Hören, wo dies nicht im strengen Sinne gilt, erhöhen Kopfbewegungen erheblich die Fähigkeit, Schall zu lokalisieren (siehe Edelman et al. 1987b).

Das Arrangement der Großhirnrinde mit vertikal organisierten Einheiten dient nicht nur der Abbildung mehrdimensionaler Eigenschaften einer gegebenen Modalität auf eine zweidimensionale Schicht (Mountcastle 1978), sondern hilft außerdem, bestimmte physikalische Eigenschaften des realen Objekts (wie etwa Orientierung, Tonhöhe usw.) in neuronale Eigenschaften an bestimmten Orten zu »übersetzen«. Aus dieser Sicht kann die primäre zerebrale Karte als eine Übersetzung aufgefaßt werden, die es ermöglicht, ausgewählte zusammenhängende Teile der groben topographischen Ordnung in der äußeren Szene in Zeit und Raum zu erfassen und zu bewahren. Dies scheint eine wesentliche Funktion der kortikalen »Säulen« in primären Eingangsgebieten zu sein (Hubel und Wiesel 1977). Eine solche Anordnung braucht nicht alle Merkmale dicht abzubilden, und anscheinend tut sie das auch nicht (Mountcastle 1978). Zugleich scheint jedoch eine solche lokale Karte für die Wahrnehmung nicht hinreichend zu sein (Uttal 1978, 1981), und eine weitere damit verkoppelte Abbildung mit einer mehrdimensionalen Merkmalsrepräsentation scheint erforderlich zu sein (Zeki 1981).

Diese Übersetzung erster Ordnung und Abstraktion geringeren Grades in einer lokalen Karte ist von besonderer Bedeutung in einem selektiven verteilten System, weil sie es den in einer globalen Abbildung vorhandenen neuronalen Gruppen höherer Ordnung (siehe Kapitel 8) erlaubt, durch reziproken Signalaustausch eindeutig auf spezifische Gruppen niederer Ordnung Bezug zu nehmen, die bereits in der Lage sind, auf bestimmte Merkmale und Eigenschaften eines Objekts zu reagieren. Wir schließen aus diesen Überlegungen, daß solche frühen lokalen Karten ein gewisses, den Merkmalen primärer sensorischer Inputs entsprechendes Maß an Kontinuität aufrechterhalten müssen, denn sie dienen während der frühen sensorischen Verarbeitung als eine innere Repräsentation, auf welche die Verarbeitung höherer Ordnung durch Signalaustausch bezogen werden kann.

Nach dieser Auffassung hat die Existenz lokaler Karten folgende funktionale Bedeutung. (1) Eine erste Repräsentation wird im Kortex generiert, der mehrdimensionale Eigenschaften eines Objekts auf eine zweidimensionale Schicht abbildet. Diese übersetzt einige physikalische Eigenschaften realer Objekte in neuronale Eigenschaften in bestimmten Regionen. Diese frühe Karte hat zwar die Eigenschaft lokaler Kontinuität, braucht aber nicht mit sämtlichen Objektmerkmalen isomorph zu sein. (2) Die kortikale Region oder der Bereich einer Karte ist nicht eindeutig definiert (auch wenn seine *äußersten* Grenzen letztlich von ein- oder ausgehenden Projektionen bestimmt sind). Die jeweilige Ausdehnung und Lage von Regionen der Karte kann vielmehr nur das Ergebnis der funktionalen Konkurrenz während der Selektion neuronaler Gruppen widerspiegeln. Belege für diese Aussage werden wir im weiteren Verlauf dieses Kapitels und im nächsten Kapitel vortragen. (3) Die Hauptfunktion einer solchen Karte besteht in der Bereitstellung einer Referenz für Input-Output-Beziehungen höherer Ordnung und sukzessive Abbildungen in einem System reziprok gekoppelter Strukturen. Da andere Regionen des Nervensystems (und besonders des Kortex) Routineaufgaben erfüllen müssen, darunter multimodaler Input, Abstraktionen und kartenlose Routinefunktionen, muß ein Platz für die fortlaufende Bezugnahme auf Kontinuitätseigenschaften erhalten bleiben. Dieser Platz ist die lokale Karte mit ihren konstituierenden Bereichen innerhalb der primären Empfangsgebiete. Daraus folgt aber auch eindeutig, daß in dem von der Theorie angenommenen degenerierten System multipler Kopplungen *sämtliche* Beziehungen zwischen Karten in dynamischer Weise erhalten und nach einer Störung wiederhergestellt werden müssen.

Bevor wir näher auf Belege für diese Behauptungen eingehen, müssen wir uns dem zu Beginn des Kapitels erwähnten Widerspruch stellen – der scheinbaren Unvereinbarkeit zwischen der Variabilität, die durch die molekularen Entwicklungs-Mechanismen eingeführt wird, und dem Entstehen geordneter anatomischer und funktionaler Karten während der Ontogenese. Zu diesem Zweck müssen wir Schlußfolgerungen, die aus neuroanatomischen Untersuchungen über die Entwicklung von Projektionsbahnen abgeleitet wurden, mit dem im vorigen Kapitel diskutierten molekularbiologischen Faktenmaterial in Beziehung setzen. Zwar hat noch kein experimentelles System eine vollständige Erklärung der Prinzipien der ontogenetischen Kartenbildung ergeben, doch laufen die Tatsachen, die aus verschiedenen, auf zellulärer Ebene untersuchten Systemen hervorgehen, auf recht eindeutige Schlußfolgerungen hinaus, die mit den Forderungen der Theorie der Selektion neuronaler Gruppen völlig übereinstimmen. Hier prallen die Folgerungen, die sich aus der Theorie für die Entwicklung ergeben, direkt auf Modelle, die zur Erklärung neuronaler Strukturbildung eine strenge Chemoaffinität annehmen (Sperry 1963, 1965). Die grundlegenden Folgerungen und allgemeinen Prinzipien, die wir in der Erörterung dieses Problems anführen werden, gehen auf eine Vielzahl von zellulären Studien zurück (für einen Überblick siehe Cowan 1978; Purves und Lichtman 1985; Edelman et al. 1985).

## Entwicklungsbedingte Beschränkungen der Kartenbildung

Wie läßt sich die notwendige Variabilität der dynamischen molekularen Regulation während der Entwicklung mit der Tatsache vereinbaren, daß Faserstränge tatsächlich eine geordnete Karte bilden? Die allgemeinen anatomischen Prinzipien der neuronalen Entwicklung sprechen dafür, daß neuronale Strukturen (einschließlich Karten) aus einem komplexen Gemisch von primären Entwicklungsprozessen, zellulärer Konkurrenz und neuronaler Aktivität hervorgehen. Wir folgen hier der glänzenden Darstellung von Cowan (1978). Er hat in seiner Analyse der Ausbildung von Verbindungen auf drei zentrale Probleme aufmerksam gemacht: (1) Wie erwerben Neurone die Fähigkeit, topographisch geordnete Strukturen auszubilden? (2) Wie finden neuronale Fortsätze ihren Weg? (3) Wie werden bestimmte Zelltypen von diesen Fortsätzen erreicht, bisweilen an ganz spezifischen Stellen auf Zellspezialisierungen?

Auch wenn mit dem Ausdruck »neuronale Spezifität« die scheinbar stereotypen anatomischen Strukturen innerhalb des Nervensystems bezeichnet wurden, muß doch auf der Ebene der molekularen Mechanismen klar unterschieden werden zwischen den Folgen der dynamischen Selektivität und denen der molekularen Spezifität (siehe Tabelle 4.4). Um zu unterstreichen, daß die Selektivität eine wichtige Rolle in der Strukturbildung spielt, berufen wir uns auf eine Reihe allgemeiner Schlußfolgerungen, die aus der Untersuchung detaillierter zellulärer Entwicklungsprozesse abgeleitet wurden. Cowan (1978) legt dar, daß in der Strukturbildung durch Neuronenpopulationen im ZNS einige sequentielle Vorgänge erkennbar seien (siehe Tabelle 5.1). Dazu zählen die Vermehrung, die Wanderung, die Aggregation, die Zytodifferenzierung, der Zelltod, die Ausbildung von Verbindungen und die Abstimmung von Zentrum und Peripherie. Wir werden diese Vorgänge der Reihe nach behandeln und jeweils eine Schlußfolge-

Tabelle 5.1

*Phasen der Neurogenese (Cowan 1978)*

| |
|---|
| Zellproliferation |
| Zellwanderung |
| Selektive Zellaggregation |
| Neuronale Zytodifferenzierung |
| Zelltod während der neuronalen Entwicklung |
| Bildung von Verbindungen: |
|   Erwerb von positionaler Information |
|   Axonverlängerung und Wegfindung |
|   Zielortidentifikation |
| Gegenseitige Anpassung und Wechselbeziehungen von Zentrum und Peripherie |

rung voranstellen, die für die Theorie von besonderer Bedeutung ist, gefolgt von Tatsachenmaterial; detaillierte Verweise findet man in Cowans (1978) Überblick. Diese Schlußfolgerungen decken sich insgesamt mit der im vorigen Kapitel vorgestellten Regulator-Hypothese (Edelman 1984b). Sie deuten nachdrücklich darauf hin, daß bestimmte Primärprozesse der neuronalen Entwicklung unabhängig ablaufen können, und sie unterstreichen außerdem die statistische, selektive und populationale Natur dieser während der epigenetischen Entstehung des Nervensystems ablaufenden primären Prozesse.

1. Zellvermehrung. *Die Zellvermehrung, durch die kartenbildende Populationen im ZNS entstehen, ist autonom und unabhängig vom repräsentierten Input.* Wie verschiedene Experimente ergaben, werden in begrenzten Zeitspannen und in spezifischen Sequenzen neuronale Teilpopulationen erzeugt. Einige Sequenzen verlaufen von innen nach außen (in der Großhirnrinde z. B. entsteht Schicht VI zuerst und Schicht I zuletzt), andere von außen nach innen (retinale Ganglionzellen zuerst, Rezeptoren zuletzt) oder gemischt (Küken-Tektum: innere Oberflächenschichten zuerst, tiefe Schichten zuletzt). Die Vermehrung der Neurone im ZNS scheint nicht von afferenten oder efferenten Verbindungen abzuhängen. Größere Neurone werden früher gebildet als kleinere; ein rostrokaudaler Gradient der Zellvermehrung wird sowohl beim Hirnstamm als auch im Rückenmark beobachtet, wobei die rostrale Entwicklung der kaudalen vorausgeht. Die Gliabildung kann in den meisten Regionen zunächst verzögert sein, doch später überdauert die Gliavermehrung (und die Fähigkeit, sie im späteren Leben zu induzieren) die Vermehrung von Neuronen bei weitem. Im fortgeschrittenen embryonalen Stadium sind die Zellzyklen bereits sehr lang, und im erwachsenen Stadium vermehren sich ZNS-Neurone nicht mehr. Im scharfen Gegensatz dazu vollzieht sich die Vermehrung im peripheren Nervensystem nach der Zellwanderung, und das Wachstum wird vom Innervationsfeld gesteuert, wie wir bei der Erörterung der Abstimmung zwischen Zentrum und Peripherie noch sehen werden (Purves 1983; Purves und Lichtman 1983).

2. Zellwanderung. *Die Wanderung von Neuronen wird von an-*

*deren Faktoren bestimmt als das Wachstum von Axonen.* Alle Neurone im ZNS sind irgendwann einmal Zigeuner – nach dem Verlassen des Zellzyklus scheint die Wanderung zu erfolgen. Viele Befunde (Rakic 1971 b, 1981 a) sprechen dafür, daß Radial-Glia viele der Wege (aber nicht alle) steuert, die die neuronale Wanderung bestimmen (Abbildung 5.1).

Die fundamentale Bedeutung dieser Beobachtungen für unsere Zwecke beruht darauf, daß in vielen Fällen die Positionierung einer Zelle dadurch erfolgt, daß zwei *verschiedene* Zellarten in einem charakteristischen Ablauf zusammenwirken. Die Führungsrolle des radialen Glia kann man sich kaum anders erklären als durch selektive dynamische Wechselwirkungen zwischen Neuronen und Glia, vermittelt durch die CAM-Expression, durch die Wanderung auf solchen Matrixstoffen wie Zytotactin und die anschließende interaktive morphologische Formung von zwei Familien von Zellen, die durch heterotypische und heterophile Mechanismen zusammenhalten. Die Ergebnisse von Rakic (1971 a, 1971 b, 1972 a, 1972 b, 1978, 1981 a) stimmen völlig mit der Beobachtung überein, daß eine Blockade dieser Moleküle durch entsprechende Antikörper die normale Wanderung von äußeren Körnerzellen in Kleinhirn-Schnitten in Kultur verhindern (Lindner et al. 1983; Hoffman et al. 1986; Chuong et al. 1987). Solche Wanderungs-Mechanismen spielen, auch wenn sie für retinotektale Systeme noch nicht nachgewiesen wurden, in der Ausbildung der Groß- und Kleinhirnrinde eine wesentliche Rolle. Im Einklang mit den Beobachtungen über die Polaritäts-Modulation von

Abbildung 5.1

*Schematische Zeichnung von vier radialen Gliazellen und Gruppen mit ihnen assoziierter wandernder Neurone nach der Darstellung von Rakic (1981 a). Die zwischen den dargestellten Kolumnen liegenden Zellen wurden fortgelassen, um die Darstellung übersichtlicher zu machen und die Tatsache zu unterstreichen, daß alle in der Ventrikularzone (V) und der Subventrikularzone (SV) an derselben Stelle erzeugten Neurone (proliferative Gruppen A-D) nacheinander an demselben Faserbündel entlang zu der sich entwickelnden kortikalen Platte (CP) hinaufwandern und ontogenetische radiale Kolumnen (A'-D') bilden. Innerhalb der einzelnen*

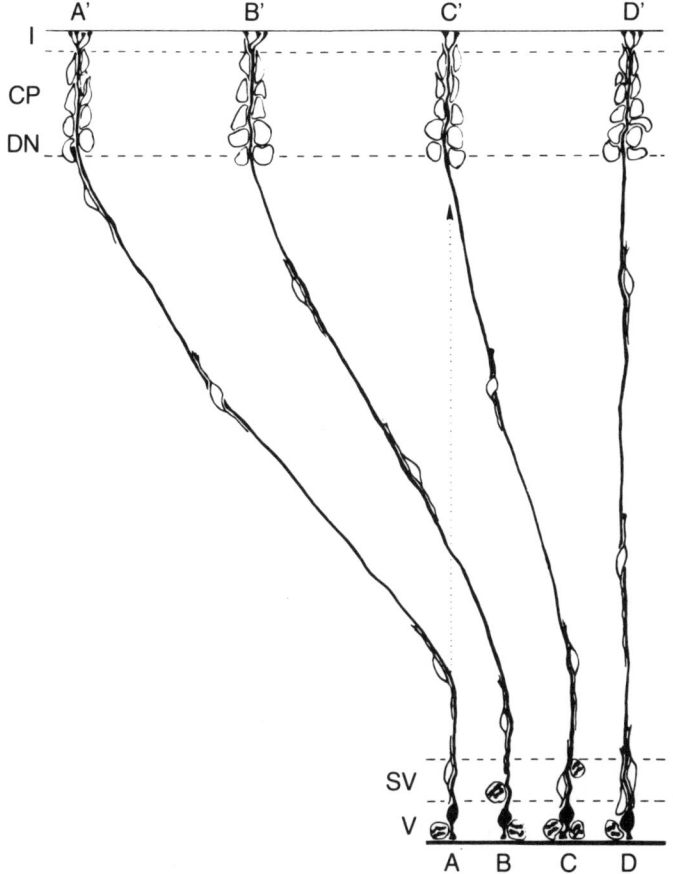

Säulen wandern die neu ankommenden Neurone an den früher erzeugten, tiefer liegenden Neuronen (DN) vorbei und nehmen schließlich die am weitesten außen liegende Position auf der Grenze zwischen der sich entwickelnden kortikalen Platte und der Rindenschicht (I) ein. Gitter aus radialer Glia bewahren die topographischen Beziehungen zwischen den in den proliferativen Gruppen erzeugten Neuronen bis zu deren endgültiger Position und verhindern eine falsche Zuordnung, zu der es beispielsweise zwischen Gruppe A und Kolumne C' kommen könnte, wenn die Zellen den direkten, geraden Weg (gepunktete Linie) nehmen würden.

Ng-CAM ist das Neuritenwachstum von der Zellwanderung zu unterscheiden. Cowan (1978) weist etwa darauf hin, daß ektopische Zellen im tektalen System (z. B. ein geringer Prozentsatz, der die Wanderung zum Nucleus isthmo-opticus nicht mitvollzieht) dennoch Axone zum kontralateralen Auge schicken können.

3. Selektive Zellaggregation. *Das Tatsachenmaterial läßt sich vereinbaren mit epigenetischen Konkurrenzmechanismen, bestehend aus lokalen Signalen, die Regulation bzw. CAM-Modulation an der Zelloberfläche induzieren.* Diese Verallgemeinerung wurde ausführlich im vorigen Kapitel diskutiert. Hier ist nur noch anzufügen, daß in der Großhirnrinde alle spät entstandenen Neurone hinter denen herwandern müssen, die bereits gewandert sind, die frühzeitig Anhäufungen gebildet haben und daher schon positioniert sind. An der differentiellen Adhäsivität und der Regulation dieser *en passant*-Bewegung ist über eine Reihe von Mechanismen die Modulation von N-CAM und Ng-CAM sowie von Glia-Molekülen wie Zytotactin beteiligt (Chuong et al. 1987).

4. Neuronale Zytodifferenzierung. *Die allgemeine Form von Neuronen scheint genetisch bestimmt zu sein; dies gilt nicht für die Verteilung und Verästelung von Axonen, die vom Input abhängt.* Die feststehende Formbildung der Neurone und die außerordentliche, letztlich vom Input abhängige epigenetische Vielfalt der Axonbäume läßt auf die Wirksamkeit eines komplexen, dynamischen und selektiven Systems schließen, in dem einige Populationsvariablen (wie der Neuronentyp) feststehen, während andere von statistischen Wechselwirkungen abhängen.

Die neuronale Differenzierung vollzieht sich gleichzeitig mit dem Einwachsen von Afferenzen und dem Zelltod. Abgesehen von ihren feinen terminalen Ästen, die eine beträchtliche Variation aufweisen, mündet die Differenzierung der meisten Neurone in eine für den jeweiligen Typ charakteristische, vom Milieu unabhängige Morphologie. Dies läßt sich zeigen an Gewebekulturen (Scott et al. 1969; Fischbach 1970, 1972; Banker und Cowan 1977, 1979; Dichter 1978; Peacock et al. 1979; Moonen et al. 1982; Neale et al 1982) und erbgleichen Tieren (Macagno et al. 1973). In Geweben wie dem Kleinhirn (Rakic 1972b) vollzieht sich die Ausbildung von Verzweigungen unter dem Einfluß bestimmter benachbarter Afferenzen. Das letztlich entstehende Verzweigungsmuster, nicht aber die allgemeine Gestalt wird also bei den meisten Neuronen durch variable Interaktionen bestimmt, die durch Kontakte mit einlaufenden Fasern entstehen. In der Großhirnrinde bestehen große Unterschiede, was die Verzweigungsmuster und die Länge der Dendriten angeht (siehe Tabelle 3.3). Die Dornbildung auf Dendriten scheint insofern ein autonomer Prozeß zu sein, als sie sich in Abwesenheit von Input vollzieht, doch zeigt auch sie eine beträchtliche Variation.

Wie wir bei der Erörterung der retinotektalen Projektion sehen werden, ist an der endgültigen phänotypischen Ausprägung eines funktionierenden Neurons eine Vielzahl von molekularen Prozessen beteiligt. Funktionale Aspekte der neuronalen Differenzierung werden vom Zeitpunkt des Beginns der Aktivität, der Art der vorhandenen Ionenkanäle, dem Modus der synaptischen Übertragung und, im Falle einer chemischen Übertragung, von der Art des Transmitters beeinflußt. Zwar liegen über zentrale Neurone keine definitiven Untersuchungen vor, doch zeigen Analysen von Ganglionzellen, daß eine bestimmte Vorläuferzelle in der Lage ist, zunächst Noradrenalin und anschließend Acetylcholin zu produzieren (Patterson und Chun 1974; Johnson et al. 1976). Die Entscheidung kann von lokalen räumlichen Variablen abhängen. Es wurde zum Beispiel gezeigt, daß es auf die jeweilige Position ankommt, ob eine Neuralwulstzelle adrenerg oder cholinerg wird (Le Douarin 1982). All diese Überlegungen unterstreichen, daß der Funktion bei der Gestaltung neuronaler Karten eine mögliche Rolle zukommt; bei der Besprechung der retinotektalen Projektion wird man das deutlich erkennen.

5. Zelltod. *Der Tod tritt während der Strukturbildung ein, kann stochastisch sein, kann viele Zellen einer Population betreffen und ist im allgemeinen nicht vorprogrammiert* (Cowan und Wenger 1967; Prestige 1970; Cowan 1973; Hamburger 1975; Berg 1982). Ob der Tod eintritt oder nicht, hängt davon ab, ob zu einem geeigneten Zeitpunkt Verbindungen in einem Projektionsgebiet hergestellt wurden, und dies ist ein weiterer Anhaltspunkt für selektive und kompetitive Modelle der neuronalen Strukturbildung. Für die Mitwirkung der Selektion an der neuronalen Strukturbil-

dung gibt es kein stärkeres Argument als jenes, das sich aus den Befunden über den Zelltod ergibt. In bestimmten Gebieten sterben während der Entwicklung bis zu 70 Prozent der Zellen, und der Tod kann in sehr kurzer Zeit eintreten. Der Tod ist in den meisten Fällen nicht vorprogrammiert, sondern hängt davon ab, ob das Neuron Verbindung zu dem entsprechenden Innervationsgebiet hat. Dies ist ein epigenetischer und bis zu einem gewissen Grad stochastischer Vorgang: Selbst bei den sogenannten Körnerzell-Mangel-Mutanten der Maus (speziell *staggerer*) ist der große Verlust an Körnerzellen nicht vorprogrammiert, sondern beruht vielmehr auf dem Ausbleiben epigenetischer Vorgänge (Rakic und Sidman 1973; Messer und Smith 1977; Messer 1980). Bei zwei verschiedenen Individuen kann also derselbe Prozentsatz von Zellen in einer Region absterben, doch sind es innerhalb der jeweils vergleichbaren Population verschiedene Zellen.

6. Ausbildung von Verbindungen. *Das Ergebnis des Wachstums neuronaler Fortsätze, durch das Verbindungen gebildet und stabilisiert werden, hängt von einer komplexen Reihe von kooperativen und kompetitiven Mechanismen ab, die in ihren Auswirkungen dynamisch* (Cowan 1978; Purves 1980; Purves und Lichtman 1983, 1985; Easter et al. 1985) *und in einem gewissen Ausmaß auch stochastisch sind.* Wir erwähnten dieses wichtige Problem schon im Zusammenhang mit den neuromuskulären Synapsen. Es hängt eng mit dem Problem der Abstimmung von Zentrum und Peripherie zusammen, das wir als nächstes besprechen werden, und wird besonders relevant, wenn es um die Ausbildung der retinotektalen Projektion geht. Im Einklang mit der Vorstellung, daß bei Axonwachstum dynamische Mechanismen am Werk sind, findet man an den Wachstumskegeln N-CAM und Ng-CAM, die die Bildung von Faserbündeln vermitteln (Hoffman et al. 1986). Die im vorigen Kapitel besprochene Untersuchung zur Muskel-Regeneration zeigt, daß zwischen CAM-Regulation und Synapsen-Integrität eine Schleife der gegenseitigen Beeinflussung besteht. Ähnliche Schleifen dürften auch im ZNS existieren.

7. Abstimmung von Zentrum und Peripherie. *Synaptische Verbindungen können über die normalen Populationsgrenzen hinweg reduziert werden, und es besteht eine quantitative Regulation von*

*prä- und postsynaptischen Verteilungen.* Dies kann an zwei Beispielen (Purves 1983; Purves und Lichtman 1983) dargestellt werden, die mit der Innervation der Peripherie zusammenhängen: an einer Analyse des Rückenmarks, in der individuelle motorische Neurone durch dehnungsempfindliche Afferenzen von Muskelspindeln innerviert werden sowie an eleganten Untersuchungen des peripheren vegetativen Nervensystems. Im Rückenmark können individuelle motorische Neurone über mehrere Segmente hinweg Fortsätze aussenden (Shinoda et al. 1981, 1982, 1986), und Gruppen motorischer Neurone, die bestimmte ihnen zugeordnete Muskelgruppen innervieren, können sowohl rostrokaudal als auch quer angeordnet sein. Die Abgrenzung ist jedoch nicht absolut genau, und verschiedene Gruppen von Neuronen können sich in einer Weise überlappen, die an Degeneriertheit denken läßt. Gleichwohl wachsen Afferenzen im allgemeinen in das Rückenmark hinein und innervieren die motorischen Neurone, die den entsprechenden Muskel versorgen. Dies geschieht auch dann, wenn die Zielneurone von irrelevanten Neuronen umgeben sind. Dieses Modell läßt zwar keine direkte Untersuchung der Reinnervation zu, doch ist auffallend, daß die Entfernung eines Hinterwurzel-Ganglions, das den Vorderarm einer Kaulquappe versorgt, zur Verlängerung von Fortsätzen eines benachbarten Ganglions führt, das neue Fortsätze zum Vorderarm schickt (Purves und Lichtman 1983). Diese neuen, einem bestimmten Muskel zugeordneten Afferenzen innervieren die zu diesem Muskel gehörenden motorischen Neurone ausgiebiger als irrelevante motorische Neurone. Die Zuordnung ist also selektiv, doch nicht von vornherein im Sinne einer unveränderlichen Menge von Markern spezifisch festgelegt.

Untersuchungen des obersten Zervikalganglions (Purves 1983) lassen erkennen, daß das Ganglion Input von präganglionären Neuronen empfängt, die in bis zu acht Segmenten des Rückenmarks liegen, daß aber individuelle Ganglionzellen auf einer bestimmten Ebene nur Axone empfangen, die von einer bestimmten, zusammenhängenden Teilmenge des Inputs stammen. Zellen, die postganglionäre Fasern zu verschiedenen Ebenen in der Peripherie schicken, empfangen präganglionäre Inputs von Axonen in verschiedenen rostrokaudalen Positionen im Rückenmark. Angesichts des *Fehlens* einer topographischen Karte scheint die Erklärung für diese Befunde in einem *kompetitiven* Gleichgewicht zwischen verschiedenen Klassen präganglionärer Fasern zu liegen. Dies ist Purves' (1980) zentrale Folgerung, und sie ist äußerst bedeutsam für selektive Theorien, in denen die Konkurrenz eine wesentliche Rolle spielt.

Auf der Grundlage dieser und anderer Untersuchungen entwickeln Purves und Lichtman (1983) drei Kriterien, die erfüllt sein müssen, wenn man die spezifische neuronale Strukturbildung erklären will. (1) Man muß die normalerweise begrenzte prä- und postsynaptische Verknüpfungsdichte ebenso erklären wie die Fähigkeit, während der Entwicklung zuvor aufgebaute synaptische Verbindungen über die normalen Populationsgrenzen hinweg zu reduzieren. (2) Man muß die Tatsache erklären, daß die normale »Erkennung« nicht absolut, sondern relativ ist und ein »Vorurteil« ausdrückt. Die Position mag eine Rolle spielen, doch drückt sie nicht unbedingt die exakte anatomische Position aus (dies trifft eindeutig bei den Ganglien zu, die nicht topographisch organisiert sind). (3) Wie bei neuromuskulären Verbindungen muß die *quantitative* Regulation der prä- und postsynaptischen Neuronenverteilungen erklärt werden, möglicherweise mit trophischen Substanzen und Rückkopplung.

Wenn man diese Kriterien anlegt, scheinen die Vorstellung von der neuronalen Spezifität und die Idee, daß hinsichtlich der Erkennung einzelner Neurone molekulare Spezifität besteht, nicht zusammenzupassen. Im Einklang mit unseren Schlußfolgerungen in Kapitel 4 scheint die neuronale Spezifität mit der Selektivität zusammenzuhängen und eher auf Konkurrenz zwischen dynamischen Systemen als auf präexistenten Markern für die Erkennung zu beruhen. In vielen Stadien der neuronalen Interaktion sind Konkurrenz und lokal kontingente epigenetische Vorgänge anstelle vorprogrammierter Vorgänge festzustellen. Nimmt man zu diesem Bild die genetisch gesteuerte neuronale Differenzierung hinzu, so hebt sich das Niveau der Verfeinerung, auf der epigenetische Selektionsvorgänge Konstanz und Variation miteinander ausgleichen können, doch an der grundlegenden Interpretation ändert das nichts.

## Zelluläre Primärprozesse und Selektion

Die in diesem kurzen Überblick über Primärprozesse angeführten Generalisierungen können nun in unsere Argumentation zugunsten einer dynamischen selektiven Theorie der neuronalen Strukturbildung während der Entwicklung einbezogen werden. Die Tatsachen decken sich mit der Vorstellung, daß – während die Neurone sich teilen, wandern und Fortsätze ausschicken – epigenetische kontingente Selektionen erfolgen, die in einem gewissen Umfang durch die genetische Determination der neuronalen Morphologie beschränkt sind. Diese Selektionsvorgänge beeinflussen die neuronale Strukturbildung und sind in allen Stadien von einer ganz erheblichen Anzahl wichtiger Prozesse abhängig. Dazu zählen die außerordentliche Variabilität der terminalen Verästelungen, deren Überlappung und Konkurrenz, die kontingente und lokal statistische Abhängigkeit ihrer endgültigen Gestalt von afferenten Verbindungen und der effektiven neuronalen Funktion, die kompetitiven Wechselwirkungen neuronaler Fasern, die in besetzte und unbesetzte Gebiete eindringen, die Abhängigkeit der Strukturbildung im ZNS von selektiven und sequentiellen Wechselwirkungen zwischen den zwei großen Zellsystemen, den Neuronen und dem Glia (besonders im Fall der Wanderung), das ungewöhnliche, häufige Vorkommen von Zellsterben, die selektiven Prozesse der Synapsen-Elimination und -Stabilisierung und die quantitative Anpassung der neuronalen Populationen an die Erfordernisse der Peripherie.

Bei jedem dieser Prozesse können wir beobachten, daß die im vorigen Kapitel besprochenen Selektions- und Regulationsprinzipien entwickelt und erweitert werden. Alle hier angeführten Phänomene stehen im Einklang mit Modulations-Mechanismen der Zelladhäsion und mit der Wechselwirkung zwischen CAMs von unterschiedlicher Spezifität. Die aus Untersuchungen auf zellulärer Ebene gewonnenen Befunde sind unvereinbar mit der Vorstellung einer exakten Erkennung durch eine Riesenanzahl von Zell-Markern, und diese ist vollends unvereinbar mit der lokalen mikroskopischen Variation der axonalen Endverzweigungen, die man in ungeheurem Ausmaß beobachtet. Bestimmte, von Wachstumskegeln geleitete Neuriten können ungeachtet dieser Variation während der Neurogenese, speziell während der Entstehung von Bahnen, ganz bestimmte Wege einschlagen.

Es könnte zur Klärung des sich aus diesen Schlußfolgerungen ergebenden Bildes im Hinblick auf den in der Einführung zu diesem Kapitel erwähnten Gegensatz zwischen Spezifität und Varianz beitragen, wenn wir erörtern, wie die Zelloberflächen-Modulation in einem CAM- oder SAM-Zyklus (siehe Abbildung 4.9) zu spezifischen Strukturen führen könnte. Nehmen wir ein Pionier-Neuron, das auf einem Substrat wie Zytotactin einen Neuriten ausschickt und an einem Entscheidungspunkt mit dem Wachstumskegel auf andere Neurone und Bahnen stößt. Der Neurit muß an diesem Punkt eine definitive Wahl treffen, um in einer bestimmten Richtung und auf einem bestimmten Weg weiterzuwachsen. Wie ist so etwas im Nervensystem möglich, das nicht über Myriaden von Markern und Adressen verfügt? Als erstes ist dazu anzumerken, daß der Pionier-Neurit seine Entscheidung im allgemeinen in einem sehr kleinen Bereich treffen muß – der Radius beträgt einige Mikron. Zweitens ist unter diesen räumlichen Beschränkungen und zu diesem frühen Zeitpunkt die Anzahl der alternativen Wege gewöhnlich kleiner als zehn. Bei einer geringen Zahl von CAMs und SAMs (etwa ein Dutzend) und einem halben Dutzend Modulations-Mechanismen ist für die Wahl des Weges eine hinreichende Grundlage gegeben.

Nehmen wir an, der Neurit habe zu dem Zeitpunkt, da er die Wahl treffen muß, ein oder zwei CAMs auf seiner Oberfläche. In der Nähe des Ziel- oder Verzweigungspunktes befinden sich andere Neurone, die zu diesem Zeitpunkt auf ihrer Oberfläche dieselben CAMs haben können oder auch nicht. Betrachten wir den Fall, daß sie keine haben. Wenn von Zielneuronen an dieser Stelle ein induktives Signal (Morphogen oder Wachstumsfaktor) erzeugt wird, kann der Wachstumskegel des Pionier-Neurons dieses aufnehmen und entweder die CAMs des eigenen Neurons herunterregeln oder sein Neuron auf die Expression eines neuen CAM umschalten. Für eine Entscheidung müssen die Zielneurone lediglich mehr von dem Liganden für dieses CAM haben als die *kleine* Anzahl von Neuronen in der Nachbarschaft (oder es ausschließlich besitzen). Unter diesen Bedingungen können die Pionier-Neurone sich jetzt auf das Ziel zubewegen. Die Voraussetzungen dieses auf dem CAM-Zyklus basierenden Selektionsmodells sind, daß das Zielneuron ein induktives Signal aussendet und es gleichzeitig, das heißt innerhalb einer ziemlich geringen Zeitspanne nach Aussenden des Signals, über das entsprechende CAM verfügt. Naheliegende Varianten dieses Modells gehen von einer differentiellen CAM-Modulation, von starken fakultativen Steigerungen eines bereits vorhandenen CAM und ähnlichem aus. Das Modell hat Ähnlichkeit mit dem, welches Bastiani et al (1985) für die Lenkung des Wachstumskegels bei Heuschrecken vorgeschlagen haben, einem Modell, das ebenfalls auf der Zelloberflächen-Modulation beruht. Im vorliegenden Fall liegt der Akzent weniger auf der »Zell-Erkennung« als solcher, sondern auf den kombinatorischen Aspekten der CAM-Spezifität und der Vielfalt der Modulations-Mechanismen.

Dieser Modelltypus der neuronalen Lenkung beruht auf der Erkundung einer kleinen Region durch den Wachstumskegel, der Aussendung eines Wanderungssignals (die nur dann stattfindet, wenn in der Umgebung die richtige Kombination von Signal und CAM gefunden wird) und der Aufnahme eines Induktionsfaktors durch den Kegel. Ist die Entscheidung gefallen, ist es im allgemeinen nicht nötig, daß diese Bedingungen für jede Faser, die diesem Weg folgt, weiterbestehen. Dennoch könnten die Fasern eines Bündels eine ähnliche modulatorische Reaktion zeigen wie die vorausgegangene Faser, da sie die ursprüngliche Reaktion verstärken, indem sie beschleunigt auf das Induktionssignal zuwandern.

Die modulatorische Steuerung neuronaler Strukturen durch einen CAM-Zyklus ist im Prinzip ähnlich aufgebaut wie jene, die bei der Induktion von Feder-Mustern beobachtet wird (Abbildung 4.9). Der Unterschied besteht in der aktiven Suche von Wachstumskegeln auf Neuriten, im Maßstab der Vorgänge und der Beteiligung einer größeren Anzahl von Modulations-Mechanismen und CAMs (möglicherweise bis zu einigen Dutzend, siehe Tabelle 4.4). Aus solchen verwickelten »Mini-Induktions«-Vorgängen könnten definierte neuronale Strukturen hervorgehen.

Man beachte jedoch, daß dies zwar für bestimmte Verzweigungen zutrifft, aber nicht immer zutreffen muß: Im nächstkleineren Maßstab, auf der Ebene der dendritischen und, seltener, der axonalen Verzweigung, kann und wird beträchtliche Varianz auftreten. Nachdem (bestimmt durch die Abfolge der epigenetischen Vorgänge und letzten Endes durch die Evolution) eine Serie grundlegender Entscheidungen über die Verzweigung gefallen ist, kann die entstehende Struktur im übrigen nochmals durch Zelltod und weiteres Einwachsen von Neuriten verändert werden.

Wir ziehen daraus den allgemeinen Schluß, daß ein modulatorischer Zyklus, an dem eine relativ kleine Zahl von CAMs und SAMs beteiligt ist, der während der Epigenese wiederholt durchlaufen wird und mit den zellulären Primärprozessen interagiert, durch Selektion sowohl zu bestimmten Strukturen als auch zu individueller Variation führen kann. Cowan (1978) zitiert eine vorausschauende Äußerung von Ramón y Cajal:

Mich lockte die Frage, wie ein birnenförmiger Neuroblast ohne alle Fortsätze sich in den großartigen Baum [...] der Purkinjezelle verwandelt. [...] Mir fiel auf, daß jene dendritische oder axonale Verästelung im Laufe ihrer Entstehung eine – wenn man so will – chaotische Phase durchläuft, eine Phase des Probierens, in der aufs Geratewohl experimentelle Leitungen ausgesandt werden, von denen die meisten zum Untergang bestimmt sind. [...] Wenn später die afferenten Nervenfasern an ihr Ziel gelangt sind oder die Neurone Gestalt annehmen und schließlich funktionellen Zusammenhalt gewinnen, bleiben die brauchbaren Fortsätze erhalten und werden fixiert, und die nutzlosen oder exploratorischen werden reabsorbiert (Ramón y Cajal 1937).

Diese Auffassung wird von den seither gewonnenen Erkenntnissen bestätigt: Die der topographischen Abbildung zugrunde liegende Anatomie beruht wahrscheinlich auf einer Reihe recht komplexer lokaler Vorgänge mit Rückkopplung und nicht auf einem von vornherein feststehenden detaillierten Plan.

Es liegt auf der Hand, daß anatomische Vorgänge wie diese zu Variabilität führen. Es muß aber betont werden, daß die Aufgabe der Kartenbildung nach Abschluß der anatomischen Entwicklung, von wenigen Ausnahmen abgesehen, unter insgesamt veränderten Bedingungen von der synaptischen Variation übernommen wird. Dies ist (siehe Kapitel 3) das zentrale Dogma der Theorie der Selektion neuronaler Gruppen: Die Entwicklung von degenerierten Verschaltungsmustern verläuft *in nur einer Richtung* und führt zu einem primären Repertoire; was danach an Selektion stattfindet und zur Bildung eines sekundären Repertoires führt, betrifft nur die Synapsen. Aus dem Einbahn-Dogma folgt zum Beispiel, daß das Auswachsen von Zellfortsätzen beim adulten Tier, wie sie etwa in der Regeneration von Verbindungen im Riechkolben (Graziadei und Monti Graziadei 1978, 1979a, 1979b) oder im Gesangszentrum von Vögeln (Nottebohm 1980, 1981a; 1981b) beobachtet wird, eine spezialisierte Variante ist, die eine neue Chance für synaptische Selektion bietet. Der hier vertretenen Ansicht zufolge können solche Regenerationsvorgänge nicht noch einmal die gleichen anatomischen und synaptischen Strukturen hervorbringen, wie sie vor dem regeneratorischen Wachstum bestanden, mögen beide auch funktionell gleichwertig sein. Die Herstellung der endgültigen Verbindungen im ZNS fällt zeitlich natürlich nicht mit der Geburt oder dem Ausschlüpfen zusammen, und sie kann je nach Spezies bis in die Anfänge des adulten Verhaltens hineinreichen und von diesem Verhalten innerhalb der äußeren Umwelt beeinflußt werden (Marler 1984); ausführlicher wird dieses Thema im weiteren Verlauf dieses Kapitels und in Kapitel 11 behandelt. Es ist kein Widerspruch zu der hier vertretenen Auffassung, daß gewisse Formen der Regeneration manchmal den Überresten von Strukturen folgen, die in einer früheren Entwicklungsphase festgelegt wurden.

## Ordnung von Karten in der Entwicklung

Nachdem geklärt ist, wie molekulare und zelluläre Entwicklungsbedingungen die Bildung von Karten beschränken, können wir uns nun den Befunden über die Herstellung von Ordnung in den bestehenden Karten zuwenden. Zunächst werden wir uns mit einer gut erforschten Abbildung – der retinotektalen Projektion – während der embryonalen Entwicklung befassen; diesem Beispiel werden wir dann die Organisation und Plastizität der im somatosensorischen System von adulten Tieren vorhandenen Karten gegenüberstellen. In beiden Fällen ist der exakte Mechanismus der Kartenbildung nicht geklärt, doch spricht, wenn man beide zusammen betrachtet, vieles für ein Entwicklungskontinuum, in dem Verknüpfungsstrukturen zunächst durch regulatorische Kontrolle von Primärprozessen und dann immer stärker durch synapsengestützte Mechanismen selektiert werden.

Die retinotektale Projektion kann als der klassische Fall einer während der Entwicklung aufgebauten kontinuierlichen Karte gelten (Abbildung 5.2). Wird die Retina eines Frosches nacheinander an verschiedenen Punkten mit einem feinen Lichtstrahl beleuchtet und werden dabei von der Oberfläche des Tektums Ableitungen gemacht, so stellt sich die elektrische Reaktion (nämlich die der präsynaptischen Fasern) als eine Karte dar, die in etwa die geometrische Optik des Gesichtsfeldes, die Ordnung der Retina und eine geordnete Beziehung zwischen Retina und Tektum wiedergibt. Sperrys Untersuchungen am Wassermolch (1943a, 1943b) gaben der Erforschung dieses Systems einen wesentlichen Impuls und führten überdies zu der Idee der strengen Chemoaffinität (Attardi und Sperry 1963; Sperry 1963, 1965). Wohl sind auch an anderen Systemen äußerst wichtige Untersuchungen durchgeführt worden (siehe Schmitt et al. 1981; Edelman et al. 1985), doch das retinotektale System bleibt das maßgebende Beispiel: Es ist eine vernünftige Vermutung, daß eine vollständige Beschreibung und Erklärung dieser Kartenbildung wahrscheinlich die wesentlichen Prinzipien aufdecken wird, nach denen alle übrigen Strukturbildungen in komplexen Wirbeltiergehirnen ablaufen.

Am nach einer Durchschneidung des Sehnervs regenerierenden tektalen System sind verschiedene Experimente durchgeführt worden. In einem klassischen Experiment wurde nach der Durchschneidung des Nervs das Auge um 180 Grad gedreht; Wassermolche mit regenerierten Systemen reagierten auf Reize so, als sei das Gesichtsfeld umgekehrt und die rechte mit der linken Seite vertauscht. Eine Vielzahl von Experimenten (für einen Überblick siehe Cowan und Hunt 1985) ließ den Schluß zu, daß bestimmte Regionen der Retina neu abgebildet und wieder mit dem Teil des Tektums, der ihr ursprüngliches Zielgebiet war, verbunden wurden. Andere Forscher (Straznicky et al. 1981) kamen mit noch ausgeklügelteren Variationen über dieses Thema zu Ergebnissen, die ihnen die Zellerkennung durch spezifische Marker, wie sie die Hypothese von der Chemoaffinität annimmt, als die vernünftigste Erklärung erscheinen ließ.

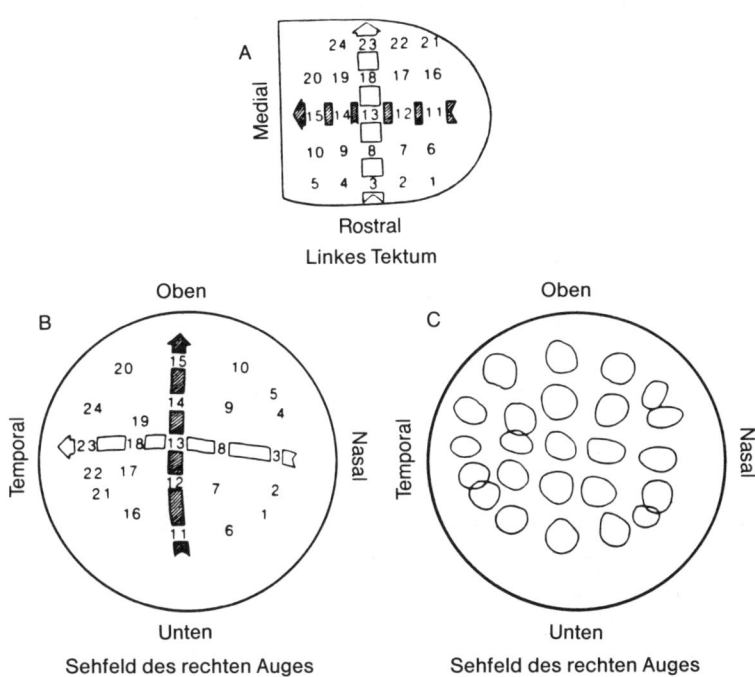

Abbildung 5.2
*Retinotektale Projektion bei* Xenopus *(Fraser 1985). An jeder der bezifferten Elektrodenposition (A) wurde eine Elektrode in das tektale Neuropil eingeführt, und es wurde der Bereich des Sehfeldes bestimmt, der an der entsprechenden Elektrodenposition Aktivität auslöst (B). Den (in C dargestellten) gesamten Bereich des Sehfeldes, der an der Elektrodenspitze Aktivität auslöst, in der sich die Signale von zahlreichen Sehnervenfasern summieren, bezeichnet man als rezeptives Feld dieser Mehrzell-Aktivität.*

Später erhaltene Versuchsergebnisse machen es jedoch schwer, die Projektion auf dieser Basis zu erklären. So zeigten Größendisparitäten zwischen Retina und Tektum, die man experimentell erzeugte, indem man Teile der einen oder des anderen oder von beiden entfernte, daß es möglich war, eine ganze Retina (Gaze und Sharma 1970) auf ein halbes Tektum zu projizieren. Auch konnten partielle Retinae auf das gesamte kontralaterale Tektum projizieren. Wenn diese »Verdichtungen« und »Erweiterungen« der Karte (Schmidt et al. 1978) mit Hilfe der Theorie der strengen Chemoaffinität hinreichend erklärt werden sollen, muß diese erheblich geändert werden.

Nicht überzeugend sind Versuche, die zeigen sollen, daß die Karte mit Hilfe einer »übertragenen Ordnung« erklärbar sei – auch nicht in den Fällen, wo man solche geordneten Arrangements (Scholes 1979) im Sehnerv (Purves und Lichtman 1985) beobachten kann. Bei manchen Tieren wie etwa der Katze besteht im Nerv sogar eine recht ungeordnete Verteilung, und bei anderen Tieren ordnen die Sehnervaxone sich neu, wenn sie das Tektum erreichen.

Das überzeugendste Argument gegen eine bestimmte Menge prädeterminierter Marker liefern Untersuchungen, die Gaze und Mitarbeiter (Gaze und Sharma 1970) durchführten und die von anderen Forschern bestätigt wurden. Easter et al. (1985) haben das in vorbildlicher Weise dargestellt. Die zentrale Feststellung lautet: Einlaufende Fasern bilden am rostralen Pol des Tektums von *Xenopus* anfangs zwar eine retinotopisch geordnete Karte, doch wird diese Projektion normalerweise verändert, wenn das Tektum durch Zellteilung wächst. Dieses Phänomen führte zur Annahme »gleitender Verbindungen«, nach der Synapsen der Projektion in ständigem Wechsel gebildet, gelöst und erneut gebildet werden, bis das Tektum zu wachsen aufhört. Easter (1985) hat außerdem gezeigt, daß beim Goldfisch wegen der unterschiedlichen Wachstumsgeometrie von Retina und Tektum eine topologische Unähnlichkeit zwischen beiden Wachstumszonen besteht. Ungeachtet dessen sind die Karten bei kleinen Fischen (vor Auftreten der Unähnlichkeit) und bei ausgewachsenen Fischen nicht nur geordnet, sondern auch ähnlich (Easter 1983;

Easter und Stuermer 1984). Auch in diesem Fall müssen spät einlaufende Fasern Verbindungen herstellen, die alte Verbindungen ersetzen, und es dennoch ersetzten Fasern erlauben, geeignete neue Verbindungen herzustellen.

Bei einigen Versuchen zur Chemoaffinitäts-Hypothese benutzte man Daten von regenerierenden Systemen, bei anderen machte man Beobachtungen an sich entwickelnden Systemen. Daß diese Systeme nicht exakt identisch sein können, steht nach den Überlegungen im vorigen Kapitel fest. Auch wurde bei den klassischen Experimenten nicht unterschieden zwischen den gesonderten zellulären Entwicklungsmechanismen der Synapsenbildung, Zielerkennung und Axonführung, die oben in diesem Kapitel beschrieben wurden. Diese Mängel und die zuvor erwähnten Widersprüche deuten darauf hin, daß es zur Erklärung der retinotektalen Projektion einer ganzen *Reihe* alternativer Mechanismen bedarf, die nicht auf strenger Chemoaffinität beruhen; darüber hinaus spricht einiges dafür, daß diese verschiedenen Mechanismen während der Entwicklung von Karten bei verschiedenen Spezies jeweils eine unterschiedliche Rolle spielen.

Drei oder vier Beobachtungen sprechen, auch wenn das Beweismaterial nicht vollständig ist, für die Annahme, daß die retinotektale Projektion auf Mechanismen beruht, die sich mit den Prinzipien der Theorie der Selektion neuronaler Gruppen decken. Die erste (Schmidt 1985) besagt, daß einzelne Fasern Endverzweigungen besitzen, die sich über einen beträchtlichen Teil der Tektum-Oberfläche erstrecken. (Man vergesse nicht, daß einzelne Wachstumskegel sehr große Ausmaße haben können.) Die zweite Beobachtung besagt, daß die entstehende Karte zwar mehr oder weniger geordnet, aber grob ist und einzelne Sehnervenfasern sehr große rezeptive Felder haben. Diese grobe Karte wird durch Aktivität verfeinert: eine Behandlung der Retina mit Tetrodotoxin führt zur Beseitigung der Verfeinerung der Karte (Schmidt 1982, 1985). Des weiteren führt eine Blockade von Tektum-Bereichen bei Fischen und Fröschen durch α-Bungarotoxin zum Abbau von Neuriten und Synapsen in den betroffenen Bereichen. Die Verfeinerung der Karte hängt demnach von der neuronalen Funktion und Aktivität ab sowie vermutlich auch von der selektiven Retraktion synaptischer Endigungen von sich überschneidenden Axonbüscheln, die der entsprechenden Koaktivierung von Synapsen beim Input nicht entsprechen. Dies spricht dafür, daß eine Konkurrenzsituation vorliegt, deren Ausgang von der Funktion abhängt. Diese Deutung stimmt völlig überein mit den Beobachtungen an »gleitenden« Synapsen und ist von Fraser (1985) ausdrücklich im Hinblick auf sie formuliert worden. Die meisten Aspekte dieses Modells decken sich mit den Schlußfolgerungen des vorigen Kapitels, abgesehen von der Annahme einer differentiellen Adhäsion im Sinne einer Gleichgewichtssituation. Es ist jedoch wahrscheinlich, daß man mit kinetischen, auf der CAM-Modulation beruhenden Annahmen ein ähnliches Modell konstruieren kann, das zu einer ähnlichen Projektion führt.

Eine aktuellere Beobachtung hängt direkt mit der Forschung über CAMs zusammen und verbindet die Versuchssituation der Kartenbildung ausdrücklich mit den Fragen der CAM-Funktion (Fraser et al. 1984; Abbildung 5.3). Gaben von Agarose mit Anti-N-CAM-Antikörpern, die nach Durchtrennung des Nervs *in vivo* an bestimmten Stellen auf einer Seite des *Xenopus*-Tektums aufgebracht wurden, ergaben eine verzerrte und ungewöhnlich grobe und sich überschneidende Karte auf der Seite des Implantats. Die Karte zeigte sehr große rezeptive Felder (größer als bei den mit Tetrodotoxin behandelten Tieren); diese Bereiche überdeckten sich weitgehend, und die Endverzweigungen der Retina-Axone erstreckten sich über sehr viel größere Distanzen als normal. Als der Antikörper mit der Zeit ausging, bildete sich wieder eine einigermaßen normale Karte. Ausgehend von diesen Veränderungen am Zielgebiet und davon, daß N-CAM wahrscheinlich für Wechselwirkungen zwischen retinalen Fasern und dem Tektum verantwortlich ist, ist eine Erklärung der Kartenbildung durch feststehende Marker schwer vorstellbar. Vernünftig erscheint vielmehr die Annahme, daß die Karten das Ergebnis von Wechselwirkungen zwischen komplexen dynamischen Variablen sind. Dazu zählen sich überschneidende degenerierte Axonverästelungen, Konkurrenz sowie die Beeinflussung der N-CAM-, Ng-CAM- und Zytotactin-Bindung durch lokale Rück-

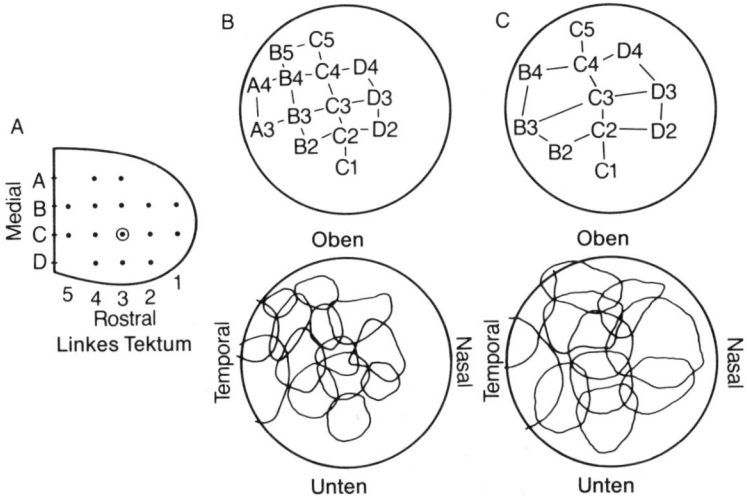

Abbildung 5.3

*Auswirkungen von CAM-Antikörpern auf die Topographie retinotektaler Projektionen. Die metallene Mikroelektrode wurde an den Stellen, die durch Punkte in dem repräsentativen Tektum (A) angedeutet sind, ins Tektum gesenkt; das Anti-N-CAM-Implantat aus Antikörpern in einem Agarose-Kegel wurde an der mit einem Kreis bezeichneten Stelle nahe beim Zentrum des Tektums eingebracht.* Große Kreise *in den übrigen Diagrammen bezeichnen einen 200-Grad-Bereich des Gesichtsfeldes des rechten Auges, dessen Mittelpunkt vom Auge fixiert wird. Der Mittelpunkt der für die entsprechende Elektrodenposition ansprechenden Region des Sehfeldes des Frosches ist in den* Kreisen der oberen Reihe *durch den in A angegebenen Code der Elektrodenpositionen markiert. Darunter findet man die Diagramme der entsprechenden rezeptiven Felder der Mehrzell-Aktivität. Muster der Klasse 1 (B, oben), erhalten mit nichtimmunen Antikörpern, zeigen die rechteckige Anordnung der rezeptiven Felder für die rechteckig verteilten Elektrodenpositionen, die man bei normalen Tieren findet. Die in der hier dargestellten Projektion gefundenen rezeptiven Felder (B) gehören zu den größten, die man bei Tieren mit Projektionsmustern der Klasse 1 findet. C: Muster der Klasse 2, erhalten mit N-CAM-Antikörpern, zeigen eine Verzerrung der Projektion (oben) und eine Vergrößerung der rezeptiven Felder (unten). Die Verzerrung erkennt man leicht, indem man die Positionen der rezeptiven Felder B 3, C 3 und D 3 in B und C vergleicht.*

kopplungs-Mechanismen, die schließlich von der Koaktivierung von Input-Fasern abhängig werden. Eine vollständige Untersuchung solcher Mechanismen steht zwar noch aus, doch sprechen die vorhandenen Daten dafür, daß die Bildung einer geordneten Karte auf Modulations-Mechanismen und auf Selektion unter Konkurrenzdruck beruht.

Unser vorausgegangener kurzer Überblick über die zellulären Prozesse, die während der Entwicklung zur neuronalen Strukturbildung beitragen, scheint ebenfalls mit der Vorstellung im Einklang zu sein, daß primäre Repertoires, die zu Karten arrangiert sind, nicht durch von vornherein feststehende Adressen, sondern durch eine *Kombination* selektiver struktureller und funktioneller Vorgänge auf verschiedenen Ebenen entstehen. Mit anderen Worten, die Schaffung eines primären Repertoires, wie man es in einer Karte antrifft, ist das Ergebnis einer Selektion, *und sie kann beeinflußt werden durch Vorgänge, die mit der Bildung eines sekundären Repertoires zusammenhängen.* Eine erhebliche Variation selbst bei Karten von adulten Tieren ist vermutlich gleichfalls eine Folge solcher selektiven Prozesse. Die Feststellung, daß diese genannten Prinzipien und dazu einige neue Konkurrenzprinzipien in »adulten« Karten wie denen der Großhirnrinde wirksam sind, wäre aus der Sicht der Theorie nicht überraschend. Diesem Thema wenden wir uns nun zu, denn es liefert einen überaus eindrucksvollen Beleg für die Selektion neuronaler Gruppen, speziell für die Selektion des sekundären Repertoires durch Veränderung von Synapsen.

## Adulte Karten: Stabilisierte Konkurrenz in fixierten Schaltungen

Die Entwicklung hört mit der Geburt nicht auf, sondern geht während des ganzen Lebens eines Organismus weiter. Nur ihre Mechanismen ändern sich: Alte Mechanismen werden umgeformt oder verändert, und während Reifungszeiten werden neue Mechanismen übernommen. In diesem Abschnitt befassen wir uns mit Belegen dafür, daß – obwohl die Entwicklungsprozesse in der

Großhirnrinde für eine relativ fixierte Zytoarchitektonik und Anatomie gesorgt haben – in bestimmten Bereichen ein erhebliches Maß an Individualität und Plastizität bezüglich der Kartengrenze bestehen bleibt. Diese Plastizität, über die sich Leyton und Sherrington (1917; siehe auch Walshe 1948, bes. S. 161) schon früh geäußert haben, liefert einen wichtigen Hinweis auf die Bedeutung synaptischer Mechanismen für die Kartenbildung. Selbst noch innerhalb der Grenzen der relativ statischen Neuroanatomie gibt es Anhaltspunkte für die Existenz einer außerordentlichen potentiellen Variabilität auf der Grundlage von Konkurrenz und Wechselwirkungen zwischen Struktur und synaptischer Funktion. Deshalb gehen wir nun, nachdem wir bisher die Entwicklungs-Neurobiologie betont haben, zur Neurophysiologie über.

Zuvor müssen wir unterstreichen, daß die Daten, über die wir berichten werden, nicht bedeuten, daß die kortikale Zytoarchitektonik unwichtig ist oder nicht existiert. Tatsächlich besitzt die von Rose und Woolsey (1949) gegebene Definition eines Rindenfeldes als eines Gebietes, das eine charakteristische Zytoarchitektur aufweist, über eine einzigartige Beziehung zu einem spezifischen Thalamuskern verfügt und gleichbedeutend mit einem physiologischen abgrenzbaren Bereich ist, noch immer Gültigkeit. Der letzte Teil dieser Definition verdient allerdings im Lichte der hier zu erörternden Forschungen eingehender geprüft zu werden, denn dieser Teil der Definition muß bis zu einem gewissen Grade gelockert oder zumindest neu interpretiert werden.

## *Variabilität funktioneller Karten und Kartenreorganisation*

Neuere Experimente von Merzenich und Mitarbeitern (Sur et al. 1980; Kaas et al. 1983a, 1983b, 1984a) bestätigen diese Auffassung. Ihre Untersuchungen liefern eine detaillierte Analyse engmaschig untersuchter Regionen (Abstände der Ableitungen 100–150 µm) der Areale 3b und 1 im sensomotorischen Kortex von ausgewachsenen Nachtaffen und Totenkopfäffchen (Abbildung 5.4). Diese Forscher fertigten zu Vergleichszwecken zunächst äußerst genaue Karten von normalen Affen an und kartier-

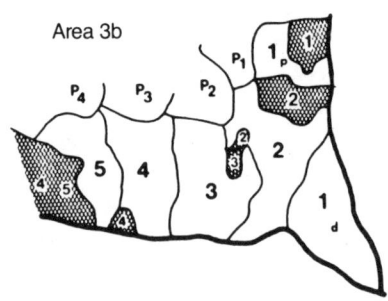

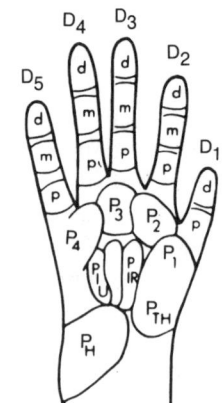

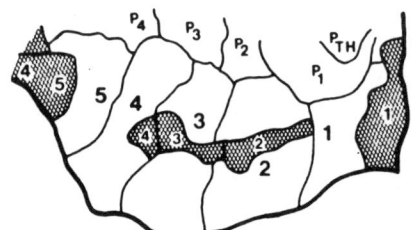

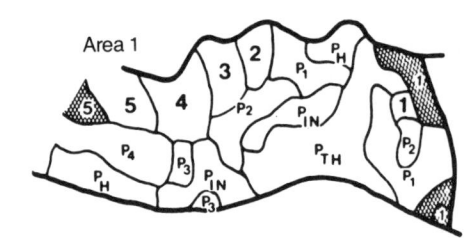

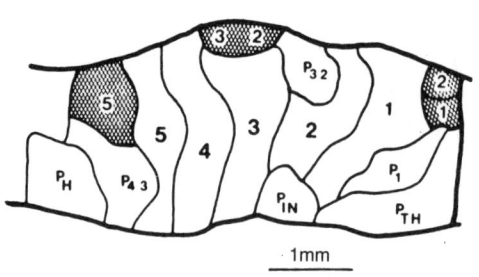

1mm

ten daraufhin dieselben Rindengebiete nochmals, nachdem einer oder mehrere der folgenden Schritte erfolgt war: (1) Durchtrennung von peripheren Nerven wie dem Nervus medianus, wobei eine Regeneration entweder ermöglicht oder unterbunden wurde; der Nerv wurde also durchtrennt und entweder abgebunden, um eine Regeneration zu verhindern, oder wiederverbunden, um eine Regeneration zu fördern; (2) Amputation einzelner oder benachbarter Finger (gewöhnlich des 2. oder 3. Fingers); (3) funktionelle Veränderung ohne Durchtrennung durch entsprechendes Bandagieren, Gipsverbände oder spezielles Training der Fingerbewegungen; (4) lokale Rindenablationen. Die Ergebnisse dieser Studien zwingen zu einer Neubewertung der kortikalen Kartenbildung im Sinne der Selektion neuronaler Gruppen. Die entscheidende Beobachtung ist, daß kortikale

Abbildung 5.4

*Normale Variationen der somatosensorischen Karte (Merzenich et al. 1984a). An der Hand des Nachtaffen (oben rechts) beziehen sich $D_1$–$D_5$ auf die Finger, d, m und p auf die distalen, medialen und proximalen Fingerglieder; $P_1$–$P_4$ sind die Ballen der Handfläche, $P_H$ ist der Hypothenar- oder Kleinfingerballen, und $P_{TH}$ ist der Thenar- oder Daumenballen. Die beiden Karten oben links zeigen die interne Topographie der Area 3 b bei zwei verschiedenen adulten Nachtaffen, die beiden Karten unten rechts die der Area 1 bei zwei verschiedenen adulten Totenkopfäffchen. Die Variabilität der internen Organisation von Area 1 ist größer als die in Area 3 b beobachtete, aber in beiden Feldern sehr erheblich. Zu beachten sind in diesen Beispielen (1) die großen Unterschiede in den Repräsentationsbereichen der Finger auf den beiden Area 1-Karten; (2) die Trennung der Repräsentation der Finger 1 und 2 in einer Area 1-Karte (oben) und ihre benachbarte Lage in der anderen; (3) die doppelte und umgekehrte Repräsentation des ersten Palmarballens und des Thenarballens, die bei einem Affen (oben) in Area 1 zu beobachten ist, und die normalere Anordnung bei anderen (betrachtet man diese Karten genauer, treten viele weitere Unterschiede zutage); (4) die aufgespaltene Repräsentation von Finger 1 in Area 3 b bei einem Affen (oben), die beim anderen nicht beobachtet wird; (5) der erhebliche Unterschied, der zwischen beiden Affen in der Ausdehnung der Repräsentation von Finger 1 in Area 3 b besteht; und (6) die Unterschiede in der Repräsentation der Rückseiten der Finger in Area 3 b.*

Karten sich nach Nervendurchtrennung oder Fingeramputation
bei adulten Affen rasch reorganisieren.

Unmittelbar nach Durchtrennen des Nervus medianus entsteht
in einem Teil des Rindengebietes (nicht aber dem gesamten Gebiet), das zuvor das Feld des Nervus medianus repräsentierte,
eine unvollständige neue Repräsentation (Merzenich et al.
1983a; Abbildung 5.5). Diese neue Repräsentation verändert
sich im Laufe der nächsten Monate allmählich so, daß die an
einem Rindenort repräsentierte Hautstelle sich nach der Durchtrennung des Nervs mit der Zeit ändert (Merzenich et al. 1983b).
Das an einem Rindenort repräsentierte rezeptive Feld ist nur
eines unter vielen möglichen Feldern, die unter anderen Bedingungen an diesem Rindenort abgebildet sein könnten. Rezeptive
Felder, die ursprünglich eine bestimmte Stelle auf der Rinde ein-
nahmen, können in den neuen Karten an anderen Stellen repräsentiert sein, die bis zu einigen Millimetern von dieser Stelle entfernt sind; ein und dasselbe rezeptive Feld kann also auf einem
relativ weiten Rindenbereich abgebildet werden. Bei der Re-
strukturation der Karten bleibt die grundlegende Topographie
stets erhalten, so daß die Kontinuität und die globale Somatotopie zu allen Zeiten gewahrt sind. Zwar verschieben sich Grenzen
(etwa die zwischen Repräsentationen von Handfläche und Handrücken und sogar die zwischen Hand- und Gesichts-Gebieten),
doch sind sie während des ganzen Prozesses eindeutig. So werden
beispielsweise Zellen auf einer Seite einer Grenze nur auf Inputs
von der Handfläche reagieren, während die auf der anderen Seite
nur reagieren, wenn die Haut des Handrückens gereizt wird.

Auf normalen Karten der Hand in Area 3b sind die Regionen
der Handinnenseite zentral repräsentiert (Abbildung 5.4), während die dorsalen Repräsentationen prinzipiell in medialen und

Abbildung 5.5

*Zeitliche Veränderungen in somatosensorischen Karten nach Läsionen
(Merzenich et al. 1983b). Kortikale Karten der Hand in Area 3b (links)
und Area 1 (rechts) eines Totenkopfäffchens unmittelbar vor und 11, 22
und 144 Tage nach Durchtrennung des Mediannervs. Regionen, die nicht*

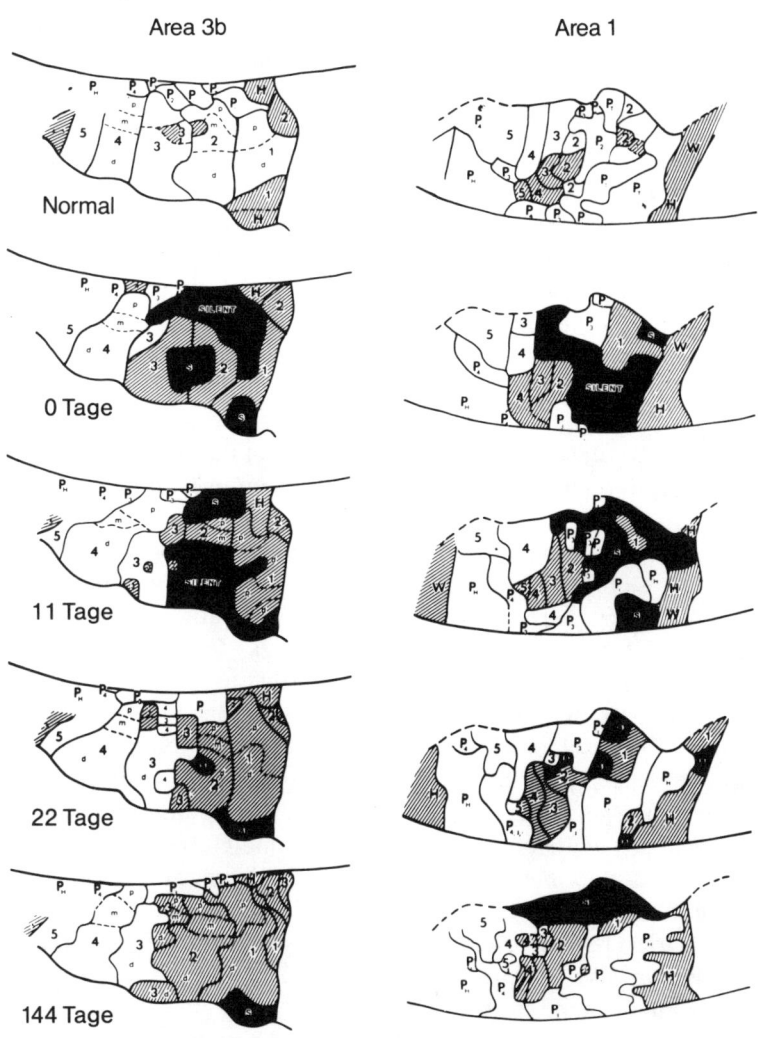

durch kutane Reizung stimuliert werden können, sind schwarz schattiert;
die Repräsentationen des Handrückens sind schraffiert; 1–5 bezieht sich
auf die Finger; H = Hand; W = Handgelenk; P = verschiedene Palmar-
ballen; sonstige Abkürzungen wie in Abbildung 5.4.

lateralen Randbereichen der Hand-Repräsentation liegen (Merzenich et al. 1983a, 1983b). Doch gewöhnlich enthält die normale Karte auch kleine Inseln der dorsalen Repräsentation, die im Meer der Finger-Repräsentationen der Handinnenseite verstreut sind. Nach Durchtrennung des Nervus medianus entsteht unmittelbar inmitten des vorherigen Handinnenseiten-Feldes eine größere dorsale Repräsentation, überwiegend um die normalen dorsalen Inseln herum und in topographischer Fortsetzung von ihnen (Merzenich et al. 1983b). Dies spricht für die Vorstellung, daß die anatomische Basis für diese größere Repräsentation schon vorhanden, aber unterdrückt war. Man beachte, daß die neue dorsale Karte unmittelbar nur in dem ursprünglichen Gebiet der Fingerinnenseiten entsteht, nicht in der früheren Region der Repräsentation der Handfläche, in der die normale Repräsentation keine Inseln von »Handrücken in Handinnenseite« aufweist.

Nach Durchtrennung des Nervus medianus findet man große stumme Gebiete, in denen Zellen durch keinerlei periphere Reizung aktiviert werden können, auch im vormaligen Repräsentationsgebiet des Nervs. Angrenzend an diese Gebiete werden jedoch kortikale Stellen durch neue rezeptive Felder aktiviert. Die Lage der stummen Gebiete verschiebt sich mit der Zeit (Abbildung 5.5); im allgemeinen schrumpfen sie, doch gelegentlich verschieben sie sich in eine Region, die zuvor nach Durchtrennung aktiv war (Merzenich et al. 1983b). Nach Amputation mehrerer benachbarter Finger bleiben einige stumme Gebiete zurück und füllen sich nicht mehr vollständig (Merzenich et al. 1984a). Dies spricht dafür, daß die anatomische Basis für potentielle alternative Karten begrenzt und auf die Repräsentation von Körperstellen beschränkt ist, die der ursprünglichen Repräsentation verhältnismäßig nahe sind.

Die Repräsentationen verschiedener Handoberflächen (z. B. Kleinfingerballen, Mittelfingerballen, Fingerrückseiten), die von anderen Nerven mit angrenzenden Hautfeldern innerviert werden, expandieren und kontrahieren während der Reorganisation in unterschiedlichen Abläufen (Merzenich et al. 1983b, 1984a). Mit der Zeit (gewöhnlich in Wochen) erobert der Nervus radialis vom früheren Gebiet des Nervus medianus in Area 3b mehr als der Nervus ulnaris, aber in Area 1 erobert der Nervus ulnaris mehr Gebiet als der Nervus radialis. Nach zwei bis drei Wochen ist die Wiederbesetzung des Medianus-Feldes abgeschlossen, doch die interne Reorganisation der Karte geht monatelang weiter (Merzenich et al. 1984a). Wenn der Nervus medianus sich nach dem Wiedervernähen regenerieren darf, bildet er zunächst eine fragmentierte, desorganisierte mehrfache Repräsentation aus. Mit der Zeit nimmt die Repräsentation eine feste Gestalt an und organisiert sich erneut zu einer begrenzten Somatotopie (Merzenich et al. 1983b), und sie füllt wieder ein Gebiet aus, das dem vor der Durchtrennung ähnlich, aber nicht mit ihm identisch ist.

Sowohl die Repräsentation und Überschneidung von rezeptiven Feldern als auch die äußersten Abstände wurden während der Reorganisation zum Teil quantitativ gemessen (Abbildung 5.6). Je größer der einem Körperteil gewidmete Rindenbereich (je größer der Vergrößerungsfaktor der Repräsentation), desto kleiner die rezeptiven Felder an diesem Körperteil. Umgekehrt ergaben kleinere kortikale Repräsentationen größere Felder. Die Möglichkeit der Zwei-Punkt-Diskrimination, die sich mit kleiner werdenden rezeptiven Feldern verbessert, hinge demnach auch mit der Größe der kortikalen Repräsentation zusammen (Laskin und Spencer 1979; Merzenich et al. 1984a).

Besonders bezeichnend ist die Tatsache, daß die prozentuale Überschneidung der Flächen der rezeptiven Felder von zwei kortikalen Zellen eine monoton abnehmende Funktion des kortikalen Abstands der Zellen ist (Abbildung 5.6). Es besteht Grund zu der Annahme, daß die Funktion schrittweise abnimmt (Merzenich et al. 1983b) und sich die Felder bei normalen Tieren jenseits eines kritischen Abstands von rund 600 µm nicht mehr überschneiden (Sur et al. 1980). Es ist von besonderer Bedeutung für Konkurrenz-Modelle der Selektion neuronaler Gruppen, daß die Überschneidung der rezeptiven Felder während der ersten elf Tage nach Durchtrennung des Nervs erheblich größer ist, daß die Neigung der abnehmenden Funktion um ein Mehrfaches flacher ist als normal und daß Neurone, die 2 mm oder mehr

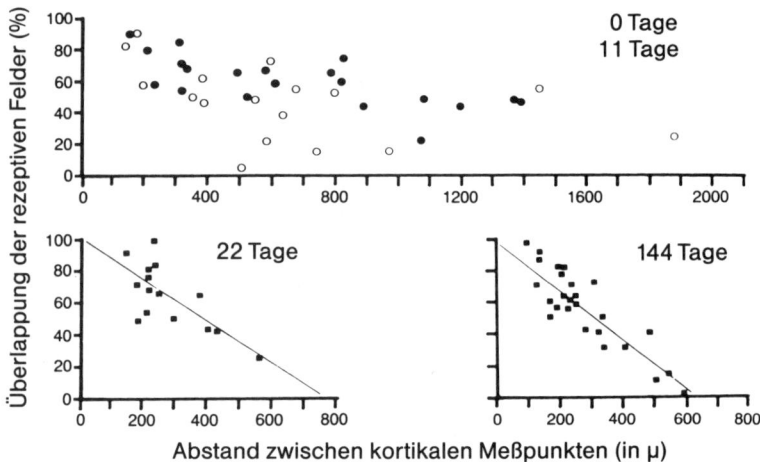

Abbildung 5.6

*Veränderungen der rezeptiven Felder im somatosensorischen Kortex nach einer peripheren Läsion (Merzenich et al. 1983b). Prozentuale Überlappung der rezeptiven Felder versus Abstand zwischen kortikalen Meßpunkten unmittelbar vor Durchtrennung des Mediannervs und 11, 22, und 144 Tage später. Die rezeptiven Felder befanden sich auf dem Rükken der mittleren und proximalen Glieder der Finger 1–3, und die Messung wurde im ehemaligen Bereich der kortikalen Repräsentation des Mediannervs vorgenommen. Man beachte, daß die Neigung der Kurve nach der Durchtrennung weniger steil wird, daß aber nach 144 Tagen der normale 600 µm-Abstand wiederhergestellt ist.*

voneinander entfernt sind, überlappende rezeptive Felder haben können.

Schließlich scheint sich eine Repräsentation nicht um mehr als etwa 600 µm ausdehnen zu können. Nach der Amputation benachbarter Finger kann ein stummes Gebiet, das sich über einen Radius von mehr als 600 µm erstreckt, nicht vollständig wiederbesetzt werden. Da die Orte der Repräsentation sich über Entfernungen bis zu einem Millimeter verschieben können, ist dies ein weiterer Hinweis darauf, daß die anatomische Basis für diese verschobenen Repräsentationen zuvor in unterdrückter Form in der Nähe existiert haben muß. Jedes detaillierte Modell muß spezifisch diese übereinstimmende 600 μm-Grenze für die Ausdehnung und die Überschneidung rezeptiver Felder erklären.

Es gab keine Hinweise darauf, daß nach Durchtrennung und Ligatur eines Nervs peripher oder zentral ein Wachstum neuer Fortsätze stattfindet. Die Veränderungen der Karte folgen unmittelbar auf die Durchtrennung und gehen während der Reorganisation monatelang weiter, wohingegen Wachstum neuer Fortsätze einen anderen zeitlichen Verlauf zeigen würde. Selbst wenn ein solches Wachstum vorliegen würde, könnte es nicht die beobachteten frühen oder sofortigen Veränderungen erklären. Außerdem sind die Veränderungen in Area 3b von denen in Area 1 verschieden, obwohl beide Areale gleiche Inputs empfangen. Nach nichtinvasiven Verfahren wie einem bestimmten Fingertraining beobachtet man in Area 3b wie in Area 1 normalerweise ähnliche Kartenänderungen, und Bildung neuer Zellfortsätze wird man schwerlich als Erklärung für diesen Zusammenhang anführen können. Schließlich deuten ähnliche Experimente von Wall et al. (Wall und Eggers 1971; Wall 1975; Devor und Wall 1981) über Kartenveränderung in Rückenmarkskernen darauf hin, daß es kurz nach der Blockade der Aktivität lumbaler Spinalwurzeln durch Kühlung zu einer Reorganisation von Repräsentationen kommen kann. Dies legt außerdem den Gedanken nahe, daß eine ausgedehnte Reorganisation von Karten in Bereichen erfolgt, die auf verschiedenen Ebenen durch reziproke Kopplung verbunden sind.

Diese Tatsachen führen zwingend zu einer zentralen Schlußfolgerung (Edelman und Finkel 1984), die unmittelbar die Theorie der Selektion neuronaler Gruppen bestätigt: Damit eine funktionelle Karte entstehen kann, muß ein dynamischer Prozeß aus dem degenerierten anatomischen Substrat (dem primären Repertoire) bestimmte neuronale Gruppen in einem sekundären Repertoire *selektieren* (Merzenich et al. 1983a, 1983b). Der dynamische Charakter dieser Selektion wird deutlich durch die Verlagerungen von Repräsentationen und die Wiederherstellung der Struktur rezeptiver Felder nach Durchtrennung des Nervs. Wie sogar aus der Besprechung verschiedener Untersuchungen (Kaas et al. 1983;

Merzenich et al. 1983a, 1983b) hervorgeht, wird auch die normale (unverletzte) Kartenstruktur bei adulten Primaten auf dynamische Weise aufrechterhalten. Die Befunde decken sich mit der Vorstellung, daß Karten durch Selektion aus einem degenerierten Netzwerk reorganisiert werden, und sie lassen vermuten, daß die bestehende kortikale Anatomie die Basis für eine begrenzte territoriale Konkurrenz bildet. Mit anderen Worten existiert nach der Entwicklungsphase ein degeneriertes anatomisches Substrat, an dem auf der synaptischen Ebene die Selektion kompetitiv ansetzt und aus einer Mannigfaltigkeit möglicher Karten eine funktionelle Karte entstehen läßt.

Die wichtigste Determinante des kompetitiven Selektionsprozesses scheint eine funktionell bedeutsame neuronale Aktivität zu sein, die aus der zeitlichen Abstimmung der Inputs von sich überschneidenden Afferenzen resultiert (Merzenich et al. 1983a, 1983b). Ein detailliertes, mit der Theorie der Selektion neuronaler Gruppen im Einklang stehendes Modell (siehe Edelman und Finkel 1984) dieses ganzen Prozesses werden wir im nächsten Kapitel liefern, nachdem wir einige evolutionäre Beschränkungen diskutiert haben, denen die Bildung anatomischer Spezialisierungen unterliegt. Bevor wir dieses Modell beschreiben, müssen jedoch einige neuroanatomische Daten angeführt werden, die für die Existenz ausgedehnter, sich überschneidender Axon-Endverzweigungen im primären Repertoire sprechen. Ferner müssen wir einige unserer Theorie scheinbar widersprechende, intermediäre Fälle in Erwägung ziehen, in denen die Plastizität der Karte tatsächlich auf kurze, kritische Phasen der Entwicklungszeit begrenzt ist und bei ausgewachsenen Tieren nicht beobachtet wird.

## Axonale Verzweigung und Überschneidung

Um Kartenveränderungen zu erklären, bei denen durch Selektion an einem bestehenden Repertoire ein sekundäres Repertoire entsteht, muß gezeigt werden, daß zuvor axonales Baumwachstum, Variabilität und Überschneidung existieren. Die von Landry und Deschênes (1981; Landry et al. 1982) durchgeführte Meerrettich-Peroxidase-Markierung thalamischer Afferenzen zeigt im soma-

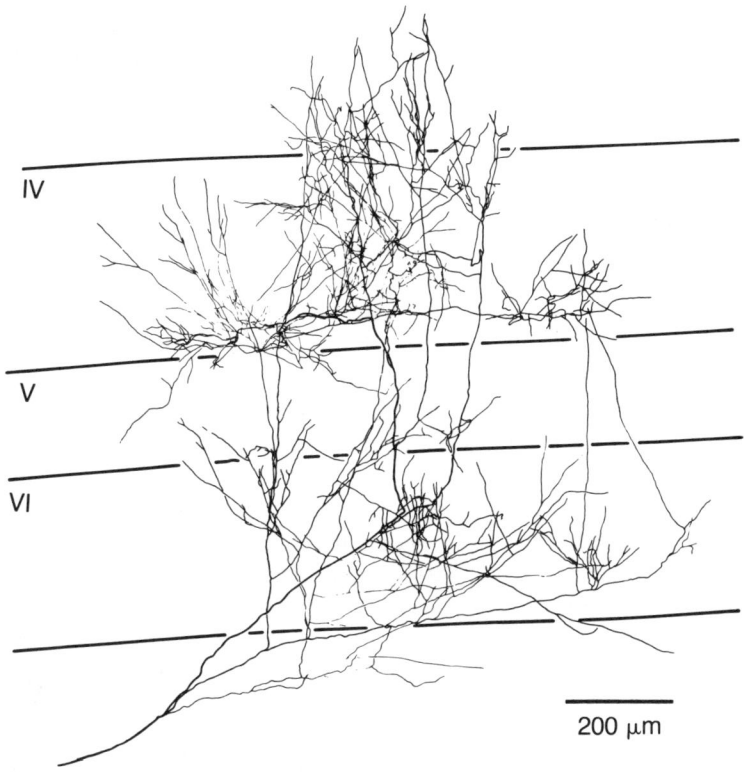

Abbildung 5.7
*Eine thalamische Afferenz zu Area 3 b, sichtbar gemacht durch Injektion von Meerrettichperoxidase (Landry und Deschênes 1981). Das rezeptive Feld war auf Finger 5. In diesem Schnitt erstreckt sich die Verästelung über einen Rindenbereich von rund 1 mm. Die römischen Zahlen beziehen sich auf Rindenschichten.*

tosensorischen Kortex der Katze ganz ähnliche axonale Verästelungen (sieh Abbildung 5.7), wie sie in der Sehrinde beobachtet werden (Gilbert und Wiesel 1979, 1981). Einzelne Afferenzen geben, bevor sie den Kortex erreichen, gewöhnlich Kollaterale ab, die sich ihrerseits zu einem Endbüschel von rund 400 µm Durchmesser verzweigen. Oft sind zwei buschige Regionen ein und derselben Kollaterale mediolateral angeordnet und durch eine weniger dichte Region getrennt, die eine Lücke von etwa der gleichen Größe bildet (Landry et al. 1982). Andere Kollaterale können etwas weiter weg in Büscheln enden, gewöhnlich in anteroposteriorer Richtung, bisweilen in einem anderen cytoarchitektonischen Bereich. Bei dieser Spezies also sind Endverzweigungen einer Afferenz in Area 3b über eine Rindenfläche von 0,5 bis 1,0 mm$^2$ dicht verteilt, während andere Regionen der kollateralen Innervation etwas weiter entfernt sind. Zwischen Katze und Affe sind erhebliche anatomische Abweichungen möglich. Pons und Kollegen (1982) haben bei der Untersuchung von Area 3b des Nachtaffen beispielsweise gefunden, daß die Verästelungen im allgemeinen etwas kleiner sind und entfernte kollaterale Äste fehlen. Das eigentliche Argument bleibt von diesen Abweichungen unberührt.

Im Gegensatz zu diesen bekannten Abstandsmessungen fiel es schwer, das genaue Ausmaß der anatomischen Überschneidung von Endverzweigungen verschiedener Afferenzen festzustellen, zumal wir über die Dichte der kortikalen Innervation derzeit keine quantitativen Erkenntnisse besitzen. Degeneriertheitsuntersuchungen werfen ein gewisses Licht auf die Angelegenheit. Kleine Thalamus-Läsionen führen bei der Katze (Kosar und Hand 1981) zu anteroposterior verlaufenden Degeneriertheitsstreifen von 80–120 μm Breite und 2500–3000 μm Länge. Beim Affen sind (siehe Jones 1981) mittels anderer Verfahren Streifen mit anderen Abmessungen gefunden worden. Gleichwohl lassen die jeweiligen Maße eine eindeutige anteroposteriore Anisotropie der Afferenzen-Endigungen erkennen. Bei verschiedenen Affengattungen sind die nach Durchtrennung von Kommissuren- bzw. langen Assoziationsfasern beobachteten Degeneriertheitsstreifen in beiden Fällen 500–1000 μm breit und von unterschiedlicher Länge (Jones 1975; Jones et al. 1975).

Eine andere Informationsquelle zur Abschätzung der Überschneidung, wenngleich in einer spezialisierten Region, stellen die kortikalen Schnurrhaar-Repräsentationen der Maus dar, die eine »Faßform« aufweisen. »Faß« C-1 hat eine durchschnittliche Fläche von 57 000 μm$^2$ (Pasternak und Woolsey 1975) und empfängt

Input von den 162 peripheren Fasern, welche das Schnurrhaar C-1 innervieren (Lee und Woolsey 1975). Wenn wir annehmen, daß die Anzahl der innervierenden Fasern durch Konvergenz und Divergenz bei den dazwischen liegenden synaptischen Relais in der gleichen Größenordnung gehalten wird, können wir den Abstand zwischen benachbarten Afferenzen mit rund 20 µm berechnen. Diese Berechnung geht davon aus, daß die Afferenzen regelmäßige Abstände aufweisen, und ist daher auf die »Faß«-Repräsentationen selbst nicht genau anwendbar, doch vermittelt sie eine ungefähre Vorstellung von der Innervationsdichte in anderen Rindengebieten.

Aus diesem anatomischen Befund ergeben sich, auch wenn die Beispiele von verschiedenen Spezies stammen und Unterschiede zwischen ihnen berücksichtigt werden müssen, zwei wichtige Folgerungen von großer Bedeutung für die Selektion neuronaler Gruppen und die Idee der Degeneriertheit: (1) Zwischen den axonalen Endverzweigungen von Afferenzen bestehen erhebliche Überschneidungen, in manchen Richtungen möglicherweise stärker als in anderen; und (2) empfängt jede kortikale Zelle Synapsen von einer großen Zahl von Afferenzen, besonders wenn man die möglichen Wechselwirkungen von weitverzweigten axonalen Verzweigungen mit großen Dendritenbäumen berücksichtigt. Um zu erklären, wie aus diesem weitgehend degenerierten anatomischen Substrat eine exakte Karte selektiert wird, müssen wir ausführlich die Verteilung der Aktivität über den Kortex untersuchen, die zur Selektion neuronaler Gruppen führen könnte. Bevor wir uns im nächsten Kapitel an diese Aufgabe machen, sollten wir kurz einige Gegenbeispiele einer *eingeschränkten* Plastizität erwähnen, die tatsächlich nur während der Entwicklung auftreten und von denen man meinen könnte, daß sie unserer Hypothese auf den ersten Blick widersprechen.

## *An kritische Phasen gebundene Kartenveränderungen*

Jeder Versuch, die Veränderungen zu erklären, die bei adulten Tieren aufgrund von Durchtrennungen peripherer Nerven, von Veränderungen des rezeptorischen Inputs und durch sensorische

Deprivation auftreten, muß zugleich mit der Beobachtung im Einklang sein, daß scheinbar ähnliche Veränderungen in bestimmten kortikalen Teilregionen nur in begrenzten Entwicklungsabschnitten vorkommen können. Operationen, die später an diesen Gebieten vorgenommen werden, haben keine oder kaum eine Wirkung. Zu den herausragenden Beispielen gehören Veränderungen an der sich entwickelnden Sehrinde (Wiesel und Hubel 1963a, 1963b, 1965; Hubel und Wiesel 1970; Stryker und Harris 1986) und Veränderungen in der Organisation des somatosensorischen Kortex von Nagern (der »Faß«-Repräsentationen) nach Beschädigung der Bälge von Sinneshaaren während der Neugeborenenperiode (Van der Loos und Woolsey 1973; Van der Loos und Dörfl 1978).

Zu der Frage, wie sich der Verschluß oder die Entfernung eines Auges oder die unilaterale sensorische Deprivation auf einzelne Kartenmerkmale beim neugeborenen und jungen Affen bzw. der Katze auswirkt (Abbildung 5.8), gibt es eine umfangreiche und ein wenig widersprüchliche Literatur. Klar ist, daß ausgeprägte Augendominanzsäulen in Schicht IV der Sehrinde des Affen erst drei Wochen vor der Geburt auftreten (Rakic 1977, 1978, 1981b). Vorher überlappen die geniculokortikalen Fasern. Die wirklich eindeutige Segregation der Säulen erfolgt mit etwa sechs Wochen. Wird ein Auge durch Vernähen früh geschlossen, werden die dem deprivierten Auge entsprechenden Säulen schmaler, die dem funktionierenden Auge entsprechenden breiter. Daß die Fasern des funktionierenden Auges, wie die Daten belegen, sich nicht zurückbilden, ist ein weiteres Beispiel für den auf Konkurrenz basierenden Ausgleich zwischen sich entwickelnden Faserbahnen. Wenn eine kritische Phase vorüber ist, haben solche Maßnahmen jedoch keine Wirkung mehr.

Auch bei Beschädigung der Sinneshaarbälge von Nagern und den sich daran anschließenden Veränderungen der »Faß«-Repräsentationen beobachtet man eine solche Abhängigkeit von einer kritischen Phase. Anatomische Veränderungen in Gestalt von Vergrößerungen und Verschmelzungen von »Fässern«, so daß in Schicht IV der somatosensorischen Rinde von Ratten verschmolzene Bänder entstehen, treten nur dann auf, wenn die periphere

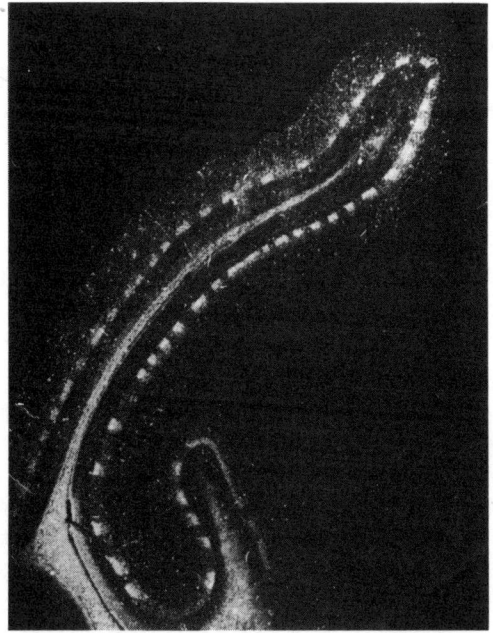

Abbildung 5.8
*Augendominanzsäulen (Hubel und Wiesel 1977). Dunkelfeld-Autoradiogramm des primären visuellen Kortex eines adulten Makaken, in dessen ipsilaterales Auge zwei Wochen zuvor mit Tritium versehene Prolin-Fucose injiziert worden war. Die Schnittebene verläuft überwiegend senkrecht zur Oberfläche. Teil der exponierten Oberfläche des primären visuellen Kortex und des unmittelbar darunter verborgenen Teils. Insgesamt kann man in Schicht IVc sechsundfünfzig Säulen zählen.*

Schädigung in der ersten Woche nach der Geburt erfolgt (Van der Loos und Woolsey 1973; Woolsey und Wann 1976; Van der Loos und Dörfl 1978; Woolsey et al. 1981).

Diese Befunde führen zu der entscheidenden Frage, ob sie der nachhaltigen Plastizität entsprechen, die nach einer Manipulation der Afferenzen von der Hand in den Arealen 3b und 1 zu beobachten ist. Eine klare Antwort gibt es bisher nicht – man bedenke jedoch, daß in den beiden Fällen der Sehrinde und der Faß-Repräsentationen weitreichende kompetitive anatomische Veränderungen nur dann induziert werden, *solange* (innerhalb der Entwicklungsphase) noch immer Verbindungen hergestellt werden, und dies auch nur in *relativ kleinen* Rindenbereichen (Säulen oder »Fäßchen«), die später der räumlichen Feinunterscheidung dienen werden. Die anatomischen Veränderungen sind im übrigen im Einklang mit den zuvor besprochenen konkurrierenden Wechselwirkungen. Anders als im somatosensorischen Fall geht es in diesen beiden Fällen jedoch um funktionelle Zieleinheiten, die möglicherweise relativ klein sind und in der gleichen Größenordnung liegen wie die Ausdehnung einzelner thalamokortikaler Afferenzen, und diese Anpassung der Größenordnungen vollzieht sich offensichtlich, während die Anatomie sich noch ausbildet. Dies mag aus evolutionären Gründen geschehen sein, die damit zusammenhängen, daß eine präzise visuelle und taktile Funktion benötigt wird, die kleine räumliche Regionen aufzulösen erlaubt. Man wird vielleicht nicht damit rechnen, nach der kritischen Phase und der Fixierung der Neuroanatomie so weitgehende Veränderungen zu beobachten, wie sie in Area 3 b und Area 1 tatsächlich zu sehen sind, wo die kartierten Repräsentationen und Grenzen eine große Zahl sich überschneidender Afferenzen umfassen. Es könnte, anders gesagt, sowohl bei den Dominanzsäulen als auch bei den »Fäßchen« eine Entsprechung zwischen der Grenze der *funktionellen* Kartierungseinheit und jener der *anatomischen* Einheit bestehen, die von den axonalen Verästelungen der vom Thalamus kommenden Afferenzen bestimmt wird. Die in diesen Systemen beobachteten kompetitiven Wechselwirkungen umfassen – anders als jene, die in der somatosensorischen Rinde des adulten Tieres auftreten, aber übereinstimmend mit jenen, die in späteren Phasen der retinotektalen Kartenbildung zu sehen sind – sowohl die Ausbildung der Anatomie als auch die synaptische Konkurrenz. Dies könnte, wie schon angedeutet, eine natürliche evolutionäre Konsequenz der Notwendigkeit sein, sehr früh innerhalb der Verhaltensphase eine hochgradige räumliche Verfeinerung in diesen beiden Systemen zu erreichen. Wenn diese Schlußfolgerung vielleicht auch nicht mit der Beobachtung zu vereinbaren ist, daß die Ausbildung verfeinerter retinotektaler Karten Aktivität erfordert (Schmidt 1985), so ist doch das bemerkenswerte Experiment der pharmakologischen Blockade während der kritischen Phase zu bedenken.

Trotz der hier besprochenen Ausnahmen scheint die synaptische Plastizität von ausgewachsenen Tieren außer Zweifel zu stehen: Es mag in solchen Systemen nach der frühen Entwicklung zwar noch zu einem gewissen Fortsatzwachstum kommen, doch wahrscheinlich sind die wichtigsten konkurrierenden Kräfte ein Ergebnis synaptischer Veränderungen. Das werden wir im nächsten Kapitel in Erwägung ziehen, wo wir zunächst die evolutionäre Entstehung und den globalen Schaltplan primärer Rindenbereiche betrachten werden, um anschließend die hier beschriebenen Erkenntnnisse über die Plastizität der Kartierung in ein Modell der Selektion neuronaler Gruppen einzubringen. Daß wir die Betrachtung dieses Modells zurückstellen und zunächst Fragen der Evolution behandeln, hängt nicht nur mit der Notwendigkeit zusammen, das evolutionäre Entstehen von strukturell und funktionell verschiedenen kartierten Gebieten zu erklären, sondern auch mit der Tatsache, daß die natürliche Selektion auf die variierenden phänotypischen Funktionen solcher Gebiete bei sich verhaltenden Tieren einer Spezies unterschiedlich einwirken wird.

## Schlußfolgerungen

Wir können jetzt unsere Ansichten über die Entwicklung von Karten zusammenfassen. Das vorige Kapitel brachte Belege für mechanisch-chemische Mechanismen, die mit molekularen Mitteln einen Zusammenhang zwischen Genetik und Epigenetik herstellen und im Einklang mit der Regulator-Hypothese einerseits für strukturelle Variabilität, andererseits für anatomische Konstanz sorgen. Im vorliegenden Kapitel wurden verschiedene dynamische und mehr oder weniger unabhängige zelluläre Primärprozesse besprochen, die mit diesen Mechanismen vereinbar sind, um eine Grundlage zu schaffen, auf der man die Bildung von Karten verstehen kann. Zwar weisen viele Neuronentypen so etwas wie eine offenbar vorprogrammierte, die Zellgestalt bestimmende Cytodifferenzierung auf, doch hat man festgestellt, daß Verbindungen sich ändern können, nachdem Ansätze einer Karte entstanden sind, daß Neurone um die Zielinnervierung konkurrieren können und daß axonale sowie dendritische Verästelungen sich über erhebliche Distanzen erstrecken und dabei überschneiden und schließlich durch die Aktivität von kontingenten Verbindungen umgestaltet werden können.

Das mit einigen dieser Vorgänge während der Entwicklung verbundene und ein beträchtliches Ausmaß erreichende Absterben von Zellen scheint nicht starr vorprogrammiert zu sein, sondern mit selektiven Wechselwirkungen zwischen Neuronen zusammenzuhängen, die um entsprechende Verbindungen konkurrieren, und es scheint zudem stochastischer Natur zu sein. In mehreren Fällen wurde außerdem gezeigt, daß die entsprechende Entstehung von stabilisierten Neuronen-Populationen schon während der Entwicklung vom Einsetzen der synaptischen Funktion sowie von chemischen Faktoren abhängt, die noch nicht eindeutig geklärt sind.

Das Thema der kompetitiven Wechselwirkung – dies die bemerkenswerte Verallgemeinerung – wiederholt sich in unterschiedlichen Kontexten: bei der retinotektalen Kartierung, bei Prozessen, die während der perinatalen Periode in kritischen Phasen in bestimmten verfeinerten sensorischen Systemen auftreten, und bei Veränderungen in anderen sensorischen Systemen mit weit größeren rezeptiven Feldern während des Reifezustands. Die Masse der Befunde spricht für eine dynamische Entstehung auch der hochverfeinerten und stereotypen neuroanatomischen Schaltungen, und allein diese Dynamik bedeutet schon Variabilität und Selektion. In manchen Fällen scheint die Selektion sich vorwiegend während der Entwicklung mit mechanisch-chemischen Mitteln an der Zelloberfläche zu vollziehen, in anderen erfolgt die Selektion über die synaptische Funktion und reagiert besonders auf die Art der afferenten Reizung und des Inputs. In wiederum anderen Fällen wie etwa dem retinotektalen System lösen die beiden Formen der Selektion einander ab. Der Mix der Mechanismen hängt eindeutig von der phänotypischen Funktion der betreffenden Hirnregion ab. Wir müssen uns daher, ehe wir in einem detaillierten theoretischen Modell das Zusammenspiel dieser Faktoren im ausgereiften Organismus und die Bildung von verkoppelten Karten beschreiben, mit der evolutionären Entstehung neuronaler Strukturen wie Kerne und Schichten mit unterschiedlichen phänotypischen Funktionen befassen. Die evolutionäre Entstehung verschiedener Hirnregionen muß uns besonders im Hinblick auf die Feststellung (siehe Kapitel 8) interessieren, daß einfache Karten für eine perzeptuelle Kategorisierung im allgemeinen nicht ausreichen. Wie sich noch zeigen wird, bedarf es dazu vielmehr der Wechselwirkungen zwischen komplexen und mehrfach verkoppelten Karten, die mehrere Modalitäten umfassen, und der fortgesetzten Aktivität des motorischen Systems.

# 6

# Evolution und Funktion von verteilten Systemen

Evolution von Kernen und Schichten · Lokalisierung der Funktion · Phänotypische Funktion und neuronale Struktur · Herausragende Probleme hinsichtlich der Evolution des Nervensystems · Methodische Zwänge · *Hauptthemen in der Evolution von Wirbeltier-Nervensystemen* · Das Beispiel eines Netzwerks: das *visuelle System der Schildkröte* · Evolutionäre Entstehung von Zentren: *die Parzellierungshypothese* · Eine alternative Erklärung: *Heterochronie und die Regulator-Hypothese* · Degeneriertheit als evolutionäre Konsequenz · Kortikale Kartenbildung durch Beschränkung, Selektion und Konkurrenz · Heterochrone Veränderung, funktionelle Kartenbildung und evolutionäre Selektion

## Einführung

Bisher haben wir die Belege für die Entstehung von Konstanz und Variabilität neuronaler Strukturen innerhalb einer Spezies und besonders beim Individuum während der Entwicklung betrachtet. Damit haben wir zwar eine Grundlage, um bestimmte Aspekte der Selektion neuronaler Gruppen bei der Ausbildung lokaler Karten zu verstehen, jedoch keine Erklärung für die evolutionäre Entstehung größerer neuronaler Strukturen wie etwa bestimmter Kerne und Schichten, für die regional begrenzten neuroanatomischen Merkmale bestimmter Karten oder für die durch reziproke Kopplung hergestellten Wechselwirkungen zwischen den Karten. Keine Theorie des Gehirns kann als vollständig gelten, solange ihre Prämissen nicht in Beziehung gesetzt sind zu den evolutionären Ursprüngen dieser Strukturen, speziell zu der verteilten Natur solcher Systeme in komplexen Gehirnen (Mountcastle 1978). Zu diesem Zweck müssen wir uns der vergleichenden Neuroanatomie zuwenden, sie in Beziehung setzen zur möglichen Funktion und speziell zu evolutionären Erklärungen der Variabilität der Arten.

Es wird unser Ziel sein, für die hierarchische, verteilte und dennoch topographisch geordnete Organisation der Nervensysteme spät hervortretender Spezies mit hochentwickelten telencephalen Strukturen eine befriedigende Erklärung zu entwickeln.

Eine wesentliche Aussage der Theorie lautet, daß die Fähigkeit der Kategorisierung spezielle parallele Arrangements von verschiedenen, distributiv angeordneten Modalitäten voraussetzt, und es muß deshalb erklärt werden, wie diese Arrangements evolutionär entstanden sind. Da eine Theorie, die nicht zeigen würde, wie ihre Aussagen über die Entwicklung mit den evolutionären Tatsachen zu vereinbaren sind, nicht hinreichend wäre, möchten wir außerdem feststellen, ob es evolutionäre Erkärungen dafür gibt, daß auch noch bei den komplexesten und spezifischsten neuronalen Strukturen Degeneriertheit zu beobachten ist. Derartige Erklärungen würden, sofern sie befriedigend sind, überdies die für eine Spezies charakteristische makroskopische Struktur abgegrenzter Hirnregionen mit der Existenz mikroskopischer Variabilität in Einklang bringen.

Der Versuch, die Evolution dieser Eigentümlichkeiten komplexer Gehirne zu verstehen, konfrontiert uns mit einer der großen begrifflichen Schwierigkeiten der modernen Neurowissenschaft, der Frage der Lokalisierung der Funktion. Im Kontext der morphologischen Evolution bedeutet das, daß wir den Zusammenhang zwischen Struktur und Funktion im Laufe der Evolution herstellen und dabei die entwicklungsbedingten Zwänge angemessen berücksichtigen müssen (Alberch 1979, 1980, 1982a, 1982b, 1987; Bonner 1982; Raff und Kaufman 1983; Arthur 1984; Edelman 1986b). Ist der Versuch, die Evolution eines komplexen Organs zu erklären, ohnehin schon eine große Herausforderung, so ist diese geradezu entmutigend, wenn es um das Gehirn geht. Das Problem läßt sich, wie Ulinski (1980) dargelegt hat, nicht dadurch lösen, daß man einfache Korrelationen zwischen Eigenschaften der Umwelt und der regionalen Aktivität eines neuronalen Systems herstellt, Eigenschaften neuronaler Schaltungen vorhersagt oder bestimmten neuronalen Komponenten kategorisch bestimmte Funktionen zuordnet. Tatsächlich ist es in der Regel nicht möglich, einer gegebenen neuronalen Struktur wie etwa einem Kerngebiet oder einer Schicht eine bestimmte Funktion zuzuordnen und dabei sicherzugehen, daß die Funktion allein dadurch zu erklären ist oder die Struktur nicht eine andere Funktion erfüllt (Mountcastle 1978). Angesichts der bemerkenswerten Spezifität bestimmter sensorischer Systeme ist es jedoch auch nicht vertretbar, umgekehrt wie Lashley (Lashley 1950; siehe Orbach 1982) zu argumentieren, daß globale Funktionen diffus und äquipotent repräsentiert seien.

Die hier vertretene (und als einzige mit der Theorie der Selektion neuronaler Gruppen verträgliche) Position besagt, daß die funktionellen Reaktionen insgesamt nicht auf der starren Zuordnung von Funktionen zu anatomisch getrennten Bereichen beruhen, sondern auf der dynamischen Wechselwirkung spezifischer Einzelkomponenten, die in verschiedenen kartierten und wechselseitig gekoppelten Strukturen zu Repertoires von neuronalen Gruppen oder Populationen zusammengefaßt sind. Bestimmte Zellen oder Gruppen innerhalb eines Repertoires sind zwar durch Input und Output kontrolliert, doch müssen sie darum nicht ständig an eine gegebene Funktion gebunden sein; nichtsdestoweniger werden sich primäre Repertoires in ganz unterschiedlichen Gehirnbereichen in ihrer Funktion unterscheiden. Die Funktion solcher Entitäten mag zeitabhängig und von der Konkurrenzdynamik neuronaler Gruppen bestimmt sein, so daß ein und dieselbe Komponente in verschiedenen Kontexten unterschiedlich funktionieren kann. Gleichwohl kommt es, wie die physiologischen Tatsachen belegen, in größeren Systemen zu einer Aufteilung der globalen Funktion; es steht zum Beispiel außer Zweifel, daß bestimmte primäre rezeptive Felder sich mit den einzelnen Modalitäten beschäftigen. Doch kann es, wie wir im nächsten Kapitel zeigen werden, selbst bei einigen dieser zytoarchitektonisch unterscheidbaren Gebiete falsch sein, allzu streng zwischen sensorischer und motorischer Funktion zu unterscheiden.

Den Zusammenhang zwischen phänotypischer Funktion und neuronaler Struktur zu bestimmen ist für die Evolutionstheorie ein ungemein komplexes Problem. Nicht nur sind die neuronalen

Variablen selbst von nichtlinearen Netzwerken bestimmt – auch zwischen der Kategorisierung von Umweltvariablen und bestimmten Verhaltensreaktionen bestehen nichtlineare Zusammenhänge. Trotz dieser Schwierigkeiten kann man einige zusammenhängende Probleme kleineren Kalibers beschreiben, die erst gelöst werden müssen, ehe diese größeren Fragen auch nur theoretisch befriedigend analysiert werden können.

Diese Probleme sollen im vorliegenden Kapitel der Reihe nach behandelt werden. Sie betreffen (1) die allgemeinen Eigenschaften, die neuronale Netzwerke, Gruppen und Zellen unterschiedlicher Taxa aufgrund evolutionärer Veränderungen auszeichnen, (2) die Grundlagen der intraspezifischen Variabilität und der allgemeinen Zunahme der Komplexität und Spezifität neuronaler Systeme im Laufe der Evolution, (3) das Verhältnis dieses evolutionären Wandels zur Entwicklungsgenetik und die Natur der in der Regulator-Hypothese enthaltenen entwicklungsbedingten Beschränkungen des evolutionären Wandels sowie (4) einige funktionelle Grundlagen, über welche die natürliche Selektion auf den Phänotyp einwirken kann. Diese Probleme werden geklärt werden durch eine Analyse der dynamischen Eigenschaften somatosensorischer Karten bei adulten Tieren (siehe Kapitel 5), speziell im Zusammenhang mit verteilten Systemen (Mountcastle 1978). Die Analyse wird die zuvor erörterten evolutionären, morphogenetischen und physiologischen Prinzipien berücksichtigen und zu einer verbesserten Definition der neuronalen Gruppe führen.

Jedes dieser Probleme ist eine ungewöhnliche Herausforderung, jedes hängt mit allen anderen zusammen, und jedes erfordert die Überprüfung einer großen Menge von Daten, die hier natürlich nicht detailliert besprochen werden können. Wir werden vielmehr versuchen, den Zusammenhängen zwischen diesen Problemen nachzuspüren. Das erste Problem werden wir mit Hilfe einiger deskriptiver Verallgemeinerungen angehen, die wir aus der vergleichenden Neuroanatomie ableiten. Was die übrigen drei Probleme angeht, werden wir uns auf organisierende Prinzipien stützen, die auf der Theorie der Selektion neuronaler Gruppen beruhen und die morphologische Evolution mit den in Kapitel 4

beschriebenen, von der Regulator-Hypothese postulierten entwicklungsbedingten Beschränkungen in Beziehung setzen. Dadurch wird das Fundament für eine theoretische Aussage gelegt,
die sowohl die intraspezifische Variabilität als auch die Entstehung neuer, komplexerer Hirnstrukturen erklärt. Das versetzt uns
in die Lage, die anatomischen Befunde und die funktionellen
Resultate in einem Modell für eine evoluierte Region, den somatosensorischen Kortex, zusammenzufassen. Mit Hilfe dieses
Modells werden wir die Formen verstehen, mittels derer die natürliche Selektion vermutlich auf den Phänotyp einwirkt und Varianten einer funktionierenden Hirnregion selektiert.

## Evolutionärer Wandel in neuronalen Netzwerken

In der Phylogenese ist das Gehirn das wandelbarste aller komplexen Organsysteme und das Telencephalon die wandelbarste aller
Hirnregionen. Das ist kaum überraschend angesichts der allgemeinen Tendenz evolutionärer Systeme zu größerer Komplexität
(Stebbins 1968) und der bekannten Komplexität des Verhaltens
von Phänotypen mit großen Gehirnen. Wie ein kurzer Überblick
über die neuronale Evolution von Chordaten und Vertebraten
(Masterton et al 1976a; Sarnat und Netsky 1981) zeigen wird, lassen sich trotz dieser Variabilität einige spezifische Trends ausmachen, die auf die gemeinsame Herkunft konstanter Merkmale von
Nervensystemen unterschiedlicher Spezies verweisen. So hat Ebbesson (1980) beispielsweise dargelegt, daß der untere Hirnstamm
der meisten Vertebratenarten eine Vielzahl gemeinsamer Merkmale aufweist, während tektale, thalamische und telencephalische
Regionen eine weitgehende Verschiedenheit zeigen. Da die Funktionen einer gegebenen Hirnkomponente nicht notwendig lokal
definiert sind, müssen sich solche evolutionären Ableitungen aus
der vergleichenden Neuroanatomie (Dullemeijer 1974) vorwiegend auf morphologische und strukturelle Kriterien stützen; Ho-
mologie kann aus ihr also nur bezüglich der anatomischen *Strukturen* und nicht bezüglich der Funktion abgeleitet werden (siehe
aber Masterton et al. 1976a; Bullock 1984).

Im Rahmen der Beschränkungen, die sich im Laufe der Evolution für verschiedene extrinsische Verknüpfungen und andere phänotypische Veränderungen ergeben, kann eine gegebene Struktur (auch ein ganzer Kern) die Funktion wechseln. Vergleiche von Art zu Art auf der Grundlage von Ähnlichkeiten hinsichtlich Zelltypen, Topographie (einschließlich solcher Merkpunkte wie Hirnfurchen) und Faserverbindungen müssen sich dennoch auf homologe neuronale Bereiche beschränken. Diese starke Beschränkung erschwert Extrapolationen bezüglich der Funktion. Man darf außerdem nicht vergessen, daß das Ziel der Evolution des Nervensystems in adaptiver Aktion und Reaktion bestand. Hauptgrundlagen der Selektion während seiner *frühen* Selektion waren vermutlich seine glanduläre Funktion – Aufrechterhaltung des inneren Milieus – sowie gewisse aversive und appetitive Merkmale motorischer Reaktionen. Fragen der Funktion werden wir hier nur am Rande aufgreifen, weil es im Hinblick auf sie keine solide begründeten Hypothesen, sondern allenfalls Plausibilitätsargumente gibt; wir beschränken uns im Interesse der Theorie im wesentlichen auf eine Betrachtung der evolutionären Entstehung primärer Repertoires. Dennoch ist es, da die natürliche Selektion auf das Verhalten zielt, wichtig zu zeigen, wie die Variation in solchen Repertoires das Verhalten beeinflussen kann, besonders in gekoppelten Systemen – eine Aufgabe, die wir am Ende des Kapitels aufgreifen werden.

Wir greifen diese Frage im Kontext der Theorie der Selektion neuronaler Gruppen vor allem deshalb auf, um (1) eine Grundlage zu schaffen, auf der die Mechanismen diskutiert werden können, durch die im Laufe der neuronalen Evolution verteilte Systeme (Mountcastle 1978) entstanden, und (2) zu zeigen, wie Degeneriertheit (Edelman 1978) zu einem wesentlichen Prinzip geworden sein könnte, das die Funktionsweise hochgradig komplexer Gehirne bestimmt. Die Evolution des Neurons selbst werden wir kaum behandeln; hier können wir anmerken, daß es, beginnend mit den Tunicaten, zu den ältesten hochdifferenzierten Zelltypen gehört.

Überschaut man die Evolution der Vertebraten-Nervensysteme von den Chordaten bis zum Menschen, so ergeben sich einige hilf-

Tabelle 6.1

*Strukturelle Themen in der Evolution des Nervensystems* *

| Hauptthemen | Begleiterscheinungen |
|---|---|
| Bilaterale Symmetrie | Orientierungs- und Fluchtbewegungen |
| Dekussation | Sensomotorische Koordinationen |
| Metamerie (sensomotorische) | Modularität |
| Progressive Cephalisation | Spezielle Sinne |
| | Fusion von Strukturen |
| | Erweiterung |
| | Repetition mikroskopischer Strukturen (Modularität) |
| Überlappung von Innervations- bereichen | Degeneriertheit »Kompaktion« der Bahnen |
| Somatotopie | Abbildung |
| Parallelität multipler senso- motorischer Systeme | reziproke Kopplung (Klassifikationspaare) |
| Wachsende Zahl von Kernen und Schichten | Mehrschichtige Strukturen, vertikale und horizontale Organisation der Schaltkreise Variation und wachsende Zahl von Zell- typen |

* Die muskuloskeletalen und motorischen Ensembles und ihr Zusammenhang mit Haltung und Geste werden hier übergangen; darauf geht Kapitel 8 ausführlich ein.

reiche Verallgemeinerungen, die für die Theorie wichtig sind. Herrschten bei den älteren Vorläufern andere Prinzipien, so sind die Hauptthemen nun bilaterale Symmetrie und fortschreitende Zephalisation (Sarnat und Netsky 1981); weitere Themen sind Kreuzung von Bahnen, Metamerie, Überlappung, Somatotopie und Parallelverarbeitung (Tabelle 6.1). Die Entwicklung einer wachsenden Zahl von Kernen und Schichten, der inneren Regulation und von Systemen der appetitiven Nahrungsbeschaffung ging offenbar einher mit der Notwendigkeit, aversive sensomotorische Reaktionen auf Freßfeinde zu entwickeln (Masterton et al. 1976 b). Der frühe Grundbauplan um einen muskulösen Notochord (wie bei Amphioxus) war bilateral symmetrisch, und die segmental sich wiederholenden Myotome wurden jeweils von

Nerven versorgt, die von einem Rückenmark ausgingen, doch gibt es keinen Anhaltspunkt für spezielle Sinnesorgane. Dieses metamere Thema der segmentalen sensiblen Innervation der Peripherie durchzieht die ganze weitere Vertebraten-Evolution, doch wird die (bei den Cyclostomen beobachtete) alternierende Anordnung von sensibler und motorischer Innervation bei den terrestrischen Formen abgelöst von dorsalen und ventralen Wurzeln, die in jedem Segment auf derselben Höhe austreten.

Überlappung ist gleichwohl ein wesentliches Prinzip, und kein Segment erhält seine Innervation ausschließlich von einer Wurzel – eine frühe Form von Degeneriertheit. Dieses Prinzip ist entscheidend für das Verstehen der späteren zentralen Repräsentationen der Peripherie in Karten und vermutlich der Selektion solcher Formen zuzuschreiben, die aufgrund dieser Überlappung nach einer lokalen Verletzung nicht ihre segmentale Innervation einbüßten. Die somatotopische Repräsentation findet man auch in vielen zentralen Strukturen. Sie ist seit frühester Zeit ein Grundmerkmal in dorsalen Spinalnerven und ihren Wurzeln wie auch in ventralen Hörnern und motorischen Nerven; später tritt sie in der Rinde und den Kernen des Kleinhirns, in retinalen Feldern und in der Großhirnrinde auf. Überlappung und Somatotopie hängen sehr wahrscheinlich zusammen mit der notwendigen Kontinuität der sich während der regulativen Entwicklung bildenden induktiven Zellkollektive in kleinen benachbarten Regionen; im späteren Verlauf der Evolution haben die Trennung und Vergrößerung der von solchen Regionen abgeleiteten Strukturen dann eine gewisse Kontinuität gewahrt, eine Tatsache, die für die Kartenbildung von zentraler Bedeutung ist.

Mit der zunehmenden Zephalisation gingen neue Entwicklungen einher: spezielle Sinnesorgane, Erweiterungen des Gehirns, Verschiebungen der Position der Myotome, Verschiebungen und Verschmelzungen bei der Bildung der kranialen Wurzeln, Veränderungen in Lage und Anzahl der Kiemenfurchen und schließlich Wachstum des Vorderhirns (Ebbesson und Northcutt 1976). Während die Strukturen in der Regel bilateral paarig sind, gibt es auch Asymmetrien wie etwa bei der Habenula (die mit den Freßgewohnheiten zu tun hat), dem Nervus vagus und schließlich der

Großhirnrinde; bestimmte unpaarige Strukturen wie die Zirbeldrüse bleiben ebenfalls erhalten.

Im Rahmen dieser Entwicklungen tritt früh ein anderes allgemeines Merkmal auf, das für die Selektion neuronaler Gruppen von großer Bedeutung ist: In verschiedenen Entwicklungen erscheinen wechselseitig gekoppelte Systeme, die auf die spätere Funktion der Kategorisierung hindeuten. Es erscheinen ähnliche oder verschiedene *parallele* neuronale Systeme der Erfassung der Umwelt und des Reagierens auf sie in einer Anordnung, die sehr viel mehr Möglichkeiten bietet als die bloße Symmetrie (Tabelle 6.1). Dieses grundlegende Merkmal begleitet die Entwicklung aller somatischen und speziellen sensorischen Systeme sowie der motorischen und autonomen Systeme. Es ermöglicht eine gleichzeitige Erfassung durch zwei oder mehr Modalitäten oder Submodalitäten, eine bedeutende Entwicklung, die zur Schaffung einer neuen oder zur Modifikation einer bestehenden Funktion führt. In seiner einfachsten Form ist es dyadisch, wie man in mehreren Fällen beobachten kann: (1) bei Organismen mit einem Riechkolben und einem zusätzlichen Riechkolben, zum Beispiel dem vomeronasalen System bei Schlangen, Eidechsen und Schildkröten (Graziadei und Tucker 1970, Halpern 1976), (2) in der Entwicklung des Vestibularsystems, (3) in der gleichzeitigen Aufrechterhaltung des retinotektalen und des retinogenikulären Systems (Schneider 1969), (4) in den parallelen Strukturen höherer Ordnung, wie sie im Tractus spinothalamicus und spinocerebellaris vorliegen, und (5) im System der Hinterstränge des Rückenmarks. Wie wir später sehen werden, ist eine dyadische parallele Anordnung eine wesentliche *Mindest*voraussetzung für ein wirksames System der Selektion neuronaler Gruppen. Diese Anordnung ist das sogenannte Klassifikationspaar (siehe Abbildung 3.4), das in den Kapiteln 9, 10 und 11 ausführlicher beschrieben wird. Solche parallelen Anordnungen sind erforderlich wegen der Notwendigkeit, polymorphe Mengen im Reizbereich disjunktiv auf adaptive Weise zu erfassen, wie es in den Kapiteln 1 und 3 erörtert wurde.

Ein weiteres, mit der bilateralen Symmetrie zusammenhängendes zentrales Merkmal, das man bei verschiedenen Spezies beobachtet, ist die Existenz gekreuzter Bahnen in An- oder Abwesen-

heit von ipsilateralen Bahnen. Sarnat und Netsky (1981) haben die
frühesten der Untersuchung zugänglichen Vorläufer untersucht –
gekreuzte Verbindungen zwischen einzelnen Neuronen. Es sind
dies die Rohde-Zellen bei Amphioxus, Müller-Zellen bei Rund-
mäulern (Rovainen 1978) und Mauthner-Zellen bei Knochen-
fischen (Bullock 1978; Faber und Korn 1978). Rohde-Zellen sind
kreuzende Interneurone im Rückenmark von Amphioxus, die
den aversiven Zusammenrollreflex vermitteln, und Müller- und
Mauthner-Zellen sind Hirnstammneurone, die dendritische Synapsen mit vestibulären und sensorischen Neuronen haben. Ihre
Axone ziehen zu kaudalen Segmenten auf der kontralateralen
Seite des Marks, die aversive reflexartige Schwanzbewegungen
vermitteln. Man hat vermutet, daß die Kreuzung der Sehnerven
denselben Selektrionsdrücken entspringt, die den aversiven Reflexen weg von der gefährdeten Seite einen adaptiven Vorteil ge-
währten. Sarnat und Netsky (1981) haben ferner darauf hingewiesen, daß höhere Tiere einander im Rückenmark ähneln und daß
ihre Konnektivität an die der sogenannten Rohon-Beard-Zellen
(Spitzer und Spitzer 1975; Spitzer 1985) erinnert, die man als tran-
siente sensorische Neurone bei den Kaulquappen bestimmter
Amphibien findet. Diese multisynaptischen Zellen schicken dendritische Äste zu Muskeln und zur Haut. Ihre Axone steigen ipsilateral im Mark auf, bilden aber Synapsen mit kreuzenden Inter-
neuronen, um Impulse zu Motoneuronen auf der Gegenseite zu
schicken. Rückenmarkskerne haben eine ausschließlich sensorische Aufgabe, und die kreuzenden Interneurone befinden sich in
den Zellen des Nucleus gracilis und des Nucleus cuneatus. Ebbesson (1980) erklärt diese Befunde ein wenig anders; uns kommt es
hier darauf an, daß die frühen Kreuzungsmuster entweder in bestimmten Abstammungslinien erhalten bleiben oder durch kon-
vergente Evolution wiederentwickelt werden.

Einige weitere allgemeine morphologische Merkmale der neuro-
nalen Organisation (Tabelle 6.1) verdienen gleichfalls besondere
Beachtung, zumal sie einen Bezug zu den Ideen der somatischen
Selektion und der reziproken Kopplung haben. Das erste ist die
Tatsache, daß die langen auf- und absteigenden Fasern bei Nach-
kommen früherer Vertebraten nicht so kompakt sind wie bei späte-

ren Vertebraten. Dies hängt zusammen mit der evolutionären Bedeutung der Degeneriertheit, auf die wir noch zurückkommen werden. Ein zweites allgemeines Merkmal findet man in der lokalen Organisation von Strukturen wie dem Kleinhirn und verschiedenen Entwicklungen des Telencephalons: im Vorkommen von modularen oder repetitiven Strukturen wie den Folia cerebellis oder den kortikalen Säulen. Man sollte nicht annehmen, daß es diesen repetitiven Strukturen an innerer Varianz fehlt; wie schon in Kapitel 2 und 3 erwähnt, sind sie eine wichtige Matrix für quantitative sowie für mikroskopische und chemische qualitative Variationen (Chan-Palay et al. 1981; Ingram et al. 1985), die eine Grundlage für die von der Theorie postulierten verschiedenen Repertoires liefern.

Ein drittes allgemeines Merkmal (von besonderer Bedeutung für die Theorie der Selektion neuronaler Gruppen) ist die im Laufe der Evolution zunehmende Tendenz zur Entwicklung reziproker Konnektivität. Dieses Merkmal äußert sich in der Entwicklung des der Orientierung im Raum dienenden Vestibularsystems und im Tractus vestibulospinalis, der ersten motorischen Faserbahn, die spinale Motoneurone reguliert. Solche reziprok gekoppelten Strukturen erscheinen früh (gleich nach Amphioxus) bei Vorläufern der echten Vertebraten. Die Bahnen, die mit den für die Detektion von Ortsveränderungen in Wasserströmungen entwickelten Seitenlinienorganen verbunden waren, wurden schließlich für das auditorische System der Cochlea adaptiert. Mit der Entwicklung der zerebellaren Strukturen entstand am Ende eine Vielzahl von reziproken Bahnen (Sarnat und Netsky 1981). Das Thema der reziproken Verknüpfung steht auch im Vordergrund bei der unabhängigen Entwicklung dorsaler thalamischer Strukturen für optische Reaktionen. Die bei Reptilien auftretenden dorsalen Rückenmarkskerne liefern ein frühes Beispiel für lange reziproke Fasern; es gibt dementsprechend eine absteigende Projektion vom Nucleus gracilis und vom Nucleus cuneatus. Wenn dann höhere Entwicklungen des Telencephalons auftreten, ist reziproke Kopplung insofern ein wesentliches Merkmal der meisten komplexen Systeme von afferenten und efferenten Kernen sowie von Schichten, als sie lokale Module aufweisen, die durch wechselseitige intrinsische Verbindungen miteinander verknüpft sind.

Worin liegt nun die adaptive Bedeutung reziproker Verbindungen? Sie sind, wie sich aus der Theorie der Selektion neuronaler Gruppen ergibt, wichtig für die zeitliche Korrelation verschiedener Inputs und für die Entwicklung neuer Funktionen durch Verknüpfung von Klassifikationspaaren, wie man aus den Kapiteln 9 und 10 ersehen wird. Nach der herkömmlichen Auffassung stellen sie »Rückkopplungssysteme« im Sinne der Regelungstheorie dar. Das Problem dieser Auffassung liegt in ihrer Annahme, daß jede der reziproken Bahnen spezifische codierte Information leitet. Zwar gibt es sicherlich Beispiele für grobe reziprok verschaltete Reflexbögen, die Rückkopplungsfunktionen unterstützen, doch scheint diese Interpretation nicht auszureichen als eine *allgemeine* Erklärung der Funktionsweise in den meisten großen komplexen Schaltungen. Eine plausiblere allgemeine Erklärung lautet, daß sowohl die Existenz von Klassifikationspaaren als auch die Parallelität von Schaltungen höherer Ordnung eine koordinierte Abstimmung der Reaktionen untereinander verbundener Subsysteme auf allen Ebenen eines parallelen verteilten Systems erfordert: eine solche Möglichkeit bietet ein auf wechselseitiger Verknüpfung beruhender Signalaustausch. Wie wir im Laufe dieses Kapitels bei der Vorstellung eines Modells somatosensorischer Karten sehen werden, benutzt ein solcher Signalaustausch Mechanismen der Selektion und nicht der Rückkopplung.

## Ein Netzwerk-Beispiel

Viele der in diesem kurzen Überblick über die Evolution erwähnten allgemeinen Prinzipien lassen sich veranschaulichen durch die Betrachtung einer Schaltung, die von Ulinski (1980) diskutiert wurde, der das visuelle System (Hall und Ebner 1970a, 1970b) der Rotwangen-Schmuckschildkröte (*Pseudemys scripta elegans*) im Hinblick auf seine evolutionären Grundlagen und seine funktionelle Morphologie charakterisiert hat (siehe Abbildung 6.1). Ulinski trifft mehrere Feststellungen: (1) Die Organisation des

Netzwerkes ist nichtlinear und besitzt zwei parallele Wege zur dorsalen Ventrikularfurche. (2) Nicht alle Kern-Paare sind direkt miteinander verbunden – der ventrale Nucleus geniculatus lateralis ist beispielsweise nicht mit dem Nucleus rotundus verknüpft. Dies ist bedeutsam für die noch zu erörternde evolutionäre Parzellierungs-Hypothese, aber es belegt auch die Ansicht, daß nicht einmal lokal, auf der Ebene der Mikroschaltung, $n$ Elemente $n^2$ Verbindungen bilden. Die Konnektivität des Zentralnervensystems ist zwar sehr reich, doch weit ärmer, als sie nach einem vollständigen Graph sein müßte. (3) Das Netzwerk ist auf beiden Seiten so angeordnet, daß der Verschaltungsweg Signale vom kontralateralen Auge bevorzugt. (4) Mehrere Verbindungen sind reziprok und können somit dem wechselseitigen Signalaustausch dienen. (5) Kerne in der Nähe der Eingangsseite erhalten visuelle Signale; solche nahe der Ausgangsseite erhalten Signale von mehreren Sinnesmodalitäten. (6) Das Netzwerk hat zwar nur einen visuellen Eingang, aber zwei Ausgänge – den ersten zu Hypothalamus und Hypophyse und den zweiten über die retikulare Formation zu motorischen Neuronen.

Bei der Erörterung der Funktion der Projektionen zum Tektum in diesem Netzwerk betont Ulinski (1980) auch den Zusammenhang zwischen topologischen Eigenschaften, Vergrößerungsfaktoren bzw. metrischen Eigenschaften und der zeitlich parallelen Verarbeitung sowie dem Signalaustausch in einem solchen System. Er weist auf die bekannte topologische Kontinuität der retinotektalen Karte hin, unterstreicht aber auch die metrischen Disparitäten, die sich entwickelt haben müssen – die retinalen Maße

Abbildung 6.1

*Das visuelle Netzwerk von* Pseudemys, *eine echte Herausforderung für die evolutionäre Analyse (Ulinski 1980). Dargestellt sind die Strukturen, von denen bekannt ist, daß sie am visuellen Netzwerk von* Pseudemys *beteiligt sind. Es ist wahrscheinlich, daß viele Strukturen, so etwa das Prätektum, zusätzliche Verbindungen haben, die noch unbekannt sind. Abkürzungen: AON = akzessorische optische Nuclei; CERB = Cerebellum; DC = dorsaler Kortex; DLGN = Corpus geniculatum dorsale laterale; DVR = dorsale Ventrikularfurche; HYP = Hypothalamus; ISTH =*

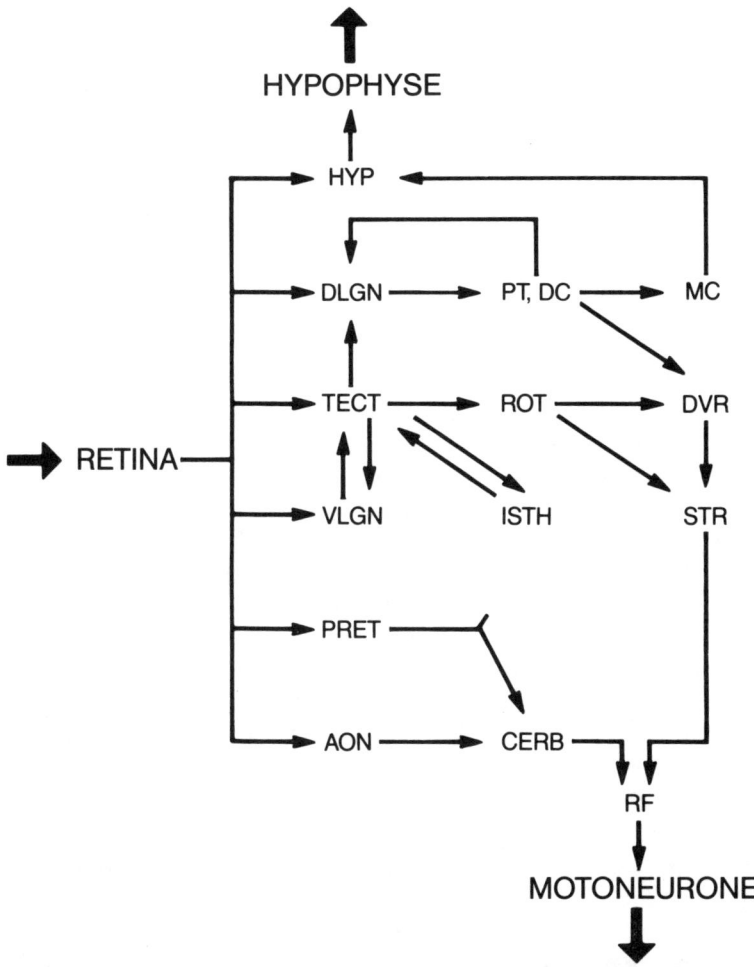

*Nucleus isthmi; MC = medialer Kortex; PT = Palliumverdickung; PRET = Prätektum; RF = retikulare Formation; ROT = Nucleus rotundus; STR = Striatum; VLGN = Nucleus geniculatus ventralis lateralis. Diese Schaltung enthält, wie im Text dargelegt wird, Komponenten mit unterschiedlichen rezeptiven Feldern, konvergenten Rezeptivitäten, Zeitverzögerungen und dendritischen Verzweigungen.*

weichen von den tektalen Maßen ab, was sich darin zeigt, daß zwischen der Retina-Oberfläche und der Tektum-Oberfläche ein Flächenunterschied besteht. Die Karte ist deshalb so geeicht, daß eine Bewegung von 1,0 μm pro ms auf der Retina-Oberfläche nur 0,2 μm pro ms auf der Tektum-Oberfläche entspricht. Eine solche Karte hat außerdem weitere kortikotektale Projektionen, die sie mit den basalen Dendriten und Somata tiefer radialer Tektumzellen verbinden, im Gegensatz zur retinalen Projektion, die zu den apikalen Dendriten führt. Die kortikalen rezeptiven Felder sind sehr viel größer als die der retinalen Ganglienzellen. Daher wirken zwei raum-zeitliche Faktoren auf die Funktion in diesem Schaltschema ein: Eine Gruppe tiefer Zellen im Tektum erhält Input, der einen Bereich des visuellen Raums grobkörnig an basalen Dendriten repräsentiert, und zugleich gibt es eine feinkörnige Repräsentation an apikalen Dendriten. Außerdem kommt der Input von der Retina mit einer Latenz von 50 ms an, weit früher als der vom Kortex, der eine sehr viel längere Latenz hat. Das zeitliche Fenster für die Funktion einer gegebenen radialen Zelle wird nach Ulinski von ihren konvergenten Projektionen bestimmt. Wenn eine Fliege, die sich mit 10°/s bewegt, einen Input bewirkt, der nach 10 ms im apikalen Dendritenfeld einer gegebenen Zellgruppe ankommt, so erhalten die basalen Dendriten derselben Zellen mehr als 30 ms vor dem Eintreffen der Fliege Input über denselben visuellen Raum.

Diese Analyse zeigt, wie wichtig es ist, Signale innerhalb eines parallelen und gekoppelten Systems räumlich *und* zeitlich zu korrelieren. Tektale Efferenzen von radialen Zellen spezifizieren die Wechselwirkungen des Tektums im gesamten Netzwerk, und dies erfordert koordinierte Veränderungen bei allen tektal verknüpften Kernen im Netzwerk. Dieses Schaltungsbeispiel ist ein äußerst bedeutsamer Beleg für die mit der raum-zeitlichen Kontinuität zusammenhängenden Prinzipien, die erstmals im ersten Entwurf der Selektion neuronaler Gruppen (Edelman 1978) diskutiert wurden. Auf welche Weise reziproke Verbindungen in Schaltkreisen tatsächlich koordiniert werden, ist ein großes Problem, das wir in Kapitel 10 betrachten werden.

Um dieses Schaltungsbeispiel verstehen zu können, müssen wir einige Punkte der phylogenetischen Abläufe beleuchten: (1) Wie Ein- und Ausgänge der Zellen so getrennt werden, daß ein Kern oder eine Schicht definiert wird, (2) wie die Trennung multipler Kerne parallel in relativ kurzen Evolutionszeiten erfolgen kann und (3) wie bei einer bestimmten Struktur (das herausragende Beispiel ist der Primatenkortex) sehr rasche Größenveränderungen erfolgen können. Den allgemeineren Aspekten dieser Fragen werden wir uns im letzten Abschnitt dieses Kapitels widmen. Zunächst aber wollen wir uns der Variation der vielfältigen reziproken Verbindungen zwischen Kernen und Schichten bei verschiedenen Spezies zuwenden. Ihre evolutionäre Entstehung wird mit Hilfe der Regulator-Hypothese erklärt, und es wird ein Modell für das gruppenselektive Verhalten solcher Schaltungen in Karten vorgeschlagen.

## Intraspezifische Variabilität: Der evolutionäre Ursprung von Kernen, Schichten und Parallelschaltungen

Wie entstehen Schaltungen wie das soeben erörterte neuronale Netzwerk, und welche Verbindung von Entwicklungs- und Evolutionsmechanismen ist für das Entstehen der Vielfalt an Kernen und Schichten im Gehirn verantwortlich? In einer Reihe vergleichender Untersuchungen hat Ebbesson (Ebbesson et al. 1972; Ebbesson und Northcutt 1976; Ebbesson 1980, 1984) die Frage erörtert, wie aus frühen Formen durch Evolution derartige Strukturen hervorgehen. Er hat, um die bemerkenswerte intraspezifische Variabilität bei ansonsten homologen neuronalen Schaltungen zu erklären, eine vereinheitlichende Idee vorgetragen – die Parzellisierungstheorie (Ebbesson 1980). Aus dem bereits Gesagten geht klar hervor, daß die sensorischen und motorischen Strukturen eines gegebenen Phänotyps aus der *Koevolution* von Kernen, Schichten und Konnektivitäten verschiedener Spezies resultieren. Ältere Systeme bestehen im allgemeinen weiter und weisen eine gesteigerte Anzahl von Zellen auf, werden aber auch durch neuere Systeme ergänzt. Neben Konstanz ist auch Diversität zu beobachten: Während der Hirnstamm von Vertebraten in den meisten Strukturmerkmalen übereinstimmt, ist die Tektum-, Thalamus- und Telencephalonregion variabler. Wie ist es beispielsweise zu erklären, daß die Tegu-Eidechse neun, der Ammenhai zwei, die meisten Säuger aber nur drei visuelle Thalamuskerne besitzen (Ebbesson et al. 1972)? Ebbesson vermutet (Abbildung 6.2), daß neuronale Systeme sich durch *Parzellierung* (Umordnung und Wiederverknüpfung) von *bereits existierenden Systemen* entwickeln, ein Prozeß, der mit

A

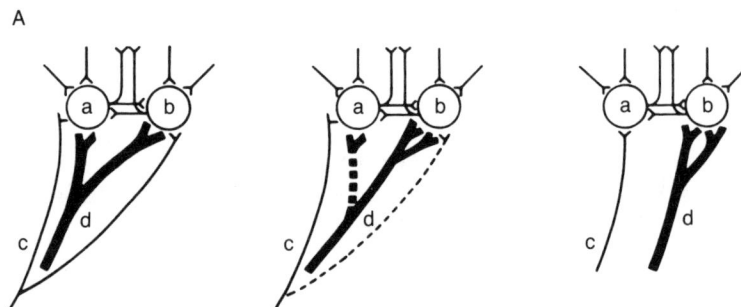

Abbildung 6.2
*Die Parzellierungstheorie von Ebbesson (1980). Man nimmt an, daß der Parzellierungsprozeß mit dem Verlust von einem oder mehr Eingängen zu einer Zelle oder einem Zellaggregat verbunden ist, während sich neue Subschaltungen entwickeln. A: Das Diagramm zeigt, wie zwei identische Neurone (a und b) in einem hypothetischen Aggregat immer weniger von einem gegebenen Eingang beeinflußt werden, bis schließlich Zelle a Eingang d und Zelle b Eingang c verliert. Zu einer weiteren Parzellierung solcher Aggregate kann es kommen, wenn einige Zellen andere Ein- oder Ausgänge verlieren. In Reaktion auf unterschiedliche Selektionsdrücke können Kollateralen oder Hauptaxone degenerieren. Gewisse Zellen können einige ihrer Dendriten verlieren, wenn gegebene Eingänge sich zurückziehen, und die Zellgröße schrumpft, wenn Axonkollateralen oder Hauptfortsätze ebenfalls verloren gehen. B: Ein anderes Beispiel. Schematischer Ablauf (1–4) der Parzellierung hypothetischer Zellaggregate, bei dem am Ende zwei Zellgruppen mit unterschiedlichen Eingängen entstehen.*

einer Vermehrung der Anzahl der Zellen einhergeht. Er schreibt (Ebbesson 1980): »Neuronale Systeme evolvieren nicht durch die Vermischung von Systemen, nicht *de novo*, sondern durch Differenzierung und Parzellierung, was mit Konkurrenz der Inputs, Umverteilung von Inputs und Verlust von Verbindungen verbunden ist.«

Der Grad der Parzellierung ist abhängig von der neuronalen Organisation, die beim Auftreten neuer Selektionsdrücke bestand, und von der Stärke dieser Drücke. Ebbesson (1984) führt Tatsachen an, die gegen die konkurrierenden Vorstellungen sprechen, Diversität werde erreicht durch Fusion bestehender Sy-

B

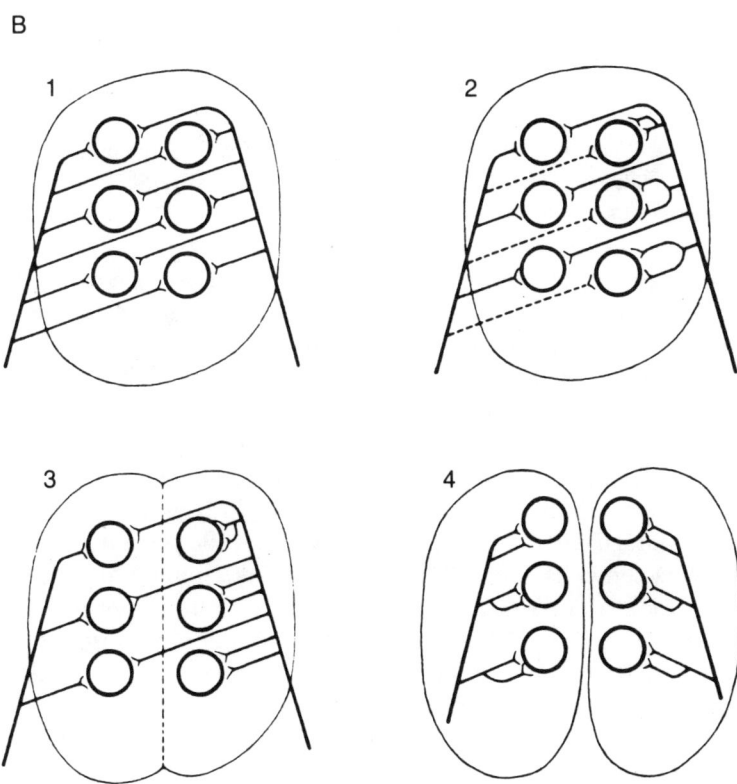

steme, durch das Eindringen eines Systems in ein anderes oder durch *de novo*-Mutationen, was jeweils zur spezifischen bzw. direkten Schaffung neuer neuronaler Strukturen führen könnte. Bei dem vorgeschlagenen Mechanismus der Parzellierung geht es vielmehr darum, daß mehr oder weniger diffus verknüpfte frühe Systeme, die eine potentielle Vielfalt von Mustern enthalten, im Laufe der natürlichen Selektion durch den *selektiven Verlust* von Verbindungen, die von Tochterzellaggregaten kommen, umstrukturiert werden. Geordnete Komplexität resultiert demnach aus der Beseitigung von Verbindungen, und verteilte Systeme resultieren aus deren *Umverteilung*.

Ebbesson behauptet durchaus nicht, Parzellierung sei der *einzige* Mechanismus für alle evolutionären Strukturbildungen, sondern schlägt lediglich vor, einen Großteil der Variabilität zwischen Arten damit zu erklären. Grundsätzlich läßt sich die Parzellierung gut mit den zuvor diskutierten Entwicklungs- und genetischen Mechanismen koordinieren, soweit sie sich auf die Evolution und die Selektion neuronaler Gruppen auswirken. Angesichts ihrer Grundprämisse, die eine Form der eliminativen Selektion ist, könnte sie sogar eine der Grundlagen für die evolutionäre Entstehung und Modifikation der Degeneriertheit selbst beim höchstentwickelten Nervensystem darstellen. Dennoch veranlaßt uns, wie wir im folgenden darlegen werden, eine eingehende Prüfung der Fakten zu der Feststellung, daß die Parzellierung in ihrer Tragweite zu begrenzt ist, um alle beobachteten Variationen zu erklären, und zu stark in rekapitulationistischen Vorstellungen begründet, als daß sie sich mit der Selektion neuronaler Gruppen ganz in Einklang bringen ließe. Das heißt jedoch nicht, daß Mechanismen, die der Parzellierung ähnlich sind, in der Evolution bestimmter Teile des Nervensystems keine Rolle spielen.

Trotz seiner Beschränkungen ist das Faktenmaterial, auf das diese Idee zurückgeht, äußerst aufschlußreich und einer näheren Betrachtung wert. Ebbesson studierte mit modernen vergleichenden Verfahren fünf Systeme: olfaktorische, visuelle, aufsteigende spinale sowie tektale und thalamische Afferenzen. Er verwendet den Ausdruck »neokortikales Äquivalent« zur Kennzeichnung von Strukturen, die ähnliche Verbindungen wie die von Säugern aufweisen. Dank moderner Methoden entdeckte er, daß entgegen älteren Ansichten bei Nichtsäuger-Vertebraten telencephalische Regionen einen relativ geringen olfaktorischen Input erhalten; der Input stammt größtenteils aus nicht-olfaktorischen Quellen. Weitere Befunde deuteten darauf hin, daß bei diesen Vertebraten ein Neothalamus existiert, insbesondere eine ventromedial zum Geniculatum laterale gelegene somatosensorische Region. Ebbesson entdeckte beim Hai neokortikale Äquivalente, die visuelle Inputs repräsentieren. Vier grundlegende telencephalische Formen wurden bei verschiedenen Spezies gefunden: (1) geschichtete Hemisphären (Amphibien), (2) nichtlaminäre Organisationen (Elasmobranchii und Vögel), (3) eine Mischung aus laminären und nichtlaminären Strukturen (Reptilien) und (4) nach außen gewendete nichtlaminäre Strukturen (Teleostier).

Die Bilateralität ist bei diesen Systemen sehr unterschiedlich ausgeprägt: Im visuellen System des Hais sind fast alle Fasern gekreuzt, bei Vögeln sind sie zu 75 Prozent ipsilateral und zu 25 Prozent kontralateral. Ebbesson vermutet, daß der Urzustand bilateral war und später eine der beiden anderen Alternativen verlorenging. Wie bei den Säugern gab es in all diesen Systemen ein erhebliches Ausmaß reziproker Verbindungen von den neokortikalen Äquivalenten zum Thalamus, Tektum, Nucleus ruber, retikulären System und zu Rückenmarkskernen.

Diese Studien zeigten zwar, daß ein gegebenes System bei allen Klassen von Vertebraten eine ähnliche Verteilung aufweist, doch bestanden hinsichtlich der Empfangszone des jeweiligen Systems deutliche Unterschiede. Die Projektionen zogen zu denselben Zielgebieten und in keinem Fall zu ungewöhnlichen, doch unterschieden sie sich in Größe und Differenzierungsgrad. Beim Tektum bestanden die Unterschiede hauptsächlich in der intratektalen Organisation und nicht so sehr in seinen afferenten und efferenten Verbindungen. Die strukturelle Differenzierung in einer bestimmten Region wie dem Tektum ging einher mit erhöhter Differenzierung (oder Parzellierung) in einer verbundenen Struktur wie dem Diencephalon. Erhöhte Differenzierung, Vergrößerung und die vorgeschlagene Parzellierung schlugen sich gewöhnlich in einer stärkeren Segregation der Inputs sowie in der Spezialisierung bzw. Zytodifferenzierung von Neuronen nieder. Beim Vergleich des Tektums von Ammenhai, Eichhörnchen, Fisch und Tegu-Eidechse zeigte sich beispielsweise eine große Variabilität sowohl bei den Zelltypen wie bei der Segregation der Inputs. Die vorgeschlagene Parzellierung der retinotektalen Projektionen kann die Variation in der Anzahl der visuellen Thalamuskerne erklären, und sie paßt gut mit der Variation hinsichtlich der neuronalen Überlappung zusammen, die man bei Strukturen wie dem somatosensorisch-motorischen Kortex (Abbildung 5.7) beobachtet. In ähnlicher Weise läßt sich erklären, daß der eine zerebellare Kern des Ammenhais sich im Laufe der Evolution aufspaltete und vier Kerne bei den Säugern ergab. Dies gilt auch für die Abgrenzung der Rückenmarkskerne, die sich mit wachsender Komplexität der Extremitäten-Entwicklung immer stärker voneinander abheben. Im Kortex können einer Struktur mit zunehmender Parzellierung umso eher bestimmte Verbindungen *fehlen*, wie man es etwa in der Beschränkung der visuellen Kommissurenverbindungen auf bestimmte gutentwickelte, hochgradig evolvierte Systeme beobachtet.

Ebbesson unterscheidet zwischen der horizontalen Parzellierung von Kernen und der vertikalen Parzellierung, die sich in der evolutionären Entwicklung geschichteter Strukturen und Mikroschaltungen zeigt. So könnte die Trennung und Begrenzung von Inputs auf bestimmte Schichten zu einer bevorzugten Selektion neuerlich differenzierter Zelltypen im Laufe der Evolution geführt haben. Das wäre eine Reaktion auf den Bedarf an einer genaueren und präziseren adaptiven Kategorisierung von Außenweltreizen mit einer entsprechenden Weiterentwicklung des Verhaltens. Dies würde wiederum zu noch weiter verbesserten und spezialisierten Mikroschaltungen führen; bei der Entstehung solcher Schaltungen könnte die Parzellierung natürlich wichtige zelluläre Merkmale wie die Verlagerung der synaptischen Kontakte beeinflussen.

In der Entwicklung muß es zu Parzellierungsvorgängen kommen. Ebbesson verweist im Hinblick auf das Verhältnis von Parzellierung und Ontogenese darauf, daß aberrante Verbindungen, die nach einer experimentellen Läsion durch Sprossung entstehen, ancestralen Projektionen ähneln, die existierten, bevor in der Evolution einer Spezies die Parzellierung auftrat. In der Entwicklung gibt es zwar (im vorigen Kapitel besprochene) Vorgänge, die mit der Parzellierung als einem möglichen Evolutionsmechanismus in Einklang zu bringen sind, doch nähert sich diese ontogenetische Erklärung allzu sehr einer rekapitulationistischen Sichtweise an, und sie ist zu eng. Außerdem berücksichtigt sie nicht in ausreichendem Maße die nichtlineare Dynamik und die Beschränkungen, die den Zusammenhang zwischen Entwicklungsgenetik und Evolution herstellen (Alberch 1982a; Edelman 1986b). Indem sie den Akzent auf die Rekapitulation legt, übersieht sie die Bedeutung der Heterochronie, der durch Mutationen von Regulatorgenen in der Entwicklung auftretenden Veränderungen der Rate der Expression von Merkmalen, die Vorfahren besessen haben. Sie ignoriert die Tatsache, daß während des Embryonalstadiums ohne Erfahrung der Außenwelt die neuronalen Substrate des motorischen Verhaltens organisiert werden können (Preyer 1985; Hamburger 1963, 1968; Bekoff et al. 1975; Bekoff 1978). Sie ignoriert ebenfalls artspezifische nichtneuronale und verhaltensmäßige Veränderungen im Phänotyp, die die ontogenetische Veränderung beeinflussen würden (Coghill 1929; Hamburger 1970; siehe die folgende Diskussion).

Nach dem gegenwärtigen Stand der Theorie ist es wahrscheinlicher, daß ontogenetische Varianten, die auf Veränderungen von Regulatorgenen (insbesondere solchen, die verschiedene Formen von Heterochronie nach sich ziehen) beruhen, zum Entstehen von phänotypischen Varianten führten, deren Nervensysteme sowohl neue Kerne als auch neue Faserbahnen besaßen, was ihnen einen Selektionsvorteil gewährte. Damit kommen sehr viel mehr primäre Prozesse als Ursachen evolutionären Wandels in Frage als bei der Parzellierung. Eine Modifikation der morphoregulatorischen Gene für CAMs derart, daß der Zeitpunkt der Expression dieser Moleküle sich ändert, könnte – wie im vorigen Kapitel dargestellt – beispielsweise dazu führen, daß sich in einer relativ kurzen evolutionären Zeitspanne neue Kerne und eine neue Organisation neuronaler Gruppen bilden. Dies steht im Einklang mit Feststellungen, denen zufolge neuronale Systeme und ihre

Komponenten sich bei den einzelnen Spezies unterschiedlich schnell entwickelt haben, wobei einige ältere Merkmale beibehalten wurden und andere sich verändert haben.

In einer kritischen Besprechung neuerer Daten über die Evolution des Telencephalon verwirft Northcutt (1981) auch die Vorstellung von einer linearen Theorie wie der von Ebbesson und unterstreicht, daß es bezüglich des Zusammenhangs zwischen Entwicklung und Evolution wahrscheinlich vielfältigerer Formen der Erklärung bedarf (für andere Kritiken siehe Ebbesson 1984). Was können wir im Sinne einer solchen Erklärung anbieten?

## Entwicklungsbeschränkungen und evolutionärer Wandel: Das Verhältnis der Regulator-Hypothese zur Heterochronie

Eine weiterführende Alternative zur Parzellierungs-Hypothese besteht für uns in einer selektionistischen Betrachtung, deren Grundlage ein Mechanismus für Heterochronie (Edelman 1986b) ist, worunter wir die Variation des Zeitpunkts oder der Rate des Auftretens von ererbten Merkmalen während der Entwicklung verstehen (Gould 1977). Wir werden hier die Auffassung vertreten, daß Parzellierung sich zwar mit einer bestimmten Art von Heterochronie in Einklang bringen läßt und insofern nicht gänzlich ausgeschlossen ist, sie aber nicht allgemein genug ist, um die Organisation neuronaler Gruppen erklären zu können. Bei der Besprechung der molekularen Grundlagen morphogenetischer Bewegungen und embryonaler Induktionsvorgänge in Kapitel 4 haben wir die Regulator-Hypothese beschrieben, ihre Implikationen für die morphologische Evolution aber nur kurz gestreift. Tatsächlich wurde diese Hypothese formuliert, um einen spezifischen molekularen Rahmen zu schaffen, in dem sich die Entwicklungsgenetik mit der Evolution in einer Weise verknüpfen ließ, die auch der Heterochronie eine Grundlage bot (Edelman 1984c, 1985b, 1986b). Sie schnitt speziell die Frage an, (1) wie ein eindimensionaler genetischer Code ein dreidimensionales Tier spezifizieren konnte und (2) wie ein entsprechender Mechanismus sich vereinbaren ließ mit weitgehenden Formveränderungen bei verwandten Spezies, die sich in relativ kurzen Evolutionszeiträumen vollzogen.

Wie wir gesehen haben, ging die Hypothese von einer Analyse der interaktiven morphogenetischen Rolle der Zellteilung, der Zellbewegung und der embryonalen Induktion während der regulativen Entwicklung aus. Ihr zufolge beruhte der Zusammenhang zwischen dem Code und der dreidimensionalen Form komplexer Organismen auf der zu geeigneten Entwicklungszeitpunkten erfolgenden epigenetischen Expression von entsprechend modulierten CAMs und SAMs wie Zytotactin (Crossin et al. 1986).

Der Hypothese zufolge werden die morphoregulatorischen Gene für Zell-Adhäsionsmoleküle (CAMs) zeitlich vor und weitgehend unabhängig von den historegulatorischen Genen exprimiert, die die Zytodifferenzierung bestimmen (für eine Zusammenfassung aller Stadien in der Generalhypothese siehe Abbildung 6.3). Die exprimierten CAMs und SAMs wirken als Regulatoren der Gesamtmuster jener morphogenetischen Bewegungen, die für induktive Abläufe oder frühe milieuabhängige Differenzierungen wichtig sind. Es wurde vermutet, daß die natürliche Selektion im Laufe der Evolution jene Organismen eliminiert, bei denen Variation der CAM- bzw. SAM-Genexpression oder Variation von Genen, die die morphogenetischen Bewegungen beeinflussen, oder beides zu Unterbrechungen der induktiven Abläufe führen, welche epigenetisch die Grundlagen für die nachfolgenden morphologischen Schritte während der Ontogenese bereitstellen. Nach dieser Annahme könnte mehr als eine *kovariante* Kombination dieser beiden Variablen (aber nicht alle) bei einer Reihe von Spezies die Reihenfolge der induktiven Abläufe und den Bauplan stabilisieren. Geringfügige Variationen in der Wirkungsweise von Regulatorgenen für CAMs bei jenen Organismen, die nicht negativ selektiert wurden, könnten innerhalb relativ kurzer evolutionärer Zeiträume zu weitgehenden Veränderungen der tierischen Form und der Neuroanatomie führen (Abbildung 6.3).

Auf den ersten Blick mag es scheinen, als hätten die in der Regulator-Hypothese bzw. der Theorie der Selektion neuronaler Gruppen enthaltenen theoretischen Konstrukte nichts miteinander zu tun, doch in Wirklichkeit hängen sie eng zusammen. Die

Bewegung von mesenchymalen Zellen und Gewebeflächen führt zu Grenz-Interaktionen mit Austausch induktiver Signale zwischen Zellen mit unterschiedlicher Herkunft. Signale ändern die Genexpression, die die Primärprozesse beeinflußt.

**Zellteilung**

**Adhäsion**

**Zellbewegung**

$$\ominus \xrightarrow{\ x\ } \overset{y}{\nearrow}$$

**Milieuabhängige Genexpression (Induktion)**

**Zelltod**

CAMs verbinden Epithelien und verdichtetes Mesenchym und bilden Grenzen (durch Zelloberflächen-Modulation und unterschiedliche Grenz-Spezifität).

**Häufigkeits-Modulation**

**Polaritäts-Modulation**

**Wechsel des zytoplasmatischen Molekülanteils**

**Chemische Modulation**

**Zelloberflächen-Modulation**

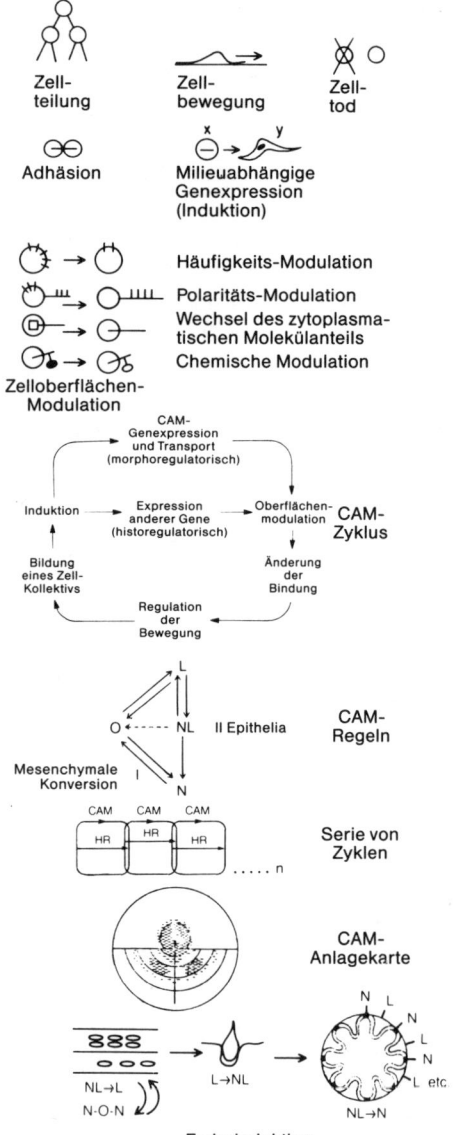

In einem CAM-Zyklus führt Expression regulatorischer Signale in dem jeweils neuen Milieu zur sukzessiven Expression von CAM-Genen nach Regeln und parallel zur Expression historegulatorischer Gene. Die Reihenfolge der Expression richtet sich nach der bisherigen Wegstrecke der Zellen. Entscheidend ist, daß Signale von der Bildung aneinandergrenzender Kollektive höherer Ordnung abhängen, die durch CAMs verknüpft sind.

Evolutionäre Selektion des Phänotyps fixiert den Bauplan (niedergelegt in einer Anlagekarte mit CAM-determinierten Grenzen, dem Ergebnis einer Serie von CAM-Zyklen).

Wie die Federentwicklung zeigt, werden während der Histogenese »syntaktische« Varianten der CAM-Regeln und -Zyklen in immer kleinerem Maßstab wiederholt.

**Federinduktion und Histogenese**

Regulator-Hypothese (Edelman 1984c, 1985b) versucht die genetischen wie die epigenetischen Ursachen von Konstanz und Variation embryonaler Strukturen, einschließlich des Gehirns, auf molekularer Ebene zu erklären. Außerdem bietet sie einen Transformationsmechanismus zur Erklärung rascher evolutionärer Veränderungen in komplexen Organsystemen. Die Theorie der

Abbildung 6.3

*Die Regulator-Hypothese. Zell-Adhäsionsmoleküle (CAMs) und Substrat-Adhäsionsmoleküle (SAMs) spielen eine zentrale Rolle in der Morphogenese, denn sie fungieren durch Adhäsion als Steuermänner oder Regulatoren für andere primäre Prozesse, speziell Gestaltbewegungen. CAMs üben ihre Rolle als Regulatoren durch lokale Zelloberflächen-Modulation aus. Gestaltbewegungen sind das Ergebnis der inhärenten Motilität von Zellen und der CAM-Expression, die mit dem Auftreten von SAMs wie Fibronectin und Cytotactin koordiniert wird. Diese durch CAM-Modulation regulierten Bewegungen sind mit dafür verantwortlich, daß Zellen mit einer unterschiedlichen Geschichte zusammengebracht werden und verschiedene embryonale Induktionen auslösen. Gene für CAMs werden zeitlich vor und relativ unabhängig von den Genen für Netzwerke der Zelldifferenzierung in verschiedenen Organen exprimiert. Die CAM-Genzeitpläne folgen Regeln, die »syntaktische« Varianten haben. Die Kontrolle von CAM-Strukturgenen durch morphoregulatorische Gene, die zur Ausbildung von Grenzen führt, ist für den Bauplan verantwortlich, den man in Anlagekarten findet. Beim Küken äußert sich dieser Plan in einer topologischen Anordnung: Eine einfach verbundene N-CAM-Region in der Mitte ist umgeben von einem einfach verbundenen Ring von Zellen, die L-CAM exprimieren. Die natürliche Selektion eliminiert ungeeignete Bewegungen, indem sie Organismen, die CAM-Gene in einer Reihenfolge exprimieren, die keine Induktion erzeugt, negativ selektiert. Eine abweichende Kombination von Bewegungen und zeitlicher Regelung der CAM-Genexpression (infolge einer Variation bei den morphoregulatorischen Genen), die zu geeigneten Induktionsabläufen mit phänotypischer Funktion führt, wird dagegen im allgemeinen von der Evolution selektiert werden. Dies ermöglicht von Spezies zu Spezies große Variationen in den Einzelheiten der Anlagekarte, während es gleichzeitig dafür sorgt, daß der Grundbauplan erhalten bleibt. Geringfügige evolutionäre Veränderungen bei den CAM-Regulatorgenen, die zu Heterochronie führen und dieses Selektionsprinzip nicht aufheben, führen in relativ kurzen Evolutionszeiträumen zu weitreichenden Veränderungen der Form und der Gewebemuster.*

Selektion neuronaler Gruppen basiert auf den daraus resultierenden evolutionären und entwicklungsbedingten Ursachen der anatomischen Struktur und Variation und ihren Auswirkungen auf die adaptive neuronale Funktion beim einzelnen Tier. Zwischen den Transformations- und Variationsmechanismen, die in diesen theoretischen Ansätzen enthalten sind, besteht ein doppelter Zusammenhang: (1) Von der regulierten Expression von Genprodukten wie CAMs und SAMs, die mechanochemische Funktionen vermitteln, hängen sowohl Konstanz und begrenzter evolutionärer Wandel von Form und Anatomie auf höherer Ebene als auch die für die Gruppenselektion erforderliche individuelle mikroskopische Variation der neuronalen Schaltungen ab. (2) Die Selektion von Organismen, deren Regulatorgene für solche Moleküle Mutationen aufweisen, liefert eine spezifische Grundlage für die Heterochronie – ein zentrales Mittel, um morphologische Variation in der Evolution zu erreichen. Die aus jedem dieser Mechanismen resultierenden Veränderungen würden adaptivere Phänotypen ergeben, die neue anatomische Strukturen und innerhalb dieser Strukturen stärker variierende Repertoires neuronaler Gruppen besitzen. Bei der Interpretation dieser Aussagen müssen wir wiederum bedenken, daß die Evolution innerhalb des gesamten Phänotyps nicht nur die morphologische Variation selektiert, sondern vor allem die *funktionierende* Neuroanatomie, einschließlich der variierenden Repertoires.

Die Regulator-Hypothese gilt für alle induktiven Systeme und kann bestimmte Aspekte der durch N-CAM und andere CAMs und SAMs spezifizierten ZNS-Entwicklung während der induktiven Phase erklären. In einer modifizierten Form kann sie ferner bestimmte Aspekte des evolutionären Wandels erklären, die für die Morphogenese von Kernen und Schichten sowie von sensorischen Oberflächen und motorischen Ensembles wichtig sind. Wie in Kapitel 4 erwähnt, kommt es während der Ausbildung und Fixierung von Fasertrakten zu starken Veränderungen der Ng-CAM-Verteilung und der N-CAM-Häufigkcit zu einem Zeitpunkt, da N-CAM die E-A-Konversion durchmacht und die Myelinisierung begonnen hat. Die Befunde sind im Einklang mit der Vorstellung, daß Rückkopplungssignale von postsynaptischen

Zellen und von Glia die Expression und chemische Modulation von N-CAM und Ng-CAM beeinflussen. Genetische Veränderungen, die zu frühen Änderungen in der Peripherie führen, könnten zu Änderungen in der zeitlichen Abfolge solcher Rückkopplungssignale führen und damit zu Veränderungen im ZNS, so etwa zum Rückzug von Fasern, einer veränderten Konkurrenz zwischen Fasern, anderen Mustern des Zelltods und zu neuen Fasertraktverbindungen, wie schon in Kapitel 5 erörtert.

Auf der Grundlage der Regulator-Hypothese können wir zwischen der Idee, daß Änderungen von CAM-regulierenden Genen zu Heterochronie führen, und der Unabhängigkeit der in Kapitel 5 beschriebenen primären Prozesse einen spezifischen Zusammenhang herstellen. So läßt zum Beispiel die Tatsache, daß die Zellwanderung und das Wachstum von Fortsätzen weitgehend unabhängig voneinander sind, infolge von Veränderungen der Zeiträume der N-CAM- oder der Ng-CAM-Expression zahlreiche Varianten zu. Verzögert sich die eine oder andere, könnte das diese beiden Prozesse differentiell beeinflussen. Die Folge könnte sein, daß sich das Ausmaß der Konkurrenz (Purves und Lichtman 1983) um eine Zielpopulation von Neuronen oder Gliazellen in einem bestimmten Stadium der Epigenese ändert und damit auch die Signale für den nächsten CAM-Zyklus. Solche Vorgänge würden sich wiederum nicht nur auf die Anzahl der überlebenden und der dem Zelltod ausgesetzten Zellen auswirken, sondern auch auf die Optionen der überlebenden Zellen für eine Zielpopulation. Ein Beispiel dafür findet man in einem Experiment von Cowans Gruppe (Stanfield et al. 1982; Stanfield und O'Leary 1985), bei dem beobachtet wurde, daß eine in einem frühen Entwicklungsstadium gebildete Projektion visueller kortikaler Neurone zum Rückenmark in späteren Stadien zurückgezogen wurde. Wurden dieselben Neurone in einem früheren Stadium in die Umgebung der motorischen Rinde verpflanzt, trugen sie ebenfalls zu der für diesen Ort üblichen spinalen Projektion bei, behielten aber diese Verbindung in späteren Stadien bei. In der gleichen Weise könnten auf der Regulator-Hypothese basierende heterochronische Veränderungen auch zu entsprechenden Änderungen der Orts- und Zielpräferenz führen. Würden solche Änderungen zu erhöhter Angepaßtheit führen, käme es zur natürlichen Selektion jener Individuen, bei denen die morphoregulatorischen und historegulatorischen Gene eine entsprechende Veränderung aufweisen.

Derartige Veränderungen, welche die Folge von graduierten Effekten und der kontinuierlichen Eigenschaften der CAM-Modulation wären, sind ganz und gar im Einklang mit dem CAM-Zyklus und den in den Kapiteln 4 und 5 beschriebenen dynamischen zellulären Prozessen. Entsprechend den dort skizzierten dynamischen Prinzipien könnten die Zytodifferenzierung von Neuronen und neue, variierende Formen von Neuronen (die unabhängig von der Regulation von CAM-Genen durch Änderung von historegulatorischen Genen entstehen können) die Basis für die evolutionäre Selektion neuer Mikroschaltungen schaffen.

Es ist sinnvoll, die Regulator-Hypothese und die Parzellierungs-Hypothese miteinander zu vergleichen. Der ersteren zufolge ist der heterochronische Wandel, auf dem die Evolution neuer morphogenetischer Strukturen beruht, eine Folge paralleler Änderungen in den Antworten auf lokale Signale von *zwei* Arten von Regulatorgenen, die am CAM-Zyklus beteiligt sind: derjenigen für CAMs (morphoregulatorische Gene) und derjenigen für andere spezifische zelluläre Proteine (historegulatorische Gene). Diese Auffassung zeichnet sich gegenüber der Parzellierungstheorie, die enger und rekapitulationistisch ist, dadurch aus, daß man sich leichter vorstellen kann, wie bei solchen scheinbar radikalen Veränderungen in den neuronalen Netzwerken die verschiedenen koevolvierten phänotypischen Merkmale der tierischen Form *und* des Verhaltens in koordinierter Weise entstanden sein könnten. Wie schon in Kapitel 5 erörtert, könnte die somatische *Varianz*, die die Basis für das primäre Repertoire bildet, dem Nervensystem gestatten, sich an phänotypische Veränderungen in Form und Funktion der Peripherie, die durch Mutationen induziert wurden, *augenblicklich* anzupassen. Anschließende *evolutionäre* Veränderungen des CAM-Zyklus in der ZNS-Entwicklung könnten dann für weitere Adaption und Leistungsverbesserung sorgen. Im Gegensatz zu Ebbessons Meinung deutet der ontogenetische Ablauf nicht auf Rekapitulation hin, er ist vielmehr im Einklang mit einer veränderten Entwicklungsgenetik der CAM-

Modulation, die in verschiedenen Formen der Heterochronie resultiert, die sich vermutlich auf *viele* primäre Prozesse auswirkt und eine ganze Reihe individueller Variationen entstehen läßt. Die Regulator-Hypothese ist somit die Grundlage nicht nur von Diversität und Degeneriertheit in individuellen Nervensystemen, sondern auch der evolutionären Entstehung von verteilten Systemen (Mountcastle 1978). Diese Systeme, besonders jene, die man in den Karten vor sich hat, sind wiederum die Grundlage des adaptiven Verhaltens, an dem die evolutionäre Selektion ansetzt.

## Evolutionäre Konstanz der Degeneriertheit in verteilten Systemen

Wir sind jetzt in der Lage, einen Zusammenhang aufzuzeigen zwischen der Ausbildung degenerierter primärer Repertoires und der evolutionären Ausbildung einer adulten Karte, die aus Verhalten resultiert und zu weiterem Verhalten führt.

In der bisherigen Argumentation ist die Degeneriertheit eine natürliche Folge verschiedener Evolutions- und Entwicklungsphänomene. Degeneriertheit beruht auf der biochemischen Variation und auf epigenetischen, mit der Entwicklung verbundenen Mechanismen. Sie ist ein wesentliches Merkmal der diffusen Konnektivität früher Systeme und wird beibehalten, weil sich früh in der Evolution die Notwendigkeit der Überlappung in sensorischen Verteilungen ergibt. Später behauptet sie sich dann in der mikroskopischen Variation der Module und Strukturbereiche, die man im Gehirn höherentwickelter Organismen antrifft. Degeneriertheit bildet somit ein evolutionäres Substrat für die neuronale Spezialisierung und zugleich eine Grundlage der Variation in somatischen Selektions-Repertoires. Falls die hier besprochenen Prämissen richtig sind und die Regulator-Hypothese erhärtet wird, sind überlappende Axonverästelungen und Dendritenbäume hochgradig variable Quellen dreidimensionaler mikroskopischer Diversität innerhalb des neuronalen Substrats – Quellen, die von der natürlichen Selektion beibehalten wurden und selbst bei den höchstentwickelten Nervensystemen mit multiplen Kernen und Schichten eine Basis der somatischen Selektion darstellen. Eine bei verschiedenen Individuen vorkommende Schaltung wie die in Abbildung 6.1 gezeigte enthält nach dieser Interpretation *sowohl* auf der Ebene ihrer Module *als auch* auf der ihrer Kopplungsschleifen degenerierte Elemente. Unter dem Aspekt der somatischen Funktion und der phänotypischen Selektion ist eine solche Schaltung sowohl ein begrenztes Repertoire für die Gruppenselektion in somatischer Zeit als auch ein zur natürlichen Selektion führender Einfluß auf den Phänotyp. Als Resultat der Evolution betrachtet, ist eine solche Schaltung bei einer gegebenen Spezies ein *umverteiltes* System, in dessen Beschreibung sich die klassische Hierarchievorstellung etwas kümmerlich ausnimmt. Ein solches System ist bestenfalls eine Heterarchie, deren einzelne Regionen nur im Hinblick auf die Dynamik von Input und Output während des von der phänotypischen Expression bestimmten Verhaltens einen Sinn haben. Die evolutionäre Selektion wirkt stark auf das Verhalten ein, und die Gesamtheit der Verhaltensmuster einer Spezies wird von der Degeneriertheit in neuronalen Netzwerken betroffen. So gesehen ist es nutzlos, sich darüber zu streiten, ob bestimmte Funktionen sich ausschließlich in den erwähnten Hirnregionen oder Teilen solcher Netzwerke lokalisieren lassen: Viele Interaktionsebenen sind beteiligt, und auch innerhalb einer gegebenen Region können viele verschiedene Funktionen von primären Repertoires ausgeführt werden.

Die natürliche Selektion wirkt auf das phänotypische Verhalten von Tieren ein, deren Gehirne sich aus solchen Systemen zusammensetzen, und nicht auf die Systeme selbst. Es ist deshalb wichtig zu zeigen, daß die *somatische* Selektion in einer Hirnregion während der adulten Lebensphase zu funktionellen Karten führen kann, denn solche Karten beschränken nachdrücklich das Verhalten, auf das die natürliche Selektion einwirkt. Mit anderen Worten: Es gilt eine detaillierte Beschreibung zu schaffen, die uns verstehen läßt, wie phänotypische Veränderungen, die durch Änderungen und Interaktionen in primären *und* sekundären Repertoires entstehen, zur evolutionären Verankerung geänderter morphoregulatorischer Gene in einer Population führen können. Ein brauchbares Beispiel bietet ein detailliertes Modell der lokalen somatosensorischen Karten, die im letzten Kapitel beschrieben wurden.

## Überlappende Axonbäume und gekoppelte Karten

Nunmehr können wir die Daten und Hypothesen aus diesem und den vorhergehenden Kapiteln sinnvoll zu einem auf der Selektion neuronaler Gruppen basierenden Modell der Kartenbildung zusammenfassen, das die Kartendynamik während der adulten Lebensphase zu erklären vermag. Das Modell (Edelman und Finkel 1984) stützt sich auf die in Kapitel 5 besprochenen Daten über den somatosensorischen Kortex. Indem wir dieses Modell nach der Besprechung der evolutionären Gegebenheiten vortragen, wollen wir zeigen, daß eine Erklärung der adulten Plastizität durch Selektion neuronaler Gruppen in primären *und* sekundären Repertoires verständlich machen kann, wie in einer Population strukturelle und funktionelle Varianten entstehen können, auf die dann die natürliche Selektion einwirken kann. Der Theorie zufolge müssen Faktoren, die den in diesem Modell enthaltenen ähneln, in der Evolution kartierter Systeme eine wesentliche Rolle gespielt haben. Ein solches, im Sinne der Selektion neuronaler Gruppen formuliertes Modell sollte die verschiedenen Ebenen verdeutlichen, auf welche die natürliche Selektion einwirken muß, um die Evolution des Nervensystems mit dem Rest des Phänotyps zu verknüpfen. Außerdem bietet das Modell eine gute Gelegenheit zur Verfeinerung des Konzepts der neuronalen Gruppe; eine weitere wird sich bieten, wenn wir in Kapitel 7 zu den synaptischen Regeln kommen.

Im Unterschied zur Hypothese der Parzellierung, die streng input-output-getrieben und rekapitulationistisch ist, bestehen die wesentlichen Grundlagen dieses Modells statt in einfachen Input-Output-Arrangements in (1) der Regulator-Hypothese als einem Mechanismus für Heterochronie, (2) der Degeneriertheit mit überlappenden Axonbäumen und (3) der Koordination von Schaltungen durch Kopplung auf *allen* Ebenen. Nachdem wir gezeigt haben, daß die Theorie der Selektion neuronaler Gruppen Merzenichs Erkenntnisse über den somatosensorischen Kortex und damit einen Teil der phänotypischen Funktion, auf welche die natürliche Selektion einwirkt, zu erklären vermag, werden wir besser erläutern können, in welcher Weise die Prinzipien der Diversität, der Degeneriertheit, der Gruppenkonkurrenz und des reziproken Signalaustauschs die evolutionäre Entwicklung kortikaler Schichten und subkortikaler Kerne beschränken könnten.

Das Modell, das wir vortragen werden, soll die Befunde über kortikale Karten erklären, doch muß dazu bemerkt werden, daß – wie aus einigen Berichten hervorgeht – eine partielle Ausschaltung von Afferenzen ebenfalls zu einer Reorganisation in *subkortikalen* Strukturen des somatosensorischen Systems führt (siehe Kaas et al. 1983). Diese Daten sind deshalb besonders wichtig, weil sie auf die Kopplung zwischen kortikalen Karten und solchen subkortikalen Strukturen hinweisen. Eine Veränderung in einem Teil eines solchen verbundenen Netzwerks führt zwangsläufig zu korrelierten Änderungen in anderen Teilen. Untersuchungen an subkortikalen Systemen bestätigen, daß es zu solchen Veränderungen beispielsweise bei den Rückenmarkskernen kommen kann (Devor und Wall 1981).

Nach diesen Vorbemerkungen wollen wir kurz rekapitulieren, was Merzenich et al. (1983a; Kaas et al. 1983) an Auswirkungen auf den Kortex beobachtet haben. Es ergab sich folgendes: (1) Normale Karten variieren bei verschiedenen Individuen; (2) während der Reorganisation bleibt innerhalb eines maximalen Abstands von rund 600 μm vom Rand des deafferentierten Bereichs die Überlappung der rezeptiven Felder bestehen, während die Orte der Repräsentation und deren Vergrößerungen sich dramatisch verändern; (3) zwischen dem Vergrößerungsfaktor einer kortikalen Repräsentation und der Größe des rezeptiven Feldes besteht ein umgekehrtes Verhältnis; (4) während der Erstellung neuer Karten wird Kontinuität aufrechterhalten; (5) die Grenzen somatotopischer Karten auf dem Kortex können sich über Entfernungen von etlichen hundert Mikrometern verschieben. Diese Befunde lassen vermuten, daß jede Kortexregion so organisiert ist, daß sie viele verschiedene mögliche Karten unterstützen könnte. Aus der topographischen Kontinuität dieser Karten auf einer sehr verfeinerten Ebene der Repräsentation und der Überlappung sowie den maximalen Abständen kann man folgern, daß die anatomischen Kortexeingänge (speziell Axonverästelungen) sich in benachbarten Regionen weitgehend überlappen müssen. Dabei bleibt aber dennoch die grobe somatotopische Ordnung des Inputs vom Thalamus und letztlich von der Peripherie erhalten.

Nach dem Modell entsteht die exprimierte Karte durch einen gruppenselektiven Wettbewerb, der auf ein degeneriertes anatomisches Substrat einwirkt, aus dem zahlreiche mögliche Karten hervorgehen könnten. Die fundamentale Herausforderung besteht darin, zu erklären, wie aus dem degenerierten primären Repertoire in dem sich verhaltenden Tier durch geeignete synaptische Änderungen eine gegebene Karte selektiert wird. Die synaptischen Regeln, durch die das geschehen könnte, werden ausführlich im nächsten Kapitel erörtert. Dem Modell zufolge ist eine neuronale Gruppe in der Großhirnrinde funktionell definiert als ein Ensemble untereinander verbundener Zellen, die alle dasselbe rezeptive Feld exprimieren. Anatomisch sind Gruppen mit kortikalen Säulen insofern verwandt (Mountcastle 1978), als Säulen sich aus Gruppen zusammensetzen, doch muß man Gruppen stets im Zusammenhang mit ihrer dynamischen Funktion sehen. Die Gruppendynamik (Bildung und Auflösung) hängt *sowohl* vom Input *als auch* von der internen Konnektivität ab, die gemeinsam bestimmen, welche Eingänge von den bei der Gruppe ankommenden Afferenzen als das rezeptive Feld der Gruppe exprimiert werden.

Eine grundlegende Operation neuronaler Gruppen besteht darin, mit anderen potentiellen Gruppen im sekundären Repertoire um die Beherrschung der Zellaktivität zu konkurrieren. Diese wird erreicht durch die Stärkung synaptischer Verbindungen zwischen den innerhalb der Gruppe interagierenden Zellen und einer beliebigen Zelle, die von dieser Gruppe eingefangen wird. Wenn neue Zellen zur Gruppe hinzukommen, ändert sich das Verhältnis zwischen afferenten Eingängen und interner Konnektivität, und es kann sein, daß die neuentstandene Gruppe für eine kohärente Aktivierung veränderte Inputmuster erfordert.

Solange eine signifikante Aktivierung erreicht wird, kann die Gruppe ihre »Macht« über Zellen weiterhin festigen. Doch andere Gruppen konkurrieren unablässig um dieselben Zellen, und jede Schwächung von Verbindungen durch verringerte Aktivierung setzt die Gruppe der Gefahr aus, einige Zellen zu verlieren oder im Extremfall geteilt und erobert zu werden. Diesem Modell zufolge können sowohl thalamokortikale als auch kortikokortikale Synapsen modifizierbar sein, doch die Erklärung für rasche Umstellung und Veränderung in kortikalen Karten ist hauptsächlich bei modifizierbaren intrakortikalen Verbindungen zu suchen.

Als Bedingungen für die Entstehung völlig funktioneller kortikaler Karten sieht das Modell drei Populationsprozesse vor (Abbildung 6.4). Beim ersten geht es um die unumgängliche Begrenzung der Gruppengröße – er wird als *Gruppenbeschränkung* bezeichnet. Das primäre Repertoire besteht aus degenerierten kortikokortikalen Verbindungen, die überwiegend vertikal orientiert sind (Mountcastle 1978), eine anatomische Tatsache, die seit Lorente de Nó (1938) bekannt ist und mit erwiesenen Entwicklungsvorgängen in Einklang steht (Rakic 1977). Jegliche Aktivität wird durch lokale horizontale inhibitorische Verbindungen auf begrenzte Rindenbereiche konzentriert. Dies hat, wie wir zeigen werden, zur Folge, daß die Expansion und Kontraktion untereinander verbundener kortikaler Gruppen begrenzt wird. Der zweite Prozeß, die *Gruppenselektion*, entsteht aus der Verteilung von Afferenzverästelungen, die sich über einen begrenzten Rindenbe-

Abbildung 6.4
*Die drei Komponenten der Kartenbildung nach der Theorie der Selektion neuronaler Gruppen. Als Beispiel wählen wir die Großhirnrinde. Aufsteigende Y-förmige Figuren repräsentieren thalamische Afferenzen; Sanduhrfiguren repräsentieren Gruppen mit einer Einschnürung in Schicht IV. Gruppenbeschränkung (oben links)* begrenzt die Aktivität auf einen lokalen Bereich durch Wechselwirkung von Exzitation in supra- und infragranulären Schichten mit Inhibition in Schicht IV; für Einzelheiten siehe Abbildung 6.5. *Bei der Gruppenselektion (oben rechts) selektiert koaktiver Input, gekennzeichnet durch* x, *die linke Gruppe, da sie*

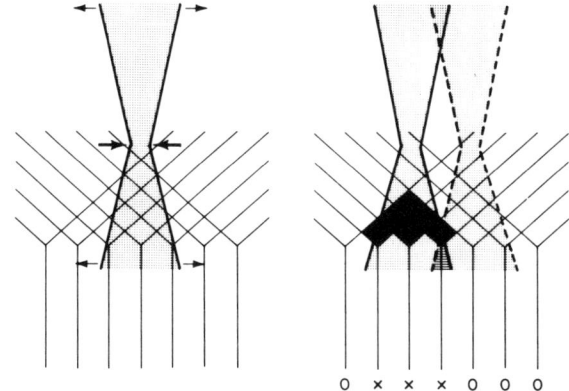

**Gruppenbeschränkung   Gruppenselektion**

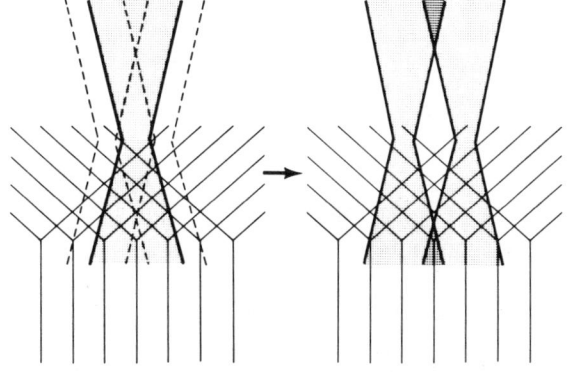

**Gruppenkonkurrenz**

*eine (geschwärzte) Gruppe enthält, die von den benachbarten Afferenzen koaktiven, aber keinen unkorrelierten (mit O gekennzeichneten) Input erhält; für Einzelheiten siehe Abbildung 6.6. Gruppenkonkurrenz (unten) zwischen den drei zuvor selektierten Gruppen führt in diesem hypothetischen Fall zur Auflösung der mittleren Gruppe (vielleicht, weil ihr rezeptives Feld sich nicht mit denen der umgebenden Gruppen überschneidet).*

reich ausbreiten und mit benachbarten Verästelungen weitgehend überlappen. Die Einwirkung von raumzeitlich korrelierten peripheren Reizen auf diese degenerierten Verästelungen führt gemäß einer Reihe von synaptischen Modifikationsregeln, die im nächsten Kapitel ausführlich dargestellt werden, zur Selektion von Gruppen. Der letzte und hierarchisch höchste Prozeß, die *Gruppenkonkurrenz*, umfaßt die kompetitiven Wechselwirkungen zwischen denjenigen Gruppen, die aus der Beschränkung hervorgegangen sind und dann selektiert wurden. Es wird vermutet, daß hierarchische Konkurrenzregeln für die Neufestsetzung der territorialen Vormachtstellung unter den Gruppen maßgeblich sind. Diese Konkurrenzregeln können auch historische Effekte umfassen, was sich etwa in der Vorstellung niederschlägt, daß bestehende funktionierende Gruppen die Selektion neuer Gruppen stark beeinflussen können. Betrachten wir jetzt kurz der Reihe nach diese drei Prozesse (Abbildung 6.4).

## *Gruppenbeschränkung*

Man kann vermuten, daß der durchschnittliche Umfang einer neuronalen Gruppe in der Hand-Repräsentation von S 1 etwa 50 μm beträgt, auch wenn sie um einen Faktor zwei oder mehr schwanken kann (siehe unten). Diese Fläche enthält 165–200 in die Tiefe des Kortex reichende Zellkörper, wenn wir den Angaben von Rockel et al. (1980) über die Zelldichte im somatosensorischen Kortex des Makaken folgen. Wählen wir also den Wert 50 μm, denn er stellt die Obergrenze für getrennte Orte im Kortex mit identischen rezeptiven Feldern dar (Sur et al. 1980). In anderen Hirnregionen mag die Gruppengröße ein wenig davon abweichen. Gleichwohl erstreckt sich eine Gruppe nur über einen Bruchteil der Fläche, über die sich die Verästelung einer thalamischen Afferenz ausdehnt. Die Größe einer Gruppe hängt von allen drei genannten Prozessen ab, doch bevor Selektion und Konkurrenz ansetzen können, muß der anfängliche Umfang einer Gruppe auf ein begrenztes Gebiet beschränkt werden. In der Beschränkung schlägt sich die Herstellung eines stabilen Größenbereichs für Gruppen infolge des Wechselspiels von exzitatorischen und inhibitorischen kortikokotikalen Verbindungen in verschiedenen Schichten nieder.

Wir übernehmen das Postulat, daß Pyramidenzellen, besonders in den supragranulären Schichten, an ihren Dornen erregende Verbindungen von anderen Pyramidenzellen und von den dornigen Sternzellen aus Schicht IV aufnehmen (Szentágothai 1975; Winfield et al. 1981). Es wird angenommen, daß diese erregenden Verbindungen zusammen mit den thalamischen Afferenzen die »Zellfänger«-Mechanismen der Gruppe darstellen. Pyramidenzellen, die (außer von anderen Pyramidenzellen aus der Nähe und Sternzellen in direkt darunter befindlichen Schichten von Thalamus-, Kommisur- und Assoziationsafferenzen) hinreichend Erregung erhalten, werden aktiviert und verstärken ihre Verbindungen zu den Pyramidenzellen, die sie ihrerseits erregen. Lokale hemmende Zellen verschärfen die dynamische Reaktion durch laterale Hemmung. Wie in Abbildung 6.5 dargestellt, sind die supra- und infragranulären Schichten Orte der exzitatorischen Gruppenexpansion. In Schicht IV, dem wichtigsten Empfänger thalamischer Afferenzen, überwiegen dagegen die hemmenden glatten Sternzellen. Wenn größere Gebiete von Schicht IV durch thalamischen Input und steigende Erregensniveaus in anderen Schichten erregt werden, wird in IV zunehmend Hemmung erzeugt, was in der Regel die Erregungsquelle versiegen läßt. Aus dem dynamischen Gleichgewicht zwischen der »Kontraktion« in der Körnerschicht und der darüber und darunter stattfindenden »Expansion«, die durch die vorherrschende vertikale Konnektivität unentwirrbar verknüpft sind, resultiert die ursprüngliche Bildung und Beschränkung der Gruppe.

## Gruppenselektion

Die Gruppenbeschränkung ist eine intrinsische Eigenschaft des Kortex, und sie stellt sicher, daß die Gruppengröße bestimmte Grenzen nicht überschreitet; an sich verleiht sie jedoch wenig Spezifität. Um Spezifität für die Gruppenselektion zu erreichen, bedarf es zeitlich korrelierter Inputs zu den Zellen einer Gruppe. Abbildung 6.6 zeigt eine hochgradig idealisierte Reihe von sich

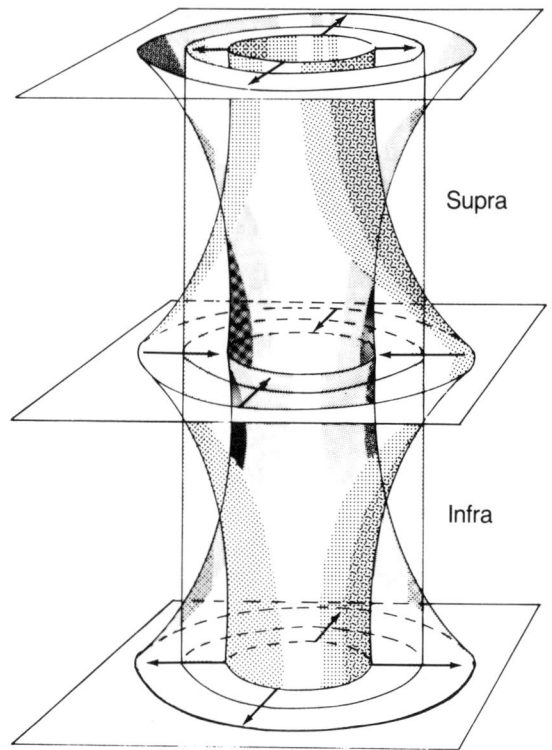

Abbildung 6.5

*Schematisches Konzept des angenommenen Prozesses der Gruppenbeschränkung. Die drei Oberflächen grenzen drei verschiedene Gruppenkonfigurationen ab. Eine Gruppe wird aufgrund der exzitatorischen horizontalen Verbindungen dazu neigen, in den supragranulären Schichten zu expandieren. Diese Expansion führt zu verstärkter Inhibition in Schicht IV, was zur Einengung der Gruppe führt; umgekehrt führt Einengung der Gruppe in supragranulären Schichten zu Expansion in Schicht IV. Der intermediäre Zylinder stellt eine Gleichgewichtskonfiguration für die Gruppe dar. Der supragranuläre Teil ist als symmetrisch mit dem infragranulären dargestellt, doch in Wirklichkeit wird er sich wegen der Existenz von direktem supragranulären Input vermutlich von diesem unterscheiden.*

überschneidenden kortikalen Afferenzen. Die mit *x* gekennzeichneten Afferenzen erhalten korrelierte Reize von peripheren Rezeptoren, was in dem schraffierten Gebiet korrelierte Aktivität hervorruft. Benachbarte, mit *o* gekennzeichnete Afferenzen erhalten keine korrelierte Aktivierung; alle Gebiete außerhalb des geschwärzten Kastens erhalten demnach unkorrelierte Aktivität. Trotz der breiten Verzweigung der Afferenzendigungen erhält nur eine kleine Kortexregion ein Maximum an korrelierter und ein Minimum an unkorrelierter Aktivität. Nur Gruppen in dieser Region werden durch die korrelierten Reize eindeutig selektiert.

Die Gruppenselektion erfolgt durch synaptische Modifikationen, die von der korrelierten Aktivität von Zellen innerhalb einer Gruppe induziert wird. Außer der Stärke der Aktivität ist es ihr zeitlicher Ablauf, der zur synaptischen Modifikation führt. Die Schwelle für eine synaptische Modifikation liegt vermutlich irgendwo innerhalb der Verteilung der durch signifikante korre-

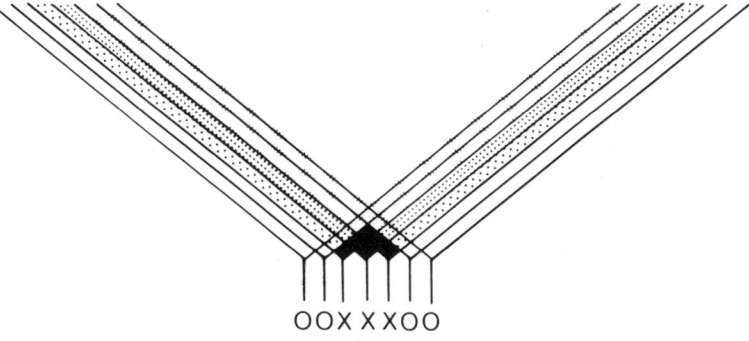

OOX X XOO

Abbildung 6.6
*Hochgradig idealisierte Darstellung überlappender thalamischer Afferenzenbäume. Mit X gekennzeichnete Afferenzen erhalten koaktivierte Reizung, mit O gekennzeichnete erhalten unkorrelierte Reizung. Die drei* unterschiedlich dicht punktierten Regionen *zeigen Gebiete, in denen sich eine, zwei oder drei koaktivierte Afferenzen überschneiden. Die ge-*schwärzte Region *erhält koaktivierten Input, aber keinen unkorrelierten Input.*

lierte Reizung hervorgerufenen Aktivität. Die exakten Mechanismen und Regeln der synaptischen Änderung werden hier als gegeben vorausgesetzt; Näheres darüber in Kapitel 7, wo ein Computermodell des Gruppenselektionsprozesses im somatosensorischen Kortex dargestellt wird.

Eine Gruppe wird nur dann selektiert, wenn sie in einer Region liegt, in der sich die Afferenzen, die ihr rezeptives Feld vermitteln, weitgehend überschneiden. Dies ist die Region, von der es oben hieß, sie erhalte ein Maximum an korrelierter, aber ein Minimum an unkorrelierter Reizung (Abbildung 6.6). Mit steigender Zahl der Afferenzen, die eine korrelierte Reizung erhalten, nimmt auch die Rindenfläche zu, die korrelierte Reize erhält. Die Verteilung der korrelierten Aktivität über die Kortexoberfläche wird jedoch immer spitzer und ungleichmäßiger, bis die Fläche ca. 600 μm überschreitet, denn ab da wird die Verteilung wegen der fehlenden afferenten Überlappung wieder flacher. Diese Steigerung der korrelierten Aktivität geht einher mit einer entsprechenden Abnahme der unkorrelierten Aktivität in der Region. Zusammen mit der hochgradig nichtlinearen Gruppendynamik führen diese beiden Effekte zu einer begrenzten Kortexregion, in der der korrelierte Input gegenüber dem unkorrelierten weit überwiegt.

Das in Abbildung 6.6 gezeigte Verästelungsmuster ist natürlich eine Idealisierung. In der Realität ist die Dichte der Axonterminalen nicht überall gleich, die Äste können sich in unterschiedlicher Weise überlappen, und ihre Größe und Orientierung kann variieren. Des weiteren haben wir angenommen, daß die empfangenden kortikalen Zellen identische Dendritenbäume aufweisen und daß sie homogen und isotrop angeordnet sind. Tatsächlich erhalten die Gruppen eine Verteilung von Verbindungen, die dieser einfachen, idealisierten Version nur im statistischen Grenzfall nahekommen. Allfällige Inhomogenitäten und Anisotropien können jedoch die Selektion der vorhandenen Gruppen nur geringfügig verschieben und ändern nichts an dem grundlegenden Argument. Weil wir unsere Analyse auf die axonalen Verzweigungen beschränken wollten, ist die Rolle, welche die Geometrie der Dendritenbäume spielt, nicht ausdrücklich behandelt worden. Natürlich sind beide Arten von Verzweigungen, die wir in unserem vereinfachenden Ansatz in einen Topf geworfen haben, von entscheidender Bedeutung.

## Gruppenkonkurrenz

Nun können wir uns dem letzten der drei Prozesse zuwenden, die für die Organisation der Karten verantwortlich sind, der Gruppenkonkurrenz. Die Betrachtung fällt zwangsläufig kürzer aus als bei den beiden übrigen Mechanismen, da die Einzelheiten der kompetitiven Wechselwirkungen (welche Gruppe sich unter welchen Umständen durchsetzt) vollkommen abhängig sind von der Umgebung, in der sich die Konkurrenz abspielt. Dennoch dürfte die Gruppenkonkurrenz der für das endgültige Aussehen einer Karte maßgebende Prozeß sein. Deshalb wollen wir die allgemeinen Eigenschaften untersuchen, die auf die meisten kompetitiven Interaktionen im Kortex zutreffen.

Wir gehen davon aus, daß es neben der Gruppenbeschränkung und der Gruppenselektion zwischen verschiedenen Gruppen zu einer darwinistischen Konkurrenz um kortikalen Repräsentationsraum kommt, wenn sie sukzessiv mit unterschiedlichen Reizen konfrontiert werden (Abbildung 6.4). Was die periphere Innervationsdichte angeht, haben Gruppen mit kleineren rezeptiven Feldern im allgemeinen einen Wettbewerbsvorteil, da sie am häufigsten korrelierte Reizung erhalten. Man darf wohl annehmen, daß es eine Reihe von Hierarchieregeln geben muß, nach denen die Gruppen miteinander konkurrieren können. Eine widerspruchsfreie Menge solcher Regeln umfaßt beispielsweise die folgenden: (1) Sowohl die Expansion der Gruppe über eine bestimmte Größe hinaus als auch die Kontraktion unter eine bestimmte Größe ist instabil; (2) Gruppen, die sich innerhalb bestimmter Grenzen mit benachbarten Gruppen überschneiden, sind begünstigt; (3) Zellen, die weiter vom Rest der Gruppe entfernt sind, befinden sich in größerer Gefahr, von anderen Gruppen eingefangen zu werden; (4) schon bestehende Gruppen haben einen Vorteil gegenüber sich bildenden Gruppen; (5) die Rezeptordichte bestimmt das rezeptive Feld einer Gruppe und damit ihre Konkurrenzfähigkeit; und (6) am konkurrenzfähigsten sind jene Gruppen, die mit den am häufigsten stimulierten peripheren Stellen assoziiert sind.

Ein Modell, das die drei zusammenhängenden und interaktiven Mechanismen der Gruppenbeschränkung, Gruppenselektion und Gruppenkonkurrenz enthält, vermag die Beobachtung von Merzenich und Mitarbeitern (Kaas et al. 1983) größtenteils zu erklären. Die lokale Verschiebung von Kartengrenzen wird damit erklärt, daß Zellen zwischen benachbarten Gruppen wechseln. Zu größeren Grenzverschiebungen kommt es vermutlich durch Auflösung einer Gruppe, die nur nach einer gewichtigen Veränderung des Inputs erfolgt, etwa infolge der Durchtrennung eines Nervs. Die Schärfe der Kartengrenzen ist eine Eigenschaft der Gruppengröße und ein Resultat der Konkurrenz diskreter Gruppen mit einer begrenzten Überlappung der rezeptiven Felder. Eine Grenze verschwindet nur, wenn die Gruppe verschwindet, was dazu führt, daß dann andere Gruppen die Grenze definieren werden. Die Kontinuität in der Veränderung von Kartengrenzen beruht auf der extensiven Ausbreitung axonaler Verästelungen und darauf, daß bestehende Gruppen die Überlappung rezeptiver Felder begünstigen; andernfalls würde im allgemeinen die Konkurrenz zwischen Gruppen zunehmen, mit der Folge, daß die Verbindungen von Gruppen mit nichtüberlappenden Feldern geschwächt würden. In dem von Merzenich und seinen Kollegen beobachteten Maximalabstand äußert sich die durchschnittliche anatomische Beschränkung überlappender Verästelungen – ohne ein Substrat im primären Repertoire kann eine dynamische Selektion durch bestimmte Inputs nicht erfolgen. Die Überlappung der rezeptiven Felder wird wiederum durch Konkurrenz aufrechterhalten und ist relativ, doch ihr Limit von 600 µm hängt mit dem Maximalabstand zusammen. In der Regel hält die Gruppenkonkurrenz die Überlappung auf dem normalen Stand und führt zu einer durchschnittlichen, vom durchschnittlichen Input abhängigen optimalen Größe.

Das umgekehrte Größenverhältnis zwischen den rezeptiven Feldern und der kortikalen Repräsentation kann mit der Tatsache erklärt werden, daß bei feststehender Überlappung eine größere Anzahl kleinerer rezeptiver Felder erforderlich ist, um einen gegebenen Peripheriebereich abzudecken. Damit ist eine größere Anzahl von Gruppen erforderlich, und da die Gruppengröße sich unter der Bedingung der Gruppenbeschränkung nur in einem geringen Ausmaß mit der Größe des rezeptiven Feldes ändert, wird die größere Anzahl von Gruppen einen größeren Kortexbereich einnehmen. Der Grund liegt darin, daß die Gruppenbeschränkung eine Expansion verhindert, und bei zunehmender Gruppengröße erfolgt eine merkliche *relative Änderung* der Anzahl der Afferenzen nur bei solchen Gruppen, die im Hinblick auf die überlappenden Verästelungen klein sind. Gruppen verhalten sich diesem Modell zufolge wie Arten, die nach dem Prinzip der kompetitiven Ausschließung um begrenzten Raum konkurrieren, dessen Besetzung durch Umweltschwankungen (im vorliegenden Fall ist das korrelierter bzw. unkorrelierter Input) begrenzt ist – bei kleineren Schwankungen wird er dichter, bei größeren lockerer besetzt. Wie man aus Abbildung 6.7 ersieht, werden Umgruppierungen im Kortex wegen der reziproken Konnektivität des gesamten Systems vom Kortex über den Thalamus und die Rückenmarkskerne bis zum Rückenmark entsprechende Verschiebungen bei den Kernen der einzelnen Ebenen hervorrufen. Dies stimmt überein mit der Notwendigkeit, im gesamten funktionierenden System einen koordinierten Signalaustausch aufrechtzuerhalten.

Dieses detaillierte Modell läßt vermuten, daß Gruppenselektion innerhalb eines degenerierten anatomischen Substrats zur dynamischen Expression lokaler Karten führen kann, die umweltrelevanten Strukturen entsprechen. Eine kortikale Gruppe ist eine kooperative, sich selbst organisierende Einheit, deren Entstehungsmechanismus alle in ihr enthaltenen Zellen zwingt, sich ein gemeinsames rezeptives Feld zu teilen. Die Gruppengröße kann in einem gewissen Umfang variieren, ist jedoch begrenzt durch das vertikal vermittelte dynamische Verhältnis zwischen einer in Schicht IV bestehenden Neigung zur Kontraktion und einer in anderen Schichten vorhandenen Expansionstendenz (Gruppenbeschränkung). Expression von Afferenzen setzt voraus, daß untereinander verbundene kortikale Zellen Verbindungen von Afferenzen erhalten, die gleichzeitig stimuliert werden. Die Entscheidung, welche Afferenzen genau exprimiert werden, hängt von der

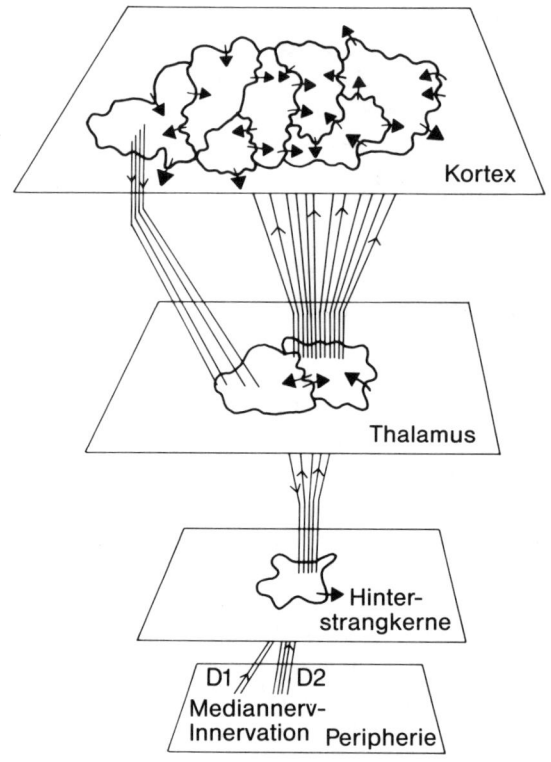

**Abbildung 6.7**
*Schematische Darstellung der dynamischen vertikalen und horizontalen Kopplungen innerhalb eines zusammenhängenden Systems von Schichten und Kernen. Veränderungen auf einer Ebene führen zwangsläufig zu einer Neuordnung auf allen mit ihr verknüpften Ebenen.*

zeitlichen Korrelation der diese Afferenzen stimulierenden peripheren Aktivierung bei den einzelnen Schaltstellen ab, und sie erfolgt unter den Beschränkungen der zuvor herbeigeführten Synapseneffizienz (Gruppenselektion). Jeder Reiz verändert das kompetitive Verhältnis zwischen Gruppen (Gruppenkonkurrenz). Die *funktionelle* Karte verkörpert die kombinierten Auswirkungen von Gruppenbeschränkung, Gruppenselektion und Gruppenkonkurrenz, und sie ist ein wesentliches Merkmal des Phänotyps, dessen Eigenschaften sich selbstverständlich in seinem Verhalten äußern werden und damit der natürlichen Selektion unterliegen. Diese Selektion könnte, wenn man von diesem Modell ausgeht, durch Einwirkungen auf den Phänotyp auf verschiedenen Ebenen erfolgen, von primären bis hin zum sekundären Repertoire. Auf Karten könnte die natürliche Selektion sich auswirken durch Varianz in der Peripherie, bei den CAM-Mechanismen, bei synaptischen Strukturen und bei Neurotransmittern.

## Kartenfunktion und Heterochronie

Mit dieser Analyse als Orientierung ist es von Nutzen, sich nochmals mit dem Prozeß der natürlichen Selektion komplexer neuronaler Schaltungen innerhalb des Phänotyps zu befassen. Die erste bemerkenswerte Entdeckung lautet, daß das vorgeschlagene Modell in unmittelbarem Zusammenhang mit dem Problem der Kategorisierung steht, denn es beruht auf der raumzeitlichen Korrelation von Inputs von Hautregionen (besonders an den Fingern), die zur Erkundung der Umwelt genutzt werden. Die natürliche Selektion begünstigte vermutlich jene Arrangements, welche die subtilste, mit anderen organismischen Bedürfnissen des Phänotyps zu vereinbarende Unterscheidungsfähigkeit ergab. Diese Idee, hier auf eine relativ einfache Kategorisierung angewandt, läßt sich auf andere Modalitäten übertragen. Innerhalb einer Projektion für eine gegebene Modalität bestand wohl ein starker Selektionsdruck zugunsten lokaler Kohärenz dichter neuronaler Verbindungen und überlappender Projektionen afferenter Verzweigungen. Die Gruppenkonkurrenzregeln förderten vermutlich eine Tendenz zur Selektion einer Verdrahtung, die Kohärenz neuronaler Gruppen bis zu gewissen Größenlimits ermöglicht; jenseits dieser Limits würde die Degeneriertheit zu stark zunehmen und die Spezifität der Projektion verlorengehen.

Das Auftreten einer heterochronischen Verzögerung (Neotenie) in der geordneten Auswanderung einiger neuronaler Vorläuferzellen, Resultat einer Mutation bei einem Regulatorgen für Moleküle wie den CAMs oder bei jenen Genen, welche die Expression von Molekülen steuern, die an Bewegung oder Neuritenwachstum beteiligt sind, könnte zu einer Reduktion lokaler Konnektivität geführt haben. Wenn kein Zelltod eintrat und die betreffenden Neurone ein neues Ziel fanden, förderten die Regeln für reziproke Kopplung vermutlich die Selektion von Organismen mit dieser neuen Verdrahtung. Wegen der notwendigen kohärenten Anpassung von Regionen, zwischen denen in zwei durch Kopplung verbundenen Feldern eine große Kontinuität bestand (notwendig infolge von Veränderungen beim Input; siehe Abbildung 6.7), wären Projektionen, die eine solche Anpassung zunichte machten, negativ selektiert worden. Eröffnete eine neue Projektion dagegen die Möglichkeit, eine neue Submodalität zu schaffen, indem sie die Bildung neuer Klassifikationspaare förderte, so wäre sie positiv selektiert worden.

Aufgrund der Bedingungen der reziproken Kopplung oder der neugeschaffenen Funktion wären heterochronische, auf der Regulator-Hypothese basierende Verschiebungen entweder durch Zelltod beendet oder durch solche Änderungen im Entwicklungsprozeß, die die Entstehung von mehr als einer neuen Karte innerhalb eines relativ kurzen Evolutionszeitraums zuließen, weitergegeben worden. Solche heterochronischen Verschiebungen würden entweder als isolierende Mechanismen für Neurone in bestimmten Regionen wirken oder als Entwicklungsmechanismen, die konkurrenzabhängig die Wanderung neuronaler Vorläufer in neue Gebiete bewirken. Zu den diesen Prozeß bestimmenden Variablen gehören Bedingungen der Degeneriertheit und Überlappung, Kohärenz des Signalaustauschs und die funktionellen Gesamtreaktionen der entstehenden Karte auf Input in der adulten Lebensphase. Diese Überlegungen würden auch für die Trennung von Inputs und Outputs gelten, durch die Kerne und Schichten definiert wurden, und wenn man die nichtlinearen Effekte geringfügiger Veränderungen morphoregulatorischer Gene auf die Heterochronie bedenkt, könnte sich auch die Segregation multipler Zentren innerhalb eines relativ kurzen Evolutionszeitraums abgespielt haben.

Wegen der kombinatorischen Natur der Selektion neuronaler Gruppen und der generellen Leistungssteigerung, die aus einer begrenzten Erweiterung der Repertoiregröße resultiert (Abbildung 3.1), wäre – wenn eine Schicht oder ein Kern sich einmal herausgebildet hatte – eine rasche Vergrößerung kein Problem gewesen, sofern andere phänotypische Veränderungen der Morphologie dies zuließen. Dieses Problem ist, was die Selektion neuronaler Gruppen in der Großhirnrinde angeht, von Lumsden (1983) behandelt worden.

Wir haben hier das detaillierte Modell des somatosensorischen Kortex dargestellt, um zu zeigen, daß eine isolierte Beschreibung der Anatomie oder der Physiologie oder des Verhaltens allein nicht ausreicht, um eine überzeugende evolutionäre Erklärung für die Selektion der zerebralen Verschaltungen zu entwickeln. Im Hinblick auf primäre und sekundäre Repertoires müssen zwei Bedingungen erfüllt sein. Es bedarf einer Hypothese wie der Regulator-Hypothese, um die mechanochemischen Vorgänge in den primären Prozessen der Morphogenese mit der Expression von morphoregulatorischen Genen, die Moleküle wie CAMs und SAMs steuern, zu verknüpfen. Hat man eine solche Hypothese, kann man zwischen der Entwicklungsgenetik und der Evolution eine Verbindung herstellen, indem man eine Basis schafft für die Heterochronie, die zur anatomischen Veränderung führt. Außerdem benötigt man eine genaue Theorie zur Verknüpfung der sich so ergebenden Morphologie mit der physiologischen Funktion und dem phänotypischen Verhalten, wie sie hier im Modell für somatosensorische Karten von der somatischen Synapsen-Selektion geleistet wird. Die Erfüllung dieser beiden Bedingungen liefert einen einigermaßen vollständigen und konsistenten Mechanismus für Heterochronie, der die Struktur mit der Funktion und die Funktion mit der natürlichen Sektion verknüpft.

Variationen des Entwicklungsvorgangs, die sich auf die Morphogenese auswirken, können zur Evolution eines anderen anatomischen Substrats (primären Repertoires) führen, bei dem die Gruppenselektion im Individuum ansetzen kann. Die natürliche Selektion kann dann auf das *Spektrum* der so erzeugten phänotypischen Expressionen und geänderten Verhaltensweisen einwir-

ken. Im Laufe der Evolution führt das zu einer wachsenden
Anzahl »neuroanatomischer Spezies« in den Gehirnen verschiedener Tierarten, hauptsächlich weil es durch Selektion in der
Ontogenese zu Isolationen und Alterationen kommt. Es entstehen zusammenhängende verkoppelte Schaltkreise, die in somatischer Zeit in der hier beschriebenen Weise durch Selektion neuronaler Gruppen funktionelle Karten schaffen müssen und dabei
bestimmten synaptischen Regeln für Populationen von Synapsen
folgen, wie wir im nächsten Kapitel sehen werden. Diese Regeln
führen nicht zwangsläufig zu irreversiblen Änderungen, wie wir
sie in der Neuroanatomie beobachten, sondern zur Ausbildung
eines sekundären Repertoires. Die Synapsen oder den Transmittertyp betreffende Mutationen können, da die somatische Selektion sich in Gestalt einer synaptischen Änderung vollzieht, natürlich erhebliche Auswirkungen auf die Kartenbildung haben.
Resultat der somatischen Selektion eines sekundären Repertoires wird im allgemeinen die Bildung *metastabiler* Karten und
eine gewisse Dauerpopulation funktioneller neuronaler Gruppen
sein, die das Verhalten bestimmen und von ihm bestimmt werden. Die *an diesem Verhalten* ansetzende natürliche Selektion
wird dann letztlich zur Selektion der entsprechenden Entwicklungsvarianten führen. Die somatische Selektion an bestimmten
primären Repertoires, die eine heterochronische Verzögerung in
der Selektion aufweisen, kann, wie wir in Kapitel 11 sehen
werden, aufgrund artspezifischen Lernens zu stabileren Karten
führen.

Hier kommen wir zu einem Höhepunkt der Beweisführung,
denn für die Theorie der Selektion neuronaler Gruppen läßt sich
wohl kaum ein stärkeres Argument anführen als die Tatsache,
daß sie das Problem der Abbildung von *peripheren* phänotypischen Strukturen, die selbst durch Heterochronie entstanden
sind (veränderte Anhänge oder veränderte Muskelansätze bei
Vorfahren von Cichliden; siehe Kapitel 8), auf ein bereits funktionierendes Gehirn löst. Da die Selektion neuronaler Gruppen
solche neuen Strukturen als Teil der zu kategorisierenden Welt
auffaßt, braucht man nicht bei jedem phänotypischen Formwan-
del auf eine Mutation von Genen zurückzugreifen, die *gleichzei-*

*tige* neuroanatomische Veränderungen spezifizieren. Natürlich
kann es mit der Zeit und wird es höchstwahrscheinlich auch zu
Mutationen kommen, die zu graduellen, die Neuroanatomie in
der von uns beschriebenen Weise beeinflussenden Veränderungen führen, um die adaptive Leistung des Organismus zu verbessern.

Die Ähnlichkeit des evolutionären Erscheinens bestimmter neuronaler Strukturen mit der Artenentstehung und der Inselgeogra-
phie und die Ähnlichkeit der Selektion neuronaler Gruppen mit
ökologischen Vorgängen wie der kompetitiven Ausschließung
(MacArthur und Wilson 1967) beruht auf der Tatsache, daß diese
Phänomene allesamt unter selektiven Zwängen in komplexen
Umwelten mit Konkurrenz entstehen. Wenn die Theorie der
Gruppenselektion zutrifft, gibt es so etwas wie eine Neuroökologie, die sich auf mehreren komplexen Ebenen der Entwicklung
und des Verhaltens abspielt. Neuronale Gruppen müssen sich Stabilität und Anpassungsfähigkeit an Neues in einer heterogenen
und wandelbaren Welt erhalten. Dazu müssen sie das Risiko auf
Varianten verteilen, wie man es bei überlebenden Tierarten beobachtet (Wright 1932; den Boer 1982). In mancher Hinsicht ähneln
Gruppen in einer Region einer Spezies, die in viele Rassen unter-
teilt ist, welche sich überwiegend mit sich selbst beschäftigen, aber
gelegentlich auch mit anderen kreuzen. Wie Sewall Wright (1932)
feststellte, ist eine solche *gruppenübergreifende* Selektion bei
evolvierenden Organismen in der Auseinandersetzung mit Um-
weltveränderungen und Neuerungen sehr viel wirkungsvoller als
die gruppeninterne Selektion.

Einer der wichtigsten epigenetischen Mechanismen, der diese
Neuroökologie auf den Ebenen der Entwicklung und des Verhaltens bestimmt, betrifft das Verhalten von Synapsen als Populationen, das zur Bildung des sekundären Repertoires führt – dies
wird Gegenstand des nächsten Kapitels sein. Jenseits dieser Mechanismen liegen die globalen Reaktionen der Systeme, in denen
sie ablaufen. Um die Zwänge, von denen solche Reaktionen bestimmt sind – insbesondere die Interaktionen von Kernen und
Schichten auf höheren, über die primären sensorischen Areale
und lokalen Karten hinausgehenden Ebenen –, näher zu beob-

achten, werden wir uns mit den Interaktionen der peripheren Inputs von Sinnesrezeptoren und den motorischen Ensembles, welche die Outputreaktionen vermitteln, befassen müssen. An dieser Stelle werden wir den Schwerpunkt von den sensorischen auf die motorischen Systeme verlagern. Es ist die aus den Interaktionen dieser Systeme resultierende globale Reaktion, auf der das Verhalten des Phänotyps beruht. Dies wird Gegenstand von Teil 3 dieses Buches sein.

# Synapsen als Populationen: Die Grundlagen des sekundären Repertoires

Die epigenetische Natur der synaptischen Modifikation · *Synapsen als Populationen* · Unabhängigkeit von prä- und postsynaptischen Veränderungen · Die Bedeutung der heterosynaptischen Veränderung · *Das Zwei-Regel-Modell* · Die mathematische postsynaptische Regel · *Computersimulation der Selektion neuronaler Gruppen über die postsynaptische Regel in einem Modell des somatosensorischen Kortex* · Die mathematische präsynaptische Regel · Interaktion der beiden Regeln · *Vorteil der Struktur neuronaler Gruppen für die Interaktion der beiden Regeln* · Computersimulationen · *Transmitterlogik:* Vorteile multipler Transmitter · Synapsenänderung und Stabilität des Gedächtnisses: kurz- und langfristige Auswirkungen

## Einführung

Zu Beginn dieses zweiten Buchteils beschrieb ich einige epigenetische Mechanismen, mit denen sich die Bildung des primären Repertoires erklären läßt. Die grundlegenden Mechanismen betreffen, wie es in der Regulator-Hypothese zum Ausdruck kommt, die in der Entwicklung begründete Entstehung von Variabilität und Konstanz in der Konnektivität neuronaler Netzwerke. Nun können wir uns eingehend mit einer weiteren Gruppe entscheidender epigenetischer Mechanismen befassen, die für die Theorie von fundamentaler Bedeutung sind und bei denen es um die Veränderung von Synapsen als Grundlage für die Selektion eines sekundären Repertoires geht. Diese Mechanismen sind grundlegend für das im vorigen Kapitel diskutierte Modell der Gruppenbeschränkung, -selektion und -konkurrenz.

Die synaptischen Mechanismen werden ebenfalls als veränderbar betrachtet, und wir haben bereits gesehen, daß sie während der Entwicklung an der Verfeinerung von Karten und bei der Ausbildung von Strukturen wie den neuromuskulären Kontaktstellen beteiligt sind. Die hier vorgetragene eingehende Erörterung synaptischer Regeln für Selektion und Variation liefert den zusätzich benötigten epigenetischen Mechanimus, um zu erreichen, worauf wir letztlich hinauswollen: eine Erklärung der Entstehung von Gedächtnis und Lernen im Rahmen einer selektionistischen Theorie der perzeptuellen Kategorisierung.

Die Idee, daß eine Modifikation der Synapsenfunktion die Grundlage des Gedächtnisses bilden könnte, kam kurz nach der ersten anatomischen Beschreibung der Synapse auf (Ramón y Cajal 1889, 1937; Foster und Sherrington 1897; Held 1897a, 1897b; Sherrington 1897; Auerbach 1898; zur Orientierung siehe Granit 1967; Clarke und O'Malley 1968; Kandel 1976). Seither wurde eine Reihe von Modellen vorgeschlagen (Hebb 1949; Shimbel 1950; Hayek 1952; Eccles 1953; Kandel 1981), in denen verschiedene kognitive Aktivitäten durch Kombinationen der Feuerungsmuster einzelner Neurone dargestellt werden. Zumeist wird angenommen, daß Lernen oder Gedächtnis auf aktivitätsabhängigen Veränderungen an *individuellen* Synapsen beruht. Die dominierende Vorstellung besagt, daß Veränderungen, die aus einem bestimmten Muster neuronaler Aktivität resultieren, bevorzugt dafür sorgen, daß dieses Aktivitätsmuster anschließend häufiger auftritt.

Die Komplexität des Nervensystems macht es jedoch im allgemeinen äußerst unwahrscheinlich, daß zwischen Veränderungen an einer individuellen Synapse und Veränderungen im Verhalten des Netzwerks eine einfache Beziehung besteht. Sehr viel wahrscheinlicher ist, daß es gleichzeitig zu vielfachen synaptischen Modifikationen an verschiedenen Stellen im Netzwerk kommt, worin sich dessen Degeneriertheit äußert. Darum betrachten wir die Synapsen als Populationen. Die Bedeutung dieser Betrachtungsweise liegt auf der Hand: die Modifikation der Synapsenfunktion ist der Weg, auf dem sich im wesentlichen die Selektion neuronaler Gruppen und deren kompetitive Interaktionen abspielen, die zur Bildung des sekundären Repertoires führen.

Um die Bedingungen der Theorie der Selektion neuronaler Gruppen zu erfüllen, muß ein Populationsmodell von Synapsen zwei wichtige Fragen beantworten: (1) Wie können Populationen von Synapsen innerhalb degenerierter Netzwerke von Gruppen, die mit der Kategorisierung befaßt sind, für ununterbrochene Spezifität der Reaktionen (bezüglich Input und Output) sorgen, ohne die Variabilität so weit zu reduzieren, daß keine Selektion mehr möglich ist? (2) Wie können dabei die in einem solchen Populationsmodell von Synapsen vorgesehenen Mechanismen für Eigenschaften sorgen, die mit der Existenz eines Kurzzeit- und Langzeitgedächtnisses zu vereinbaren sind?

Ein Modell, das diese Bedingungen erfüllen soll, muß Mechanismen zur Modifikation von prä- und postsynaptischen Zellen enthalten. Es muß erklärt werden, wie die Expression dieser Mechanismen in veränderten Netzwerkkontexten geändert wird und wie solche Modifikationen ihrerseits das Verhalten von Netzwerken verändern. Außerdem müssen die Mechanismen zur Modifikation der synaptischen Effizienz mit der Existenz verschiedener zentraler Neurotransmitter und Modulatoren zu vereinbaren sein, und sie müssen sogar deren Spezifität und Vielzahl erklären. Da synaptische Mechanismen sehr viel mit Biophysik zu tun haben, werde ich das vorzustellende Modell, das sich wesentlich auf gemeinsame Untersuchungen mit meinem Kollegen Leif Finkel (Finkel und Edelman 1985, 1987) stützt, mit sehr viel mehr technischen Einzelheiten beschreiben als andere Modelle, die mit der Theorie der Selektion neuronaler Gruppen zusammenhängen. Gleichwohl soll auch versucht werden, eine vernünftige qualitative Beschreibung zu geben, und eine Realisierung der Selektion neuronaler Gruppen im somatosensorischen Kortex wird in einem Computermodell vorgeführt, um zu belegen, daß formale Regeln in eine vereinfachte Version des in Kapitel 6 vorgestellten Modells einbezogen werden können.

## Hintergrund für ein Populationsmodell

Hier ist nicht der Ort, ausführlich auf die anatomischen, physiologischen und molekularen Aspekte verschiedener Synapsenarten einzugehen, noch ist es sonderlich angemessen, ältere Modelle im Detail zu beschreiben (siehe Hebb 1949; Shimbel 1950; Eccles 1953; Brindley 1967; Marr 1969; Changeux 1981; Kandel 1981; Koch et al. 1983; Changeux et al. 1984; Edelman et al. 1987a), es sei denn, sie bezögen sich auf die Konstruktion eines Populationsmodells.

Die Hauptziele sind hier, (1) synaptische Modifikationsregeln vorzuschlagen, die auf bekannten biochemischen und biophysikalischen Mechanismen beruhen, (2) die Interaktionen zwischen prä- und postsynaptischen Veränderungen darzustellen, die unabhängig und gleichzeitig in einem strukturell definierten Netzwerk ablaufen, in dem Selektion möglich ist, und (3) zu prüfen, wie diese Interaktionen durch die geometrische und Populationsstruktur des Netzwerks bedingt sind. Ich werde zunächst detaillierte Mechanismen für die prä- und postsynaptische Modifikation der synaptischen Effizienz betrachten und anschließend erörtern, wie ihre Interaktion die gewünschten Eigenschaften hervorbringt.

Versuchsergebnisse zeigen, daß prä- und postsynaptische (Llinás et al. 1976; Changeux 1981; Douglas et al. 1982; Magleby und Zengel 1982; Lynch und Baudry 1984; Smith et al. 1985) Modifikationen auf der biochemischen Ebene und der der Ultrastruktur erfolgen können (Fifková und van Harreveld 1977; Desmond und Levy 1981; Vrensen und Nunes-Cardozo 1981). Prä- und postsynaptische Veränderungen, die mehr als eine Zelle betreffen, können an ein und derselben Synapse erfolgen; eine wichtige Frage ist, ob eine bestimmte Art der Veränderung davon abhängt, daß die andere *an dieser Synapse* erfolgt, oder ob prä- und postsynaptische Veränderungen unabhängig voneinander sind. Nach der unabhängigen synaptischen Regel, wie wir sie nennen werden, beruhen präsynaptische und postsynaptische Modifikationen nicht nur auf zwei verschiedenen Mechanismen, vielmehr braucht *auf der molekularen Ebene*, damit der eine Mechanismus ablaufen kann, der andere nicht gegeben zu sein. Diese Annahme der Unabhängigkeit unterstreicht die Individualität beider an einer Synapse beteiligten Mitglieder *jedes beliebigen* Neuronenpaars und die unterschiedlichen Beiträge zum Netzwerk, die aus der Morphologie und Asymmetrie der Synapse resultieren.

Die meisten theoretischen Vorschläge seit Hebb (1949) und Hayek (1952) beruhten auf irgendeiner Form abhängiger synaptischer Regeln, nach denen entweder die prä- oder die postsynaptische Veränderung von Vorgängen abhängt, die in zeitlicher Koinzidenz in beiden an einer Synapse beteiligten Neuronen ablaufen. Doch stoßen solche Annahmen, nach denen die mehr oder weniger gleichzeitige Aktivität (Feuern) beider Zellen eine notwendige und hinreichende Bedingung einer Modifikation ist, auf empirische und theoretische Schwierigkeiten. Aus Untersuchungen an *Aplysia* (Carew et al. 1984) und am Hippocampus (Wigstrom et al. 1982) geht beispielsweise hervor, daß ein solches Feuern weder notwendig noch hinreichend ist. Noch aufschlußreicher ist, daß abhängige Regeln nicht die Existenz heterosynaptischer Modifikationen zu erklären vermögen.

Eine heterosynaptische Modifikation ist eine Veränderung in der Effizienz einer Synapse, die von der Reizung *anderer Synapsen* auf demselben Neuron abhängt; eine homosynaptische Veränderung liegt vor, wenn lediglich die direkte Reizung einer gegebenen Synapse erforderlich ist (Abbildung 7.1). Es ist zu beachten, daß ein individueller präsynaptischer Eingang verstärkt werden kann, ohne postsynaptische Veränderungen zu induzieren, und daß heterosynaptische Faszilitation erfolgen kann ohne gleichzeitiges Feuern verschiedener präsynaptischer Eingänge an einer Zelle. Eine unserer Hauptaufgaben besteht darin, zu zeigen, daß unabhängige Populationsregeln eine solche heterosynaptische Faszilitation erklären können.

Aus den genannten Gründen wurde vorgeschlagen (Finkel und Edelman 1985), daß prä- und postsynaptische Modifikationen von unabhängigen Mechanismen gesteuert werden, die von unterschiedlichen Regeln beschrieben werden. Die Regeln für diese Modifikationen können gleichzeitig und parallel an jeder Synapse wirksam sein und gemeinsam zur Nettoveränderung ihrer Effizienz beitragen, doch sind die einzelnen Modifikationen auf der Ebene dieser Synapse *funktionell* ununterscheidbar. Trotzdem

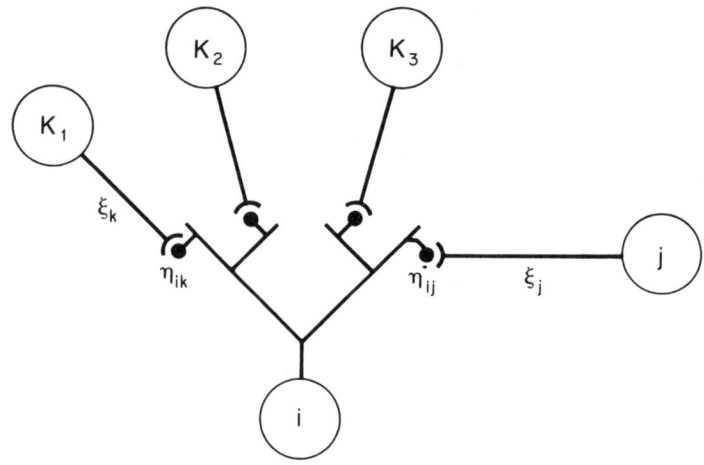

Abbildung 7.1
*Schematische Darstellung der von einem Neuron empfangenen Eingänge.*
Kreise *stellen Neurone dar; Neuron* i *empfängt Eingänge an seinem Dendritenbaum.* Die präsynaptische Effizienz $\xi_j$ *ist die bei einer gegebenen Depolarisation von Zelle* j *freigesetzte Transmittermenge.* Die postsynaptische Effizienz $\eta_{ij}$ *ist die Stärke der von einer gegebenen freigesetzten Transmittermenge an der postsynaptischen Zelle ausgelösten lokalen Depolarisation.* Die Änderung von $\eta_{ij}$ *ist abhängig vom statistischen Verhältnis zwischen dem Feuern von Zelle* j *und dem Feuern der heterosynaptischen Eingänge* $k_1$, $k_2$, $k_3$ *usw., gegeben durch die Gleichung 7.9 im Text.*

weichen die beiden Regeln in den strukturellen Einzelheiten stark voneinander ab, ebenso wie die geometrische Verteilung der Modifikationen, die durch ihr unabhängiges Wirken entstehen; erkennen kann man diese Modifikationen an ihren unterschiedlichen Verteilungen in der synaptischen Population im Verhältnis zur Neuroanatomie und an ihren zeitlichen Besonderheiten. Dementsprechend spielen, wie in einem Selektionssystem mit Populationseigenschaften zu erwarten ist, die Dichte der Konnektivität und die gesamten anatomischen und pharmakologischen Details eines Netzwerks eine wichtige Rolle.

Wir werden ausführliche Beispiele für die präsynaptische und für eine postsynaptische Regel betrachten. Diese Beispiele sollen für eine Klasse von Mechanismen stehen; keinesfalls stellen sie die einzig möglichen synaptischen Prozesse dar. Ihre Wahl war bestimmt von den verfügbaren Forschungsergebnissen, und ihre Formulierung wird es uns erlauben, Prinzipien des Zusammenwirkens unabhängiger Regeln zu erörtern. An dieser Stelle mag es sinnvoll sein, die beiden synaptischen Regeln kurz zu benennen, bevor wir näher auf sie eingehen.

*Die postsynaptische Regel* besagt, daß koaktivierte heterosynaptische Inputs an einem Neuron die Zustände von Ionenkanälen auf einer gegebenen Synapse in einer *zustandsabhängigen* Weise beeinflussen und dadurch die Empfindlichkeit dieser Kanäle für lokale biochemische Änderungen verändern. Die bewirkte Veränderung in der Populationsverteilung der lokalen Kanalzustände wirkt sich aus auf das postsynaptische Potential, das durch nachfolgende Inputs an dieser Synapse erzeugt wird. Im allgemeinen gilt diese Regel für relativ kurzfristige Veränderungen an spezifischen individuellen Synapsen.

*Die präsynaptische Regel* gilt für langfristige Veränderungen im gesamten Neuron, die zu einer veränderten Wahrscheinlichkeit der Transmitterfreisetzung führen. Sie besagt, daß – wenn der Mittelwert der durch die Transmitterfreisetzung bestimmten, augenblicklichen synaptischen Effizienz längerfristig (über Zeitspannen von einer Sekunde) eine Schwelle überschreitet – der Standardwert der präsynaptischen Effizienz, von der die Freisetzung abhängt, von der Zelle auf einen neuen Wert gesetzt wird. Aufgrund neuroanatomischer Bedingungen beeinflußt die präsynaptische Regel viele Synapsen (abhängig von der Konnektivität des betreffenden Neurons), und diese sind im allgemeinen relativ unspezifisch über eine große Population verteilt, je nach der Morphologie des Neurons (Ausdehnung der Axonverzweigungen, deren Überlappung, andere Aspekte der Degeneriertheit usw.).

Die folgende formale Analyse der beiden synaptischen Regeln verfolgt letztlich das Ziel, deren Eigenschaften in einem Netzwerk mit Gruppenstruktur zu bestimmen. Diese Analyse wird zeigen, daß man mit diesen beiden unabhängig über den gleichen Zeitraum wirkenden Regeln sowohl hetero- als auch homosynaptische Veränderungen erklären kann. Ferner führt das Wirken der Regeln zu Netzwerkveränderungen, die auf verschiedenen Zeitskalen stabil sind; lang- und kurzfristige Veränderungen können in einem Netzwerk koexistieren und ungeachtet der Tatsache, daß die beiden Regeln auf unabhängigen biochemischen Mechanismen beruhen, über die Anatomie des Netzwerks miteinander verknüpft sein. Schließlich wird gezeigt werden, daß das gemeinsame Wirken dieser Regeln den in einem selektiven System bestehenden Bedarf an kontinuierlich erzeugter Varianz bei den synaptischen Kontaktstellen eines Netzwerks befriedigt.

## Formalisiertes Beispiel der postsynaptischen Regel und eine Anwendung auf die Kartenbildung

Die Geometrie der Neurone in einem Netzwerk macht es wahrscheinlich, daß die ersten Veränderungen an jenen Synapsen, die spezifische Projektionen und kurzzeitige Korrelationen von Signalen erhalten, von der postsynaptischen Regel bestimmt werden. Die Neuroanatomie ist nämlich so beschaffen, daß Veränderungen an einem postsynaptischen Wirkort sich nicht *zwangsläufig* anderswo auswirken, wie es bei jenen der Fall ist, die der präsynaptischen Regel gehorchen. Dennoch dürfen die Auswirkungen, die von anderen Synapsen auf eine gegebene Synapse auf demselben Neuron ausgeübt werden, nicht vernachlässigt werden.

Die postsynaptische Regel beschreibt eine Reihe von lokalen biochemischen Veränderungen an postsynaptischen Strukturen, die von modifizierenden Substanzen oder Enzymen ausgelöst werden. In ihrer allgemeinsten Formulierung besagt sie, daß die von einer modifizierenden Substanz an einer gegebenen Synapse induzierte Veränderung der postsynaptischen Effizienz bestimmt wird von den örtlichen und zeitlichen Mustern der heterosynaptischen Inputs an einem Neuron im Verhältnis zu den homosynaptischen Inputs an dieser Synapse. Für die Übermittlung heterosynaptischer Effekte können verschiedene Mechanismen verantwortlich sein: intrazelluläre Diffusion modifizierender Substanzen oder

Boten, parakrine Diffusion, Modulation der Zelloberfläche sowie aktive oder elektrotonische Fortleitung. Jeder dieser Mechanismen für sich und mehrere zusammen lassen sich mit der postsynaptischen Regel sowie mit einem kombinierten Modell der Interaktionen unabhängiger Regeln in einem Netzwerk vereinbaren. Den letztgenannten Mechanismus (die elektrotonische Fortleitung) werde ich ausführlich besprechen, weil er exemplarisch ist; seine Plausibilität hängt entscheidend von bestimmten zeitlichen und morphologischen Bedingungen ab, die überwiegend auch für die anderen Mechanismen gelten.

In diesem spezifischen Beispiel für die postsynaptische Regel wird durch homosynaptische Inputs eine Substanz erzeugt, die lokale spannungsabhängige Kanäle modifiziert, während die Modifikationsbereitschaft dieser Kanäle von heterosynaptischen Inputs bestimmt wird (Abbildung 7.2). Es wird angenommen, daß die biochemische Modifikation die spannungsabhängige Wahrscheinlichkeit des Wechsels zwischen *funktionalen Zuständen* des Kanals – zum Beispiel offen, geschlossen, inaktiviert – verändert (Catterall 1979; de Peyer et al. 1982; Huang et al. 1982; Siegelbaum et al. 1982; Huganir et al. 1986). Eine solche Modifikation würde sich auf das durch nachfolgende homosynaptische Inputs hervorgerufene postsynaptische Potential sowie auf die Sensitivität für heterosynaptische Inputs auswirken.

Die zentrale Annahme besagt, daß die lokalen biochemischen Modifikationen *interdependent* sind: Die Wahrscheinlichkeit der Modifikation eines Kanals ist abhängig von dessen funktionalem Zustand. Von anderen Synapsen übertragene Spannungen verändern vorübergehend das Verhältnis der verschiedenen funktionalen Zustände, in denen sich die spannungsabhängigen Kanäle befinden können (wir können auch sagen, sie verändern die Kanalpopulationsverteilung), und damit die Anzahl der Kanäle, die für eine Modifikation empfänglich sind (Catterall 1979). Ohne die entscheidende Annahme der Zustandsabhängigkeit wären heterosynaptische Effekte unspezifisch: übertragene Spannungen würden die Wahrscheinlichkeit der Modifikation an vielen postsynaptischen Orten erhöhen, ungeachtet des Aktivitätszustands der diesen Orten entsprechenden Synapsen.

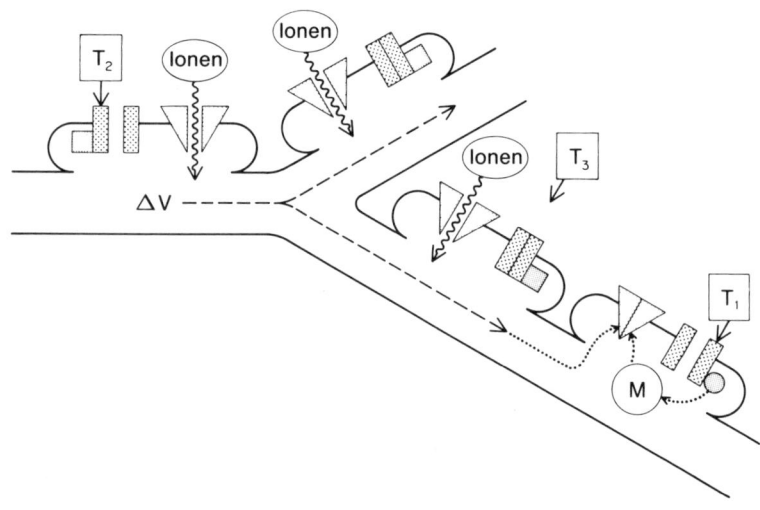

Abbildung 7.2

*Vorschlag für den postsynaptischen Mechanismus. Schematische Darstellung von vier Synapsen auf einem verzweigenden Dendritenbaum.* Schattierte Dreiecke *stellen spannungsabhängige Kanäle (VSCs) dar,* schattierte Rechtecke *transmitterabhängige Kanäle (ROCs). Transmitter* T₁ *hat sich an die Synapse gebunden* (unten rechts), *was zur Öffnung der ROCs und durch Aktivierung eines membrangebundenen Proteins* (kleiner schattierter Kreis) *auch zur Produktion der modifizierenden Substanz* M *führt.* M *modifiziert VSCs, die im modifizierbaren Zustand sind. Gerade hat sich ein möglicherweise andersartiger Transmitter* T₂ *an die Synapse links außen gebunden, der lokale ROCs und VSCs öffnet. Die resultierende Änderung des Membranpotentials (ΔV) breitet sich über den Dendritenbaum aus* (gestrichelte Linie) *und ändert, sobald er sie erreicht, die Zustände der VSCs. Erreicht das Potential die Synapse rechts unten* (gepunktete Linie) *zu einem Zeitpunkt (siehe Abbildung 7.3), da die Konzentration von* M *noch hoch ist, ändert sich der Anteil der VSCs auf der Synapse, die im modifizierbaren Zustand sind, und damit die Anzahl der durch* M *modifizierten Kanäle. Synapsen, die noch keinen Transmitter (z. B.* T₃*) gebunden haben, und Synapsen, die noch nicht vom Potential erreicht wurden, werden nicht beeinflußt.*

Unter diesen Annahmen ist es wichtig zu zeigen, daß die Stärke der elektrotonisch übertragenen Spannungen ausreichen kann, um lokale Modifikationen zu bewirken. Betrachten wir zunächst, welchen Bedingungen die zeitliche Beziehung (Baranyi und Fehér 1981) von Inputs unterliegt, wie sie in Abbildung 7.2 dargestellt sind. Nehmen wir an, daß homosynaptische Inputs zur Erzeugung einer modifizierenden Substanz führen, die nach einer Verzögerungszeit $t_L$ für eine Zeitspanne $t_M$ weiterbesteht, und daß übertragene heterosynaptische Inputs eine lokale Änderung des Membranpotentials hervorrufen, die nach einer Leitungsverzögerung $t_D$ für eine Zeitspanne $t_V$ weiterbesteht (Abbildung 7.3). Eine notwendige Bedingung der Modifikation besteht dann darin, daß heterosynaptische Inputs *innerhalb* eines Zeitfensters erfolgen, das zur Zeit $t = t_V - (t_L - t_D)$ vor den homosynaptischen Inputs beginnt und zu einer Zeit $t = t_M + (t_L - t_D)$ endet. Ist eine dieser Größen für eine gegebene Synapse negativ, wird die Darbietung der Inputs in dieser bestimmten zeitlichen Folge nicht zu einer Modifikation führen.

Der zustandsabhängige Aspekt der biochemischen Modifikation läßt sich durch das einfache Zwei-Zustände-Modell darstellen, das Abbildung 7.4 zeigt, wobei $M$ die Konzentration der modifizierenden Substanz ist. $A$ repräsentiert den aktiven, $I$ den inaktiven Zustand eines Kanals; wir nehmen in diesem Fall an, daß nur inaktive Kanäle modifiziert werden können. Das Abklingen der Modifikation könnte ebenfalls zustandsspezifisch sein, doch nehmen wir der Einfachheit halber an, daß er es nicht ist: also ist $K_{b2} = K_b$. Wir nehmen an, daß die Zeitkonstanten für Zustandsübergänge, $(a + b)^{-1}$, im Verhältnis zur Zeitkonstanten für die biochemische Modifikation, $(K_f + K_b)^{-1}$, klein sind. Wir nehmen ferner an, daß die Kanäle sich während der Modifikation in ihrer Gleichgewichtsverteilung befinden. Dann ist

$$dN^*(t)/dt = K_f \cdot [I(t) \cdot M(t)] - K_b \cdot [I^*(t) + A^*(t)] \qquad (7.1)$$

$$= K_f \cdot [(N - N^*) \cdot (b(V)/(a(V) + b(V)))] \cdot M(t) - K_b N^*. \qquad (7.2)$$

wobei $N$ die Gesamtzahl der Kanäle ist, von denen $N^*$ modifiziert sind. Um den im Gleichgewicht bestehenden Anteil modifi-

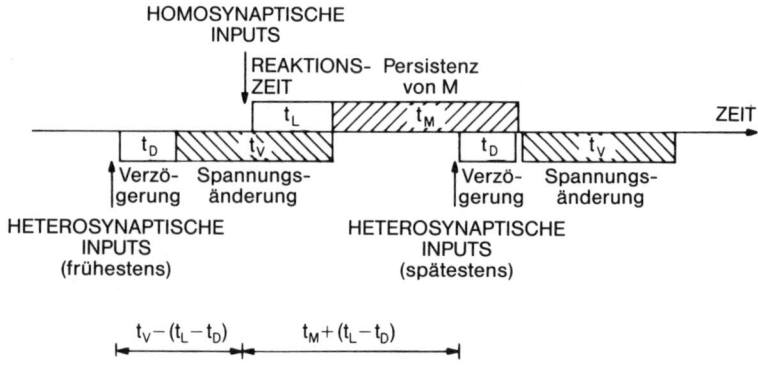

Abbildung 7.3

*Zeitliche Randbedingungen für die postsynaptische Modifikation. Die Zeitachse zeigt das zeitliche Fenster vor und nach einem homosynaptischen Input, während dessen das Auftreten von heterosynaptischen Inputs zur Modifikation führen kann. Nach einem Volley homosynaptischer Inputs führt eine biochemische Kaskade von der Dauer $t_L$ zur Produktion der modifizierenden Substanz M, die während einer Zeitspanne $t_M$ persistiert. Heterosynaptische Inputs führen zu einer Depolarisation (oder Hyperpolarisation) an der lokalen Synapse, die nach einer Leitungsverzögerung $t_D$ einsetzt und dann während der Zeit $t_V$ andauert. Pfeile zeigen den frühesten und den spätesten Zeitpunkt an, an dem die heterosynaptischen Inputs im Verhältnis zu den homosynaptischen Inputs auftreten dürfen, damit die Wirkung der übertragenen Spannung sich zeitlich mit dem Vorhandensein von M überschneidet. Je nach den Werten der Zeitkonstanten $t_V$, $t_M$ usw. (siehe Text) kann für die heterosynaptischen Inputs der Zwang bestehen, den homosynaptischen Inputs entweder zu folgen oder vorauszugehen, damit eine Modifikation erreicht wird.*

zierter Kanäle zu finden, lassen wir $dN^*/dt = 0$ sein, so daß eine Gleichung entsteht, die der Michaelis-Menten-Gleichung ähnelt:

$$N^*/N = M \cdot (b/(a+b)) \, / \, (M \cdot (b/(a+b)) + K_b/K_f). \qquad (7.3)$$

Die Plausibilität dieses postsynaptischen Mechanismus hängt ab von der Größe der aus Kanal-Modifikationen resultierenden Veränderung des postsynaptischen Potentials. Betrachten wir den Fall,

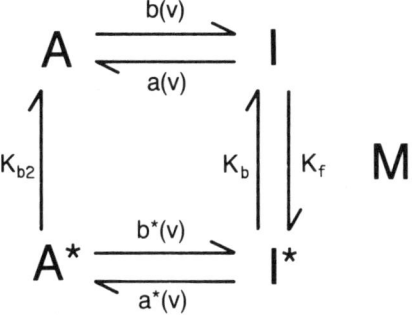

Abbildung 7.4

*Kinetik einer zustandsabhängigen Modifikation am Beispiel eines Zwei-Zustände-Modells für einen Kanal. A steht für die Menge der aktivierten Zustände, I für die Menge der inaktivierten Zustände, die wir als die modifizierbaren Zustände betrachten. Kanäle im Zustand I können in Anwesenheit der modifizierenden Substanz M modifiziert und in den modifizierten Zustand I\* überführt werden. Geschwindigkeitskonstanten der Vorwärts- und Rückwärtsmodifikation sind $K_f$ und $K_b$. Die Wirkung der Modifikation besteht darin, daß sich die von den Parametern a(v) und b(v) bestimmten Übergangswahrscheinlichkeiten des spannungsabhängigen Zustands ändern in Richtung der modifizierten Parameter a\*(v) und b\*(v). Die Modifikation ist von kurzer Dauer und zerfällt gemäß $K_b$ aus dem Zustand I\* sowie aus dem aktivierten Zustand entsprechend einer möglicherweise andersartigen Konstante $K_{b2}$.*

in dem eine einzige Art $k$ von spannungsabhängigen Kanälen eine Modifikation erfährt, und nehmen wir an, daß $N_k^*$ von der gesamten Anzahl $N_k$ der Kanäle von der Art $k$ modifiziert sind. Vorausgesetzt, die Veränderung der kapazitiven Ströme kann vernachlässigt werden, ist die auf der Modifikation beruhende Veränderung des lokalen Stroms annähernd gegeben durch

$$\Delta I_L = N_k^* \cdot (g_k^*(V) - g_k(V)) \cdot (V - E_k), \qquad (7.4)$$

wobei $g_k$ die spannungsabhängige Leitfähigkeit, $g_k^*$ die modifizierte Leitfähigkeit und $E_k$ das Umkehrpotential ist. Eine Modifi-

Abbildung 7.5

*Computersimulation eines auf der postsynaptischen Regel basierenden
Modells der Plastizität somatosensorischer Karten (Pearson et al.
1987).* Ergebnisse der auf einem IBM 3090 durchgeführten Simulationen eines
neuralen Netzwerks aus 1024 exzitatorischen und 512 inhibitorischen Zellen. Eine exzitatorische Zelle kontaktiert 17 benachbarte exzitatorische
Zellen und außerdem 69 inhibitorische Zellen, die im Mittel etwas weiter
entfernt sind. Die inhibitorischen Zellen kontaktieren nur benachbarte
exzitatorische Zellen. Das Netzwerk erhält zwei übereinanderlagernde,
topographisch geordnete Projektionen aus einem Inputbereich, welche die
Projektionen von der dorsalen und der ventralen Seite der Hand darstellen. Mittels der postsynaptischen Regel wird die Stärke der extrinsischen
Verbindungen von der Hand wie auch der intrinsischen Verbindungen
zwischen exzitatorischen Zellen innerhalb des Netzwerks modifiziert. Der
Umfang einer Gruppe ist durch die zugrunde liegende anatomische Konnektivität begrenzt; physiologisch ist die Gruppengröße durch kompetitive Inhibition beschränkt. Nach der postsynaptischen Regel steigt die synaptische Effizienz zwischen Zellen, die koaktivierten Input erhalten. Die
sich so bildenden Gruppen sind kleiner, als es die anatomische Konnektivität zuläßt. Einmal entstandene Gruppen verändern nach demselben
postsynaptischen Mechanismus die synaptische Stärke der bei ihnen eingehenden extrinsischen Verbindungen. A: Darstellung der anfänglichen
Verbindungsstärken. Die Stärke der synaptischen Verbindungen zwischen exzitatorischen Zellen im Netzwerk wird dargestellt durch farblich
codierte Linien, die zwischen synaptisch verbundenen Zellen verlaufen;
der Farbencode wird darunter erläutert. Die anfängliche Verteilung der
synaptischen Stärken ist eine Gauß-Verteilung. B: Bildung neuronaler
Gruppen durch Selektion nach Reizung. Das in A gezeigte anfängliche
Netzwerk wurde wiederholt mit kleinen Punktreizen an zufallsverteilten
Stellen der Hand gereizt. Das Bild zeigt die Verbindungsstärken zwischen
exzitatorischen Zellen; es gilt der Farbcode wie in A. Die Verbindungen
zwischen Zellen einer Gruppe sind stark (gelb, rot), während die Verbindungen zwischen Zellen verschiedener Gruppen schwach sind (blau, lila).
Die meisten Zellen gehören ausschließlich zu einer Gruppe. C: Die Karte
der rezeptiven Felder, die dem in B gezeigten Netzwerk nach Gruppenbildung entspricht. Das rezeptive Feld einer exzitatorischen Zelle im Netzwerk ist entsprechend der Farbe im Zentrum ihres rezeptiven Feldes auf
der Hand codiert (rechts). Die Hand hat vier Finger und eine Handfläche; dargestellt ist die ventrale Seite der Hand. Die dorsale Seite wird
durch dunklere Schattierungen derselben Farbe gekennzeichnet (z. B. ist
die ventrale Seite von Finger 1 gelb, die dorsale Seite dunkelgelb, usw.).
Die in C gezeigte normale Karte der rezeptiven Felder hat große Ähnlich-

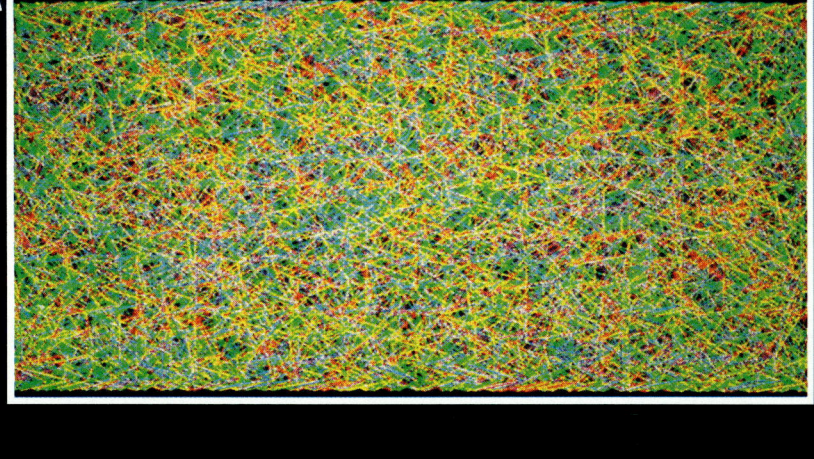

MIN  MAX

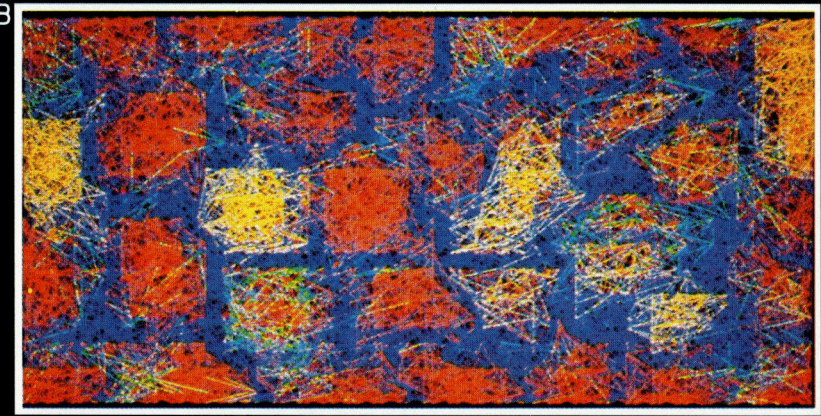

MIN MAX

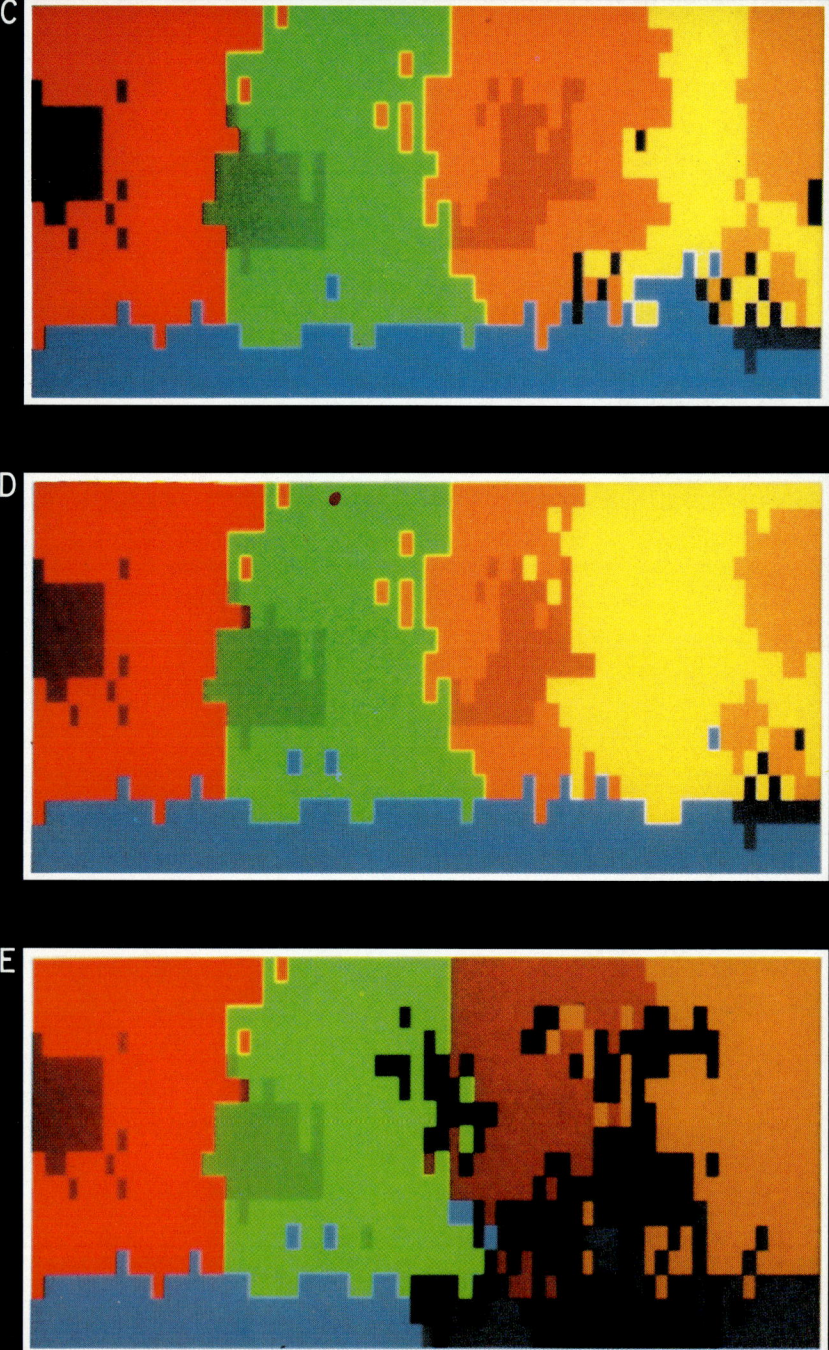

kation der Leitfähigkeit wird die lokale Input-Impedanz beeinflussen. Wenn wir jedoch annehmen, die Impedanz der nichtsynaptischen Region sei groß im Vergleich zur modifizierten synaptischen Impedanz, so können wir in einer ersten Näherung die relative Veränderung des postsynaptischen Potentials (PSP) schreiben als

$$\Delta V/V = (N_k^*/N_k)\cdot(\Delta g_k/g_k). \qquad (7.5)$$

Die Werte von $N^*/N$ lassen sich aus Gleichung 3 errechnen. Wenn man die Werte von $b(V)$ und $a(V)$ aus dem Hodgkin-Huxley-Modell (1952) nimmt, ergibt eine Depolarisation von 20 mV eine Änderung des Werts von $N^*/N$ um rund 0,05 für den inaktivierten Zustand der regenerativen Natrium-Kanäle. $\Delta\,g/g$ ist auf

_____

*keit mit den experimentell gefundenen. Im Mittelpunkt dieser Karte stehen die ventralen Repräsentationen, die dorsalen Repräsentationen bilden kleine Einsprengsel.* D: *Resultate nach wiederholtem Beklopfen des ersten Fingers: Die Karte der rezeptiven Felder, nachdem die ventrale Seite von Finger 1 wiederholt mit einem Punktreiz beklopft wurde, in Zyklen, die* (rechts) *in der Abbildung durch* gelbe Linien *angedeutet sind. Die Repräsentation des stimulierten Gebiets hat sich ausgedehnt* (hellgelbe Region), *während die Repräsentationen der Finger 3 und 4 weitgehend unverändert sind.* E: *Simulation der Ergebnisse nach Durchtrennung des Nervs, der die Finger 1 und 2 versorgt* (gelb bzw. orange). *Karte der rezeptiven Felder nach Durchtrennung der Fasern von der ventralen Seite der Finger 1 und 2 und der darunter liegenden medialen Handfläche* (grau-schwarze Fläche in der Hand rechts). *An die Stelle der denervierten ventralen Seite ist eine geordnete, topographische Repräsentation der entsprechenden dorsalen Seite getreten. Nach der Durchtrennung wurde die dorsale ebenso wie die ventrale Seite in zufallsbedingter Weise leicht gereizt. Kurz nach dem Schnitt sprachen einige Regionen des Netzwerks auf keinerlei Reize an* (schwarze Zellen); *mit der Zeit gewannen jedoch die meisten Zellen in der betroffenen Region wieder rezeptive Felder auf dem Dorsum* (nicht dargestellt). Hinweis: *Der Farbcode auf den Bildern C, D und E hat eine andere Bedeutung als der auf den Bildern A und B.*

der Grundlage von Berichten, die Veränderungen in den Strom-Spannungs-Kurven auf biochemische Modifikationen zurückführen (Kupfermann 1979; Haas und Konnerth 1983; Hawkins et al. 1983), auf zwischen 1 und 20 geschätzt worden, und die Veränderung des PSP könnte danach bei nur 5 Prozent, aber auch bei bis zu 100 Prozent der ursprünglichen Stärke liegen.

Es ist klar, daß postsynaptische Modifikationen abhängen von (1) der Anzahl und Intensität der während der Modifikationsphase erfolgenden heterosynaptischen Inputs, (2) der zeitlichen Anordnung der heterosynaptischen im Verhältnis zu den homosynaptischen Inputs, (3) der räumlichen Verteilung der Synapsen auf der postsynaptischen Zelle (Abschwächungen und Leitungsverzögerungen) und (4) den beteiligten Arten von Transmittern, Rezeptoren und Ionenkanälen. Diese Faktoren spielen nicht nur bei den hier behandelten elektrotonischen Mechanismen eine Rolle, sondern auch bei den übrigen Mechanismen (Diffusion der modifizierenden Substanz, Zelloberflächen-Modulation), über welche die postsynaptische Regel wirksam werden könnte.

Um zu belegen, daß durch die Wirksamkeit einer unabhängigen postsynaptischen Regel in Populationen von Synapsen eine Gruppenstruktur in einem sekundären Repertoire entstehen kann, dürfen wir kurz eine im Computer realisierte Gruppenselektion aus vorhandenen neuroanatomischen Strukturen in einem Modell des somatosensorischen Kortex anführen. Hier wird dieses Modell nur umrissen; wegen näherer Einzelheiten möge der Leser die Erstveröffentlichung heranziehen (Pearson et al. 1987). Das Modell selbst ist eine etwas vereinfachte Version des im vorigen Kapitel beschriebenen Modells der Beschränkung, Selektion und Konkurrenz von Gruppen.

Das Computermodell enthält detaillierte Simulationen von drei Ebenen der neuronalen Organisation: der neuronalen Architektur, der neuronalen Eigenschaften und der synaptischen Plastizität. Die neuronale Architektur besteht aus miteinander verbundenen erregenden und hemmenden Zellen (typischerweise 1500 Zellen) und einem Input-Bereich, der Sinnesrezeptoren auf der ventralen und dorsalen Seite der Hand repräsentiert. Die Rezeptoren des Input-Bereichs sind topographisch auf dem Netzwerk abgebildet.

Jede Zelle im Netzwerk erhält Inputs von einem großen Bereich der ventralen *und* der dorsalen Seite der Hand. Das Netzwerk hält auf diese Weise wesentliche Merkmale des realen kortikalen Gewebes fest.

Eine gewisse Realitätsnähe wird auch bei den erregenden und hemmenden Neuronen erreicht, die sich in ihren Verbindungsmustern und ihrer Modifizierbarkeit unterscheiden. Was die synaptische Ebene angeht, umfaßt das Modell die Effekte der synaptischen Sättigung, ferner sog. Kurzschluß-Leitfähigkeiten und die Modifikations-Mechanismen der postsynaptischen Regel. Charakteristische Ergebnisse des Modells sind in Abbildung 7.5 wiedergegeben. Anfangs zeigen die Stärken der synaptischen Verbindungen eine Normalverteilung, wie aus Abbildung 7.5 *A* zu ersehen ist. Es wurde gezeigt, daß sich das anfangs unorganisierte Netzwerk unter bemerkenswert vielfältigen Reizbedingungen, denen entsprechend der Input-Bereich Reize von verschiedenen Formen, Gebieten und Stellen erhält, zu neuronalen Gruppen organisiert. Ein typisches Beispiel der Gruppenbildung sieht man in Abbildung 7.5 *B*. Es fällt auf, daß die Verbindungen unter den Zellen einer Gruppe stark (*gelb, rot*), zu Zellen außerhalb der Gruppe dagegen schwach (*lila, blau*) sind. Die Unterschiede zwischen den Mustern in den Bildern *A* und *B* von Abbildung 7.5 beruhen auf Veränderungen von intrinsischen und extrinsischen Verbindungen. Was diese getrennten synaptischen Veränderungen koordiniert und die strukturellen und funktionellen Eigenschaften der Gruppen zusammenhält, ist die heterosynaptische Eigenschaft der postsynaptischen Regel.

Die funktionellen Eigenschaften einer Gruppe werden in dem Modell repräsentiert durch die Eigenschaften der rezeptiven Felder der sie bildenden Neurone. Wie sich zeigte, haben nach der Reizung alle Zellen einer Gruppe sehr ähnliche rezeptive Felder – sie sind ausschließlich auf die ventrale oder ausschließlich auf die dorsale Seite bezogen, und ihre räumliche Überlappung ist sehr stark. Abbildung 7.5 *C* zeigt die Karte der rezeptiven Felder des Netzwerks nach der Gruppenbildung. Anfangs ist die Karte topographisch, aber alle Zellen haben rezeptive Felder sowohl auf der ventralen wie auf der dorsalen Seite der Hand, und die meisten

Zellen werden in gleichem Umfang von Inputs von beiden Handflächen getrieben. Nach der Bildung von Gruppen organisiert sich die Karte der rezeptiven Felder (Abbildung 7.5 *C*) zu kompakten Regionen, in denen die Zellen ausschließlich von einer Handfläche, der ventralen oder der dorsalen, getrieben werden. Die so entstehende Karte entspricht ziemlich genau derjenigen, die man in Area 3b beim Totenkopfäffchen (siehe zum Vergleich Abbildung 5.4) beobachtet. Diese Organisation der Karte der rezeptiven Felder beruht auf der Funktionsdynamik der neuronalen Gruppen – Zellen innerhalb einer Gruppe haben ähnliche rezeptive Felder, und die Grenzen zwischen verschiedenen Repräsentationsbereichen sind schärfer infolge der Schärfe der Gruppengrenzen.

Die Computersimulation zeigt, daß ein einfaches, aber leidlich realistisches Netzwerk, das der postsynaptischen Regel folgt, sich unter vielfältigen Reizbedingungen zu Gruppen organisieren wird. Die entstandenen Gruppen können die Karte der rezeptiven Felder durch Gruppenkonkurrenz organisieren. Dies veranschaulicht die kortikale Dynamik, wie sie im oben vorgetragenen Modell der Beschränkung, Selektion und Konkurrenz neuronaler Gruppen beschrieben wurde, und es zeigt, daß die postsynaptische Regel die verschiedenen Klassen von Inputs, die von einzelnen Zellen in einer globaleren Kartenorganisation festgehalten werden, koordiniert.

Das Netzwerk wurde benutzt, um mehrere Experimente zu simulieren, die in der Literatur (für Vergleiche siehe Merzenich et al. 1984b) beschrieben wurden. Beim ersten Experiment, dessen Ergebnis in Abbildung 7.5 *D* zu sehen ist, ging es um ein wiederholtes Beklopfen der ventralen Seite von Finger 1. Die Fläche der Repräsentation der ventralen Seite von Finger 1 dehnte sich dramatisch aus – in Bereiche hinein, die zuvor Finger 2, die dorsale Seite von Finger 1 und den medianen Handteller repräsentierten. Dieses Resultat entspricht genau dem experimentell gefundenen (Merzenich et al. 1984b) und beweist, daß der Vergrößerungsfaktor einer Repräsentation in einem sich selbst organisierenden Netzwerk wie diesem kompetitiv von der Verteilung der lokalen Aktivierung bestimmt wird. Zuvor unterschwellige

Verbindungen wurden durch die postsynaptische Regel verstärkt, vor allem weil der koaktivierte Input von der Peripherie die bisherigen Quellen koaktivierten Inputs stark überwog. Entsprechend verschoben sich die rezeptiven Felder der beteiligten Gruppen – ein Ausdruck der neuen Verteilung des aus der Umwelt stammenden Inputs.

Das zweite simulierte Experiment zeigt dasselbe Prinzip bezüglich des Verlusts von Input. Abbildung 7.5 *E* zeigt die Karte der rezeptiven Felder des Netzwerks nach Durchtrennung der einlaufenden Fasern aus der medianen Hälfte der ventralen Handseite (also von Fasern des Mediannervs). Der Bereich, der zuvor einer ventralen Repräsentation diente, ist jetzt vollständig mit einer dorsalen Repräsentation belegt. Die Grenzen zwischen den Fingern 1, 2 und 3 und dem Handteller verlaufen etwas anders als auf der Karte vor der Läsion (Abbildung 7.5 *C*), doch die organisatorischen Merkmale einer topographischen Karte sind beibehalten.

Diese simulierten Experimente zeigen, daß – vermittelt durch eine postsynaptische Regel – aus der degenerierten Anatomie infolge einer Selektion, die durch den korrelierten Input organisiert wird, wohldefinierte Karten entstehen können. Neuronale Gruppen fungieren als »Degeneriertheit brechende« Strukturen, wenn sie unter vielen Repräsentationsmöglichkeiten eine herauspicken. Konkurrenz und Koordination zwischen Gruppen sorgen dann für einen dynamischen Ausgleich zwischen der funktionellen Karte und den Bedingungen der äußeren Umwelt. Die postsynaptische Regel eignet sich ideal für solche komplexen, kontextabhängigen Modifikationen, weil sie Reaktionen auf heterosynaptische Impulse berücksichtigen kann.

## Mathematische Darstellung präsynaptischer Modifikationen

Jetzt können wir die Veränderungen der präsynaptischen Effizienz betrachten, also die in Reaktion auf die Depolarisation einer präsynaptischen Endigung freigesetzte Menge an Neurotransmitter. Das entscheidende Merkmal der präsynaptischen Regel ist eine langfristige Änderung in der Stärke der Transmitterfreisetzung an allen präsynaptischen Endigungen eines Neurons infolge großer Fluktuationen der gemittelten momentanen Werte der präsynaptischen Effizienz (Abbildung 7.6). Die Regulation der Transmitterfreisetzung hängt ab von einigen noch nicht vollständig verstandenen, komplexen zellbiologischen Prozessen, und deshalb wurde das Modell der präsynaptischen Änderung auf der makroskopischen Beobachtungsebene der Faszilitation und Depression formuliert.

In der Literatur sind schon mehrere makroskopische Komponenten der erhöhten Transmitterfreisetzung (Magleby und Zengel 1982) und der verringerten Transmitterfreisetzung (Bryan und Atwood 1981) beschrieben worden. Um das Modell jedoch zu vereinfachen, wird hier nur eine Komponente der erhöhten Freisetzung, eine allgemeine »Faszilitation«, und nur eine Komponente der »Depression« verwendet. Für die Faszilitation gilt

$$dF_i/dt = \epsilon \cdot S_i(t) - \lambda \cdot F_i(t), \tag{7.6}$$

dabei ist $F_i(t)$ das Maß der Faszilitation in einer präsynaptischen Endigung, $\lambda$ ist die Zerfalls-Konstante, $S_i(t)$ ist die Feuerungsrate des Neurons zur Zeit $t$, und $\epsilon$ ist die Zunahme der Faszilitation je Dorn.

Die synaptische Depression wird durch eine ähnliche Gleichung beschrieben:

$$dD_i(t)/dt = \kappa \cdot \xi_i(t) \cdot S_i(t) - \beta \cdot D_i(t), \tag{7.7}$$

dabei ist $D_i(t)$ das Maß der Depression in der präsynaptischen Endigung, $\beta$ ist die Zerfalls-Konstante, $\xi_i(t)$ ist die präsynaptische Effizienz des Neurons $i$, und $\varkappa$ ist die Konstante der Proportionalität zwischen Freisetzung und Depression. Der erste Term läßt erkennen, daß die Depression linear mit der freigesetzten Menge zunimmt und eine ausgelöste Freisetzung größeren Ausmaßes nur erfolgen kann, wenn eine stärkere Depolarisierung stattgefunden hat, vermutlich weil Kalzium zwischen zwei Aktivierungen vom

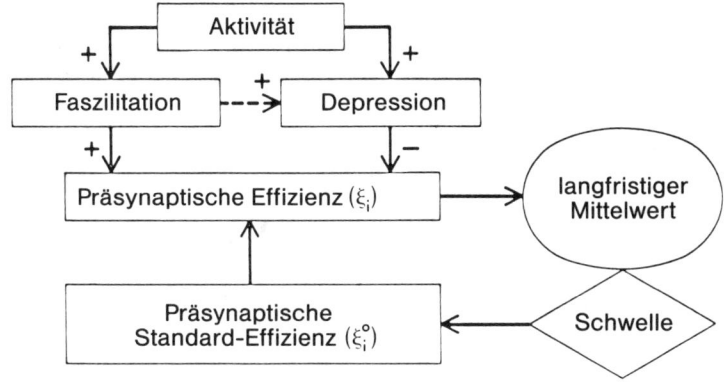

Abbildung 7.6

*Flußdiagramm zur Funktionsweise der präsynaptischen Regel. Aktivität steigert den Grad sowohl der Faszilitation als auch der Depression, die auch insofern gekoppelt sind, als erhöhte Faszilitation die Depression verstärkt (siehe die fundamentale präsynaptische Gleichung 7.8 im Text). Faszilitation erhöht und Depression senkt die präsynaptische Effizienz $\xi_i$, die zugleich vom Normalwert der präsynaptischen Effizienz $\xi_i^o$ abhängt. Die präsynaptische Regel besagt, daß ein langfristiger Mittelwert von $\xi_i$ eingehalten wird, während es aufgrund des zeitlichen Aktivitätsmuster fluktuiert. Erreicht dieser Mittelwert eine Schwelle, wird der Normalwert der präsynaptischen Effizienz neu festgesetzt. Dies verändert die Reaktion der Zelle auf künftige Inputs.*

Freisetzungswirkort fort diffundiert. Der zweite Term repräsentiert den Zerfall der Depression durch Wiederauffüllen des ausgegangenen Transmitters, Reaktivierung von Freisetzungswirkorten bzw. Rückkehr in den Gleichgewichtszustand des beteiligten molekularen Prozesses.

Die zentrale Annahme der präsynaptischen Regel lautet, daß die langfristige Modifikation die Form einer Änderung der normalen freigesetzten Transmittermenge $\xi_i^o$ (siehe Abbildung 7.1 und 7.6) annimmt. Die langfristige Modifikation von $\xi_i^o$ resultiert aus biochemischen Reaktionen auf gemittelte faszilitatorische und depressive Fluktuationen der präsynaptischen Stärke $\xi_i(t)$; Elemente dieser Reaktion könnten Änderungen in der Genexpression und der Synthese der kontrollierenden Proteine, eine erhöhte Transmittersynthese oder Veränderungen in der Ultrastruktur der Freisetzungswirkorte sein. Mit dieser Normalwertveränderung ändert sich das dynamische Verhalten des Neurons in Reaktion auf nachfolgende Inputs.

Diese Überlegungen vorausgeschickt, setzt die präsynaptische Grundgleichung die Freisetzungsmenge in Beziehung zu dieser Standardmenge und zum Grad der Faszilitation und Depression:

$$\xi_i(t) = \xi_i^\circ \cdot (1 + F_i(t))^3 \cdot (1 - D_i(t)). \tag{7.8}$$

Man beachte, daß $F$ zwischen 0 und einem beliebigen Höchstwert liegen kann, während $D$ sich zwischen 0 und 1 bewegt. Es ist denkbar, daß – abgesehen von $\xi_i^\circ$ – auch Veränderungen bei den übrigen Parametern ($\varepsilon$, $\lambda$, $\varkappa$ oder $\beta$) langfristige Modifikationen erfahren können. Magleby und Zengel (1982) fanden eine bessere Übereinstimmung mit ihren Meßergebnissen, wenn sie den Faszilitations-Term in die dritte Potenz erhoben. Diese Nichtlinearität stimmt auch mit dem kubischen Zusammenhang überein, den Smith und Kollegen (1985) für die Abhängigkeit der PSP-Amplitude vom Kalzium-Strom feststellten.

Die Stabilitätseigenschaften, die durch diese Zusammenhänge hergestellt werden, sind bemerkenswert: Bei stärkeren Synapsen wird eine Verstärkung schwieriger und eine Schwächung leichter sein. Mit steigendem $\xi_i^\circ$ bleibt der Grad der Faszilitation unverändert (Gleichung 7.6), aber die freigesetzte Transmittermenge steigt, was bei gleicher Stimulationssequenz zu einem höheren Grad der Depression führt (Gleichung 7.7). Die Stabilitätseigenschaft folgt aus der Entscheidung, daß überwiegend faszilitatorische Fluktuationen zu einer *Erhöhung*, überwiegend depressive Fluktuationen zu einer *Abnahme* von $\xi_i^\circ$ führen.

Es gibt zwei Gründe für die Annahme, daß die langfristige Modifikation sich nicht auf der Ebene einzelner Synapsen einer Zelle, sondern auf der Ebene der gesamten Zelle vollzieht: (1) Wir ha-

ben angenommen, daß präsynaptische Modifikationen von der
Aktivität der Zelle abhängen; ein einzelnes Neuron kann zwar
mehrere quasi unabhängige Funktionsbereiche für Output und Input haben, doch ist im allgemeinen davon auszugehen, daß viele
präsynaptische Endigungen eines Neurons gemeinsam feuern.
(2) Wir nehmen stillschweigend an, daß bestimmte langfristige
Modifikationen mit einer Änderung der Genexpression verbunden sind (Greengard und Kuo 1970). Die Produktion und der
Transport neusynthetisierter Genprodukte sind mit einer inhärenten zeitlichen Verzögerung verbunden, und wir kennen bislang
keinen Weg, auf dem das neue Material selektiv zu einzelnen Synapsen auf bestimmten Ästen des präsynaptischen Neurons gelangen könnte.

Für mögliche Auswirkungen auf Netzwerke ergibt sich die wichtige Konsequenz, daß *alle oder die meisten Endigungen* des präsynaptischen Neurons beeinflußt werden, *unabhängig davon, welche korrelierten Inputs* (entsprechend der postsynaptischen Regel)
für die Änderung von $\xi_i^\circ$ verantwortlich waren. Die Folgen präsynaptischer Veränderungen sind also zeitlich stabil, aber sie sind
durch axonale Verzweigung über eine Vielzahl von Synapsen im
ganzen Netzwerk *verteilt*. Das Ausmaß der Beeinflussung einer
bestimmten Synapse kann dabei natürlich von lokalen Bedingungen abhängen.

## Populationseffekte, die sich aus den beiden Regeln in einem Netzwerk ergeben

Wir kommen nun zu den beiden noch offenen Kernfragen, die zu
Beginn dieses Kapitels erwähnt wurden: wie durch das Zusammenspiel prä- und postsynaptischer Regeln funktionelle Veränderungen im Netzwerkverhalten hervorgerufen werden und wie
Netzwerkmerkmale sich auf die Wirkungsweise der Regeln auswirken. Sie wurden an anderer Stelle (Finkel und Edelman 1985,
1987) einer detaillierten mathematischen Analyse unterzogen;
worum es im wesentlichen geht, läßt sich an einem Modell kurzfristiger postsynaptischer und langfristiger präsynaptischer Modi-

fikationen zeigen. Die Ergebnisse dieser Analyse sind unmittelbar relevant für die Selektion neuronaler Gruppen und zeigen, daß – ausgehend vom Zwei-Regel-Modell – (1) kurzfristige Änderungen in einer neuronalen Gruppe zu langfristigen Änderungen vorwiegend innerhalb dieser Gruppe führen können, (2) die Gruppenstruktur hinreicht, um dafür zu sorgen, daß langfristige Änderungen, die auf kurzfristige Änderungen in einer bestimmten Gruppe zurückgehen, künftige kurzfristige Änderungen in dieser Gruppe differentiell beeinflussen werden, und (3) langfristige Änderungen die Variabilität nachfolgender kurzfristiger Änderungen, speziell in anderen Gruppen, erhöhen können. Um diese Behauptungen zu beweisen, führen wir mehrere vereinfachende Annahmen ein. Diese Vereinfachungen verringern zwar den Gehalt und Allgemeinheitsgrad der postsynaptischen Regel, doch zeigt die Analyse, daß diese schwächere Version ausreicht, um die erwähnten drei Punkte, die zwischen den Regeln und der Gruppenstruktur einen Zusammenhang herstellen, anzusprechen. Wir gehen aus von Netzwerken, die aus Gruppen von nur einem Neuronentyp mit einem einzigen Transmitter- und Rezeptortyp bestehen, und nehmen an, daß die Spannungsabschwächung zwischen allen Synapsenpaaren auf einem Neuron identisch ist. Damit es zu einer postsynaptischen Modifikation kommt, reicht ein bloß statistischer Zusammenhang zwischen koaktiven Inputs aus; die Details der Zeitbeziehungen und die oben besprochenen Faktoren der Spannungsabschwächung kann man vernachlässigen und lediglich die Kovarianz der gewichteten Aktivitäten der heterosynaptischen Inputs und des über die Zeit gemittelten homosynaptischen Inputs berechnen.

Die sich so ergebende vereinfachte mathematische Version der postsynaptischen Regel lautet

$$\Delta\eta_{ij} = c_1 <\eta_{ij}\xi_j\overline{S_j}(t)\cdot\sum_k\eta_{ik}\xi_k S_k(t)> \ - \ c_2(\eta_{ij} - \eta_{ij}^\circ), \qquad (7.9)$$

dabei steht · für einen Zeitmittelwert, und $\eta_{ij}$ ist die Stärke der postsynaptischen Verbindung von Neuron $j$ zu Neuron $i$, $\Delta\eta_{ij}$ ist die Veränderung von $\eta_{ij}$, und $\eta_{ij}^\circ$ ist dessen Standardwert, $\xi_j$ ist

die präsynaptische Stärke von Neuron *j*, $\bar{S}j\ (t)$ ist die Aktivität
von Neuron *j* zur Zeit *t*, $Sj\ (t)$ ist diese Aktivität, gemittelt über
eine gewisse Zeit, und $c_1$ und $c_2$ sind Konstanten. Um zu verstehen, was die Terme der Gleichung bedeuten, kann man Abbildung 7.1 heranziehen. Der erste Term entspricht der Kovarianz
der Menge an modifizierender Substanz, die an der *j*-ten Synapse
vorhanden ist, und der Stärke der von allen übrigen Synapsen auf
der Zelle geleiteten (depolarisierenden bzw. hyperpolarisieren-
den) Spannung zur Zeit *t*. Der zweite Term in Gleichung 7.9 repräsentiert den kurzfristigen Zerfall der Modifikation. Als Ge-
samtstärke wird das Produkt der post- und präsynaptischen
Stärke, $\eta \cdot \xi$, angenommen. Dies ist gleichbedeutend damit, für
den einfachsten Fall anzunehmen, daß Transmitter und Rezeptoren mit einer Kinetik erster Ordnung interagieren. Ferner wird
angenommen, daß $\xi$ sich langsam gegenüber $\eta$ ändert und beide
sich langsam im Vergleich zu Änderungen der Aktivität *S* ändern; es gilt also

$$\Delta \eta_{ij} = c_1 \eta_{ij} \xi_j \sum_k \eta_{ik} \xi_k <\overline{S_j}(t) \cdot S_k(t)> - c_2(\eta_{ij} - \eta_{ij}^\circ). \qquad (7.10)$$

Betrachten wir nun Neurone, die in Gruppen aufgeteilt sind
(Abbildung 7.7). Bezeichnen wir Gruppen, statt einzelner Neurone, mit den Großbuchstaben *I, J* und *K*; $N_{IJ}$ sei die Anzahl der
Verbindungen von Gruppe *J* nach Gruppe *I* und $N_{II}$ die Anzahl
der Verbindungen innerhalb von Gruppe *I*. Wir nehmen von allen
Verbindungen zwischen zwei beliebigen Gruppen an, daß sie die
gleiche prä- und postsynaptische Stärke aufweisen. Uns interessieren nun die postsynaptischen Modifikationen der Verbindungen
sowohl innerhalb der einzelnen Gruppen als auch zwischen ihnen,
wie in Abbildung 7.7 dargestellt. Die Modifikation der Verbindung von einer Gruppe *M* zu einer Gruppe *L* (wobei *M, L* und *H*
Variablen und $C_1$ sowie $C_2$ zusammengesetzte Konstanten sind) ist
gegeben durch

$$\Delta \eta_{LM} = C_1 \eta_{LM} \xi_M \sum_H N_{LH} \eta_{LH} \xi_H <\overline{S_M}(t) \cdot S_H(t)>$$
$$- C_2(\eta_{LM} - \eta_{LM}^\circ). \qquad (7.11)$$

Betrachten wir den Fall, daß es aufgrund kurzfristiger Fluktuationen in einer Gruppe, etwa in Gruppe *I*, zu einer langfristigen synaptischen Modifikation gekommen ist: $\xi_I \to \xi_I + \delta_I$, wobei $\delta_I$ eine Konstante ist. Langfristige Modifikationen in anderen Gruppen oder in mehreren Gruppen könnten in ähnlicher Weise dargestellt werden. Es ist eine vernünftige Annahme, daß die Modifikation in Gruppe *I* sich auf das statistische Verhältnis zwischen den Aktivitäten von Neuronen in verschiedenen Gruppen nicht nennenswert auswirkt. Die Auswirkung der langfristigen Änderung auf nachfolgende Modifikationen $(\Delta' \eta_{LM})$ kann man finden, indem man $\xi_I + \delta_I$ in Gleichung 7.11 substituiert und in $\delta_I$ nur Terme ersten Grades beläßt; wir finden nach einer langfristigen Modifikation in Gruppe *I*, daß die Veränderung der

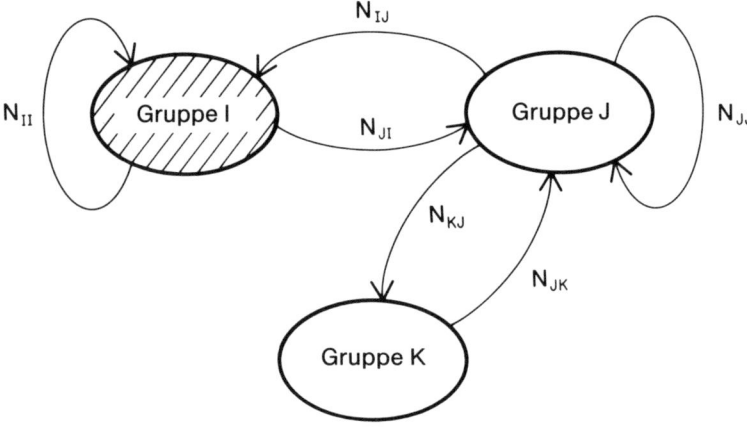

Abbildung 7.7

*Klassen von Verbindungen zwischen Gruppen. Die Ellipsen bedeuten neuronale Gruppen, die Pfeile Verbindungen innerhalb von oder zwischen Gruppen. Eine langfristige Änderung der präsynaptischen Stärke von Zellen in Gruppe I wirkt sich differentiell auf die folgenden kurzfristigen Änderungen der postsynaptischen Stärke dieser verschiedenen Klassen von Verbindungen aus (siehe Text).*

nachfolgenden kurzfristigen Modifikationen der verschiedenen Klassen von Verbindungen zwischen Gruppen (Abbildung 7.7), $\Delta^2 \eta_{LM}$, gegeben ist durch

$$\Delta^2\eta_{LM} \equiv \Delta'\eta_{LM} - \Delta\eta_{LM}$$

$$= \delta_I c_1 [N_{LI}\eta_{LI}\eta_{LM}\xi_M <\overline{S_M}(t) \cdot S_I(t)>]$$

$$+ \begin{cases} \eta_{LI}\sum_H N_{LH}\eta_{LH}\xi_H <\overline{S_I}(t) \cdot S_H(t)> & \text{wenn } M = I \\ 0 & \text{wenn } M \neq I. \end{cases} \quad (7.12)$$

Es gibt drei Bedingungen, die gemeinsam hinreichen, um sicherzustellen, daß $\Delta^2 \eta_{LM}$ die größte Änderung ist, d. h. daß kurzfristige Änderungen in der Gruppe, die die langfristige Modifikation erfährt, maximal beeinflußt werden.

$$(i) \ N_{II}\eta_{II} > N_{JI}\eta_{JI}.$$

$$(ii) \ <\overline{S_I}(t) \cdot S_I(t)> \ > \ <\overline{S_J}(t) \cdot S_I(t)>.$$

$$(iii) \ \sum_H N_{LH}\eta_{LH}\xi_H <\overline{S_I}(t) \cdot S_H(t)> \ \approx \ 0.$$

Diese Bedingungen lauten folgendermaßen: (1) Konnektivität innerhalb einer Gruppe ist stärker als zwischen Gruppen, (2) Neurone in derselben Gruppe feuern zusammen häufiger als Neurone in verschiedenen Gruppen, und (3) zwischen Input von verschiedenen Gruppen besteht im Mittel kein statistischer Zusammenhang. Im Kontext dieses vereinfachten Modells sind diese Bedingungen dieselben wie jene, die die notwendigen Attribute einer neuronalen Gruppe definieren (Edelman und Finkel 1984), also einer Menge von mehr oder weniger eng verbundenen Zellen, die überwiegend zusammen feuern und die kleinste neuronale Selektionseinheit bilden. Man beachte, daß diese Bedingungen *nicht* erfüllt sind, wenn das Netzwerk zufällig verknüpft ist.

Anhand dieser Gruppenbedingungen können wir die Klassen von Verbindungen hierarchisch nach der Größe der Änderung in nachfolgenden kurzfristigen Modifikationen ordnen. Die intrinsischen Verbindungen von Gruppe $I$ – nämlich $\Delta^2 \eta_{II}$ – sind stets am stärksten betroffen; Verbindungen zwischen anderen Gruppen ($\Delta^2 \eta_{JK}$) sind stets am geringsten betroffen; und die drei übrigen Klassen von Verbindungen sind in unterschiedlichem relativen Umfang betroffen, je nach den relativen Werten von $N_{II}/N_{JI}$, $\eta_{II}/\eta_{JJ}$ und $\langle \bar{S}_I S_I / \bar{S}_J S_I \rangle$. Wir würden normalerweise erwarten, daß $\Delta^2 \eta_{JJ}$ das kleinste von den dreien ist, daß $\Delta^2 \eta_{II}$ das größte für einige ausgewählte Gruppen $J$ ist, die im Input hochgradig mit Gruppe $I$ korreliert sind, daß aber $\Delta^2 \eta_{JI}$ für die meisten übrigen Gruppen $J$ am größten ist.

## Konsequenzen eines Populationsmodells, das den zwei Regeln gehorcht

Die wichtigste Konsequenz aus diesem Modell lautet, daß die Organisation eines Netzwerks zu neuronalen Gruppen eine hinreichende Bedingung dafür bietet, daß langfristige Änderungen in einer gegebenen Gruppe zu einer Hierarchie von Änderungen in nachfolgenden kurzfristigen Modifikationen zwischen verschiedenen Gruppen führen, daß aber die größte Änderung in der Gruppe selbst erfolgt. Man hat Computersimulationen an einem in Abbildung 7.8 gezeigten Modellsystem durchgeführt; wie jede der Regeln sich auswirkt, zeigt Abbildung 7.9. Weitere Simulationen über das Zusammenwirken der beiden Regeln zeigen (Finkel und Edelman 1987), daß eine langfristige Änderung in einer Gruppe die Variabilität der nachfolgenden Muster kurzfristiger Änderungen sowohl bei dieser Gruppe als auch bei allen übrigen Gruppen, die Verbindungen von dieser Gruppe erhalten, erhöht (Abbildung 7.10). Dies führt zu Konkurrenz zwischen Gruppen: Der differentiellen Zunahme bestimmter kurzfristiger Änderungen in der jeweiligen Gruppe aufgrund von langfristigen Änderungen in dieser Gruppe wirkt die unspezifische Variation aller kurzfristigen Änderungen in dieser Gruppe, die auf langfristigen Änderungen in anderen Gruppen beruhen, entgegen. Eine solche fortlaufende Erzeugung von Variabilität in der Population ist eine wertvolle Eigenschaft eines reichhaltigen selektiven Systems.

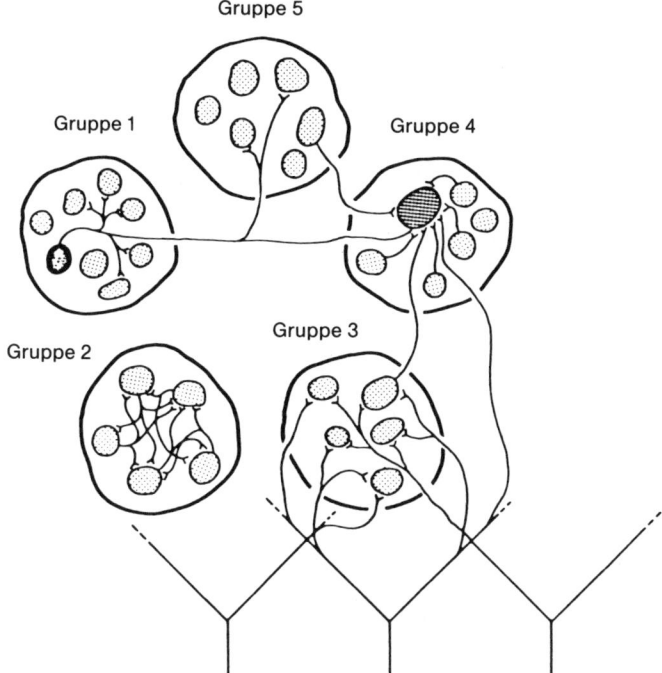

Extrinsische Inputs

Abbildung 7.8

*Schema der Netzwerk-Konnektivität, die in Computersimulationen der einzeln und simultan wirkenden Regeln benutzt wurde. Dargestellt sind fünf Gruppen (dunkel umrandet), darin einige Zellen angedeutet. Jede Gruppe veranschaulicht einen Aspekt der Konnektivität. In Gruppe 1 hat jede Zelle Kontakt mit Zellen in ihrer eigenen und in anderen Gruppen. Gruppe 2 ist ein Beispiel für die dichte interne Konnektivität von Gruppen. Gruppe 3 zeigt, daß jede Zelle auch Inputs von einer Reihe von überlappenden extrinsischen Eingängen erhält, die selektiv gereizt werden können. Gruppe 4 verdeutlicht, daß jede Zelle auf diese Weise Inputs von Zellen ihrer eigenen Gruppe, von Zellen aus anderen Gruppen und von extrinsischen Quellen erhält. Die Computersimulation ermöglicht die Beobachtung von Änderungen der prä- und postsynaptischen Effizienz der verschiedenen Verbindungen nach den unterschiedlichen, in den Abbildungen 7.9 und 7.10 gezeigten Reizungsparametern.*

Es ist eine wichtige Konsequenz für die Theorie, daß einige der Eigenschaften, die aus der Interaktion dieser Regeln in einem aus Populationen von Neuronen bestehenden Netzwerk entstehen, dichteabhängig sein können. So kann die Organisation zu lokal verbundenen Gruppen mit erhöhten Dichten der Konnektivität die Wahrscheinlichkeit einer rekursiven Beziehung zwischen jenen Neuronen, die langfristige Änderungen aufweisen, und solchen Neuronen innerhalb des Netzwerks, welche die kurzfristigen Änderungen erlitten haben, die ursprünglich diese langfristigen Änderungen bewirkten, steigern. Die Auswirkungen dieser rekursiven Interaktion werden in der Regel gewichtiger sein als die unspezifische Variation, die aus langfristigen Änderungen bei anderen Gruppen resultiert.

Es ist aufschlußreich, dieses Populationsmodell mit verwandten Modellen in der Regel von Hebb (1949) zu vergleichen. Das Populationsmodell weicht von der Hebbschen Regel ab – im Mo-

Abbildung 7.9
*Computersimulation zu den Auswirkungen der synaptischen Regeln.* Teil *A: Heterosynaptische Auswirkungen der postsynaptischen Regel. Postsynaptische Effizienz $\eta_{CA}$ von Input von Zelle A nach Zelle C als eine Funktion von Reizen von Zelle A und von heterosynaptischem Input (Zelle B). Eine Reizsalve auf Zelle A erhöht $\eta_{CA}$; eine einzelne heterosynaptische Salve hat keine Wirkung; gepaarte hetero- und homosynaptische Salven erzeugen eine größere Steigerung von $\eta_{CA}$. Eine starke heterosynaptische Salve in zeitlicher Abstimmung mit einer homosynaptischen Salve (letztes Paar) löst dagegen eine weit größere Steigerung aus und beweist, daß heterosynaptische Inputs lokale postsynaptische Modifikationen modulieren können.* Teil *B: Langfristige präsynaptische Änderung. Zwei sich überlagernde Kurven der präsynaptischen Effizienz $\xi_i$ versus Anzahl der Zyklen; die untere Darstellung zeigt die angewendete Reizung. Zwei Reizsalven (ohne \*) erzeugen die untere Kurve, die keine langfristige Änderung bewirkt und eine Reaktion auf die Testsalve beim 85. Zyklus zeigt, die praktisch mit der anfänglichen Reaktion identisch ist. Drei Reizsalven (einschließlich der mit \* gekennzeichneten) bewirken eine langfristige Änderung (obere Kurve), die sich in einer erhöhten Standard-Stärke niederschlägt. Die Testsalve bei Zyklus 85 erzeugt eine verstärkte Reaktion.*

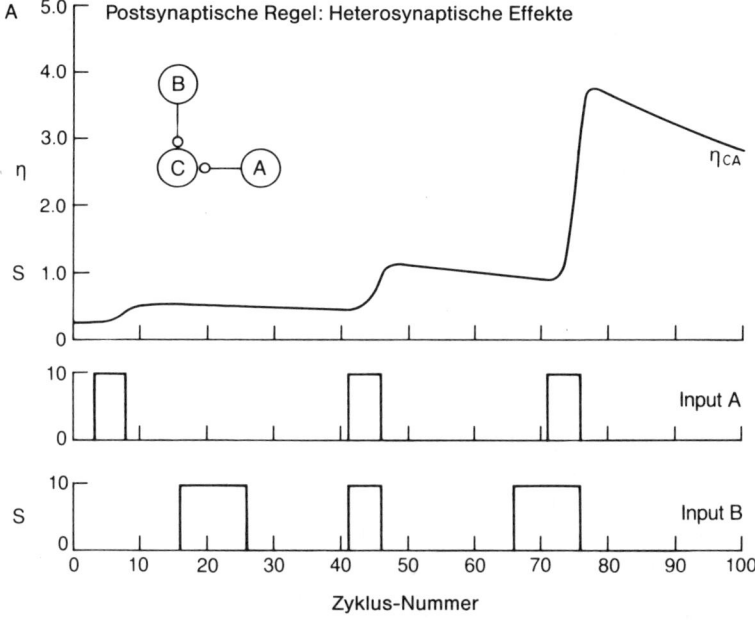

A   Postsynaptische Regel: Heterosynaptische Effekte

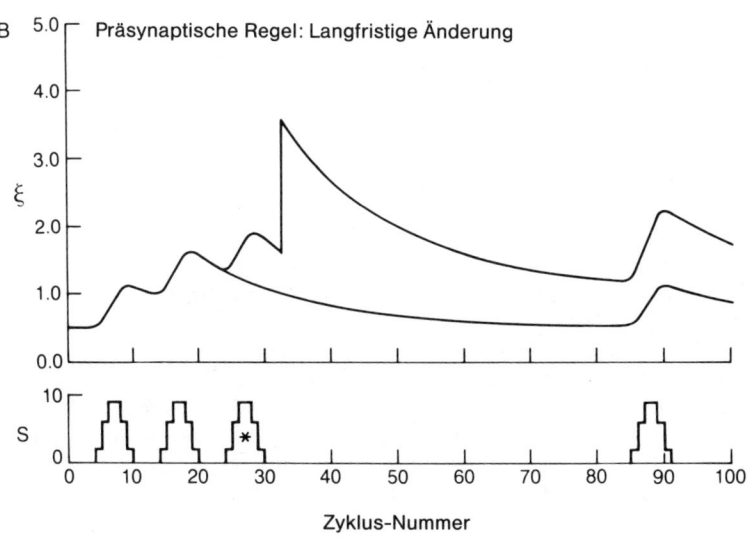

B   Präsynaptische Regel: Langfristige Änderung

dell ist das korrelierte Feuern von Neuron *j* und Neuron *i* weder notwendig noch hinreichend, um die postsynaptische Stärke $\eta_{ij}$ der Verbindung von *j* nach *i* zu verändern. Vielmehr wird $\eta_{ij}$ modifiziert, wenn das Feuern von Neuron *j* im Mittel zeitlich assoziiert ist mit dem Feuern *einer Vielzahl anderer Neurone k*, die mit Neuron *i* Synapsen bilden. Synaptische Änderungen werden auf diese Weise bestimmt von *Populationseffekten* im Netzwerk. Anzeichen für solche Effekte wurden in mehreren Präparaten mit heterosynaptischen Effekten im Hippocampus und im Kleinhirn beobachtet (Ito et al. 1982; Wigstrom und Gustafsson 1983).

## Transmitterlogik

Außer der sich aus ihr ergebenden kontinuierlichen Erzeugung von Variabilität unter Bedingungen der Konkurrenz bietet die Betrachtung der Synapsen als Populationen auch vermehrte Möglichkeiten, Teilnetzwerke innerhalb der Population auf spezifi-

Abbildung 7.10

*Illustration der langfristigen Änderungen, die infolge der Wirkung der zwei Regeln zu Varianz führen. Das Ausmaß der Änderung der postsynaptischen Effizienz* $\eta$ *im Verhältnis zur Zeit (Zahl der Wiederholungen). Zwei zufällig ausgewählte Gruppen wurden* (dunkler Strich auf der Abszisse) *fünf Zyklen lang gereizt, dann für fünf Zyklen in Ruhe gelassen und erneut fünf Zyklen lang gereizt. Die durchgezogene Linie zeigt die sich ergebenden kurzfristigen Änderungen. Eine Gruppe* (oben) *wurde anschließend während fünfzig Zyklen gereizt, so daß in einigen Zellen der Gruppe eine langfristige präsynaptische Änderung eintrat. Nach einer Ruhepause von fünfzig Zyklen wurde nochmals die anfängliche Reizfolge geben (fünf Zyklen Reizung / fünf Zyklen Ruhe / fünf Zyklen Reizung). Die kurzfristigen Änderungen zeigt die gestrichelte Linie. Nur die Gruppe, die die langfristige Änderung erfahren hatte, zeigt hinsichtlich der nachfolgenden kurzfristigen Änderungen eine Abweichung (vergleiche die Darstellungen oben und unten). Dargestellt ist auch das Verhältnis der vor bzw. nach der langfristigen Änderung gezeigten Varianz (gemessen bei Zyklus 15) der Gruppe bezüglich* $\Delta \eta$. *Die Varianz nimmt in beiden Gruppen zu.*

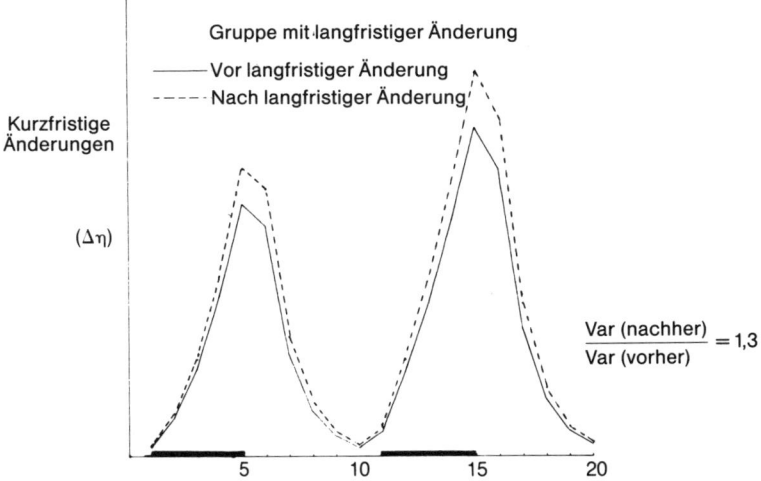

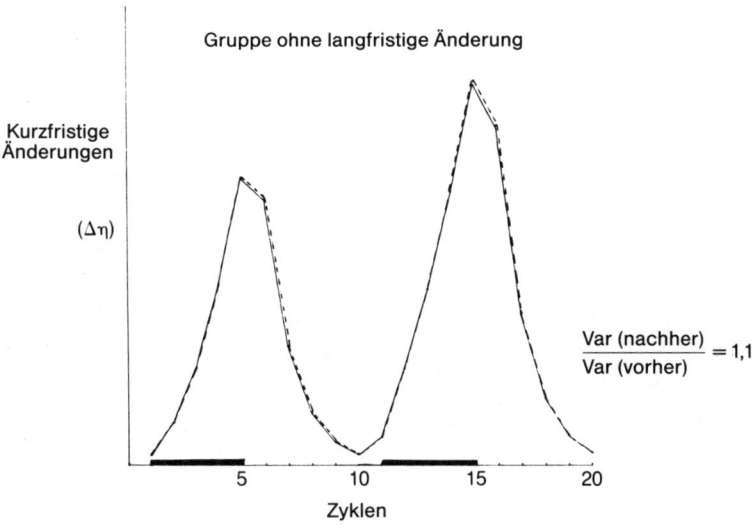

sche Weise zu verknüpfen und so eine Vielfalt von Schaltungen zu erzeugen. Das folgt aus der postsynaptischen Regel: Statt die Inputs in nur zwei Klassen – erregende und hemmende – aufzugliedern und die neuronalen Operationen im Booleschen Sinne aufzufassen, sollten wir vielmehr eine Art »Transmitterlogik« ins Auge fassen, in der jeder Transmitter (in Verbindung mit seinen postsynaptischen Partnern) zu charakteristischen Modifikationen von Synapsen führen kann, die nur bestimmte andere Transmitter aufnehmen und nur auf bestimmten anderen Teilen des Dendritenbaums angesiedelt sind. Verantwortlich dafür ist der Zusammenhang zwischen Lage, Kanal-Populationsverteilung und differierenden zeitlichen Bedingungen (siehe Abbildung 7.2 und 7.3). Ein solches System würde eine große Diversität von Klassen synaptischer Modifikationen erzeugen, die alle spezifisch sind, sich aber im Ausmaß, im zeitlichen Verlauf, im Ursprung und Ziel unterscheiden. Der entscheidende Punkt ist, daß diese Diversität von der Anzahl und den Arten von Transmittern und Rezeptoren abhängen würde. Ungeachtet dessen, daß die Konnektivität im ZNS in Gestalt des primären Repertoires bereits sehr ausgedehnt und detailliert ist, würde ein solches Arrangement zwischen Kombinationen von Kanälen und Transmittern es zu einem evolutionären Vorteil machen, eine wachsende Zahl von Modulatoren und Neuropeptiden zu besitzen, um in der Verhaltensphase zwischen verschiedenen sekundären Repertoires wählen zu können. Diese Vermehrung würde zu einer sehr viel größeren Zahl funktioneller Teilnetzwerke von Gruppen führen, die zu kombinatorischen Interaktionen in diesem Repertoire beitragen können. Eine reichhaltige Pharmakologie sorgt auf diese Weise für eine sehr reichhaltige Menge funktioneller Netzwerkvarianten. Einer der beeindruckendsten Aspekte des Zwei-Regel-Modells sind seine vielfältigen struktur- oder kontextabhängigen Konsequenzen. Diese Kontextabhängigkeit ähnelt derjenigen, die wir in der epigenetischen Realisierung der CAM-Regeln und Zyklen beobachten, die ein primäres Repertoire erzeugen. In beiden Fällen wirken Biochemie, Pharmakologie und Neuroanatomie zusammen, um sowohl die übliche Struktur als auch reiche Diversität hervorzubringen.

## Zusammenhang zwischen
## synaptischer Änderung und Gedächtnis

Für jede allgemeine Theorie des Gehirns gehört es zu den herausragenden Aufgaben, die strukturelle Basis des Langzeit- und Kurzzeitgedächtnisses zu erklären. Tatsächlich ist dies eine mehrteilige Aufgabe. Zu erklären ist, (1) wie ein und dasselbe Netzwerk im Zusammenhang mit der perzeptuellen Kategorisierung und dem Lernen laufend kurzfristige Änderungen durchführen und zugleich langfristige Änderungen aufhäufen kann, (2) wie beide Arten von Änderungen im Netzwerk *verteilt* sein können und wie sie mit Input und Output zusammenhängen und (3) wie langfristige Änderungen sich so lange (über das ganze Leben eines Individuums, bis zu hundert Jahren ) erhalten können. Diese Fragen bringen uns zurück zu denen, die gleich zu Beginn dieses Kapitels angeschnitten wurden, und sie bereiten uns vor auf die eingehende Erörterung globaler Änderungen im nächsten Teil des Buches. Die bisherige Diskussion hat zur Lösung der beiden ersten Fragen beigetragen, aber der Zusammenhang zwischen synaptischen Mechanismen und der Stabilisierung des Gedächtnisses ist noch ungeklärt.

Man muß erkennen, daß zwischen den zeitlichen Bedingungen der synaptischen Änderung und den Voraussetzungen des Gedächtnisses nicht *notwendig* ein direkter Zusammenhang besteht: In einer Selektionstheorie gibt es keine direkte oder isomorphe Beziehung zwischen einem physikalischen Ereignis, seiner Wirkung auf Synapsen und der Fähigkeit, durch Kategorisierung erinnert zu werden. Da das Problem in dem *Verfahren* besteht, mit dem das Gedächtnis arbeitet, und in Anbetracht der Behauptung, daß Gedächtnis eine auf globalen Projektionen basierende Form der Rekategorisierung ist (Kapitel 9), entsprechen langfristige synaptische Änderungen nicht unbedingt dem Langzeitgedächtnis. Gleichwohl muß gezeigt werden, wie im Normalfall ein kategoriales Gedächtnis mit jahrelang erhaltenen Inhalten aus weniger lang anhaltenden synaptischen Änderungen im Netzwerk aufgebaut werden kann.

Geht man von den Annahmen der Theorie aus, so kann das

Gedächtnis nicht *nur* in molekularen Strukturen gespeichert sein. Der Proteinumsatz ist groß, es gibt kaum feststehende, unwandelbare Strukturen, und nichts deutet darauf hin, daß Polynukleotid-Strukturen, die zuverlässig ersetzt werden *können*, irgend etwas mit der Gedächtnisspeicherung zu tun haben. Nach der Auffassung, wie sie in der Theorie der Selektion neuronaler Gruppen vertreten wird, setzt ein kategoriales Gedächtnis (siehe Kapitel 9) folgendes voraus:

1. Gruppenstruktur *mit Degeneriertheit*, organisiert in globalen Projektionen mit wechselseitigen Verbindungen zwischen Netzwerk-Hierarchien solcher globalen Abbildungen, so daß eine Vielzahl von Klassifikationspaaren entsteht, die mit polymorphen Mengen im Signalbereich zu tun haben. Ein globales Kartierungssystem setzt sich, wie im nächsten Kapitel erläutert wird, zusammen aus einer Vielzahl von Klassifikationspaaren aus verschiedenen lokalen Karten, die in einem Input-Output-System, wie man es beispielsweise in sensomotorischen Systemen vor sich hat, miteinander verknüpft sind.

2. *Relativ* langfristige Änderungen auf der *zellulären* Ebene (Monate bis Jahre).

3. Fortgesetzte Erzeugung von Varianz in bestimmten Synapsen, während zugleich bestimmte *Zellen*, die langfristige präsynaptische Änderungen durchgemacht haben, in stabilen Zuständen der Genexpression gehalten werden.

Auf Teilaspekte der ersten Voraussetzung sind wir bereits eingegangen, und wir werden uns in den folgenden Kapiteln ausführlich damit befassen. Die beiden letztgenannten Voraussetzungen werden durch das hier vorgestellte synaptische Modell erfüllt. Langfristige Änderungen, die durch die präsynaptische Regel bewirkt wurden, können sich über die ganze Lebensdauer einer Zelle erhalten, weil sie die Genexpression einbeziehen. Dennoch kann es gleichzeitig (und im gesamten Netzwerk) mehr oder weniger unabhängig in den Gruppen zu kurzfristigen postsynaptischen Änderungen kommen, die durch korrelierten Input stimuliert werden und die Reaktionen der Gruppen in Untermengen aufteilen, welche von der präsynaptischen Änderung zwar beeinflußt, aber nicht vollständig bestimmt werden. Die Diversität dieser spezifischen postsynaptischen Reaktion würde durch die Existenz einer Transmitter- (bzw. Modulatoren-)Logik gesteigert.

Dieses vermittelt einen Zusammenhang zwischen den Regeln und der Möglichkeit der Kategorisierung, aber es erklärt noch nicht, wie sich Langzeiterinnerungen über Jahre oder gar die ganze Lebenszeit eines Organismus erhalten können. Wenn aber, wie wir noch ausführen werden, das Gedächnis in einer Rekategorisierung besteht, die sich auf die degenerierten Reaktionen multipler, nichtisomorpher Strukturen in Gruppen stützt, und wenn die Kopplung zu den reagierenden Gruppen auf sehr vielfältigen Bahnen verläuft, dann kann eine langfristige synaptische Änderung, die sich monatelang und bis zu einem Jahr erhält, in eine lebenslange Reaktion umgewandelt werden. Der Grund ist klar: Die Wahrscheinlichkeit des Todes *aller* Neurone, die eine präsynaptische Änderung erfahren haben, in *allen* degenerierten Netzwerken, aus denen ein Klassifikationspaar hervorgeht, ist extrem gering. Die Kombination der synaptischen Änderung in neuronalen Populationen mit gekoppelten Klassifikationspaaren in degenerierten Gruppen würde ausreichen, um iso-funktionale Reaktionen zu erzeugen, die sich in der Tat über die ganze Lebensdauer eines normalen Gehirns erhalten könnten.

Die bei einem solchen System interessierende Frage ist nicht so sehr, ob ein kategoriales Gedächtnis stabilisiert werden kann, sondern vielmehr, ob die Existenz und Erweiterung des kategorialen Gedächtnisses nicht die weiterhin notwendige Fähigkeit beeinträchtigt, in Reaktion auf Neues Kategorien zu bilden. Eine plausible Antwort auf diese Frage liefert eine Populationstheorie der Synapsen mit ihrem kompetitiven Verhältnis zwischen lang- und kurzfristigen Änderungen sowie zwischen der Fixierung von Reaktionen und der Einführung von Variabilität: Abhängig vom Bedarf und von sich wandelnden konkurrierenden Ansprüchen, kann auch noch in sekundären Repertoires, in denen bereits eine weitgehende Selektion stattgefunden hat, eine Kategorisierung erfolgen.

# DRITTER TEIL
# GLOBALE FUNKTIONEN

# 8

# Handeln und Wahrnehmung

Globale Funktionen · Bewegungen und embryonales Verhalten · Motorisches Lernen und Kategorisierung · Koevolution des Bewegungsapparats und des nervösen Systems · *Anpassung an die Funktion, Fall 1: Das Gebiß der Cichliden* · Fall 2: *Der Schultergürtel* · Parallele Entstehung spezieller Sinnesorgane · Bewegungsmuster: Synergien und Gesten · *Bernsteins Analyse* · *Neuronale Grundlagen von Gesten* · Notwendigkeit paralleler Kanäle bei der Objektdefinition · Vergleich mit anderen Modellen · *Globalkartierung*

## Einführung

Nachdem die Prinzipien der somatischen Selektion und die epigenetischen Mechanismen geklärt sind, aus denen sowohl die primären als auch die sekundären Repertoires hervorgehen, die überwiegend, aber nicht ausschließlich in Form von Karten vorliegen, müssen wir zeigen, wie Interaktionen der daraus resultierenden Strukturen zu globalen Funktionen führen. Unter »globalen Funktionen« verstehe ich jene Aktivitäten, die zu Kategorisierung, Gedächtnis, Lernen und Verhaltensleistungen führen, welche Anpassung und Überleben ermöglichen – Aktivitäten, die ein konzertiertes Zusammenspiel vielfältiger Bereiche in weiten Teilen des Gehirns mit dem peripheren motorischen Apparat erfordern. Diese Aktivitäten hängen ebenso sehr von der Morphologie nichtneuronaler Strukturen im Phänotyp wie vom Gehirn ab. In diesem Kapitel wird der im vorhergehenden Teil verfolgte Gedanke auf die Betrachtung der motorischen Aktivität und ihr Verhältnis zur Wahrnehmung und zur neuronalen Kartierung in einem selektiven System übertragen. Das führt zur Idee einer Globalkartierung, einer dynamischen Struktur, die vielfältig gekoppelte motorische wie sensorische lokale Karten umfaßt, die im Zusammenwirken mit nichtkartierten Regionen eine raumzeitlich kontinuierliche Repräsentation von Objekten oder Vorgängen bilden. Durch motorische Aktivität beeinflußt eine Globalkartierung die Erfassung der Umwelt durch sensorische Felder. Die einzelnen Repertoires innerhalb der lokalen Karten einer Globalkartierung erfassen disjunktiv verschiedene Aspekte oder Merkmale der Umwelt. Die Verbindung dieser lokalen Karten (siehe Kapitel 5) zu einer Globalkartierung erfüllt den Zweck, die erfaßten Merkmale durch Signalaustausch miteinander zu verknüpfen, so daß die einzelnen Repräsentationen von Merkmalen räumlich und zeitlich *korreliert* werden. Keine der lokalen Karten würde allein ausreichen, um perzeptuelle Kategorisierungen oder Generalisierungen zu erlauben. Eine Globalkartierung ist die minimale Einheit, die zu einer solchen Funktion in der Lage ist, und sie hängt von kontinuierlicher, sowohl naturwüchsiger als auch erlernter motorischer Aktivität ab.

Aufgrund scheinbarer Widersprüche ist wohl das rätselhafteste von allen in diesem Essay erörterten Systemen das motorische System. Zwar waren sowohl Head (1920; siehe Oldfield und Zangwill 1942a, 1942b, 1942c, 1943) als auch Sherrington (1906, 1925, 1933, 1941) und Sperry (1945, 1950, 1952) der Meinung, gerade das motorische System stehe im Zentrum jener Fähigkeiten, die mit höheren Hirnfunktionen wie Wahrnehmung und Gedächtnis verbunden sind, doch blieben sein Verhältnis zum sensorischen System und seine grundlegenden Funktionsweisen entweder ungeklärt, oder sie wurden weitgehend unter dem Gesichtspunkt der Informationsverarbeitung gedeutet (für einen Überblick siehe Brooks 1981). Die hier vertretene alternative Auffassung, daß motorische und sensorische Strukturen nur als ein koordiniertes selektives System zu verstehen sind, führt zu einer klar definierten Position hinsichtlich der Rolle früher Signale in der Entwicklung und sogenannter höherer Vorgänge im ZNS: Selektion durch frühe Signale sowohl im motorischen wie im sensorischen System, die in einer Globalkartierung *zusammenwirken*, ist wohl entscheidend für die Lösung des Problems der adaptiven Kategorisierung von Wahrnehmungsinhalten. Es hängt von evolutionären und ökologischen Bedingungen ab, wie stark das motorische und das sensorische System miteinander gekoppelt sind, um die Voraussetzungen für eine adaptive Kategorisierung und ein adaptives Verhalten zu erfüllen. Die Untersuchungen von Coghill (1929) und Hamburger (1970, siehe auch Bekoff 1978) zeigen beispielsweise, daß der Zusammenhang zwischen sensorischen und motorischen Reaktionen im embryonalen und postnatalen Verhalten bei verschiedenen Taxa sehr große Unterschiede aufweisen kann.

Während das Empfinden und möglicherweise gewisse Aspekte der Wahrnehmung ohne Beteiligung des motorischen Apparats erfolgen können, beruht die perzeptuelle Kategorisierung auf dem Zusammenspiel zwischen lokalen sensorischen und lokalen motorischen Karten im Kortex; aus deren Zusammenwirken mit Thalamuskernen, Basalganglien und dem Kleinhirn gehen die Globalkartierungen hervor, die es erlauben, aufgrund kontinuierlicher motorischer Aktivität Objekte zu definieren. Am Prozeß der Globalkartierung (der, wie ich noch ausführen werde, die *minimale* Basis für Kategorisierung und Gedächtnis darstellt) sind vielfältige Vorgänge der Selektion und der Zirkulation von Signalen in einer dynamischen Schleife beteiligt, in der Geste und Haltung auf sensorische Signale abgestimmt werden. Aus dieser Annahme ergibt sich als wichtigste Folgerung, daß die Kategorisierung nicht eine Eigenschaft kleiner Teile des Nervensystems sein kann: Schon als minimale Grundlage der Kategorisierung ist eine Globalkartierung eine sehr ausgedehnte und komplexe neuronale Struktur. Diese Folgerung hat ihrerseits große Bedeutung für die Interpretation des Konzepts eines verteilten neuronalen Systems (Mountcastle 1978).

Aus dieser Sicht ist die selektive Abstimmung zwischen dem sensorischen und dem motorischen System nicht das Ergebnis einer unabhängigen Kategorisierung durch die sensorischen Felder, die *daraufhin* ein Programm zur Aktivierung motorischer Aktivitäten ausführen, das dann wiederum durch Rückkopplungsschleifen kontrolliert wird. Vielmehr werden die Resultate der motorischen Aktivität als integraler Bestandteil der ursprünglichen Kategorisierung der Wahrnehmungsinhalte betrachtet. Ich möchte zwei Analysen beschreiben, die diese Vorstellung stützen. Aus der einen, die der Evolution gilt, geht hervor, daß zwar gewisse Veränderungen des Bewegungsapparats während der Evolution kanalisiert werden, doch erfordern schon geringfügige phänotypische Veränderungen in anderen Teilen des motorischen Apparats (siehe Dullemeijer 1974; Alexander 1975), daß sich gleichzeitig funktionale Veränderungen *unmittelbar* im ZNS vollziehen, damit ein insgesamt adaptives Verhalten sichergestellt ist. Diese Veränderungen müssen bezogen sein auf Gesten oder strukturierte funktionale Bewegungsabläufe, die adaptiv im Hinblick auf *einen gegebenen Phänotyp* sind, und nicht im Hinblick auf individuelle Bewegungstypen oder frühere phänotypische Funktionen evolutionärer Vorläufer. Die andere Analyse ist physiologischer und psychologischer Natur; sie geht zurück auf die Auffassung Bernsteins (1967) über die Anpassung zentraler neuronaler Aktivität an Gesten, die auf sogenannten Synergien oder Klassen von Bewegungsmustern beruhen, eine Auffassung, die in Theorien wie der revidierten motorischen Sprachtheorie von Liberman (Mattingly und Liberman 1987) mit der Wahrnehmung in Beziehung gesetzt wurde. Die evolutionäre wie die physiologische Analyse legen die Vermutung nahe, daß eine durch ein verkoppeltes System erfolgende Selektion zwischen Gesten eine Grundlage für die perzeptuelle Kategorisierung und für das motorische Lernen darstellt. Es handelt sich hier um einen *aktiven* Prozeß, in dem durch Handeln fortgesetzt neue Umwelten getestet und ältere Abbildungen überprüft werden.

Diese Vorstellung verlangt, daß wir unsere Betrachtung des Abbildungsproblems ausweiten – die (in den Kapiteln 5 und 6 behandelte) Abbildung des Inputs in lokalen Karten muß in Zusammenhang gebracht werden mit der Kartierung des Outputs in einer Globalkartierung. Um diese Kartierung zu verstehen, müssen wir uns zunächst mit der Struktur und der Evolution des Bewegungsapparats befassen. Im Schlußteil dieses Kapitels werden wir eine detaillierte Hypothese darüber erörtern, wie ein durch reziproke Kopplungen vernetztes System die Bildung von Globalkartierungen ermöglichen kann, die der Kategorisierung von Gesten und der Korrelation von Input und Output dienen. Doch zunächst müssen wir uns mit den Elementen der motorischen Aktivität befassen.

## Das motorische Ensemble

Die Evolution des Gehirns war auf adaptives Handeln gerichtet, und sie mußte selbstverständlich den Bewegungsapparat und die von ihm ausgehenden Beschränkungen für den Phänotyp berücksichtigen. Deshalb müssen wir uns mit einigen Aspekten der Evolution des Bewegungsapparats befassen und vor allem beachten, daß schon geringfügige Veränderungen in diesem System weitreichende Folgen haben (Dullemeijer 1974; Liem 1974; Alexander 1975; Oxnard 1968; Ulinski 1986). Besonders wichtig ist, zu erkennen, daß verschiedene Taxa in der Evolution bezüglich der Bewegung in ihrer ökologischen Nische auf *unterschiedliche* Probleme stießen, die von der natürlichen Selektion auch auf unterschiedliche Weise gelöst wurden. Grundlagen dieser Lösungen sind einerseits morphologische Faktoren, andererseits eine Selektion bezüglich des Gesamtverhaltens. Die Analyse der Bewegung muß daher in hohem Maße Fragen des Habitats und der funktionalen Anpassung von Phänotypen berücksichtigen und kann sich nicht auf die schlichte Vorstellung beschränken, daß Muskeln Knochen bewegen und das Nervensystem Muskeln erregt.

Axiale Schwimmbewegungen, Haltungsanpassungen, Brachiation, Kauen und appendikulare Spezialisierungen für die Feinsteuerung der Finger – sie alle werfen jeweils Probleme dieser Art auf (Grillner 1975; Brooks 1981; Evarts et al. 1984). Zwar überlagern und vermischen sich diese bei einem Organismus hoher Evolutionsstufe, doch kommt es für die Theorie darauf an, die *gesonderten Anpassungen* der jeweiligen Strukturen des Bewegungsapparats mit der *Koevolution* der entsprechenden zentralen neuronalen Strukturen zu korrelieren, die zusammen mit ihnen auf adaptive Weise funktionieren müssen. Diese von der Evolution hergeleitete Einschränkung macht deutlich, daß wohl keine generalisierende Erklärung der Bewegung – seien es Reflexe, zentrale Mustergeneratoren, hierarchische Kontrolle (Gallistel 1980) oder Rückkopplungssysteme – hinreichend allgemein ist, um alle Aspekte der Evolution jener adaptiven motorischen Reaktionen zu erklären, die im Laufe der Evolution eines Organismus wie des *Homo sapiens* integriert werden.

Wir werden das gesamte System (Muskeln, Gelenke, propriozeptive und kinästhetische Funktionen sowie die entsprechenden Teile des Gehirns) als motorisches Ensemble bezeichnen, um zu unterstreichen, daß alle Teile als Einheit evolvieren und funktionieren müssen. Die Funktionen des motorischen Ensembles werden sehr unterschiedlich interpretiert. Der eine Autor versucht die motorische Aktivität mit detaillierten Analysen von Reflexen, Mustergeneratoren und Rückkopplungsschleifen, denen eine hierarchische Organisation übergeordnet ist, zu erklären (Gallistel 1980). Ein anderer vertritt die Auffassung, daß die kinetischen Ensembles, welche beispielsweise die Gliedmaßen darstellen, nicht ausschließlich auf diese Weise funktionieren, sondern in einer Koordinationsbeziehung zum ZNS stehen, die ständig im Fluß ist, nicht von *feststehenden* Mustergeneratoren abhängt und nicht *für* zentrale Strukturen, sondern *mit* ihnen arbeitet (Bernstein 1967; Kelso und Tuller 1984). Die Versöhnung dieser gegensätzlichen Auffassungen wird ferner erschwert durch Befunde, wonach die Aktivität von Muskelsehnenrezeptoren (siehe Sherrington 1900) nicht *in einfacher Weise* mit Länge, Kraft, Schnelligkeit, Viskosität, Spannung oder Dehnung bestimmter Muskeln korreliert werden kann (Roland 1978; Matthews 1982). Es gibt Anhaltspunkte dafür, daß Muskelsehnenrezeptoren sowohl die Kraft als auch das Ausmaß von Willkürbewegungen zentralwärts melden, doch ist unklar, wo die Kontrolle auf solche Signale ausgeübt wird (Roland 1978; Burgess et al. 1982; Matthews 1982). Außerdem macht es die Beschaffenheit der jeweiligen Verbindungen elastischer Muskeln mit ganzen Ensembles von Gelenken, Knochen, Bändern und Sehnen schwieriger, allgemein die Ansicht zu vertreten, daß die Aktivität eines einzelnen Muskels wesentlich oder in manchen Fällen sogar von ausschlaggebender Bedeutung in einem gegebenen Bewegungsmuster sei – die Anzahl der Freiheitsgrade ist einfach zu groß (Bernstein 1967). Diese Folgerungen sowie klassische Analysen der Integration neuromuskulären Verhaltens (Weiss 1936, 1941; Stein 1982) lassen vermuten, daß weder die normalen physikalischen Variablen noch die einzelnen Untereinheiten eines motorischen Ensembles die entscheidenden Elemente sind, nach denen sich die Bildung eines zentralen neuronalen Konstrukts für Bewegungsabläufe richtet. All diese noch zu erörternden Beobachtungen, speziell die der sowjetischen Schule (Gelfand et al. 1971), für die Bernstein (1967) bahnbrechend war, deuten darauf hin, daß die Erklärung des Zusammenhangs der motorischen Aktivität mit sensorischem Input, zentraler Kontrolle und Gedächtnis ein schwieriges Problem bringt. Das ist bedeutsam für die Frage, wie Globalkartierungen konstruiert werden. Was wird eigentlich abgebildet, wenn eine Bewegung geplant, ausgewählt, ausgeführt und erinnert wird? Einen gewissen Aufschluß über diese zentrale Frage wird nur eine eingehende Betrachtung von Evolution und Entwicklung der strukturellen Grundlagen motorischer Reaktionen sowie eine funktionelle Analyse der motorischen Koordination liefern.

## Evolutionäre Überlegungen

Bevor wir auf die funktionellen Aspekte zentraler motorischer Strukturen eingehen, wollen wir einige der evolutionären Überlegungen aus Kapitel 6 weiterführen. Wir werden Evolutionstendenzen in motorisch-sensorischen Systemen betrachten und überlegen, wie es möglich ist, daß gewisse Anpassungen des Bewegungsapparats das Problem der neuromuskulären Interaktionen vereinfachen, während andere die evolutionären Gesamtreaktionen einer Spezies auf Anforderungen der Umwelt vollkommen umkrempeln. Was vom ZNS verlangt wird, um diesen Anforderungen gerecht zu werden, besonders was die Abfolge, Schnelligkeit und Kompliziertheit der Reaktionen betrifft, gehört zu den schwierigsten Aufgaben, vor die der Organismus gestellt ist. Unser zentrales Argument wird sein, daß die Koevolution der neuronalen Strukturen, die diesen Anforderungen zu entsprechen vermögen, auf der Selektion neuronaler Gruppen beruht.

Vorab ist die Frage zu prüfen, wie neuronale Strukturen sich in Koordination mit dem Bewegungsapparat entwickeln können. Muskeln müssen an Knochen angepaßt werden, beide müssen an die Funktion angepaßt werden, und das ZNS muß diese Variablen koordinieren (und von ihnen koordiniert werden). Für die Beherrschung der Anpassungsprobleme scheinen zwei Faktoren von entscheidender Bedeutung zu sein. Der erste ist die während der Ontogenese wirksame Bedingung, daß die neuronale Aktivität und die neuromuskuläre Interaktion geordnet ablaufen, um die sachgerechte Innervation der Muskeln zu sichern (Hamburger 1970). Der zweite ist die strukturelle Anpassungsfähigkeit von Muskeln und Knochen an veränderte Belastungen in der adulten Lebensphase (Alexander 1975). Beide Faktoren, die Elemente von Degeneriertheit und die Wirksamkeit stochastischer Prozesse erkennen lassen, verschaffen Spielraum für die Anpassung zwischen Gehirn und motorischem Apparat. Die Tatsache, daß der erste mit der adulten Funktion nichts zu tun hat und der zweite vollkommen von dieser Funktion abhängt, deutet an sich schon darauf hin, daß die Verknüpfungsmöglichkeiten zwischen dem ZNS und dem motorischen System eine erhebliche Variation aufweisen. Eine evolutionäre Verschiebung eines Muskelansatzes kann sich stark auf die ontogenetische Strukturierung neuromuskulärer Netzwerke und über das adulte Verhalten indirekt auf die Evolution des ZNS auswirken. Während der Entwicklung wirksame Gestaltungsmechanismen (Hamburger 1970; Changeux und Danchin 1976; Korneliusen und Jansen 1976; Van Essen 1982) und adulte Plastizität (Evarts et al. 1984) müssen an den für ein angemessenes Funktionieren erforderlichen zweifachen Umorganisationen wesentlich beteiligt sein.

Wenn wir zu verstehen versuchen, wie es dem ZNS möglich war, adaptive Strukturen für die Koordination sensorischer und motorischer Funktionen zu entwickeln, müssen wir uns ferner bewußt machen, daß einige wenige stabile evolutionäre Lösungen für ein strukturelles Problem mit vielen Freiheitsgraden das Bild der Anpassung verändern können. Wir werden einige Beispiele von unterschiedlichen Spezies anführen, um das Argument, daß geringfügige Veränderungen zentraler neuronaler Strukturen ein erhebliches Ausmaß an somatischer und evolutionärer Anpassung erfordern können, zu veranschaulichen. Ein Fall (Liem 1974) wird zeigen, daß aus einer geringfügigen phänotypischen Änderung enorme Diversität entstehen kann, ein anderer (Oxnard 1968), daß bestimmte Anpassungen des Bewegungsapparats bei ganz verschiedenen Spezies konvergent und gerichtet verlaufen.

Alexander (1975) hat sich scharfsinnig mit diesen Fragen befaßt und gezeigt, daß die Stärke der Knochen und die Kräfte der Muskeln integriert werden müssen und daß geringfügige Änderungen in den relativen Abmessungen solcher Organe wie der Kieferknochen des Piranha-Fisches weitreichende Umorganisationen in der Struktur des Kopfes und bei den Muskelansätzen nach sich ziehen können. Veränderungen am Schädel, in der Form des Gehirns und der Position der Augen sind erforderlich. Das vielleicht ungewöhnlichste Beispiel für die evolutionären Folgen solcher Veränderungen, wenn sie in der Nähe variierender und reicher prospektiver, adaptiver Zonen in der Umgebung auftreten, ist die Entwicklung der Schlundkieferknochen bei Buntbarschen (Cichliden) (Liem 1974). Im Laufe der Evolution entwickeln diese Fische eine Synarthrose der unteren Schlundkieferknochen, womit sich der Ansatz der vierten äußeren Levatormuskeln entscheidend verändert, und synoviale Gelenke in den Oberkieferknochen. Dank dieser Strukturveränderungen können die Fische ihre Nahrung in einer Weise präparieren und transportieren, welche den prämaxillaren und den mandibularen Kiefer freimacht, so daß sich bei den einzelnen Spezies ganz unterschiedliche Spezialisierungen für sehr verschiedenartige Ernährungsweisen entwickeln können (Abbildung 8.1). Elektromyogramme der vierten Levatormuskeln bei Barschen (Abbildung 8.1 *A*) und Buntbarschen zeigen eine völlig unterschiedliche zeitliche Aktivität und Abstimmung der Funktionen. Die Veränderungen, die es erlaubten, die Aktivitäten des Beutefangs, Kauens und Verschlingens voneinander zu trenen, führten zu einer explosionsartigen und adaptiv erfolgreichen Ausbreitung der Cichliden, die einherging mit einer vielfältigen morphologischen Variation. Während eine nur geringfügige Änderung bestehender Strukturen also komplexe Veränderungen in lokalen Organen erzwingen kann (Alexander 1975), kann sie zugleich Chancen einer raschen morphologischen Anpassung an weitgehende Veränderungen in verschiedenen Umweltbereichen eröffnen.

Näher an den Kern unseres gegenwärtigen Themas führt uns die Tatsache, daß bestimmte selektive Veränderungen während der Ontogenese des Bewegungsapparats weitgehende Verhaltensänderungen bei einer Spezies hervorrufen können. Dies müßte sich am Ende erheblich auf die Evolution des Gehirns und besonders seiner motorischen Kontrollsysteme auswirken. Die Elektromyogramme (Osse 1969; Liem 1974) von Kiefermuskeln, deren Funktion sich nach einer morphologischen Änderung *umgekehrt* hat (Levator ext. 4, Abbildung 8.1 *A, C*), zeigen Reaktionsabläufe, welche diese Muskeln wirksam an ihre neuen Aufgaben anpassen. Das Feuerungsmuster von Nerven, welche die Kiemenmuskeln versorgen, ändert sich, ohne daß jedoch die motorisch-sensorischen oder propriozeptiven Sinnesorgane im ZNS nennenswert

Abbildung 8.1

*Vergleich der elektromyographischen Aktivität der Kiefermuskulatur und der Kieferbewegungen von* Percidae *und* Cichlidae *(Liem 1974). A: Diagramm der aktiven Perioden der Kiemen- und Zungenbeinmuskeln eines unbetäubten, in seiner Bewegungsfreiheit nicht beschränkten* Pristolepis fasciatus, *der mit lebenden Grillen gefüttert wird. B: Diagramm der Kieferbewegungen, erfaßt durch eine Reihe von Röntgenaufnahmen des generalisierten Barsches* Pristolepis fasciatus. *C: Diagramm der aktiven Perioden der Muskeln eines unbetäubten, in seiner Bewegungsfreiheit nicht beschränkten* Haplochromis burtoni, *der mit* Gammarus *gefüttert wird. D: Vereinfachtes Diagramm der Kieferbewegungen eines generalisierten Cichliden, wie sie eine Reihe von Röntgenaufnahmen zeigt. Im Vergleich mit B zeigen sich Unterschiede in den Aktivitätsphasen von Levator externus 4. Fette Linien (Phase 1a): Futteraufbereitung (Mastikation). Magere Linien (Phase 1b): Futtertransport (Schlucken, Verschlingen). Gepunktete Linien (Phase 2): Protraktion-Abduktion. Abkürzungen: ADDUCTOR = fünfter Adduktor; GENIOHY A = Geniohyoideus anterior; LEVATOR EXT 4 = vierter Levator externus; LEVATOR POST = Levator posterior; PHAR CL E = Pharyngocleithralis internus; PHARYNGOHY = Pharyngohyoideus; RETRACTOR = Retractor pharyngeus superior; STERNOHY = Sternohyoideus; A = Pharynxfortsatz (Apophyse); CL = Cleithrum; HY = Hyoideus; LB = unterer Schlundkieferknochen; MD = Mandibula; NC = Neurocranium; PS = parasphenoid; TM = Spitze der Mandibula; UB = oberer Schlundkieferknochen; UH = Urohyalis; V = Vertebra.*

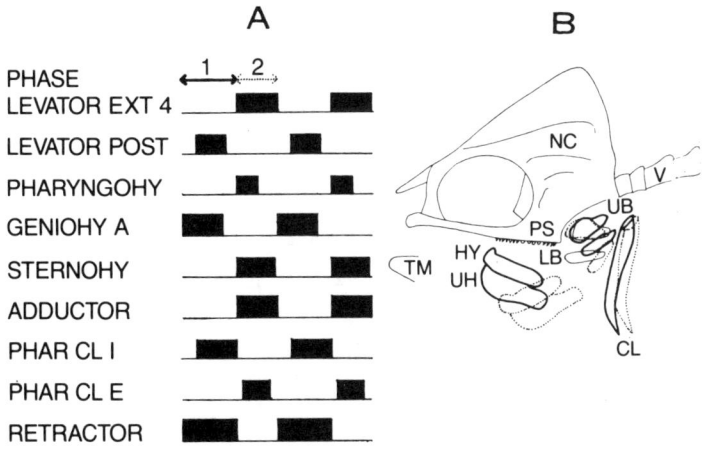

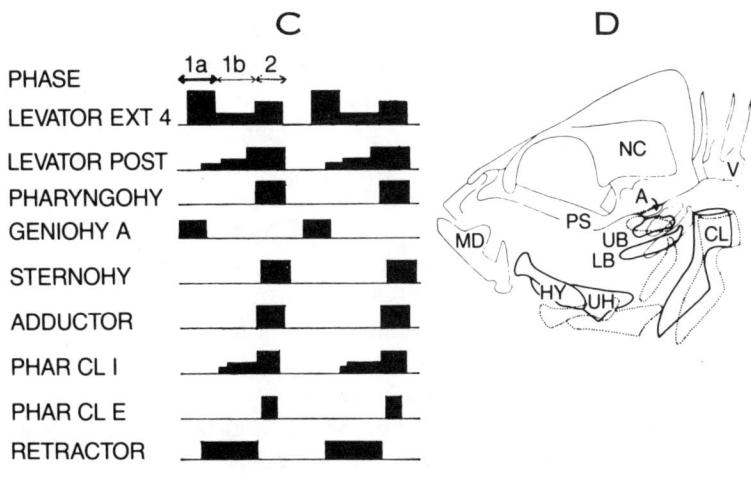

verändert würden. Die evolutionären Veränderungen, die zu den Strukturänderungen führten, mögen zwar gradueller Natur gewesen sein, doch ist anzunehmen, daß sich das Gehirn zu dem Zeitpunkt, als erstmals Veränderungen auftraten, die von den Barschen zu den Buntbarschen führten, mit veränderten Feuerungsmustern *somatisch* an die Änderung des Bewegungsapparats anzupassen hatte, ohne daß gleichzeitige Mutationen eine entsprechend veränderte Hirnstruktur herbeigeführt hätten. Dieses Beispiel zeigt ebenso wie Frazzettas (1970) Analyse von Veränderungen der Prämaxilla bei Boas und Pythons, daß relativ geringfügige Variationen während der Ontogenese, bedingt durch die Notwendigkeit, einzelne epigenetische Variationen auszugleichen, in der Evolution zu weitgehenden adaptiven Veränderungen führen können. Einige davon mögen auf Präadaptationen (Bock 1965) und graduellem evolutionären Wandel beruhen, doch andere müssen auf die Fähigkeit des Gehirns zurückgehen, sich durch somatische Selektion anzupassen.

Dieses und andere Beispiele offenbaren eine anscheinend so unbegrenzte Fähigkeit zur Strukturdiversifikation, daß man kaum zu erkennen vermag, wie eine bestimmte adaptive Lösung erreicht werden kann. Daß dies möglicherweise kein gar zu großes Problem darstellt, wird man einsehen, wenn man sich klarmacht, daß die Evolution starken morphologischen Zwängen unterliegt (Alberch 1980, 1982a, 1985). Ein für das Bewegungssystem und seine zentralnervöse Kontrolle relevantes Beispiel liefert eine Betrachtung der Faktoren, die für die Form des Schulterblatts und die Architektur des Schultergürtels bestimmend sind. Wie aus den Untersuchungen von Oxnard (1968) hervorgeht, werden die unzähligen möglichen Formen des Säugetier-Schultergürtels im Laufe der Evolution durch die Funktion der Schulter in der Lokomotion klar auf zwei oder drei große Klassen begrenzt. Oxnard fand, daß neun osteometrische Merkmale des Schulterblatts und seiner Artikulationen sich zu drei Variablen zusammenfassen ließen. Die erste trennt zwischen verschiedenen Affen und Menschenaffen bezüglich der Zugkräfte, denen die Schulter widerstehen kann. Die zweite statistische Variable trennt zwischen baumbewohnenden und terrestrischen Säugetierformen. Eine dritte

Variable trennt Menschen, Paviane und Huftiere von allen übrigen Formen. Variable 1 hängt offenbar eng mit dem Heben des Arms und dem Tragen von Lasten bei baumbewohnenden Affen zusammen, Variable 2 mit dem Vorteil, den eine mehr seitliche Lage des Schultergelenks durch die auf Bäumen erforderliche größere Mobilität gewährt, Variable 3 mit der Notwendigkeit, das Schulterblatt vom Rumpf fort in distaler Richtung zu verlegen, entweder um eine größere Spannweite (wie etwa bei den Flughörnchen) oder eine Verlängerung des Extremitätensegments (wie bei den Huftieren, um besser rennen zu können) zu erreichen. Beim Menschen liegt das Schulterblatt proximaler als bei jeder anderen Form – wie es sich zur Greiffunktion und zur taktilen Funktion verhält, bleibt noch zu erklären.

Die wichtigste, vom Beispiel der Cichliden abstechende Folgerung aus diesen Untersuchungen lautet, daß eine Struktur wie die Schulter *bei einer Vielzahl von Tierarten* relativ einfache Funktionen haben könnte und daß dies möglicherweise die konvergenten strukturellen Lösungen auch bei nichtverwandten Tierarten bedingt. Die unvorhersehbaren und nicht miteinander zusammenhängenden Faktoren, die in der Evolution auftreten, haben konvergent zu nur wenigen stabilen »Lösungen« für die Form des Schulterblatts geführt; zweifellos haben entwicklungsbedingte Zwänge (Alberch 1982a; Edelman 1986b; Shubin und Alberch 1986) bei der Beschränkung der Evolution auf solche phänotypischen Varianten eine wesentliche Rolle gespielt.

Angesichts dieser Beschränkungen fällt in der Evolution motorisch-sensorischer Systeme um so mehr auf, daß es *parallel* zur Verbesserung der Lokomotion zu einer geradezu explosionsartigen Entstehung spezieller Sinnesorgane kommt (Tabelle 6.1). Bei Amphioxus, wo paarige Myotome und eine muskulöse Chorda für eine schlängelnde Vorwärtsbewegung sorgen, findet man keine speziellen Sinnesorgane, nicht einmal solche für das Gleichgewicht. Bei freischwimmenden Schleimfischen und Neunaugen findet man dagegen neben Spezialisierungen der Kiemennerven und einer Reihe von bemerkenswerten motorischen Mustern, die von einem Mustergenerator im Rückenmark angetrieben werden (Grillner et al. 1982), Seitenlinien-, Geruchs- und Vestibular-

systeme. Als später die Elasmobranchii die Szene der Evolution
betraten, gab es vermutlich schon zerebelläre Systeme und sogar
primitive Thalamuskerne, die getrennte Modalitäten vermitteln,
neben einer umfänglichen und vorzüglichen Muskulatur, die
ein Schwimmen unter sehr schwierigen Bedingungen in rasch
wechselnden Strömungen in drei Dimensionen erlaubt. Die evolutionär bedeutsame Entwicklung ist die rapide *parallele* Spezialisierung all dieser Merkmale und die damit verbundene Notwendigkeit ihrer Koordination. Wenn ein Sinnesorgan etwas Gutes ist, so
scheinen mehrere zugleich etwas Hervorragendes zu sein (siehe
Tabelle 6.1).

Mit der Besiedlung des Landes und den Bewegungen terrestri-
scher Tiere kommen die Komplexitäten der Evolution von Ex-
tremitätengürteln, Verlagerungen von Schwerpunkten und die
Notwendigkeit der sequentiellen Koordination der Gangart
hinzu. Der sich daraus ergebende muskuloskeletale Plan für Ex-
tremitäten mit mono-, zeugo- und stylopodialen Strukturen und
für die Extremitätengürtel ist allgemeingültig (Hinchliffe und
Johnson 1980; Shubin und Alberch 1986). Bei den Amphibien
überlagern sich den Bewegungen der Gürtel die Überreste der
axialen Bewegung, die an die der Fische erinnert. Erst bei verschiedenen Reptilien beobachten wir eine Reihe unabhängiger
Spezialisierungen, vom Gang auf zwei Beinen bis zum Fliegen, mit
einer bemerkenswerten Spezialisierung bestimmter, mit der Bewegung des Schwanzes koordinierter Funktionen der Vorder- und
Hintergliedmaßen. Als dann bei Primaten echte Zweibeinigkeit
aufkommt, erfordern die feinen Spezialisierungen der Fingerkon-
trolle und der Brachiation eine noch mehr verfeinerte Kontrolle
der Wahrnehmungsrelationen zwischen Bewegungen des Kopfes,
des Halses und der Augen und eine intensive gegenseitige Abstimmung zwischen den Mustern des Gehens, Greifens und Fressens
(Grillner 1975, 1977).

Die unterschiedlichen Evolutionsstufen von *scheinbar* ähnlichen Bewegungsformen dürfen nicht durcheinandergeworfen
werden, zumal diese Stufen sich in Modifikationen im ZNS niederschlagen. Amphioxus kann ohne ein Vestibularsystem und ohne
Kleinhirn rhythmische Bewegungen ausführen. Auf der Evolu-

tionsstufe der Cyclostomata ging eine stark erweiterte axiale Flexibilität und Anpassungsfähigkeit einher mit der Evolution vestibularer Kerne und des Kleinhirns. Bei den Teleostiern ist das Kleinhirn hochentwickelt. Zwar wäre es eine grobe Vereinfachung, der Vermis cerebelli eindeutig Funktionen der axialen Koordination und dem Lobus flocculonodularis solche der visuomotorischen Koordination zuzuschreiben (Armstrong 1978; Ito 1984), doch ist klar, daß die starke Entwicklung der Kleinhirnhemisphären mit der Evolution der Fähigkeit verbunden ist, feine distale Bewegungen auszuführen (Armstrong 1978; Sarnat und Netsky 1981). Evolutionäre Veränderungen in anderen, mit der motorischen Funktion verbundenen Gebieten übertreffen bei weitem die der sensorischen Gebiete: Wie Ulinski (1986) dargelegt hat, beruht die größte evolutionäre Veränderung von den Therapsida-Reptilien zu den Säugern nicht auf der Entwicklung einer weitgehenden thalamokortikalen Reorganisation, sondern auf dem Verhältnis zwischen Basalganglien und Kortex. Am bemerkenswertesten ist bei diesem Übergang die starke Entwicklung der motorischen Kerne und der intralaminären Thalamuskerne sowie von reziproken Verbindungen zwischen dem Kortex und den Basalganglien.

All diese Beobachtungen legen den Schluß nahe, daß die Bewegungen verschiedener Körperteile, die bei einer hochentwickelten terrestrischen Spezies koordiniert werden müssen, auf unterschiedliche Evolutionsstufen zurückgehen. Die Befunde deuten darauf hin, daß axiale Bewegungen, die durch zentrale Mustergeneratoren erzeugt werden (für einen Überblick siehe Gallistel 1980), später mit vestibulären und zerebellären Entwicklungen kombiniert werden, wobei es mit der zerebellären Kontrolle der Gliedmaßen und schließlich mit der Entwicklung der Basalganglien und des lateralen Kleinhirns sowie von kortikalen Bereichen für die Feinmotorik zu entsprechenden Fortschritten kommt. Eine Bewegung kann sich aus einer *beliebigen* Kombination von axialen, Gliedmaßen- und Haltungs-Komponenten zusammensetzen, die eine gegebene Geste auszuführen vermögen. Reflexe, zentrale Mustergeneratoren, Rückkopplungsschleifen und Feedforward-Mechanismen sind also in *wechselndem* Umfang beteiligt. Bei höheren Säugern oder Primaten sind diese Komponenten unterschiedlichen evolutionären Ursprungs jedoch zu einer funktionellen Einheit verschmolzen oder überlappen sich, wodurch bis zu einem gewissen Grade die Tatsache verdeckt wird, daß Haltungsbewegungen, rhythmische Axialbewegungen, rhythmische Gliedmaßenbewegungen und willkürliche Fingerbewegungen ein unterschiedliches Maß an zentraler Kontrolle erfordern. Die Repertoires neuronaler Gruppen, die sich selektiv an eine so vielfältige Mischung anzupassen haben, müssen epigenetisch in somatischer Zeit auf diese Kombinationen reagieren.

Dieser Überblick zeigt, daß die Bewegungssysteme höherentwickelter Säuger tatsächlich noch Verbindungsstrukturen enthalten können, die mit der Evolution zentraler Mustergeneratoren sowie verschiedener Reflexe und Servomechanismen zusammenhängen (Gallistel 1980). Diese Komponenten sind jedoch, sobald Willkürbewegungen und geplante Bewegungen möglich werden, in komplexere koordinierende Strukturen eingebettet. Zwar gibt es in der retikulären Formation im Hirnstamm Strukturen, die Mustergeneratoren regulieren, doch gehen, wie wir in Kürze erörtern werden, die variableren und willkürlichen Bewegungsmuster aus Interaktionen zwischen Kortex, Basalganglien und Kleinhirn hervor (Evarts et al. 1984). Diese Beobachtungen stehen in Einklang mit der Ansicht, daß zur Koordination der Bewegungs*muster* eines Tieres von den mit der Bewegung befaßten Repertoires ein Selektionsprozeß durchgeführt werden muß. Dies ist ein Problem der *Kategorisierung*, vor der jedes Individuum steht, und es ist von der Bandbreite phänotypischer Eigenarten jedes Individuums erzwungen.

Wir können nun die Kernaussage der hier vorgetragenen evolutionären Überlegung zusammenfassen. Es ist ausgeschlossen, daß alle phänotypischen Veränderungen im Bewegungsapparat, die vorkommen können, direkt mit geänderten Verschaltungen im ZNS zu erklären sind. Für die genaue Abstimmung zwischen Veränderungen im Bewegungsapparat und im neuronalen Netzwerk gibt es keinen Weg, der *a priori* der beste wäre. Die Anpassung des Nervensystems an evolutionäre Veränderungen im Bewegungssystem erfolgt vermutlich zunächst durch Selektion neuro-

naler Gruppen bei frühen Vorläufern und später durch Mutation
und Selektion derart, daß die Hirnstruktur über epigenetische Änderungen während der Entwicklung beeinflußt wird, wie es die
Regulator-Hypothese postuliert (siehe die Kapitel 4 und 6) – ein
Prozeß, in dem vermutlich während der späteren Entwicklungsphase eine synaptische Stabilisierung erfolgt. Weitere Anpassungen im sekundären Repertoire sind auch erforderlich zur Unterstützung der Fähigkeit von Muskeln und Knochen, sich in der
adulten Phase an Belastungen anzupassen.

Wenn man diesen Interpretationen folgt, kann die Verknüpfung zwischen Hirnregionen und Muskeln *nicht* vollkommen
streng sein. Ein starres Modell der Kontrollschleifen für motorisches Verhalten dürfte demnach nicht generell zutreffen, zumindest nicht auf komplexere, nichtautomatische Bewegungen. Die
Handlungseinheiten sind nicht Muskeln oder Gelenke oder einfache Rückkopplungsschleifen, sondern funktionelle Komplexe
oder Synergien (Bewegungsmuster) beim Phänotyp, die eher
etwas mit Gesten, Haltungen und deren Übergängen zu tun haben
(Greene 1971; Kelso und Tuller 1984). Man hat diese Gesten als
*Muster* aufzufassen, die durch somatische Selektion im Nervensystem *erkannt werden müssen*. Was hier an evolutionären Tatsachen besprochen wurde, steht völlig in Einklang mit dieser
Vorstellung und liefert uns die Grundlage für die Erörterung der
funktionellen bzw. physiologischen Fakten, die in dieselbe Richtung deuten.

## Funktionelle Grundlagen von Gesten

Einen der direktesten und überzeugendsten Beweise für die Existenz funktioneller Komplexe oder Muster erbrachten die inzwischen klassischen Untersuchungen von Bernstein (1967; siehe
auch Whiting 1984) über die Koordination und Regulation von
Bewegungen. Bernstein erkannte, daß aufgrund der großen Zahl
von Freiheitsgraden im Bewegungsapparat und verschiedener ki-
nematischer und gravitationaler Faktoren unmöglich jeder einzelne Muskel bzw. jede einzelne Bewegung jederzeit spezifisch

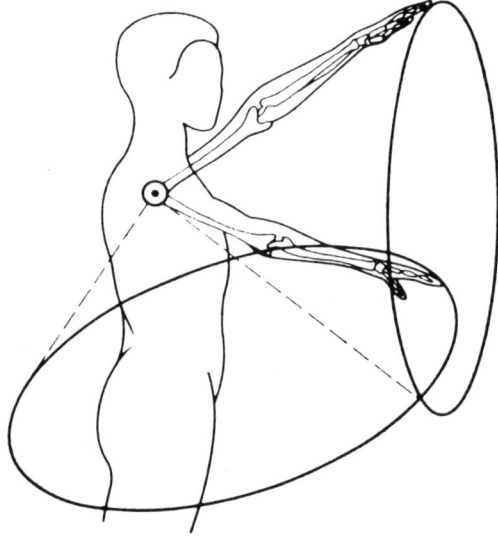

Abbildung 8.2

*Wie Bernstein (1967) zeigte, werden Kreisbewegungen des gestreckten Arms bei gleichartigen Trajektorien von gänzlich verschiedenen Innervationsschemata ausgeführt.*

kontrolliert werden kann. Statt dessen schlug er vor, daß die einzelnen Komponenten des motorischen Systems zu funktionellen Komplexen oder Ensembles verknüpft sind, sogenannten Synergien, die *Klassen von Bewegungsmustern* oder Gesten enthalten (Abbildung 8.2). Synergien werden nicht auf einer Eins-zu-eins-Basis kontrolliert, sondern beschränken sich gegenseitig sehr stark, was die Anzahl der Freiheitsgrade der Bewegung drastisch reduziert. Diese Synergien verhalten sich auf eine degenerierte Weise.

Bernstein erkannte, daß in den komplexen Bewegungen der Vertebraten zwischen einem Muster motorischer Impulse und den damit einhergehenden Bewegungen kein eindeutiger Zusammenhang besteht. Dies beruht auf der Tatsache, daß nach der Einleitung einer Bewegung die Komponenten des Bewegungsapparats unabhängig voneinander aufgrund ihrer kinematischen Verknüpfung irreversiblen Kräften unterworfen sind; darüber hinaus sind sie Gravitations- und Trägheitskräften ausgesetzt. Wie Kelso und Tuller (1984) in einer Darstellung der Position der sowjetischen Schule betonten, können unterschiedliche Rahmenbedingungen ganz verschiedene Aktivierungsmuster erfordern, die dennoch ein und dieselbe kinematische Bewegung hervorbringen (Abbildung 8.2), und andererseits kann ein und dasselbe Innervationsmuster ganz verschiedene Bewegungen erzeugen. Dies ist unter all dem Tatsachenmaterial über neuronale Organisation und Funktion einer der überzeugendsten Beweise für Degeneriertheit. Der adaptive Wert dieser Degeneriertheit beruht zweifellos auf der im vorigen Abschnitt erörterten, durch die evolutionären Faktoren bedingten Notwendigkeit der Abstimmung der Funktion.

Die Kovarianz der Aktivität einer Reihe von Muskeln in einer Synergie geht einher mit entsprechenden Kovarianzen neuronaler Signale. Die entscheidende Frage ist, wie es zu dieser relationalen Interaktion zwischen funktionierenden Synergien und zentralnervösen Aktivitäten kommt. Nach der hier vertretenen These geschieht das durch Selektion entsprechender neuronaler Gruppen in verkoppelten Systemen. Nervensysteme, die sich an muskuläre Synergien anpassen, stehen vor den gleichen Problemen von Kategorisierung und von Spezifität versus Generalität, denen sich das gesamte Wahrnehmungssystem gegenüber sensorischen Signalen ausgesetzt sieht (siehe Kapitel 3). Das bedeutet, daß während der Bewegung eine Vielzahl von Neuronen in einer Population ihre Reaktion aufeinander abstimmen müssen. Neuere Untersuchungen von Georgopoulos und Kollegen (Georgopoulos et al. 1984, 1986; Georgopoulos 1986) stehen mit dieser Folgerung in Einklang und deuten darauf hin, daß die Erzeugung einer Bewegung in einer bestimmten Richtung auf der kombinierten Aktivität multineuronaler Ensembles beruht, die bezüglich der Richtung heterogen sind in dem Sinne, daß die bevorzugten Richtungen entsprechenden Reaktionen von Zelle zu Zelle variieren.

Diese Befunde hängen ebenso wie Bernsteins Idee der funktionellen Uneindeutigkeit der Verbindungen zwischen dem ZNS und der Peripherie eng mit dem Begriff der Degeneriertheit zusammen. Bernstein (1967) sieht die Grundlagen dieser uneindeutigen Abbildung in (1) der Anatomie – der Anzahl der Freiheitsgrade in komplexen Bewegungsketten, der Mannigfaltigkeit der muskulären Aktion, der Abhängigkeit der Aktion von der Stellung der Extremitätenabschnitte und der Unmöglichkeit der Existenz starrer Antagonisten, (2) der mechanischen Komplexität vielfach segmentierter Bewegungsketten, deren Aktivität entsprechend den Newtonschen Gesetzen unterschiedliche Gegenkräfte auslöst, und (3) der physiologischen Varianz der zentralen effektorischen Impulse. Aus alldem schließt er, daß über die motorischen Folgen zentraler Impulse sowohl zentral als auch peripher entschieden wird. So ist es beispielsweise schon bei repetitiven Gliedmaßenbewegungen ausgeschlossen, daß das Gehirn den Haltungsalgorithmus *berechnet*, um der nach dem dritten Newtonschen Gesetz entstehenden Rückwirkung auf den Rumpf entgegenzuwirken. Die Selektion muß in der Weise erfolgen, daß die Anzahl der Freiheitsgrade in der Peripherie verringert wird. Kelso und Tuller (1984) stellen in ihrer Würdigung der Bernsteinschen Auffassungen fest, daß einige der Merkmale von Synergien oder koordinativen Strukturen den Annahmen der Theorie der Selektion neuronaler Gruppen entsprechen. Ferner beschreiben sie qualitativ die Ähnlichkeit dieser koordinativen Strukturen mit dem gleichgewichtsfernen Verhalten dynamischer Ensembles, in denen Symmetriebrechung stattfindet. Die Ähnlichkeit zwischen Versuchen, musterbildende Entwicklungsvorgänge in diesem Sinne

Abbildung 8.3
*Gangarten beim Laufen in unterschiedlichen Altersstufen (aufeinanderfolgende Streifen) nach Bernstein (1967). Schemata der Körperpositionen in den einzelnen Phasen des Schrittes:* $n_A$ (S) = *Abwärtsstoß im Oberschenkel des hinteren Beins;* $C(\pi)$ = *Schub nach hinten durch das hintere Bein;* $m_\beta$ = *Grenze der Anhebung des Knies nach hinten;* D(p) = *Schub nach hinten;* $E(\pi)$ = *das letzte dynamische Element der Stützungsphase. Das Kleinkind zeigt nur geringe Unterschiede zwischen Gehen und Laufen. Die mit zunehmendem Alter erfolgende biomechanische Reorganisation schafft neue Probleme für das ZNS, an die es sich anpassen muß.*

$$n_A(S) \qquad C(\pi) \qquad m_\beta \qquad D(p) \qquad E(\pi)$$

zu charakterisieren (siehe Harrison 1982 und Kapitel 4), und
Bernsteins scharfsinnigen Charakterisierungen von Bewegungen
als Problemen der Morphogenese ist kein Zufall.

Zwei miteinander zusammenhängende Erkenntnisse sind besonders wichtig, wenn man Bernsteins Auffassungen von der motorischen Funktion mit der Theorie der Selektion neuronaler
Gruppen in Beziehung setzt. Zum einen geht es um die Einsicht,
daß die Analyse der Biomechanik von Gliedmaßenbewegungen
ein Problem der Entwicklungsbiologie ist. Die Bewegungen eines
Organismus werden als morphologische Objekte aufgefaßt – sie
entwickeln sich, reagieren und evolvieren nach bestimmten epigenetischen Mustern. Aus Untersuchungen über das Gehen und
Laufen von Kindern (Abbildung 8.3) mit Hilfe der Zyklographie
und anderer Verfahren geht hervor, daß sich das lokomotorische
System epigenetisch in mehreren Stadien reorganisiert und dabei
dem ZNS jeweils neue Aufgaben stellt, an die es sich anpassen
muß. Das ist mit Energiekosten verbunden, die es zu minimieren
gilt. Die andere wichtige Einsicht besagt, daß zwischen den qualitativen Merkmalen von Bewegungen und Synergien und deren
quantitativen, metrischen Eigenschaften unterschieden werden
muß. Die quantitativen Eigenschaften, die in dem *Muster* der
räumlichen Konfigurationen und Formen von Bewegungen bestehen, bezeichnet Bernstein als topologisch (Abbildung 8.4), in
Analogie, aber nicht in strenger Äquivalenz zum mathematischen
Sprachgebrauch. Er betont, daß die Bewegungen eines Organismus in gleichem Maße von topologischen Eigenschaften wie von
Wahrnehmungen bestimmt werden. Bei den metrischen Eigenschaften geht es um solche, die mit Körperlänge und -gewicht des
jeweiligen Individuums zu tun haben. *Beide* Arten von Eigenschaften müssen in einem Selektionssystem durch entsprechende
Korrekturen aufeinander abgestimmt werden.

Bevor wir näher darauf eingehen, was diese Einsichten für die
Selektion neuronaler Gruppen bedeuten, müssen wir die entge-
gengesetzte Auffassung in die richtige Perspektive rücken. Wir
brauchen dazu nur einen neueren Forschungsbericht zu zitieren.
Gallistel (1980) hat die Ansicht vertreten, daß die Kontrolle der
Bewegung erklärt werden könne mit einer Kombination grundle-

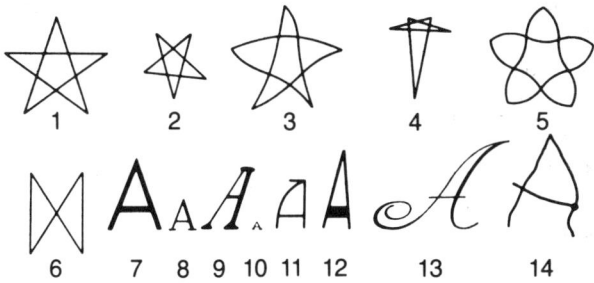

Abbildung 8.4

*»Topologie« nach Bernstein (1967). Dieser Terminus wird für alle qualitativen Aspekte der räumlichen Konfiguration oder von Bewegungsformen benutzt, im Gegensatz zu den quantitativen, metrischen Aspekten. Die Beispiele 1–5 gehören zur topologischen Klasse der fünfzackigen Sterne, 6 zur topologischen Klasse der Achterfiguren mit vier Winkeln, 7–14 zur topologischen Klasse der A-Lettern.*

gender zentraler Muster, bestehend aus Reflexen, Oszillatoren und Servomechanismen, die hierarchisch in der Weise miteinander verbunden sind, daß die allgemeineren Kontrollen zentral und die spezifischeren an der Peripherie erfolgen. Die Schwäche dieser Auffassung liegt nicht darin, daß es derartige Strukturen nicht gäbe, sondern darin, daß sie die von Bernstein beschriebenen, unanfechtbaren topologischen und metrischen Merkmale motorischer Systeme nicht zu erklären vermag. Ferner fällt es ihr schwer, jene Haltungen und Gesten zu erklären, die den funktionell adaptiven Aspekten der Bewegung entsprechen, besonders die Willkürbewegung und vor allem jene Gesten, die mit dem Sprechen zusammenhängen (Mattingly und Liberman 1987). Der Zusammenhang der einzelnen Elemente in Gallistels Hierarchie ist nur zu erklären, indem man sich *ad hoc* auf eine vage umschriebene neuronale Potenzierung beruft, deren Grundlage eine vorhergehende Repräsentation oder Information sein soll. Das liegt daran, daß er das Problem der Bewegung nicht als Teil des allgemeineren Problems der Musterbildung und -erkennung betrachtet.

Wer diese hierarchische Interpretation ablehnt, leugnet nicht notwendigerweise, daß die von Gallistel angeführten Komponenten in einer angemessenen Erklärung berücksichtigt werden müssen. Grillner (1975) hat lange vor dem Erscheinen von Gallistels Analyse dargelegt, daß vieles dafür spricht, daß zentrale Mustergeneratoren an der rhythmischen Bewegung beteiligt sind. Dies ist kein Widerspruch zur Synergie-Vorstellung, sondern eine Ergänzung. Axiale Schwimmbewegungen weisen beispielsweise Anzeichen von Automatizität auf, und auch Gliedmaßenbewegungen bei Amphibien sind noch an solche Muster gebunden, zeigen aber dennoch Merkmale von Synergien. Des weiteren stehen die spätere Artikulation distaler Feinmotorik und die Koordination des Ganges bei höheren Vertebraten (Cohen und Gans 1975) unbestreitbar im Einklang mit der Vorstellung von Synergien in einem selektiven, Degeneriertheit aufweisenden System. Auch bei einfachen Systemen von Wirbellosen, die auf zentralen Mustergeneratoren beruhen (Getting und Dekin 1985), ist bereits klar, daß ein einziges einfaches Netzwerk zu mehreren verschiedenen Verschaltungs- und Aktivitätsmustern fähig ist, die zu unterschiedlichen Schwimm- oder Fluchtverhaltensweisen führen.

Wir kommen zu dem Schluß, daß in der Ausführung komplexer koordinierter Bewegungen Gesten, Synergien oder funktionelle Komplexe die Funktionselemente bilden und daß diese Kategorien oder *Klassen* von Mustern darstellen. Ihre degenerierten Eigenschaften, ihre kinetischen (bzw. gleichgewichtsfernen) Zustände und die Erfordernisse ihrer Abstimmung mit neuronalen Mustern stehen völlig im Einklang mit der Idee der Selektion neuronaler Gruppen und unterstützen sie. Mehr noch – man kann sich kaum vorstellen, daß ein stärker fixiertes Muster (mag es auch in hierarchische »Handlungssysteme« eingebaut sein) imstande wäre, mit auch nur graduellen Veränderungen von Bewegungssystemen, wie man sie in der Evolution und in der individuellen Entwicklung beobachtet, mit der Kontextabhängigkeit von Gesten und mit dem »Problem der Freiheitsgrade«, wie es von Bernstein und seiner Schule (Bernstein 1967; Greene 1971) skizziert wurde, fertig zu werden. Im übrigen besteht ein enger Zusammenhang zwischen den Problemen der Evolution des motorischen Ensembles und den Problemen der individuellen somatischen Anpassung, die für die Koordination mehrerer Synergien erforderlich ist.

## Gesten und Selektion neuronaler Gruppen

Die obige Diskussion macht mehrere der mit dem Versuch verbundenen Probleme deutlich, neuronale Strukturen zu definieren, die imstande sind, Synergien zu koordinieren. (1) Welcher Natur ist das System von Kopplungen, das in der Lage ist, die degenerierten Repertoires kortikaler und subkortikaler Gruppen mit den degenerierten Möglichkeiten abzustimmen, die eine Synergie oder Geste bietet? (2) Wie hängt die Wirkungsweise eines solchen Systems mit dem in früheren Kapiteln behandelten Problem der lokalen Kartierung zusammen, und was wird eigentlich als Ergebnis einer Selektion, die an der *kombinierten* sensorischen und motorischen Aktivität stattfindet, kartiert oder gespeichert? (3) Welches Verhältnis besteht zwischen diesem Selektionsprozeß und der Handlungsneigung oder -bereitschaft eines Tieres (Evarts et al. 1984) nach einem sensomotorischen Ereignis? Wie gelangt man, anders ausgedrückt, von einem inneren Muster, das in einem sensorisch bestimmten Muster oder einer Erinnerung besteht, zu der *Wahl* der entsprechenden Bewegungsfolge? Dies sind schwerwiegende Fragen, deren vollständige Beantwortung weitere Untersuchungen und klarer formulierte Versuchsprotokolle verlangt, als wir derzeit besitzen. Gleichwohl ist eine Synthese möglich, die mit der Theorie der Selektion neuronaler Gruppen im Einklang steht und sogar zur Gestaltung der entsprechenden Experimente beitragen kann.

Vielleicht dürfen wir eine Vermutung voranstellen, die sich auf alle drei Fragen bezieht: Das Resultat des Zusammenwirkens von Synergien, taktiler und visuomotorischer Koordination sowie vestibularer und zerebellärer Tätigkeit ist die Selektion neuronaler Gruppen, die zur *Kategorisierung* von Gesten und Haltungen sowie der Übergänge zwischen ihnen führt. Unter einer »Geste« verstehe ich die degenerierte Menge all jener koordinierten Bewegungen, die ein bestimmtes Muster, das bei einem Phänotyp adaptiv ist, zu produzieren vermag.

Auf der Grundlage dieser Vermutung können wir nun zu skizzieren versuchen, inwiefern die Selektion neuronaler Gruppen die Wahl von Gesten erklären könnte. Für die Diskussion wählen wir eines der am besten erforschten Beispiele, die interaktive Funktion von motorischem Kortex, Kleinhirn und Basalganglien, denn viele der neuronalen Gruppen, die bei verschiedenen Haltungen und Gesten selektiert werden, sind miteinander durch reziproke Bahnen verbunden, welche sowohl die Basalganglien als auch das Kleinhirn mit dem Kortex verknüpfen. Die Rolle der Basalganglien ist nur spärlich, die des Kleinhirns dagegen ausgiebig erforscht (Ito 1984); auf jeden Fall sind die definitiven Funktionen dieser wichtigen Strukturen noch nicht vollständig beschrieben. Evarts und Mitarbeiter (1984) haben vermutet, daß das Kleinhirn als ein Steuerkreis schnelle ballistische Bewegungen kontrolliert, während die Basalganglien als ein Regelkreis weitgehend in derselben Weise wie der Kortex gezielte, langsame Bewegungen regulieren. Bei Affen im Wachzustand ist vor einer Bewegung sowohl in den Basalganglien als auch im Kleinhirn Aktivität festzustellen. Kortikale Messungen zeigen ebenfalls Aktivität, und zwar unmittelbar vor einer Bewegung.

In dem hier angenommenen Modell gehe ich davon aus, daß der Kortex mehrere Funktionen übernimmt. Erstens muß er selektierte Populationen neuronaler Gruppen, die die kombinierten Inputs von Muskelsehnenrezeptoren erhalten (Roland 1978), mit Gruppen korrelieren, die sowohl visuelle als auch taktile Inputs erhalten. Dies kann in Kartierungen visueller und sensomotorischer Empfangsbereiche zum parietalen Kortex geschehen (Mountcastle et al. 1975, 1984; Motter et al. 1987; Steinmetz et al. 1987). Zweitens müssen über frontale motorische Bereiche und Verbindungen mit Basalganglien die Aktivitäten dieser neuronalen Gruppen mit denen von Gruppen korreliert werden, die die kombinierten Wirkungen von Gesten repräsentieren.

Dieses untereinander verbundene Aggregat stellt eine Globalkartierung dar – ein dynamisches System, bestehend aus *multiplen* gekoppelten lokalen Karten, die sensorischen Input *und* motorische Aktivität korrelieren und im Zusammenwirken mit unkartierten Regionen eine Repräsentation von Objekten und Vorgängen schaffen (Abbildung 8.5). Die Globalkartierung resultiert in einer koordinierten Interaktion derjenigen kortikalen Gruppen, die eine Geste repräsentieren. Die Basalganglien bilden in diesem System ein wichtiges Bindeglied zwischen gestischen *Sequenzen*, von denen Teile in den frontalen motorischen Arealen entworfen werden, jenen, die im sensomotorischen Kortex vom Kleinhirn koordiniert werden, und motivationalen Schaltkreisen im limbischen System (siehe Kapitel 11).

Eine wesentliche Funktion des Kleinhirns besteht darin, die sensomotorischen Komponenten einer Synergie sequentiell zu verknüpfen. Insofern ist es eine Prüfstelle für aufeinanderfolgende Komponenten alternativer gestischer Aktivitäten, die in unterschiedlichen gekoppelten Schleifen entspringen. Eine andere, überwiegend negative Rolle des Kleinhirns ist in diesem Schema die folgende: Bei schnellen Bewegungen werden unpassende Synergien unterdrückt, die vom im Kortex abstrahiert und kategorisiert vorliegenden Ziel der Geste abweichen (die koordinative Verknüpfung seiner Komponenten wurde bereits durch das Kleinhirn überprüft). Natürlich hat das Kleinhirn außerdem mehrere Funktionen, die mit dieser vermuteten Zensorenrolle nichts zu tun haben. Aus der Annahme, das Kleinhirn fungiere als Zensor, ergibt sich die wichtige Folgerung, daß es im frühen Verhalten eine bedeutende Funktion erfüllt, indem es den *Beginn* der Entwicklung zweckmäßiger Kopplungszusammenhänge zwischen selektierten neuronalen Gruppen im Kortex und im Rückenmark reguliert. Nach wiederholter Selektion könnte diese Tätigkeit des Kleinhirns nur noch für gelegentliche Verstärkungen oder kleine Korrekturen erforderlich sein. In dieser Sicht speichert das Kleinhirn, ebenso wie der Hippocampus (siehe Kapitel 9), nicht spezifische Bewegungsmuster, sondern verknüpft vielmehr die sukzessiven, unvorhergesehenen Teile von Synergien, die in einer Globalkartierung konstruiert werden. Damit hängt es vielleicht zusammen, daß das Kleinhirn trotz seiner hochgradig repetitiven Struktur zu kortikalen Mikrozonen und kortikonuklearen Komplexen (Ito 1984) organisiert ist, die viele der Merkmale neuronaler Gruppen haben.

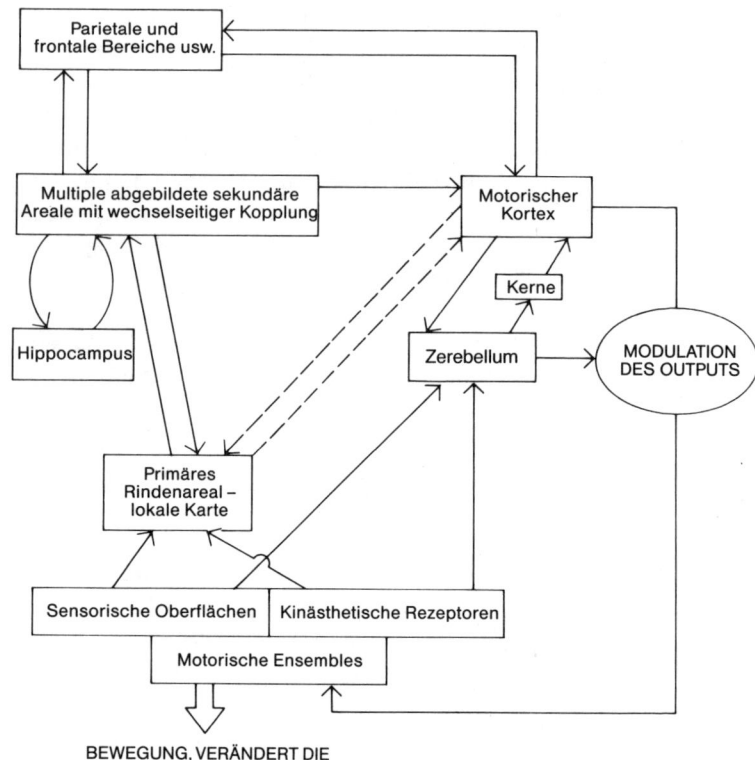

Abbildung 8.5
*Schematische Darstellung einiger Komponenten, die zu einer Globalkar-
tierung beitragen. Die wichtigsten Komponenten sind (1) sensorische
Oberflächen in Verbindung mit motorischen Ensembles, die zur disjunktiven Erfassung fähig sind, beispielsweise die Retinae in den Augen in
Verbindung mit dem okulomotorischen System oder Rezeptoren für
leichte Berührung oder Kinästhesie in Verbindung mit Fingern, Hand
oder Arm; (2) eine lokale Abbildung der sensorischen Oberflächen auf
geeignete primäre Rindenareale, die lokale Karten bilden; (3) eine Fülle
von kartierten sekundären Arealen für jede Modalität, die verschiedene
submodale Reaktionen auf disjunktive Mengen von Reizen ausarbeiten –
diese sind mit abgebildeten motorischen Bereichen verknüpft; (4) um-*

Da all diese Systeme reziproke Kopplungen aufweisen, kann die Selektion degenerierter Gruppen erfolgen, die verschiedene Bereiche derart miteinander verbinden, daß ihre Reaktionen prototypischen Gesten entsprechen bzw. dem, was Bernstein (1967) als motorisches Feld bezeichnete. Aus der Vielzahl von Haltungs- und gestischen Komponenten, die von den mechanischen und muskulären Komponenten des motorischen Ensembles bis zu den komplexen neuronalen Anpassungen reichen, aus denen sich die gekoppelten Karten zusammensetzen, »baut« die Selektion effektive Bewegungen »zusammen«. Dabei muß man sehen, daß die beiden Mengen dieser ansonsten disparaten mechanischen und neuronalen Komponenten sich zu einer Geste oder Synergie vermischen. Dank der Degeneriertheit aller Systemkomponenten können der großen Zahl von Freiheitsgraden bei den Synergien verschiedene selektive Bedingungen auferlegt werden. Zugleich erlaubt es die selektive Natur der neuronalen Interaktionen mit diesen Synergien, diese in der gleichen Weise zu verarbeiten, wie Signale aus der Umwelt von den sensorischen Systemen verarbei-

---

*fangreiche Kopplungen zwischen einzelnen Karten der verschiedenen Ebenen, wobei am Schluß durch reziproke Kopplung mit der primären lokalen Karte für die Erhaltung der raumzeitlichen Kontinuität gesorgt wird; (5) subkortikale Bereiche (z. B. Hippocampus, Cerebellum) für das Ordnen sequentieller Vorgänge oder das Schalten von Output; und (6) entsprechende Haltungs- oder Orientierungsänderungen durch den Output der Globalkartierung, wodurch die Position oder die Erfassungstätigkeit der sensorischen Komponenten des motorischen Ensembles verändert werden. Bewegung der sensorischen Oberflächen kann zu Merkmalskorrelation führen, während diese Oberflächen gleichzeitig mit Merkmalsdetektion beschäftigt sind. Eine gegebene Globalkartierung kann aus unterschiedlichen Beiträgen jeder der einzelnen Komponenten bestehen und schließt eine Input-Output-Korrelation ein. Sie stellt somit eine dynamische Struktur dar, die sich ändert, wenn die Erfassung durch verschiedene sensorische Oberflächen und die Input-Output-Korrelationen durch Bewegung oder Verhalten verändert werden. Jede Änderung kann sich auf die Selektion neuronaler Gruppen innerhalb der Komponenten auswirken. Man muß beachten, daß eine Globalkartierung ein verteiltes System darstellt.*

tet werden: Aus wiederholten multimodalen und motorischen Reaktionen können zentral (hauptsächlich im Kortex; siehe Mountcastle et al. 1984) kategoriale und assoziative Zusammenhänge *aufgebaut* werden.

Die Wirksamkeit verschiedener Synergien kann in Verbindung mit gleichzeitigem sensorischen Input zur Selektion von Konstellationen aktiver neuronaler Gruppen führen, die Grenzen und Objekte definieren. Aus der Sicht der Theorie der Selektion neuronaler Gruppen sind Synergien und Gesten wesentliche Quellen der *Merkmalskorrelation*, die Umweltbedingungen und Umweltobjekte definieren. Die Merkmalskorrelation durch motorische Aktivität ermöglicht eine Verknüpfung der einzelnen Merkmale von Objekten zu kohärenten Sequenzen. Der topologische Charakter der Merkmalskorrelation beruht, wie Bernstein (1967) darlegte, auf der physikalischen Eigenschaft der *Kontinuität*, die der Bewegung und der Aktivität des motorischen Ensembles inhärent ist.

Dieses globale Vermögen der Merkmalskorrelation, das den Synergien zukommt, ist dem Vermögen der Merkmalsdetektion, das die sensorischen Systeme besitzen, hinsichtlich der Fähigkeit, Objekte zu definieren, weit überlegen. Eine durch Synergien definierte Bewegung ist somit eine wichtige Begleiterscheinung von sensorischen Systemen der Merkmalsdetektion. Sie ist nicht nur für die Bestimmung der Kontinuität von Objektgrenzen, sondern auch für die Korrelation der untergeordneten und eher lokal orientierten Prozesse der Merkmalsdetektion, die während der Kategorisierung und Generalisierung parallel von sensorischen Systemen durchgeführt werden, von Bedeutung. Aufbauend auf dem Ergebnis früherer Aktivitäten und bisherigen Lernens (siehe Kapitel 11), wird die Schaffung und Ausgestaltung einer Globalkartierung somit durch fortgesetzte motorische Aktivität vorangetrieben. Eine solche Kartierung ist dynamisch, und sie beruht epigenetisch auf unablässigen exploratorischen Bewegungen und ständigen motorischen Überprüfungen in Wechselwirkungen mit der Umwelt (siehe Jeannerod 1985).

Die motorischen Sequenzen und die Globalkartierungen, die zu Synergien und Gesten führen, sind so gesehen *wesentliche* Elemente für die Bildung von Kategorisierungen. Dennoch ist klar, daß ein gleichzeitiger, paralleler sensorischer Input von den Elementen, die von Synergien angetrieben werden, eine unersetzliche Voraussetzung für die detaillierte Kategorisierung und Individuation von Objekten ist. Bevor wir näher auf das Problem der Globalkartierung eingehen, müssen wir uns daher nochmals unter diesem Gesichtspunkt mit einigen sensorischen Systemen befassen.

## Motorische Aktivität und ihre Auswirkung auf sensorische Oberflächen: Merkmalskorrelation und parallele Erfassung

Mit der Einführung von Einzell-Ableitungen und der Verfeinerung der psychophysischen Verfahren trat eine detaillierte Betrachtungsweise in den Vordergrund, die sich bei den thalamischen und kortikalen Neuronen auf deren Eigenschaften als Merkmalsdetektoren stützte. Dies gilt besonders für das Sehen (Hubel und Wiesel 1977). So gibt es zum Beispiel in der Retina X-, Y- und W-Zellen (Stone 1963) mit jeweils verschiedenen Eigenschaften und verschiedene orientierungsspezifische Zellen in der kortikalen Area 17, der Area striata. Dank dieser Untersuchungen wissen wir, in welchem Ausmaß sich die Eigenschaften eines Netzwerks in der Reaktion einzelner Zellen äußern können (für daran anknüpfende theoretische Betrachtungen siehe Rose und Dobson 1985). Man darf darüber aber nicht vergessen, daß diese Zellen in *Populationen* existieren und daß es neben der Morphologie, dem Verbindungsmuster und der Biochemie diese Eigenschaft ist, der die Zelle ihre charakteristischen Merkmale verdankt. Sensorische Systeme bestehen im allgemeinen aus multiplen Populationen von Rezeptoren in der Rezeptorfläche, multiplen Populationen von Ganglionzellen mit charakteristischen Eigenschaften und multiplen Repräsentationen der sensorischen Oberfläche in Rückenmark, Hirnstamm und Kortex, so daß Varianz der rezeptiven Felder entsteht. Dies steht in Einklang mit der Tatsache, daß sensorische Systeme ebenfalls multiple parallele Bahnen und eine ausgedehnte reziproke Konnektivität aufweisen. Die degenerierte und dynamische Natur der in solchen Systemen gebildeten lokalen Karten haben wir in den Kapiteln 5 und 6 erörtert.

Einer der auffälligsten evolutionären Aspekte, der sich hinsichtlich der speziellen Sinnesorgane aus dieser Diskussion ergab, ist die frühe Entwicklung der Parallelverarbeitung und das gleichzeitige, fast explosionsartige Auftreten von multimodalen Bahnen und spezialisierten Rezeptoren in der Evolution. Unsere Hypothese lautet, daß die Möglichkeit einer adaptiven Kategorisierung von signifikanten Vorgängen in der Umwelt durch verschiedene Bewegungen und disjunktive Erfassung mit dieser Entwicklung enorm stieg. Zwei Aspekte dieser Kategorisierung sind für unsere Diskussion der Globalkartierung besonders relevant. Der erste ist, daß *getrennte* Kanäle innerhalb derselben oder in einer anderen Modalität die Gelegenheit eröffnen, Klassifikationspaare zu bilden. Jeder Kanal kann durch Bewegung und Position einen anderen Teil der Umwelt erfassen und in dem jeweils erfaßten Bereich entsprechend den Eigenschaften der sensorischen Rezeptoren auf der zweidimensionalen Rezeptorfläche andere Merkmale herausziehen. In nachgeordneten Teilen des sensorischen Netzwerks kann diese Abstraktion dann weitergetrieben oder unterdrückt werden. Der wichtigste Punkt ist jedoch, daß die simultane *Korrelation* der verschiedenen Arten von disjunktiven Erfassungsbereichen eine polymorphe Menge bildet, die aus der Selektion neuronaler Gruppen hervorgeht, die innerhalb einer Globalkartierung durch Kopplungs-Schleifen miteinander verbunden sind.

Der zweite wesentliche Aspekt der Kategorisierung ist die *Definition eines Objekts* (und vor allem seiner Kontinuitätseigenschaften) durch den reagierenden Organismus. Dies ist ein besonders herausragendes Problem: Die Kategorisierung von Oberflächen oder Texturen (Julesz 1984) ist für die Definition von Objekten notwendig, aber nicht hinreichend, da die Kontinuitätseigenschaften einer Kontur naturgemäß nicht von einer statischen Rezeptorfläche topologisch definiert werden können. Dennoch gibt es mehrere Möglichkeiten, ein »Objekt« durch Auswertung von Bewegung oder räumliche Tiefe zu kategorisieren. So kann beispiels-

weise die systematische relative Bewegung eines Objekts gegenüber einem anderen über einen visuellen Hintergrund einen Anhaltspunkt für die Kontinuität seiner Kontur liefern. Dies scheint
bei vier Monate alten Kindern der Fall zu sein, die noch nicht die
Fähigkeit zielgerichteten Greifens entwickelt haben (Kellman und
Spelke 1983). Auch geringfügige Veränderungen der räumlichen
Tiefe können dazu dienen, einen Rand zu definieren.

Im Zusammenhang mit der Objektdefinition wird das Verhältnis verschiedener Formen der motorischen Aktivität zum sensorischen Input bedeutsam. Entscheidende adaptive Merkmale sind
die evolutionäre Entwicklung von Augen-, Kopf- und Halsbewe-
gungen und koordinierte evolutionäre Muster der Korrelation
dieser Bewegungen mit dem Ausstrecken von Gliedmaßen. Sie
befähigen Tiere nicht nur zu angemessenen Reaktionen, sondern
verknüpfen auch die Merkmalsgewinnung durch sensorische
Oberflächen mit der globalen Merkmalskorrelation, die mit der
Definition eines Objekts verbunden ist. Dies ist wichtig für die
Verknüpfung der Bewegung mit der Kategorisierung.

Wahrnehmungsreaktionen erfordern demnach sowohl spezielle
parallele Strukturen in den sensorischen Modalitäten als auch eine
Reihe von Erfassungsvorgängen, die von motorischen Reaktionen *in kontinuierlichen Aktionen* gesteuert werden, damit die
adaptive Kategorisierung, welche die Grundlage der Generalisierung bildet, möglich wird. Die strukturellen Mindestbedingungen
für die Durchführung einer solchen Aktivität nennt die folgende
Aufzählung:

1. Die Existenz motorischer Ensembles, sensorischer Oberflächen und
   deren neuronaler Substrate, um die oben beschriebene Merkmalskorrelation durchzuführen. Solche neuromuskulären Ensembles werden
   als wesentlich für die Bestimmung der systematischen relativen Bewegung entweder von Dingen, die sich zusammen bewegen (»Objekten«), oder des Organismus selbst erachtet. Sie bilden auch die
   Grundlage für Kontinuitätseigenschaften – die maßstabfreien gestischen Entsprechungen, die Bernstein (1967) als topologische Eigenschaften bezeichnete (Abbildung 8.4). In der Ausführung von Gesten
   mit solchen Eigenschaften äußern sich Fähigkeiten, die dem Bewegungsapparat und dem zugrunde liegenden neuronalen Substrat inne-
   wohnen – sie werden nicht im strengen Sinne erlernt, sondern gehen

dem Lernen als Teil der perzeptuellen Kategorisierung voraus. Die metrischen Merkmale von Objekten oder von Körperteilen des Organismus müssen dagegen ebenso erlernt werden wie die Behandlung der näheren Umgebung (Mountcastle et al. 1984; Motter et al. 1987; Steinmetz et al. 1987).

2. Die Existenz von *multiplen* parallelen sensorischen Oberflächen, die der Merkmalsdetektion dienen, auf *beweglichen* Strukturen und entsprechender neuronaler Strukturen, die mehrere Modalitäten unterstützen. Welche Merkmale im einzelnen extrahiert werden, ist durch die Rezeptoren und sensorischen »Wandler« der Oberfläche und ihre Verteilung auf Gliedmaßen, Kopf und Rumpf weitgehend evolutionär festgelegt.

3. Reziproke Verbindungen zwischen neuronalen Gruppen, die das motorische System unterstützen, und solchen, die das sensorische System unterstützen. Dadurch können bestimmte Gesten verknüpft werden mit der korrelierten Definition eines Objekts, die das Resultat der Bewegung ist (Ullman 1979). Diese *Verknüpfung* in einer Globalkartierung liefert die Grundlage dafür, daß die Kategorisierung, die einer Geste oder einer Haltung entspricht, durch synaptische Änderung in abstrakter Form gespeichert werden kann.

4. Die Entwicklung komplexer Zusammenhänge zwischen Handlungs*sequenzen* im Sinne erlernter Reaktionen und der daraus resultierenden Verfeinerung der Erfassung der Umwelt durch sensorische Oberflächen. Darauf wird ausführlich in den Kapiteln 9 und 11 eingegangen.

Mehrere wichtige Aspekte dieser Aufstellung verdienen stärkere Beachtung. Der erste ist das außergewöhnliche Maß an Parallelverarbeitung schon in einem einzigen sensorischen System. So bilden das Säugetier-Auge und die ihm zugeordneten sensorischen Areale nach der hier vertretenen Auffassung einen *Zusammenschluß* paralleler Erfassungssysteme für Kontrast, Kontur, Farbe, Disparität und Bewegung (Zeki 1969, 1971, 1978b, 1981, 1983; Van Essen 1979; Cowey 1981). Das Ergebnis der Selektion entsprechender neuronaler Gruppen ist eine Kovarianz, *nicht* eine Abbildung oder ein »Entwurf« (zur entgegengesetzten Auffassung siehe Marr 1982). So erfordert die Existenz von mindestens dreizehn gesonderten visuellen Zentren in kortikalen und subkortikalen Bereichen *nicht* einen zentralen »Notizblock«, wie es gewisse psychophysische und Informationsverarbeitungs-Theorien behaupten (Marr 1982). Um adaptive Reaktionen sicherzustellen, genügt vielmehr reziproke Konnektivität innerhalb dieses Systems und Konnektivität zu übergeordneten neuronalen Gruppen, die Merkmal und Geste miteinander verknüpfen.

Als weitere Konsequenz folgt aus dieser Aufstellung, daß es weder für ein Objekt noch für den Organismus selbst einen naturgegebenen Bezugs-Koordinatenursprung gibt. Zwar sind Erfassungs- und Bewegungssysteme natürlicherweise euklidisch (O'Keefe und Nadel 1978), doch gibt es nicht *die eine* objekt- oder organismuszentrierte Achse. Vielmehr werden Koordinatenachsen nach Bedarf definiert, abhängig von den Eigenschaften des sensorischen Kanals oder des Wahrnehmungsakts. So kann die Definition einer senkrechten Beziehung zur Erdanziehung durch das Vestibularsystem eine unabhängige Achse bezüglich anderer, gleichzeitig vom Organismus festgestellter Beziehungen ergeben. Doch ist die Definition eines Objekts anhand seiner systematischen *relativen* Bewegung vor oder hinter einem anderen Objekt vorbei ausreichend, um die Kategorisierung dieses Objekts von einer bestimmten Position seiner Abbildung auf der Retina zu lösen. Es existieren gleichzeitig und unabhängig oder quasi unabhängig voneinander mehrere Koordinatenursprünge, die von der jeweils beteiligten Modalität, der Submodalität und dem Kanal definiert werden. Was diese Koordinatensysteme angeht, muß man die Größenordnung der unterschiedlichen *Maßstäbe* bei motorischen und sensorischen Aufgaben beachten: Wenn es um die Haltung geht, entspricht der Maßstab dem ganzen Organismus, bei Gesten entspricht er dem Niveau der Körperglieder, und bei sensorischen Aufgaben kann er *weit* kleiner sein. Nach der hier vertretenen kombinierten Auffassung sind diese Maßstäbe zwangsläufig durch Kopplungen miteinander verknüpft. (Das gilt auch für zeitliche Maßstäbe; siehe die Diskussion der Evolution des visuellen Systems von *Pseudemys* in Kapitel 6.)

Dieser Interpretation entsprechend hängt die kategoriale Reaktion eines Organismus in sehr hohem Maße von den speziellen physikalischen Merkmalen seiner Rezeptoroberflächen und deren Positionen auf den Körperteilen ab, wie sie sich im Laufe der Evolution entwickelt haben. Dies ist nicht in dem trivialen Sinne zu verstehen, daß man keine Farben wahrnehmen würde, wenn es die Zapfen in der Retina nicht gäbe. Es soll vielmehr besagen, daß die Stäbchen und Zapfen oder etwa auch der Cochlea-Apparat von der Evolution bereits dafür adaptiert wurden, wichtige adaptive Eigenschaften zu abstrahieren, und daß die Aufgabe übergeordneter neuronaler Netzwerke nicht darin besteht, diese abstrahierten Eigenschaften »rechnerisch zu verarbeiten«, sondern sie durch weitergehende, von der Bewegung angetriebene Selektion unter den selektierten Populationen bestimmter neuronaler Gruppen zu korrelieren. Angesichts der Möglichkeit der Selektion neuronaler Gruppen mit ihren vielfältigen kombinatorischen Möglichkeiten erlegen die Natur der »Wandler« und die Beziehung zum motorischen Ensemble der Fähigkeit eines solchen Systems zur Kategorisierung und Generalisierung die weitaus größte Beschränkung auf.

Es könnte durchaus der Eindruck entstehen, als seien manche der hier vertretenen Auffassungen teilweise mit den Vorstellungen über »Handlungsaufforderungen« und ökologische Optik, die von Gibson (1979) und anderen (Turvey 1977) entwickelt wurden, zu vereinbaren. Dennoch bestehen tiefgreifende Differenzen zwischen der Theorie der Selektion neuronaler Gruppen und der sogenannten direkten Wahrnehmung (für eine Kritik der letzteren Auffassung siehe Ullman 1980). Die Selektion neuronaler Gruppen ist ein komplexer und in hohem Maße indirekter Prozeß, und die Theorie ist, anders als die Gibsons, vornehmlich an der vom Verhalten eines Tieres bestimmten Struktur und dem Charakter der Reaktionen des neuronalen Substrats interessiert. Des weiteren ist das zentrale Problem in der Selektion neuronaler Gruppen die vom motorischen Handeln angetriebene Kategorisierung und Generalisierung. Dies setzt voraus, daß Objekte definiert werden, bevor sie *extensiv* durch Merkmale charakterisiert werden. Gibsons Theorie (1979) legt den Schwerpunkt auf die *Information* in Texturmustern, auf optischen Fluß und allgemeine geometrische Aspekte der Umwelt. In der Selektion neuronaler Gruppen können diese Aspekte Signale liefern – im gleichen Sinne, wie das Sehen unterhalb der Aufmerksamkeitsschwelle die Grundlage für Musterunterscheidungen liefert (Julesz 1984) –, doch der entscheidende Vorgang ist die Diskrimination von Objekten derart, daß die *Merkmalskorrelationen*, die durch Gesten geschaffen werden, mit den *Merkmalsextraktionen*, die aus den koordinierten Reaktionen von sich verschiebenden sensorischen Oberflächen hervorgehen, in einer Globalkartierung zusammengefaßt werden. Die ökologische Auffassung hat eine wichtige Funktion insofern erfüllt, als sie die Aufmerksamkeit auf Kombinationen von Reizen lenkte, die hinreichend sind, um gleichzeitig verschiedene Rezeptoroberflächen zu erregen. Sie übergeht jedoch das Problem der Kategorisierung und ignoriert die Frage nach der Natur der neuronalen Systeme sowie die kontinuierliche motorische Erfassung (Held 1961, 1965), die von der Evolution entwickelt wurde, um dieses entscheidende Problem der Anpassung zu lösen. Später vorgetragene Auffassungen über die Verarbeitung von Signalen, die hinreichend sind, um Sehen zu ermöglichen, wie sie etwa von Marr und Kollegen (1982) vertreten werden, haben Gibsons Position stark weiterentwickelt, ohne zwangsläufig mit der Ansicht übereinzustimmen, daß in der Struktur der Welt genügend Invarianz besteht, um eine direkte Wahrnehmung zu erlauben (siehe Ullman 1980). Die hier verfochtene Auffassung weicht aber auch stark von Marrs Ansatz der *Informationsverarbeitung* ab und verwirft den Gedanken, das Gehirn berechne eine Funktion. Das selektive Verhalten von Ensembles oder neuronalen Gruppen mag durch bestimmte mathematische Funktionen *beschreibbar* sein; so ist beispielsweise klar, daß die physikalischen Eigenschaften von Rezeptoren in dieser Weise beschrieben werden können. Daß aber eine Ansammlung von Neuronen die Berechnung eines Algorithmus durchführt, ist ebenso unwahrscheinlich wie die Vorstellung, daß interagierende Löwen und Antilopen eine Lotka-Volterra-Gleichung berechnen. Von einer Abbildung im direkten Sinne geht die Theorie der Selektion neuronaler Gruppen, wie schon erwähnt, ebenfalls nicht aus, und es erscheint irreführend, von einem »Entwurf« zu sprechen (Marr 1982), um die Vorstellung von komplexen Korrelationen verschiedener Kanäle von Merkmalsdetektoren oder -extraktoren in einer lokalen Karte zu beschreiben. Solche Korrelationen sind zwar wesentlich, aber sie sind hochabstrakt, sind in multiplen, verstreut gelegenen Populationen neuronaler Gruppen repräsentiert und können selbst keine Kategorisierungen von Objekten darstellen. Wie sieht dann aber der *Gesamt*vorgang aus, durch den diese Kategorisierung erfolgt, und was für eine Struktur führt sie aus? Die Theorie behauptet, der Vorgang werde ausgeführt von Globalkartierungen.

## Globalkartierungen

In den bisherigen Kapiteln haben wir Ursprung und Natur der lokalen Karten im ZNS betrachtet, wie man sie etwa im somatosensorischen Kortex findet. Im vorliegenden Kapitel haben wir die Auffassung vertreten, daß *sowohl* Synergien *als auch* von Synergien angetriebene sensorische Inputs parallel gegeben sein müssen, um eine hinreichende Grundlage für adaptive Kategorisierungen in einem selektiven System zu schaffen. Wir haben diese Idee auf die Selektion neuronaler Gruppen angewandt und im Hinblick darauf, wie diese Position sich zur Kartierung verhält, mehrere Fragen gestellt. Eine davon betraf die selektiven Reaktionen neuronaler Gruppen auf Synergien und wurde bereits erörtert. Jetzt sind wir in der Lage, nochmals die Frage aufzugreifen, wie interne Karten und Gruppenkonstrukte zur Wahl geeigneter Bewegungen führen können. Das wird uns darauf vorbereiten, in späteren Kapiteln die Frage zu prüfen, was als Ergebnis der Wahrnehmung, die mit Haltung und Geste verbunden ist, gespeichert wird.

Es ist angebracht, von vornherein auf eine fundamentale Asymmetrie hinzuweisen, die in den sensorischen und motorischen Karten steckt. Operational betrachtet, entsteht eine sensorische Karte dadurch, daß die Reaktionen von Neuronen auf Input aufgezeichnet werden. Eine motorische Karte entsteht durch Reizung von Neuronen direkt im Kortex oder im Colliculus oder in anderen Regionen, die Impulse zu motorischen Ensembles schikken, bzw. durch Ableitung solcher Neurone während ihrer Aktivierung (Evarts et al. 1984; Georgopoulos et al. 1984). Die beiden Kartierungen definieren somatotopische Ordnungen, wenn auch durch völlig unterschiedliche Verfahren. Die Basis dessen, was lokal kartiert wird, ist gleichwohl ein Ort (etwa im Kortex), mit dem Korrelationen durch Kopplung hergestellt werden können.

Das ist besonders wichtig, da es in einem multiplen gekoppelten System darauf ankommt, die *disjunkten* Reaktionen, die mit der raumzeitlichen Kontinuität von Objekten korreliert sind, zu korrelieren. Ohne *Loci*, an denen die neuronale Korrelation *sowohl* des sensorischen Inputs *als auch* der motorischen Reaktionen mit den Kontinuitätseigenschaften des eingehenden Signals erfolgt, könnten getrennte parallele Merkmale, die durch Bewegung korreliert sind, selbst in einem gekoppelten System nicht in Echtzeit miteinander verknüpft werden. Es scheinen einige weitere Interaktionen nötig zu sein, bei denen die lokale Topologie bzw. die Objektmerkmale sich *nicht* erhalten. Diese Interaktionen erfolgen in Projektionen zu *zonalen*, aber nicht strikt somatotopisch kartierten Systemen wie den Basalganglien und dem Kleinhirn, und sie vollziehen sich auch beim *Mischen* multimodaler sekundärer Inputs, die bei neuronalen Gruppen in kartierten Bereichen wie dem parietalen Kortex einlaufen (Mountcastle et al. 1975, 1984; Mountcastle 1978). Vermutlich werden in diesen Regionen die wesentlichen Korrelationen und Rekategorisierungen paralleler Inputs ausgeführt. Man muß jedoch beachten, daß diese Bereiche immer durch Kopplungs-Schleifen mit streng kartierten Regionen in primären Empfangsbereichen, mit dem sensomotorischen Kortex oder mit Kernen verbunden sind, die eine somatotopische Ordnung haben; ohne eine solche Kopplung von Abbildungen könnte die raumzeitliche Kontinuität nicht erhalten werden.

Innerhalb solcher verkoppelter Netzwerke laufen Signalsequenzen von kartierten zu unkartierten und von dort wieder zu kartierten Regionen. Durch Korrelation zeitlich aufeinander folgender Signale kann in solchen Netzwerken ein Zusammenhang mit den kohärenten Signalen erhalten werden, die in einem bestimmten, zeitlich stabilen Teil der Umwelt entstehen und schließlich zu den primären Empfangsarealen gelangen. Die daraus resultierende Globalkartierung, die sowohl sensorischen Input als auch die Ergebnisse motorischer Gesten umfaßt, definiert für ein Tier sowohl die Topologie als auch eine Metrik (Abbildung 8.5).

Die dynamische Struktur einer Globalkartierung wird durch kontinuierliche motorische Aktivität und Überprüfung aufrechterhalten, erneuert und verändert.

Mittlerweile können wir die Globalkartierung als die Grundlage für situationsabhängige Reaktionen betrachten (Evarts et al. 1984). Da in den Inputs zu übergeordneten neuronalen Gruppen sowohl sensorisch extrahierte Merkmale als auch motorische Gesten zusammengefaßt sind, wird im Hinblick auf beide eine spezielle Kategorisierung vorgenommen. Vermutlich aktivieren Zusammenhänge zwischen frontalen kortikalen Gruppen, den Basalganglien und dem sensomotorischen Kortex bestimmte Gruppen im sensomotorischen Kortex, die ihre Reaktionen zu bestimmten motorischen Aktivitäten koordinieren. Die *Einleitung* von Reaktionen der entsprechenden Gruppen im sensomotorischen Kortex ist abhängig von Signalen aus dem frontalen Kortex und den Basalganglien. Einzelne Signale an proximale Muskelgruppen und die anschließenden Reaktionen des Systems, durch die aufeinanderfolgende Teile von Synergien miteinander verknüpft werden, werden durch zerebelläre Koordination und Inhibition aufeinander abgestimmt und stellen innerhalb dieses komplexen Verarbeitungsweges unzweifelhaft *erlernte* Assoziationen dar (siehe Kapitel 11).

Was zwischen den durch diesen Verarbeitungsweg verknüpften Gruppen vermittelt wird, ist eine Art von Kategorisierung – eine Realisierung des Verbundes zwischen Gesten und verschiedenen Merkmalen. Was erlernt und gespeichert wird, sind entweder Beziehungen zwischen Aktivitäten selektierter und durch reziproke Kopplung verbundener neuronaler Gruppen, die durch die Präsenz von Objekten kohärent gemacht werden, oder es sind Beziehungen, die realisiert werden durch das Auslösen zuvor hergestellter Verknüpfungen zwischen entsprechenden Gruppen in den verschiedenen lokalen Karten, aus denen sich die Globalkartierung zusammensetzt. Wahrnehmung, motorische Reaktion und Erinnerung sind aus dieser Sicht zwangsläufig durch reziproke Verbindungen zwischen einer Reihe verschiedener Kerne und Schichten verknüpft; die Funktion dieser Globalkartierung besteht darin, für *kontinuierliche* dynamische sensomotorische Rekategorisierungen von Objekten zu sorgen. Wie wir in Kapitel 11 sehen werden, ist eine Entscheidung oder ein situationsabhängiges Verhalten ein Resultat der differentiellen Aktivierung solcher Globalkartierungen, einer Aktivierung, die auf Werten, die von der Evolution festgelegt wurden, und auf Lernen beruht.

## Zusammenfassung

Um uns auf die Diskussion der Kategorisierung und des Gedächtnisses im nächsten Kapitel vorzubereiten, ist es vielleicht hilfreich, die in diesem Kapitel vorgetragene Hypothese über Handeln und Wahrnehmung zusammenzufassen. Der Theorie der Selektion neuronaler Gruppen zufolge bestehen die Handlungseinheiten in funktionellen Komplexen für Gesten und Haltungen, deren muskuloskeletale Komponenten eine degenerierte Menge bilden. Die Abstimmung zwischen Elementen dieser Menge und degenerierten gekoppelten Schaltkreisen wird als die eigentliche Grundlage des strukturierten Handelns betrachtet. Bei den Gesten, den Mengen aller koordinierten Bewegungen, die ein bestimmtes Muster erzeugen, stehen wir zwangsläufig vor denselben Problemen von Spezifität und Generalität wie bei den sensorischen Signalen. Dieser Auffassung zufolge ist Handeln grundlegend für Wahrnehmung, und um eine ausreichende Grundlage für die perzeptuelle Kategorisierung zu schaffen, müssen sensorische Oberflächen und motorische Ensembles zusammenwirken. Die Diskrimination von Objekten erfolgt (zumindest anfangs) in der Weise, daß Merkmalskorrelationen, die auf jenen sensorischen Signalen beruhen, die mit Gesten gekoppelt sind, kombiniert werden mit Merkmalsextraktionen, die auf den koordinierten multimodalen Reaktionen sensorischer Areale beruhen.

Strukturelle, evolutionäre und funktionale Erwägungen legen den Schluß nahe, daß Informationsverarbeitungs-Modelle der Bewegung, die sich auf Kontroll-Schleifen stützen, in denen Muskeln, Gelenke oder die hierarchische Anordnung von Rückkopplungen die Handlungseinheiten bilden, unangemessen sind. Eine wesentliche bzw. zusätzliche Schwierigkeit solcher Modelle be-

steht darin, daß sie sich auf eine unklar definierte neuronale
»Potenzierung« auf der sensorischen Seite berufen müssen, um die
Wahl von Handlungen zu erklären (Hebb 1949; Bindra 1976; Gallistel 1980). Im vorliegenden Modell basiert die Wahl dagegen auf
der differentiellen Selektion von Globalkartierungen. Diese Selektion resultiert, wie wir in Kapitel 11 sehen werden, aus der Interaktion zwischen ethologischen Variablen und konventionellem
Lernen, einer Interaktion, die die Existenz von Wahrnehmungskategorien voraussetzt, welche auf den Aktivitäten beruhen, die
sowohl von den sensorischen als auch von den motorischen Komponenten von Globalkartierungen ausgeführt werden.

Der große und wesentliche Beitrag, den motorische Ensembles
zur Wahrnehmung beisteuern, ist die Merkmals*korrelation*, die
ein Ergebnis der *Kontinuität*seigenschaften der Bewegung und der
kontinuierlichen Fokussierung sensorischer Signale durch Erzeugung von Haltungs- und gestischen Bewegungen ist. Wie von
Liberman (Mattingly und Liberman 1987) vermutet wurde, stellen
Korrelationen von Gesten die eigentlichen Grundlagen der
Spracherkennung dar, die wohl die höchstentwickelte Form der
perzeptuellen Kategorisierung ist.

Die minimale neuronale Basis für die perzeptuelle Kategorisierung wird in einer Globalkartierung gesehen, bestehend aus (1)
multiplen gekoppelten Systemen, die kortikale Loci enthalten,
welche sensorischen Input und motorische Reaktionen, die parallel in Echtzeit erfolgen, kartieren; (2) Verbindungen von solchen streng lokal kartierten Regionen zu unkartierten Regionen
(wie den Basalganglien) und wieder zurück zu kartierten Regionen; (3) der in Echtzeit erfolgenden Korrelation sukzessiver neuronaler Signale durch phasischen reziproken Signalaustausch, die
einen Zusammenhang aufrechterhält zwischen lokalen Karten in
primären Empfangsarealen und kohärenten Signalen, die infolge
fortgesetzter motorischer Aktivität in einem Teil der Umwelt entstehen. Die Art und Weise, in der aus Bewegung Merkmalskorrelation und schließlich Selektion neuronaler Gruppen hervorgehen
kann, wird in Kapitel 10 anhand der Leistung eines selektiven Erkennungsautomaten eingehender dargestellt. Die Kategorisierung von Merkmalen, die durch Gesten kontinuierlich korreliert

werden, erfüllt im Wahrnehmungsprozeß die Aufgabe, ein Äquivalent eines Objekts zu definieren, das gleichzeitig mit Merkmalen verknüpft wird, die von sensorischen Arealen extrahiert werden. Eine kontinuierliche Koordination erfolgt durch Signalaustausch und parallele Erfassung in der Globalkartierung, und diese beiden Vorgänge erlauben die Erkennung einer polymorphen Menge; ein begrenztes, aber hochspezifisches funktionales Beispiel einer solchen Koordination wird ebenfalls in Kapitel 10 aufgegriffen.

Wie in der Evolutionsdiskussion angedeutet, werden einzelne Komponenten, die zu bestimmten Globalkartierungen beitragen könnten, bei verschiedenen Spezies verstärkt oder verringert. Der zentrale Punkt dieser Diskussion besteht darin, daß die Existenz von Globalkartierungen die evolutionäre Schwierigkeit behebt, zentrale Reaktionen mit phänotypischen Änderungen der motorischen Ensembles abzustimmen: Die Selektion neuronaler Gruppen unter Einschluß von Globalkartierungen erlaubt eine sofortige Anpassung in somatischer Zeit an sensomotorische Änderungen, die durch Evolution in der Peripherie entstanden sind, denn sie lockert eine Entwicklungsbeschränkung, die andernfalls unerhört restriktiv wäre.

Die für die Kategorisierung durch Globalkartierung erforderliche Koordination erfolgt bei einer gegebenen Spezies in der Zeit und setzt ein Gedächtnis voraus. Der Theorie zufolge sind Wahrnehmung, motorische Reaktion und Erinnerung eng miteinander verknüpft durch die Aktivität der Globalkartierung in einem kontinuierlichen Prozeß der Rekategorisierung von Objekten, der, wie wir im nächsten Kapitel behaupten, die eigentliche Grundlage des Gedächtnisses ist.

# 9

# Kategorisierung und Gedächtnis

Zusammenfassung der bisherigen Argumente · *Gedächtnis als Rekatego-risierung* · Vorläufige Definitionen · *Kategorisierung bei Menschen* · *Kategorisierung bei Tauben* · *Kategorisierung von Objekten durch Klein-kinder* · *Kategorisierung von Sprachlauten durch Kleinkinder* · Andere Beispiele · Zusammenfassende Betrachtung von Kategorisierungsphä-nomenen · Neuronale Grundlagen der Generalisierung · Natürliche Klassen und *polymorphe Mengen* · Klassifikationspaare und reziproke Kopplung · Eine neue Sicht des Gedächtnisses

## Einführung

Die Zustände der Welt sind von bemerkenswerter Vielfalt, und gleiches gilt für die Zustände des sich verhaltenden Tieres, dessen Überlebensbedürfnisse ein System der adaptiven Abstim-mung zwischen seinen inneren Zuständen und denen der Um-welt erfordern. Diese notwendige Abstimmung wird überaus verwickelt, wenn es um die sogenannten höheren Hirnfunktio-nen geht. Was bisher zu der in diesem Buch vertretenen Auffas-sung über die höheren Hirnfunktionen gesagt wurde, läßt sich etwa so zusammenfassen: Die epigenetischen Entwicklungspro-zesse führen innerhalb der evolvierten Kerne und Schichten zu Strukturen, die hinsichtlich ihrer internen Konnektivität ein ho-hes und individuelles Maß an Varianz aufweisen. Diese Struktu-ren liefern die Grundlage für die Bildung einer großen Anzahl neuronaler Gruppen in unterschiedlichen Repertoires, deren ex-terne Verknüpfungen eine wechselseitige Signalgebung ermög-lichen. Kartierung und somatotopische Ordnung entstehen evo-lutionär aus dem Bedürfnis, eine Referenz für die raumzeitliche Kontinuität der mit den gekoppelten Systemen interagierenden Objekte aufrechtzuerhalten. In funktionaler Hinsicht variierende Hirnstrukturen entstehen im Laufe der Evolution, um den phänotypischen Veränderungen, die bei den verschiedenen Taxa zu Änderungen der sensorischen Areale und der motorischen Ensembles führten, gerecht zu werden. Das enorme Ausmaß an Parallelität in den innerhalb dieses Systems gebildeten Globalkartierungen führt zu einer immer mehr verfeinerten Erfassung der Umwelt durch getrennte Submodalitäten, verschiedene Modalitäten oder kombinierte sensomotorische Interaktionen. Die für ein adaptives Verhalten erforderlichen motorischen Ensembles bieten durch Interaktion mit den von solchen Kartierungen kommenden Signalen innerhalb des Nervensystems eine Basis für Merkmalskorrelation, für die Kategorisierung topologischer Invarianzen und für Kontinuitäten, die eng zusammenhängen mit den detaillierten sensorischen Abstraktionen, die auf der Merkmaldetektion basieren, welche parallel erfolgt und durch motorische Aktivität angetrieben wird. Repertoires, die durch die sensorischen Signale, welche die motorische Topologie in Globalkartierungen widerspiegeln, verändert werden, müssen unabhängig von der Form ihrer Speicherung mit parallelen sensorischen Signalen von höherer Auflösung »ausgeschmückt« werden. Die Komponenten von Globalkartierungen müssen die Folgen vorteilhafter Selektionen beibehalten, aber auch imstande sein, mit Neuem umzugehen; dies wird teilweise durch die Wirksamkeit synaptischer Regeln erreicht, die korrelierte kurzfristige Änderungen mit Hilfe langfristiger Änderungen unterstützen und zugleich dafür sorgen, daß in der Tätigkeit des Netzwerks fortlaufend Varianz erzeugt wird.

Diese Zusammenfassung läßt die zentrale Frage der globalen Hirnfunktion deutlich werden: Welcher Art sind Kategorisierung, Generalisierung und Gedächtnis, und in welcher Weise vermittelt ihre Interaktion die sich ständig wandelnden Zusammenhänge zwischen Erfahrung und Neuem? Das Wort »Gedächtnis« und seine Konnotationen und Denotationen sind auf ganz unterschiedliche Ebenen der Systemaktivität angewandt worden, angefangen von den Molekülen bis hin zu den großen semantischen Abstraktionen sozial lebender Organismen. Was die Funktionsweise betrifft, hat man das Gedächtnis in ein prozedurales bzw.

deklaratives, semantisches bzw. nichtsemantisches und in ein Langzeit- bzw. Kurzzeitgedächtnis eingeteilt (siehe Norman 1969; Nilsson 1979; Neisser 1982; Squire und Butters 1984). Man hat es im mechanistischen Sinne charakterisiert durch neuronale Plastizität, durch Sprossung von Axonendigungen, durch chemische Änderungen an Synapsen und durch Konditionierung, wobei in der Benutzung der verschiedenen Terminologien die Diskursebenen nicht klar auseinandergehalten wurden (Thompson et al. 1983).

In diesem Kapitel werde ich einen radikalen Standpunkt einnehmen und die Ansicht vertreten, daß Gedächtnis nicht in der Speicherung von Merkmalen oder Attributen von Objekten in Form einer Liste besteht, sondern in der gesteigerten *Fähigkeit* der assoziativen Kategorisierung und Generalisierung. Die kleinste Einheit, die zur Realisierung eines solchen »rekategorialen Gedächtnisses« imstande ist, ist die Globalkartierung in Verbindung mit Lernen (Kapitel 11), wobei beides zu der für das evolutionäre Überleben von Systemen erforderlichen Leistung beiträgt. Dies bedeutet, daß die notwendigen und hinreichenden Grundlagen von Gedächtnis nicht nur in Globalkartierungen bestehen, sondern auch in neuronalen Strukturen, die den hedonistischen oder werthaften Aspekten des Verhaltens dienen. Um richtig zu verstehen, welche neuronalen Strukturen mit dem Gedächtnis im Sinne der Rekategorisierung zu tun haben, wird es erforderlich sein, erst einmal die Kategorisierung zu verstehen (Aufgabe des vorliegenden Kapitels), anschließend ein konkretes Beispiel eines selektiven Netzwerks zu betrachten, das eine Globalkartierung emuliert und daher fähig ist, dieser Funktion zu dienen (Kapitel 10), und schließlich den Zusammenhang zwischen Kategorisierung und Lernen aufzugreifen (Kapitel 11). Erst nach Erledigung all dieser Aufgaben wird das Gedächtnis im Sinne der Rekategorisierung vollständig beschrieben sein.

Diese neue, von der Theorie vorgeschlagene Vorstellung vom Gedächtnis beruht entscheidend auf zwei Säulen: der Struktur von Globalkartierungen in einem selektiven System und der Natur der perzeptuellen Kategorisierung. Die erstere haben wir im vorigen Kapitel behandelt, und wir werden sie in Kapitel 11, das vom

Lernen handelt, mit dem Gedächtnis in Beziehung setzen. Bevor wir jedoch ausführlicher auf die Idee des Gedächtnisses im Sinne der Rekategorisierung zurückkommen, müssen wir den größten Teil des vorliegenden Kapitels der Natur der Kategorisierung selbst widmen, denn ich behaupte hier, daß das Gedächtnis seine Basis hauptsächlich in jenen neuronalen Strukturen hat, die für die Rekategorisierung verantwortlich sind. Diese Behauptung bedarf einer Rechtfertigung, denn die meisten Untersuchungen über das Gedächtnis räumen der Kategorisierung keinen herausragenden Platz ein, und viele sind kognitiv orientiert und beziehen sich auf Informationsverarbeitung, Sprache, Bewußtsein und das menschliche Selbstverständnis, d. h. sie befassen sich mit dem deklarativen Gedächtnis, das eine starke semantische Komponente aufweist (Neisser 1982; Squire 1982; Squire und Butters 1984). Die relativ unerforschten *begrifflichen* Mechanismen, die solchen kognitiven Gedächtnisleistungen zugrunde liegen, sind derart komplex, daß jeder Versuch, sie mit spezifischen neuronalen Strukturen in Verbindung zu bringen, in hohem Maße spekulativ sein muß; aus diesem Grund werden wir hier hauptsächlich Operationen diskutieren, die eher mit dem zu tun haben, was man als prozedurales Gedächtnis bezeichnet hat. Auf jeden Fall scheinen die Probleme nicht weit voneinander entfernt zu sein: Die beiden wichtigsten amnestischen Syndrome (das diencephalische und das bitemporale) lassen sich schwerlich einem Ausfall der Aufruf-Funktion zuordnen (Squire 1982), sondern scheinen mit Leistungsausfällen zusammenzuhängen, die die eingehenden Signale betreffen, so daß auch das sogenannte deklarative Gedächtnis eine mit diesen Signalen zusammenhängende prozedurale Grundlage haben könnte.

## Einschränkungen und Definitionen

Zunächst müssen Gedächtnis und Kategorisierung abgegrenzt und schärfer definiert werden, bevor wir ihr wechselseitiges Verhältnis näher erörtern können. Das ist notwendig, weil unsere eigentliche Aufgabe darin besteht, die *Mindest*voraussetzung zu bestimmen, die der neuronale Apparat erfüllen muß, um eine adaptive Kategorisierung durchführen zu können.

Die eingeschränkte Position, die hier vertreten werden soll, lautet folgendermaßen: (1) Der Ausdruck »Gedächtnis« wird verwendet, um die *wiederholte* Tätigkeit ganzer Neuronenschaltkreise – beispielsweise von Globalkartierungen – während der Kategorisierung und besonders während Verhaltensweisen zu beschreiben, die von solchen Schaltungen abhängig sind oder ihnen zugeschrieben werden können. Da wir über die Schaltungen nichts näheres wissen, verwenden wir den Ausdruck im Hinblick auf solche Verhaltensweisen und nicht im Hinblick auf die molekularen Vorgänge, die den synaptischen Regeln zugrunde liegen. (2) Der Hauptakzent wird auf dem prozeduralen Gedächtnis liegen, was gleichbedeutend damit ist, daß wir uns auf Veränderungen konzentrieren, die Wahrnehmungs- und motorische Akte betreffen. (3) Es wird die Hypothese vertreten, daß das Gedächtnis in diesem Sinne *notwendig* eine Kategorisierung (die ihrerseits in Kürze definiert werden wird) beinhaltet. (4) So wichtig diese Art von Gedächtnis ist, werden doch zusätzliche neuronale Vorgänge, die von dcr Kategorisierung zu trennen sind und bei denen es um Assoziation und Konditionierung geht (siehe Kapitel 11), als wesentlich betrachtet, besonders für das Verhalten, das auf dem perzeptuell-motorischen Gedächtnis beruht. (5) Kurzzeit- und Langzeitgedächtnis werden nur in diesem begrenzten Rahmen betrachtet. Ihre Wirksamkeit wird in Beziehung gesetzt zur Funktion solcher Regionen wie des Hippocampus, die der Theorie zufolge für die Echtzeit-Verknüpfung verschiedener Klassifikationspaare zu sukzessiven Ordnungen sorgen. Wie in Kapitel 7 ausgeführt, wird der Mechanismus der Langzeitspeicherung mit dem Wirken der unabhängigen synaptischen Regeln in Verbindung gebracht, die auf degenerierte Ansammlungen neuronaler Gruppen in Globalkartierungen einwirken. Besonders wichtig ist es, diesen Begriff der Speicherung nicht mit dem des Gedächtnisses selbst zu vermengen. Es wird angenommen, daß in dem derart bewußt eingeschränkten Begriff von Gedächtnis die Kategorisierung eine entscheidende Rolle spielt; wir meinen also, daß eine molekulare Änderung stabiler oder metastabiler Art für das Gedächtnis bedeutungslos ist, wenn kein Anzeichen dafür spricht, daß gleichzeitig eine Kategorisierung stattgefunden hat.

Diese enge oder beschränkte Auffassung enthält offensichtlich nicht viel von dem, was normalerweise als bedeutsam für das Gedächtnis gilt. Sie ist, auch was das neuronale Substrat betrifft, nur eine der Grundlagen für höhere Funktionen, zu denen verschiedene weitere Funktionen zählen, die von solchen Strukturen wie dem Hippocampus ausgeführt werden (O'Keefe und Nadel 1978; Milner 1985). Ihr zentrales Thema ist die perzeptuelle Kategorisierung. Die Kategorisierung wurde bis vor kurzem nur anhand der Leistungen von semantisch beschlagenen, gebildeten Individuen untersucht (Rosch und Lloyd 1978), oder sie galt als ein rein philosophisches Problem (Ryle 1949; Wittgenstein 1953; Pitcher 1968; Quine 1969; siehe auch Ghiselin 1981). Im Anschluß an Epstein (1982) dürfen wir eine »Kategorie« als eine Gruppe von nichtidentischen Objekten oder Vorgängen definieren, die von einem Individuum als gleichbedeutend betrachtet werden. Diese ein wenig unverbindliche Definition werde ich unten in dem Abschnitt »Kritische Zusammenfassung« noch verfeinern. Hier gilt es festzuhalten, daß Aktivitäten wie die sogenannte Reiz-Reaktions-Äquivalenz, die Generalisierung und die adaptive Klassifikation (Staddon 1983) unter diese schwache Definition fallen würden. Außer den bezüglich des Gedächtnisses bereits erwähnten semantischen und kognitiven Schwierigkeiten gibt es im Zusammenhang mit diesen Vorgängen seit jeher Probleme im Hinblick auf die Frage, ob die Kategorisierung überwiegend auf der Ebene der Wahrnehmung oder auf der begrifflichen Ebene stattfindet. Die hier vertretene Auffassung beschränkt das Problem auf die Wahrnehmungs- und die motorische Sphäre, ignoriert Fragen des Bewußtseins und des damit zusammenhängenden Wahrnehmungserlebnisses und konzentriert sich einstweilen auf das Verhalten. Zwar werden Daten aus dem begrifflichen Bereich verwendet, aber mit gebührender Vorsicht und nach entsprechender Warnung. Wenn dieses Programm erfolgreich ist, kann es als Grundlage dienen, um über die Ursprünge des deklarativen Gedächtnisses zu spekulieren.

Indem wir unsere theoretische Aufgabe bewußt auf die neuro-

nalen Grundlagen des Gedächtnisses als einer Form der Rekategorisierung beschränken, wenden wir uns von kognitiven Fragen
ab, um uns statt dessen mit der Evolution neuronaler Strukturen
zu befassen, die darauf abgestimmt sind, mit den besonderen
Aspekten der ökologischen Nische umzugehen, in der ein Individuum einer Spezies sich befindet. Wir möchten vor allem wissen,
wie das Individuum unter der sehr großen Anzahl von Möglichkeiten, diese Nische im Sinne einer adaptiven Kategorisierung von
Wahrnehmungsinhalten aufzugliedern, seine Wahl trifft. Um die
Vorbedingungen und Gründe, die auf diese Wahl Einfluß haben
könnten, zu verstehen, müssen wir näher auf das Problem der Kategorisierung eingehen.

## Kategorisierung

Zur Erforschung der Kategorisierung sind bislang vorwiegend erwachsene menschliche Versuchspersonen benutzt worden – aus
naheliegenden Gründen: Angesichts der Schwierigkeiten des Gegenstandes ist es leichter, von Erwachsenen einer bestimmten
Kultur, die die Sprache dieser Kultur sprechen, Resultate zu erhalten. Wie einer der Pioniere auf diesem Gebiet, E. Rosch (1977,
1978; Rosch und Mervis 1975; Rosch und Lloyd 1978), betonte, ist
es nicht Ziel dieser Forschung, Modelle davon zu entwickeln, wie
Kategorisierungen durch neuronale Prozesse erreicht werden.
Dennoch ist es hilfreich, eingangs die adaptiven Funktionen zu
betrachten, denen die Kategorisierung, so wie sie in dieser Forschung verstanden wird, dient, einer Forschung, die die ungeheure Vielfalt der Kategorisierungsprozesse unterstreicht (für
eine kritische Auffassung siehe z. B. Armstrong et al. 1983).

Die Kategorisierung erlaubt es dem Individuum, Eigenschaften
in der Welt zu korrelieren und dadurch über den unmittelbar gegebenen Reiz hinauszugehen. Um von adaptivem Wert zu sein, muß
die Kategorisierung die Generalisierung nach sich ziehen, also die
Fähigkeit, aufgrund weniger Reize auf ein weit breiteres Spektrum von Reizen zu reagieren bzw. dieses zu erkennen. In dem
Maße, wie eine solche Generalisierung erfolgt, erlaubt sie dem

Individuum, mit neuartigen Fällen umzugehen und andere Reize
in einem Verhaltenskontext zu ignorieren. Außerdem führt sie,
wie Rosch (1978) unterstrichen hat, vom Standpunkt konventio-
neller Ansichten über das Gedächtnis zu kognitiver Sparsamkeit –
sie nimmt dem Organismus die Last ab, eine gewaltige Zahl von
Einzelfällen zu speichern.

Die zu beantwortende Frage lautet, ob die perzeptuell-motorische Kategorisierung ähnliche Vorzüge hat und ob sie in Abwesenheit eines semantischen und selbstbezüglichen Gedächtnisses
studiert werden kann (siehe Macmillan et al. 1977; Smith und Medin 1981). Wir wollen hier als eine wichtige These der Theorie der
Selektion neuronaler Gruppen die Ansicht vertreten, daß die perzeptuell-motorische Kategorisierung für die Entwicklung von Lernen bei komplexen Organismen *wesentlich* ist und daß sie ähnliche
Vorzüge hat wie die begriffliche Kategorisierung, der sie selbstverständlich verausgeht. Für die Untersuchung der perzeptuellen
Kategorisierung ohne die zusätzlichen Verwicklungen sprachli-
cher Probleme gibt es zwei bedeutende Beispielsfälle: Tauben und
Kleinkinder. Ehe wir darauf eingehen, tun wir ungeachtet unserer
kritischen Bemerkungen gut daran, einige der Folgerungen zu
erörtern, die im begrifflichen Bereich aus der Kategorien-For-
schung mit Erwachsenen gezogen wurden, denn damit schaffen
wir eine Grundlage, auf der wir dann diskutieren können, welcher
Art die für die Funktion neuronaler Gruppen relevanten adaptiven Kategorien sind.

Untersuchungen zur Kategorisierung mit Versuchspersonen,
die fähig sind, sich klar auszudrücken, deuten darauf hin, daß die
Versuchspersonen, was die bewußt getroffene Wahl und die Sprache angeht, nicht die klassische Methode anwenden, Kategorien
anhand von Listen einzeln notwendiger und insgesamt hinreichender Attribute zu definieren. Sie verfahren statt dessen eher probabilistisch, stützen sich vielfach auf nicht-notwendige Merkmale,
unterschiedliche Reizdimensionen oder ganzheitliche Eigenschaften. Die klassische Vorstellung (siehe Smith und Medin 1981), ein
Begriff sei eine zusammenfassende Beschreibung von Merkmalen, wobei die definierenden Merkmale als untergeordnete Begriffe verstanden werden, wird also nicht bestätigt. Vielmehr

scheint die Klassifikation eher disjunktiver Natur zu sein. *Typische* Mitglieder einer Menge werden von Individuen erfolgreicher kategorisiert, die sich dabei nach der Familienähnlichkeit richten, nicht-notwendige Merkmale benutzen und sich beim Zuordnen von Kategorien nicht unbedingt an die strenge Über- bzw. Unterordnung halten.

Die Untersuchung der begrifflichen Kategorisierung durch Smith und Medin (1981) zeigt, daß Individuen merkmalsbezogene bzw. dimensionale Beschreibungen nutzen, daß sie aber bei der Verknüpfung von Merkmalen und Begriffszugehörigkeit lediglich probabilistisch verfahren. In manchen Fällen nehmen Individuen zusätzlich Klassifikationen anhand gesonderter Beschreibungen von Einzelbeispielen eines Begriffs vor. Dieses letztere Verfahren erklärt teilweise die Verwendung nicht-notwendiger Merkmale, und es steht im Einklang mit der Disjunktivität des Kategorisierungsvorgangs und bis zu einem gewissen Grad mit den gemessenen Typizitätseffekten.

Die Autoren betonen, daß zwar bei beiden Arten von Kategorisierung die Disjunktion zulässig ist, die Einzelfall-Betrachtung jedoch eine ausdrückliche Disjunktion und eine große »Speicherkapazität« erfordert, wohingegen die probabilistische Betrachtung zuläßt, daß die Disjunktion aus der Charakterisierung hervorgeht und daher geringere Speicherkapazität erfordert. Je größer die Zahl der Eigenschaften, die eine Klasse gemeinsam hat, um so größer die Wahrscheinlichkeit, daß statt der Einzelfälle eine Zusammenfassung benutzt wird. Schließlich deuten die Autoren an, daß die beiden Komponenten – probabilistische Zusammenfassung und Einzelbeispiele – unter bestimmten Umständen zusammen benutzt werden.

Andere Autoren (Armstrong et al. 1983) haben unterstrichen, daß die methodologischen Grundlagen für die Definition bzw. Einschätzung von Familienähnlichkeit oder Typizität nicht immer ganz einwandfrei sind; bei den Belegen für Kategorien geben die Versuchspersonen oft abgestufte statt Alles-oder-nichts-Antworten. Diese Autoren haben vermutet, daß es für gewisse Begriffe eine Kernbeschreibung geben könnte, die im Gedächtnis »gespeichert« ist, und zusätzlich eine einfache, abrufbare Identifikationsmethode, die zu abgestuften Vergleichen führt. Sie deuten ferner an, daß ganz und gar unklar ist, wie Merkmale überhaupt ausgewählt werden; dieses Problem hängt sowohl mit der perzeptuellen Kategorisierung als auch mit ethologischen Beschränkungen eng zusammen, denen natürliche Kategorien unterliegen (siehe Fagan 1979; Owings und Owings 1979; Marler 1982). Worin diese Schwierigkeiten auch bestehen und welche biologischen Ursachen sie auch haben mögen, klar ist, daß die Kategorisierung, soweit es um Begriffe geht, weder nach strengen noch nach logischen oder universellen Kriterien erfolgt. Es könnte sogar sein, daß es auf dieser Ebene überhaupt kein allgemeines Verfahren für die Bildung von Kategorien gibt.

Spricht etwas dafür, daß man auf der Ebene der Wahrnehmung mehr Glück haben könnte, besonders wenn es um das Verhalten von Lebewesen geht, die keine Sprache besitzen? Man hat zwei Arten von Lebewesen untersucht: solche, die keine Sprache haben können, weil sie nicht die Hirnstruktur entwickelt haben, die diese Funktion unterstützen könnte (in diesem Fall Tauben), und solche, die eine für die Sprache notwendige Hirnstruktur besitzen, aber noch nicht vollständig die Sprache erworben haben (gemeint sind Kleinkinder unter vier Monaten). In beiden Fällen schärfen die Untersuchungen unser Verständnis für das Problem der perzeptuellen Kategorisierung.

## Kategorisierung von Wahrnehmungsinhalten

Wir wollen hier die Kategorisierung der Wahrnehmung durch Tauben und die Objekterkennung sowie die Lauterkennung von Kleinkindern betrachten. Die Befunde bieten in beiden Fällen lediglich Hinweise und machen zusätzliche Erhebungen dringend erforderlich. Dennoch sind sie unter hinreichend kontrollierten Bedingungen gewonnen worden und derart herausfordernd, daß sie ernsthafte Beachtung verdienen. Sie lassen erkennen, daß einige Organismen ohne Sprache zur Generalisierung fähig sind und daß sprachfähige Organismen von Natur aus über eine Reihe von Kategorisierungsverfahren gebieten, die recht komplex sind und ohne förmliche Anleitung oder Lernbeispiele vor dem Spracherwerb entstehen. Die Ergebnisse beider Studien wie auch anderer über den Erwerb des Vogelgesangs (Konishi 1978; Gould und Marler 1984; Marler 1984) liefern eindrucksvolle Beweise für selektionistische Theorien der Hirnfunktion. Es ist eine wichtige Aufgabe dieser Theorien, in groben Zügen darzustellen, wie diese Fähigkeiten in den neuronalen Strukturen der jeweiligen Spezies entstehen können, und diese Fähigkeiten mit den Befähigungen zu assoziativem Erinnern und Lernen in Beziehung zu setzen. Doch ehe wir uns diesem Aspekt der theoretischen Aufgabe zuwenden, wollen wir einen kurzen Blick auf die Befunde werfen.

## Generalisierung bei Tauben

Die verblüffendsten Resultate sind den Studien von Herrnstein (1982, 1985; Herrnstein et al. 1976) und Cerella (1979) zu entnehmen. In Herrnsteins Versuchen wurden einzelne Tauben in einer der operanten Konditionierung dienenden Kammer mit Kodachrome-Dias konfrontiert, die auf eine Leinwand projiziert wurden. Bei der Projektion eines positiven Musters führte das Picken auf eine Taste zu einer Verstärkung; negative Muster erhielten keine Verstärkung. Als Erkennen wurden flinke Reaktionen auf positive Muster und das Unterbleiben einer Reaktion auf negative Muster gewertet. Die Bilder zeigten unterschiedliche Gegenstände, die auf vielfältige Weise ausgewählt wurden. In einer Serie (Abbildung 9.1) wurden vierzig aus unterschiedlicher Perspektive und unterschiedlicher Entfernung aufgenommene Bilder von einer unterschiedlichen Anzahl von Bäumen verschiedener Art mit vierzig irrelevanten Bildern gemischt. Verstärkung nach einer geringen Anzahl von Baumszenen führte zu raschem Erkennen und wenigen Fehlern bei verschiedenen anderen Baumszenen. Zur Kontrolle gezeigte Objekte wie die Seiten geometrisch verzierter Gebäude, rebenartige Muster oder Laternenpfähle wurden nicht erkannt. Bäume sind Teil der natürlichen Umwelt von Tauben, und man könnte vermuten, daß solche Fähigkeiten eine evolutionäre oder ethologische Grundlage haben. Fische dagegen kommen normalerweise nicht in der Umwelt einer Taube vor, und

Abbildung 9.1

*Experiment von Herrnstein (1982) zur Diskrimination von Bäumen. Schwarzweiß-Reproduktion von acht der Farbdias, die mindestens drei von vier getesteten Tauben korrekt als Bäume bzw. Nicht-Bäume klassifizierten. Die vier oberen Bilder zeigen Bäume, die vier unteren Nicht-Bäume. Das Bild eines Nicht-Baums unten links zeigt eine Kletterrebe an einer Betonwand, unten rechts eine Selleriestaude.*

doch wurde eine Reihe von Dias mit Fischen in Unterwasserszenen positiv diskriminiert, wenn die Fische in der Seitenansicht oder im Halbprofil gezeigt wurden. Wie bei den Bäumen gab es auch bei diesen Bildern große Unterschiede, was den Kontext, die Entfernung, den Farbton und das Vorhandensein verwirrender Hinweise betrifft. Am eindrucksvollsten war vielleicht eine Versuchsreihe, bei der eine Frau aus verschiedenen Richtungen und Entfernungen, in unterschiedlicher Kleidung und vor einem unterschiedlichen Hintergrund gezeigt wurde. Nach Verstärkung hatten die meisten Tauben keine Schwierigkeit, die Abbildungen dieser Frau zu erkennen, während Bilder einer anderen Frau, die in den Kleidern der ersten auf derselben Straße fotografiert worden war, zurückgewiesen wurden.

Um die Möglichkeit versteckter Hinweise, des Erlernens von Sequenzen und ähnlicher Variablen auszuschließen, wurden verschiedene Kontrollversuche durchgeführt. Die Reihenfolge der Dias wechselte von einem Versuch zum anderen und von Tag zu Tag. Die Reichweite der Generalisierung und die Spezifität waren beeindruckend. Soweit sich feststellen ließ, gab es keinen systematischen Anhaltspunkt dafür, die Leistung der Tauben mit dem spezifischen Erlernen irrelevanter Hinweise zu erklären. Wäre das der Fall gewesen, wäre es an sich schon eine erstaunliche Leistung gewesen, doch deutete nichts darauf hin, daß außer der operanten Verstärkung bei den zuerst gezeigten Bildern irgendwelche verborgenen Hinweise eine Rolle gespielt hätten.

Die Untersuchungen von Cerella (1979; siehe Abbildung 2.4) waren ähnlich angelegt, benutzten aber »einfachere« und abstraktere Muster und zielten darauf, einige der Mechanismen aufzudecken, die der Leistung der Tauben zugrunde lagen. Anhand einer Serie von computererzeugten Verzerrungen einer Abbildung, auf die die Taube abgerichtet war, zeigte Cerella, daß das Tier jede Abwandlung eines graphischen Musters erkennt – eine Bestätigung früherer Ergebnisse. Die Abwandlungen umfaßten Translationen, Auslassungen, Verzerrungen, Rotationen und Dehnungen. Die Untersuchungen von Blough (1973) zeigten ferner, daß die Mustererkennung bei der Taube positionsinvariant sein kann. Der Studie von Cerella (1979) konnte man entnehmen, daß die Diskrimination in dem Maße nachließ, wie die Abweichung vom Prototyp zunahm. Anish (1979) beobachtete anhand von Naturszenen wie Bäumen oder Nahaufnahmen von Zweigen und Blättern signifikante Reaktionen auf Testbilder, nachdem im Training Dias ähnlicher Art dargeboten worden waren. Diese Untersuchungen ähnelten denen, die auf abstrakten Figuren basierten, und waren einfachere Versionen der Studien Herrnsteins (1979; Herrnstein und Loveland 1984; Siegel und Honig 1970; Poole und Lander 1971; Herrnstein und de Villiers 1980).

Nach Meinung Cerellas (1979) lag seinen Resultaten möglicherweise eine Vergleichsprozedur anhand von flexiblen Schablonen zugrunde, wobei man aber davon auszugehen hatte, daß es nicht das Bild einer Person war, was da verglichen wurde; er stellte sich vielmehr vor, daß ein solches Bild zunächst in eine Reihe von disjunktiven Teilbildern zerlegt wird, die jeweils unabhängig voneinander erlernt werden. Freilich erkannte Cerella, daß diese Hypothese nicht mit dem Befund von Herrnstein (1979) zu vereinbaren war, der einen probabilistischen Verstärkungsplan feststellte: In der fünften Versuchsreihe lösten drei Dias, die nie verstärkt worden waren, eine ebenso starke Reaktion aus wie diejenigen, die in jedem Fall verstärkt worden waren. Während also die Schablonentheorie das Erlernen vieler einzelner Dias forderte, war dies, wie die Tatsachen lehrten, nicht notwendig. Außerdem genügte eine relativ kleine Anzahl klarer Beispiele. Cerella (1977, 1979, 1980) hat eine Schablonentheorie mit dem Hinweis zu retten versucht, die Schablonen hätten eine große »Ausbeute« – anders gesagt, einige wenige Beispiele einer Kategorie hätten genügend Hinweise enthalten, um alle nachfolgenden Leistungen bei einer großen Zahl disparater Fälle zu erklären. Von den bislang verfügbaren Daten wird diese Annahme nicht eindeutig gestützt.

In weiteren Untersuchungen hat Cerella das Problem der Generalisierung jedoch gründlicher ausgeleuchtet, und danach sind den Generalisierungen, die Tauben ausführen können, Grenzen gesetzt. Er benutzte zunächst Figuren aus der Cartoon-Serie Charlie Brown (»Peanuts«) und zeigte, daß Tauben, sofern der Hintergrund der zuerst gezeigten Bilder nicht allzu komplex ist, jede einzelne Figur ohne weiteres erkannten, unabhängig davon, wie stark

die Haltung und die Kleidung der Figuren verändert wurden. Als
er dann die Abbildungen von Charlie Brown verzerrte, zerstük-
kelte oder auf den Kopf stellte, fand er, daß diese unvollständigen
oder verzerrten Figuren ebenso erkannt wurden wie die unverän-
derte Cartoon-Persönlichkeit. Auch als er Kopf, Rumpf und Füße
aufs Geratewohl permutierte, war das Erkennen nicht oder nur
geringfügig beeinträchtigt. Da diese Resultate für eine schlichte
Schablonentheorie nichts Gutes verhießen, äußerte Cerella die
Vermutung, daß die Tauben vielleicht in erster Linie lokale Merkmale als Hinweise benutzten und ihre Entscheidungen dann tra-
fen, wenn solche Hinweise in hinreichender Zahl (d. h. oberhalb
eines Schwellenwertes) vorlagen. Bezeichnenderweise konnten
Tauben, wie er zeigte, *nicht* in größerem Umfang zwischen zwei
Klassen von Mustern (wie etwa Projektionen von Würfeln) unterscheiden, wenn diese Muster sich lediglich in der dreidimensionalen Struktur, nicht aber in lokalen Merkmalen unterschieden.

In anderen Untersuchungen fand man heraus, daß Tauben wohl
Eichenblätter von Nicht-Eichenblättern, nicht aber verschiedene
Eichenblätter voneinander zu unterscheiden vermögen. Dies deutet auf ein Unvermögen hin, auch nur in zwei Dimensionen bei
feineren Details zu generalisieren – die Tauben vermochten also,
zumindest bei diesen Beispielen, nicht die zwischen den Merkmalen bestehenden Beziehungen zu erkennen. Wenn eine Taube
Charlie Brown als eine Menge von Merkmalen sieht, dann wird,
im Einklang mit Feststellungen bei den Projektionen, das Erkennen nicht durch die Zerstückelung beeinträchtigt, weil es auf die
Beziehungen zwischen den Merkmalen, zumindest auf einige,
nicht ankommt; außerdem scheint, worauf die Abstumpfungsver-
suche hindeuten, eine Teilmenge von Merkmalen hinreichend zu
sein.

Cerella zieht aus diesen Feststellungen den Schluß, daß nur ein
Teil eines Testbildes mit einem Teil eines Vergleichsbildes übereinzustimmen braucht. Er bringt diese Folgerung in Zusammenhang mit den Untersuchungen von Rosch und Mervis (1975) sowie
Rosch und anderen (1976) über Begriffsbildung und Kategorisierung in nicht-graphischen Kategorien. Allerdings ist ihm durchaus
bewußt, daß die scheinbaren Beschränkungen der Tauben ihren

Grund in einigen Beschränkungen der Methode haben könnten: (1) Die Bilder waren statisch. Bewegte Darstellungen wurden nicht eigens getestet; es könnte sein, daß sie nicht diese Beschränkungen aufweisen. (2) Es wurden graphische Bilder benutzt und nicht Objekte, Halbtonfotografien oder Farbdias. (3) Versteckte relationale Eigenschaften wie Verbundenheit oder Nachbarschaft wurden nicht getestet. (4) Leere Hintergründe wurden bevorzugt, und der Effekt von »visuellem Rauschen« wurde nicht getestet.

Diese Untersuchungen zeigten nicht nur die Grenzen des Generalisierungsvermögens auf, sondern erbrachten auch einige positive Feststellungen. In unterschiedlichen Kontexten blieb die Rotationsinvarianz erhalten. In Cartoon-Szenen waren Hintergründe lästig und für erste Merkversuche destruktiv, während sie in natürlichen Szenen wie etwa bei Herrnstein (1979) irrelevant waren. Nach diesen Befunden ist zu vermuten, daß es vom Kontext und von der Art des Materials abhängt, auf welcher Grundlage Tauben Generalisierungen vornehmen.

Diese bemerkenswerten Untersuchungen deuten bei aller Unvollständigkeit auf ein nicht minder bemerkenswertes Generalisierungsvermögen bei einem Tier hin, das kein Sprachsystem besitzt. Eine formelle Unterweisung oder ein forciertes Lernen liegen hier nicht vor: Die Taube ist offensichtlich in der Lage, parallele Darbietungen von disjunktiven Merkmalen zu unterscheiden, einige davon, die einer Menge angehören, zu benutzen, um andere, die mit neuen Merkmalen in einer anderen Menge zusammenhängen, zu erkennen, und starke Abweichungen im Kontext weitgehend (wenngleich nicht vollkommen) zu ignorieren.

Ehe wir versuchen, diese Befunde im Lichte der Hirnstruktur und der Theorie der Selektion neuronaler Gruppen zu interpretieren, wollen wir uns einem Organismus zuwenden, der die Sprache noch nicht erworben hat, aber die Fähigkeit dazu besitzt, dem ganz jungen Kleinkind.

## *Objekterkennung und auditorisches Erkennen beim Kleinkind*

Es mag verwirrend erscheinen, wenn wir von der Frage, wie Tauben ihre visuelle Welt gliedern, unvermittelt zu der Frage übergehen, wie das Kleinkind die Kohärenz von Objekten erkennt und wie es die gesprochenen Laute wahrnehmend kategorisiert. Zwischen diesen Untersuchungen an unterschiedlichen Spezies bestehen gewaltige Unterschiede, was den Evolutionsverlauf, den Gehirnumfang und die Fähigkeiten der jeweiligen Probanden betrifft, und doch befassen sich beide mit demselben Rätsel: der strukturellen Grundlage der Generalisierung in den neuronalen und motorischen Systemen.

Untersuchungen an ganz jungen Kleinkindern haben in den letzten zehn Jahren das Interesse an ihrer Fähigkeit, ohne formelle Unterweisung zu integrieren, zu kategorisieren und zu generalisieren, wiederaufleben lassen. Aus diesem wichtigen und aufstrebenden Forschungsbereich (siehe Bower 1967, 1982; Wolff und Ferber 1979; Aslin et al. 1981; Gallin 1981; Harris 1983; Brainerd und Pressley 1985) wollen wir zwei Gebiete anführen, die für das vorliegende Kapitel relevant sind. Wir beginnen mit der Objektwahrnehmung. Spelke und ihre Kollegen (Kellman und Spelke 1983) haben untersucht, ob ein ganz junges Kind die Einheit eines Objekts erkennen kann, das durch ein anderes verdeckt wird, ob es wissen kann, daß Teile der Welt sich als Einheiten bewegen, und ob es feststellen kann, ob zwei benachbarte Flächen zu demselben oder zu verschiedenen Objekten gehören. Wir gehen auf die Ergebnisse nur summarisch ein; für Einzelheiten verweisen wir auf die Originalveröffentlichungen.

In den Versuchen wurden vier Monate alte Kinder dabei beobachtet, wie sie ruhende und bewegte bzw. sichtbare und verdeckte Objekte betrachteten (Abbildung 9.2). Wurden zwei Stäbe, die – teilweise von einem Block verdeckt – zunächst eine Gerade bildeten, getrennt bewegt, so registrierten die Kinder die abgedeckten Stäbe als zwei getrennte Objekte. Wurden die Stäbe jedoch systematisch in der Weise bewegt, daß die Enden weiterhin relativ zu dem verdeckenden Block eine sich verschiebende Gerade bilde-

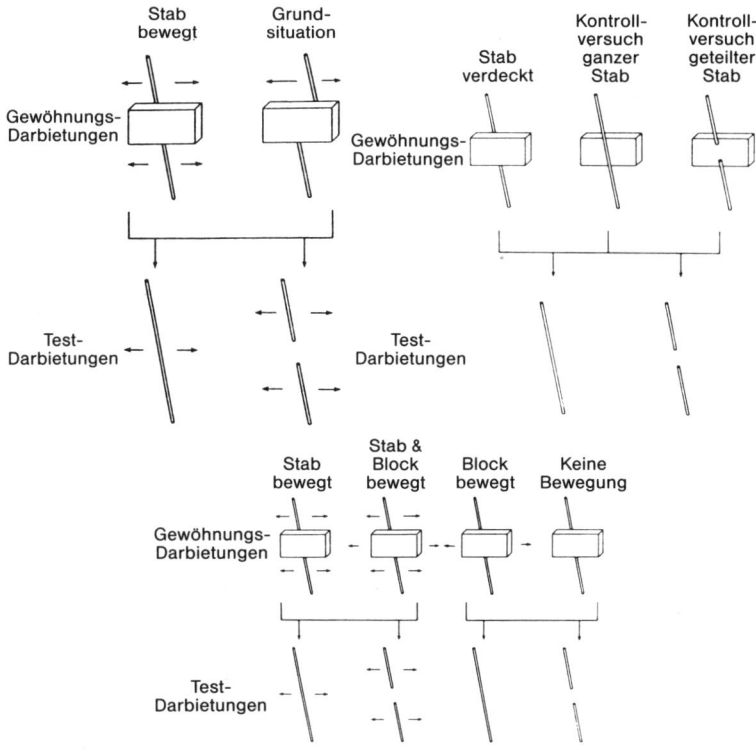

**Abbildung 9.2**

*Beispiele für die Darbietungen, die Kellman und Spelke (1983) benutzten, um die Wahrnehmung teilweise verdeckter Objekte durch vier Monate alte Kinder zu testen. Die Kinder wurden an ein Objekt gewöhnt, dessen oberer und unterer Teil sichtbar war, während der mittlere Teil durch ein näheres Objekt verdeckt war. Anschließend wurden sie mit einem durchgehend sichtbaren Objekt und mit zwei sichtbaren Objektteilen getestet, zwischen denen dort, wo das verdeckende Objekt gewesen war, eine Lücke klaffte. Die Grenzen eines teilweise sichtbaren Objekts wurden erkannt anhand einer Analyse der Bewegungen der Oberflächen, und ein zusammenhängendes Objekt wurde erkannt, wenn seine Enden hinter dem verdeckenden Objekt eine gemeinsame Translationsbewegung ausführten. Für die Vermutung, daß bei der Entscheidung die Farben oder Formen von Objekten eine Rolle spielten, gibt es keinen Anhaltspunkt.*

ten, so wurden sie als ein einheitliches Objekt aufgefaßt. Ausgangspunkt des Tests war die Tendenz von Kleinkindern, nach der ersten Darbietung von Objekten nur auf neuartige und nicht auf vertraute Dinge zu achten. Um festzustellen, ob die Ergebnisse von Formen oder Farben abhingen, wurden zahlreiche Versuche und Kontrollversuche durchgeführt. Die Fähigkeit, sich systematisch bewegende Entitäten zu erkennen, hing nicht von der Einfachheit oder Regelmäßigkeit von Formen oder Farben ab: Auch Objekte von unregelmäßiger Gestalt wurden als eins mit dem Stab wahrgenommen, wenn sie zusammen mit ihm bewegt wurden. Es gab keinen Anhaltspunkt für *Prägnanz* im Sinne der Gestaltpsychologie (Wertheimer 1958; siehe Kubovy und Pomerantz 1981). Die Kleinkinder schienen die Szenen nicht als ein Mosaik wahrzunehmen, das sich aus sichtbaren Fragmenten von Flächen zusammensetzt, und es hat demnach nicht den Anschein, daß sie die Welt in der von Gibson (1979) vorgeschlagenen Weise konstruieren; diese Fähigkeit, Objektkohärenz zu erkennen, tritt auf, bevor Kleinkinder in Form eines koordinierten Greifens kohärent *auf* Objekte einwirken können.

Direkt aufeinanderstoßende, in derselben Ebene liegende Objekte wurden von diesen Kleinkindern als Einheit gesehen, solche auf unterschiedlich tiefen Ebenen als zwei Objekte. Die zentralen Feststellungen dieser Untersuchung (Kellman und Spelke 1983) besagen, daß ganz junge Kleinkinder die Welt als aus räumlich zusammenhängenden und getrennt beweglichen »Objekten« zusammengesetzt sehen. Die Wahrnehmung von Texturen tritt offenbar gegenüber der einheitlichen, systematischen relativen Bewegung zurück, und es besteht keine Tendenz, Objekte nach einheitlicher Substanz oder regelmäßiger Form zu klassifizieren. Sie reagieren nicht einfach auf Oberflächen oder Empfindungen. Ob Kinder mit der Vorstellung von einem Objekt geboren werden, ist ungeklärt, aber wenn diese Beobachtungen sich bestätigen, dann ist klar, daß Sehen und relative Bewegung zu einer ersten Kategorisierung von Dingen führen können, die sich zusammen als »Objekte« bewegen. Die mit der Bewegung implizierten Kontinuitätseigenschaften gehen im großen und ganzen auf diese Kategorisierungsfähigkeiten über.

Bevor wir diese Befunde über das Sehen mit denen über andere Formen der Kategorisierung verknüpfen, wollen wir kurz ein auditorisches Beispiel betrachten, aus dem hervorgeht, daß Kleinkinder vor dem Spracherwerb zur Kategorisierung von Wahrnehmungsinhalten in der Lage sind. Unser Interesse gilt der Fähigkeit von Kleinkindern, auf der phonetischen und akustischen Ebene Wahrnehmungen zu machen und diese bei beträchtlichen Unterschieden in der Sprechgeschwindigkeit zu kategorisieren. Unser Überblick stützt sich auf die Untersuchungen von Eimas et al. (1987; Eimas und Miller 1981; Eimas 1982) und Aslin et al. (1981) sowie auf deren Äußerungen über die Untersuchungen anderer Forscher. Die Kategorisierung von Sprache durch Kleinkinder ist untersucht worden im Hinblick auf (1) die Fähigkeit des Kleinkindes, Variationen der Artikulation, Unterschiede zwischen Sprechern und Unterschiede in den Intonationsmustern zu kategorisieren (sogenannte Äquivalenzklassenbildung), und (2) die Fähigkeit des Kleinkindes, aufgrund zeitlicher Variationen der artikulatorischen Mechanismen Kategorien zu definieren (sogenannte kategoriale Wahrnehmung). Im Grunde handelt es sich in beiden Fällen um Formen der Kategorisierung. Eimas und Mitarbeiter weisen auf eine wichtige Einschränkung hin: Es ist nicht feststellbar, ob Kleinkinder zwei Fälle derselben Kategorie als *identische* Ereignisse wahrnehmen. Es läßt sich aber beobachten, ob ein Kleinkind so reagiert, *als ob* physisch verschiedene Fälle derselben Kategorie gleichbedeutende Erlebnisse seien. Es ist gezeigt worden, daß vier *Tage* alte Kinder anhand von Darbietungen unterschiedlicher stimmlicher Qualität Äquivalenzklassen bilden können (Jusczyk et al. 1980). Andere Untersuchungen haben ergeben, daß Kleinkinder imstande sind, unterschiedliche Reibelaute in Anfangs- und Endsilbenstellung, die von verschiedenen Sprechern mit unterschiedlichen Vokalen erzeugt wurden, zu unterscheiden. Dies wurde auch in bezug auf Verschluß- und Nasallaute nachgewiesen.

Bei den meisten dieser Experimente wurde das Wenden des Kopfes als Reaktion festgehalten. Ein anderes Testverfahren wertet eine verstärkte Saugtätigkeit als Reaktion; wenn sich die Häufigkeit der Saugbewegungen nach Darbietung eines neuen Reizes gegenüber einem Normalwert erhöht, wird angenommen, daß eine Kategorisierung erfolgt ist. Verwendbar sind auch synthetisch erzeugte Sprachlaute. Geringe zeitliche Unterschiede beim Einsetzen der Stimme, in der spektralen Zusammensetzung der Formantenübergänge und der Art der Artikulation werden von Kleinkindern mehr oder weniger gut kategorial unterschieden. Diese kategoriale Wahrnehmung basiert auf multiplen Hinweis-Reizen und ist stark kontextabhängig. Als Hörer können Kleinkinder Änderungen der Sprechgeschwindigkeit kompensieren, von denen gezeigt werden kann, daß sie einzeln zu Unklarheiten bei der Unterscheidung zwischen Explosivkonsonanten (kurze Übergänge) und Halbvokalen (lange Übergänge) führen, so etwa bei b bzw. w (gemeint ist das englische »w« – Anm. d. Ü.). Erwachsene und Kleinkinder werden mit dieser Unklarheit jedoch dadurch fertig, daß sie die Dauer des Übergangs mit der Dauer der Silbe »verrechnen«, einer Dauer, in der sich tatsächlich die Sprechgeschwindigkeit niederschlägt. Diese Fähigkeit, von Eimas et al. (1987) als ein Verfahren zur »Normalisierung der Sprache bezüglich der Sprechgeschwindigkeit« bezeichnet, stellt eine Form der Kategorisierung dar.

Es ließen sich noch viele Belege für kategoriale Reaktionen anführen. Doch vielleicht ist es angebrachter, Eimas et al. (1987) mit der Aussage zu zitieren, daß das Kind mit der angeborenen Fähigkeit auf die Welt kommt, einige der phonetischen Unterscheidungen, die in natürlichen Sprachen verwendet werden, zu kategorisieren. Diese Fähigkeit beschränkt sich nicht auf gesprochene Sprache, sondern ist auch in der Wahrnehmung nichtsprachlicher Laute ebenso wie in der Erkennung visueller Objekte zu beobachten. Kleinkinder zeigen, wie oben erörtert, nicht nur die Fähigkeit zu kohärenter Objekterkennung, sie sind auch mit sechs Monaten in der Lage, eine Form, die in unterschiedlichen Orientierungen dargeboten wird, zu kategorisieren (McGurk 1972), oder mit fünf Monaten die charakteristischen Merkmale menschlicher Gesichter, Alters- und Geschlechtsmerkmale zu unterscheiden (Fagan 1976; Fagan und Singer 1979) oder Farbkategorien (Bornstein et al. 1976) und Prototyp-Mittelwerte (Strauss 1979) auseinanderzuhalten. Miller et al. (1982) meinen, auf der präphonetischen Verarbeitungsebene würden Kategorien auch im Sinne prototypischer Kategorien definiert. Eimas et al. (1987) vermuten, die von Kleinkindern gebildeten Kategorien könnten auf Prototypen beruhen, die mehrere Sinnesmodalitäten in sich vereinen, und das hieße, daß in dem neuronalen Konstrukt bestimmte Verfahren existieren, die Modalitäten so miteinander zu verknüpfen, daß die Grenzen einer Kategorie sich decken.

Hier ist nicht der geeignete Ort, um zu erörtern, wie diese Befunde sich zur Ausbildung der Phonetik und eines Lexikons verhalten (siehe Eimas et al. 1987). Doch was unsere Fragen angeht, können wir daraus schließen, daß Kleinkinder eine beträchtliche Fähigkeit besitzen, sich vor dem Erwerb der Sprache eine auditorische Welt zusammenzustellen, daß diese Fähigkeit wahrscheinlich eine der Grundlagen des Spracherwerbs ist und daß das eigentliche Problem darin besteht, die Natur der zugrunde liegenden biologischen Mechanismen zu bestimmen. Man muß jedoch zugeben, daß Behauptungen, es gebe eine spezielle oder gesonderte Form der Verarbeitung von Sprachlauten (Liberman et al. 1972; Liberman und Studdert-Kennedy 1978; Eimas et al. 1987; Mattingly und Liberman 1987), bislang nicht umfassend bestätigt sind. Aus jüngeren Untersuchungen ergibt sich sogar, daß die beteiligten Mechanismen, welcher Art sie auch sein mögen, anfangs nicht auf phonetische, sondern auf akustische Information eingestellt sind. Anschließende Untersuchungen von Aslin und Mitarbeitern (1981; Walley et al. 1981) und von Jusczyk (1981; Jusczyk et al. 1977, 1983) legen nahe, daß die kategoriale Wahrnehmung nicht auf Sprachsignale beschränkt ist. Im Einklang mit unseren bisherigen Argumenten ist die kategoriale Wahrnehmung außerdem nicht auf die menschliche (Sprach-) Wahrnehmung beschränkt. Chinchillas zeigen eine ähnliche Diskrimination von Explosivkonsonanten wie Menschen (Kuhl und Miller 1975, 1978). Die Sprache nutzt vielleicht die entsprechenden Eigenschaften von Wahrnehmungssystemen, aber sie geht ihnen offenkundig nicht voraus. Diese Feststellungen stehen im Einklang mit unserer Auffassung, die perzeptuelle Kategorisierung sei ein Ausdruck allgemeiner Eigenschaften von gekoppelten degenerierten Repertoires.

Was das eigentliche Problem der Sprachwahrnehmung betrifft – wie ein Hörer ein akustisches Signal in der Weise umdefiniert, daß ein phonetisches Segment kartiert wird und schließlich eine lexikalische Bedeutung erhält –, scheint das Kleinkind gut, aber offenbar nicht vollständig ausgestattet auf die Welt zu kommen (Liberman et al. 1972; Liberman und Studdert-Kennedy 1978; Mattingly und Liberman 1987).

Das ist höchst bemerkenswert, denn die Kategorisierungs-Mechanismen für Sprachlaute sind recht komplex – die Segmentierung ist nicht sequentiell, es gibt Hinweise auf eine Antizipation während der Artikulation, die Information für einzelne Segmente überschneidet sich, und diese Überlappung ist nicht auf Wortgrenzen beschränkt. Es besteht eine mehrdeutige Beziehung zwischen den akustischen Signaleinheiten und ihren Analysen auf der phonetischen Ebene, zumal wenn die akustischen Eigenschaften sich mit dem Kontext, der Sprechgeschwindigkeit und dem Sprecher ändern. All diese Eigenschaften weisen eine inhärente Variabilität auf, und doch kann ein Kleinkind sie bis zu einem gewissen Grad kategorisieren und Invarianzen entdecken.

Bemerkenswert ist, daß die Sprachsignale trotz der Schwierigkeiten der Segmentierung, der multiplen Hinweis-Reize, der Kontextveränderungen und der inhärenten Variabilität kategorisiert werden. Es spricht sogar manches dafür, daß es Randbedingungen unterworfene Systeme gibt, die zunächst nicht – zumindest nicht vollständig – auf formeller Unterweisung und Lernen basieren. Die Randbedingungsparameter werden sehr früh, wenn nicht schon bei Geburt, festgelegt. Dennoch besteht eine erhebliche Flexibilität, und in verschiedenen Kontexten oder Sequenzen können die Merkmale, die von einem Organismus *betont* werden, sich ändern. Der Organismus muß daher bei der Kategorisierung eine Entscheidung darüber treffen, was er hervorheben und was er übergehen will. In manchen Fällen (McGurk und MacDonald 1976) dominiert eine Modalität gegenüber der anderen, und das könnte eine solche Entscheidung ebenfalls beeinflussen.

## Kritische Zusammenfassung

Damit in einem sehr jungen Alter eine Kategorisierung erfolgen kann, muß die neuronale Organisation in struktureller und funktionaler Hinsicht von Anfang an in erheblichem Maße Randbedingungen unterworfen sein. Bevor wir versuchen, eine mögliche neuronale Basis der Kategorisierung und Generalisierung in Gestalt der Selektion neuronaler Gruppen zu formulieren, mag es hilfreich sein, die kritischen Probleme aufzulisten und uns auf der Grundlage der bisher besprochenen Untersuchungen um einige Synthesen zu bemühen. Diese Synthesen legen nahe, daß die disjunktive Erfassung auf parallelen Kanälen bei der Kategorisierung eine wichtige Funktion erfüllt und daß die Fähigkeiten von Tieren über die schwache Definition der Kategorisierung (Seite 351 ff.), von der wir ausgegangen sind, hinausgehen.

Zunächst ist zu beachten, daß es bei visuellen wie bei auditorischen Aufgaben zu parallelen und simultanen Prozessen kommt – beim Sprechen ist die Segmentierung nicht eine ausschließlich sequentielle, noch werden die Merkmale der Reihe nach erfaßt. Es findet neben der »Koartikulation« auch eine »Kopräsentation« statt, und physikalisch definierte Signaleigenschaften reichen über mehrere Reizeinheiten bzw. Segmentierungsgrenzen hinweg. Ferner gibt es eine Reihe von Eigenschaften mit mehrdeutiger Zuordnung, beispielsweise in der phonetischen Verteilung eines Konsonantenlauts beim Auftreten eines Vokals. Außerdem variieren viele Eigenschaften bei mehrfacher Reizpräsentation stark. Das Erkennen hängt *nicht* von einer starren Ordnung in einer Sequenz ab, und in vielen Fällen können lokale Merkmale ihrerseits als eine ungeordnete Menge erfaßt werden. Gleichwohl zeigen praktisch alle oben besprochenen Situationen eine starke Kontextabhängigkeit.

Zwar sind die hier erörterten Muster in den meisten Fällen nicht polymodal, doch kann die Benutzung verschiedener sensorischer Modalitäten die Leistung generalisierender Systeme stark verbessern. In vielen Fällen ist motorische Beteiligung schwerlich zu übersehen – Augenbewegungen, Objektbewegungen, Manipulationen oder Einwirkungen auf das Objekt. Parallele Systeme wie

die beiden visuellen Systeme (Schneider 1969) können beteiligt
sein, von denen das eine stark von Bewegung abhängig ist. Dies
erinnert, wenn man es in Verbindung mit dem Gedächtnis sieht,
an Henry Heads motorisches Schema (Head 1920; Oldfield und
Zangwill 1942a, 1942b, 1942c, 1943), und es läßt auf das Vorhandensein unterschiedlicher Bedeutungshierarchien schließen, die
vom gegenwärtigen oder vorherigen Zustand des motorischen Systems des Organismus abhängen, der sich in Globalkartierungen
niederschlägt. Es läßt ferner den Schluß zu, daß es bei der Interpretation der Bewegung auf die systematische relative Ortsverän-
derung von Objekten in bezug auf den Organismus ankommt.
Was immer das ZNS mit den Augen, den Muskeln und den Gliedmaßen macht, es kategorisiert Handlungsmuster oder Gesten.
Bernstein (1967), Spelke (Kellman und Spelke 1983) und Herrnstein (1979) liegen möglicherweise gar nicht so weit auseinander.

Ungeachtet dessen, was für ein Erkennen lokaler Merkmale
spricht, nimmt der generalisierende Organismus doch so etwas
wie eine umfassende (nicht unbedingt tatsachengerechte)»Ob-
jektunterscheidung« vor. Bei Kleinkindern sprechen die Tatsachen für die Existenz von Prozessen, die für interne Kohärenz, die
Dauerhaftigkeit von Grenzen und die Zusammenfassung dreidimensionaler Bewegungen von Flächen sorgen. Tauben versagen
offenbar bei dieser letzteren Aufgabe, mögen dafür aber bei der
Klassifikation anderer hervorstechender Merkmale wie Farbe
oder Tonalität erfolgreich sein. Dies könnte die offensichtliche
Diskrepanz zwischen den Ergebnissen von Cerella (1979) und
Herrnstein (1979) erklären. Ziele auf Bildern werden unabhängig
von ihrer Klassifikation als Objekte gebündelt. Die Unterdrük-
kung von Attributen wie Farbe, Helligkeit und Textur kann (zumindest bei Kleinkindern) ebenso leicht vorkommen wie die Segmentierung.

All diese Beobachtungen deuten darauf hin, daß Neuheit nicht
auf eine einfache oder einzige, abgeschlossene Beschreibung einer
Menge von Reizen reduziert werden kann. Die Kategorisierung
umfaßt mehr als nur die Generalisierung von Reizen (d. h. Variation in einer einzigen Dimension oder Streuung von Effekten über
weitere Reizdimensionen). Einiges spricht für die Entstehung von

Hierarchien und die Existenz mehrerer Stufen sowohl in der Bewegung und Objektdetektion wie in der Sprachwahrnehmung.

Die Objektdetektion zum Beispiel umfaßt mindestens (1) die Wahrnehmung der dreidimensionalen Anlage und Bewegung von Flächen und (2) die Zusammenfassung von Flächen zu Objekten. Sprache umfaßt (1) die Antizipation und Koartikulation von Lauten und (2) die Zusammenfassung von Lauten nach der Normalisierung bezüglich der Silbenlänge. Die Generalisierung kann gemeinsame Merkmale, gemeinsame Reaktionen oder eine gemeinsame Geschichte betreffen, wobei *jeder* dieser Punkte unabhängig von den anderen wirksam sein kann. Außerdem sind an der Generalisierung nichtlineare Prozesse beteiligt, so daß geringfügige Abweichungen der inneren Zustände weitgehende Veränderungen der Reaktionen nach sich ziehen können.

Es gibt keinen Anhaltspunkt dafür, daß bei den ersten Generalisierungen Gestalteigenschaften (Wertheimer 1958) oder Oberflächeneigenschaften (Julesz 1984) als solche eine Rolle spielen. Es spricht einiges für Prototypizitätseffekte (Strauss 1979), wobei vermutlich zwei Funktionen zugleich ablaufen: die Zuordnung von Objekten zu Klassen und die Zuordnung von Einzigartigkeit zu Objekten. Doch können, wie Armstrong et al. (1983) gezeigt haben, Prototypizitätseffekte durch abgestufte Dimensionen und Konjunktionseffekte moduliert sein. In allen Fällen kommen Fehler vor, die aber erstaunlich selten sind; auf alles scheint mehr oder weniger verläßlich die Reaktion zu folgen. Allerdings wird bislang bei den meisten Experimenten nicht zwischen topologischen und metrischen Invarianzen unterschieden.

All diese Beobachtungen münden in die bedeutsame Feststellung, daß die Idee des Einzelfall-Lernens als allgemeine Erklärung der Kategorisierung nicht in Frage kommt – auch wenn diese Art des Lernens gut entwickelt ist, steht sie zu den Tatsachen der Generalisierung in Widerspruch. Außerdem stellt sie, wie schon erwähnt, enorme Ansprüche an ein Gedächtnissystem. Auch mit der vorgeschlagenen extrem ausgeprägten Prototypizität oder der Existenz von unitären Exemplaren in Verbindung mit Schablonenvariation ist nichts zu erklären; es muß zumindest eine Vermittlung zwischen diesen beiden Prozessen oder eine Mischung aus ihnen geben. Es mag sein, daß die Welt nicht amorph ist, doch besteht sie auch nicht aus fertigen oder von vornherein festgelegten Kategorien. Das heißt jedoch nicht, daß im Laufe der Evolution einer Spezies innerhalb einer relativ stabilen ökologischen Nische nicht gewisse »natürliche Kategorien« festgelegt werden könnten (Marler 1982). Dennoch vermögen konventionelles Lernen und Belohnung plus ethologische Variablen, die von der Evolution fixiert wurden, Kategorisierung und Generalisierung nicht hinreichend zu erklären.

Die Tatsache, daß Prototypizität allein als Erklärung versagt, die Widersprüche, die mit Modellen einfacher Merkmalsdetektion nicht zu erklären sind, der starke Einfluß des Kontexts und die hochgradige Parallelität der Eingänge – das alles legt den Schluß nahe, daß es keine allgemeine *abgeschlossene* Lösung für das Problem der Kategorisierung gibt. Dies mag gewisse Bemühungen, die linguistische Analyse mit Hilfe von Regeln und Repräsentationen zu betreiben, zunichte machen – für eine selektionistische Betrachtung des Problems auf der Wahrnehmungsebene ist es nicht beunruhigend. Auf dieser Ebene könnte die entscheidende Frage darin bestehen, wie ein Tier disjunktiv lokale Kriterien (und nicht lediglich Merkmale) auswählt, nach denen sich in einem gegebenen Fall die Einbeziehung in eine Kategorie richtet. Unter lokalen Kriterien verstehe ich *einige* zusammengefaßte Merkmale oder Merkmalskorrelate. In manchen Fällen finden gleichzeitig und in unterschiedlichem Umfang sowohl *lokale Merkmalsdetektion* als auch *globale Merkmalskorrelation* statt. Vielleicht ist es im Rahmen der gemeinsamen Geschichte und der Reaktionen eines Tieres die in unterschiedlicher Weise vom Objekt losgelöste Kombination beider Prozesse, von der es abhängt, welche Teilmenge von Attributen das Tier auswählt. Der erste wichtige Schritt könnte darin bestehen, die Welt durch eine Bestimmung scheinbarer Objektgrenzen zu gliedern. Der Parallelismus und die Möglichkeit konvergenter und äquivalenter Lösungen lassen es möglicherweise – wie in der Evolution selbst – zu, daß die Wahl auf mehr als einem Wege getroffen wird.

Wie in der Diskussion der begrifflichen Kategorisierung angedeutet wurde, mögen schließlich trotz enormer Differenzen hinsichtlich ihrer Komplexität die »einfache« Kategorisierung der Wahrnehmung und die kulturgebundene kontext- und bedeutungsabhängige Kategorisierung auf der Grundlage hochentwikkelter natürlicher Sprachen (Chomsky 1980) vieles miteinander gemein haben. Wie aus der Untersuchung zur Phonetik hervorgeht, könnte die eine als Grundlage für die Bestimmung der anderen dienen (Liberman und Studdert-Kennedy 1978; Mattingly und Liberman 1987).

## Neuronale Organisation und der Vorgang der Generalisierung

Jetzt sind wir in der Lage, einige mögliche Formen der neuronalen Organisation zu erörtern, die hinter der Fähigkeit zur Kategorisierung und Generalisierung stecken könnten. Wegen der Komplexität dieser Prozesse ist es allenfalls möglich, in Frage kommende Strukturen und minimale Modelle in groben Umrissen darzustellen; gleichwohl ist das Modell, das sich formulieren läßt, in befriedigender Weise mit selektionistischen Theorien zu vereinbaren. Ein ausführlicher Test des hier skizzierten Modells auf innere Konsistenz wird in Kapitel 10 wiedergegeben, wo die Leistungsfähigkeit eines auf dem Modell basierenden Automaten beschrieben wird. Die neuronalen Organisationsformen, von denen die Rede sein wird, bilden die strukturelle Grundlage für eine Beschreibung des Gedächtnisses im Sinne der Rekategorisierung.

Es ist aufschlußreich, wenn wir uns eingangs mit gewissen Problemen befassen, die mit der Umwelt und Signalen bzw. Reizen zusammenhängen. Obwohl die Welt nicht amorph ist und die *Eigenschaften* von Objekten durch Chemie und Physik beschreibbar sind (Pantin 1968), ist doch klar, daß Objekte auf der makroskopischen Ebene nicht als vorab definierte Kategorien existieren, daß sie im Zeitverlauf wandelbar sind und Neuheiten sein können und daß sich die Reaktionen auf sie nach dem relativen adaptiven Wert für den Organismus richten und nicht nach dem Wahrheitsgehalt ihrer Beschreibung. Dies verleiht der Kategorisierung von Objekten durch Tiere einen relativistischen und disjunktiven Beigeschmack; die Dinge werden gemäß den Faktoren aufgegliedert, die für das wahrnehmende Tier bedeutsam und ihm zugänglich sind. Die Merkmalsgestaltung richtet sich nach den speziellen auffälligen Merkmalen, Hinweis-Reizen und Kontexten, die sich zum entsprechenden Zeitpunkt in einer bestimmten Sequenz darbieten. Unter Bedingungen, wie sie in Abbildung 9.3 in Abwandlung von Bongard (1970) dargestellt sind, ist die Klassifikation von Objekten mit einer fundamentalen Unsicherheit behaftet: Je nach Kontext könnte ein Tier die großen Figuren entweder als Ellipsen oder als große Objekte einstufen.

Da eine einzelne Darbietung eines Objekts nicht alle seine

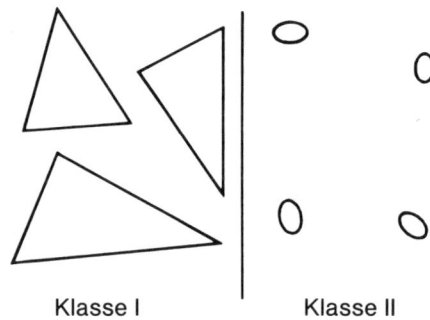

Klasse I     Klasse II

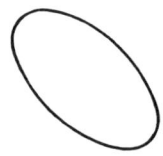

Abbildung 9.3
*Klassifikationsschwierigkeiten nach Bongard (1970). Wird nach den Objekten der* Klassen I *und* II *die große Ellipse dargeboten, sind drei Entscheidungen möglich: (1)* Klasse I,*»groß«; (2)* Klasse II,*»Ellipse«; und (3)»Ausschuß«, d. h. nicht zuzuordnen.*

Merkmale und Merkmalsbeziehungen erschöpft, haben wir zu überlegen, welche Merkmale erfaßt und welche als charakteristisch betrachtet werden. Aus Studien über die begriffliche Kategorisierung haben wir ersehen, daß die Probanden sowohl probabilistische Merkmalsensembles als auch Einzelexemplare verwenden. Bei der perzeptuellen Kategorisierung haben wir außerdem Belege für die Verwendung von Prototypen gefunden, wenngleich sie nicht für alle Entscheidungen ausschlaggebend sind.

Diese Charakteristika zeigen, daß von einer abgeschlossenen Definition einer Universalie oder einer abwesenden Universalie (»einer Erinnerung«) durch das Nervensystem keine Rede sein kann; es gibt im Hinblick auf Stimuli keine Definition durch einzeln notwendige und gemeinsam hinreichende Merkmale. Die Entscheidungen erinnern vielmehr an Wittgensteins (1953) Familienähnlichkeiten oder an seine Definition von Spielen: Weder wird ein Spiel durch eine fertige Merkmalsliste beschrieben, noch wird jedes Spiel willkürlich durch nominalistische Festlegung definiert. Klar ist hingegen, daß Spiele nicht notwendigerweise etwas gemein haben, außer daß sie Spiele sind. (Erläuterung: Wenn $n$ der Umfang einer beliebig langen Liste von Attributen von Spielen ist, einer Liste, die nicht abgeschlossen ist, dann würde jedes $m$ von den $n$ Attributen genügen, um aus einer beliebigen Aktivität ein Spiel zu machen.)

Dies ist in der Tat eine Definition einer polymorphen Menge (siehe Abbildung 2.5). Dennis und andere (1973) konstruierten visuelle Mengen dieser Art und fanden heraus, daß es Universitätsstudenten äußerst schwerfiel, die Designatoren zu finden, die $J$ von $N$ unterschieden (Abbildung 2.5). In dem dargestellten Beispiel lautete die Regel, nach der $J$ und die zu dieser Menge gehörenden Objekte konstruiert waren, folgendermaßen: mindestens zwei der Merkmale rund, schwarz oder symmetrisch. Tatsächlich ist eine polymorphe Menge charakterisiert durch eine Disjunktion der möglichen Gliederungen (im Sinne der Wahrscheinlichkeitstheorie) von Objekten oder Merkmalen. Man kann das dem Diagramm in Abbildung 9.4 entnehmen. Degeneriertheit in dem Sinne, wie wir sie in Repertoires neuronaler Gruppen definiert haben, besteht auch in Disjunktionen, hier der Gliederungen in

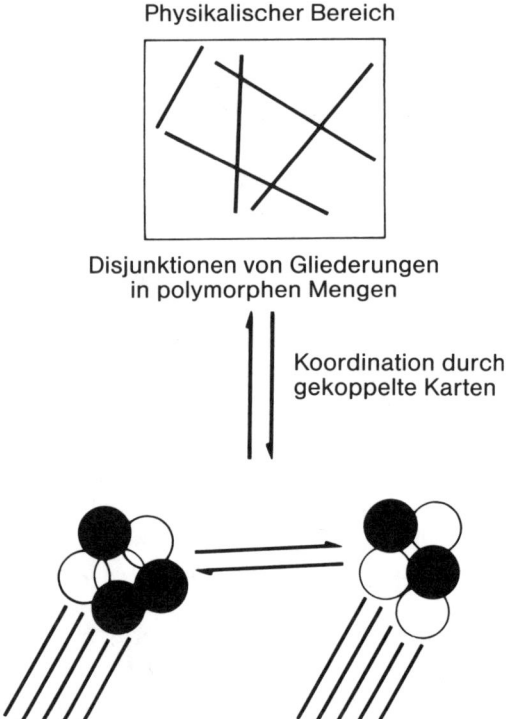

Physikalischer Bereich

Disjunktionen von Gliederungen
in polymorphen Mengen

Koordination durch
gekoppelte Karten

Disjunktionen von Gliederungen
von Gruppen durch Selektion

Abbildung 9.4

*Die Selektion von Gliederungen neuronaler Gruppen als Folge der reziproken Abbildung von Disjunktionen von Gliederungen in polymorphen Mengen von Signalen. Disjunktionen beinhalten nichtexklusive Oder-Funktionen, und abgesehen von der annähernden Somatotopie und der Punkt-zu-Fläche-Abbildung zeigen die höheren Repertoires in Globalkartierungen keine Isomorphie mit dem Signalbereich.*

neuronalen Netzen – das heißt der Vielfalt der möglichen nichtiso-morphen funktionellen Verknüpfungen von Neuronen zu Gruppen, so daß unter einer Schwellenbedingung mehr oder weniger äquivalente Reaktionen entstehen. Eine solche Netzwerkanordnung eignet sich wunderbar dazu, adaptiv auf eine Welt zu reagieren, die auf disjunktive Weise gegliedert werden soll. Die Frage ist: Wie wird diese Netzwerkanordnung in ihrer Neuroanatomie *spezifisch* so gekoppelt, daß eine Generalisierung entsteht?

Eine auf die Theorie der Selektion neuronaler Gruppen gestützte Überlegung ergibt, daß in einer solchen Anordnung sechs Eigenschaften erfüllt sein müssen: (1) Weitgehende lokale Variabilität und Degeneriertheit neuronaler Gruppen auf allen Ebenen. (2) Evolutionär festgelegte Strukturen, die als Abstraktoren in sensorischen Arealen dienen und bei einem angepaßten Phänotyp gleichzeitig mit motorischen Ensembles und in Abstimmung auf sie agieren. (3) Neuronale Netzwerke und ZNS-Strukturen, die mit sensorischen Arealen verbunden sind, um lokale Merkmalsdetektion durchzuführen. Solche Netzwerke, die mit sensomotorischen Ensembles verbunden sind, haben sich evolutionär zum Zwecke der Bestimmung von entweder objektzentrierten oder organismuszentrierten Achsen, der Feststellung der Kontinuität eines Objekts und der Detektion und Repräsentation von systematischen relativen Bewegungen entwickelt. (4) Kartenstrukturen und Sequenzen, wie sie ähnlich in früheren Kapiteln beschrieben wurden: lokale Karten, die von somatotopischen Repräsentationen zu unkartierten polymodalen Strukturen und schließlich zu einer motorischen Outputkarte führen; zusammen bilden diese eine Globalkartierung. (5) Multiple Kopplung zwischen Ebenen und zwischen Karten – ersteres, um dynamische Veränderungen aufzufangen und die Kartierung entsprechend zu ändern (siehe Abbildung 6.7), letzteres, um Karten höherer Ordnung und somit Klassifikationspaare zu erzeugen (Abbildung 9.5). Solche Kopplungen sorgen dafür, daß die in *einer* Karte auf einzigartige Merkmale reagierenden Muster neuronaler Gruppen simultan mit Korrelationen von Merkmalen, die in einer anderen Karte zusammengefaßt sind, verknüpft werden können, so daß invariante Muster entstehen. Solche Invarianzen werden

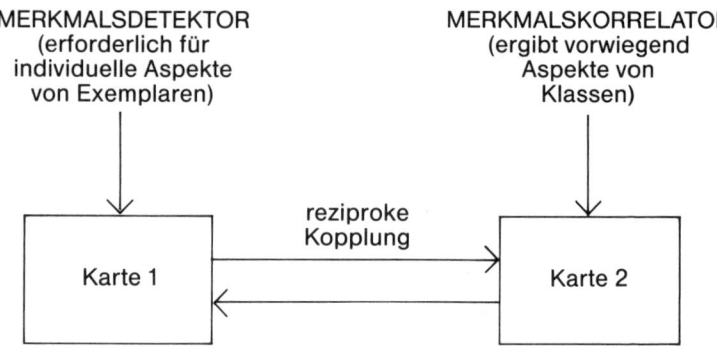

MERKMALSDETEKTOR        MERKMALSKORRELATOR
(erforderlich für          (ergibt vorwiegend
individuelle Aspekte          Aspekte von
von Exemplaren)               Klassen)

reziproke
Kopplung

Karte 1                    Karte 2

Abbildung 9.5

*Diagramm des reziproke Kopplung nutzenden Klassifikationspaares. Neurone – beispielsweise diejenigen im visuellen System – wirken als Merkmalsdetektoren (diese Fähigkeit verdanken sie der Evolution). Sie bilden* (links, Karte 1) *auf eine hierarchisch höher angeordnete Schicht im Gehirn ab. Andere Neurone – beispielsweise diejenigen, die mit leichter Berührung an einem sich bewegenden Finger zu tun haben – wirken als Merkmalskorrelatoren und verfolgen, wie* rechts *dargestellt, ein Objekt durch Bewegung. Diese Neurone bilden auf eine andere Schicht ab* (Karte 2). *Die beiden Karten projizieren aufeinander durch reziproke Verbindungen, so daß Gruppen in einer Karte Gruppen in der anderen erregen können. Dies ermöglicht eine parallele simultane Erfassung disjunktiver Merkmale, die eine polymorphe Menge im Stimulus bilden; diese Merkmale können dank der reziproken Verbindungen in den Reaktionen übergeordneter Netzwerke verknüpft werden. Auf diese Weise können allgemeinere Merkmale einer Objekt-Repräsentation mit anderen, besonderen Merkmalen verknüpft werden. Dank der reziproken Verbindungen werden besondere Reaktionsmuster in* Karte 1 *durch synaptische Änderung mit unabhängig erfaßten Reaktionsmustern in* Karte 2 *verbunden. Auf der Grundlage einer Kombination lokaler Merkmale oder von Merkmalskorrelationen, die auf die disjunktive Erfassung von Signalen bisher nicht angetroffener Objekte zurückgehen, kann eine Generalisierung erfolgen. Durch Signalaustausch werden die Reaktionen auf diese Kombinationen mit früheren Reaktionsmustern verknüpft. Das Klassifikationspaar ist in einem gewissen Sinne ein Grenzfall: Es besteht aller Anlaß zu der Vermutung, daß im allgemeinen mehr als zwei Karten interagieren, also Klassifikations-n-fache.*

hergestellt durch topologische Repräsentationen ähnlich denen
für sensomotorische Ensembles, die im vorigen Kapitel beschrieben wurden. (6) Die Kopplung solcher Karten erfolgt zu einem
gegebenen Zeitpunkt eher lokal oder global, je nachdem, ob
die merkmalsdetektierenden oder die merkmalskorrelierenden
Aspekte des Systems im Vordergrund stehen.
Ein so konstruiertes System von Globalkartierungen kann polymorphe Mengen bewältigen. Es erreicht dies, wie Abbildung 9.4
schematisch zeigt, indem es jene Disjunktionen, die entsprechend
adaptiven Kriterien erfaßt wurden, auf die Disjunktionen von
Gliederungen abbildet, die durch Selektionen von degenerierten
Mengen seriell und parallel gekoppelter neuronaler Gruppen
repräsentiert sind (Abbildung 9.5). Diese Erfassung ist natürlich
begrenzt durch die phänotypischen Eigenschaften des sensomotorischen Apparats sowie durch die ethologischen Grundlagen
(Marler et al. 1981; Gould und Marler 1984) des Verhaltens.
Wichtig ist zu erkennen, daß ein solches System weder vollständig noch fehlerfrei ist – eine zu adaptivem Verhalten führende
Schwellenreaktion reicht aus. Das System kann deshalb generalisieren, weil es auf Vollständigkeit und fehlerfreie Arbeitsweise
zugunsten einer hinreichenden Kartierung zwischen lokal erfaßten Merkmalseigenschaften und globalen, durch Merkmalskorrelation erhaltenen Objektdefinitionen verzichtet (man beachte die
Ähnlichkeit der Merkmalskorrelation mit der Objektdefinition
von Kleinkindern). Die Spezifität und potentielle Variabilität der
Merkmalsdetektion wird auf diese Weise über einen weiten Bereich unterschiedlicher Objekteigenschaften mit der Invarianz der
unabhängigen Merkmalskorrelation verknüpft. Da die Erfassung
für diese beiden Funktionen getrennt, parallel und in Echtzeit erfolgt, können beide Funktionen zu unterschiedlichen Zeitpunkten
eine starke Fluktuation aufweisen. In der neuronalen Struktur
kann die Effizienz der assoziativen Verbindungen höherer Ordnung gleichfalls stark fluktuieren, doch wird sie in Anwesenheit
des Objekts wiederholt durch Signalaustausch verstärkt, was in
sukzessiven Zeitabschnitten der Fall ist, während derer die Erfassung durch Klassifikationspaare oder *n*-fache erfolgt. Wie wir
noch erörtern werden, verknüpft das konventionelle assoziative

Lernen ein solches System mit Reaktionen und Belohnungen, doch kann es keinesfalls für die *erste* von dem System durchgeführte Generalisierung verantwortlich sein. Gleichwohl sorgt ein solches Lernen für den Output zu Willkürverhalten und für die Verknüpfung der Selektion neuronaler Gruppen mit Belohnungen, die für das ganze Tier einen adaptiven Vorteil bietet. Ein Beispiel dafür, wie ein solches Lernsystem auf der Ebene des ganzen Tieres funktionieren könnte, wird in Kapitel 11 diskutiert.

Auf die Darstellung spezifischer Einzelheiten der neuronalen Strukturen, die für solche Aktivitäten verantwortlich sein könnten, ist in den Abbildungen 9.4 und 9.5 verzichtet worden. Es ist offenkundig, daß eine Zuordnung zu spezifischen neuronalen Kernen und Schichten und zu speziellen neuroanatomischen Strukturen wichtig ist, doch ebenso offenkundig mangelt es bisher, abgesehen von den in früheren Kapiteln erwähnten Strukturen, an eindeutigen Zuordnungen; dafür müssen erst noch geeignete Versuchsprotokolle entworfen werden. Einige dieser Protokolle werden im letzten Kapitel umrissen; hier können wir nur darum bitten, sich einstweilen mit dem Vorhandenen zu begnügen, was natürlich nicht restlos überzeugen kann. Die Darstellung konkreter Schaltungsbeispiele in Kapitel 10 wird zumindest belegen, daß diese Ideen innere Konsistenz besitzen, und zeigen, wie nach einer ersten Kategorisierung Generalisierung stattfinden kann.

Das von uns entworfene System könnte nicht funktionieren, wenn Ereignisse sich nicht in Veränderungen an Populationen von Synapsen niederschlagen würden, wie es in Kapitel 7 beschrieben wurde. Um anhand einer Reihe von Testobjekten eine Generalisierung vorzunehmen und diese auf andere Objekte zu übertragen, die später als eine Kette von Neuheiten wahrgenommen werden, bedarf es außerdem der Eigenschaften des Gedächtnisses. Befassen wir uns im Lichte der hier besprochenen Erkenntnisse über Kategorisierung und Generalisierung mit einigen Aspekten des entscheidenden Problems des Gedächtnisses.

## Nochmals zum Problem des Gedächtnisses

Im ersten Teil dieses Kapitels haben wir die Taktik befolgt, das Problem des semantischen Gedächtnisses zu umgehen, um statt dessen zu prüfen, *was* erinnert wird und *wie* es *zuvor* auf der Wahrnehmungsebene definiert wird. Die entscheidende Frage auf dieser Ebene lautet: Ist das Gedächtnis replikativ? Mit anderen Worten: Ist das, was gespeichert wird, so etwas wie eine systematische (wenn auch transformierte) Sammlung besonderer Merkmale, Attribute und Eigenschaften, die in gleicher Weise gespeichert werden, wie ein Computer Listen von Grauwerten in einer Matrix speichert, um ein Bild darzustellen? Unsere Überlegungen in diesem Kapitel führen zu dem Schluß, daß dies nicht der Fall ist. Wir haben vielmehr die Auffassung vertreten, daß Wahrnehmung, Kategorisierung, Generalisierung und Gedächtnis notwendigerweise eng miteinander verknüpft sind. Nach dieser Ansicht ist Gedächtnis eine Art der Rekategorisierung auf der Grundlage von aktuellem Input und insofern eher transformational als replikativ, wenngleich Veränderungen, die exemplarischen Merkmalen entsprechen, sich in synaptischen Änderungen in verschiedenen Teilen eines Klassifikationspaares äußern können.

Diese Annahme – daß Gedächtnis eine Form der Rekategorisierung sei, die aus der gesteigerten Fähigkeit zur Kategorisierung und Generalisierung resultiert – ist nicht allzu weit von Heads motorischem Schema (Head 1920; Oldfield und Zangwill 1942a, 1942b, 1942c, 1943) und von Bartletts späteren Auffassungen (1964) entfernt. Doch abgesehen davon, daß sie die Frage auf der Ebene der neuronalen Organisation angeht, weicht die hier vertretene Auffassung davon in mehreren Hinsichten ab. Sie beschränkt sich auf die Ebene der Wahrnehmungskategorien und fragt direkt nach den nonverbalen Aspekten, die für die Konstruktion eines anspruchsvolleren Gedächtnismodells von zentraler Bedeutung sind. Sie spricht in ihrer Annahme deutlich aus, daß Gedächtnis wesentlich auf Generalisierung (und nicht nur auf assoziativem Lernen) beruht, und ebenso deutlich sagt sie, daß die an diesem Gedächtnis beteiligten neuronalen Organisationsformen selektiver Natur sind. Schließlich sagt sie aus, daß ein spezifischer neuronaler Prozeß oder eine spezifische neuronale Organisationsform (eine Globalkartierung; siehe Abbildung 8.5) für das rekategoriale Gedächtnis *erforderlich* ist und daß dieses Substrat das für die Ausführung einer solchen Funktion erforderliche *Minimum* darstellt.

Dieser Auffassung zufolge müssen sowohl das Verhältnis zwischen Gedächtnis und Information im Gehirn als auch die Vorstellung von einer finiten Speicherung (Pierce 1961) streng überprüft werden. Da die von Klassifikationspaaren durchgeführte Rekategorisierung ein variables Element enthält und die Kategorisierung ein fortgesetzt *aktiver* Selektionsprozeß der disjunktiven Gliederung einer Welt ist, die »ohne Etiketten« existiert, ist die in der Kommunikationstheorie gebräuchliche statische Vorstellung von Information nicht besonders zweckmäßig. Richtig ist, daß mit steigender Zahl der kategorisierten Mitglieder einer Menge das adaptive Verhalten und die Reaktionsgeneralisierung wächst, und es ist auch wahrscheinlich, daß dies mit einer Abnahme der Degeneriertheit in den die Reaktion vermittelnden neuronalen Schaltungen verbunden ist. Da es aber in selektiven Systemen stets einen Ausgleich zwischen Spezifität und Generalität gibt (siehe Kapitel 2) und zwischen dem Verhalten eines Tieres und Objekten und Vorgängen in seiner aktuellen Umgebung im allgemeinen keine im voraus feststehende oder codierte Beziehung besteht, ist es nicht erhellend, von Information zu sprechen (außer *a posteriori* für den Beobachter). Ebenso fruchtlos ist das Bemühen, die Kapazität eines solchen Systems im informationstheoretischen Sinne zu messen: Ein Tier kommt, was adaptives Verhalten angeht, in eine günstige Position, wenn es dadurch zu einer Reaktion gelangt, die – und sei es auch nur vage – einen Reiz kategorisiert, daß es in gewissem Umfang zugunsten von Generalität auf Spezifität verzichtet. Wird dieses Verhalten belohnt, so ist der Gewinn oder Verlust an »Information« eine *nachträgliche* Rechtfertigung, deren Wirksamkeit zweifelhaft ist.

Eine solche Auffassung von der Wahrnehmungsbasis des Gedächtnisses wirkt sich auf die Idee der Speicherung und deren Verhältnis zur synaptischen Änderung aus, und sie modifiziert unser

Verständnis einiger damit zusammenhängender, aber abstrakterer Ideen über Vorstellungen und Propositionen. Speicherung erfolgt durch Veränderung der synaptischen Stärke (siehe Kapitel 7) und führt zu Verbindungen zwischen ganzen Systemen oder Populationen neuronaler Gruppen, die auf einmalige Merkmale reagieren, wobei gesonderte Populationen von Gruppen die Merkmale korrelieren und für eine mehr oder weniger invariante Reaktion sorgen.

Es gibt sehr viele Möglichkeiten, in ein solches dynamisches Netzwerk aufgenommen zu werden, und doch wird eine große Menge lokaler Merkmale, die einem Objekt zugeschrieben werden können, *nicht* gespeichert. Es genügt, nur jene synaptischen Änderungen zu »speichern«, die mit Verfahren zusammenhängen, welche auf degenerierte Weise exemplarische Kombinationen, die häufigsten Kombinationen und disjunktive Aspekte ergeben (Fuster 1984). Und natürlich wird *nicht* eine vollständige Repräsentation eines Objekts gespeichert. Wenn die Darbietung eines Objekts eine hinreichend große Teilmenge neuronaler Gruppen in einem Klassifikationspaar aufruft, besteht für den Rest der Gruppen, die mit notwendigen *oder* auch mit nichtnotwendigen Merkmalen in einer Globalkartierung verbunden sind, eine gesteigerte Reaktionswahrscheinlichkeit.

An einer Gedächtnisreaktion ist das gesamte sensomotorische System mit seiner repetitiven Aktivität und seinen Reaktionen, die mit der Funktion von Klassifikationspaaren (Abbildung 9.5) in Globalkartierungen (Abbildung 8.5) koordiniert sind, beteiligt. Aus dieser Sicht ist sowohl die probabilistische als auch die exemplarische Natur dieses gemischten Systems verständlich. Ebenso einleuchtend ist, daß ein solches System einen stark prozeduralen Charakter hat. *Was erinnert wird, ist der Komplex von Fähigkeiten, eine bestimmte Reihe von Prozeduren (oder Akten) auszuführen, die zur Kategorisierung führen.* Dies geschieht durch interne Verknüpfungen, die aus Konfrontationen mit Objekten und gemeinsamen Eigenschaften polymorpher Mengen resultieren, unterstützt durch die Resultate assoziativen Lernens (Kapitel 11).

Die allgemeine Struktur der für die Kategorisierung der Wahrnehmung *notwendigen* neuronalen Substrate wurde oben erörtert, doch wurde dabei die Frage übergangen, wie diese Substrate *ver-*

*knüpft* werden, um eine kohärente Menge zu bilden, die Vorgängen in der Zeit entspricht. An der Verarbeitung unterschiedlicher Signale ist eine Reihe von Klassifikationspaaren (und *n*-fachen) beteiligt, die über mehrere kortikale und subkortikale Bereiche verteilt sind. Die entscheidende Frage ist nun: Wie können sich die zeitliche Kontinuität und die Sukzessionseigenschaften, die für Vorgänge und Objekte charakteristisch sind, und deren Wiederaufruf in Bewegungen, die etwa mit Angriff und Verteidigung zu tun haben, in dieser zerstreuten Menge niederschlagen? Eines der Hauptmerkmale von Erinnerungen, die mit der Kategorisierung der Wahrnehmung und mit Handlungen zusammenhängen, ist diese dynamische Kontinuität. Wo ist sie niedergelegt?

Die Theorie fordert, daß ein entsprechender Bereich oder eine entsprechende Hirnregion existiert und in der Lage ist, die gesamte Sukzessionsordnung und Verknüpfung von Klassifikationspaaren zu handhaben. Dies sollte jedoch nicht ein Gebiet sein, in dem disjunktive Eigenschaften klassifiziert werden, sondern vielmehr eines, in dem verschiedene Klassifikationspaare der Reihe nach miteinander verknüpft und geordnet werden können, wobei dies Zeitspannen beansprucht, die um eine Größenordnung länger sind als die maximale Spanne, die ein Tier benötigt, um sich von einer Gefahrenquelle zu entfernen. Dies ist eindeutig eine starke Forderung der Evolution – sie ist offenkundig zweckmäßig, wenn es etwa darum geht, eine Reihe von auditorischen Signalen zu empfangen und darauf zu reagieren, aber sie ist auch sinnvoll in Situationen eines visuell beobachteten Angriffs.

Während Extrapolationen und Zuordnungen von Funktionen zu bestimmten Hirnregionen und Strukturen riskant sind, ist es eine fruchtbare Spekulation, daß mediale temporale Regionen, der Hippocampus und der Amygdalakomplex für diese Rolle durchaus in Frage kommen. Ausgehend von klassischen Forschungen (Milner 1985), haben neuere neuropsychologische Untersuchungen (siehe Squire 1986 für eine Übersicht) und verschiedene Ablationsversuche an Affen (Mishkin 1982; Mishkin et al. 1984) ergeben, daß diese Regionen in der Vermittlung des Kurzzeitgedächtnisses eine wichtige Rolle spielen, aber nicht die Orte sind, wo dieses Gedächtnis direkt aufgerufen wird. Während also die Entfernung einer oder mehrer dieser Regionen zu schweren Ausfällen des Kurzzeitgedächtnisses führt, sprechen doch die meisten Tatsachen dagegen, daß diese Strukturen als Orte der Kategorisierung als solcher dienen.

Die bislang verfügbaren Erkenntnisse lassen lediglich die Überlegung zu, daß der Hippocampus (Isaacson und Pribram 1975; Weiskrantz 1978) bei der Modulation sensorischer Aspekte der Wahrnehmung eine ähnliche Rolle spielen könnte wie das Kleinhirn (Ito 1984); zu den motorischen Aspekten siehe Kapitel 8. Beide Strukturen haben eine repetitive neuronale Architektur mit einer charakteristischen konvergent-divergenten Konnektivität, beide sind hochgradig vernetzt, und auf der synaptischen Ebene unterliegen beide der Langzeitpotenzierung (zum Hippocampus siehe Lynch et al. 1976, 1977, 1982; Andersen 1977, 1980; Lynch und Baudry 1984) bzw. der Langzeitdepression (zum Kleinhirn siehe Ito et al. 1982). Solche metastabilen synaptischen Effekte in diesen Strukturen könnten notwendig sein, damit eine Globalkartierung als selektiver Filter bei der zeitlichen Abstimmung von Beziehungen wirken kann, sowie auch für die Abfolge von Vorgängen, die erforderlich sein könnten, um weitere Langzeitveränderungen in kortikalen Bereichen zu induzieren.

Wie vom Hippocampus nimmt man auch vom Kleinhirn an, daß es als Echtzeit-Überwachungssystem fungiert, in dem verschiedene unvorhergesehene Teile von Synergien zu einem reibungslosen Ablauf verknüpft werden; es geht jedoch weiter als der Hippocampus und koordiniert den Output für motorisches Handeln. Bei beiden hat die grundlegende Funktion einen »feed-forward«-Aspekt, und weder beim einen noch beim anderen liegt eine *direkte* Vermittlung der Funktionen vor, die durch ihr Wirken kohärent gemacht werden. Im Aufbau sowohl des Hippocampus wie des Kleinhirns findet sich eine Input-Output-Verschaltung, die ideal dafür geeignet zu sein scheint, sequentielle Verknüpfungen mit einer starken zeitlichen Komponente herzustellen. Derartige Verknüpfungen könnten dann sekundäre Verbindungen steuern, indem sie im Kortex zwischen Klassifikationspaaren im sensorischen System sowie zwischen solchen Paaren und weiteren unkartierten Regionen im motorischen System für synaptische Änderungen sorgen. Wenn diese Spekulation zutrifft, ist der Hippocampus ein Online-Echtzeit-Überwachungszentrum für die in Sukzession oder in geordneten Sequenzen erfolgende Verknüpfung der Aktivität der (überwiegend in der Großhirnrinde liegenden) Klassifikationspaare, die mit der disjunktiven Kategorisierung zu tun haben. Aus dieser Sicht ist die Konnektivität dieser Regionen zum limbischen System, durch die eine Bewertung des Lernens ermöglicht wird, kein Zufall, und sie ist, wie in Kapitel 11 zu erörtern sein wird, für das Lernen wesentlich. In diesem System (Mishkin 1982; Mishkin et al. 1984) spielt die Amygdala eine entscheidende Rolle bei polymodalen Interaktionen. Ein Ausfall der Koordination, die für die Sukzession bzw. die Verknüpfung von Klassifikationspaaren sorgt, könnte zu einem Ausfall der Verknüpfungen von Repräsentationen in den sensorischen Systemen des Kortex führen und dadurch ein kohärentes Kurzzeitgedächtnis verhindern. Nach der Konsolidierung des Kurzzeitgedächtnisses und der Herstellung sekundärer intrakortikaler Verbindungen zwischen kortikalen Klassifikationspaaren bestünde jedoch kein Bedarf für eine Echtzeit-Sequenzierung durch den Hippocampus. Das Langzeitgedächtnis kann aus dieser Sicht durch sekundäre Verbindungen entstehen, und in einem solchen assoziativen Gedächtnis kann die Sukzession eine *abgeleitete* Eigenschaft sein, die keiner Überwachung bedarf, wie sie vermutlich der Hippocampus erfordert.

Aus dieser Betrachtungsweise ergeben sich drei Konsequenzen. Die erste lautet, daß die im Kurzzeitgedächtnis benutzten Klassifikationspaare ganz oder teilweise durch synaptische Änderungen außerhalb des Hippocampus für das Langzeitgedächtnis fixiert werden können. Die zweite bedeutet, daß aufgrund der Physik der Wahrnehmung zwar auch zwischen nicht verknüpften Paaren und ohne Mitwirkung des Hippocampus über kürzeste Fristen Kontinuität erhalten bliebe, daß aber der Hippocampus die Funktion hätte, repetitive, aber variierende Vorgänge und kontrastierende abrupte Veränderungen in Vorgängen in einer Zeitspanne zu verknüpfen, die zehn- bis hundertmal länger als die motorischen Reaktionszeiten des Organismus sind. Die dritte, vom Grad der Konsolidierung abhängende Konsequenz besagt, daß das Langzeitgedächtnis sich einiger oder aller Klassifikationspaare bedienen würde, die im Kurzzeitgedächtnis benutzt werden. Im Gegensatz zum Kurzzeitgedächtnis würde es jedoch keine *zwingende* Sukzession in der Verknüpfung solcher Strukturen und keine direkte Abhängigkeit vom Hippocampus zeigen. Bei Tieren, deren Frontallappen entfernt wurden, würde eine Kombination von Klassifikationspaaren, die durch Lernen über sekundäre Verbindungen verknüpft sind, für Flucht- oder Verteidigungsreaktionen (die Kategorisierung ist oft ordnungsfrei) ausreichen. Bei Tieren mit Frontallappen könnten sekundäre Verbindungen, die konkret bestimmte Sequenzen erzwingen, erlernt werden. Und natürlich würden bei Tieren, die Sprache besitzen, solche erlernten Sequenzen vorliegen, doch könnten sie umorganisiert oder entsprechend anderen Bedürfnissen umgestoßen werden.

Schließlich können wir fragen: Wie verhält sich diese engere Vorstellung von einem auf Wahrnehmung basierenden Gedächtnis zum deklarativen Gedächtnis (Squire 1982)? Da das deklarative Gedächtnis von semantischen Fähigkeiten, Selbstkonzepten, Bewußtsein und kulturell induzierter Überlieferung abhängt, müssen wir hier auf eine ausführliche Diskussion der Frage verzichten. Wenn die vorgetragene Theorie jedoch zutrifft, ist das Gedächtnis im Sinne einer Rekategorisierung eine notwendige, aber offenbar nicht hinreichende Grundlage für das einem solchen deklarativen Gedächtnis zugrunde liegende Wahrnehmungs*erlebnis*; assoziatives Lernen (siehe Kapitel 11) ist ebenfalls erforderlich. Diese auf den ersten Blick nicht sehr gehaltvolle Vorstellung wird beeindruckender durch den Hinweis, daß die Möglichkeiten der Rekategorisierung mit der Anzahl der in Echtzeit zusammenwirkenden Klassifikationspaare dramatisch wachsen. Außerdem wird das Gedächtnis mit steigender Anzahl solcher neuronaler Anordnungen unvermeidlich zu einem verteilten System. Da das, was gespeichert wird, nicht eine Replikation der Kategorie oder des Vorgangs ist, sondern die Fähigkeit, zu generalisieren und anschließend auf ein Verhalten zu fokussieren, mit dem entsprechende Belohnungen erreicht werden können, gibt es keinen einzigartigen, besonders privilegierten Ort für ein »Gedächtnis« oder eine »Spur« (Lashley 1950). Das rekategoriale Gedächtnis ist dy-

namisch, transformational, assoziativ und verteilt – seine Prozeduren sind *repräsentativ* für Kategorisierungen, aber sie sind nicht
notwendigerweise Repräsentationen (siehe Rortblatt 1982).

Ob diese Ideen über die neuronalen Grundlagen des Gedächtnisses *hinreichend* sind, entscheidet sich an dem Nachweis, daß
Synapsen als Populationen in einem selektiven Netzwerk ihre Eigenschaften in einer Weise ändern können, die mit der Funktion
von einem oder mehreren Klassifikationspaaren vereinbar ist, sowie an dem Nachweis, daß solche Paare im Detail effektiv funktionieren und Lernen unterstützen können. In den beiden nächsten
Kapiteln soll versucht werden, diese Aufgaben zu erfüllen: durch
Darstellung der Kategorisierung in Klassifikationspaaren an
einem nachprüfbaren Modell und durch Klärung des Zusammenhangs zwischen Gedächtnis (im hier definierten Sinne) und Lernen. Ob diese Ideen *notwendig* sind, ist eine Frage, die selbstverständlich durch Experimente, zu denen am Ende dieses Buches
einige Anregungen gegeben werden sollen, empirisch zu klären
ist.

# Selektive Netzwerke und Erkennungsautomaten

*Erkennungsautomaten* · Gestaltungsmerkmale von Darwin II · Leistungen des Automaten · Generalisierung · Assoziation · *Textoretik*

## Einführung

Die Aussage, daß die perzeptuelle Kategorisierung auf Klassifikationspaaren beruht, die in abgestimmter Weise in globalen Abbildungen wirksam sind, und die Ansicht, daß das Erinnern in einer Rekategorisierung besteht, stellen zusammen eine überzeugende Beschreibung dar, derer die Theorie bedarf, aber sie garantieren nicht zwangsläufig, daß es sich wirklich so verhält. Auch lassen sich die drei Hauptprämissen der Theorie der Selektion neuronaler Gruppen (Transformation während der Entwicklungsphase, die zu einem primären Repertoire führt, synaptische Selektion, aus der ein sekundäres Repertoire hervorgeht, und Rezirkulation von Signalen) zwar relativ einfach darlegen, doch ihre tatsächliche Wirkungsweise in interagierenden nichtlinearen Netzwerken ist äußerst komplex. Aus beiden genannten Gründen wäre es hilfreich, wenn wir solche Interaktionen an Modellsystemen untersuchen könnten. Dies ist von Bedeutung für die innere Konsistenz der Theorie: Kann ein vorverdrahtetes Netzwerk oder eine Anhäufung von Netzwerken, die auf selektiven Prinzipien und reziproker Kopplung basiert, stabil und adaptiv auf strukturelle Inputs reagieren und Mustererkennung, Kategorisierung und Assoziation leisten, ohne vorausgegangene Instruktionen, semantische Regeln oder Lernen durch Verstärkung? Können wir die im letzten Kapitel gemachten Aussagen an einem funktionierenden Modell belegen?

Um diese Fragen zu untersuchen, haben George N. Reeke, Jr., und ich (Edelman und Reeke 1982; Reeke und Edelman 1984) einen Automaten namens Darwin II entworfen und auf einem großen Digitalrechner simuliert. Dieses Modell enthält die wichtigsten Prämissen der Theorie, ist aber ausdrücklich kein Modell realer Nervensysteme, weder im Ganzen noch in Teilen. Dennoch kann die Analyse eines solchen Modells helfen, über gewisse experimentelle Fragen Klarheit zu gewinnen und die Fähigkeit selektiver Netzwerke zur Lösung realer Probleme der Kategorisierung zu untersuchen, und es weist den Weg zur Konstruktion künstlicher Systeme der Mustererkennung anhand der Prinzipien von Selektionstheorien. Zwar ist der derzeitige Automat, Darwin II, recht begrenzt, doch ist er eine neuartige Maschine, die insofern als Klassifikationspaar fungiert, als er ohne ein Programm und ohne Lernen durch Verstärkung imstande ist, zweidimensionale »visuelle« Reize zu erkennen, zu klassifizieren und Assoziationen zwischen ihnen herzustellen. In seinem Aufbau stecken viele der Merkmale einer globalen Abbildung. Das Modell liefert ferner ein klares Beispiel für eine bestimmte Art von reziproker Kopplung, die in einem Klassifikationspaar auftritt.

Bei der Modellierung des Komplexitätsgrades, der der Funktion höherer neuronaler Netzwerke zugrunde liegt, gibt es ein Dilemma. Einerseits muß jede Repräsentation in einer Maschine im Vergleich zu realen neuronalen Netzwerken sehr begrenzt sein. Andererseits muß der interne Aufbau selbst eines äußerst vereinfachten und minimalen Modells eines Klassifikationspaares wie Darwin II gemessen an der Computerlogik hochgradig komplex sein. Das liegt an dem minimal erforderlichen Umfang für Repertoires, der Parallelität der Klassifikationspaare, der Nichtlinearität des Netzwerkverhaltens und der absichtlichen Vermeidung semantischer oder instruktionaler Elemente beim Bau der Maschine. Mit der Beschreibung von Darwin II wird vor allem ein heuristischer Zweck verfolgt: Es soll gezeigt werden, daß ein Teil der Selektionstheorie, speziell der in den letzten Kapiteln beschriebene, in ein funktionierendes selbstorganisierendes Netzwerk eingebaut werden kann.

## Tabelle 10.1

*Grundregeln für den Bau eines Erkennungsautomaten*

---

Das System muß ein Netzwerk sein.
Netzwerkknoten sind erkennende Elemente, die Gruppen von Neuronen entsprechen.
Die Aktivität der einzelnen Gruppe hängt nur von ihren Inputs und ihrer bisherigen Geschichte ab.
Gruppen können anderen Gruppen über Netzwerkverbindungen (»Synapsen«) ihre Aktivität signalisieren.
Die einmal entstandene Konnektivität kann sich nicht ändern (Einbahn-Dogma).
Die Stärke der Verbindungen ändert sich in Reaktion auf die Aktivität einer oder beider miteinander verbundenen Gruppen (synaptische Regeln).
Es wird keine spezifische Information über die Reize vermittelt, und in den Anfangsstadien der Kategorisierung findet kein forciertes Lernen statt (neuronale Unwissenheit; selektives System).

---

## Der Systemaufbau von Darwin II

Bei der Konstruktion von Darwin II ließen wir uns von einer Reihe von Grundregeln leiten (Tabelle 10.1). Es verstand sich von selbst, daß das System ein Netzwerk sein sollte. Die Knoten dieses Netzwerkes sind die erkennenden Elemente des Modells, sie entsprechen den von der Theorie postulierten neuronalen Gruppen. Wir beschlossen, diese Gruppen in funktionaler Hinsicht zu modellieren statt auf der Ebene der detaillierten elektrophysiologischen Eigenschaften. Jede Gruppe in dem Modell hat einen Zustand, der der Stärke ihrer Aktivität entspricht. Der Zustand einer Gruppe ist nur von ihren gegenwärtigen Inputs und ihrer bisherigen Geschichte abhängig. Die Gruppen sind imstande, anderen Gruppen über Verbindungen des Netzwerks, die den Synapsen in einem Nervensystem analog sind, Werte ihrer Zustandsvariablen zu übermitteln. Bevor wir den Systemaufbau insgesamt diskutieren, wollen wir eine Gruppe beschreiben. Eine Gruppe (Abbildung 10.1) besteht formal in einer untereinander verbundenen Ansammlung neuronenartiger Einheiten, auch wenn die Verbindungen zwischen den die Gruppe konstituierenden Einheiten in der Simulation nicht explizit spezifiziert sind. Eine allgemeine Darstellung der Gruppenfunktion ist der Le-

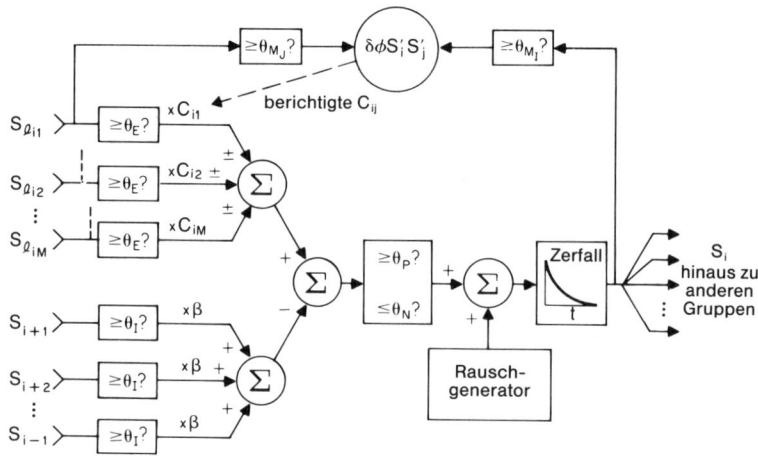

**Abbildung 10.1**

*Logische Struktur einer Gruppe in Darwin II. Sämtliche Repertoires in dem Automaten werden durch Verknüpfung von Gruppen gebildet, die eine gemeinsame logische Struktur haben, wie sie in Abbildung 10.2 vereinfacht dargestellt ist. Es gibt zwei Klassen von Inputverbindungen. Spezifische Verbindungen (oben links) können vom Inputbereich kommen oder von Gruppen im selben oder in anderen Repertoires. Die Ursprünge all dieser Verbindungen sind spezifiziert in Listen (»evolutionäre Spezifikationen«), deren Aufbau von einem Repoertoire zum anderen verschieden ist. Es gibt ferner kurzreichweitige inhibitorische Verbindungen (unten links), die eine Funktion haben, welche der lateralen Hemmung in neuronalen Netzen entspricht. Diese Verbindungen sind geometrisch spezifiziert und unspezifisch. Überschreitet das Aktivitätsniveau an einer Inputverbindung einen gegebenen Schwellenwert, wird es mit einem Gewicht multipliziert, das der Stärke der betreffenden Synapse entspricht. Von diesem Gewicht hängt die relative Bedeutung des speziellen Inputs für die Gesamtreaktion der ganzen Gruppe ab. Die gewichteten Inputs werden durch Addition des Beitrags der exzitatorischen Inputs und Subtraktion des Beitrags der inhibitorischen Inputs zusammengefaßt. Um sich auf die Aktivität der Gruppe auszuwirken, muß der zusammengefaßte Input eine zweite exzitatorische oder inhibitorische Schwelle überschreiten. Anderenfalls unterliegt das vorherige Aktivitätsniveau einfach exponentiellem Zerfall. Auf jeden Fall wird der Reaktion der Gruppe ein Rauschen von wechselnder Stärke beigemischt, in Analogie zu den Fluk-*

gende zu Abbildung 10.1 zu entnehmen; die Einzelheiten ersieht man aus den folgenden Gleichungen.

Die Gruppen haben multiple Inputs, die von verschiedenen anderen Gruppen im selben oder in anderen Netzwerken kommen können. Der Zustand der einzelnen Gruppen ist charakterisiert durch eine einzige zeitabhängige skalare Variable $s$, die bestimmt wird von den Inputs und der bisherigen Geschichte der Gruppe gemäß einer nichtlinearen Reaktionsfunktion

$$s_i(t) = \sum_j c_{ij} (s_{l_{ij}} - \theta_E) - \sum_k \beta(S_k - \theta_I) + N + \omega \cdot s_i(t - 1), \quad (10.1)$$

wobei $s_i(t)$ der Zustand der $i$-ten Gruppe zur Zeit $t$ ist; $c_{ij}$ ist die Stärke der Verbindung des $j$-ten Inputs zur Gruppe $i$ ($c_{ij} > 0$, exzitatorisch; $c_{ij} < 0$, inhibitorisch); $s_{l_{ij}}$ ist der Zustand der durch $l_{ij}$ spezifizierten Gruppe (d. h. der Gruppe, die mit dem $j$-ten Input der Gruppe $i$ verbunden ist); $\theta_E$ ist die exzitatorische Inputschwelle (nur Gruppen mit $s_{l_{ij}} \geqq \theta_E$ werden berücksichtigt); $\beta$ ist ein festgelegter Inhibitions-Koeffizient; $s_k$ ist der Zustand der Gruppe, die definiert ist durch $k$, das sich über alle Gruppen innerhalb einer spezifizierten inhibitorischen Nachbarschaft um die Gruppe $i$ erstreckt; $\theta_I$ ist die inhibitorische Inputschwelle (nur Inputs mit $s_k \geqq \theta_I$ werden berücksichtigt); $N$ ist ein Rauschterm, abgeleitet aus einer Normalverteilung mit einem ausgewählten Mittelwert und $SD$; $\omega$ ist schließlich ein Persistenzparameter ($\omega = e^{-1/\tau}$, wobei $\tau$ eine charakteristische Zeitkonstante ist). Der erste und zweite Term der Reaktionsfunktion werden erst dann berücksichtigt, wenn ihre Summe eine positive Feuerungsschwelle ($\theta_P$) übersteigt oder kleiner ist als eine negative inhibitorische Schwelle ($\theta_N$). (Es ist auch dafür gesorgt, daß die Gruppen nach einer überschwelligen Exzitation eine Refraktärzeit haben.) Die Anzahl der Gruppen in den Repertoires und Anzahl der Verbin-

---

*tuationen, die man in realen Netzwerken beobachtet. Die durch Zusammenfassung aller dieser Terme erhaltene endgültige Reaktion wird allen Gruppen, die mit dieser verbunden sind, zugeleitet (Pfeile rechts). Siehe die Gleichungen 10.1 und 10.2 im Text zur Definition der Symbole.*

dungen zu den Gruppen kann beliebig variiert werden; die verfüg-
bare Speicherkapazität des Computers läßt maximal $10^6$ Verbindungen zu, die sich in irgendeiner Weise auf die verschiedenen
Repertoires verteilen.

Die Verstärkungsfunktion, die die »synaptische Stärke« oder
Effizienz $c_{ij}$ einer Verbindung entsprechend der Aktivität der prä-
und postsynaptischen Gruppen verändern soll, lautet

$$c_{ij}(t + 1) = c_{ij}(t) + \delta \cdot \phi \, (c_{ij}) \cdot (s_i - \theta_{M_I}) \cdot (s_j - \theta_{M_J}), \qquad (10.2)$$

wobei $\delta$ der Verstärkungsfaktor ist ($0 \leqq \delta < 1$); $\varphi \, (c)$ ist ein Sätti-
gungsfaktor, um zu verhindern, daß $| \, c_{ij} \, |$ größer wird als 1 $[\varphi(c)$
$= 1 - 2c^2 + c^4$, wenn $c \cdot (s_i - \theta_{MI}) \cdot (s_j - \theta_{MJ}) > 0$; $\varphi(c) = 1$, wenn
$c \cdot (s_i - \theta_{MI}) \cdot (s_j - \theta_{MJ}) \leqq 0]$; und $\theta_{MI}$ und $\theta_{MI}$ sind Verstärkungs-
schwellen für postsynaptische Gruppen $i$ und für präsynaptische
Gruppen $j$. Insgesamt $3^4 = 81$ Verstärkungsregeln können gebildet werden, wenn man $\delta$ als positiv, negativ und Null annimmt, je
nachdem, ob $s_i$ und $s_j$ größer oder kleiner als die Schwellen $\theta_{MI}$
bzw. $\theta_{MI}$ sind. (Auf die reale neuronale Funktion bezogen, würden nur wenige Neurone ansprechen. In den meisten Beispielen
dieses Kapitels war $\delta$ gleich Null, wenn $s_i \leqq \theta_{MI}$ und $s_j \leqq \theta_{MJ}$ war;
im übrigen war $\delta$ positiv.)

Bevor wir den Gesamtplan von Darwin II diskutieren, sollte
darauf hingewiesen werden, daß alle Gruppen in diesem Automaten gleich sind, abgesehen von Änderungen ihrer Parameter.
Beim Verbinden der Gruppen zu Netzwerken besteht viel Spielraum; dennoch gilt, wie im adulten Zentralnervensystem, das Einbahn-Dogma – nachdem sie einmal geschaffen ist, wird die Konnektivität des Netzwerks nicht geändert. Allerdings kann sich die
Stärke der Verbindungen ändern, und diese Veränderungen sind
es, die den Mechanismus für die von der Theorie geforderte selektive Verstärkung der Reaktion liefern. Schließlich besteht eine der
wichtigsten Regeln – eine Regel, die Darwin II von Systemen unterscheidet, die sich auf Digitalrechner und künstliche Intelligenz
stützen – darin, daß keine spezifischen Informationen über bestimmte Reizobjekte in das System eingebaut werden dürfen.

Eine *allgemeine* Information über die Arten von Reizen, die für das System relevant sein werden, steckt natürlich schon in der Wahl der merkmalsdetektierenden Elemente innerhalb des Automaten – eine Analogie zu den Auswahlmechanismen, die aufgrund evolutionär determinierter Programme und Phänotypen in die Organismen eingebaut sind.

Ein schematischer Gesamtplan von Darwin II wird in Abbildung 10.2 gezeigt. Oben befindet sich ein »Inputbereich«, wo in Gestalt von Mustern heller und dunkler Bildelemente auf einem Gitter Reize dargeboten werden. (Auf einem 16 × 16-Gitter kann man Buchstaben des Alphabets verwenden, aber es ist auch jedes andere zweidimensionale Muster verwendbar.) Das eigentliche System befindet sich unterhalb des Inputbereichs. Es besteht aus zwei parallelen Ketten von Netzwerken, die jeweils mehrere Unternetzwerke oder Repertoires (angedeutet durch Kästen) besitzen. Diese arbeiten parallel und »sprechen« miteinander durch Signalaustausch, um eine Funktion auszuführen, die allein keine der Reihen besitzt. Die beiden Reihen, die zusammen ein Klassifikationspaar bilden, werden der Einfachheit halber willkürlich »Darwin« und »Wallace« genannt, nach den beiden führenden Persönlichkeiten, die die natürliche Selektion beschrieben haben.

Das Darwin-Netzwerk *(links)* ist so gestaltet, daß es auf jedes individuelle Reizmuster in eindeutiger Weise reagiert und in einem sehr weitgefaßten Sinne der exemplarischen Verfahrensweise der Kategorisierung entspricht. Das Wallace-Netzwerk *(rechts)* ist dagegen so gestaltet, daß es auf Objekte, die derselben Klasse angehören, in gleicher Weise reagiert und in einem weitgefaßten Sinne der probabilistischen Zuordnungsmethode der Kategorisierung entspricht. Darwin und Wallace haben den gleichen Stufenaufbau. An den Inputbereich (die »Welt«) ist eine Ebene angeschlossen, die sich mit Merkmalen befaßt; darüber befindet sich eine abstrahierende oder transformierende Ebene, die ihren Input hauptsächlich von der ersten Ebene erhält.

Die erste Ebene von Darwin ist das *E*- oder »Erkenner«-Repertoire. Es enthält Gruppen, die auf lokale Merkmale im Inputbereich reagieren, etwa auf Streckenabschnitte mit einer bestimmten Neigung oder Krümmung, wie in der Ausschnittvergrößerung

(Abbildung 10.2) angedeutet. Mengen solcher Merkmalsdetektoren sind mit dem Inputbereich topographisch in der Weise verbunden, daß die Muster der Reaktionen in E den Reizmustern räumlich ähnlich sind. Mit E ist ein übergeordnetes transformierendes Netzwerk verbunden, das wir E von E (»Erkenner von Erkennern«) nennen. Gruppen in E von E sind mit multiplen, über die E-Oberfläche verteilten E-Gruppen in der Weise verbunden, daß

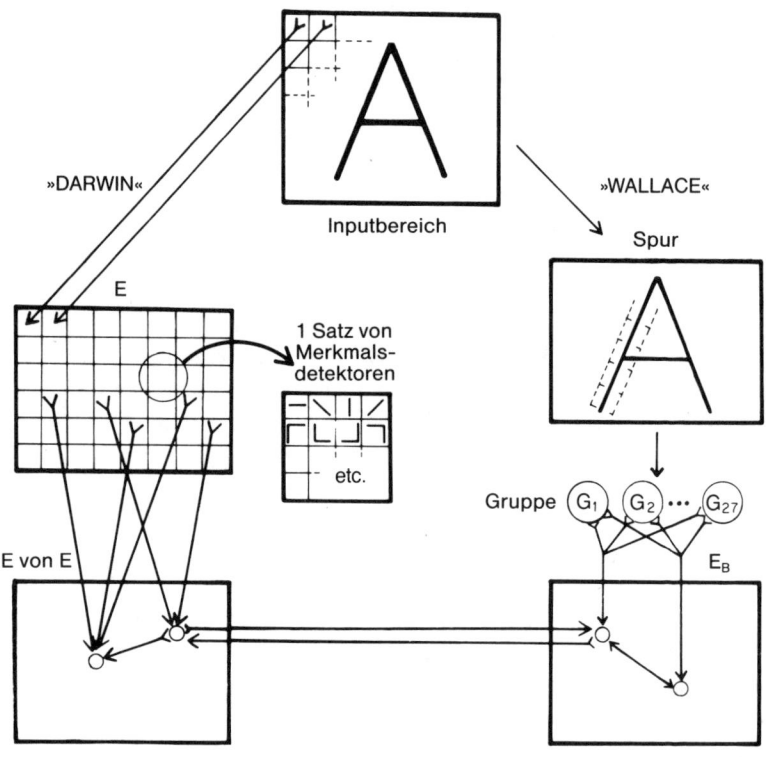

Abbildung 10.2
*Vereinfachter Konstruktionsplan von Darwin II. Eingehende Erklärung im Text. Man beachte die allgemeine Ähnlichkeit mit einem Klassifikationspaar (siehe Abbildung 9.5).*

jede *E* von *E*-Gruppe imstande ist, auf ein ganzes Reaktionsmuster in *E* zu reagieren.

Dabei bleibt die topographische Abbildung von *E* nicht erhalten; *E* von *E* liefert daher eine abstrakte Transformation des ursprünglichen Reizmusters. (Man beachte, daß bei einer Veränderung des Reizes, etwa einer Translation in eine andere Position im Inputbereich, ein völlig anderes Reaktionsmuster in *E* von *E* entsteht. Mit diesem Translationsproblem und der Forderung, Invarianz zu erhalten, wird Wallace fertig. *E* von *E* befaßt sich über Prozesse der Merkmalsdetektion mit *individuellen* Eigenschaften eines Reizes; dazu gehört, wenn nichts Näheres angegeben ist, das Verhältnis eines Reizes zum Hintergrund.)

Wallace, der als Merkmalskorrelator fungiert, beginnt mit einem Spurverfolgungsmechanismus, der den Inputbereich abtastet, Objektkonturen feststellt und an ihnen entlangfährt, so daß sich Korrelationen von Merkmalen ergeben, die einerseits das Vorhandensein von Objekten im Sinne abgeschlossener Entitäten und andererseits deren Kontinuitätseigenschaften aufzeigen; eine solche Spur kann einigen der Eigenschaften eines Objekts entsprechen, etwa verschiedenartigen Berührungspunkten zwischen Geraden. Insofern ähnelt die Arbeitsweise von Wallace ein wenig der des Auges, das rasch eine Szene abtastet, um die vorhandenen Objekte festzustellen, oder des Fingers, der an den Kanten eines Objekts entlangfährt. Das Ergebnis des Abtastvorgangs ist, daß eine Menge von »virtuellen« Gruppen ($G_1$, ..., $G_{27}$ in Abbildung 10.2) entsprechend der Topologie des Inputmusters erregt wird. Als »virtuell« bezeichnen wir diese Gruppen deshalb, weil ihr Input *in der Simulation* nicht durch normale synaptische Verbindungen eingespeist wird, sondern mit einer Computersimulation der Abtastfunktion verbunden ist. Dennoch funktionieren sie als echte Gruppen. Diese virtuellen Gruppen sind wiederum mit einem übergeordneten abstrahierenden Netzwerk verbunden, $E_B$ (»Erkenner von Bewegung«), das auf Aktivitätsmuster in der Spur ganz ähnlich reagiert wie *E* von *E* auf Aktivitätsmuster in *E*. Da bei der Reaktion der Spur auf Geraden oder Berührungspunkte von Geraden deren Länge und Orientierung nur eine geringe Rolle spielt, ist $E_B$ sowohl für starre wie für nicht-starre Transformationen des Reizobjekts unempfindlich und reagiert eher auf Klassenmerkmale ganzer Familien verwandter Reize (siehe Bernsteins »Topologie«, Abbildung 8.4).

Die $E$ von $E$- und $E_B$-Netzwerke sind durch die in der Abbildung *(unten Mitte)* dargestellten reziproken Verbindungen miteinander verknüpft. Diese dienen der internen Kopplung, denn sie verbinden Teile des Systems untereinander und nicht mit anderen Systemen und führen zu phasischem Signalaustausch; sie liefern den Mechanismus, den das System braucht, um ein assoziatives Gedächtnis zeigen zu können, denn sie gestatten Darwin und Wallace, miteinander zu interagieren und als Klassifikationspaar zu fungieren.

In dem Maße, wie andere Gruppen mit entsprechenden Input-Verbindungslisten und Verbindungsstärken konstruiert werden, werden die Repertoires dieser Gruppen die geforderte Degeneriertheit aufweisen. Die Spezifität der Gruppen liegt in der Stärke ihrer Verbindungen – die beste Reaktion erhält man, wenn die meisten aktiven Inputs mit Synapsen höherer Verbindungsstärke verbunden sind. Wie diese Verbindungsstärke sich im Laufe der Selektion ändert, ist für eine typische Synapse in Abbildung 10.1 angedeutet. Bei Darwin II kann, wie bereits erwähnt, für jede Verbindungsart eine von einundachtzig Regeln in Frage kommen. Das Gemeinsame dieser Regeln besteht darin, daß die Änderung der Verbindungsstärke von der Aktivität entweder des prä- oder des postsynaptischen Elements oder von der beider und dem bisherigen Wert der Verbindungsstärken abhängt, aber von keiner sonstigen Variablen. Welche synaptische Regel genau benutzt wird, ist im Rahmen dieses vereinfachten Modells nicht besonders wichtig, wenn nur anerkannt wird, daß die Stärke der Verbindungen abnehmen und zunehmen kann – andernfalls werden alle Synapsen auf maximale Stärke gebracht, und das System zeigt keinerlei Selektivität mehr.

Um bei der Realisierung des Automaten bestimmte Grenzen der Komplexität einzuhalten, wurde in den Regeln für die Synapsen nicht das in Kapitel 7 diskutierte Populationsmodell berücksichtigt. Vielmehr wurde bei den ersten Versionen der Maschine entweder nur präsynaptische Änderung oder nur postsynaptische Änderung oder eine der Hebbschen Regel ähnelnde Regel angewandt: Wenn eine bestimmte Gruppe stark reagiert und gleichzeitig der Input zu einer ihrer Synapsen aktiv ist, wird die Stärke dieser Synapse verstärkt, so daß anschließende Betätigungen desselben Inputs eine noch stärkere Reaktion ergeben. Ist der Input stark und der Output schwach oder umgekehrt, wird die Synapse geschwächt. Man muß einsehen, daß diese einfache Regel zwar die Leistung der Maschine begrenzt, aber nicht entscheidend den Grundcharakter ihrer Gesamtreaktion beeinflußt, der wir uns nun zuwenden. Im übrigen haben wegen der Konnektivitätsstrukturen und der gruppenselektiven Natur der Maschine auch solche einfachen Regeln nicht zur Folge, daß explizite Information von Neuron zu Neuron übermittelt wird.

## Die Reaktionen von Darwin II

Bei der Prüfung der mit Darwin II erhaltenen Resultate legten wir drei Erfolgskriterien an (Tabelle 10.2): (1) bei Darwin die Erzeugung individueller Repräsentationen sowie eindeutige Reaktionen auf eine bestimmte Art von Reizen und die gleiche, aber verstärkte Reaktion auf wiederholte Darbietung desselben Reizes; (2) bei Wallace die Erzeugung von Klassen-Repräsentationen,

Tabelle 10.2

*Kriterien für gelungene Leistung*

---

*»Darwin«*
Individuelle Repräsentation – eindeutig bestimmte Reaktion auf jede Art von Reiz; bei wiederholter Darbietung desselben Reizes erfolgt dieselbe Reaktion, aber verstärkt.

*»Wallace«*
Repräsentation von Klassen – gleiche Reaktion auf unterschiedliche Reize mit gemeinsamen Klassenmerkmalen.

*»Darwin II«* (Vollständiges System)
Interaktion zwischen individuellen und Klassen-Repäsentationen erlaubt assoziative Erinnerung an unterschiedliche Reize, die einer gemeinsamen Klasse angehören.

---

also von gleichen Reaktionen auf unterschiedliche Reize mit gemeinsamen Klassenmerkmalen; (3) beim Gesamtsystem sollten diese individuellen und Klassen-Repräsentationen durch Signalaustausch interagieren, um eine assoziative Erinnerung an verschiedene Reize innerhalb einer gemeinsamen Klasse zu ermöglichen.

Abbildung 10.3 zeigt die Reaktionen der einzelnen Repertoires unter Bedingungen, in denen die reziproken Kopplungen zwischen Darwin und Wallace *nicht* funktionierten. Man sieht, daß die *E*-Reaktionen topographisch verteilt sind und im allgemeinen, von einigen Rausch-Reaktionen abgesehen, den als Reiz dargebotenen Buchstaben ähneln. In *E* von *E* sind die Reaktionen wie erwartet individuell und idiosynkratisch und überhaupt nicht topographisch, weil Merkmale aus verschiedenen Teilen von *E* korreliert wurden. Die Reaktionen auf *A* und *A'* scheinen einander nicht ähnlicher zu sein als eine Reaktion auf ein *A* der Reaktion auf ein *X*, auch wenn die Statistik ein etwas größeres Maß an Ähnlichkeit zwischen ähnlichen Formen aufweist, wie wir noch sehen werden. Bei Wallace ist die Situation völlig anders. Die Reaktionen in $E_B$ sind einander sehr ähnlich, was die beiden Reize angeht, die einer und derselben Klasse angehören (die beiden *A* von unterschiedlicher Form), und sprechen auf die idiosynkratischen Merkmale des jeweiligen Buchstabens überhaupt nicht an. Außerdem ist die Reaktion von der Rotation oder Translation des Buchstabens unabhängig.

Läßt man eine Selektion zu, bei der die synaptischen Stärken gemäß einer Verstärkungsregel modifiziert werden, so werden die Reaktionen spezifischer (siehe Abbildung 10.4). Die Histogramme der Reaktionshäufigkeit zeigen, wie sich die Reaktionen verteilen, wenn ein Reiz erstmals dargeboten wird, und dann wieder, nachdem er eine Zeitlang dargeboten wurde. Aus der Menge der Gruppen, die zunächst mittelstark reagiert hatten, sind durch die Selektion mehr gut reagierende Gruppen hervorgegangen, doch stehen noch zahlreiche nicht-reagierende Gruppen zur Verfügung, die auf andere, bei diesem Versuch nicht verwendete Reize reagieren können.

Ein solches Verhalten ist ein Beispiel für Erkennen, d. h. eine

»DARWIN«  »WALLACE«

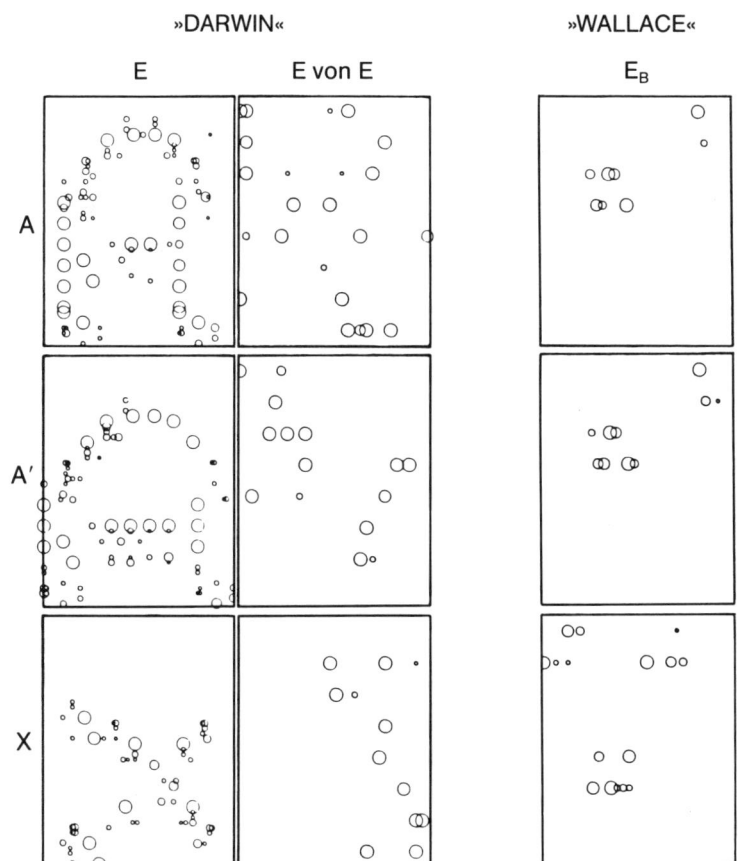

**Abbildung 10.3**
*Reaktionen einzelner Repertoires (E, E von E und $E_B$; Namen oben) auf ein hohes, schmales A (obere Reihe), ein niedrigeres, breiteres A (Mitte) und ein X (unten).* Kreise repräsentieren Gruppen, die zu 50 Prozent (kleiner Kreis) oder mehr der Maximalreaktion (große Kreise) reagieren. Gruppen, die mit weniger als der halben Maximalreaktion reagieren, sind nicht dargestellt; ihr Platz bleibt in der Darstellung leer.*

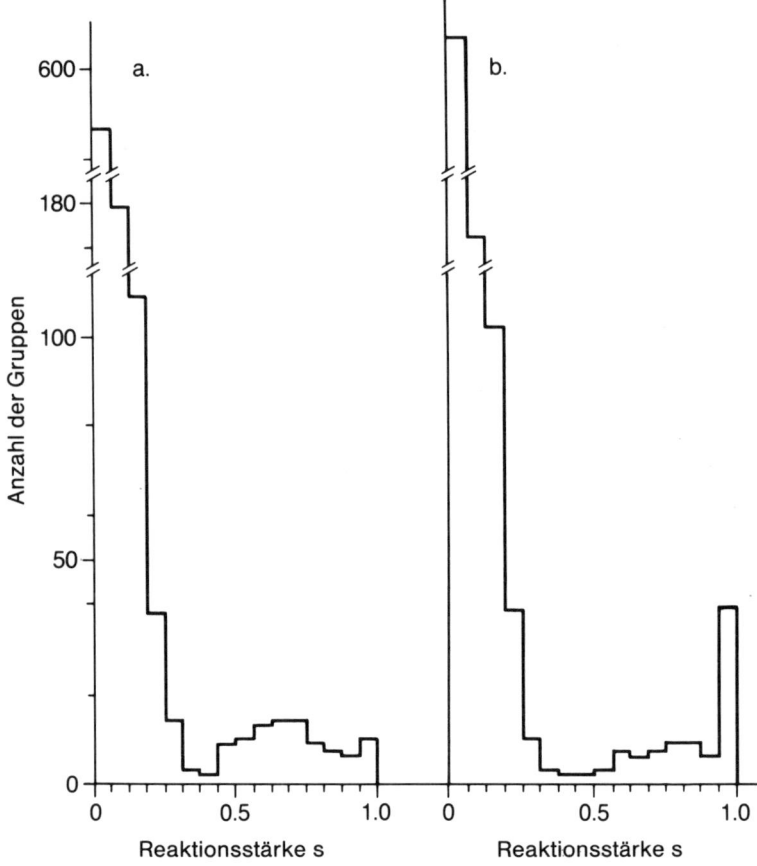

Abbildung 10.4

*Histogramme der Reaktionshäufigkeit. A: Anfängliche Reaktion auf einen neuen Reiz. B: Reaktion auf denselben Reiz, nachdem eine Zeitlang Selektion erfolgte. Abszissen: Reaktionsstärke s, ausgedrückt als Bruchteil der Maximalreaktion. Ordinate: Anzahl der Gruppen, die mit Reaktionsstärke s reagieren.*

verstärkte Reaktion auf einen zuvor erfahrenen Reiz. Macht man denselben Versuch mit mehreren verschiedenen Reizen, ist das Gesamtsystem in begrenztem Umfang zur Klassifikation fähig (Tabelle 10.3). Die Ähnlichkeit der Reaktionen eines Repertoires auf zwei beliebige Buchstaben läßt sich messen, indem man die Anzahl der Gruppen, die auf beide Buchstaben reagieren, durch die Anzahl der Gruppen teilt, die sich durch Zufall ergeben hätte, wenn die Gesamtzahl der reagierenden Gruppen sich gleichmäßig über das Repertoire verteilt hätte. Die Klassifikation läßt sich in der Weise abschätzen, daß man das Verhältnis der Ähnlichkeitsmaße, die man für Paare von Buchstaben (oder Mustern) derselben Klasse erhalten hat, durch die entsprechenden Ähnlichkeitsmaße von Paaren von Mustern aus verschiedenen Klassen teilt. Die Klassenzugehörigkeit der verschiedenen Buchstaben wird natürlich vom Experimentator festgestellt und steht Darwin II nicht zur Verfügung.

Tabelle 10.3 zeigt die Werte dieses Verhältnisses für $E$ von $E$ und für $E_B$ zu Beginn eines typischen Experiments und nach erfolgter Selektion während dreier Darbietungen des jeweiligen

Tabelle 10.3

*Klassifikation in Darwin II*

*Anzahl der Gruppen, die auf Reize derselben Klasse reagieren / Anzahl der*
*Gruppen, die auf Reize aus verschiedenen Gruppen reagieren*

| DARWIN | WALLACE |
|---|---|
| *(E von E)* | *(E$_B$)* |
| **Anfangs** | |
| 1,21 | 90,93 |
| **Nach Selektion** | |
| 1,41 | 241,30 |

Repertoires: $E = 3840$ Gruppen; andere $= 4096$ Gruppen; keine Darwin-Wallace-Verbindungen.
Benutzte Reize: 16 (je 4 aus 4 Klassen)
Verstärkung: 3 Serien von 4 Reizen/Lauf, 8 Zyklen/Reiz.

Reizes. Werden den Gruppen in Wallace *(E_B)* zwei Reize dargeboten, so ist die Wahrscheinlichkeit der Reaktion auf beide
Reize bei deren Zugehörigkeit zur selben Klasse einundneunzig-
mal größer, als wenn sie verschiedenen Klassen angehören. Das
System klassifiziert also in der Weise, daß es auf verschiedene
Buchstaben der gleichen Art gleich reagiert. Eine gewisse Klassifikation findet, wie bereits angedeutet, auch bei Darwin statt –
das zeigt der Wert 1,21 für das anfängliche Verhältnis. Nach selektiver Modifikation der Verbindungsstärken wird die Klassifikation besser, obwohl es keine Rückmeldung aus der Umwelt
gibt, dank derer das System »lernen« könnte, welche Reaktionen
»richtig« sind.

Überträgt man diese Ergebnisse auf Reize, die nicht zur Trainingsmenge (der während der Selektion dargebotenen Menge)
gehören, erhält man (siehe Tabelle 10.4) Generalisierung sowohl
in $E_B$ als auch in $E$ von $E$. In $E_B$ ist dies eine direkte Konsequenz
der klassengebundenen Reaktionseigenschaften dieses Repertoires, nicht aber in $E$ von $E$, und tatsächlich erhält man Generalisierung nur dann, wenn von $E_B$ nach $E$ von $E$ und innerhalb von
$E$ von $E$ reziproke Verbindungen bestehen. Dank dieser Verbindungen kann $E_B$ die Aktivität von $E$ von $E$ beeinflussen und
gemeinsame Muster in der Reaktion auf unterschiedliche Reize
unterstützen, die aufgrund ihrer gemeinsamen Klassenzugehörigkeit Ähnlichkeiten in ihrer $E_B$-Reaktion aufweisen.

Wie das Experiment (Tabelle 10.4) zeigt, beträgt das Ähnlich-
keitsverhältnis von Reaktionen in $E$ von $E$ auf Reize einer Klasse
zu solchen verschiedener Klassen für eine Testmenge von zuvor
nicht dargebotenen Buchstaben nach einer Selektion, die auf anderen Buchstaben derselben Art (Trainingsmenge) beruhte,
6,10, während es anfangs nur 1,77 betrug. Die Ergebnisse für
eine Kontrollmenge unzusammenhängender Buchstaben zeigen,
daß dieser Effekt spezifisch ist und nicht darauf beruht, daß die
Ähnlichkeit der Reaktion auf alle Reize generell wächst.

Nachdem durch diese Resultate gezeigt wurde, daß die Dar-
win- und Wallace-Netzwerke die ihnen zugedachten Kriterien erfüllen, wollten wir beide zusammen als Klassifikationspaar verwenden und zeigen, daß reziproke Verbindungen zwischen ihnen

assoziative Erinnerungen an Reaktionen auf Reize hervorbringen können, die das System aufgrund der ähnlichen Reaktionen, welche sie im Wallace-Netzwerk und, in geringerem Maße, im Darwin-Netzwerk auslösen, derselben Klasse zuordnet. Den Aufbau des Systems für ein Assoziationsexperiment zeigt Abbildung 10.5. Benutzt werden nur zwei Reize, ein $X$ und ein $+$, die gewählt werden, weil ihre Reaktionen in $E$ von $E$ vollkommen verschieden sind, während sie in $E_B$ sehr ähnlich sind (offenkundig deshalb, weil es sich in beiden Fällen um zwei Geraden handelt, die sich in der Nähe ihrer Mittelpunkte schneiden). Wird erstmals das $X$ dargeboten (Abbildung 10.5, *linke Bildleiste*), so ergibt $E$ *(Mitte links)* die erwartete topographische Reaktion; $E$ von $E$ ergibt ein eindeutiges, für diesen Reiz charakteristisches Muster (um der Klarheit willen zeigt die Abbildung nur die Reaktion einer Gruppe mit Reizung über Bahn 1).

Gleichzeitig entsteht in Wallace eine Spur, die ein entsprechendes Reaktionsmuster in $E_B$ auslöst. Zwischen $E$ von $E$ und $E_B$ bestehen Verbindungen in beiden Richtungen; Verbindun-

Tabelle 10.4

*Generalisierung in E von E*

| | Intraklasse/ Zufall | Interklasse/ Zufall | Intraklasse/ Interklasse |
|---|---|---|---|
| | | Anfangs | |
| Trainingsmenge | 2,09 | 0,72 | 2,90 |
| Testmenge | 2,89 | 1,63 | 1,77 |
| Kontrollmenge | – | 1,96 | – |
| | | Nach Selektion | |
| Testmenge | 6,10 | 1,00 | 6,10 |
| Kontrolle | – | 1,00 | – |

Repertoires: E = 3 840 Gruppen; andere = 1 024 Gruppen.
Verbindungen zu jeder E-von-E-Gruppe; 96 von E, 64 von E-von-E, 128 von $E_B$.
Verstärkung: 4 Serien zu je 16 Reizen, 4 Zyklen/Reiz.
[Erläuterung: *Intraklasse* = Reize derselben Klasse, *Interklasse* = Reize aus verschiedenen Klassen.]

gen, die reagierende Gruppen in beiden Repertoires miteinander verknüpfen, werden durch das normale Modifikationsverfahren verstärkt (Bahn 2). In der mittleren Bildleiste von Abbildung 10.5 wird das *X* fortgelassen, und es wird ein + dargeboten. Die in der Reaktion auf das *X* aktiven Gruppen sind jetzt nicht mehr aktiv *(offene Kreise)*, obwohl die Verbindungen zwischen ihnen verstärkt bleiben *(durchzogene Linien)*. In Reaktion auf das + werden neue Gruppen in *E* und in *E* von *E* aktiv *(gefüllte Kreise)*; die Verbindungen zwischen ihnen werden wie zuvor verstärkt *(gestrichelte Linien*, Bahnen 1). In Wallace ergibt sich dasselbe Spurmuster wie für das *X* und löst in $E_B$ eine Reaktion aus, die der zuvor erhaltenen sehr ähnlich ist. Verbindungen zwischen den auf + reagierenden Gruppen in *E* von *E* und in $E_B$ werden daher verstärkt. Zwischen Gruppen, die an den beiden Reak-

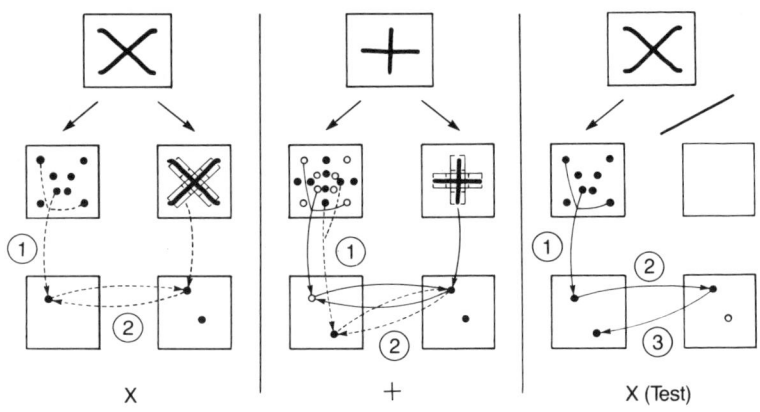

Abbildung 10.5
*Schematische Darstellungen von Darwin II in drei Phasen eines zu Erläuterungszwecken durchgeführten assoziativen Erinnerungstests.* Ausgefüllte Kreise *stehen für aktive,* offene Kreise *für inaktive Gruppen.* Durchgezogene Linien *zwischen Gruppen bedeuten selektiv verstärkte Verbindungen,* gestrichelte Linien *bedeuten Verbindungen, die erstmals aktiviert wurden.* Eingekreiste Ziffern *bezeichnen Bahnen, die in entsprechender Reihenfolge aktiviert wurden.* Erläuterung im Text.

tionsmustern in *E* von *E* beteiligt sind, wird auf diese Weise eine indirekte asssoziative Bahn hergestellt. Die dritte Bildleiste in Abbildung 10.5 zeigt, wie die Assoziation getestet wird. Um sicherzustellen, daß die Assoziation nicht auf einer während des Tests stattfindenden unmittelbaren Korrelation beruht, sondern ausschließlich auf früherer Erfahrung mit den Reizen, wird der Spurmechanismus abgestellt. Wird unter diesen Bedingungen das *X* dargeboten, ergeben *E* und *E* von *E* ganz ähnliche Reaktionen, wie sie ursprünglich mit dem *X* erzielt wurden. $E_B$ erhält Input nur von *E* von *E* über die zuvor verstärkten Bahnen 2, und es wird das gemeinsame, sowohl dem *X* als auch dem + entsprechende Reaktionsmuster ausgelöst. Bahn 3 erlaubt es nunmehr $E_B$, in *E* von *E* das Muster zu stimulieren, das ursprünglich mit dem zweiten Reiz (dem +) assoziiert war, obwohl das + jetzt nicht im Inputbereich vorhanden ist. Je nach der Wahl der Zeitkonstanten kann diese assoziierte Reaktion zusammen mit der X-Reaktion auftreten oder aber später.

Resultate eines typischen Experiments dieser Art sind in Abbildung 10.6 dargestellt. Es waren ganz unterschiedliche Gruppen, die bei Darbietung eines ersten Reizes auf ein *X* und ein + reagierten (Abbildung 10.6, *A*). Die Reaktionen, die sich nach wiederholter Verstärkung während der Darbietung ergeben, sind für eine Reihe einzelner *E*-von-*E*-Gruppen als Funktion der Zeit dargestellt. Abbildung 10.6, *B (links)* zeigt die Ergebnisse, wenn das *X* der Testreiz war. Oben sieht man die Gruppen, die bei der ersten Darbietung dieses Buchstabens auf das *X* reagierten, unten die Gruppen, die bei der ersten Darbietung dieses Zeichens auf das + reagierten. Diese für + empfänglichen Gruppen reagieren erwartungsgemäß nicht sofort, wenn das *X* dargeboten wird. Nach vier Reizungsläufen wird das *E*-Repertoire abgeschaltet *(Pfeil)*, so daß es nicht länger die *E*-von-*E*-Reaktion bestimmt und es weder für Darwin noch für Wallace irgendeinen Input von außen mehr gibt. Unter diesen Bedingungen beginnt die Reaktion einiger der *X*-empfänglichen Gruppen *(oben)* wegzubrechen (siehe z. B. die Gruppen 77, 85 und 91), während einige der auf + reagierenden jetzt aufgrund der Reizung, die sie durch die reziproken Verbindungen von $E_B$ erhalten, aktiv wer-

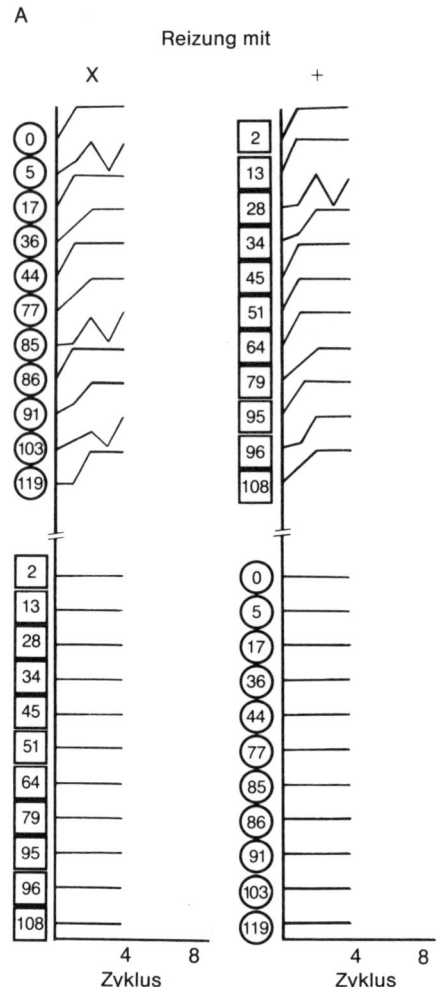

Abbildung 10.6

*Reaktionen einzelner* E-von-E-*Gruppen in einem assoziativen Erinnerungstest.* A: *Gruppen, die vor dem Test auf Reizung mit einem* X *(links) bzw. einem* + *(rechts) reagierten; bemerkenswert ist, daß keine Gruppe auf beide Reize reagierte. Reagierte die Gruppe anfangs auf ein* X, *ist die laufende Nummer mit einem* Kreis *umgeben, reagierte sie anfangs auf ein* +, *ist sie mit einem* Kästchen *umgeben.* B: *Die»Trainingsreaktion« der einzelnen*

B

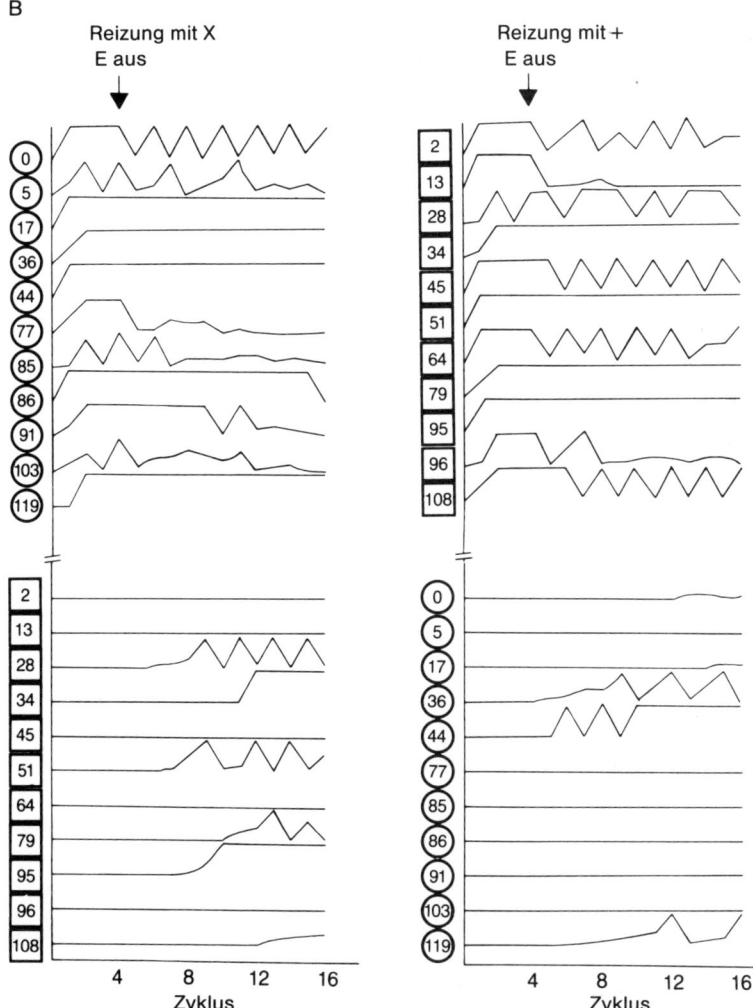

Gruppen ist dargestellt als Funktion der Zeit, gemessen in Zyklen des Modells (Zahlenreihen unten). Pfeile (oben) zeigen den Zeitpunkt (nach dem vierten Zyklus), an dem jeglicher Input in das System unterbrochen wurde. Linke Seite: Reizung mit einem X. Rechte Seite: Reizung mit einem +. Man beachte die dynamische, oszillatorische Natur der Reaktionen und die partielle Erinnerung und Assoziation in der degenerierten Reaktion.

den (siehe z. B. die Gruppen 28, 34 und 95). Mit einem $X$ konfrontiert, erinnert sich das System folglich an Elemente der für das + typischen Reaktion; diese beiden Reize wurden miteinander assoziiert.

Ein anderes, umgekehrtes Experiment ist rechts in Abbildung 10.6, $B$, zu sehen, bei dem dieselben Gruppen für den Fall dargestellt werden, daß das + der Testreiz ist. Jetzt sind es die +-empfänglichen *(oben)*, die sofort zu reagieren beginnen, aber zurückgehen, wenn $E$ abgeschaltet wird *(Pfeil)*, und es sind die $X$-empfänglichen *(unten)*, die assoziatives Erinnerungsvermögen zeigen, wenn der Reiz fortgenommen wird. Die Assoziation ist also bidirektional – das + wird mit dem $X$ und das $X$ mit dem + assoziiert. Es kommt zu keiner Assoziation, wenn die ursprünglichen Reize keine gemeinsame Reaktion in Wallace haben, wie es beispielsweise bei einem $A$ und einem $X$ der Fall ist.

Bei diesem Experiment werden in Wallace auf triviale Weise Zeichen assoziiert, weil ihre Reaktionen zunächst sehr ähnlich sind. In Darwin sind ihre Reaktionen jedoch nicht von dieser Art, sondern haben einen individuellen Charakter. Die bei diesem Experiment in Darwin erzielte Assoziation hätte ohne Wallace nicht erzielt werden können, doch zugleich geht sie über das hinaus, was Wallace allein hätte schaffen können, weil in Darwin der individuelle Charakter der Reaktionen auf die beiden Reize erhalten bleibt. Als Klassifikationspaar fungierend, zeigen Darwin und Wallace, wie die Mustererkennung durch die Interaktion von zwei elementaren Methoden der Kategorienbildung erleichtert wird, von denen die eine auf einer Strategie basiert, die entfernt an die Verwendung von Exemplaren erinnert, die andere auf einer statistischen Strategie, bei der die gemeinsamen Klassenmerkmale wichtig sind.

# Leistungsgrenzen und Aussichten

Drei miteinander zusammenhängende Ziele waren es, die uns veranlaßten, Darwin II zu konstruieren (Edelman und Reeke 1982; Reeke und Edelman 1984): (1) die Überprüfung der inneren Konsistenz des Begriffs der Gruppenselektion in nichtlinearen degenerierten Repertoires, die aus neuronenartigen Gruppen bestehen, deren Konnektivität und Verbindungsstärke feststeht; (2) der Entwurf von Netzwerken, die durch lokale Merkmalsdetektion eindeutige Repräsentationen von individuellen Objekten schaffen können, sowie von Netzwerken, die durch globale Merkmalskorrelation relativ invariante Repräsentationen von Objekten schaffen, die einer Klasse angehören; und (3) die Herstellung wechselseitiger Interaktionen der beiden, diese getrennten Operationen parallel ausführenden Netzwerke, so daß sich ein assoziatives Gedächtnis entwickelt, das individuelle Repräsentationen zu einer Klasse verknüpft. Tatsächlich verhält sich Darwin II wie ein Klassifikationspaar, und er enthält darüber hinaus mehrere wesentliche Merkmale einer globalen Abbildung.

Darwin II ist zwar kein Modell eines wirklichen Nervensystems, geht aber dennoch eines der Probleme an, welche die Evolution bei sich herausbildenden komplexen Nervensystemen zu lösen hatte – die Notwendigkeit, von Strukturen in der Umwelt durch Klassifizierung elementarer Merkmale Kategorien zu bilden. Fünf wichtige Merkmale des Modells sind es, die das ermöglichen: (1) Darwin II enthält selektive Netzwerke, deren anfängliche Spezifität sie befähigt, ohne Instruktion auf unbekannte Reize zu reagieren; (2) Degeneriertheit sorgt für vielfältige Möglichkeiten der Reaktion auf einen Reiz und zugleich für funktionale Redundanz als Sicherung gegen den Ausfall einer Komponente; (3) indem es die simultanen Reaktionen vieler degenerierter Gruppen verwertet, erzeugt Darwin II ein Reaktions*muster*, wodurch die sonst erforderliche sehr hochgradige Spezifität und die damit verbundene kombinatorische Problematik vermieden werden; (4) reziproker Signalaustausch innerhalb individueller Netzwerke hebt die Beschränkungen auf, die Minsky und Papert (1969) im Hinblick auf Wahrnehmungsautomaten ohne solche Verbindungen (Perzeptrone) beschrieben haben; und (5) Signalaustausch zwischen kommunizierenden Netzwerken mit unterschiedlichen Funktionen ermöglicht neue Funktionen wie etwa die Assoziation, die jedes Netzwerk für sich nicht realisieren könnte.

Weder die Transformationen, die Darwin II an Repräsentationen durchführt, noch seine begrenzten Generalisierungen erfordern das direkte Eingreifen eines klassifizierenden Beobachters, sei es durch Instruktion, sei es durch forciertes Lernen. Diese Fähigkeiten erwachsen vielmehr aus dem im Netzwerk verkörperten selektiven Prinzip durch Merkmalsdetektion, Signalaustausch und differentielle Verstärkung. Die Selektion befähigt das System, auf der Basis intern erzeugter Kriterien bestimmte Unterscheidungen zu machen. Wenn das System sich seiner Erfahrung entsprechend entwickeln kann, werden diese Kriterien mit den relevanten physikalischen Eigenschaften der Außenwelt korreliert.

Schon die begrenzte Leistung dieses Erkennungsautomaten deutet darauf hin, daß auf diesem Gebiet eine Weiterentwicklung möglich ist. An naheliegenden Erweiterungen kommen in Frage: Netzwerke hinzuzufügen, die einen motorischen Output eines passend gestalteten »Arms« oder »Kopfes« ermöglichen würden; Netzwerke einzubauen, die die Fähigkeit verleihen würden, vielfache bewegte Reize zu verarbeiten, eine Fähigkeit, die vermutlich der Fähigkeit realer Organismen, einzelne ortsfeste Reize zu verarbeiten, vorausging; der Maschine die Fähigkeit zu verleihen, sich beim Vorliegen mehrerer Reizobjekte durch eine Art von Aufmerksamkeitsmechanismus oder Aufmerksamkeitsregeln dem einen oder dem anderen zuzuwenden; und ihr die Möglichkeit zu geben, auf ein eingebautes Bewertungs-Netzwerk zu reagieren und zugleich Feedback von der Welt zu erhalten, so daß sie konventionelle Assoziationen erlernen kann.

Diese Fähigkeiten, die weitere Systeme globaler Abbildungen erfordern, werden gegenwärtig in eine neue Maschine eingebaut, Darwin III. Die Fähigkeit, mit konventionellem Lernen oder willkürlichen Assoziationen umzugehen, würde aufbauen auf der Kategorisierung, die der Automat bereits beherrscht, und ihr Erwerb würde aus der solipsistischen Maschine, die Darwin II jetzt noch ist, eine Maschine mit einem größeren Anpassungsvermögen und mit der Fähigkeit machen, mit anderen, ähnlich aufgebauten Automaten zu kommunizieren. Es ist klar, daß Fortschritte auf diesem Gebiet der Netzwerkautomaten-Theorie (die man »Textoretik« nennen könnte, nach dem lateinischen *textor* für »Weber« und *rete* für »Netz«) von solchen zusätzlichen Komponenten und ferner von der Entwicklung weiterer Erkenntnisse über das mathematische Verhalten nichtlinearer Systeme abhängen werden. Der grundlegende Unterschied zwischen den vorherrschenden Versuchen, instruktiv an die Netzwerk-Modellierung heranzugehen (siehe Cooper 1974; Kohonen 1977; Murdock 1979; Anderson und Hinton 1981), und der Textoretik besteht darin, daß diese keine apriorischen semantischen Konventionen oder Annahmen benötigt, um die Kategorien zu begründen, die zu adaptiven bzw. Gedächtnisreaktionen des Automaten führen, mit dem sie sich befaßt.

Darwin II ist ausdrücklich nicht ein Modell eines ganzen oder auch eines Teils eines Nervensystems. Heuristisch spielte gleichwohl der Gedanke an Nervensysteme eine Rolle, und es wäre nicht erstaunlich, wenn er gewisse Aspekte ihres Verhaltens widerspiegeln würde. Wie dem auch sei, sein Verhalten demonstriert die Möglichkeiten der Gruppenselektion zwischen Repertoires neuronenartiger Gruppen, veranschaulicht die Ideen des Signalaustauschs durch reziproke Kopplung, der Klassifikationspaare und der globalen Abbildungen, und es belegt – selbst in seiner gegenwärtigen begrenzten Form – die innere Konsistenz der Ideen der Gruppenselektion und der Kopplung in aus vielen Neuronen bestehenden, zur Kategorisierung fähigen Netzwerken. Nachdem wir gezeigt haben, daß ein solches primitives Netzwerk in begrenztem Umfang zur Kategorisierung fähig ist, können wir uns im nächsten Kapitel dem Verhältnis zwischen perzeptueller Kategorisierung und Lernen in selektiven Systemen zuwenden und dabei besonders die adaptiven Vorteile beider – der Kategorisierung und des Lernens – für den Organismus beachten. Das wird uns wiederum in die Lage versetzen, eine gehaltvollere Vorstellung vom Gedächtnis im Sinne einer Rekategorisierung zu entwickeln.

# Selektion, Lernen und Verhalten

Adaptive Aspekte von Verhalten und Lernen · *Neubewertung der klassischen Lerntheorie* · Kontext · Überraschung · Repräsentationen und Konditionierung · *Vogelgesang und neotenisches Lernen* · Zusammenhang mit kritischen Phasen · *Einheitliche Erklärung von Konditionierung und neotenischem Lernen* · Die große Schleife und das Auftreten der Informationsverarbeitung

## Einführung

Die bisherige Diskussion der für die Selektion neuronaler Gruppen relevanten Faktoren behandelte die Evolution und Entwicklung sensomotorischer Systeme und Gehirne, ließ aber das Verhalten, das sich aus der perzeptuellen Kategorisierung ergibt, außer acht. Die natürliche Selektion setzt jedoch nicht an der Wahrnehmung an, sondern an den Phänotypen, die ein adaptives Verhalten entwickeln. Daher müssen wir, wie Tinbergen (1942, 1951, 1963) gefordert hat, die Funktionen, die Ursachen, die Entwicklung und die Evolution des Verhaltens untersuchen, soweit sie die Theorie betreffen. Der hier eingeschlagene Weg wird die ersten drei Probleme hervorheben und viele wichtige ethologische und evolutionäre Aspekte relativ unbeachtet lassen. Evolutionär entstandene angeborene Verhaltensmuster (Gould 1982) können recht komplex sein und haben natürlich grundlegende Bedeutung, doch eine eingehendere Erörterung ihrer Ursprünge wäre für die somatischen Selektionsprozesse, um die es in diesem Buch geht, nur indirekt von Belang. Wir werden jedoch bestimmte Aspekte des Vogelgesangs (Marler 1982, 1984) erörtern, weil dieses Thema besonders gut verdeutlicht, wie evolutionäre Faktoren und die somatische Formung durch Lernen auf dem Wege der Selektion zusammenwirken können.

Warum ist das Lernen soviel leistungsfähiger als die Wahrnehmung allein? Ein Grund besteht darin, daß sich das Gehirn zum Zweck adaptiven Handelns und Verhaltens und nicht lediglich zum Registrieren von Repräsentationen entwickelt hat. Außerdem vermag die perzeptuelle Kategorisierung, so bedeutend und für das Lernen wesentlich sie auch sein mag, allein kein adaptives Verhalten zu erzeugen. In einer komplexen Umwelt, in der kombiniert und nebeneinander zufällige Ereignisse ablaufen, die gleichwohl für das Überleben bedeutsam sein können, ist Lernen notwendig, um eine erfolgreiche Anpassung sicherzustellen. Lernen ist *zwangsläufig* begrenzt durch Wertsysteme, die während der Evolution im Sinne des Überlebens einer bestimmten Spezies selektiert worden sind.

Die erfolgreichsten Komponenten evolvierten oder angeborenen Verhaltens sind jene, die den Organismus von den kurzfristigen Schwankungen der Umwelt zunehmend *unabhängig* machen. Doch die Umwelt enthält vieles, mit dem man allein auf diese Weise nicht fertig wird. Nötig sind neue adaptive Reaktionen (Staddon 1983), die solche kurzfristigen Änderungen in der Nische eines Tieres betreffen können, die ihrerseits zufällig, heterogen, einmalig, komplex oder neuartig sein können. Ihretwegen müssen wir uns mit den verschiedenen lokalen Veränderungen befassen, die mit einer Reihe von adaptiven Funktionen zusammenhängen: Habituation, Faszilitation, Pseudo-Konditionierung und echtem Lernen in klassischer wie in operanter Form.

Da unsere These sich auf Tiere mit komplexen Gehirnen in reichhaltigen Umwelten bezieht, wird die Diskussion sich vor allem um das echte Lernen drehen. Die These besagt, daß echtes Lernen die Fähigkeit der perzeptuellen Kategorisierung voraussetzt. Wegen der gesteigerten adaptiven Fähigkeiten von Systemen spezifischen Lernens und der erweiterten Möglichkeiten des Lernens in Systemen, die einer vielseitigen Kategorisierung fähig sind, müßte im allgemeinen während der Evolution die Entwicklung von verfeinerten primären und sekundären Repertoires positiv selektiert worden sein. Wenn wir diese These bejahen, heißt das, daß die »Konditionierung« verschiedener neuronaler Systeme (Thompson 1986) zwar eine Komponente des echten Lernens, aber nicht gleichbedeutend mit ihm ist. Der Theorie zufolge muß echtes Lernen mit dem Verhalten des ganzen Tieres zusammenhängen, und deshalb darf sein Zusammenhang mit ethologischen Faktoren nicht vernachlässigt werden.

In unserer Erörterung des Lernens werden wir uns zunächst, vor allem anhand der klassischen und der operanten Konditionierung, mit Erfahrungsfaktoren befassen, um uns anschließend, gestützt auf das Beispiel des Erwerbs des Vogelgesangs, den erblichen und Entwicklungsfaktoren zuzuwenden. Schließlich werden wir ein minimales Modell der neuronalen Grundlagen des Lernens vorlegen. In diesem Modell verändert Lernen die Verknüpfung globaler Abbildungen mit hedonistischen Zentren auf dem Weg über synaptische Änderungen in Klassifikationspaaren, von denen einige artspezifisch sein könnten. Diese Änderungen führen zu einer Kategorisierung von Komplexen, die unter zu erwartenden Bedingungen von adaptivem Wert sind. Mit diesem Modell werden wir verstehen können, daß die Selektion neuronaler Gruppen sich mit dem Auftreten der Informationsverarbeitung bei Individuen und Spezies vereinbaren läßt.

## Die moderne Interpretation von Lernexperimenten

Die meisten Lernforscher stimmen derzeit darin überein (siehe Jenkins 1979; 1984; Staddon 1983), daß eine *allgemeine*, verschiedene Spezies übergreifende Lerntheorie, die sich auf klassische Untersuchungen stützt, wie sie von Thorndike, Pawlow, Hull oder Skinner durchgeführt wurden, nicht zu halten ist. Neuere ethologische Untersuchungen (Marler und Terrace 1984) und Analysen der Evolution und Entwicklung der menschlichen Sprache (Mac Phail 1982); Gleitman 1984) zeigen auf, daß ganz spezielle, durch die jeweilige Nische bedingte evolutionäre Merkmale auf das Lernen und Verhalten einzelner Spezies einen starken Einfluß haben. Ferner hat sich, auch wenn die grundlegenden Paradigmen der klassischen und operanten Konditionierung davon unberührt bleiben (Mackintosh 1983), die Interpretation ihrer Bedeutung gewandelt. Die ältere Auffassung, nach der Beziehungen zeitlicher

Nähe (Kontiguität und Präzedenz) zwischen einem konditionellen und einem nicht-konditionellen Reiz hinreichend sind, mußte aufgegeben werden. Neben anderen Beispielen haben die Analysen konditionierter emotionaler Reaktionen (CER) durch Estes und Skinner (1941), der Nahrungsaversion durch Garcia (Garcia et al. 1955, 1973), der Kontextabhängigkeit durch Rescorla (Rescorla 1968, 1976; Rescorla und Skucy 1969; Rescorla und Wagner 1972) und des »autoshaping« (Hearst und Jenkins 1974; Schwartz und Gamzu 1977; Locurto et al. 1981) deutlich gemacht, daß die Prozesse, die man beobachtet und interpretiert, vermittelt sind. Die Untersuchungen von Rescorla und Wagner (1972) und die von Kamin (1969) deuten darauf hin, daß es beim Lernen nicht in erster Linie auf die Kontiguität von Reizen ankommt; wichtig ist vielmehr die Korrelation des Kontexts mit dem prädiktiven Wert des konditionellen Reizes. Dies führt zu der bedeutsamen Folgerung, daß ein Tier einer Spezies auf der Grundlage differentieller Erwartungen eine Repräsentation oder Wissen von einer Lernsituation entwickelt; bestimmte Reize zeigen also stärkere Interaktionen als andere. Offenkundig muß ein solches Wissen teilweise auf der für diese Spezies charakteristischen perzeptuellen Kategorisierung beruhen.

Neben diesem bedeutsamen theoretischen Wandel erkennt die moderne Auffassung an, daß es für die operante Konditionierung auch der Elemente der klassischen Konditionierung bedarf. Leistung und Lernen sind in dieser Sicht nicht koextensiv, und Assoziationsprinzipien reichen allein nicht aus, um das Verhalten zu erklären. Damit stellt sich die entscheidende Frage, wie Lernen in Leistung übersetzt werden soll. Schließlich erkennt die moderne Position, wie schon erwähnt, die Bedeutung der Nische und der Spezies für ein Tier (Marler und Terrace 1984) an und unterstreicht, daß ethologische Untersuchungen mit dem Verhalten im Labor in Einklang gebracht werden müssen.

Diese Auffassungen stellen den Theoretiker vor die Aufgabe, einerseits zu zeigen, wie Lerninhalte bezogen auf Erwartungen des Tieres dargeboten werden können, und andererseits, wie sie zu beobachtbarem Verhalten führen können. Auch die Umkehrung stellt eine Herausforderung dar: Wie können, wenn Leistung Wissen unterbewertet (Staddon 1983), die »Repräsentationen«, die das Wissen ausmachen, in eine Lerntheorie einbezogen werden?

Nach der hier vertretenen Position kann die einzige vernünftige Erklärung nur von einer Theorie der das neuronale Substrat betreffenden Mechanismen und Prozesse ausgehen, die beschreibt, wie Struktur und Funktion dieses Substrats bei einer gegebenen Spezies die perzeptuelle Kategorisierung möglich machen. Die gegenteilige Auffassung, auch ohne Erwägungen dieser Art könne man psychologische Experimente durchführen, kann – so wichtig diese auch für die funktionelle Interpretation sind (siehe Staddon 1983) – nur von einer phänomenologischen Beschreibung auf der funktionellen Ebene zu einer praktisch unendlichen Menge möglicher neuronaler Interpretationen führen. Außerdem widerspricht die aus einer funktionalistischen Auffassung abgeleitete psychologische Annahme generalisierbarer Fähigkeiten ethologischen Erkenntnissen über artspezifisches Verhalten und evolutionären Erkenntnissen, wonach die Nervensysteme und Adaptationen bei verschiedenen Taxa sich stark unterscheiden. Mehr als alle anderen bisher behandelten Fragen stellen uns diese Probleme unmittelbar vor die Aufgaben, die im Vorwort zu diesem Buch beschrieben wurden.

Aufgabe des vorliegenden Kapitels ist es, diese Frage offen anzugehen und im Lichte der Theorie der Selektion neuronaler Gruppen eine Interpretation der Probleme zu liefern, die sich von neuen Erkenntnissen über das Lernen leiten läßt. Zunächst werde ich eine vorläufige Definition des Lernens geben, um dann einige moderne Interpretationen von Konditionierungsversuchen zu diskutieren. Ich werde zu zeigen versuchen, daß die beim Lernen vorausgesetzten Erwartungen ihrerseits eine zuvor stattgefundene perzeptuelle Kategorisierung voraussetzen. Da wir dementsprechend Erwartungen als Kategorisierungen deuten, die mit Bedürfnissen gekoppelt sind, müssen wir uns noch einmal mit den Interaktionen von Klassifikationspaaren in globalen Abbildungen befassen. Wenn wir zusätzlich die Entwicklung solcher Abbildungen berücksichtigen, werden wir in der Lage sein, allgemeine Aspekte der Konditionierung mit der Entwicklung in artspezifischen Fällen wie dem des Vogelgesangs zu verknüpfen.

## Lernen und Überraschung

Lernen ist, wie Staddon (1983) gezeigt hat, eine spezifische Form
der erworbenen Veränderung, die in adaptiver Weise gegenwärtiges und früheres Verhalten so verknüpft, daß die positiven oder
negativen Resultate von Vorgängen als Signale für etwas anderes
dienen. Damit eine solche Anpassung möglich ist, muß Variation
nach Regeln selektiert werden, die auf komplexe Weise mit der
Kategorisierung, der raumzeitlichen Kontinuität und Kontiguität,
der individuellen Geschichte und einer Reihe von ontogenetischen und phylogenetischen Voraussetzungen zu tun haben. Lernen ist im allgemeinen kein in sich geschlossener Prozeß, doch
wird es hier so definiert, daß Habituation und Sensibilisierung ausgeschlossen sind. Es ist spezifisch für einen *Kontext*, der in dem
inneren Zustand des Tieres (letztlich seinem Gehirnzustand) besteht, während es auf das Auftauchen bestimmter Objekte und
Vorgänge in der Welt reagiert. Ein Reiz stellt einen hochspezifischen Vorgang dar, der zu einer Veränderung dieses inneren Zustands führt; diese Veränderung bestimmt in stochastischer Weise
sowohl den nächsten Zustand als auch die Reaktion, die ihrerseits
gemeinsam von dem Reiz und dem vorhergegangenen inneren
Zustand determiniert wird. In der realen Welt führt eine Serie von
Reizen zu einer Geschichte von Zustandsänderungen und Reaktionen. Damit ist der Kontext des Lernens definiert; soweit Geschichte an diesem Prozeß beteiligt ist, ist es auch das Gedächtnis.
In Anbetracht dessen, was wir in den beiden letzten Kapiteln erörtert haben, wird jedoch nicht angenommen, daß Gedächtnis in
einer gespeicherten *Replikation* der tatsächlichen Geschichte
eines Tieres besteht.

Die Kriterien für Lernen bestehen in einer Reihe angemessener
Reaktionen auf Veränderungen in der Umwelt, die einen spezifischen Wert haben und auf dynamische Weise zu Anpassung
führen. Lernen kann, da es Gegenwärtiges mit Vergangenem
verknüpft, nur indirekt beobachtet werden, und es fehlt an allgemeinen Methoden zur simultanen parallelen Messung aller
relevanten Hirnaktivitäten. Das ist der Grund, warum die Lerntheorie (oder die Interpretation von Konditionierungsversuchen)

überwiegend in Gestalt von funktionalen Erklärungen auftritt, wie es unzweideutig von Staddon (1983) festgestellt wurde, auf dessen glänzender Analyse die Beschreibung in diesem Teil des Kapitels weitgehend fußt. Unsere Aufgabe besteht darin, über diese Beschreibung hinauszugehen und sie mit der neuronalen Struktur in Beziehung zu setzen.

Hier ist nicht der Ort, um auf das riesige Gebiet der Lernexperimente im einzelnen einzugehen. Es ist jedoch angebracht, nochmals zu betonen, daß es bei der klassischen oder Pawlowschen Konditionierung aus moderner Sicht um mehr als nur um Assoziation oder Kontiguität geht: es geht auch um Bedeutung. Bestimmte Aspekte von Ereignissen bedeuten Futter, kündigen Gefahr an, stehen für das Verstreichen der Zeit usw. Diese Bedeutung ist mit einem Wert verbunden – Belohnung und Strafe –, der sich letztlich auf die umfassende darwinistische Fitneß bezieht (siehe Sober 1984). Bei einer Spezies ist der Wert auf den gegenwärtigen Zustand, das frühere Wissen und evolutionär angeborene Merkmale von Tieren dieser Spezies bezogen. Kurz gesagt: Klassische Konditionierung erfolgt nur, wenn der bedingte Reiz den unbedingten Reiz in einem wertbezogenen Kontext ankündigt. Dies bedeutet, wie Staddon aufgezeigt hat, daß das Tier so handeln muß, *als ob* es auf der Grundlage innerer Zustände oder einer Repräsentation eine *Art* Folgerung (Erwartung oder Vorhersage) zieht. In unserer Diskussion werden wir diese Repräsentation als eine globale Abbildung im Gehirn des Tieres betrachten, die mit Hirnregionen (limbisches System, Hypothalamus usw.) verbunden ist, in deren Funktion bestimmte, von der Evolution festgelegte Werte eingebaut sind, die gewöhnlich mit konsummatorischen Akten oder Furchtreaktionen zu tun haben.

Am wichtigsten für unser Argument ist die Tatsache, daß echtes Lernen bei Tieren nur dann einsetzt, wenn etwas Neues, Überraschendes vorkommt oder eine Erwartung verletzt wird; entscheidend ist das erstmalige Vorkommen einer solchen Überraschung in Echtzeit (Rescorla 1975; Dickenson 1980). Es ist die raumzeitliche Anordnung von Objekten oder Vorgängen in Verbindung mit einem Wert – und nicht nur in Verbindung mit den Reizdimensionen –, was die Überraschung ausmacht. Überraschung in diesem Sinne impliziert eine Diskrepanz zwischen einer solchen Anordnung und dem aktuellen Zustand eines Tieres.

Innerhalb dieses funktionalen Rahmens können wir nun versuchen, unsere bisherigen Argumente zu den Ergebnissen einiger wichtiger Experimente zum Lernen in Beziehung zu setzen. Die makroskopische Welt besteht aus Vorgängen und Objekten, die sich in dynamischen, irreversiblen und fluktuierenden Anordnungen und Interaktionen darbieten. Wenn ein Tier lernen bzw. seine Gehirnzustände (darunter die Effizienz seiner Synapsen, die motorischen Reaktionen usw.) an Signale anpassen soll, die Beziehungen zwischen Objekten und Vorgängen repräsentieren, um daraufhin ein adaptives Verhalten zu entwickeln, entsteht die Frage, wie es diese Objekte und Vorgänge erkennen kann. Die Antwort liegt offenbar in der perzeptuellen Kategorisierung, deren neuronale Basis bereits bei dem Tier vorhanden sein muß. Unserem früheren Argument zufolge besteht diese Basis in der Struktur neuronaler Gruppen und in der Selektion sowie der Erfüllung von Kontinuitätsforderungen durch entsprechende globale Abbildungen und reziproken Signalaustausch.

Die Lernfähigkeit setzt also voraus, daß diese Mittel zur perzeptuellen Kategorisierung erst einmal vorhanden sind. Die Kategorisierung von Wahrnehmungsinhalten reicht jedoch allein offenbar nicht aus, um die adaptiven Erfordernisse in evolutionärer oder somatischer Zeit zu erfüllen. Die Fähigkeit, mit diesen Mitteln Objekte bis zu einem gewissen Grad zu definieren, beruht auf angeborenen Fähigkeiten, eine disjunktive Charakterisierung verschiedener Reizobjekte vorzunehmen. Doch die Vorgänge und die Anordnungen von Objekten in der Nische eines Tieres können sich in zufälliger Weise ändern (Bäume werden vom Sturm umgeweht, das Futter wird unter Wasser gesetzt usw.). Um solche Vorgänge in ihrer Kontingenz, ihrem zeitlichen Zusammenhang und der mutmaßlichen Beziehung zu einer Ursache zu erfassen, muß ein *konventionelles* adaptives Verfahren gegeben sein. Dieses Verfahren ist das Lernen.

Der wesentliche in diesem Kapitel zu begründende Punkt ist, daß die Selektion neuronaler Gruppen nicht in *adaptiver* Weise erfolgen könnte ohne ein Verhalten, das mit solchen Ereignis-

Kontingenzen fertig werden kann. Das liegt daran, daß eine effiziente Selektion neuronaler Gruppen ohne Varianz des Verhaltens (insofern, als diese auf Variation der Gehirnzustände beruht) nicht möglich ist und Anpassung an eine veränderliche Umwelt Lernen erfordert. Es ist mit anderen Worten das Lernen, das die Kategorisierung adaptiv macht. Dies ist kein zirkuläres Argument – der Apparat, der zur perzeptuellen Kategorisierung in der Lage ist, muß von der Evolution in die Struktur des Gehirns und des Nervensystems eingebaut worden sein, *bevor* die Lernvorgänge stattfinden. Die grundlegenden embryologischen Erkenntnisse (Weiss 1955) bestätigen diese Auffassung: Die Entwicklung eines primären Repertoires erfordert kein Verhalten der Art, wie es im postnatalen Leben vorkommt (Hamburger 1970).

## Verhalten und Konditionierung

Man greift bei der Interpretation von Lernexperimenten zwar immer wieder zu funktionalen Erklärungen, doch belegen die Daten unausweichlich, daß es im Tier und seinem Gehirn Mittel zur Klassifikation von Objekten und Vorgängen geben muß. Bevor wir diese Mittel ausführlicher darstellen, müssen wir zeigen, wie die beiden Formen der Konditionierung mit dem sensomotorischen Apparat, der bei der adaptiven Kategorisierung eingesetzt wird, zusammenhängen. Wir können – indem wir Staddons Argument (Staddon 1983; siehe auch Mackintosh 1983) folgen – das Verhältnis zwischen klassischer und operanter Konditionierung zweckmäßig folgendermaßen charakterisieren. Lernen ist eine spezifische, mit einem positiven oder negativen Ausgang verbundene Veränderung im Tier, die einen Vorgang oder sein Ausbleiben als Signal für etwas anderes benutzt. Die klassische Konditionierung beruht auf der verläßlichen Darbietung eines neutralen »badingten« Reizes (BR) vor einem belohnenden Reiz (dem »unbedingten« Reiz, UR); der BR ist ein Prädiktor oder ein Signal für den UR, und das Tier reagiert auf den BR, als geschähe es in Antizipation des UR. Im Gegensatz zu dieser klassischen oder Pawlowschen Konditionierung umfaßt die operante Konditionierung zwei

Phasen. Die erste bildet ein Verhalten, das früher oder später zu Belohnung oder Strafe führt, eine Art von Kontrolle durch die Folgen (Skinner 1981). Die zweite Phase besteht im Wiederauftreten des adaptiven Verhaltens, sobald dem Tier erneut die ursprüngliche Situation dargeboten wird. Diese beiden Formen der Konditionierung hängen eng miteinander zusammen: Bei der Pawlowschen Reaktion beruht die Wahl des Verhaltens auf der Fähigkeit des Tieres, aufgrund der Beziehung zwischen dem BR und dem UR eine Vorhersage zu machen; in der operanten Situation besteht der entscheidende Reiz aus allen (zur Kategorisierung führenden) Umweltmerkmalen, die das Verhalten kontrollieren können. In beiden Fällen von Konditonierung ist eine Änderung der Erwartung, die eine Änderung des auf Kategorisierung beruhenden inneren Zustands signalisiert, erforderlich.

Den Unterschied zwischen beiden Formen kann man wie Staddon (1983) so zusammenfassen, daß man die klassische Konditionierung als eine offene Schleife (oder ein Verfahren, einem *neutralen* Reiz einen Wert zuzuweisen), die operante Konditionierung hingegen als eine geschlossene Schleife darstellt, die zu einer Änderung der Handlungspriorität führt. Zwar ist im letzteren Fall das Handeln *Bestandteil der kategorialen Repräsentation des Tieres*, doch sind klassische, Kontingenzen miteinander verknüpfende Verfahren gleichwohl erforderlich, um operantes Verhalten zu verstärken. Dank der Pawlowschen Form kann ein Tier eine Situation in bezug auf Werte definieren, die auf angeborenen und zuvor gebildeten Assoziationen beruhen. In der operanten Form muß ein Tier nicht nur in Frage kommende wertbezogene Reize, sondern auch die das Verhalten bestimmenden Reize auswählen. Dies stellt gegenüber unserer Auffassung von globalen Abbildungen und Gesten als Bestandteilen von Kategorien keine übermäßig abweichende Auffassung dar.

Bei Lernleistungen treten bemerkenswerte Wiederholungen und Variabilitäten auf. Offenbar gehen verstärkte Reaktionen aus einer reichen Auswahl an Aktivitäten hervor, und dennoch ist ihr Ablauf eindeutig festgelegt. Die Konditionierung determiniert das Handeln in der Weise, daß die vorhandenen evolutionär-angeborenen, ontogenetischen und Wissens-Strukturen abgefragt werden. Offensichtlich ist eine rasche Abfrage einer hinreichend großen Menge von Möglichkeiten für den Erfolg bedeutsam. Diese Menge von Möglichkeiten setzt voraus, daß eine Vielzahl motorischer und sensorischer Kategorisierungsfunktionen im Gedächtnis gespeichert ist. Hinter dem Übersprungverhalten eines Tieres, das einem Beobachter sinnlos erscheint, könnte sich in Wirklichkeit die sensomotorische Überprüfung einer Vielzahl globaler Abbildungen verstecken. Bei solchen Überprüfungen sowie in Aufmerksamkeits- und Erregungszuständen beruht die Auswahl der Reaktionen auch auf der Auswahl von Reizen, die sowohl einen Vorgang definieren als auch Ziele von Reaktionen sind.

Variabilität und Selektion sind somit von zentraler Bedeutung für das Verhalten; daß Bewegung und Handeln entscheidend zwischen beiden vermitteln, steht in Einklang mit dem, was wir über die Funktion globaler Abbildungen erörtert haben. Staddon (1983) hat diese Merkmale geschickt zusammengefaßt. Nach seinem Vorschlag erfolgt verstärktes Lernen über vier sich wiederholende Stufen: (1) Neuheit oder Überraschung → (2) »Schlußfolgerung« → (3) Handeln → (4) neue Umweltsituation → Überraschung. Verschiedene Schutz- und Erkundungsreaktionen verändern Repräsentationen und Werte, während das Tier Einschätzungen der Wichtigkeit, der kausalen oder prioritären Zusammenhänge mit den bewerteten Vorgängen und der zeitlichen Nähe zu einem belohnenden Reiz vornimmt (Dickenson 1985). Dieser Prozeß wiederholt sich solange, bis das historische Muster zu einer stabilisierenden Reaktion führt, die keine oder kaum noch eine kategoriale Überraschung mehr enthält.

Vermutlich nutzt das Tier seine begrenzten Möglichkeiten der Kategorisierung und der Reaktion auf diese Weise so effizient, wie es nur kann. Allerdings kann ein Tier (auch ein »höheres« Tier) nur eines oder nur einige wenige Dinge gleichzeitig tun (Neisser 1967). Es muß, während es sich verschiedene Gewinne zunutze macht, zusätzlich die Variation bei den sich ergebenden Handlungen erfassen, und diese beiden Aktivitäten müssen in ein ausgewogenes Verhältnis gebracht werden. Dies erfordert eine Möglichkeit zur Allokation der Ressourcen – also Zusammenhänge zwischen Erregung und Aufmerksamkeit und die Fähigkeit, die Aufmerksamkeit zu verlagern und besonders Reize zu beachten, die einen Wert vorhersagen, wobei zwischen Objekteigenschaften und hedonistischen Folgen unterschieden wird. Aufgrund der historischen und der Nichtgleichgewichts-Aspekte des Verfahrens werden verschiedene Tiere für die Repräsentation einer Situation, die Aktualisierung von Wissen durch diverse Selektionen und Prozeduren und letztlich die »Automatisierung« ihrer Reaktion unterschiedliche Kontrollmuster wählen.

Trotz dieser Individualität werden innhalb einer gegebenen Spezies die Verhaltensweisen angesichts einer gleichartigen Situation im allgemeinen ähnlich sein. Es liegt also auch bei den Mechanismen des Verhaltens eine Art von Degeneriertheit vor, vielleicht ein Ausdruck von zugrunde liegenden Mechanismen, auf denen die Selektion neuronaler Gruppen in den sensomotorischen Ensembles, aus denen die globalen Abbildungen bestehen, beruht. Es handelt sich in beiden Fällen um Entwicklungsprozesse, und sie gehorchen, wie ich bereits erwähnte, auffallend ähnlichen Prinzipien wie die Morphogenese.

Staddons (1983) Argument für den engen Zusammenhang zwischen den beiden wichtigsten Formen der Konditionierung steht im Einklang mit der Auffassung, die in früheren Kapiteln hinsichtlich der sensomotorischen Ensembles vertreten wurde. In der klassischen Situation der offenen Schleife liegt die Notwendigkeit von Kategorisierungsverfahren und der durch das Gedächtnis geleisteten Rekategorisierung auf der Hand. Die Selektion der Reaktion wird geleitet von zeitlichen Zusammenhängen zwischen Handlungen und verstärkenden Reizen sowie von angeborenen Faktoren und erinnerter Erfahrung. Zum Teil – bezüglich erfolgloser Verhaltensvarianten – ist diese Selektion negativ. Wie wir schon im Zusammenhang mit der klassischen und der operanten Konditionierung bemerkten, beruht die Selektion von Reaktionen auf der Selektion dessen, was zu wissen wertvoll ist. In dieser Selektion spielen viele Aspekte der Vererbung, der Entwicklung und der Erfahrung zusammen.

In diesem Abschnitt wurden überwiegend Aspekte der Erfahrung behandelt. Was läßt sich nun über die anderen Faktoren sagen? Vererbung und Entwicklung sowie artspezifische Aspekte des Lernens möchte ich vor allem am Beispiel des Erlernens des Vogelgesangs erörtern, weil es die Bedeutung der Nischenwahl unterstreicht und daran alle Komponenten beteiligt sind, die vermutlich für die Ausbildung globaler Abbildungen erforderlich sind. Wenn wir dieses Beispiel und das der Konditionierung geklärt haben, können wir versuchen, beide zu einem Modell zu verknüpfen, das auf der Selektion neuronaler Gruppen basiert.

## Selektionshierarchien beim Lernen in der Entwicklungsphase: Der Vogelgesang

Das Erlernen des Gesangs bei Vögeln bietet ein spezifisches Beispiel, das strukturell von den bei der Konditionierung beobachteten Situationen abzuweichen scheint. Außerdem scheint es, was die Gesangsproduktion angeht, Selektionsaspekte aufzuweisen, die als ein direkter Beweis für die Selektion neuronaler Gruppen interpretiert worden sind (Marler 1984). Aus diesen beiden Gründen ist es von Nutzen, den Vogelgesang zu erörtern, da seine Analyse unter dem Gesichtspunkt der Selektion neuronaler Gruppen uns erlauben wird, die verschiedenen Arten von Selektion, die an diesem Verhalten beteiligt sind, zu entwirren.

Wie Marler (1984) und Konishi (1984) gezeigt haben, zerfällt das Erlernen und die Produktion des Gesangs in drei Phasen: (1) eine sensorische Phase, in der Jungvögel während einer kritischen Zeit einen Gesang hören und sich zumindest einige seiner Komponenten einprägen; (2) eine sensomotorische Phase, in der sie den Gesang einüben und artikulieren (bei dieser Reproduktion des Gesangs ist es wichtig, daß der Vogel seine eigene Stimme hört); und (3) eine Phase der automatischen Produktion des Gesangs, der schließlich »feste Formen angenommen« hat. Zumindest bei einigen Spezies dienen Artikulation und auditorisches Feedback dazu, ein Abweichen von dem eingeprägten Muster zu verhindern. Das Feedback schließt Versuch und Irrtum ein, und folglich ist der Gesang bei diesen Spezies eine erworbene motorische Fertigkeit.

Daß es sich um eine ganz besondere Fertigkeit handelt, erkennt man, wenn man sich mit Marlers Resultaten befaßt. Seine Untersuchung zeigt, daß es beim Erlernen des Gesangs angeborene Artunterschiede, angeborene Auslöser für das Lernen eine kontextabhängige Auslöser-Spezifität sowie Widerstand gegen eine Umkehrung gibt (nachdem die Phase des ausgeformten Gesangs begonnen hat) und daß der Prozeß in Abwesenheit einer erkennbaren Belohnung abläuft. Bemerkenswerterweise spricht vieles dafür, daß schon vor Beginn des Lernprozesses darauf eingerichtete plastische Verschaltungen im Gehirn existieren (Nottebohm 1980, 1981 a, 1981 b).

Die für unser Anliegen relevantesten Fragen knüpfen sich wohl an den Hinweis, daß der Erwerb der Gesangsfertigkeiten einen selektiven Lernvorgang darstellt, der sowohl stereotype als auch variable Merkmale umfaßt, die im Zuge eines epigenetischen Programms zutage treten (Marler 1984). Dieses Programm umfaßt die folgenden Komponenten: (1) *Zentrale motorische Programme*, die sich auch bei tauben Vögeln entfalten können und einfache Versionen des Gesangsverhaltens erzeugen. (2) *Auditorische Mechanismen*, die sogenannte syntaktische Schablonen liefern; in ihrer Abwesenheit und bei isoliert aufgezogenen Vögeln ist die Feinstruktur der Töne und Silben abnormal. (3) *Nachahmung*, bei der arteigene Gesänge gegenüber artverwandten Gesängen (die erlernt werden *können*) bevorzugt werden. (4) *Einprägung*, gefolgt von *sensomotorischer Erfindung und Improvisation*. Sie verläuft stufenweise von der Produktion eines amorphen, noch unartikulierten Gesangs über eine plastische Gesangsproduktion bis zum vollendeten Gesang. Vorbilder werden nicht exakt reproduziert, sondern in Silben, Phrasen und Töne zerlegt. Gelegentlich werden Erfindungen und Abweichungen eingestreut. Als eine Grundlage der Gesangsvariation wird selektive Aufmerksamkeit angenommen. (5) Auf diese Versuch-und-Irrtum-Aktivität folgt schließlich ein *fixiertes motorisches Programm*.

Einzelne Gesangsabschnitte können eine unterschiedliche Entwicklungsgrundlage haben und teils auf Dialekt, teils auf Nachahmung, teils auf Erfindung beruhen. Nicht nur akustische Komponenten, auch andere Reize, die gelernt werden müssen, können den Gesangserwerb auslösen.

Marler (1984) nimmt an, daß artspezifische auditorische Schablonen nicht nur in der sensomotorischen Phase, sondern auch in den ersten Phasen des Gesangserwerbs eine Rolle spielen. Die Produktion neuer motorischer Muster aufgrund von Erfahrung beruht nach seiner Meinung auf der Permutation und Alteration eines artuniversalen Satzes von Gesangsgesten. Er schlägt ein selektives Bild vor, dem drei Arten von »Schablonen« zugrunde liegen – spezialisierte aktive Schablonen, die ohne spezifische auditorische Reizung die Entwicklung beeinflussen können, spezialisierte latente Schablonen, die durch entsprechende auditorische Schablonen in der Umwelt ausgelöst werden müssen, und generalisierte auditorische Schablonen mit allgemeineren Fähigkeiten, dank derer die gesangliche Nachahmung sich auch am Gesang anderer Arten und an sonstigen Klängen aus der Umwelt orientieren kann. Die beiden spezialisierten Schablonen werden beim Einprägen und der Festigung des Gedächtnisinhalts benutzt; bei isolierten Vögeln treten normalerweise aktive Schablonen auf, latente dagegen nicht. In der normalen Erfahrung werden beide Arten von Schablonen gewählt.

Diese Beschreibung des Gesangslernens weicht stark von der der Konditionierung ab. Da jedoch beide Arten von Lernen bei einer Spezies vorkommen können, muß eine Lerntheorie, die auf die neuronale Struktur abstellt, auch beide berücksichtigen. Bevor wir andeuten, wie das geschehen könnte, müssen wir nochmals auf bestimmte Eigentümlichkeiten der kritischen Phase und der Epigenese zurückkommen (siehe Kapitel 5, wo wir diese Themen unter dem Aspekt der Abbildung erörtern). Das Entstehen des ausgeformten Vogelgesangs bietet ein Beispiel für einen epigenetischen Vorgang, bei dem eine bestimmte Reihenfolge von Entwicklungsschritten durchlaufen werden muß, bevor es zur Fixierung kommt. Von den in der Embryogenese beobachteten Sequenzen (Hamburger 1970) weichen diese epigenetischen neuronalen und Verhaltens-Sequenzen insofern ab, als mit ihnen an bestimmten Punkten oder in kritischen Phasen der Sequenz Elemente echten Lernens verbunden sind. Solche eingeschliffenen Verhaltensweisen sind zwar in sich geschlossen, doch muß ihre adaptive Integration erlernt werden. Ähnliche, wenn auch weniger detaillierte Sequenzen beobachtete man in der Zusammenfügung entsprechender Komponenten von Kopulationsverhalten bei männlichen Rhesusaffen (Mason 1968), in der Reifung von Futterhortungsroutinen bei Eichhörnchen (Ewer 1965) und in Balzrufen von Vögeln (Immelmann 1984).

Das detaillierteste Beispiel einer kritischen Phase bezüglich der Wahrnehmung findet man in der Entwicklung des beidäugigen Sehens bei Katzen und Affen (Wiesel und Hubel 1963a, 1963b; Hubel und Wiesel 1970; Wiesel 1982), auch wenn es in diesem Fall nicht so gut gelungen ist, die Lernkomponenten, sofern sie überhaupt vorhanden sind, genau zu erfassen. Durch Deprivation kann die kritische Phase sowohl beim Vogelgesang als auch beim beidäugigen Sehen verlängert werden, doch unbegrenzt läßt sich der Abschluß dieser Phase nicht hinausschieben. Das Beispiel des Sehens ist insofern wichtig, als hier eindeutig neuronale Konkurrenz und Plastizität in einem Rindenbereich zu erkennen sind (siehe Kapitel 5). Damit erscheint es als denkbar, daß bei vielen epigenetischen Lernvorgängen der Erwerb des Lernens mit der Reifung der Verbindungen von dafür vorgesehenen, aber plastischen Nervenzentren zusammenspielt.

Es hat zwar den Anschein, als seien diese Nervenzentren aufgrund der Evolution hochgradig spezialisiert, doch besteht aller Anlaß zu der Annahme, daß sie neuronale Verbindungen zu Zellverbänden und Schaltungen haben, die an Konditionierungsreaktionen beteiligt sind. Wir sahen bereits (in Kapitel 5), daß die Konnektivität primärer Repertoires in bestimmten Schaltkreisen, etwa in dem für das beidäugige Sehen und in der retinotektalen Projektion, durch Aktivität beeinflußt werden kann. Wir können das Lernen in kritischen Phasen als neotenisches Lernen bezeichnen, um hervorzuheben, daß eine verzögerte Fixierung der Schaltkreise vorliegen könnte. Neotenisches Lernen könnte sich im Unterschied zum gewöhnlichen Lernen durch Konditionierung während der postnatalen Ausbildung neuer Verbindungsmuster abspielen und diese Muster beeinflussen.

Alle oben rekapitulierten Befunde stehen in Einklang mit der Hypothese, daß das Erlernen des Vogelgesangs neotenisch sei: es ist selektiv, es hat eine kritische Phase, und es muß Auslösereize von angeborener Spezifität umfassen. Klassische Verstärkungen vermögen an der Morphologie des Gesangs nichts zu ändern. Dennoch dürften Komponenten selektiven Lernens und epigenetisch verankerte Programme auch Elemente assoziativen Lernens enthalten (Jenkins 1979, 1984). Aus der Tatsache, daß bei einigen Spezies selektives Lernen vorkommt, darf daher nicht geschlossen werden, daß das Nervensystem der entsprechenden Spezies frei ist von angeborenen Merkmalen der Konditionierung. Im übrigen ist das Vorkommen des selektiven Lernens – anders als Marler (1984) glaubt – weder ein Beweis noch eine Widerlegung der Selektion neuronaler Gruppen. Zwar ist letztere durchaus mit dem ersteren zu vereinbaren, doch erfolgt die Selektion jeweils auf ganz verschiedenen Organisationsebenen, und es ist möglich, daß das selektive Lernen auf anderen Mechanismen als der Selektion neuronaler Gruppen beruht. Wie also hängen die Selektion neuronaler Gruppen und die verschiedenen Formen des Lernens miteinander zusammen?

## Selektion neuronaler Gruppen als Bestandteil des Lernens

Der wichtigste Aspekt des Lernens in kritischen Phasen liegt für uns in der Herausforderung, die es für die Theorie der Selektion neuronaler Gruppen darstellt: Wie kann die Selektion neuronaler Gruppen sowohl das Lernen durch Konditionierung, das evolutionär verbreitet ist, als auch das Lernen in kritischen Phasen, das artspezifisch ist, erklären? Und wie kann beides zusammenwirken? Um diese Fragen zu beantworten, müssen wir ein auf der Selektion neuronaler Gruppen basierendes Lernmodell konstruieren, das mit *beiden* Aspekten der Entwicklung zu vereinbaren ist.

Angesichts dieser Fragen können wir feststellen, daß eine angemessene Theorie des Lernens die folgenden Hauptziele verfolgen muß: (1) Die Theorie muß auf der neuronalen Ebene formuliert werden und sich mit neuronalen Mechanismen und Prozessen befassen. (2) Sie muß angeben, wie Bedingungen und Situationen zur Bildung kategorialer Repräsentationen (oder Wissen) führen können, deren Grundlage evolutionär festgelegte Werte sind, die den unterschiedlichen Erwartungen und Überraschungen, die ein solches Wissen einschließt, zugrunde liegen. (3) Sie muß zeigen, wie solche Repräsentationen in Leistung übersetzt werden können. (4) Sie muß zeigen, daß die neuronalen Grundlagen der Repräsentation vereinbar sind mit dem artspezifischen Lernen, d. h. mit der bemerkenswerten Nischenanpassung, die zu bestimmten, auf Evolution zurückgehenden Spezifitäten des Lernens führt.

Aus diesen Forderungen wird deutlich, daß es sich bei dieser Theorie um eine Entwicklungstheorie handeln muß. Das beruht auf mehreren Gründen. Es ist höchst unwahrscheinlich, daß aus Beobachtungen von Lernvorgängen und deren funktionalen Interpretationen direkt auf die Geschichte der entsprechenden neuronalen Mechanismen geschlossen werden kann. Angesichts der Existenz selektiven und epigenetisch begrenzten Lernens (von dem das neotenische Lernen einen Fall darstellt) kommt man in einer angemessenen Erklärung um Entwicklungssequenzen nicht herum. Außerdem ist schwer zu erkennen, wie man ohne Berücksichtigung der Entwicklung die Konditionierung und das selektive oder neotenische Lernen im einzelnen befriedigend miteinander verknüpfen kann.

Die Fähigkeit zur perzeptuellen Kategorisierung ist, wie wir gesehen haben, für das Lernen eine notwendige, aber nicht hinreichende Bedingung. Solange die Welt nicht mit fertigen Etiketten versehen ist, muß die Kategorisierung unter Benutzung von Klassifikationspaaren und globalen Abbildungen durch Selektion erfolgen (siehe Abbildung 8.5). Damit die entstehenden Repräsentationen (und die durch das Gedächtnis gegebenen Rekategorisierungen) auf adaptive Weise am Lernen teilhaben, müssen die zugrunde liegenden globalen Abbildungen mit den Teilen des Gehirns verbunden sein, die mit der appetitiven, konsummatorischen und hedonistischen Steuerung zu tun haben – der Amygdala, dem Hypothalamus und dem Hirnstamm sowie Teilen des limbischen Systems. Wir können jetzt ein Modell des Lernens skizzieren. Ich schlage vor, daß die fundamentalen neuronalen Strukturen des Lernens in neuronalen Gruppen bestehen, zusammengefaßt zu Klassifikationspaaren innerhalb globaler Abbildungen, die durch reziproke Kopplungen mit hedonistischen Zentren verbunden sind, die eine Grundlage für die Zuordnung von Werten bilden. Mit anderen Worten: Eine große Zahl von Gruppen, die in Klassifikationspaaren (welche die Umwelt über mehrere Modalitäten erfassen) aktiv und durch reziproke Verbindungen mit limbischen Schaltkreisen sowie mit Output verbunden sind, bildet ein System, das die Voraussetzungen für Lernen zu erfüllen vermag. Diese gekoppelten Paare setzen Kategorisierungen mit einer Reihe neuronaler Gruppen im limbischen System in Beziehung, die verschiedene, evolutionär in diesem System festgelegte Sollwerte erfüllen. Die Verbindung zu Gruppen in globalen Abbildungen, welche motorischen Output unterstützen, erlaubt gleichzeitig eine Überprüfung durch Suche, bis der Input die auf der bisherigen Kategorisierung (»Gedächtnis«) basierenden Erwartungen erfüllt und den Antrieb vom limbischen System reduziert. (Für eine neuronale Erklärung eines konsummatorischen Verhaltens im Sinne der Theorie der Selektion neuronaler Gruppen siehe Mobbs und Pfaff [1987] und Pfaff und Mobbs [1987].)

Da die Verknüpfungen zwischen den Klassifikationspaaren über die synaptischen Regeln sehr flexibel sind, ist eine große Vielfalt von Kategorisierungen möglich. Die Paare in globalen Abbildungen umfassen gewöhnlich eine hierarchisch geordnete Menge von Netzwerken, wobei die übergeordneten Netzwerke untereinander durch reziproke Kopplung verbunden sind (siehe Kapitel 10), was der Verknüpfung der kategorialen Reaktionen eine enorme Flexibilität verleiht. Der Wert dieser Reaktionen (Abweichung von feststehenden, durch den limbischen Zustand und das Gedächtnis bestimmten Werten) wird auf dynamische Weise ermittelt. Die Anzahl der Klassifikationspaare oder *n*-fachen, ihre Kopplung auf höheren Ebenen und der Umfang ihrer

Verbindungen entscheidet über die »Offenheit« des Konditionierungsprogramms. Dieses Modell vermag sowohl Variationen der Konditionierung als auch die Bedeutung der Überraschung zu erklären.

Um in diesem Schema auch das selektive oder neotenische Lernen zu berücksichtigen, brauchen wir nur darauf zu verweisen, daß die Heterochronie oder Entwicklungsverzögerung (siehe Kapitel 6), die bei manchen Spezies bezüglich der Verknüpfung einiger der übergeordneten, an bestimmten Paaren beteiligten Netzwerke zu beobachten ist, die Möglichkeit eröffnet, daß die abschließende morphologische Entwicklung und die Verbindungsmuster dieser Netzwerke unter den selektiven Einfluß *äußerer* Signale geraten. Die Festlegung ihrer Verbindungen nach Maßgabe entsprechender Signale würde dann zu geschlossenen Programmen führen (Marler 1984). Selektives Lernen ist aus dieser Sicht eine Form von Neotenie – die Reifung der Verbindungen bestimmter neuronaler Systeme wird solange verzögert, bis bestimmte postnatale Inputs eingehen. Das neotenische Lernen ähnelt daher insofern metamorphen Vorgängen (Alberch 1980, 1982a, 1982b), als bestimmte Entwicklungsprogramme »in Verwahrung« gehalten und erst bei bestimmten Konfrontationen mit der Umwelt aktiviert werden.

Die Entwicklung erlaubt es, die verschiedenen Arten von Lernen zu der Organisation der Klassifikationspaare in Abbildungen und dem Grad ihrer Fixierung in Beziehung zu setzen. In Fällen wie dem Erwerb des Vogelgesangs stellt die Fixierung eine Art von Neotenie in den neuronalen Schaltmustern dar, die durch Erfahrung von außen beeinflußt werden können. Diese Form der Epigenese ist wohl von allen Formen, die man kennt, die komplizierteste, da sie durch Lernen und somatische Vorgänge in einer Weise beeinflußt werden kann, wie es bei embryologischen Sequenzen nicht möglich ist (Hamburger 1970). In anderen Fällen der unwillkürlichen Konditionierung (Thompson 1986), in denen die Verdrahtung abgeschlossen ist, erfolgt ein Einfluß nur über Änderungen der synaptischen Effizienz, und die Auswirkung auf das Lernen ist eine generelle. Bei beiden Formen ist ein deutlicher evolutionärer Wandel zu beobachten, und sie decken sich insofern, als alle Teilkomponenten von den in früheren Kapiteln diskutierten Faktoren beeinflußt werden.

Eine solches System bietet der Evolution vielfältige Möglichkeiten: Die verknüpften Paare, die an ihnen beteiligten sensorischen Modalitäten und das Ausmaß und der Zeitpunkt der Gruppenselektion, durch die die synaptische Effizienz fixiert wird (bzw. im Falle des selektiven Lernens bestimmte Verdrahtungsmuster »geschlossen« werden) – auf all diese Elemente kann die natürliche Selektion über den Phänotyp unabhängig einwirken. Die Forderung, daß eine große Anzahl von Netzwerken von Gruppen in somatischer Zeit abgefragt werden muß, wird durch die Verknüpfung mit motorischen Reaktionen erfüllt, und diese Reaktionen werden die Erfassung durch bestimmte Paare verbessern und damit die Wahrscheinlichkeit, daß Erwartungen herabgesetzt werden, erhöhen. In manchen Fällen werden den sensomotorischen Erfassungssystemen erhebliche Beschränkungen auferlegt werden; in anderen wird eine starke Verbindung zu neuronalen Gruppen entstehen, die mit hedonistischen, von der Evolution festgelegten Systemen zu tun haben (was den Vorrang bestimmter konditioneller Reize erklären würde); in wiederum anderen Fällen wird die Reihenfolge bestimmter motorischer Programme durch die Evolution bedingt sein.

Was sich diesem Modell zufolge beim Lernen ändert, ist die Verknüpfung globaler Abbildungen mit hedonistischen Zentren und motorischen Reaktionen über die synaptische Änderung von Klassifikationspaaren (von denen einige artspezifisch sein müssen). Durch das Zusammenwirken der in einer solchen Schaltung zusammengefaßten Netzwerke entsteht eine kategoriale Beschreibung von »Wert« unter Erwartungsbedingungen. Lernen (und Wissen) müssen in solchen Netzwerken stets über die Leistung hinausgehen, die aus den Repertoires, welche Komponenten von Paaren in globalen Abbildungen umfassen, *selektiert* wird.

Es muß nochmals betont werden, daß die hier als Basis des Lernens vorgeschlagenen Strukturen aus komplexen und umfangreichen Teilsegmenten des Nervensystems bestehen (siehe John et al. 1986). Das ist nicht erstaunlich, wenn man bedenkt, daß Lernen unausweichlich auf einer vorhergegangenen Kategorisierung beruht. Ein solches Netzwerk-System ist nicht ein einfacher Reflexbogen oder gar ein konditionierbares Subsystem (Thompson 1986). Auffassungen, nach denen die Konditionierung auf solchen einfachen neuronalen Schleifen beruht, lassen sich zwar mit älteren Ansichten über das Lernen durch Kontiguität und mit dem Verhalten sehr einfacher Organismen vereinbaren, nicht aber mit der modernen Auffassung, daß Erwartung und Repräsentation wichtige Grundlagen für echtes Lernen in dem ganzen, sich verhaltenden Tier bilden. Was sagen wir nun aber zu Beobachtungen, nach denen sich *tatsächlich* neuronale Subsysteme isolieren lassen, die auf der Konditionierung ähnelnden Paradigmata reagieren (Tsukahara 1981; Thompson 1986)? Die Antwort kann nur in der Tatsache liegen, daß das von uns beschriebene ganze Netzwerk *viele* solcher Systeme enthalten könnte. Werden in dem intakten Tier nur ein System oder nur einige wenige aktiviert und geändert, braucht sich dennoch nichts am globalen *Verhalten* zu ändern. Entspricht die Funktion solcher neuronalen Subsysteme nicht den Erwartungen, die durch die Tätigkeit übergeordneter neuronaler Gruppen festgelegt werden, kann ihre Kopplung mit der motorischen Handlung sogar aufgehoben werden. Man kann sich allerdings vorstellen, daß unter anderen Umständen eine wachsende Zahl solcher »konditionierbaren Subsysteme« durch Lernvorgänge geändert werden könnte, so daß diese Subsysteme, falls die Mindestbedingungen der Erwartung erfüllt sind, rasch eingesetzt werden. In diesem Fall würde man Beweise dafür erwarten, daß viele dieser Systeme durch Lernen verändert werden. Die Ähnlichkeit mit motorischen Ensembles unter zentraler Kontrolle und situationsabhängigen Reaktionen (Evarts et al. 1984) springt ins Auge. Wir schließen daraus, daß das Auffinden eines »konditionierbaren« Subsystems kein hinreichendes Modell des Lernens liefert; ein solches Subsystem ist nur ein winziger Bruchteil eines weit größeren Systems in dem ganzen, sich verhaltenden Tier. Es muß betont werden, daß diese Folgerung eine Ergänzung und keinen Widerspruch darstellt zu Beobachtungen, nach denen bei frisch dekortizierten Tieren »Assoziationslernen« vorkommen kann (Oakley 1979, 1980).

Das Grundprinzip des auf der Theorie der Selektion neuronaler

Gruppen basierenden Lernmodells läßt sich jetzt wie folgt zusammenfassen: (1) Es verläuft »von unten nach oben«, von den neuronalen Elementen zum Lernen. (2) Durch Klassifikationspaare und globale Abbildungen genügt es den Erfordernissen der Repräsentation, die aus Konditionierungsexperimenten abgeleitet wurden. (3) Sein Umgang mit Erwartungen beruht auf der neuronalen Verknüpfung dieser Strukturen mit limbischen »Wert«-Systemen und auf dem Gedächtnis als einem rekategorialen System. (4) Es verknüpft operantes Verhalten durch die Feedbackwirkung motorischer Gruppen, um die Erfassung (»Abfragung«) der Umwelt durch untergeordnete Netzwerke von Klassifikationspaaren zu verändern. (5) Indem es in bestimmten kritischen Phasen eine Veränderung von Verbindungsmustern durch Erfahrung erlaubt, macht es bei bestimmten Spezies epigenetischen Wandel und ethologische Muster durch »lehrbare Neotenie« innerhalb globaler Abbildungen möglich.

Dieses Bild stimmt nicht nur mit ethologischen Befunden überein, sondern auch mit der Idee, daß Konditionierung ein *allgemeines*, auf Evolution beruhendes Merkmal von Nervensystemen ist, das man bei vielen Spezies antrifft. Es stützt sich auf die Einsicht, daß Netzwerke, die lernenden Systemen dienen, mit konventionellen oder willkürlichen Kontingenzen in einer Weise fertig werden müssen, die Klassifikationspaaren allein verschlossen ist. Mit Objekten vermag die Kategorisierung durch die Erfassung einiger physikalischer Eigenschaften fertig zu werden; ein vielseitiges Verhalten kann nur auf Lernen beruhen. Mit anderen Worten: Nur Lernen kann angesichts eines ansonsten zufälligen Nebeneinanders von im makroskopischen Maßstab auftretenden Vorgängen und »Ursachen« Bedeutung (Sinn) und Überlebenswert erzeugen. Da Lernen jedoch eine perzeptuelle Kategorisierung voraussetzt, die ihrerseits eine globale Abbildung voraussetzt, besteht gleichwohl ein enger Zusammenhang zwischen dem Phänotyp einer gegebenen Spezies und der Art von Lernen, zu der diese Spezies fähig ist. Der Grund dafür ist, daß die sensomotorischen Komponenten in globalen Abbildungen sehr stark von bestimmten Aspekten der Morphologie und von dem motorischen Ensemble abhängen, und ferner, daß die notwendige Verknüpfung dieser Abbildungen zu neuronalen Systemen sich evolutionär entwickelte, um artspezifische konsummatorische Zustände zu realisieren. In diesem Sinne erzwingt das neuronale Substrat für die perzeptuelle Kategorisierung spezifische Verknüpfungen zwischen der Konditionierung und artspezifischem Verhalten. Der auf Verhaltensphänotypen in einer Population einwirkende evolutionäre Wandel kann wählen, welche Klassifikationspaare verknüpft werden und welche Netzwerke in solchen Paaren einer heterochronischen Veränderung unterliegen. Der Grad der Artspezifizität von dem Lernen dienenden Netzwerken kann auf diese Weise modifiziert werden, während ihre Allgemeingültigkeit weitgehend erhalten bleibt. Vergleichende Psychologie und Entwicklungspsychologie werden auf dieser strukturellen Ebene durch die natürliche Selektion miteinander verknüpft. Die Besetzung einer Nische im Laufe der Evolution ist eine Art von Kategorisierung höherer Ordnung, und gleiches gilt für das Lernen. Nach der hier vertretenen Auffassung ermöglicht die Entwicklung neuronaler Netzwerke, die durch Selektion neuronaler Gruppen zur perzeptuellen Kategorisierung in der Lage sind, ein ganzes Spektrum adaptiver phänotypischer Veränderungen, von der allgemeinen Konditionierung bis zum artspezifischen selektiven Lernen einschließlich Neotenie.

## Von selektiven gekoppelten Netzwerken zur Informationsverarbeitung

Angesichts dieses neuronalen Modells des Lernens ist es angemessen, einige allgemeine Fragen bezüglich des adaptiven Werts der Selektion neuronaler Gruppen zu vertiefen: Wie kann ein Gehirn, das mittels der Selektion neuronaler Gruppen eine Welt ohne Etikettierungen bearbeitet, *letztendlich* Information verarbeiten, wie es beim Menschen zweifelsfrei der Fall ist? Dies bedarf deshalb einer Erklärung, weil eine selektionistische Theorie, mag sie durch die Tatsachen über die neuronale Struktur und Funktion auch noch so eindrucksvoll bestätigt werden, mit ihren verschiedenen Mechanismen allein nicht ein System in einem individuellen

Tier hervorzubringen vermag, das zur Informationsverarbeitung in der Lage wäre. Die perzeptuelle Kategorisierung, wie sie sich in den Variationen in selektierten degenerierten neuronalen Gruppen niederschlägt, ist für sich genommen nur »solipsistisch«. In manchen Situationen ist sogar damit zu rechnen, daß zwei verschiedene Tiere der gleichen Spezies aufgrund unterschiedlicher Kombinationen neuronaler Gruppen die gleichen adaptiven (und sogar neuen) Verhaltensweisen zeigen. Solange die auf Selektion neuronaler Gruppen basierenden Kategorisierungen hinreichend vielfältig und stabil sind, kann die Verknüpfung nacheinander ablaufender Vorgänge durch neuronale Assoziationen zu Formen des Lernens führen, die für jedes Individuum einzigartig sind. Bei einem einzelnen Tier kann die perzeptuelle Kategorisierung natürlich eine Grundlage für ein *individuelles* Lernen bieten, bei dem auf eine Überraschung oder eine Verletzung der Erwartung Belohnung oder Strafe folgen. Bei zwei Tieren einer Spezies, die auf eine gleichartige Umwelt reagieren, können gleiche Kategorisierungen jedoch auf ganz unterschiedlichen neuronalen Grundlagen beruhen – das ist sogar wahrscheinlich. Wären diese Verhaltensweisen *ausschließlich* ein Resultat der Selektion neuronaler Gruppen, könnten diese Tiere sie niemals mitteilen, und ebensowenig könnten die individuellen Verhaltensweisen durch evolutionäre Selektion der neuronalen Varianten, die für diese Verhaltensweisen bestimmend sind, bei einer gegebenen Spezies festgelegt werden. Der Grund liegt darin, daß die Selektion neuronaler Gruppen, genauso wie die natürliche Selektion, *a posteriori* erfolgt, und das kann mit gleicher Wirksamkeit auf viele verschiedene Arten geschehen.

Auch wenn man sich vorstellen könnte, daß individuelles Lernen im strengen Sinne bei einigen Spezies stattfinden kann, ohne daß eine allen Tieren gemeinsame Informationsverarbeitung vorliegt, wissen wir doch mit Sicherheit, daß zumindest bei einigen Spezies, die – unterstützt durch Kommunikation und soziale Übermittlung – zu echtem Lernen fähig sind, Informationsverarbeitung tatsächlich erfolgt. Um die Frage generell zu klären, muß die Selektion neuronaler Gruppen mit den *zwischen* Individuen übermittelten Informationen bzw. Lerninhalten und letztlich mit der sozialen Übermittlung und der umfassenden Informationsverarbeitung, die bei Spezies wie den Menschen tatsächlich stattfindet, verknüpft werden. Die (auf dem Wege der Kommunikation erfolgende) Verknüpfung von Kategorien, die hinsichtlich der neuronalen Struktur nicht zwangsläufig etwas miteinander gemein haben müssen, deren Assoziation aber besonders adaptiv sein kann, ist eine Form des Lernens. Ich bezeichne es als kommuniziertes Lernen, um darauf hinzuweisen, daß es durch kommunikative Verknüpfungen von adaptivem Wert geschaffen werden muß (siehe z. B. Cheney und Seyfarth 1985) und nicht unmittelbar auf neuronalen Charakteristika oder Repräsentationskategorien beruht, die zwei Tiere *notwendigerweise* miteinander gemein haben müßten. Für kommuniziertes Lernen bedarf es somit einer Form des Austauschs zwischen mindestens zwei und normalerweise mehr als zwei Organismen.

Folgt man diesem Argument, müssen zur Erklärung der Evolution echter Informationsverarbeitung, die Neues zu bewältigen vermag, außer der Kategorisierung von Wahrnehmungsinhalten, zu der verkoppelte Netzwerke degenerierter Gruppen in der Lage sind, noch weitere Prozesse herangezogen werden. Zu diesen Prozessen, mit denen die Fähigkeit zur Verarbeitung von Informationen erklärt werden kann, gehören echtes Lernen, kommuniziertes Lernen und gewisse ethologische und von der Evolution determinierte Verhaltensmerkmale einer Spezies. Damit wir die Theorie der Selektion neuronaler Gruppen über das echte Lernen mit der Informationsverarbeitung verknüpfen können, muß es im Laufe der Evolution zu einer *Sequenz* aufeinander angewiesener Prozesse gekommen sein. Diese Prozesse sind (1) perzeptuelle Kategorisierung mittels Selektion neuronaler Gruppen, (2) adaptives Lernen aufgrund von Nachahmung oder Konvention, kommuniziert zwischen mindestens zwei Individuen, so daß Informationsverarbeitung entsteht, und (3) evolutionäre Selektion jener Individuen, deren Repertoires der Selektion neuronaler Gruppen das schnellste oder effizienteste adaptive Lernen in diesem Sinne ermöglichen.

Nachdem es entweder zu einem ethologischen Wandel (Gould und Marler 1984) oder zu einer individuellen Anpassung durch

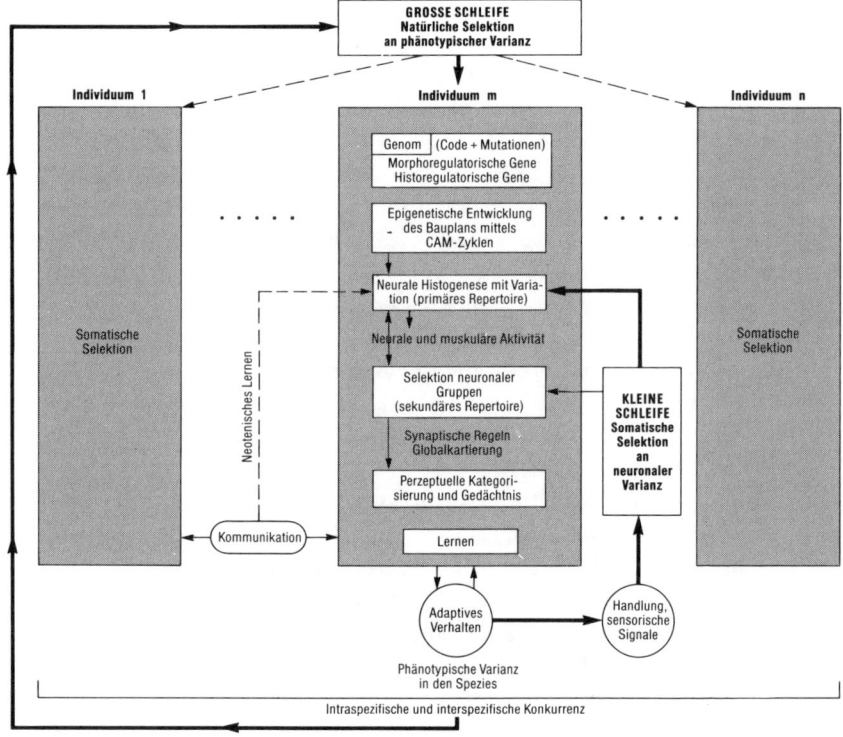

Abbildung 11.1

*Schema zur Veranschaulichung einiger Interaktionen zwischen der Evolution (die »große Schleife«) und verschiedenen Entwicklungsbedingungen, die durch embryologische Vorgänge und somatische Selektion neuronaler Gruppen in Individuen aufgerichtet werden (die »kleine Schleife«). Von allen Prozessen innerhalb der senkrechten Kästen (l, m, n) wird angenommen, daß sie sich in Individuen einer Spezies vollziehen. Adaptives Verhalten und Lernen beruhen auf der perzeptuellen Kategorisierung, die in der kleinen Schleife realisiert wird. Dies führt zu somatischer Varianz, die für jedes Individuum einzigartig ist. Phänotypische Varianten, die im ganzen am besten angepaßt sind, erfahren eine differentielle Reproduktion. Die daraus resultierenden Änderungen von Genfrequenzen erfolgen in einer großen Masse von historegulatorischen Genen und in einer kleineren Masse von morphoregulatorischen Genen (die Regulator-Hypothese), wo-*

Konditionierung mit diesem kommunizierten Lernen gekommen ist, können sowohl das Individuum als auch die Spezies Information erwerben. Als deren höchstentwickelte evolutionäre Form gelten symbolbildende Systeme und die Sprache. Die Theorie der Selektion neuronaler Gruppen behauptet, daß die natürliche Selektion, die den Anstoß zu dieser transzendenten Entwicklung gab, auf Individuen einwirkte, deren Nervensysteme dank vielfältiger Systeme der somatischen Selektion bereits zur Kategorisierung in der Lage waren. Abbildung 11.1 zeigt ein Diagramm, das verschiedene Zusammenhänge zwischen der natürlichen Selektion (große Schleife) und der somatischen Selektion (kleine Schleife) darstellt. Natürlich ist das Ausmaß, in dem das Verhalten einerseits ethologisch und andererseits durch Selektion neuronaler Gruppen im jeweiligen Individuum determiniert ist, innerhalb einer Spezies variabel. Der zentrale Punkt ist, ungeachtet des jeweiligen Anteils, daß durch die *Interaktion* von Mechanismen der intraspezifischen Kommunikation (Boyd und Richerson 1985) und Mechanismen der Selektion neuronaler Gruppen Informationsverarbeitungs-Systeme entstehen. Aus der Erkenntnis, daß diese Interaktion die evolutionäre Selektion beeinflussen kann, ergeben sich vielfältige Konsequenzen, von denen einige am Schluß dieses Buches erwähnt werden sollen.

---

*mit neue evolutionäre Gelegenheiten der somatischen Selektion in der kleinen Schleife geschaffen werden. Bei Spezies, in denen Veränderungen zu verzögerter Ausbildung primärer Repertoires führen, kann Kommunikation zu neotenischem Lernen führen, das in einer Population fixiert werden kann. Spezies, die echte soziale Übermittlung entwickeln, können Informationsverarbeitung durchführen.*

# SCHLUSS

# Zusammenfassung, Vorhersagen und Implikationen

Zusammenfassung · *Die biologische Frage* · *Die psychologische Frage* ·
*Die ethologische Frage* · Kurze Übersicht über die Theorie · Explanato-
rische Angemessenheit der Theorie · *Einige Vorhersagen:* Selektionsmechanismen · Gekoppelte Karten · Kategorisierung · Abschließende
Bemerkungen

## Einführung

Eine brauchbare Theorie sollte Erklärungskraft besitzen, Vorhersagen machen und Richtungen für die weitere experimentelle Forschung und Vervollkommnung angeben. Eine Theorie über komplexe Systeme muß notwendig eine Reihe partieller Theorien und
Modelle enthalten. Die Theorie der Selektion neuronaler Gruppen ist eine solche Theorie. Angesichts der komplizierten Zusammenhänge der neuronalen Funktion ist es sehr wahrscheinlich,
daß einige mechanistische Details in den unter der Haupttheorie
subsumierten Modellen sich als unzutreffend erweisen werden. Es
ist daher sinnvoll, streng nach den wesentlichen Bestandteilen zu
fragen und diejenigen aufzuzeigen, die in einer Minimalversion
unangetastet bleiben müssen, damit die Theorie Bestand hat und
brauchbar ist. In diesem Kapitel werden wir die grundlegenden
Ideen dieses Buches einer Überprüfung unterziehen, speziell die
wesentlichen Bestandteile der Theorie, deren Falsifikation uns
zwingen würde, diese aufzugeben. Wir werden dabei Gelegenheit
haben, diese Ideen ein wenig weiterzuentwickeln und die Grenzen
ihrer Erklärungskraft zu bestimmen. Anschließend können wir
uns den zahlreichen, von der Theorie gemachten Vorhersagen zuwenden. Schließlich wird es vielleicht angebracht sein, einige der

allgemeineren Implikationen der Theorie zu betrachten, ausgehend von der zugegebenermaßen kühnen Annahme, daß sie im wesentlichen zutreffend ist.

Der Theorie zufolge ist die perzeptuelle Kategorisierung eine Vorbedingung für jegliches konventionelle Lernen mit nichttrivialem Gehalt. Die zur Kategorisierung führende Wahrnehmung ist adaptiv und in ihren Zuordnungen nicht unbedingt tatsachengetreu. Die makroskopische Welt (die Ansammlung von »Objekten« und Vorgängen jener Größenordnung, die in etwa den physischen Grenzen der Wahrnehmung entspricht) ist nicht *a priori* kategorisiert, benannt oder geordnet, außer in der Weise, die sich aus den Gesetzen der Physik ergibt. Reize sind Stichproben aus polymorphen Mengen von Objekten und Vorgängen in der Welt, deren Umfang und disjunktive Unterteilungen begrenzt sind durch die im Verlauf der natürlichen Selektion erfolgende adaptive Formung von Sinnesorganen und Bewegungsapparat.

Unter diesen Voraussetzungen ergeben sich in der Neurowissenschaft drei Hauptfragen. Die zentrale biologische Frage lautet: Wie evolvierten parallel zum übrigen Phänotyp miteinander verbundene Neurone, die ein vielfältig angepaßtes Verhalten in komplexen, ganz verschiedenen ökologischen Nischen ermöglichen? In den Kapiteln 6, 8 und 11 wurde bei dem Versuch, auf diese biologische Frage eine vorläufige Antwort zu geben, gezeigt, daß durch die entwicklungsbedingten Beschränkungen, denen die Evolution des Nervensystems unterliegt, variierende Repertoires in verschiedenen neuronalen Gebieten entstanden, die durch Kopplungsschleifen miteinander verbunden sind und das Substrat für ein solches Verhalten bilden.

Aus der zentralen biologischen Frage ergeben sich zwei untergeordnete Fragen. Die psychologische Frage lautet: Wie können das neuronale und motorische System eines Tieres eine erste Kategorisierung und Generalisierung von Wahrnehmungsinhalten leisten? Die ethologische Frage heißt: Wie wurde diese Kategorisierung adaptiv für wirkliches Lernen und artspezifisches Lernen, so daß beide zur Steigerung der Fitneß innerhalb des Taxons oder der Spezies beitrugen? Den beiden letzteren Fragen liegen die Annahmen zugrunde, daß die für die Kategorisierung zentrale

Operation die Generalisierung ist und daß die für adaptives Lernen zentrale Operation die Assoziation auf der Grundlage einer vorhergegangenen und beim Eintritt erwarteter Bedingungen wertvollen Kategorisierung ist. Jede Theorie, die zur Beantwortung dieser beiden Fragen vorgetragen wird, muß eine Erklärung bieten, die sich ausschließlich auf die materiellen Arrangements und die dynamischen Eigenschaften der Neuronen-Populationen der jeweiligen Spezies stützt und damit die biologische Frage hinreichend beantwortet. Mentalistische Vorstellungen (Sperry 1969, 1970; Popper und Eccles 1981) sind unzulässig.

Im Rahmen dieser Bedingungen kann man zwei gegensätzliche Standpunkte einnehmen:

1. Der Organismus nimmt Informationen aus seiner Umgebung auf und verarbeitet sie auf ähnliche, aber natürlich nicht völlig gleiche Weise wie ein Computer. Das Gehirn ist zwar nicht in der gleichen Weise organisiert wie ein digitaler Computer, führt aber Berechnungen bzw. algorithmische Operationen aus. Diese bilden die Grundlage für konditionierte und operante Reaktionen und für konventionelles Lernen. Dies ist das instruktionistische Paradigma.

2. Oder der Organismus nimmt Reize aus seiner Umwelt bzw. seiner ökologischen Nische auf, die polymorphe Mengen bilden. Sein Handeln bewirkt, daß die Reize zwischen verschiedenen dynamischen Zuständen und Arrangements des Nervensystems selektieren, die schon vor der Aufnahme der Reize bestanden, so daß bestimmte Zustände verstärkt und andere unterdrückt werden. Informationen im Sinne des Instruktionismus sind diese Reizmengen erst, *nachdem* Selektion, Reaktion und Speicherung im Gedächtnis erfolgt sind, und Informationsverarbeitung im umfassenderen und spezielleren Wortsinn findet erst statt, *nachdem* als eine evolutionäre Entwicklung die soziale Überlieferung entstanden ist.

Die Theorie der Selektion neuronaler Gruppen nimmt diesen letzteren Standpunkt ein. Beide Standpunkte unterliegen speziellen Einschränkungen, doch sollten die Unterscheidungen zwischen ihnen nicht fallengelassen oder verwischt werden. So muß etwa unterschieden werden zwischen evolutionär entstandenen

Verhaltensreaktionen und solchen, die auf individueller Variation in somatischer Zeit innerhalb einer Spezies beruhen. In somatischer Zeit impliziert der erste Standpunkt Instruktion: Information aus der Umwelt bestimmt *grundsätzlich* die Ordnung der funktionellen (wenn auch nicht unbedingt der physischen) Verbindungen im Nervensystem. Der zweite Standpunkt bedeutet Selektion: Gruppen in bereits bestehenden neuronalen Repertoires, die durch Phylogenese und ontogenetische Generatoren von Vielfalt bestimmte Populationen bilden, werden durch Reize *selektiert*, und es entstehen ganz individuelle Reaktionsmuster. Die perzeptuelle Kategorisierung kann in einem solchen System eindeutig nur durch die adaptiven Anforderungen und die phänotypischen Beschränkungen einer bestimmten Spezies definiert werden. Zwar mögen der Kategorisierung gewisse allgemeine Prinzipien zugrunde liegen, doch im konkreten Fall dient sie *immer* einem besonderen Zweck.

Die perzeptuelle Kategorisierung können wir nur mit Hilfe einer Theorie begründen, die eine Erklärung bietet für die in somatischer Zeit erfolgende Generalisierung der Reaktionen auf Reize, die nicht *notwendigerweise* das Taxon durch natürliche Selektion in evolutionärer Zeit formten. Eine im Hinblick darauf formulierte Theorie der somatischen Selektion muß einige allgemeine Forderungen erfüllen. (1) Sie muß die Bildung neuronaler Repertoires während der Entwicklung erklären. Das erfordert eine Erklärung der epigenetischen Entstehung der in solchen Repertoires bestehenden Vielfalt an Verbindungen. (2) Sie muß ein Mittel bereitstellen, mit dessen Hilfe Reize, die aus polymorphen Mengen bestehen, über unabhängige Kanäle erfaßt werden können; diese Erfahrung muß Zugang zu einem hinreichend großen Segment der verschiedenen neuronalen Repertoires in bestimmten anatomischen Regionen bieten. (3) Die Theorie muß hinlängliche synaptische Selektions-Mechanismen umfassen, die für eine differentielle Vermehrung selektierter neuronaler Teilpopulationen und die Ausschaltung von Konkurrenten sorgen. Zugleich muß sie die fortgesetzte Erzeugung von Vielfalt zulassen. (4) Sie muß Mechanismen bereitstellen, um die parallel erfaßten Reize auf neuronale Populationen zu projizieren, so daß eine kontinuierliche Repräsentation oder ein Repräsentationsverfahren entsteht, das sich in einer neuronalen Reaktion und in motorischer Aktivität äußern kann, die am Ende als adaptives Verhalten erscheint.

Die Theorie der Selektion neuronaler Gruppen bemüht sich ausdrücklich, diese Forderungen zu erfüllen. Sie schlägt folgendes vor:

1. Primäre neuronale Repertoires werden bei der jeweiligen Spezies während der Entwicklung aufgebaut; die zellulären Bestandteile (Neuronentypen) und das grobe Schaltbild solcher Repertoires werden von der Evolution bestimmt. Das epigenetische Verfahren, durch das sich während der Ontogenese die Morphogenese vollzieht, wird durch die Regulator-Hypothese spezifiziert, derzufolge CAMs und SAMs als Regulatoren der morphogenetischen Bewegung und an bestimmten Orten innerhalb des sich entwickelnden Netzwerks als Verknüpfer von Zellkollektiven fungieren. Da dieses morphogenetische Prinzip dynamisch und epigenetisch ist, erzeugt es auf der Ebene der Feinstruktur des neuronalen Netzwerks zwangsläufig Varianz. Die CAM-Modulation beeinflußt mit epigenetischen Mitteln primäre Prozesse und sorgt so für die notwendige Vielfalt der neuronalen Verknüpfungen.

2. Multimodaler Input in kartierte Systeme liefert die Grundlage für ein unabhängiges Erfassen polymorpher Mengen im Reizbereich durch Klassifikationspaare, das entsprechend den individuellen Merkmalen und der Korrelation von Merkmalen erfolgt.

3. Das Erfassen von Reizen durch unabhängige sensomotorische Kanäle erfolgt in der Weise, daß bestimmte degenerierte Mengen neuronaler Gruppen unter Konkurrenzbedingungen effektiver als andere reagieren, was zur Selektion und zur Bildung sekundärer Repertoires führt. Ein spezifisches Modell für Beschränkung, Selektion und Wettbewerb von Gruppen in der Großhirnrinde wurde als Paradigma für diesen Prozeß beschrieben. Der vorgeschlagene epigenetische Mechanismus für die Selektion solcher sekundärer Repertoires beruht auf unabhängigen prä- und postsynaptischen Regeln für die Veränderung der synaptischen Effizienz über längere oder kürzere Zeiträume. Die Wirkung dieser Regeln ermöglicht die zeitliche Korrelation von Rei-

zen mit den Rezeptoroberflächen in der Weise, daß die Reaktionen bestimmter neuronaler Gruppen begünstigt werden. Zugleich wird durch die Regeln auch die Beeinflussung bestimmter kurzfristiger Reaktionen durch langfristige Reaktionen ermöglicht; dieser Einfluß geht von den rekursiv verknüpften Neuronen in solchen Gruppen aus, die beiden Regeln gehorchen. Während dadurch die Wahrscheinlichkeit wächst, daß bestimmte Gruppen auf wiederholte Reizung reagieren werden, können die langfristigen präsynaptischen Veränderungen gleichzeitig die Variabilität der synaptischen Effizienz innerhalb verknüpfter Bereiche steigern und zusätzliche Vielfalt erzeugen. Das Ausmaß der Variabilität hängt von der Wirkung der Regeln ab und wird begrenzt durch das Ausmaß der Konkurrenz anderer, *korrelierter* Reize, die andere Gruppen in diesen Bereichen beeinflussen. Dieser Prozeß bietet nicht nur eine Grundlage für Neuheit und Generalisierung, sondern auch eine kontinuierliche Quelle der Variation.

4. Die Konstituierung eines Verfahrens bzw. einer Repräsentation von Kategorien in einer raum-zeitlichen Ordnung erfolgt durch topographische Projektion und Signalaustausch zwischen parallelen Kanälen. Die *minimale* neuronale Struktur, die dies zu leisten vermag, ist das Klassifikationspaar, doch im allgemeinen agieren solche Paare nicht isoliert. Sie sind vielmehr eingebettet in große Ansammlungen von parallelen kartierten Kanälen, wobei es auch Kopplung mit nichtkartierten Regionen und mit motorischen Outputsystemen gibt. Die Ansammlung solcher Komponenten bildet die kleinste Einheit, die zu einer gehaltvollen kategorialen Reaktion, einer sogenannten Globalkartierung, fähig ist. Das Entstehen von Globalkartierungen infolge von Handeln liefert einen wichtigen Teil der Antwort auf die psychologische Frage, da diese Kartierungen das Substrat für die perzeptuelle Kategorisierung bilden.

Diesen Ansätzen zufolge sind Repräsentationen in einer Globalkartierung prozeduraler Natur, d. h. das Gedächtnis stellt in diesem System ein Verfahren der Rekategorisierung dar, in dem durch viele verschiedene (degenerierte) Kombinationen von Gruppenaktivität wiederholt ein bestimmter Output erreicht werden kann. Eine solche Rekategorisierung kann verstärkt werden durch ein mehr oder weniger großes Ausmaß an Ausschmückungen und disjunktiven Details, die von den Mustern der Gruppenreaktionen anderer gekoppelter Systeme geliefert werden.

Die Ansammlung von Globalkartierungen mit derartigen Gedächtniseigenschaften stellt die eigentliche Grundlage der Generalisierung und Kategorisierung dar, wobei die Möglichkeit des adaptiven Lernens durch die Verknüpfung solcher Karten mit Bewertungssystemen wächst. Bestimmte (sowohl evolutionäre als auch somatische) Veränderungen in den Eigenschaften der Repertoires neuronaler Gruppen (Umfang, Verbindungsstruktur, synaptische Reaktionen, Ausmaß der Variation usw.) können also sowohl für den Organismus als auch für die Spezies adaptiven Wert haben, wenn sie vermehrte Gelegenheiten für parallele kategoriale Reaktionen bieten, die den Lernbereich erweitern.

Die Theorie der Selektion neuronaler Gruppen liefert die Grundlage für die Repräsentationen bzw. die Repräsentationsverfahren, die erforderlich sind, um die Rolle der Überraschung bei der Bestimmung der Lernrichtung zu erklären. Dies ist gewiß wesentlich für die klassische und die operante Konditionierung, doch schließt es nicht die Möglichkeit aus, daß während der Ontogenese entstehende morphogenetische Varianten selektiert werden, um im Laufe der Evolution bestimmte angeborene Muster und artspezifische Kategorisierungen zu ergeben. Diese verhaltensbedeutsamen Muster sind starrer definiert als erlernte, auf individueller Kategorisierung beruhende Reaktionen und können in bestimmten Umgebungen natürlich die Fitneß erhöhen. Einige dieser Muster bieten die Möglichkeit zu neotenischem Lernen, das – wie der Vogelgesang – ein Zwischending darstellt, da die Selektion der *Verschaltungsmuster* auf der Ebene der Globalkartierungen nach Regeln erfolgt, die sich auf die individuelle Entwicklung beziehen. Diese Selektion ist umweltgeleitet, und die Gelegenheit für sie wird durch eine Verzögerung der Fixierung neuronaler Verbindungen in bestimmten Regionen während der postnatalen Entwicklung geschaffen. Dies ist eine Abweichung, aber kein Gegensatz zum konventionellen Lernen, das allein durch Selektion an Synapsen in bereits fixierten Schaltungen erfolgt. Dieses Gesamtbild des Lernens liefert eine Antwort auf die ethologische Frage.

Bei bestimmten Spezies kann konventionelles Lernen in Verbindung mit sozialen Interaktionen zur Entwicklung von Informationsverarbeitungssystemen führen. In diesem weiten Sinne sind *einige* Nervensysteme imstande, zu Informationsverarbeitern im strengen Sinne zu werden. Doch der Weg zu dieser Entwicklung muß unausweichlich der Richtung der Evolution folgen: Ontogenese → primäre Repertoires → sekundäre Repertoires durch Selektion an Synapsen-Populationen → Kategorisierung durch Projektion und Generalisierung → konventionelles Lernen → soziale Interaktionen mit Anpassungswert (möglicherweise mit neotenischem Lernen) → Informationsverarbeitung. Das Auftreten von Informationsverarbeitung ist also streng an den positiven Anpassungswert verbesserten konventionellen Lernens unter Bedingungen der sozialen Überlieferung geknüpft. So gesehen, entsteht Informationsverarbeitung (im strengen Sinne) in Nervensystemen vor allem durch Kommunikation innerhalb eines Taxons.

Bei der Schaffung eines neuronalen Konstrukts spielt die Bewegung eine entscheidende Rolle bei Selektionsvorgängen sowohl in der Entwicklung der primären wie der sekundären Repertoires. Die morphogenetischen Bedingungen für die Entstehung primärer Repertoires (Modulation und Regulation der Zellbewegung und des Neuritenwachstums unter dem regulatorischen Zwang, in den neuronalen Schaltungen sowohl für Konstanz als auch für Variation zu sorgen) haben ihr Gegenstück in der Notwendigkeit der organismischen Bewegung während der Anfänge der perzeptuellen Kategorisierung und des Lernens. Die Gestalt und Leistungsfähigkeit eines Nervensystems, das zur adaptiven Kategorisierung fähig ist, beruht also mit anderen Worten auf der motorischen Fähigkeit von Zellen, welche die embryonale Induktion bewirkt, und auf der unablässigen motorischen Fähigkeit des gesamten Organismus, eine kontinuierliche Basis für die Repräsentation durch synaptische Selektion in einem gekoppelten System zu schaffen.

## Angemessenheit

Nach dieser summarischen Darstellung können wir nun fragen, welche Teile der Theorie im beschriebenen Sinne wesentlich und welche insofern unwesentlich sind, als ihre Falsifikation die Theorie nicht in einem unrettbaren Zustand zurückläßt. Die wesentlichen Komponenten sind (1) die Existenz einer Quelle von Verbindungsvielfalt während der Ontogenese, (2) eine Reihe von Selektionsregeln für die Veränderung der synaptischen Wirksamkeit in Synapsen-Populationen, was zu Selektion und zusätzlichen Variationen führt, (3) die Existenz funktioneller reziproker Kopplungen zwischen Karten, um raum-zeitliche Kontinuität zu sichern, (4) die parallelen Anordnungen solcher Karten derart, daß Klassifikationspaare oder *n*-fache für die Erfassung unabhängiger Attribute entstehen, und schließlich (5) die Konstruktion von Globalkartierungen, die sensomotorische Ensembles enthalten, welches die kleinsten Einheiten sind, die zur perzeptuellen Kategorisierung fähig sind. Werden unsere Annahmen über die Notwendigkeit einer dieser wichtigen Komponenten falsifiziert, so wird das die Theorie weitgehend entkräften. Diese Aufzählung wesentlicher Komponenten der Theorie soll unterstreichen, daß die bloße Anwendung einer allgemeinen Selektionsidee auf das Nervensystem zwar anregend, aber nicht hinreichend ist; es müssen vielmehr spezifische Mechanismen und Strukturen vorgeschlagen werden. Dies gilt um so mehr für die Selektion durch Platonische Referenz (Jerne 1967), die eliminative Selektion (Young 1965, 1973, 1975) und verschiedene Mechanismen der Mikroselektion (Changeux und Danchin 1976) auf Synapsenebene, die keine Einheit höherer Ordnung definieren bzw. nicht die Zusammenhänge eingehend darstellen, die für eine Kategorisierung notwendig und hinreichend sind.

Bei der Erörterung der Mechanismen und Strukturen, die eine angemessene Theorie enthalten muß, waren wir genötigt, auf der Grundlage der verfügbaren Daten partielle Theorien und Detailmodelle zu bilden, darunter die *Regulator-Hypothese* als Basis der Entstehung von morphologischer Vielfalt, das *Zwei-Regel-Modell* für die Synapsen-Selektion und das *Modell für Beschränkung,*

*Selektion und Wettbewerb* neuronaler Gruppen als die Basis von Karten. Beim gegenwärtigen Kenntnisstand und der Verzwicktheit der Teilprozesse wäre es erstaunlich, wenn diese Modelle sich in allen Einzelheiten als zutreffend erweisen würden. Doch selbst wenn sie durch andere ersetzt werden müßten, welche die Anforderungen der Gesamttheorie erfüllten, bliebe die Theorie unangetastet. Gleichwohl wäre es ein Fehler, Prinzipien mit Mechanismen zu verwechseln und sich oberflächlichen Analogien zwischen der Theorie der Selektion neuronaler Gruppen und der Evolution oder zwischen der neuronalen Theorie und der Klon-Selektion im Immunsystem hinzugeben. Jede diese Selektionstheorien hat ihre eigenen Mechanismen, die für ihre weitere Entwicklung wesentlich sind.

Was vermag die Theorie der Selektion neuronaler Gruppen zu erklären, und was sagt sie vorher? Wenn wir die letztere Frage auf den nächsten Abschnitt verschieben, können wir sagen, daß die Theorie viele der in Kapitel 1 besprochenen Widersprüche auflöst, indem sie die Grundlage sowohl für Vielfalt und Individualität der Entwicklung als auch für die Bildung neuronaler Karten und ihrer Dynamik schafft, für Verfahren der Kategorisierung, für ein prozedurales Kurz- und Langzeitgedächtnis und für die Rolle der Überraschung als Determinante beim Initiieren von Lernen. Sie erklärt, wie all diese Leistungen evolutionär bei verschiedenen Spezies entstehen können, wobei Verhaltensrepertoires nur in geringem Maße genetisch verankert sind. Auf dieser Grundlage ist es nicht schwer zu verstehen, wie Unterschiede in Leistungen und Lernen bei verschiedenen Individuen und unterschiedlichem Alter zustande kommen.

Besonders überzeugend läßt sich mit dieser Theorie die von der Evolution hervorgebrachte Vielfalt an Nervensystemen erklären. Die Regulator-Hypothese bietet eine klare Begründung des Zusammenhangs zwischen den genetischen Veränderungen der Entwicklungsprozesse und der neuronalen Morphogenese und liefert auch für die Heterochronie eine eindeutige Begründung. Zugleich erlaubt sie eine Abstimmung der neuronalen Funktion mit evolutionären Veränderungen bei phänotypischen Eigenschaften der tierischen Gesamterscheinung, darunter auch ver-

schiedene Fähigkeiten des Bewegungsapparats. Abwandlungen
eines Muskelansatzes, der Morphologie einer Extremität oder von
kutanen Fortsätzen erfordern keine unmittelbaren, parallelen
oder simultanen genetisch bedingten Veränderungen der neuronalen Schaltungen. Vielmehr wird vermutet, daß solche peripheren Abwandlungen neue Reize für die in somatischer Zeit statt-
findende Selektion aus neuronalen Repertoires bilden. Später
können sich dann nach und nach durch Mutation und Selektion die
neuronalen Anpassungen vollziehen. Die Theorie bietet folglich
eine leistungsfähige Basis für das Verständnis der Entwicklung
neuer neuronaler Strukturen, und sie liefert einen wichtigen Teil
der Antwort auf die fundamentale biologische Frage der Neurowissenschaft. Ihr eigentlicher Erfolg ist jedoch nach wie vor darin
zu sehen, daß sie das Zustandekommen einer adaptiven Kategorisierung von Wahrnehmungsinhalten in somatischer Zeit bei einer
Reihe von Taxa als Resultat von Wechselwirkungen mit einer
nicht-etikettierten Welt und ohne die Annahme von Homunkuli
zu erklären vermag.

Hier muß wie schon im Vorwort betont werden, daß die Theorie
zwar die *Anfangsgründe* für ein Verständnis des Zusammenhangs
zwischen höheren Hirnfunktionen und Begriffsbildung bzw. Sprache liefert, wir uns aber dennoch bewußt auf die Betrachtung der
Wahrnehmung und ihrer Kategorisierung beschränkt haben. Eine
nicht so strenge Beschränkung würde nur Verschwommenheit
nach sich ziehen; sollte sich die Grundidee aber als zutreffend erweisen, kann sie ohne große Umstände auf die evolutionär jüngeren und komplexeren Hirnfunktionen ausgedehnt werden.

## Vorhersagen

Die Theorie der Selektion neuronaler Gruppen ist ein Versuch,
verschiedene Gebiete der Neurowissenschaft zusammenzufassen
– von der Entwicklung bis zur Synapsenfunktion und von der Neuroanatomie bis zur Evolution des Phänotyps; den Abschluß bilden
Überlegungen zum Zusammenhang zwischen Psychologie und
Hirnstruktur. Aus ihr läßt sich folglich eine große Zahl von Vor-

hersagen ableiten. Diese kann man dem Gegenstand entsprechend auf verschiedene Weise anordnen, wobei die selektive Natur neuronaler Systeme vielleicht am deutlichsten wird, wenn wir zunächst die Vorhersagen behandeln, die sich auf jene Mechanismen der Entwicklung und der Synapsenselektion beziehen, die für Vielfalt und Konkurrenz sorgen, bevor wir uns mit jenen befassen, die mit Projektions-Arrangements und Signalaustausch zusammenhängen, und schließlich solche Vorhersagen betrachten, die mit der perzeptuellen Kategorisierung und dem Lernen zu tun haben. Diese Einteilung hat unweigerlich viele Mängel, wie sie jede knappe Aufzählung aufweist; ihr größter Vorzug besteht in ihrer Kürze und ihrem heuristischen Wert, und sie ist ohne Zweifel unvollständig.

## Selektionsmechanismen

Die erste Vorhersage beruht auf der Regulator-Hypothese: Die neuronale Struktur entsteht epigenetisch durch die kinetisch gesteuerten Triebkräfte der Zellteilung, der Zellbewegung und des Zelltodes. Ein starker Zwang geht dabei von relativ wenigen (höchstenfalls einigen Dutzend) CAMs und SAMs aus, gesteuert von lokalen Signalen, die von synaptischen und anderen Wechselwirkungen zwischen Neuronenkollektiven erzeugt werden. Sämtliche Wechselwirkungen zwischen Zellen erfordern demnach nur relativ wenige CAM- bzw. SAM-Spezifitäten. Man wird aufgrund des dynamischen Charakters dieses Modells überall im Nervensystem, besonders aber bei den feinsten Verästelungen der axonalen und dendritischen Fortsätze, ein hohes Maß an Variabilität der Verbindungen finden. Dieses sorgt für Individualität – bei eineiigen Zwillingen mögen zwar die neuroanatomischen Strukturen ähnlicher sein als bei nichtverwandten Individuen, und doch – so die Vorhersage – wird man bei ihnen signifikante Abweichungen in der funktionellen Verdrahtung finden.

In bestimmten Regionen des Zentralnervensystems wird man mit neuroanatomischen Methoden sehr weitgehende Überschneidungen der Fortsätze nachweisen. Für zwei benachbarte Fortsätze ist dies experimentell noch nicht gezeigt worden; führt man die entsprechende Untersuchung an mehreren Stellen durch, so wird man finden, daß durch diese Überschneidung sehr viel Variation entsteht, was die Lage von Synapsen an Zielen wie auch ihre Verteilung *en passant* betrifft. Die Verbindungen können auf bestimmte Regionen von Dendritenbäumen begrenzt sein, wie man es im Kleinhirn und im Hippocampus beobachtet, und dennoch entsteht eine sehr große Zahl unterschiedlicher Verbindungen. Nachdem eine variierende Neuroanatomie entstanden ist, erfolgt die Selektion durch synaptische Regeln. Die Theorie sagt vorher, daß man die *neuronale Unwissenheit* bestätigt finden wird: im allgemeinen wird man keinen neuronalen Code finden, der einer vorhergegangenen Informationsverarbeitung entsprechen würde. Man wird feststellen, daß die Hebbsche Regel unzutreffend ist, und unabhängige synaptische Regeln werden eine Signalkorrelation auf der Ebene von Populationen neuronaler Gruppen, nicht auf der Ebene individueller Synapsen erlauben. *Im allgemeinen* wird eine synaptische Änderung nur in Populationen effektiv wirksam sein. Prä- und postsynaptische Modifikationen werden unabhängig voneinander über getrennte Mechanismen erfolgen; man wird keinen Fall finden, in dem sie *nur* davon abhängen, daß die Impulse auf beiden Seiten einzelner Synapsen korreliert sind.

Das *Zwei-Regel-Modell der Veränderung an Populationen* von Synapsen erklärt heterosynaptische Effekte und läßt für Potenzierungen oder Depressionen der synaptischen Wirksamkeit einen großen Spielraum mit unterschiedlichen zeitlichen Eigenschaften zu. Es führt zu einer Reihe von Vorhersagen, die es in Anbetracht ihrer Spezifität verdienen, ausdrücklich genannt zu werden: (1) Jede Klasse biochemischer Modifikationen wird in erster Linie Kanäle oder Rezeptoren beeinflussen, die sich in einem bestimmten Konformationszustand befinden. Solche Modifikationen werden zu meßbaren Änderungen der Stärke und des zeitlichen Verlaufs des PSP, zu Verschiebungen der Strom-Spannungs-Kennlinie und vielleicht zu meßbaren Änderungen im zeitlichen Verlauf von Zustandsübergängen führen. Diese Vorhersage ließe sich dadurch überprüfen, daß man die Spannung an einer postsynaptischen Membran mit Hilfe der »patch-clamp«-Technik mißt und dann den Zusammenhang zwischen Spannungsstärke und Grad der Kanal-Modifikation (Änderungen der Leitfähigkeit, der Übergangswahrscheinlichkeit oder Phosphorylierung usw.) als Funktion eines künstlich applizierten Transmitters untersucht. (2) Man wird feststellen, daß heterosynaptische Wechselwirkungen abhängig sind von der zeitlichen Verteilung von Inputs, der Position der Synapsen am postsynaptischen Neuron und den jeweils beteiligten Arten von Transmittern, Rezeptoren und Kanälen. Wie die Inputs sich zeitlich genau verteilen, hängt ab vom Abstand zwischen den Synapsen, der Dauer der Depolarisation und der Wirkungsdauer der modifizierenden Substanz. Je länger die Dauer der Depolarisation oder die Wirkungsdauer der modifizierenden Substanz, desto größer die Entfernung, über die sich heterosynaptische Effekte vollziehen können. (3) Man wird finden, daß langfristige präsynaptische Modifikationen die ganze Zelle erfassen. (4) Man wird jedoch feststellen, daß starke Synapsen nach langfristigen präsynaptischen Modifikationen schwieriger zu verstärken und leichter zu schwächen sind. Nach kurzfristigen postsynaptischen Modifikationen wird man im allgemeinen finden, daß starke Synapsen einfacher zu verstärken sind. (5) Kurz- und langfristige Modifikationen werden differentiell über die gesamte Neuronen-Population verteilt sein. (6) Das Vorhandensein neuronaler Gruppen wird einhergehen mit der Beobachtung, daß langfristige Modifikationen lokal und differentiell die kurzfristigen Veränderungen, die zu ihnen führten, verstärken.

Der Theorie zufolge werden die vorgeschlagenen Selektionsregeln auf ein anatomisches Substrat einwirken, das eindeutig von vornherein vorhanden ist; Wachstum neuronaler Fortsätze wird in keinem Fall die Wirksamkeit der Regeln ersetzen. Da von einer vorher feststehenden molekularen Spezifität oder einer Adressierung keine Rede sein kann, ist eine absolute Bereitstellung von Verschaltungsmustern ausgeschlossen; Fortsatzwachstum kann bestenfalls einen frischen Ersatz für ein beschädigtes primäres Repertoire schaffen. Diese Einschränkung gilt auch für Modelle des Lernens, die sich auf Fortsatzwachstum stützen. Regenerative Systeme wie der Riechkolben oder bestimmte Zentren, die dem Vogelgesang dienen, werden diesen Prinzipien gehorchen. Dasselbe wird man bezüglich des »neotenischen« Lernens feststellen. Mit anderen Worten, es gilt das »*Einbahn-Dogma*« (Kapitel 2), und im allgemeinen herrscht System-Irreversibilität.

Das Zwei-Regel-Synapsen-Modell bietet eine vernünftige Erklärung für die Existenz einer relativ großen Zahl von Neurotransmittern und zugleich einer kleinen Zahl von sekundären Botenstoffen. Man wird feststellen, daß Neurotransmitter und Hormone »informationsfrei« (nicht spezifisch auf eine einzige Funktion eingestellt) sind, aber weil die im synaptischen Modell vorgeschlagene »Transmitterlogik« die Zahl der in einem fixierten Netzwerk nutzbaren Teilschaltkreise und Gruppen sehr stark ansteigen läßt, wird man in komplexeren Nervensystemen eine wachsende Zahl von ihnen finden. Bei Spezies mit solchen Nervensystemen sagt das Modell dementsprechend vorher, daß man eine wachsende Zahl von Fällen der dynamischen Selektion von Teilschaltkreis-Funktionen finden wird, wie man sie ähnlich in Systemen wie *Tritonia* (Getting und Dekin 1985) und dem stomatogastrischen Ganglion des Hummers (Marder et al. 1987) beobachtet.

## Topographische Projektionen und Signalaustausch

Vorhersagen über den Schnittpunkt zwischen anatomischer und physiologischer Reaktion (primäre und sekundäre Repertoires) können im Hinblick auf verschiedene anatomische Orte gemacht werden. Im Mittelpunkt der gegenwärtigen Darstellung, in der kurz Vorhersagen über Gruppenorganisation, pharmakologische Wechselwirkungen und gekoppelte Schaltungen vorgestellt werden, wird die Großhirnrinde stehen.

Dem Modell der Beschränkung, Selektion und Konkurrenz (Kapitel 6) zufolge wird man neuronale Gruppen mit einer Ausdehnung von 60–100 µm, die sich durch alle Rindenschichten ziehen und Neurone mit überlappenden rezeptiven Feldern enthalten, in der Hirnrinde finden, vor allem in primären sensorischen Arealen. Was Kartengrenzen betrifft, so werden multiple disparate Afferenzen zu Streifen organisiert sein, wenn sie eine topographische Karte bilden; die meisten Gruppen innerhalb eines

Tabelle 12.1

*Vorhergesagte pathologische Folgen von Änderungen in der Aktivität ver-*
*schiedener kortikaler Zelltypen*

| Zelltyp | Transmitter* | Vorhergesagte Wirkung |
|---|---|---|
| Glatte Sternzellen | (GABA) | Keine Gruppenbeschränkung; riesige rezeptive Felder mit enormer Überlappung; stetige Verlagerung der rezeptiven Felder umgebender Gruppen in die betroffene Region |
| Cellule à double bouquet dendritique | (GABA) | Verringert Gruppenbeschränkung; trägt zu dem obigen bei |
| Pyramidenzellen | (Glutamat) | Gruppen zerfallen, haben keine gemeinsamen rezeptiven Felder mehr; nichtkompakte rezeptive Felder schwierig zu aktivieren; eine gewisse Verlagerung der rezeptiven Felder umgebender Gruppen |
| Dornige Sternzellen | (unbekannt) | Verlieren vertikale (interlaminare) Kopplung; rezeptives Feld umgebender Gruppen verlagert sich |
| Bipolarzellen | (VIP, CCK) | Supragranuläre Schichten relativ unberührt; rezeptive Felder von infragranulären Schichten verlagern sich von umgebenden Gruppen |
| Thalamische Afferenzen | (unbekannt) | Ähnliche Effekte, wie sie in den Experimenten von Merzenich et al. beobachtet wurden und im Text beschrieben werden |

* Die Vielfalt der zentralen Neurotransmitter ermöglicht unterschiedliche pharmakologische Herangehensweisen an eine spezifische Störung von Zellteilmengen innerhalb von Gruppen und ihrer Verbindungen.

Streifens werden untereinander verbunden sein. Die Überschneidung der rezeptiven Felder innerhalb eines Streifens wird nach oben hin begrenzt sein, und man wird feststellen, daß die wiederholte Reizung durch korrelierten Input zu kleineren Empfangsbereichen und größeren Repräsentationen führt. Die Modifikation wird sich hauptsächlich an der kortikokortikalen, nicht an der thalamokortikalen Synapse abspielen. Entsprechend wird man in motorischen Gebieten Gruppen mit degenerierten, breit ausstrahlenden Projektionsbereichen finden.

Wie im Zusammenhang mit dem Zwei-Regel-Modell erwähnt, ist die Vielzahl der Neurotransmitter vermutlich eine Folge der Teilbarkeit der Gruppen und der zwischen ihnen bestehenden Verbindungen, aber auch der Möglichkeit neuer, durch die Transmitterlogik geschaffener Teilschaltungen. Angesichts der erwähnten Notwendigkeit einer Anfangsphase der Gruppenbegrenzung ist nach der Blockierung der Aktion verschiedener Zelltypen durch pharmakologische Stoffe (für Beispiele siehe Tabelle 12.1) mit einer Reihe pathologischer Phänomene zu rechnen. Die obigen Bemerkungen gelten zumeist den Kartengrenzen. Was die Wechselwirkungen zwischen Karten angeht, wird man auf allen Ebenen eine Dominanz reziproker Kopplungen feststellen. Kommt es durch Verzerrung des korrelierten Inputs oder durch lokale Änderungen in einer von zwei reziprok verbundenen Karten zu Veränderungen, werden die rezeptiven Felder bzw. die kohärenten Projektionen angepaßt, um die beiden Karten miteinander zu koordinieren. Solche koordinierenden Karten-Reaktionen auf Kartenveränderungen auf einer anderen Ebene wird man auf allen Projektionsebenen finden.

In solch reziproken Schaltkreisen werden die zeitlichen Korrelate der Gruppengröße entsprechen. In Kopplungsschleifen wie dem kortikothalamischen System wird man Korrelationen im Zeitbereich von 60–100 ms finden, und die Zerstörung solcher Korrelationen wird zu einem Verlust der Repräsentationsfähigkeit führen.

## Perzeptuelle Kategorisierung und Lernen

Der Theorie zufolge sind nichtidentische, früh abstrahierende, simultan und in Echtzeit parallel arbeitende Netzwerke die notwendige Basis für Repräsentationen und assoziatives Gedächtnis. Das Gedächtnissystem funktioniert als eine Art assoziativer Rekategorisierung unter Benutzung von Globalkartierungen. Es kommen zwar bestimmte Muster des Gruppen-Feuerns vor, doch der

Schwerpunkt liegt auf Signalaustausch-*Prozessen*, die zur Rekategorisierung in dynamischen Karten führen. Daß ein ganzes System des Kurzzeitgedächtnisses genauestens mit der postsynaptischen Regel und das Langzeitgedächtnis mit der präsynaptischen Regel verknüpft ist, wird man nicht vermuten, doch wirken diese Regeln zusammen bei der Konsolidierung des Kurzzeitgedächtnisses im Langzeitgedächtnis. Langzeiterinnerungen werden im allgemeinen ihren Niederschlag in prä- und postsynaptischen Veränderungen finden; Kurzzeiterinnerungen werden sich weitgehend (aber nicht ausschließlich) in postsynaptischen Veränderungen niederschlagen. Syndrome, die eine Abnormität einer bestimmten Gedächtnisart aufweisen, werden mit einer entsprechend lokalisierten neuronalen Pathologie einhergehen, die mit den prä- und postsynaptischen Regeln zusammenhängt. Bei Amnesie-Syndromen mit semantischen oder linguistischen Ausfällen wird man feststellen, daß ihnen Ausfälle in den entsprechenden prozeduralen Aspekten der Rekategorisierung *zugrunde liegen*.

Lernen von beliebiger Kompliziertheit setzt der Theorie zufolge bei einem Taxon oder einer Spezies perzeptuelle Kategorisierung voraus. Da eine solche Kategorisierung das Funktionieren von Globalkartierungen mit Gedächtnisfunktionen und adaptives Lernen evolutionär entwickelte Wertschemata voraussetzt, wird man finden, daß Dreieck-Netze aus Klassifikationspaaren, motorischen Ensembles und limbischen Strukturen bei Lernvorgängen eine entscheidende Rolle spielen. Solche Netze werden aus einer sehr großen Zahl von Neuronen bestehen, und während es möglich ist, daß isolierte Teilnetze die Eigenschaften der klassischen Konditionierung aufweisen, wird nur das ganze Netz unter Einschluß von Bewertungszentren und Globalkartierungen die Fähigkeit besitzen, mit Rücksicht auf Überraschung und Neuheit eine Lernrichtung zu bestimmen. Das aus dem Funktionieren eines solchen Dreieck-Netzes folgende Verhalten wird wegen der Degeneriertheit von Gruppen, der unterschiedlichen Auswirkungen zeitlicher Zwänge und der dynamischen Natur assoziativer Kopplungssysteme ein stochastisches Element enthalten. Dieses Gleichgewicht zwischen Stereotypie und Fluktuation in der motorischen Aktivität wird Elemente bereitstellen, die benötigt werden, um neue neuronale Gruppen in Repertoires einzubeziehen und in der Lernaktivität nach neuen Umgebungen zu suchen. Veränderungen von Kartengrenzen, von motorischen Ensembles oder von limbischen Reizen führen vermutlich zur Entwicklung neuer Globalkartierungen; bilden sich solche Karten nicht, werden schwere Lerndefizite eintreten. Vielleicht sind es Veränderungen des koordinierten Signalaustauschs zwischen verschiedenen Karten, die zu schweren Wahrnehmungsstörungen beitragen, wie man sie in psychotischen Zuständen beobachtet.

## Unerledigte Fragen und allgemeine Implikationen

Um die Theorie der Selektion neuronaler Gruppen in einer knappen, pragmatisch nachprüfbaren Form formulieren zu können, mußte hinsichtlich der Bereiche höherer Hirnfunktion, die explizit berücksichtigt werden, eine recht strenge Beschränkung vorgenommen werden. Um darzustellen, wie bestimmte grundlegende psychologische Funktionen mit dem Aufbau des Gehirns erklärt werden könnten, wurde beschlossen, zunächst die Wahrnehmung zu behandeln. Trotz dieser bewußten Beschränkung war es notwendig, eine Vielzahl von Fakten aus den unterschiedlichsten Bereichen miteinander zu verknüpfen. Die vorgeschlagenen Strukturen, welche die perzeptuelle Kategorisierung vermitteln, erweisen sich sowohl bei den proximalen wie bei den distalen Elementen, die daran beteiligt sind, als bemerkenswert komplex – eine Globalkartierung erfordert eine sehr große Zahl von Neuronen, motorische Strukturen, mehr als einen sensorischen Kanal und normalerweise verschiedene polymodale Wechselwirkungen.

Solange die Theorie nicht in dieser beschränkten Form im Hinblick auf solche Strukturen und Objekte getestet ist, wird es nahezu aussichtslos sein, Begriffe höherer Ordnung, das Denken (Bartlett 1982) oder ähnliche kognitive Fragen im Zusammenhang mit ihrer hirnfunktionellen Grundlage erörtern zu wollen. Vor allem sind noch das Problem der Sprache und Vorstellungen von Selbstbewußtsein und Bewußtheit zu klären, die zum Wahrnehmungserlebnis führen. Zwar sagt die Theorie direkt nichts über diese Fragen aus, doch könnte sie, wenn sie in ihrem gegenwärtigen Umfang validiert würde, zweifellos erweitert werden. Die Klassifikationspaare, die Globalkartierungen und der auf Repertoires von Gruppen einwirkende Selektionsprozeß – das alles sind ungemein dynamische Strukturen. Man kann sich leicht vorstellen, wie sie in Informationssysteme, deren Grundlage die soziale Überlieferung ist, einbezogen werden könnten. Gegenwärtig wäre das allerdings nicht ratsam, denn damit würde die Theorie die Grenzen der Nachprüfbarkeit überschreiten.

Sollte sich schließlich zeigen, daß derartige Erweiterungen vorgenommen werden können, wäre es nicht überraschend, wenn jede Wahrnehmung bis zu einem gewissen Grade als ein Akt der Schöpfung und jede Erinnerung als ein Akt der Phantasie betrachtet werden würde. Der Hauch von Individualismus und die außerordentliche Fülle selektiver Repertoires legen die Vermutung nahe, daß epigenetische Elemente in jedem Gehirn eine wesentliche und unvorhersagbare Rolle spielen. Von einem angeborenen kategorialen Determinismus und einem instruktionistischen Empirismus kann bei solchen Systemen keine Rede sein. Vielmehr entstehen durch das Zusammenwirken von genetischen und Entwicklungsfaktoren Systeme von bemerkenswerter Komplexität, die einen nicht minder bemerkenswerten Freiheitsgrad besitzen können. Zwar sind dieser Freiheit durch die Chronologie und die Grenzen der Repertoires eindeutige Schranken auferlegt, doch sind diese nicht so beeindruckend wie die nicht endende Fähigkeit somatischer selektiver Systeme wie des Gehirns, sich Neuem zu stellen, es zu generalisieren und sich in unvorhersehbarer Weise anzupassen.

Am Ende von *Die Entstehung der Arten* äußerte sich Darwin (1859) darüber, daß die ganze Fülle und Komplexität der lebenden Formen »aus einem so schlichten Anfang« entstanden sei. Vom ersten Auftreten sich vermehrender Systeme in präbiotischer Zeit über die Herausbildung enzymatischer Aktivitäten und von Systemen molekularer Komplementarität bis hin zu zellulären Organisationen mit ihren nichtlinearen Regelungssystemen beobachten wir das Wechselspiel von Konstanz und Variation. In bestimmten Übergangsstadien (Stebbins 1982) bekommt dieses

Wechselspiel eine größere Tragweite. Eines dieser Stadien war sicherlich die Entwicklung der Metazoen-Organisation, in der Zellbewegungen sowohl zu organismischer Ordnung als auch zu epigenetischen Fluktuationen führten. Ein anderes war die Herausbildung neuronaler Netze, welche die Bewegung regulieren, die Umwelt abtasten und mit chemischen Mechanismen der endokrinen Innensteuerung interagieren. Ein drittes war die Herausbildung selektiver Abwehrmechanismen, des anderen, überaus komplizierten somatischen selektiven Systems, das aus der natürlichen Selektion hervorging.

Die Theorie der Selektion neuronaler Gruppen behauptet, daß ein vierter Übergangsschritt darin bestand, daß sich in Nervensystemen Repertoires von Gruppen herausbildeten, die somatischen Selektionsregeln gehorchen. Damit entstand die Möglichkeit einer vielfältigen perzeptuellen Kategorisierung und gesteigerter Fähigkeiten des konventionellen und assoziativen Lernens. Und mit dieser Entwicklung erreichten somatische selektive Systeme neue Höhen der Komplexität und der Beschleunigung, als die Vorläufer verbesserter Systeme sozialer Überlieferung entstanden.

Wie in einem evolutionären System zu erwarten ist, steigerte sich mit der Zeit die Komplexität der Funktionsweise solcher Systeme: Die gegen die Komplexität gerichtete Selektion war zweifellos erheblich, doch noch stärker war die gegen die Einfachheit gerichtete Selektion. Aus der Komplexitätssteigerung der evolutionären Systeme gingen noch höherentwickelte somatische Selektionssysteme hervor. Während die Komplexität der somatischen Systeme weiter wuchs und diese mit so vielen Aspekten des Phänotyps verknüpft wurden, entstanden eine vielfältig verknüpfte Kategorisierung und neuartige Reaktionen. Und schließlich gingen aus der Interaktion von Individuen in Spezies, die der sozialen Überlieferung fähig sind (Boyd und Richerson 1985), informationale Systeme hervor. Auf dieser Übergangsstufe legen sich Lamarcksche Merkmale über eine Darwinsche Grundlage.

Die Komplexität solcher Überlieferungssysteme ist offenbar unbegrenzt: Die Anzahl der Sätze einer Sprache ist unendlich. Dieser höchste Komplexitätsgrad basiert aber dennoch zwangsläufig auf der Entstehung flexibler Systeme der somatischen Variation und Konstanz, die den Nervensystemen, welche zur perzeptuellen Kategorisierung fähig sind, zugrunde liegen. Es ist nicht abzusehen, was am Ende aus einem so komplexen Bildungsprozeß entstehen wird. Nach der Vereinfachung, die wir erreicht haben werden, wenn wir endlich die Hirnfunktion verstehen, werden wir dennoch vor den endlosen neuen Möglichkeiten stehen, die sich aus der somatischen Selektion auf allen Ebenen – der Entwicklungs-, der synaptischen und der kulturellen Ebene – ergeben.

# Literaturverzeichnis

## Abkürzungen der wissenschaftlichen Zeitschriften

| | |
|---|---|
| *Acta Physiol. Scand.* | *Acta Physiological Scandinavica* |
| *Adv. Biochem. Psychopharmacol.* | *Advances in Biochemical Psychopharmacology* |
| *Adv. Cell. Neurobiol.* | *Advances in Cellular Neurobiology* |
| *Am. Nat.* | *American Naturalist* |
| *Am. Zool.* | *American Zoologist* |
| *Anat. Rec.* | *Anatomical Record* |
| *Ann. N. Y. Acad. Sci.* | *Annals of the New York Academy of Sciences* |
| *Annu. Rev. Biochem.* | *Annual Review of Biochemistry* |
| *Annu. Rev. Cell Biol.* | *Annual Review of Cell Biology* |
| *Annu. Rev. Neurosci.* | *Annual Review of Neuroscience* |
| *Annu. Rev. Physiol.* | *Annual Review of Physiology* |
| *Arch. Anat. Physiol., Anat. Abt.* | *Archiv für Anatomie und Physiologie, Anatomische Abteilung* |
| *Arch. Exp. Zellforsch.* | *Archiv für Experimentelle Zellforschung* |
| *Arch. Mikrosk. Anat. Entwicklungsmech.* | *Archiv für Mikroskopische Anatomie und Entwicklungsmechanik* |
| *Behav. Brain Sci.* | *Behavioral and Brain Sciences* |
| *Biblio. Biotheoret.* | *Bibliotheca Biotheoretica* |
| *Biol. Rev. Cam. Philos. Soc.* | *Biological Reviews of the Cambridge Philosophical Society (London)* |
| *Br. J. Psychol.* | *British Journal of Psychology* |
| *Brain Behav. Evol.* | *Brain Behavior and Evolution* |
| *Brain Res.* | *Brain Research* |
| *Bull. Math. Biophys.* | *Bulletin of Mathematical Biophysics* |
| *Cell Tiss. Res.* | *Cell and Tissue Research* |
| *Child Dev.* | *Child Development* |
| *Cognit. Psychol.* | *Cognitive Psychology* |
| *Cold Spring Harbor Symp. Quant. Biol.* | *Cold Spring Harbor Symposia on Quantitative Biology* |
| *Commun. ACM* | *Communications of the Association for Computing Machinery* |

| | |
|---|---|
| *Comp. Biochem. Physiol.* | *Comparative Biochemistry and Physiology* |
| *Comp. Psychol. Monogr.* | *Comparative Psychology Monograph* |
| *Dev. Biol.* | *Developmental Biology* |
| *Dev. Brain Res.* | *Developmental Brain Research* |
| *Exp. Brain Res.* | *Experimental Brain Research* |
| *Exp. Cell Res.* | *Experimental Cell Research* |
| *Exp. Neurol.* | *Experimental Neurology* |
| *Harvey Lect.* | *Harvey Lectures* |
| *Infant Behav. & Dev.* | *Infant Behavior and Development* |
| *Int. J. Man Machine Stud.* | *International Journal of Man-Machine Studies* |
| *Int. Rev. Physiol.* | *International Review of Physiology* |
| *J. Acoust. Soc. Am.* | *Journal of the Acoustic Society of America* |
| *J. Biol. Chem.* | *Journal of Biological Chemistry* |
| *J. Cell Biol.* | *Journal of Cell Biology* |
| *J. Comp. Neurol.* | *Journal of Comparative Neurology* |
| *J. Comp. Physiol. Psychol.* | *Journal of Comparative Physiology and Psychology* |
| *J. Embryol. Exp. Morphol.* | *Journal of Embryology and Experimental Morphology* |
| *J. Exp. Anal. Behav.* | *Journal of Experimental Analysis of Behavior* |
| *J. Exp. Child Psychol.* | *Journal of Experimental Child Psychology* |
| *J. Exp. Psychol. Animal Behav. Processes* | *Journal of Experimental Psychology: Animal Behavior Processes* |
| *J. Exp. Psychol. Hum. Percept.* | *Journal of Experimental Psychology: Human Perception and Performance* |
| *J. Exp. Zool.* | *Journal of Experimental Zoology* |
| *J. Gen. Physiol.* | *Journal of General Physiology* |
| *J. Hum. Evol.* | *Journal of Human Evolution* |
| *J. Mind Behav.* | *Journal of Mind and Behavior* |
| *J. Morphol.* | *Journal of Morphology* |
| *J. Neurocytol.* | *Journal of Neurocytology* |
| *J. Neurophysiol.* | *Journal of Neurophysiology* |
| *J. Neurosci.* | *Journal of Neuroscience* |
| *J. New Ment. Dis.* | *Journal of New Mental Disorders* |
| *J. Physiol. (Lond.)* | *Journal of Physiology (London)* |
| *J. Theoret. Biol.* | *Journal of Theoretical Biology* |
| *J. Zool.* | *Journal of Zoology* |
| *Mar. Behav. Physiol.* | *Marine Behavioral Physiology* |
| *Neurol. Zentralbl.* | *Neurologisches Zentralblatt* |
| *Neurosci. Biobehav. Rev.* | *Neuroscience and Biobehavioral Reviews* |
| *Neurosci. Lett.* | *Neuroscience Letters* |

| | |
|---|---|
| Nobel Symp. | Nobel Symposium |
| Pattern Recogn. | Pattern Recognition |
| Percept. Psychophys. | Perception and Psychophysics |
| Perspect. Biol. Med. | Perspectives in Biology and Medicine |
| Philos. Trans. R. Soc. Lond. [Biol.] | Philosophical Transactions of the Royal Society of London B [Biological Sciences] |
| Physiol. Behav. | Physiology and Behavior |
| Physiol. Rev. | Physiological Reviews |
| Postgrad. Med. J. | Postgraduate Medical Journal |
| Proc. Natl. Acad. Sci. USA | Proceedings of the National Academy of Sciences of the United States of America |
| Proc. R. Soc. Lond. [Biol.] | Proceedings of the Royal Society of London B [Biological Sciences] |
| Proc. Sixth Int. Congr. Genet. | Proceedings of the Sixth International Congress on Genetics |
| Psychol. Rev. | Psychological Review |
| Psychonom. Sci. | Psychonomic Science |
| Q. J. Exp. Physiol. | Quarterly Journal of Experimental Physiology |
| Q. Rev. Biol. | Quarterly Review of Biology |
| Sci. Am. | Scientific American |
| Symp. Int. Union Physiol. Sci. | Symposium of the International Union of Physiological Sciences |
| Symp. Soc. Exp. Biol. | Symposium of the Society for Experimental Biology |
| Syst. Zool. | Systematic Zoology |
| Trends Neurosci. | Trends in Neurosciences |
| Z. Tierpsychol. | Zeitschrift für Tierpsychologie |
| Z. Zellforsch. Mikrosk. Anat. | Zeitschrift für Zellforschung und Mikroskopische Anatomie |

Alberch, P. 1979. Size and shape in ontogeny and phylogeny. *Paleobiology* 5:296–317.

–. 1980. Ontogenesis and morphological diversification. *Am. Zool.* 20:653–67.

–. 1982a. Developmental constraints in evolutionary processes. In *Evolution and development*, ed. J. T. Bonner, pp. 313–32. Berlin: Springer-Verlag.

–. 1982b. The generative and regulatory roles of development. In *Environmental adaptation and evolution*, ed. D. Mossakowski and G. Roth, pp. 19–36. Stuttgart: Gustav Fischer.

–. 1985. Problems with the interpretation of developmental sequences. *Syst. Zool.* 34:46–58.

–. 1987. The evolution of a developmental process. In *Marine biological laboratories lectures in biology*, ed. R. A. Raff and E. Raff, pp. 23–46. New York: Alan R. Liss.

Alexander, R. M. 1975. Evolution of integrated design. *Am. Zool.* 15:419–25.

Altman, J. S., and N. M. Tyrer. 1977. The locust wing hinge stretch receptors. II. Variation, alternative pathways, and »mistakes« in the central arborizations. *J. Comp. Neurol.* 172:431–39.

Andersen, P. O. 1977. Specific long-lasting potentiation of synaptic transmission in hippocampal slices. *Nature* 266:736–37.

–. 1980. Possible mechanisms for long-lasting potentiation of synaptic transmission in hippocampal slices from guinea-pigs. *J. Physiol. (Lond.)* 302:463–82.

Anderson, J. A., and G. E. Hinton. 1981. Models of information processing in the brain. In *Parallel models of associative memory*, ed. G. E. Hinton and J. A. Anderson, pp. 9–48. Hillsdale, N. J.: Lawrence Erlbaum Associates.

Anderson, J. R. 1981. *Cognitive skills and their acquisition*. Hillsdale, N. J.: Lawrence Erlbaum Associates.

Anish, D.S. 1978. The natural concept tree: A study on learning in pigeons. Undergraduate honors thesis, Harvard College.

Armstrong, P. M. 1978. The mammalian cerebellum and its contribution to movement control. *Int. Rev. Physiol.* 17:239–94.

Armstrong, S. L., L. R. Gleitman, and H. Gleitman. 1983. What some concepts might not be. *Cognition* 13:263–308.

Arthur, W. 1984. *Mechanisms of morphological evolution*. New York: Wiley.

Aslin, R., J. R. Alberts, and M. R. Petersen. 1981. *Development of perception: Psychobiological perspectives*. Vols. 1 and 2. New York: Academic.

Attardi, D. G., and R. W. Sperry. 1963. Preferential selection of central pathways by regenerating optic fibers. *Exp. Neurol.* 7:46–64.

Auerbach, L. 1898. Nervenendigungen in den Centralorganen. *Neurol. Zentralbl.* 17:445–54.

Baldwin, J. M. 1895. *Mental development in the child and the race*. New York: Macmillan.

–. 1902. *Development and evolution*. New York: Macmillan.

Banker, G. A., and W. M. Cowan. 1977. Rat hippocampal neurons in dispersed cell culture. *Brain Res.* 126:397–425.

–. 1979. Further observations on hippocampal neurons in dispersed cell culture. *J. Comp. Neurol.* 187:469–94.

Baranyi, A., and O. Fehér. 1981. Intracellular studies on cortical synaptic plasticity. *Exp. Brain Res.* 41:124–34.

Bartlett, F. C. 1964. *Remembering: A study in experimental and social psychology*, Cambridge, England: Cambridge Univ. Press.

–. 1982. *Thinking. An experimental and social study*. Westport, Conn.: Greenwood.

Bastiani, M. J., S. du Lac, and C. S. Goodman. 1985. The first neuronal growth cones in insect embryos: Model systems for studying the development of neuronal specificity. In *Model neural networks and behavior*, ed. A. I. Selverston, pp. 149–74. New York: Plenum.

Bekoff, A. 1978. A neuroethological approach to the study of the ontogeny of coordinated behavior. In *The development of behavior: Comparative and evolutionary aspects*, ed. G. M. Burghardt and M. Bekoff, pp. 19–41. New York: Garland.

Bekoff, A., P. S. G. Stern, and V. Hamburger. 1975. Coordinated motor output in the hindlimb of the 7-day chick embryo. *Proc. Natl. Acad. Sci. USA* 72:1245–48.

Berg, D. L. 1982, Cell death in neuronal development: Regulation by trophic factors. In. *Neuronal development*, ed. N. Spitzer, pp. 297–332. New York: Plenum.

Bernstein, N. 1967. *The coordination and regulation of movements.* Oxford: Pergamon.

Bertolotti, R., U. Rutishauser, and G. M. Edelman. 1980. A cell surface molecule involved in aggregation of embryonic liver cells. *Proc. Natl. Acad. Sci. USA* 77:4831–35.

Bindman, L., and O. Lippold. 1981. *The neurophysiology of cerebral cortex.* Austin: Univ. Texas Press.

Bindra, D. 1976. *A theory of intelligent behavior.* New York: Wiley.

Blough, P. M. 1973. Visual acuity in the pigeon. II. Effects of target distance and retinal lesions. *J. Exp. Anal. Behav.* 20:333–43.

Bock, W. J. 1965. The role of adaptive mechanisms in the origin of higher levels of organization. *Syst. Zool.* 14:272–87.

Bongard, M. 1970. *Pattern recognition*, ed. J. K. Hawkins. New York: Spartan Books.

Bonner, J. T., ed. 1982. *Evolution and development.* Berlin: Springer-Verlag.

Bornstein, M. H., W. Kessen, and S. Weiskopf. 1976. Color vision and hue categorization in young infants. *J. Exp. Psychol. Hum. Percept.* 2:115–29.

Bower, T. G. R. 1967. The development of object-permanence: Some studies of existence constancy. *Percept. Psychophys.* 2:411–18.

–. 1982. *Development in infancy.* 2d ed. San Francisco: Freeman.

Boyd, R., and P. J. Richerson. 1985. *Culture and the evolutionary process.* Chicago: Univ. Chicago Press.

Brainerd, C. J., and M. Pressley. 1985. *Basic processes in memory development.* New York: Springer-Verlag.

Brindley, G. S. 1967. The classification of modifiable synapses and their use in models for conditioning. *Proc. R. Soc. Lond. [Biol.]* 168:361–76.

Brodal, A. 1981. *Neurological anatomy in relation to clinical medicine.* New York: Oxford Univ. Press.

Brooks, V., ed. 1981. *Handbook of physiology.* Sect. 2, *The nervous system.* Vol. 2, *Motor control.* Pts. 1–2. Bethesda, Md.: American Physiological Society.

Bryan, J. S., and H. L. Atwood. 1981. Two types of synaptic depression at synapses of a single crustacean motor axon. *Mar. Behav. Physiol.* 8:99–121.

Bullock, T. H. 1967. Signals and neuronal coding. In *The neurosciences: A study program*, pp. 347–52. New York: Rockefeller Univ. Press.

–. 1978. Identifiable and addressed neurons in the vertebrates. In *Neurobiology of the Mauthner cell*, ed. D. S. Faber and H. Korn, pp. 1–12. New York: Raven.

–. 1984. Comparative neuroscience holds promise for quiet revolutions. *Science* 225:473–78.

Burgess, P. R., J. Y. Weis, F. J. Clark, and J. Simon. 1982. Signaling of kinesthetic information by peripheral sensory receptors. *Annu. Rev. Neurosci.* 5:171–87.

468                                      *Literaturverzeichnis*

Burnet, F. M. 1959. *The clonal selection theory of acquired immunity.* Nashville: Vanderbilt Univ. Press.

Burns, B. D. 1968. *The uncertain nervous system.* London: Edward Arnold.

Buskirk, D. R., J.-P. Thiery, U. Rutishauser, and G. M. Edelman. 1980. Antibodies to a neural cell adhesion molecule disrupt histogenesis in cultured chick retinae. *Nature* 285:488–89.

Carew, T. J., R. D. Hawkins, T. W. Abrams, and E. R. Kandel. 1984. A test of Hebb's postulate at identified synapses which mediate classical conditioning in *Aplysia: J. Neurosci.* 4:1217–24.

Catterall, W. A. 1979. Binding of scorpion toxin to receptor sites associated with sodium channels in frog muscle–Correlation of voltage-dependent binding with activation. *J. Gen. Physiol.* 74:375–91.

Cerella, J. 1977. Absence of perspective processing in the pigeon. *Pattern Recogn.* 9:65–68.

–. 1979. Visual classes and natural categories in the pigeon. *J. Exp. Psychol. Hum. Percept.* 5:68–77.

–. 1980. The pigeon's analysis of pictures. *Pattern Recogn.* 12:1–6.

Changeux, J.-P. 1981. The acetylcholine receptor: An »allosteric« membrane protein. *Harvey Lect.* 75:85–254.

Changeux, J.-P., and A. Danchin. 1976. Selective stabilization of developing synapses as a mechanism for the specification of neuronal networks. *Nature* 264:705–11.

Changeux, J.-P., T. Heidmann, and P. Patte. 1984. Learning by selection. In *The Biology of learning*, ed. P. Marler and H. S. Terrace, pp. 115–37. New York: Springer-Verlag.

Chan-Palay, V., G. Nilaver, S. L. Palay, M. C. Beinfeld, E. A. Zimmerman, J.-Y. Wu, and T. L. O'Donohue. 1981. Chemical heterogeneity in cerebellar Purkinje cells: Existence and coexistence of glutamic acid decarboxylase-like and motilin-like immunoreactivities. *Proc. Natl. Acad. Sci. USA* 78:7787–91.

Chan-Palay, V., S. L. Palay, and J.-Y. Wu. 1982. Sagittal cerebellar microbands of taurine neurons: Immunocytochemical demonstration by using antibodies against the taurine-synthesizing enzyme cysteine sulfinic acid decarboxylase. *Proc. Natl. Acad. Sci. USA* 79:4221–25.

Cheney, D. L., and R. M. Seyfarth. 1985. Social and non-social knowledge in vervet monkeys. *Philos. Trans. R. Soc. Lond. [Biol.]* 308:187–201.

Chomsky, N. (1980) *Rules and representations.* New York: Columbia Univ. Press.

Chuong, C.-M., and G. M. Edelman. 1984. Alterations in neural cell adhesion molecules during development of different regions of the nervous system. *J. Neurosci.* 4:2354–68.

–. 1985a. Expression of cell adhesion molecules in embryonic induction. I. Morphogenesis of nestling feathers. *J. Cell Biol.* 101:1009–26.

–. 1985b. Expression of cell adhesion molecules in embryonic induction. II. Morphogenesis of adult feathers. *J. Cell Biol.* 101:1027–43.

Chuong, C.-M., K. L. Crossin, and G. M. Edelman. 1987. Sequential expression and differential function of multiple adhesion molecules during the formation of cerebellar cortical layers. *J. Cell Biol.* 104:331–42.

Clarke, E., and C. D. O'Malley. 1968. *The human brain and spinal cord: A histo-*

*rical study illustrated by writings from antiquity to the twentieth century.* Berkeley: Univ. California Press.

Coghill, G. E. 1929. *Anatomy and the problem of behaviour.* Cambridge, England: Cambridge Univ. Press. Reprint. New York: Hafner, 1965.

Cohen, A. H., and C. Gans. 1975. Muscle activity in rat locomotion: Movement analysis and electromyography of the flexors and extensors of the elbow. *J. Morphol.* 176:177–96.

Cooper, L. N. 1974. A possible organization of animal memory and learning. *Nobel Symp.* 24:252–64.

Coren, S., and J. S. Girgus. 1978. *Seeing is deceiving: The psychology of visual illusions.* Hillsdale, N. J.: Lawrence Erlbaum Associates.

Cowan, W. M. 1973. Neuronal death as a regulative mechanism in the control of cell number in the nervous system. In *Development and aging in the nervous system,* ed. M. Rockstein, pp. 19–41. New York: Academic.

–. 1978. Aspects of neural development. *Int. Rev. Physiol.* 17:150–91.

Cowan, W. M., and R. K. Hunt. 1985. The development of the retinotectal projection: An overview. In *Molecular bases of neural development* ed. G. M. Edelman, W. E. Gall, and W. M. Cowan, pp. 389–428. New York: Wiley.

Cowan, W. M., and E. Wenger. 1967. Cell loss in the trochlear nucleus of the chick during normal development and after radical extirpation of the optic vesicle. *J. Exp. Zool.* 164:267–80.

Cowey, A. 1981. Why are there so many visual areas? In *The organization of the cerebral cortex,* ed. F. O. Schmitt, F. G. Worden, G. Adelman, and S. G. Dennis, pp. 395–413. Cambridge, Mass.: MIT Press.

Crossin, K. L., C.-M. Chuong, and G. M. Edelman. 1985. Expression sequences of cell adhesion molecules. *Proc. Natl. Acad. Sci. USA* 82:6942–46.

Crossin, K. L., S. Hoffman, M. Grumet, J.-P. Thiery, and G. M. Edelman. 1986. Site-restricted expression of cytotactin during development of the chicken embryo. *J. Cell Biol.* 102:1917–30.

Crossin, K. L., G. P. Richardson, C.-M. Chuong, and G. M. Edelman. 1987. Modulation of adhesion molecules during induction and differentiation of the auditory placode. In *Funtions of the auditory system,* ed. G. M. Edelman, W. E. Gall, and W. M. Cowan. New York: Wiley.

Cunningham, B. A., Y. Leutzinger, W., J. Gallin, B. C. Sorkin, and G. M. Edelman. 1984. Linear organization of the liver cell adhesion molecule L-CAM. *Proc. Natl. Acad. Sci. USA* 81:5787–91.

Damsky, C. H., K. A. Knudsen, and C. A. Buck. 1984. Integral membrane proteins in cell-cell and cell-substratum adhesion. In *The biology of glycoproteins,* ed. R. J. Ivatt, pp. 1–64. New York: Plenum.

Daniloff, J. K., C.-M. Chuong, G. Levi, and G. M. Edelman. 1986a. Differential distribution of cell adhesion molecules during histogenesis of the chick nervous system. *J. Neurosci.* 6:739–58.

Daniloff, J. K., G. Levi, M. Grumet, F. Rieger, and G. M. Edelman. 1986b. Altered expression on neuronal cell adhesion molecules induced by nerve injury and repair. *J. Cell Biol.* 103:929–45.

Darwin, C. 1859. *On the origin of species by means of natural selection or the preservation of favoured races in the struggle for life.* London: Murray.

470                                                           *Literaturverzeichnis*

–. 1872. *The expression of emotions in man and animals*. London: Murray.

de Lacoste-Utamsing, C., and R. L. Holloway. 1982. Sexual dimorphism in the human corpus callosum. *Science* 216:431–32.

den Boer, P. J. 1982. On the stability of animal populations or how to survive in a heterogeneous and changeable world. In *Environmental adaptation and evolution*, ed. D. Mossakowski and G. Roth, pp. 211–32. Stuttgart: Gustav Fischer.

Dennett, D. C. 1978. *Brainstorms: Philosophical essays on mind and psychology*. Montgomery, Vt.: Bradford Books.

Dennis, I., J. A. Hampton, and S. E. G. Lea. 1973. New problem in concept formation. *Nature* 243:101–2.

de Peyer, J. E., A. B. Cachelin, I. B. Levitan, and H. Reuter. 1982. Ca$^{++}$-activated K$^+$ conductance in internally perfused snail neurons is enhanced by protein phosphorylation. *Proc. Natl. Acad. Sci. USA* 79:4207–11.

Deregowski, J. B. 1980. *Illusions, patterns and pictures: A cross cultural perspective*. London: Academic.

Desmond, N. L., and W. B. Levy. 1981. Ultrastructural and numerical alteration in dendritic spines as a consequence of long-term potentiation. *Anat. Rec.* 199:68 A–69 A.

D'Eustachio, P., G. Owens, G. M. Edelman, and B. A. Cunningham. 1985. Chromosomal location of the gene encoding the neural cell adhesion molecule (N-CAM) in the mouse. *Proc. Natl. Acad. Sci. USA* 82:7631–35.

Devor, M., and P. D. Wall. 1981. Effects of peripheral nerve injury on receptive fields of cells in the cat spinal cord. *J. Comp. Neurol.* 199:227–91.

Dichter, M. A. 1979. Rat cortical neurons in cell culture: Culture methods, cell morphology, electrophysiology and synapse formation. *Brain Res.* 149:279–93.

Dickenson, A. 1980. *Contemporary animal learning theory*. Cambridge: Cambridge Univ. Press.

–. 1985. Actions and habits: The development of behavioral autonomy. *Philos. Trans. R. Soc. Lond. [Biol.]* 308:67–78.

Dodwell, P. C., and T. Caelli. 1984. *Figural synthesis*. Hillsdale, N. J.: Lawrence Erlbaum Associates.

Douglas, R. M., G. V. Goddard, and M. Riives. 1982. Inhibitory modulation of long-term potentiation: Evidence for a post-synaptic locus of control. *Brain Res.* 240:259–72.

Dullemeijer, P. 1974. *Concepts and approaches in animal morphology*. Assen, Netherlands: Van Gorcum.

Easter, S. S., Jr. 1983. Postnatal neurogenesis and changing connections. *Trends Neurosci.* 6:53–56.

–. 1985. The continuous formation of the retinotectal map in goldfish with special attention to the role of the axonal pathway. In *Molecular bases of neural development*, ed. G. M. Edelman, W. E. Gall, and W. M. Cowan, pp. 429–52. New York: Wiley.

Easter, S. S., Jr., and C. A. O. Stuermer. 1984. An evaluation of the hypothesis of shifting terminals in goldfish optic tectum. *J. Neurosci.* 4:1052–63.

Easter, S. S., Jr., D. Purves, P. Rakic, and N. C. Spitzer. 1985. The changing view of neural specificity. *Science* 230:507–11.

Ebbesson, S. O. E. 1980. The parcellation theory and its relation to interspecific variability in brain organization, evolutionary and ontogenetic development and neuronal plasticity. *Cell Tiss. Res.* 213:179–212.

–. 1984. Evolution and ontogeny of neural circuits. *Behav. Brain Sci.* 7:321–66.

Ebbesson, S. O. E., and R. G. Northcutt. 1976. Neurology of anamniotic vertebrates. In *Evolution of brain and behavior in vertebrates*, ed. R. B. Masterton, M. E. Bitterman, C. B. G. Campbell, and N. Hotton, pp. 115–46. Hillsdale, N. J.: Lawrence Erlbaum Associates.

Ebbesson, S. O. E., J. A. James, and D. M. Schroeder. 1972. An overview of major interspecific variation in thalamic organization. *Brain Behav. Evol.* 6:92–130.

Eccles, J. C. 1953. *The neurophysiological basis of mind.* Oxford: Oxford Univ. Press.

Edelman, G. M. 1973. Antibody structure and molecular immunology. *Science* 180:830–40.

–. 1974. The problem of molecular recognition by a selective system. In *Studies in the philosophy of biology*, ed. F. J. Ayala and T. Dobzhansky, pp. 45–56. London: Macmillan.

–. 1975. Molecular recognition in the immune and nervous systems. In *The neurosciences: Paths of discovery*, ed. F. G. Worden, J.-P. Swazey, G. Adelman, pp. 65–74. Cambridge, Mass: MIT Press.

–. 1976. Surface modulation in cell recognition and cell growth. *Science* 192:218–26.

–. 1978. Group selection and phasic reentrant signaling: A theory of higher brain function. In *The mindful brain: Cortical organization and the group-selective theory of higher brain function*, by G. M. Edelman and V. B. Mountcastle, pp. 51–100. Cambridge, Mass: MIT Press.

–. 1981. Group selection as the basis for higher brain function. In *Organization of the cerebral cortex*, ed. F. O. Schmitt, F. G. Worden, G. Adelman, and S. G. Dennis, pp. 535–63. Cambridge, Mass.: MIT Press.

–. 1983. Cell adhesion molecules. *Science* 219:450–57.

–. 1984a. Modulation of cell adhesion during induction, histogenesis, and perinatal development of the nervous system. *Annu. Rev. Neurosci.* 7:339–77.

–. 1984b. Cell surface modulation and marker multiplicity in neural patterning. *Trends Neurosci.* 7:78–84.

–. 1984c. Cell adhesion and morphogenesis: The regulator hypothesis. *Proc. Natl. Acad. Sci. USA* 81:1460–64.

–. 1985a. Neural Darwinism: Population thinking and higher brain function. In *How we know: The inner frontiers of cognitive science*, Proceedings of Nobel Conference XX, ed. M. Shafto, pp. 1–30. San Francisco: Harper & Row.

–. 1985b. Expression of cell adhesion molecules during embryogenesis and regeneration. *Exp. Cell Res.* 161:1–16.

–. 1985c. Evolution and morphogenesis: The regulator hypothesis. In *Stadler genetics symposium series on genetics, development and evolution*, ed. T. Gustafson, L. Stebbins, and F. J. Ayala, pp. 1–28. New York: Plenum.

–. 1985d. Cell adhesion and the molecular processes of morphogenesis. *Annu. Rev. Biochem.* 54:135–169.

–. 1985e. Specific cell adhesion in histogenesis and morphogenesis. In _The cell in contact: Adhesions and junctions as morphogenetic determinants,_, ed. G.M. Edelman and J.-P. Thiery, pp. 139–68. New York: Wiley.

–. 1985f. Molecular regulation of neural morphogenesis. In _Molecular bases of neural development_, ed. G.M. Edelman, W.E. Gall, and W.M. Cowan, pp. 35–59. New York: Wiley.

–. 1986a. Cell adhesion molecules in the regulation of animal form and tissue pattern. _Annu. Rev. Cell Biol._ 2:81–116.

–. 1986b. Molecular mechanisms of morphogenetic evolution. In _Molecular evolution of life_, Chemica Scripta, vol. 26B, ed. H. Baltscheffsky, H. Jörnvall, and R. Rigler, pp. 363–75. Cambridge, England: Cambridge University Press.

Edelman, G.M., and C.-M. Chuong. 1982. Embryonic to adult conversion of neural cell adhesion molecules in normal and _staggerer_ mice. _Proc. Natl. Acad. Sci. USA_ 79:7036–46.

Edelman, G.M., and L.H. Finkel. 1984. Neuronal group selection in the cerebral cortex. In _Dynamic aspects of neocortical funciton_, ed. G.M. Edelman, W.E. Gall, and W.M. Cowan, pp. 653–95. New York: Wiley.

Edelman, G.M., and G.N. Reeke, Jr. 1982. Selective networks capable of representative transformation, limited generalizations, and associative memory. _Proc. Natl. Acad. Sci. USA_ 79:2091–95.

Edelman, G.M., and J.-P. Thiery, eds. 1985. _The cell in contact: Adhesions and junctions as morphogenetic determinants_. New York: Wiley.

Edelman, G.M., W.J. Gallin, A. Delouvée, B.A. Cunningham, and J.-P. Thiery. 1983. Early epochal maps of two different cell adhesion molecules. _Proc. Natl. Acad. Sci. USA_ 80:4384–88.

Edelman, G.M., W.E. Gall, and W.M. Cowan, eds. 1984. _Dynamic aspects of neocortical function_. New York: Wiley.

–, eds. 1985. _Molecular bases of neural development_. New York: Wiley.

–, eds. 1987a. _Synaptic function_. New York: Wiley.

–, eds. 1987b. _Functions of the auditory system_. New York: Wiley.

Eimas, P.D. 1982. Speech perception: A view of the initial state and perceptual mechanisms. In _Perspectives on mental representation_, ed. J. Metzler, E.C.T. Walker, and M. Garrett, pp. 339–60. Hillsdale, N.J.: Lawrence Erlbaum Associates.

Eimas, P.D., and J.L. Miller, eds. 1981. _Perspectives on the study of speech_. Hillsdale, N.J.: Lawrence Erlbaum Associates.

Eimas, P.D., J.L. Miller, and P.W. Jusczyk. 1987. On infant speech perception and the acquisition of language. In _Categorical perception_, ed. S. Harnad. New York: Cambridge Univ. Press.

Epstein, R. 1982. A note on the mythological character of categorization research in psychology. _J. Mind Behav._ 3:161–69.

Estes, W.K., and B.F. Skinner. 1941. Some quantitative properties of anxiety. _J. Exp. Psychol._ 29:390–400.

Evarts, E.V., Y. Shinoda, and S.P. Wise. 1984. _Neurophysiological approaches to higher brain functions_. New York: Wiley.

Ewer, R.F. 1965. Food burying in the African ground squirrel. _Z. Tierpsychol._ 22:321–27.

Faber, D. S., and H. Korn, eds. 1978. *Neurobiology of the Mauthner cell.* New York: Raven.

Fagan, J. F., III. 1976. Infants' recognition of invariant features of faces. *Child Dev.*. 47:627–38.

–. 1979. The origins of facial pattern recognition. In *Psychological development form infancy: Image to intention*, ed. M. Bornstein and W. Kessen, pp. 83–113. Hillsdale, N. J.: Lawrence Erlbaum Associates.

Fagan, J. F., III, and L. T. Singer. 1979. The role of simple feature differences in infant's recognition of faces. *Infant Behav. & Dev.* 2(1):39–45.

Fifková, E., and A. van Harreveld. 1977. Long-lasting morphological changes in dendritic spines of dentate granular cells following stimulation of the entorhinal area. *J. Neurocytol.* 6:211–30.

Finkel, L. H., and G. M. Edelman. 1985. Interaction of synaptic modification rules within populations of neurons. *Proc. Natl. Acad. Sci. USA* 82:1291–95.

–. 1987. Population rules for synapses in networks. In *Synaptic function*, ed. G. M. Edelman, W. E. Gall, and W. M. Cowan, pp. 711–57. New York: Wiley.

Fischbach, G. D. 1970. Synaptic potential recorded in cell cultures of nerve and muscle. *Science* 169:1331–33.

–. 1972. Synapse formation between dissociated nerve and muscle cells in low density cell cultures. *Dev. Biol.* 28:407–29.

Foster, M., and C. S. Sherrington. 1897. *A text book of physiology.* 7th ed., pt. 3, p. 929. London: Macmillan.

Fraser, S. E. 1985. Cell interaction involved in neural patterning: An experimental and theoretical approach. In *Molecular bases of neural development*, ed. G. M. Edelman, W. E. Gall, and W. M. Cowan, pp. 481–507. New York: Wiley.

Fraser, S. E., B. A. Murray, C.-M. Chuong, and G. M. Edelman. 1984. Alteration of the retinotectal map in *Xenopus* by antibodies to neural cell adhesion molecules. *Proc. Natl. Acad. Sci.USA* 81:4222–26.

Frazzetta, T. H. 1970. From hopeful monsters to Bolyerine snakes. *Am Nat.* 104:55–72.

Friedlander, D. R., M. Grumet, and G. M. Edelman. 1986. Nerve growth factor enhances expression of neuron-glia cell adhesion molecules in PC 12 cells. *J. Cell Biol.* 102:413–19.

Fuster, J. M. 1984. The cortical substrate of memory. In *Neuropsychology of memory*, ed. L. R. Squire and N. Butters, pp. 279–86. New York: Guilford.

Gallin, E. S., ed. 1981. *Developmental plasticity: Behavioral and biological aspects of variations in development.* New York: Academic.

Gallin, W. J., E. A. Prediger, G. M. Edelman, and B. A. Cunningham. 1985. Isolation of a cDNA clone for the liver cell adhesion molecule (L-CAM). *Proc. Natl. Acad. Sci. USA* 82:2809–13.

Gallin, W. J., C. M. Chuong, L. H. Finkel, and G. M. Edelman. 1986. Antibodies to L-CAM perturb inductive interactions and alter feather pattern and structure. *Proc. Natl. Acad. Sci. USA* 83:8235–39.

Gallistel, C. R. 1980. *The organization of action: A new synthesis.* Hillsdale, N. J.: Lawrence Erlbaum associates.

474 *Literaturverzeichnis*

Garcia, J., D. J. Kimeldorf, and R. A. Koelling. 1955. A conditioned aversion towards saccharin resulting from exposure to gamma radiation. *Science* 122:157–59.

Garcia, J., J. Clarke, and W. G. Hankins. 1973. Natural responses to scheduled rewards. In *Perspectives in ethology*, vol. 1, ed. P. G. Bateson and P. Klopfer, pp. 1–41. New York: Plenum.

Gaze, R. M., and S. C. Sharma. 1970. Axial differences in the reinnervation of the goldfish optic tectum by regenerating optic nerve fibers. *Exp. Brain Res.* 10:171–81.

Gelfand, I. M., V. S. Gurfinkel, S. V. Fomin, and M. L. Tsetlin, eds. 1971. *Models of the structural-functional organization of certain biological systems*. Cambridge, Mass.: MIT Press.

Georgopoulos, A. P. 1986. On reaching. *Annu. Rev. Neurosci.* 9:147–70.

Georgopoulos, A. P., J. F. Kalaska, M. D. Crutcher, R. Caminiti, and J. Massey. 1984. The representation of movement direction in the motor cortex: Single cell and population studies. In *Dynamic aspects of neocortical function*, ed. G. M. Edelman, W. E. Gall, and W. M. Cowan, pp. 501–24. New York: Wiley.

Georgopoulos, A. P., A. B. Schwartz, and R. E. Kettner. 1986. Neuronal population coding of movement direction. *Science* 233:1416–19.

Getting, P. A., and M. S. Dekin. 1985. *Tritonia* swimming: A model system for integration within rhythmic motor systems. In *Model neural networks and behavior*, ed. A. I. Selverston, pp. 3–20. New York: Plenum.

Ghiselin, M. T. 1981. Categories, life and thinking. *Behav. Brain Sci.* 4:269–313.

Gibson, J. J. 1979. *The ecological approach to visual perception*. Boston: Houghton Mifflin.

Gilbert, C. D., and T. N. Wiesel. 1979. Morphology and intracortical projections of functionally characterized neurons in the cat visual cortex. *Nature* 280:120–25.

–. 1981. Laminar specializations and intracortical connections in cat primary visual cortex. In *The organization of the cerebral cortex* ed. F. O. Schmitt, F. G. Worden, G. Adelman, and S. G. Dennis, pp. 163–91. Cambridge, Mass.: MIT Press.

Gleitman, L. R. 1984. Biological predispositions to learn language. In *The biology of learning*, ed. P. Marler and H. S. Terrace, pp. 553–84. Berlin: Springer-Verlag.

Goodman, C. S., K. G. Pearson, and W. J. Heitler. 1979. Variability of identified neurons in grasshoppers. *Comp. Biochem. Physiol.* 64A:455–62.

Gottlieb, G. 1979. Comparative psychology and ethology. In *The first century of experimental psychology*, ed. E. Hearsted, pp. 147–71. Hilldale, N. J.: Lawrence Erlbaum Associates.

Gould, J. L. 1982. *Ethology*. New York: Norton.

Gould, J. L., and P. Marler. 1984. Ethology and the natural history of learning. In *The biology of learning*, ed. P. Marler and H. S. Terrace, pp. 47–74. Berlin: Springer-Verlag.

Gould, S. J. 1977. *Ontogeny and phylogeny*. Cambridge, Mass.: Harvard Univ. Press.

Granit, R. 1967. *Charles Scott Sherrington: An appraisal*: New York: Doubleday.

Graziadei, P. P. C., and G. A. Monti Graziadei. 1978. Continuous nerve cell renewal in the olfactory system. In *Handbook of sensory physiology*, vol. 9, ed. M. Jacobson, pp. 55–83. Berlin: Springer-Verlag.

–. 1979a. Neurogenesis and neuron regeneration in the olfactory system of mammals. I. Morphological aspects of differentiation and structural organization of the olfactory sensory neurons. *J. Neurocytol.* 8:1–18.

–. 1979b. Neurogenesis and neuron regeneration in the olfactory system of mammals. II. Degeneration and reconstitution of the olfactory sensory neurons after axotomy. *J. Neurocytol.* 8:197–213.

Graziadei, P. P. C., and D. Tucker. 1970. Vomeronasal receptors in turtles. *Z. Zellforsch. Mikrosk. Anat.* 105:498–514.

Greenberg, M. E., R. Brackenbury, and G. M. Edelman. 1984. Alteration of neural cell adhesion molecule (N-CAM) expression after neuronal cell transformation by Rous sarcoma virus. *Proc. Natl. Acad. Sci. USA* 81:969–73.

Greene, P. H. 1971. Introduction. In *Models of the structural-functional organization of certain biological systems*, ed. I. M. Gelfand, V. S. Gurfinkel, S. V. Fomin, and M. L. Tsetlin, pp. XXI–XXV. Cambridge: MIT Press.

Greengard, P., and J. F. Kuo. 1970. On the mechanism of action of cyclic AMP. *Adv. Biochem. Psychopharmacol.* 3:287–306.

Griffin, D. R., ed. 1982. *Animal mind–Human mind*. Berlin: Springer-Verlag.

Grillner, S. 1975. Locomotion in vertebrates: Central mechanisms and reflex interaction. *Physiol. Rev.* 55:247–304.

–. 1977. On the neural control of movement–A comparison of basic rhythmic behaviors. In *Function and formation of neural systems*, ed. G. S. Stent, pp. 197–224. New York: Springer-Verlag.

Grillner, S., A. McClellan, K. Sigvardt, P. Wallen, and T. Williams. 1982. On the neural generation of »fictive locomotion« in a lower vertebrate nervous system in vitro. In *Brain stem control of spinal mechanisms*, ed. B. Sjölund and A. Bjorklund, pp. 273–95. Amsterdam: Elsevier.

Grumet, M., and G. M. Edelman. 1984. Heterotypic binding between neuronal membrane vesicles and glial cells is mediated by a specific neuron-glia cell adhesion molecule. *J. Cell Biol.* 989:1746–56.

Grumet, M., S. Hoffman, C.-M. Chuong, and G. M. Edelman. 1984. Polypeptide components and binding functions of neuron-glia cell adhesion molecules. *Proc. Natl. Acad.Sci. USA* 81:7989–93.

Grumet, M., S. Hoffmann, K. L. Crossin, and G. M. Edelman. 1985. Cytotactin, an extracellular matrix protein of neural and non-neural tissues that mediates glia-neuron interaction. *Proc. Natl. Acad. Sci. USA* 82:8075–79.

Haas, H. L., and A. Konnerth. 1983. Histamine and noradrenaline decrease calciumactivated potassium conductance in hippocampal pyramidal cells. *Nature* 302:432–34.

Hall, W. C., and F. T. Ebner. 1970a. Parallels in the visual afferent projection of the thalamus in the hedgehog *(Parechinus hypomelas)* and the turtle *(Pseudemys scripta)*. *Brain Behav. Evol.* 3:135–54.

–. 1970b. Thalamo-telencephalic projections in the turtle *(Pseudemys scripta)*. *J. Comp. Neurol.* 140:101–22.

Halpern, M. 1976. The efferent connections of the olfactory bulb and accessory olfactory bulb in the snake *Thamnophis sirtalis* and *Thamnophis radix*. *J. Morphol.* 150:553–78.

Hamburger, V. 1963. Some aspects of the embryology of behavior. *Q. Rev. Biol.* 38:342–65.

–. 1968. Emergence of nervous coordination: Origins of integrated behavior. *Dev. Biol.* (Suppl.) 2:251–71.

–. 1970. Embryonic motility in vertebrates. In *The neurosciences: Second study program*, ed. F. O. Schmitt, pp. 141–51. New York: Rockefeller Univ. Press.

–. 1975. Cell death in the development of the lateral motor column of the chick embryo. *J. Comp. Neurol.* 160:535–46.

–. 1980. S. Ramón y Cajal, R. G. Harrison and the beginnings of neuroembryology. *Perspect. Biol. Med.* 23:600–16.

Harris, P. 1983. Infant cognition. In *Handbook of child psychology: Infancy and developmental psychobiology*, 4th ed., vol. 2, ed. P. Mussen and M. Haith, pp. 689–782. New York: Wiley.

Harrison, L. G. 1982. An overview of kinetic theory in developmental modeling. In. *Developmental order*, ed. S. Subtelny and P. P. Green, pp. 3–33. New York: Alan R. Liss.

Harrison, R. G. 1935. On the origin and development of the nervous system studied by the methods of experimental embryology. *Proc. R. Soc. Lond. [Biol.]* 118:155–96.

Hatta, K., T. S. Okada, and M. Takeichi. 1985. A monoclonal antibody disrupting calcium-dependent cell-cell adhesion of brain tissues: Possible role of its target antigen in animal pattern formation. *Proc. Natl. Acad. Sci. USA* 82:2789–93.

Hawkins, R. D., T. W. Abrams, T. J. Carew, and E. R. Kandel. 1983. A cellular mechanism of classical conditioning in *Aplysia*–Activity-dependent amplification of pre-synaptic facilitation. *Science* 219:400–405.

Hayek, F. A. 1952. *The sensory order: An inquiry into the foundations of theoretical psychology*. Chicago: Univ. Chicago Press. (Midway Reprint, 1976.)

Head, H. 1920. *Studies in neurology*. Vol. 2. London: Hodder & Stoughton.

Hearst, E., and H. M. Jenkins. 1974. *Sign-tracking: The stimulus-reinforcer relation and directed action*, Psychonomic Monograph Series. Austin, Tex.: Psychonomic Society.

Hebb, D. O. 1949. *The organization of behavior: A neuropsychological theory*. New York: Wiley.

–. 1980. *Essay on mind*. Hillsdale, N. J.: Lawrence Erlbaum Associates.

–. 1982. Elaborations on Hebb cell assembly theory. In *Neuropsychology after Lashley*, ed. J. Orbach, pp. 483–96. Hillsdale, N. J.: Lawrence Erlbaum Associates.

Held, H. 1897 a. Beiträge zur Structur der Nervenzellen und ihrer Fortsätze. Zweite Abhandlung. *Arch. Anat. Physiol., Anat. Abt.*, pp. 204–94.

–. 1897 b. Beiträge zur Struktur der Nervenzellen und ihrer Fortsätze. Dritte Abhandlung. *Arch. Anat. Physiol., Anat. Abt.* (Suppl.), pp. 273–312.

Held, R. 1961. Exposure-history as a factor in maintaining stability of perception and coordination. *J. New Ment. Dis.* 132:26–32.

–. 1965. Plasticity in sensory motor systems. *Sci. Am.* 213(5):84–94.

Hemperly, J. J., G. M. Edelman, and B. A. Cunningham 1986a. cDNA clones of the neural cell adhesion molecule (N-CAM) lacking a membrane-spanning region consistent with evidence for membrane attachment via a phosphatidylinositol intermediate. *Proc. Natl. Acad. Sci. USA* 83:9822–26.

Hemperly, J. J., B. A. Murray, G. M. Edelman, and B. A. Cunningham. 1986b. Sequence of a cDNA clone encoding the polysialic acid-rich and cytoplasmic domains of the neural cell adhesion molecule N-CAM. *Proc. Natl. Acad. Sci. USA* 83:3037–41.

Herrnstein, R. J. 1979. Acquisiton, generalization, and discrimination of a natural concept. *J. Exp. Psychol. Animal Behav. Processes* 5:116–29.

–. 1982. Stimuli and the texture of experience. *Neurosci. Biobehav. Rev.* 6:105–17.

–. 1985. Riddles of natural categorization. *Philos. Trans. R. Soc. Lond. [Biol.]* 308:129–44.

Herrnstein, R. J., and P. A. de Villiers. 1980. Fish as a natural category for people and pigeons. In *The psychology of learning and motivation*, vol. 14, ed. G. H. Bower, pp. 59–95. New York: Academic.

Herrnstein, R. J., and D. Loveland. 1964. Complex visual concept in the pigeon. *Science* 46:549–51.

Herrnstein, R. J., D. Loveland, and C. Cable. 1976. Natural concepts in pigeons. *J. Exp. Psychol. Animal Behav. Processes* 2:285–301.

Hinchliffe, J. R., and D. R. Johnson, eds. 1980. *The development of the vertebrate limb*. Oxford: Clarendon.

Hodgkin, A. L., and A. F. Huxley. 1952. A quantitative description of membrane current and its application to conduction and excitation in nerve. *J. Physiol. (Lond.)* 117:500–44.

Hoffman, S., and G. M. Edelman. 1983. Kinetics of homophilic binding by E and A forms of the neural cell adhesion molecule. *Proc. Natl. Acad. Sci. USA* 80:5762–66.

Hoffman, S., B. C. Sorkin, P. C. White, R. Brackenbury, R. Mailhammer, U. Rutishauser, B. A. Cunningham, and G. M. Edelman. 1982. Chemical characterization of a neural cell adhesion molecule purified from embryonic brain membranes. *J. Biol. Chem.* 257:7720–29.

Hoffman, S., C.-M. Chuong, and G. M. Edelman. 1984. Evolutionary conservation of key structures and binding functions of neural cell adhesion molecules. *Proc. Natl. Acad. Sci. USA* 81:6881–85.

Hoffman, S., D. R. Friedlander, C.-M. Chuong, M. Grumet, and G. M. Edelman. 1986. Differential contributions of Ng-CAM and N-CAM to cell adhesion in different neural regions. *J. Cell. Biol.* 103:145–58.

Holtfreter, J. 1939. Gewebeaffinität, ein Mittel der embryonalen Formbildung. *Arch. Exp. Zellforsch.* 23:169–209.

–. 1948. Significance of the cell membrane in embryonic processes. *Ann. N. Y. Acad. Sci.* 49:709–60.

Horridge, G. A. 1968. *Interneurons: Their origins, action, specificity, growth, and plasticity*. London: Freeman.

Huang, L.-Y. M., N. Moran, and G. Ehrenstein. 1982. Batrachotoxin modifies the gating kinetics of sodium channels in internally perfused neuroblastoma cells. *Proc. Natl. Acad. Sci. USA* 79:2082–85.

Hubel, D. H., and T. N. Wiesel. 1970. The period of susceptibility to the physiological effects of unilateral eye closure in kittens. *J. Physiol. (Lond.)*. 206:419–36.

–. 1977. Functional architecture of macaque monkey visual cortex. *Proc. R. Soc. Lond. [Biol.]* 198:1–59.

Huganir, R. L., A. H. Delacour, P. Greengard, and G. P. Hess. 1986. Phosphorylation of the nicotinic acetylcholine receptor regulates its rate of desensitization. *Nature* 321:774–76.

Hull, C. L. 1943. *Principles of behavior*. New York: Appleton-Century-Crofts.

–. 1952. *A behavior system*. New Haven: Yale Univ. Press.

Immelmann, K. 1984. The natural history of bird learning. In *The biology of learning*, ed. P. Marler and H. S. Terrace, pp. 271–88. New York: Springer-Verlag.

Ingram, V. M., M. P. Ogren, C. L. Chalot, J. M. Gasselo, and B. B. Owens. 1985. Diversity among Purkinje cells in the monkey cerebellum. *Proc. Natl. Acad. Sci. USA* 82:7131–35.

Isaacson, R. L., and K. H. Pribram, eds. 1975. *The hippocampus*. Vol. 2, *Neurophysiology and behavior*. New York: Plenum.

Ito, M. 1984. *The cerebellum and neural control*. New York: Raven.

Ito, M., M. Sakurai, and P. Tongroach. 1982. Climbing fiber-induced depression of both mossy fiber responsiveness and glutamate sensitivity of cerebellar Purkinje cells. *J. Physiol. (Lond.)* 324:113–34.

Jackson, J. H. 1931. *Selected writings of John Hughlings Jackson*, ed. J. Taylor. London: Hodder & Stoughton.

Jacobson, A. G. 1966. Inductive processes in embryonic development. *Science* 152:25–35.

James, W. 1950. *The principles of psychology*. New York: Dover (authorized edition based on the original publication by Harry Holt in 1890, two volumes).

Jeannerod, M. 1985. *The brain machine: The development of neurophysiological thought*. Cambridge, Mass.: Harvard Univ. Press.

Jenkins, H. M. 1979. Animal learning and behavior theory. In *The first century of experimental psychology*, ed. E. Hearst, pp. 177–228, Hillsdale, N. J.: Lawrence Erlbaum Associates.

–. 1984. The study of animal learning in the tradition of Pavlov and Thorndike. In *The biology of learning*, ed. P. Marler and H. S. Terrace, pp. 89–114. Berlin: Springer-Verlag.

Jerne, N. K. 1967. Antibodies and learning: Selection versus instruction. In *The neurosciences: A study program*, ed G. C. Quarton, T. Melnechuk, and F. O. Schmitt, pp. 200–5. New York: Rockefeller Univ. Press.

John, E. R., Y. Tang, A. B. Bril, R. Young, and K. Ono. 1986. Double-labeled metabolic maps of memory. *Science* 233:1167–75.

Johnson, M., D. M. Ross, M. Myers, R. Rees, R. Bruge, E. Wakshall, and H. Burton. 1976. Synaptic vesicle cytochemistry changes when cultured sympathetic neurons develop cholinergic interactions. *Nature* 262:308–10.

Jones, E. G. 1975. Varieties and distribution of non-pyramidal cells in the somatic sensory cortex of the squirrel monkey. *J. Comp. Neurol.* 160:205–68.

–. 1981. Anatomy of cerebral cortex: Columnar input-output organization. In *The organization of the cerebral cortex*, ed. F. O. Schmitt, F. G. Worden, G. Adelman, and S. G. Dennis, pp. 199–236. Cambridge, Mass.: MIT Press.

Jones, E. G., H. Burton, and R. Porter. 1975. Commissural and cortico-cortical »columns« in the somatic sensory cortex of primates. *Science* 190:572–74.

Julesz, B. 1984. Toward an axiomatic theory of preattentive vision. In *Dynamic aspects of neocortical function*, ed. G. M. Edelman, W. E. Gall, and W. M. Cowan, pp. 585–612. New York: Wiley.

Jusczyk, P. W. 1981. The processing of speech and non-speech sounds by infants: Some implications. In *Development of perception*, vol. 1, ed. R. N. Aslin, J. R. Alberts and M. R. Petersen, pp. 192–215. New York: Academic.

Jusczyk, P. W., and R. M. Klein eds. 1980. *The nature of thought: Essays in honor of D. O. Hebb*. Hillsdale, N. J.: Lawrence Erlbaum Associates.

Jusczyk, P. W., B. S. Rosner, J. E. Cutting, C. F. Foard, and L. B. Smith. 1977. Categorical perception of nonspeech sounds by 2-month-old infants. *Percept. Psychophys.* 21:50–54.

Jusczyk, P. W., D. B. Pisoni, A. Walley, and J. Murray. 1980. Discrimination of relative onset time of two-component tones by infants. *J. Acoust. Soc. Am.* 67:262–70.

Jusczyk, P. W., D. B. Pisoni, M. A. Reed, A. Fernald, and M. Myers. 1983. Infants' discrimination of the duration of a rapid spectrum change in nonspeech signals. *Science* 222: 175–77.

Kaas, J. H., M. M. Merzenich, and H. P. Killackey. 1983. The reorganization of somatosensory cortex following peripheral-nerve damage in adult and developing mammals. *Annu. Rev. Neurosci.* 6:325–56.

Kamin, L. J. 1969. Selective attention and conditioning. In *Associative learning*, ed. N. J. Mackintosh and W. K. Horing, pp. 42–64. Halifax: Dalhousie Univ. Press.

Kandel, E. R. 1976. *Cellular basis of behavior*. San Francisco: Freeman.

–. 1981. Calcium and the control of synaptic strength by learning. *Nature* 293:697–700.

Kellman, P. J., and E. S. Spelke. 1983. Perception of partly occluded objects in infancy. *Cognit. Psychol.* 15:483–524.

Kelso, J. A. S., and B. Tuller. 1984. A dynamical basis for action systems. In *Handbook of cognitive neuroscience*, ed. M. S. Gazzaniga, pp. 321–56. New York: Plenum.

Koch, C., T. Poggio, and V. Torre. 1983. Nonlinear interactions in a dendritic tree: Localization, timing, and role in information processing, *Proc. Natl. Acad. Sci. USA* 80:2799–2802.

Kohonen, T. 1977. *Associative memory: A system-theoretical approach*. Berlin: Springer-Verlag.

Konishi, M. 1979. Auditory environment and vocal development in birds. In *Perception and experience*, ed. R. D. Walk and H. L. Pick, Jr., pp. 105–18. New York: Plenum.

–. 1984. A logical basis for single neuron study of learning in complex neural systems. In *The biology of learning*, ed. P. Marler and H. Terrace, pp. 311–24. Berlin: Springer-Verlag.

Korneliusen, H., and J. K. S. Jansen. 1976. Morphological aspects of polyneuronal innervation of skeletal muscle fibres in newborn rats. *J. Neurocytol.* 5:591–604.

Kosar, E., and P. J. Hand. 1981. First somatosensory cortical columns and associated neuronal clusters of nucleus ventralis posterolateralis of the cat: An anatomical demonstration. *J. Comp. Neurol.* 198:515–39.

Kramer, A. P., and G. S. Stent. 1985. Developmental arborization of sensory neurons in the leech *Haementeria ghilianii*. II. Experimentally induced variations in the branching pattern. *J. Neurosci.* 5:768–75.

Kramer, A. P., J. R. Goldman, and G. S. Stent. 1985. Developmental arborization of sensory neurons in the leech *Haementeria ghilianii*. I. Origin of natural variations in the branching pattern. *J. Neurosci.* 5:759–67.

Kubovy, M., and J. R. Pomerantz. 1981. *Perceptual organization.* Hillsdale, N. J.: Lawrence Erlbaum Associates.

Kuhl, P. K., and J. D. Miller. 1975. Speech perception in the chinchilla: Voice-voiceless distribution in alveolar plosive consonants. *Science* 190:69–72.

–. 1978. Speech perception by the chinchilla: Identification function for synthetic VOT stimuli. *J. Acoust. Soc. Am.* 63:905–17.

Kupfermann, I. 1979. Modulatory actions of neurotransmitters. *Annu. Rev. Neurosci.* 2:447–65.

Lamport, L. 1978. Time, clocks, and the ordering of events in a distributed system. *Commun. ACM* 21:558–65.

Landry, P., and M. Deschênes. 1981. Intracortical arborizations and receptive fields of identified ventrobasal thalamocortical afferents to the primary somatic sensory cortex in the cat. *J. Comp. Neurol.* 199:345–71.

Landry, P., J. Vilemure, and M. Deschênes. 1982. Geometry and orientation of thalamocortical arborizations in the cat somatosensory cortex as revealed by computer reconstruction. *Brain Res.* 237:222–26.

Lashley, K. S. 1950. In search of the engram. *Symp. Soc. Exp. Biol.* 4:454–82.

Laskin, S. E., and W. A. Spencer. 1979. Cutaneous masking. II. Geometry of excitatory and inhibitory receptive fields of single units in somatosensory cortex of the cat. *J. Neurophysiol.* 42:1061–82.

Le Douarin, N. M. 1982. *The neural crest.* Cambridge, England: Cambridge Univ. Press.

Lee, K. J., and T. A. Woolsey. 1975. A proportional relationship between peripheral innervation density and cortical neuron number in the somatosensory system of the mouse. *Brain Res.* 99:349–53.

Lewontin, R. 1968. *Population biology and evolution.* Syracuse: Syracuse Univ. Press.

Leyton, A. S. F., and C. S. Sherrington. 1917. Observations on the excitable cortex of the chimpanzee, orangutan, and gorilla. *Q. J. Exp. Physiol.* 11:135–222.

Liberman, A. M., and M. Studdert-Kennedy. 1978. Phonetic perception. In *Handbook of sensory physiology*, vol. 8, *Perception*, ed. R. Held, H. W. Leibowitz, and H. L. Teuber, pp. 143–78. New York: Springer-Verlag.

Liberman, A. M., I. G. Mattingly, and M. T. Turvey. 1972. Language codes and memory codes. In *Coding processes in human memory*, ed. A. W. Melton and E. Martin, pp. 307–34. Washington, D. C.: Winston & Sons.

Liem, K. F. 1974. Evolutionary strategies and morphological innervations: Cichlid pharyngeal jaws. *Syst. Zool.* 22:425–41.

Lindner, J., F. G. Rathjen, and M. Schachner. 1983. Monoclonal and polyclonal antibodies modify cell-migration in early postnatal mouse cerebellum. *Nature* 305:427–30.

Llinás, R., I. Z. Steinberg, and K. Walton. 1976. Presynaptic calcium currents and their relation tosynaptic transmission. Voltage clamp study in squid giant synapse and theoretical model for the calcium gate. *Proc. Natl. Acad. Sci. USA* 73:2918–22.

Locurto, C., H. S. Terrace, and J. Gibbons, eds. 1981. *Autoshaping and conditioning theory*. New York: Academic.

Lorente de Nó, R. 1938. Cerebral cortex: Architecture, intracortical connections, motor projections. In *Physiology of the nervous system*, ed. J. F. Fulton, pp. 291–339. New York: Oxford Univ. Press.

Lumsden, C. 1983. Neuronal group selection and the evolution of hominid cranial capacity. *J. Hum. Evol.*. 12:169–84.

Lynch, G. S., and M. Baudry. 1984. The biochemistry of memory: A new and specific hypothesis. *Science* 224:1057–63.

Lynch, G. S., V. K. Gribkoff, and S. A. Deadwyler. 1976. Long-term potentiation is accompanied by a reduction in dendritic responsiveness to glutamic acid. *Nature* 263:151–53.

Lynch, G. S., R. Dunwiddie, and V. Gribkoff. 1977. Heterosynaptic depression: A postsynaptic correlate of long-term potentiation. *Nature* 266:737–39.

Lynch, G. S., S. Halpain, and M. Baudry. 1982. Effects of high-frequency synaptic stimulation on glutamate receptor binding studied with a modified *in vitro* hippocampal slice preparation. *Brain Res.* 244:101–11.

Lythgoe, J. N. 1979. *The ecology of vision*. Oxford: Clarendon.

Macagno, E. R., V. Lopresti, and C. Levinthal. 1973. Structure and development of neuronal connections in isogenic organisms: Variations and similarities in the optic system of *Daphnia magna*. *Proc. Natl. Acad. Sci. USA* 70:57–61.

MacArthur, R., and E. O. Wilson. 1967. *The theory of island biogeography*. Princeton: Princeton Univ. Press.

MacKay, D. M. 1970. Perception and brain function. In *The neurosciences: Second study program*, ed. F. O. Schmitt, pp. 303–16. New York: Rockefeller Univ. Press.

Mackintosh, N. J. 1983. *Conditioning and associative learning*. Oxford: Clarendon.

Macmillan, N. A., H. L. Kaplan, and C. D. Creelman. 1977. The psychophysics of categorical perception. *Psychol. Rev.* 84:452–71.

MacPhail, E. M. 1982. *Brain and intelligence in vertebrates*. Oxford: Clarendon.

Magleby, K. L., and J. E. Zengel. 1982. Quantitative description of stimulation-induced changes in transmitter release at the frog neuromuscular junction. *J. Gen. Physiol.* 80:613–38.

Marder, E. E., S. L. Hooper, and J. S. Eisen. 1987. Multiple neurotransmitters provide a mechanism for the production of multiple outputs from a single neuronal circuit. In *Synaptic function*, ed. G. M. Edelman, W. E. Gall, and W. M. Cowan, pp. 305–27. New York: Wiley.

Marler, P. 1982. Avian and primate communication: The problem of natural categories. *Neurosci. Biobehav. Rev.* 6:87–94.

–. 1984. Song learning: Innate species differences in the learning process. In *The biology of learning*, ed. P. Marler and H. S. Terrace, pp. 289–309. Berlin: Springer-Verlag.

Marler, P., and H. S. Terrace, eds. 1984. *The biology of learning*. Berlin: Springer-Verlag.

Marler, P., S. Zoloth, and R. Dooling. 1981. Innate programs for perceptual development: An ethological view. In *Developmental plasticity: Behavioral and biological aspects of variations in development*, ed. Eugene S. Gallin, pp. 135–72. New York: Academic.

Marr, D. 1969. A theory of cerebellar cortex. *J. Physiol. (Lond.)* 202:437–70.

–. 1982. *Vision: A computational investigation into the human representation and processing of visual information*. San Francisco: Freeman.

Mason, W. A. 1968. Early social deprivation in the non-human primates: Implications for human behavior. In *Environmental influences*, ed. D. C. Glass, pp. 70–100. New York: Rockefeller Univ. Press.

Masterton, R. B., M. E. Bitterman, C. B. G. Campbell, and N. Hotton, eds. 1976a. *Evolution of brain and behavior in vertebrates*. Hillsdale, N. J.: Lawrence Erlbaum Associates.

Masterton, R. B., W. Hodos, and H. Jerison. 1976b. *Evolution, brain and behavior: Persistent problems*. Hillsdale, N. J.: Lawrence Erlbaum Associates.

Matthews, P. C. 1982. Where does Sherrington's »muscular sense« originate? Muscles, joints, corollary discharges? *Annu. Rev. Neurosci.* 5:189–218.

Mattingly, I. G., and A. M. Liberman. 1987. Specialized perceiving systems for speech and other biologically significant sounds. In *Functions of the auditory system*, ed. G. M. Edelman, W. E. Gall, and W. M. Cowan. New York: Wiley.

Maunsell, J. H. R., and D. C. Van Essen. 1983. The connections of the middle temporal visual area (MT) and their relationship to a cortical hierarchy in the macaque monkey. *J. Neurosci.* 3:2563–86.

Mayr, E. 1982. *The growth of biological thought: Diversity, evolution, and inheritance*. Cambridge: Harvard Univ. Press.

McCormmach, R. 1982. *Night thoughts of a classical physicist*. Cambridge: Harvard Univ. Press.

McGurk, H. 1972. Infant discrimination of orientation. *J. Exp. Child. Psychol.* 14:151–64.

McGurk, H., and J. Mac Donald. 1976. Hearing lips and seeing voices. *Nature* 264:746–48.

Merzenich, M. M., J. H. Kaas, J. T. Wall, R. J. Nelson, M. Sur, and D. J. Felleman. 1983a. Topographic reorganization of somatosensory cortical areas 3b and 1 in adult monkeys following restricted deafferentation. *Neuroscience* 8:33–55.

–. 1983b. Progression of change following median nerve section in the cortical representation of the hand in areas 3b and 1 in adult owl and squirrel monkeys. *Neuroscience* 10:639–65.

Merzenich, M. M., W. M. Jenkins, and J. C. Middlebrooks. 1984a. Observations and hypotheses on special organizational features of the central auditory nervous system. In *Dynamic aspects of neocortical function*, ed. G. M. Edelman, W. E. Gall, and W. M. Cowan, pp. 397–424. New York: Wiley.

Merzenich, M. M., R. J. Nelson, M. P. Stryker, M. Cynader, A. Schoppman, and J. M. Zook. 1984 b. Somatosensory cortical map changes following digit amputation in adult monkeys. *J. Comp. Neurol.* 224:591–605.

Messer, A. 1980. Cerebellar granule cells in normal and neurological mutants of mice. *Adv. Cell. Neurobiol.* 1:179–85.

Messer, A., and D. M. Smith. 1977. *In vitro* behavior of granule cells from *staggerer* and *weaver* mutants of mice. *Brain Res.* 130:13–23.

Meyer, R. L. 1980. Mapping the normal and regenerating retino-tectal projection of goldfish with autoradiographic methods. *J. Comp. Neurol.* 189:273–89.

Middlebrooks. J. C., and J. M. Zook. 1983. Intrinsic organization of the cats' medial geniculate body identified by projections to binaural response–Specific bands in the primary auditory cortex. *J. Neurosci.* 3:203–24.

Miller, C. L., B. A. Younger, and P. A. Morse. 1982. The categorization of male and female voices in infancy. *Infant Behav. & Dev.* 5:144–59.

Mills, C. W. 1898. *The nature and development of animal intelligence*. London: T. Fisher Unwin.

Milner, B. 1985. Memory and the human brain. In *How we know: The inner frontiers of cognitive science*, Proceedings of Nobel Conference II, ed. M. Shafto, pp. 31–59. San Francisco: Harper & Row.

Minsky, M., and S. Papert. 1969. *Perceptrons: An introduction to computational geometry*. Cambridge, England: MIT Press.

Mishkin, M. 1982. A memory system in the monkey. *Philos. Trans. R. Soc. Lond. [Biol.]* 298:85–95.

Mishki , M., B. Malamut, J. Bachevalier. 1984. Memories and habits: Two neural systems. In *Neurobiology of learning and memory*, ed. G. S. Lynch, J. L. McGough, N. M. Weinberger, pp. 65–77. New York: Guilford.

Mobbs, C. V., and D. W. Pfaff. 1987. Estradiol-regulated neuronal plasticity. *Curr. Top. Membr. Trans.* 31.

Moonen, G., E. A. Neale, R. L. MacDonald, W. Gibbs, and P. G. Nelson. 1982. Cerebellar macroneurons in microexplant cell culture: Methodology, basic electrophysiology, and morphology after horseradish peroxidase injection. *Dev. Brain Res.* 5:59–73.

Morgan, C. L. 1896. *Habit and instinct*. London: Edward Arnold.

–. 1899. *Introduction to comparative psychology*. London: Walter Scott.

–. 1930. *The animal mind*. London: Edward Arnold.

Motter, B. C., M. A. Steinmetz, C. J. Duffy, and V. B. Mountcastle. 1987. The functional properties of parietal visual neurons. The mechanisms of directionality along a single axis. *J. Neurosci.* 7:154–76.

Mountcastle, V. B. 1978. An organizing principle for cerebral function: The unit module and the distributed system. In *The mindful brain: Cortical organization and the groupselective theory of higher brain function*, By G. M. Edelman and V. B. Mountcastle, pp. 7–50. Cambridge: MIT Press.

Mountcastle, V. B., J. C. Lynch, A. Georgopoulos, H. Sakata, and A. Acuna. 1975. Posterior parietal association cortex of the monkey: Command functions for operations within extra-personal space. *J. Neurophysiol.* 38:871–908.

Mountcastle, V. B., B. C. Motter, M. A. Steinmetz, and C. J. Duffy. 1984. Looking and seeing: The visual functions of the parietal lobe. In *Dynamic aspects of neocortical function*, ed. G. M. Edelman, W. E. Gall, and W. M. Cowan, pp. 159–93. New York: Wiley.

Murdock, B. B., Jr. 1979. Convolution and correlation in perception and memory. In *Perspectives in memory research*, ed. L.-G. Nilsson, pp. 105–19. Hillsdale, N. J.: Lawrence Erlbaum Associates.

Murray, B. A., J. J. Hemperly, W. J. Gallin, J. S. MacGregor, G. M. Edelman, and B. A. Cunningham. 1984. Isolation of cDNA clones for the chicken neural cell adhesion molecule (N-CAM). *Proc. Natl. Acad. Sci. USA* 81:5584–88.

Murray, B. A., J. J. Hemperly, E. A. Prediger, G. M. Edelman, and B. A. Cunningham. 1986a. Alternatively spliced mRNAs code for different polypeptide chains of the chicken neural cell adhesion molecule (N-CAM). *J. Cell Biol.* 102:189–93.

Murray, B. A., G. C. Owens, E. A. Prediger, K. L. Crossin, B. A. Cunningham, and G. M. Edelman. 1986b. Cell surface modulation of the neural cell adhesion molecule resulting from alternative mRNA splicing in a tissue-specific developmental sequence. *J. Cell. Biol.* 103:1431–39.

Neale, E. A., G. Moonen, R. L. MacDonald, and P. G. Nelson. 1982. Cerebellar macroneurons in microexplant cell culture: Ultrastructural morphology. *Neuroscience* 7:1879–90.

Neisser, U. 1967. *Cognitive psychology*. New York: Appleton-Century-Crofts.

–. 1982. *Memory observed: Remembering in natural contexts*. San Francisco: Freeman.

Nguyen, C., M.-G. Mattei, J.-F. Mattei, M.-J. Santoni, C. Goridis, and B. R. Jordan. 1986. Localization of the human N-CAM gene to band q23 of chromosome 11: The third gene coding for a cell interaction molecule mapped to the distal portion of the long arm of chromosome 11. *J. Cell Biol.* 102:711–15.

Nieuwkoop, P. D., A. G. Johnen, and B. Albers. 1985. *The epigenetic nature of early chordate development*. Cambridge, England: Cambridge Univ. Press.

Nilsson, L.-G. 1979. *Perspectives on memory research: Essays in honor of Uppsala University's 500th anniversary*. Hillsdale, N. J.: Lawrence Erlbaum Associates.

Norman, D. A. 1969. *Memory and attention*. New York: Wiley.

–. 1981. Twelve issues for cognitive science. In *Perspectives on cognitive science*, ed. D. A. Norman, pp. 265–95. Hillsdale, N. J.: Lawrence Erlbaum Associates.

Northcutt, R. G. 1981. Evolution of the telencephalon in non-mammals. *Annu. Rev. Neurosci.* 4:301–50.

Nottebohm, F. 1980. Testosterone triggers growth of brain vocal control nuclei in adult fermale canaries. *Brain Res.* 189:429–36.

–. 1981a. A brain for all seasons: Cyclical anatomical changes in song control nuclei of the canary brain. *Science* 214:1368–70.

–. 1981b. Brain pathways for vocal learning in birds: A review of the first 10 years. In *Progress in psychobiology and physiological psychology*, ed. J. M. S. Sprague and A. N. E. Epstein, vol. 9, pp. 85–124. New York: Academic.

Oakley, D. A. 1979. Learning with food reward and shock avoidance in neodecorticate rats. *Exp. Neurol.* 63:627–42.

–. 1980. Improved instrumental learning in neodecorticate rats. *Physiol. Behav.* 24:357–66.

Obrink, B. 1986. Epithelial cell adhesion molecules. *Exp. Cell Res.* 163:1–21.

O'Keefe, J., and L. Nadel. 1978. *The hippocampus as a cognitive map.* Oxford: Clarendon.

Oldfield, R. C., and O. L. Zangwill. 1942a. Head's concept of the schema and its application in contemporary British psychology. I. Head's concept of the schema. *Br. J. Psychol.* 32:267–86.

–. 1942b. Head's concept of the schema and its application in contemporary British psychology. II. Critical analysis of Head's theory. *Br. J. Psychol.* 33:58–64.

–. 1942c. Head's concept of the schema and its application in contemporary British psychology. III. Bartletts' theory of memory. *Br. J. Psychol.* 33:111–29.

–. 1943. Head's concept of the schema and its application in contemporary British psychology. IV. Walter's theory of thinking. *Br. J. Psychol.* 33:143–49.

Orbach, J. 1982. *Neuropsychology after Lashley.* Hillsdale, N. J.: Lawrence Erlbaum Associates.

Osse, J. W. M. 1969. Functional morphology of the head of the perch *(Perca fluviatilis)*: An electromyographic study. *J. Zool.* 19:289–392.

Owings, D. W., and S. C. Owings. 1979. Snake-directed behavior by black-tailed prairie dogs *(Cynomys indovicianus).* *Z. Tierpsychol.* 49:35–54.

Oxnard, C. E. 1968. The architecture of the shoulder in some mammals. *J. Morphol.* 126:249–90.

Palmer, L. A., A. C. Rosenquist, and R. J. Tusa. 1978. The retinotopic organization of lateral suprasylvian visual areas in the cat. *J. Comp. Neurol.* 177:237–56.

Pantin, C. F. A. 1968. *The relations between the sciences.* Cambridge, England: Cambridge Univ. Press.

Pasternak, J. F., and T. A. Woolsey. 1975. The number, size, and spatial distribution of neurons in lamina IV of the mouse SmI neocortex. *J. Comp. Neurol.* 160:291–306.

Patterson, P. H., and L. L. Y. Chun. 1974. Influence of non-neuronal cells on catecholamine and acetylcholine synthesis and accumulation in cultures of dissociated sympathetic neurons. *Proc. Natl. Acad. Sci. USA* 71:3607–10.

Peacock, J. H., D. F. Rush, and L. H. Mathers. 1979. Morphology of dissociated hippocampal cultures from fetal mice. *Brain Res.* 169:231–46.

Pearson, J. C., L. H. Finkel, and G. M. Edelman. 1987. Plasticity in the organization of adult cortical maps: A computer model based on neuronal group selection. *J. Neurosci.* (submitted).

Pearson, K. G., and C. S. Goodman. 1979. Correlation of variability in structure with variability in synaptic connections of an identified interneuron in locusts. *J. Comp. Neurol.* 184:141–65.

Pfaff, D. W., and C. V. Mobbs. 1987. Some concepts deriving from the neural circuit for a hormone-driven mammalian reproductive behavior. *Symp. Int. Union Physiol. Sci.*

Phillips, C. G., S. Zeki, and H. B. Barlow. 1984. Localization of function in the cerebral cortex–Past, present, and future. *Brain* 107:328–61.

Pierce, J. R. 1961. *Symbols, signals and noise: The nature and process of communication.* New York: Harper & Row.

Pitcher, G., ed. 1968. *Wittgenstein: The philosophical investigations*. London: Macmillan.

Pons, T., M. Sur, and J. H. Kaas. 1982. Axonal arborizations in area 3b of somatosensory cortex in the owl monkey, *Aotus trivirgatus*. *Anat. Rec.* 202:151 A.

Poole, J., and D. Lander. 1971. The pigeon's concept of pigeon. *Psychonom. Sci.* 25:153–58.

Popper, K. R., and J. C. Eccles. 1981. *The self and its brain*. Berlin: Springer-Verlag.

Prestige, M. C. 1970. Differentiation, degeneration, and the role of the periphery: Quantitative considerations. *The neurosciences: 2nd study program*, ed. F. O. Schmitt, pp. 73–82. New York: Rockefeller Univ. Press.

Preyer, W. 1885. *Specielle Physiologie des Embryo: Untersuchungen über die Lebenserscheinungen vor der Geburt*. Leipzig: Grieben's Verlag.

Purves, D. 1980. Neuronal competition. *Nature* 287:585–86.

–. 1983. Modulation of neuronal competition by postsynaptic geometry in autonomic ganglia. *Trends Neurosci.* 6:10–16.

Purves, D., and J. W. Lichtman. 1983. Specific connections between nerve cells. *Annu. Rev. Physiol.* 45:553–65.

–. 1985. *Principles of neural development*. Sunderland, Mass.: Sinauer Assoc.

Quine, W. V. 1969. Natural kinds. In *Ontological relativity and other essays*, pp. 114–38. New York: Columbia Univ. Press.

Raff, R. A., and T. C. Kaufman. 1983. *Embryos, genes and evolution*. New York: Macmillan.

Rakic, P. 1971 a. Guidance of neurons migrating to the fetal monkey neocortex. *Brain Res.* 33:471–76.

–. 1971 b. Neuron-glia relationship during granule cell migration in developing cerebellar cortex: A Golgi and electron microscopic study in macaque rhesus. *J. Comp. Neurol.* 141:283–312.

–. 1972 a. Mode of cell migration to the superficial layers of fetal monkey neocortex. *J. Comp. Neurol.* 145:61–84.

–. 1972 b. Extrinsic cytological determinants of basket and stellate cell dendritic pattern in the cerebellar molecular layer. *J. Comp. Neurol.* 146:335–54.

–. 1977. Prenatal development of the visual system in rhesus monkey. *Philos. Trans. R. Soc. Lond. [Biol.]* 278:245–60.

–. 1978. Neuronal migration and contact guidance in the primate telencephalon. *Postgrad. Med. J.* 54:25–37.

–. 1981 a. Neuronal-glial interaction during brain development. *Trends Neurosci.* 4:184–87.

–. 1981 b Development of visual centers in the primate brain depends on binocular competition before birth. *Science* 214:928–31.

Rakic, P., and R. L. Sidman. 1973. Sequence of developmental abnormalities leading to granule cell deficit in cerebellar cortex of *weaver* mutant mice. *J. Comp. Neurol.* 152:103–32.

Ramón y Cajal, S. 1889–1904. *Textura del sistema nervioso del hombre y de los vertebrados*. 3 vols. Madrid: Moya.

–. 1904. *Histologie du système nerveux de l'homme et des vertébrés*. Translated by L. Azoulay. 2 vols. Paris: Maloine. Reprint. Madrid: Instituto Ramó y Cajal, 1952.

–. 1929. *Etude sur la neurogenèse de quelques vertébrés*. Translated by L. Guth as *Studies on vertebrate neurogenesis*. Springfield, Ill.: Charles C. Thomas, 1960.

–. 1937. *Recollections of my life*. Translated by E. Horne Craigie. Cambridge, Mass.: MIT Press.

Reed, E. S. 1981. Can mental representations cause behavior? *Behav. Brain Sci.* 4:635–36.

Reeke, G. N., Jr., and G. M. Edelman. 1984. Selective networks and recognition automata. *Ann. N. Y.. Acad. Sci.* 426:181–201.

Rescorla, R. A. 1968. Probability of shock in the presence and absence of CS in fear conditioning. *J. Comp. Physiol. Psychol.* 66:1–5.

–. 1975. Pavlovian excitatory and inhibitory conditioning. In *Handbook of learning and cognitive processes*, vol. 2, ed. W. K. Estes, pp. 7–35. Hillsdale, N. J.: Lawrence Erlbaum Associates.

–. 1976. Stimulus generalization: Some predictions from a model of Pavlovian conditioning. *J. Exp. Psychol. Animal Behav. Processes* 2:88–96.

Rescorla, R. A., and J. C. Skucy. 1969. Effect of response-independent reinforcers during extinction. *J. Comp. Physiol. Psychol.* 67:381–89.

Rescorla, R. A., and A. R. Wagner. 1972. A theory of Pavlovian conditioning: Variations in the effectiveness of reinforcement and nonreinforcement. In *Classical conditioning II*, ed. A. Black and W. R. Prokasy, pp. 64–99. New York: Appleton-Century-Crofts.

Richardson, G. P., K. L. Crossin, C.-M. Chuong, and G. M. Edelman. 1987. Expression of cell adhesion molecules during embryonic induction. III. Development of otic placode. *Dev. Biol.* 119:217–230.

Rieger, F., M. Grumet, and G. M. Edelman. 1985. N-CAM at the vertebrate neuromuscular junction. *J. Cell Biol.* 101:285–93.

Rieger, F., J. K. Daniloff, M. Pincon-Raymond, K. L. Crossin, M. Grumet, and G. M. Edelman. 1986. Neuronal cell adhesion molecules and cytotactin are co-localized at the node of Ranvier. *J. Cell Biol.* 103:379–91.

Rockel, A. J., R. W. Hiorns, and T. P. S. Powell. 1980. The basic uniformity in structure of the neocortex. *Brain* 103:221–44.

Roland, P. E. 1978. Sensory feedback to the cerebral cortex during voluntary movement in man. *Behav. Brain Sci.* 1:129–71.

Romanes, G. J. 1884. *Mental evolution in animals*. New York: Appleton.

–. 1889. *Mental evolution in man*. New York: Appleton.

Rortblatt, H. L. 1982. The meaning of representation in animal memory. *Behav. Brain Sci.* 5:353–406.

Rosch, E. 1977. Human categorization. In *Studies in cross-cultural psychology*, ed. N. Warren, pp. 1–49. New York: Academic.

–. 1978. Principles of categorization. In *Cognition and categorization*, ed. E. Rosch and B. B. Lloyd, pp. 28–48. Hillsdale, N. J.: Lawrence Erlbaum Associates.

Rosch, E., and B. B. Lloyd. 1979. *Cognition and categorization*. Hillsdale, N. J.: Lawrence Erlbaum Associates.

Rosch, E., and C. Mervis. 1975. Family resemblances: Studies in the internal structure of categories. *Cognit. Psychol.* 7:573–605.

Rosch, E., C. Mervis, W. Gray, D. Johnson, and P. Boyes-Braem. 1976. Basic objects in natural categories. *Cognit. Psychol.* 8:382–439.

Rose, D., and V. G. Dobson. 1985. *Models of the visual cortex*. New York: Wiley.

Rose, J. E., and C. N. Woolsey. 1949. The relations of thalamic connections, cellular structure and evocable electrical activity in the auditory region of the cat. *J. Comp. Neurol.* 91:441–66.

Rothbard, J. B., R. Brackenbury, B. A. Cunningham, and G. M. Edelman. 1982. Differences in the carbohydrate structures of neural cell adhesion molecules from adult and embryonic chicken brains. *J. Biol. Chem.* 257:11064–69.

Rovainen, C. M. 1979. Müller cells, »Mauthner« cells and other identified reticulospinal neurons in the lamprey. In *Neurobiology of the Mauthner cell*, ed. D. F. Faber and H. Korn, pp. 245–69. New York: Raven.

Ryle, G. 1949. *The concept of mind*. London: Hutcheson.

Sahin, K. E. 1973. Response routing in Selcuk networks and Lashley's dilemma. *Int. J. Man Machine Stud.* 5:567–75.

Sarnat, H. B., and M. G. Netsky. 1981. *Evolution of the nervous system*. 2d ed. New York: Oxford Univ. Press.

Schmalhausen, I. I. 1949. *Factors of evolution: The theory of stabilizing selection*. Philadelphia: Blakiston.

Schmidt, J. T. 1982. The formation of retinotectal projections. *Trends Neurosci.* 46:111–15.

–. 1985. Factors involved in retinotopic map formation: Complementary roles for membrane recognition and activity-dependent synaptic stabilization. In *Molecular bases of neural development*, ed. G. M. Edelman, W. E. Gall, and W. M. Cowan, pp. 453–80. New York: Wiley.

Schmidt, J. T., C. M. Cicerone, and S. S. Easter, Jr. 1978. Expansion of the half retinal projection to the tectum in goldfish: An electrophysiological and anatomical study. *J. Comp. Neurol.* 177:257–78.

Schmitt, F., F. G. Worden, G. Adelman, and S. G. Dennis. 1981. *The organization of the cerebral cortex*. Cambridge, Mass.: MIT Press.

Schneider, G. E. 1969. Two visual systems. *Science* 163:895–902.

Scholes, J. 1979. Nerve fiber topography in the retinal projection to the tectum. *Nature* 278:620–24.

Schwartz, B., and E. Gamzu. 1977. Pavlovian control of operant behavior. In *Handbook of operant behavior*, ed. W. K. Honig and J. E. R. Staddon, pp. 53–97. Englewood Cliffs, N. J.: Prentice-Hall.

Scott, B. E., V. E. Engelbert, and K. C. Fisher. 1969. Morphological and electrophysiological characteristics of dissociated chick embryonic spinal ganglia cells in culture. *Exp. Neurol.* 23:230–48.

Scott, M. P., and P. H. O'Farrell. 1986. Spatial programming of gene expression in early *Drosophila* embryogenesis. *Annu. Rev. Cell Biol.* 2:49–80.

Sherrington, C. S. 1897. The central nervous system. In *A text book of physiology*, pt. 3, ed. M. Foster. London: Macmillan.

–. 1900. The muscular sense. In *Text book of physiology*, vol. 2, ed. E. A. Schafer, pp. 1002–25. Edinburgh: Pentland.

–. 1906. *The integrative action of the nervous system*. New Haven: Yale Univ. Press. (2d ed. reprinted in 1947).

–. 1925. Remarks on some aspects of reflex inhibition. *Proc. R. Soc. Lond. [Biol.]* 97:519–45.

–. 1933. *The brain and its mechanism: The Rede lecture.* Cambridge, England: Cambridge Univ. Press.

–. 1941. *Man on his nature.* New York: Macmillan.

Shimbel, A. 1950. Contributions to the mathematical biophysics of the central nervous system with special reference to learning. *Bull. Math. Biophys.* 12:241–75.

Shinoda, Y., J. Yokota, and T. Futami. 1981. Divergent projection of individual corticospinal axons to motoneurons of multiple muscles in the monkey. *Neurosci. Lett.* 23:7–12.

–. 1982. Morphology of physiologically identified rubrospinal axons in the spinal cord. *Brain Res.* 242:321–25.

Shinoda, Y., T. Yamaguchi, and T. Futami. 1986. Multiple axon collaterals of single corticospinal axons in the cat spinal cord. *J. Neurophysiol.* 55:425–48.

Shirayoshi, Y., T. S. Okada, and M. Takeichi. 1983. The calcium-dependent cell-cell adhesion system regulates inner cell mass formation and cell surface polarization in early mouse development. *Cell* 35:631–38.

Shubin, N. H., and P. Alberch. 1986. A morphogenetic approach to the origin and basic organization of the tetrapod limb. In *Evolutionary biology*, vol. 20, ed. M. Hecht, pp. 319–82. New York: Plenum.

Sidman, R. L. 1974. Contact interaction among developing brain cells. In *The cell surface in development*, ed A. Moscona, pp. 221–53. New York: Wiley.

Siegel, R., and W. Honig. 1970. Pigeon concept formation: Successive and simultaneous acquisition. *J. Exp. Anal. Behav.* 13:385–90.

Siegelbaum, S. A., J. S. Camardo, and E. R. Kandel. 1982. Serotonin and cyclic AMP close single $K^+$ channels in *Aplysia* sensory neurones. *Nature* 299:413–17.

Skinner, B. F. 1981. Selection by consequences. *Science* 215:501–4.

Slack, J. M. W. 1983. *From egg to embryo: Determinative events in early development.* Cambridge, England: Cambridge Univ. Press.

Smith, E. E., and D. L. Medin. 1981. *Categories and concepts.* Cambridge, Mass.: Harvard Univ. Press.

Smith, S. J., G. J. Augustine, and M. P. Charlton. 1985. Transmission at voltage clamped giant synapse of the squid. Evidence for cooperativity of presynaptic calcium action. *Proc. Natl. Acad. Sci. USA* 82:622–25.

Sober, E., ed. 1984. *Conceptual issues in evolutionary biology.* Cambridge, Mass.: MIT Press.

Spemann, H. 1924. Induction von Embryonalanlagen durch Implantation artfremder Organisatoren. *Arch. Mikrosk. Anat. Entwicklungsmech.* 100:599–638. English translation by V. Hamburger. Reprint. In *Foundations of experimental embryology*, ed B. M. Willier and J. Oppenheimer, 2d ed., pp. 144–84. New York: Hafner Press, 1974.

–. 1938. *Embryonic development and induction.* New Haven: Yale University Press.

Sperry, R. W. 1943a. Effect of 180° rotation of the retinal field on visuomotor coordination. *J. Exp. Zool.* 92:263–79.

–. 1943b. Visuomotor coordination in the newt *(Triturus viridescens)* after regeneration of the optic nerve. *J. Comp. Neurol.* 79:33–35.

–. 1945. The problem of central nervous system reorganization after nerve regeneration and muscle transposition: A critical review. *Q. Rev. Biol.* 20: 311–69.

–. 1950. Neural basis of the optokinetic response produced by visual neural inversion. *J. Comp. Physiol. Psychol.* 45:482–89.

–. 1952. Neurology and the mind-brain problem. *Am. Sci.* 40:291–312.

–. 1963. Chemoaffinity in the orderly growth of nerve fiber patterns and connections. *Proc. Natl. Acad. Sci. USA* 50:703–10.

–. 1965. Embryogenesis of behavioral nerve nets. In *Organogenesis*, ed. R. L. DeHaan and H. Ursprung, pp. 161–71. New York: Rinehart and Winston.

–. 1969. A modified concept of consciousness. *Psychol. Rev.* 76:532–36.

–. 1970. An objective approach to subjective experience: Further explanation of a hypothesis. *Psychol. Rev.* 77:585–90.

Spitzer, N. C. 1985. The control of development of neuronal excitability. In *Molecular bases of neural development*, ed. G. M. Edelman, W. E. Gall, and W. M. Cowan, pp. 67–88. New York: Wiley.

Spitzer, J. L., and N. C. Spitzer. 1975. Time of origin of Rohon-Beard neurons in the spinal cord of *Xenopus laevis*. *Am. Zool.* 15:781.

Squire, L. A. 1982. The neuropsychology of human memory. *Annu. Rev. Neurosci.* 5:241–73.

–. 1986. Mechanisms of memory. *Science* 232:1612–19.

Squire, L. R., and N. Butters. 1984. *Neuropsychology of memory*. New York: Guilford.

Staddon, J. E. R. 1983. *Adaptive behavior and learning*. Cambridge, England: Cambridge Univ. Press.

Stanfield, B. B., and D. D. M. O'Leary. 1985. Fetal occipital cortical neurones transplanted to the rostral cortex can extend and maintain a pyramidal tract axon. *Nature* 313:135–37.

Stanfield, B. B., D. D. M. O'Leary, C. Fricks. 1982. Selective collateral elimination in early postnatal development restricts cortical distribution of rat pyramidal tract neurones. *Nature* 298:371–73.

Stebbins, G. L. 1968. Integration of development and evolutionary progress. In *Population biology and evolution*, ed. R. C. Lewontin, pp. 17–36. Syracuse: Syracuse Univ. Press.

–. (1982) *Darwin to DNA: Molecules to humanity*. San Francisco: Freeman.

Stein, R. B. 1982. What muscle variables does the nervous system control in limb movements? *Behav. Brain Sci.* 5:535–77.

Steinmetz, M. A., B. C. Motter, C. J. Duffy, and V. B. Mountcastle. 1987. The functional properties of parietal visual neurons: The radial organization of directionalities within the visual field. *J. Neurosci.* 7:177–91.

Stone, J. 1983. *Parallel processing in the visual system: The classification of retinal ganglion, cells and its impact on the neurobiology of vision*. New York: Plenum.

Strauss, H. S. 1979. Abstraction of prototypical information by adults and 10-month-old infants. *J. Exp. Psychol. Hum. Percept.* 5:618–32.

Straznicky, C., R. M. Gaze, and M. J. Keating. 1981. The development of the retinotectal projections from compound eyes in *Xenopus. J. Embryol. Exp. Morphol.* 62:13–35.

Stryker, M. P., and W. A. Harris. 1986. Binocular impulse blockade prevents the formation of ocular dominance columns in cat visual cortex. *J. Neurosci.* 6:2117–33.

Sur, M., and S. M. Sherman. 1982. Retinogeniculate terminations in cats–Morphological differences between X-cell and Y-cell axons. *Science* 218:338–91.

Sur, M., M. M. Merzenich, and J. H. Kaas. 1980. Magnification, receptive field area, and »supercolumn« size in areas 3b and 1 of somatosensory cortex in owl monkeys. *J. Neurophysiol.* 44:295–311.

Szentágothai, J. 1975. The module-concept in cerebral cortex architecture. *Brain Res.* 95:475–96.

Taylor, I. J., ed. 1931. *Selected Writings of John Hughlings Jackson*. Vol. 1. London: Staples Press.

Terrace, H. S. 1983. Animal learning ethology and biological constraints. In *The Biology of learning*, ed. P. Marler and H. S. Terrace, pp. 15–45. Berlin: Springer-Verlag.

Thiery, J.-P., J.-L. Duband, U. Rutishauser, and G. M. Edelman. 1982. Cell adhesion molecules in early chicken embryogenesis. *Proc. Natl. Acad. Sci. USA* 79:6737–41.

Thiery, J.-P., A. Delouvée, M. Grumet, and G. M. Edelman. 1985. Initial appearance and regional distribution of the neuron-glia cell adhesion molecule in the chick embryo. *J. Cell Biol.* 100:442–56.

Thompson, R. F. 1986. The neurobiology of learning and memory. *Science* 233:941–47.

Thompson, R. F., T. W. Berger, and J. Madden, IV. 1983. Cellular processes of learning and memory in the mammalian CNS. *Annu. Rev. Neurosci.* 6:447–91.

Thorndike, E. L. 1931. *Human learning*. New York: Century.

–. 1911. *Animal intelligence*. New York: Macmillan. Reprint. New York: Hafner, 1965.

Tinbergen, N. 1942. An objective study of the innate behavior of animals. *Biblio. Biotheoret.* 1:39–98.

–. 1951. *The study of instinct*. Oxford: Clarendon.

–. 1963. On aims and methods of ethology. *Z. Tierpsychol.* 20:410–33.

Treisman, A. 1979. The psychological reality of levels of processing. In *Levels of processing and human memory*, ed. L. S. Cermak and F. I. M. Craik, pp. 301–30. Hillsdale, N. J.: Lawrence Erlbaum Associates.

–. 1983. The role of attention in object perception. In *Physical and biological processing of images*, ed. O. J. Braddick and A. C. Sleigh, pp. 316–25. Berlin: Springer-Verlag.

Treisman, A., and G. Gelade. 1980. A feature-integration theory of attention. *Cognit. Psychol.* 12:97–136.

Tsukahara, N. 1981. Synaptic plasticity in the mammalian central nervous system. *Annu. Rev. Neurosci.* 4:351–79.

Turvey, M. T. 1977. Preliminaries to a theory of action with reference to vision. In *Perceiving, acting and knowing*, ed. R. Shaw and J. Bransford, pp. 211–66. Hillsdale, N. J.: Lawrence Erlbaum Associates.

Tusa, R. J., L. A. Palmer, and A. C. Rosenquist. 1981. Multiple cortical visual areas. In *Cortical sensory organization*, vol. 2, ed. C. N. Woolsey, pp. 1–32. Clifton, N. J.: Humana.

Ulinski, P. S. 1980. Functional morphology of the vertebrate visual system: An essay on the evolution of complex systems. *Am. Zool.* 20:229–46.

–. 1986. Neurobiology of the therapsid-mammal transition. In *The ecology and biology of mammal-like reptiles*, ed. N. Hotton, III, P. D. MacLean, J. J. Roth, and E. C. Roth, pp. 149–71. Washington, D. C.: Smithsonian.

Ullman, S. 1979. *The interpretation of visual motion*. Cambridge, Mass.: MIT Press.

–. 1980. Against direct perception. *Behav. Brain Sci.* 3:373–415.

Underwood, G. U. 1978. *Strategies of information processing*. London: Academic.

Uttal, W. R. 1978. *The psychobiology of mind*. Hillsdale, N. J.: Lawrence Erlbaum Associates.

–. 1981. *A taxonomy of visual processes*. Hillsdale, N. J.: Lawrence Erlbaum Associates.

Van der Loos, H., and J. Dörfl. 1978. Does the skin tell the somatosensory cortex how to construct a map of the periphery? *Neurosci. Lett.* 7:23–30.

Van der Loos, H., and T. A. Woolsey. 1973. Somatosensory cortex: Structural alterations following early injury to sense organs. *Science* 179:395–98.

Van Essen, D. C. 1979. Visual areas of the mammalian cerebral cortex. *Annu. Rev. Neurosci.* 2:227–63.

–. 1982. Neuromuscular synapse elimination: Structural, functional and mechanistic aspects. In *Neuronal development*, ed. N. C. Spitzer, pp. 334–76. New York: Plenum.

–. 1985. Functional organization of primate visual cortex. In *Cerebral cortex*, vol. 3, ed. A. Peters and E. G. Jones, pp. 259–329. New York: Plenum.

Vernon, M. D. 1970. *A further study of visual perception*. Darien, Conn.: Hafner.

von Neumann, J. 1956. Probabilistic logic and the synthesis of reliable organisms from unreliable components. In *Automaton studies*, ed C. Shannon and J. McCarthy, pp. 43–98. Princeton: Princeton Univ. Press.

Vrensen, G., and J. Nunes-Cardozo. 1981. Changes in size and shape of synaptic connections after visual training: An ultrastructural approach to synaptic plasticity. *Brain Res.* 218:79–97.

Wall, P. D. 1975. The somatosensory system. In *Handbook of psychobiology*, ed. M. S. Gazzaniga and C. Blakemore, pp. 373–92. New York: Academic.

Wall, P. D., and M. D. Eggers. 1971. Formation of new connexions in adult rat brains after partial deafferentation. *Nature* 232:542–44.

Walley, A. C., D. B. Pisoni, and R. N. Aslin. 1981. The role of early experience in the development of speech perception. In *Development of perception*, vol. 1, ed. R. N. Aslin, J. R. Alberts, and M. R. Petersen, p. 219–55. New York: Academic.

Walshe, F. M. R. 1948. *Critical studies in neurology*. Edinburgh: E. & S. Livingstone.

Weiskrantz, L. 1978. *Functions of the septo-hippocampal system*. Ciba Foundation Symposium, n. s. 58. Amsterdam: Elsevier-North Holland.

Weiss, P. 1936. Selectivity controlling the central-peripheral relation in the nervous system. *Biol. Rev.* 11:494–531.

–. 1939. *Principles of development*. New York: Henry Holt.

–. 1941. Self-differentiation of the basic patterns of coordination. *Comp. Psychol. Monogr.* 174:1–96.

–. 1955. Nervous system (neurogenesis). In *The analysis of development*, ed. B. H. Willier, P. Weiss, and V. Hamburger, pp. 346–401. Philadelphia: Saunders.

Wertheimer, M. 1958. Principles of perceptual organization. In *Readings in perception*, ed. D. C. Beardslee and M. Wertheimer, pp. 115–35. Princeton: Van Nostrand. Orig. pub. in 1923 in German in *Psychologische Forschung* 4:301–50.

Whiting, H. T. A., ed. 1984. *Human motor actions: Bernstein reassessed*. Amsterdam: Elsevier.

Wiesel, T. N. 1982. Postnatal development of the visual cortex and the influence of environment. *Nature* 299:583–91.

Wiesel, T. N., and D. H. Hubel. 1963a. Effects of visual deprivation on morphology and physiology of cells in the cat's lateral geniculate body. *J. Neurophysiol.* 26:978–93.

–. 1963b. Single cell responses in striate cortex of kittens deprived of vision in one eye. *J. Neurophysiol.* 26:1003–17.

–. 1965. Comparison of the effects of unilateral and bilateral exe closure on cortical unit responses in kittens. *J. Neurophysiol.* 28:1029–40.

Wigstrom, H., and B. Gustafsson. 1983. Heterosynaptic modulation of homosynaptic long-lasting potentiation in the hippocampal slice. *Acta Physiol. Scand.* 119:455–58.

Wigstrom, H., B. L. McNaughton, and C. A. Barnes. 1982. Long-term synaptic enhancement in hippocampus is not regulated by post-synaptic membrane potential. *Brain Res.* 233:195–99.

Winfield, D. A., R. N. L. Brooke, J. J. Sloper, and T. P. S. Powell. 1981. A combined Golgi-electron microscopic study of the synapses made by the proximal axon and recurrent collaterals of a pyramidal cell in the somatic sensory cortex of the monkey. *Neuroscience* 6:1217–30.

Winograd, S. and J. D. Cowan. 1963. *Reliable computation in the presence of noise*. Cambridge, Mass.: MIT Press.

Wittgenstein, L. 1953. *Philosophical investigations*. The english text of the 3d ed. New York: Macmillan.

Wolff, P. H., and R. Ferber. 1979. The development of behavior in human infants, premature and newborn. *Annu. Rev. Neurosci.* 2:291–307.

Woolsey, T. A., and J. R. Wann. 1976. Area 1 changes in mouse cortical barrels following vibrissal damage at different postnatal ages. *J. Comp. Neurol.* 170:53–66.

Woolsey, T. A., D. Durham, R. M. Harris. D. J. Sinions, and K. L. Valentino. 1981. Somatosensory development. In *Development of perception*, vol. 1, ed. R. N. Aslin, J. R. Roberts, and M. P. Petersen, pp. 259–92. New York: Academic.

Wright, S. 1932. The roles of mutation, inbreeding, crossbreeding and selection in evolution. *Proc. Sixth Int. Congr. Genet.* 1:356–66.

Young, J. Z. 1965. The organization of a memory system. *Proc. R. Soc. Lond. [Biol.]* 163:285–320.

–. 1973. Memory as a selective process. In *Australian Academy of Science Report: Symposium on Biological Memory*, pp. 25–45. Canberra: Australian Academy of Science.

–. 1975. Sources of discovery in neuroscience. In *The neurosciences: Paths of discovery*, ed. F. G. Worden, J. P. Swazey, and G. Adelman, pp. 15–46. Cambridge: MIT Press.

–. 1978. *Programs of the brain*. Oxford: Oxford Univ. Press.

Zeki, S. M. 1969. Representation of central visual fields in peristriate cortex of monkey. *Brain Res.* 14:271–91.

–. 1971. Cortical projections from two peristriate areas in the monkey. *Brain Res.* 34:19–35.

–. 1975. The functional organization of projections form striate to peristriate visual cortex in the rhesus monkey. *Cold Spring Harbor Symp. Quant. Biol.* 40:591–600.

–. 1978a. Functional specification of the cortex in the rhesus monkey. *Nature* 274:423–28.

–. 1978b. Uniformity and diversity of function in rhesus monkey prestriate visual cortex. *J. Physiol. (Lond.)* 277:273–90.

–. 1981. The mapping of visual functions in the cerebral cortex. In *Brain mechanisms of sensation. Third Taniguchi symposium on brain sciences*, ed. Y. Katsuki, R. Norgren, and M. Sato, pp. 105–28. New York: Wiley.

–. 1983. The distribution of wavelength and orientation selective cells in different areas of monkey visual cortex. *Proc. R. Soc. Lond. [Biol.]* 217:449–70.

# Abkürzungen
# und mathematische Symbole

## ABKÜRZUNGEN

| | |
|---|---|
| BR | bedingter Reiz |
| CAM | Zelladhäsionsmolekül |
| L-CAM | Leber-Zelladhäsionsmolekül |
| ld | Large domain-Polypeptid eines N-CAM |
| M | modifizierende Substanz |
| N-CAM | Nerven-Zelladhäsionsmolekül |
| Ng-CAM | Neuron-Glia-Zelladhäsionsmolekül |
| NGF | Nervenwachstumsfaktor |
| PSP | Postsynaptisches Potential |
| ROC | transmitterabhängiger Kanal |
| sd | Small domain-Polypeptid eines -CAM |
| ssd | Kleiner Oberflächenbereich eines N-CAM |
| UR | unbedingter Reioz |
| VSC | spannungsabhängiger Kanal |
| ZNS | Zentralnervensystem |

## MATHEMATISCHE SYMBOLE
*Kapitel 7*

| | |
|---|---|
| $\lceil \xi \rfloor_j$ | Präsynaptische Effizienz; Menge des von Zelle $j$ bei einer gegebenen Depolarisation freigesetzten Transmitters |
| $\lceil \eta \rfloor_{ij}$ | Postsynaptische Effizienz: lokale Depolarisation, die bei einer gegebenen, von Zelle $j$ freigesetzten Transmittermenge am postsynaptischen Fortsatz von Zelle $i$ erzeugt wird |
| $t_L$ | Verzögerungszeit zwischen homosynaptischem Input und Produktion von $M$ |
| $t_M$ | Zeitkonstante für die Persistenz der modifizierenden Substanz |
| $t_D$ | Durchschnittliche Fortleitungsverzögerung für heterosynaptische Effekte |
| $t_v$ | Zeitkonstante für die Persistenz von Spannungsänderungen |
| $K_f$ | Geschwindigkeitskonstante für die »Vorwärtsmodifikation« von $I$ nach $I^*$ in der postsynaptischen Regel |

| | |
|---|---|
| $K_b$ | Geschwindigkeitskonstante für die »Rückwärtsmodifikation« vom $I^*$ in den $I$-Zustand |
| $a(V)$ | Spannungsabhängige Geschwindigkeitskonstante für den Übergang von $I$ nach $A$ (Rate nimmt mit Depolarisierung ab) |
| $b(V)$ | Spannungsabhängige Geschwindigkeitskonstante für den Übergang von $A$ nach $I$ (Rate nimmt mit Depolarisation zu) |
| $a^*(V)$ | Geschwindigkeitskonstante für den Übergang von $I^*$ nach $A^*$ |
| $b^*(V)$ | Geschwindigkeitskonstante für den Übergang von $A^*$ nach $I^*$ |
| $N$ | Gesamtzahl der spannungsabhängigen Kanäle an einer postsynaptischen Endigung |
| $N^*$ | Gesamtzahl der modifizierten VSCs |
| $N_k$ | Anzahl der VSCs der Ionenspezies $k$ |
| $N^*_k$ | Anzahl der modifizierten VSCs der Ionenspezies $k$ |
| $A(t)$ | Anzahl der Kanäle im aktivierten Zustand zur Zeit $t$ |
| $A^*(t)$ | Anzahl der Kanäle im modifizierten aktivierten Zustand zur Zeit $t$ |
| $I(t)$ | Anzahl der Kanäle im inaktivierten Zustand zur Zeit $t$ |
| $I^*(t)$ | Anzahl der Kanäle im modifizierten inaktivierten Zustand zur Zeit $t$ |
| $M(t)$ | Menge der zur Zeit $t$ vorhandenen modifizierenden Substanz |
| $g_k$ | Leitfähigkeit eines spannungsabhängigen Kanals der Ionenspezies $k$ |
| $g^*_k$ | Leitfähigkeit eines spannungsabhängigen Kanals der Ionenspezies $k$ nach Modifikation |
| $E_k$ | Umkehrpotential für Ionenspezies $k$ |
| $I_L$ | Lokaler synaptischer Strom |
| $F_i(t)$ | Faszilitation von Neuron $i$ zur Zeit $t$ |
| $D_i(t)$ | Depression von Neuron $i$ zur Zeit $t$ |
| $S_i(t)$ | Aktivität von Zelle $i$ zur Zeit $t$ |
| $\varkappa$ | Proportionalitätskonstante zwischen Transmitterfreisetzung und Depression |
| $\varepsilon$ | Proportionalitätskonstante zwischen Aktivität und Faszilitation |
| $\lambda$ | Zeitkonstante für den Zerfall der Faszilitation |
| $\beta$ | Zeitkonstante für den Zerfall der Depression |
| $N_{IJ}$ | Anzahl der Verbindungen von Gruppe $I$ nach Gruppe $J$ |
| $S_I$ | Durchschnittliche Aktivität der Zellen in Gruppe $I$ |
| $\bar{S}_I$ | $S_I$ über die Zeit gemittelt |

## Kapitel 10

| | |
|---|---|
| $s_i(t)$ | Aktivität oder Zustand von Gruppe $i$ zur Zeit $t$ ($0 \le s < 1$) |
| $c_{ij}$ | Verbindungsstärke des $j$-ten Inputs zur Gruppe $i$ |
| $l_{ij}$ | Kennzahl der mit dem $j$-ten Input von Gruppe $i$ verbundenen Gruppe |
| $\theta_E$ | Exzitatorische Inputschwelle; Input $j$ wird ignoriert, es sei denn, $s_j \ge \vartheta_E$ |
| $s_k$ | Zustand der Gruppe, definiert durch $k$, das sich über alle Gruppen innerhalb einer spezifizierten inhibitorischen Nachbarschaft um Gruppe $i$ erstreckt |

| | |
|---|---|
| β | Inhibitorischer Koeffizient; spielt für geometrisch definierte Verbindungen dieselbe Rolle wie $c_{ij}$ für spezifizierte Verbindungen, ist aber in einem gegebenen Repertoire für alle *ik*-Paare in Ringen um die einzelnen Gruppen derselbe |
| $\theta_I$ | Inhibitorische Inputschwelle; Input *k* wird ignoriert, es sei denn, $s_k \geq \theta_I$ |
| *N* | Rauschen, abgeleitet aus einer Normalverteilung mit angegebenem Mittelwert und Standardabweichung |
| ω | Persistenzparameter, der die Zerfallsrate für Gruppenaktivität definiert $(\omega = e^{-1/\tau})$ |
| τ | Charakteristische Zeit für den Zerfall der Aktivität *s* |
| $\theta_P$ | Positive Feuerungsschwelle; die Inputs zu einer Gruppe werden ignoriert, wenn ihre Summe positiv ist, aber $\theta_P$ nicht übersteigt |
| $\theta_N$ | Negative inhibitorische Schwelle; die Inputs zu einer Gruppe werden ignoriert, wenn ihre Summe negativ ist, aber nicht unter $\theta_N$ liegt $(\theta_N < O)$ |
| δ | Ein spezifizierter konstanter Verstärkungsfaktor |
| φ(c) | Ein Sättigungsfaktor, um zu verhindern, daß $\mid C_{ij} \mid$ größer wird als $1[\varphi(c) = 1 - 2c^2 + c^4]$ |
| $\theta M_I$ | Postsynaptische Verstärkungsschwelle |
| $\theta M_J$ | Präsynaptische Verstärkungsschwelle; ob und mit welchem Vorzeichen Verstärkung erfolgt, hängt ab von der Wahl einer Regel, die angibt, was in jedem von vier Fällen geschehen wird, je nachdem, ob $s_i$ größer oder kleiner als $\theta M_I$ und $s_j$ größer oder kleiner als $\theta M_J$ ist |
| *E* | Erkenner-Repertoire |
| *E von E* | Erkenner-von-Erkennern-Repertoire |
| *G* | Virtuelle Gruppe |
| $E_B$ | Erkenner-von-Bewegung-Repertoire |

# Bildnachweise

Abbildung 1.1. Ein Mnemon, die von J. Z. Young (1975) vorgeschlagene Gedächtniseinheit. Mit freundlicher Genehmigung der Royal Society und von John Z. Young. Abbildung 2.4. Blattmuster aus Cerellas Experimenten (Cerella 1977). Mit freundlicher Genehmigung der American Psychological Association und von John Cerella. Abbildung 2.5. Polymorphe Regel für Mengenzugehörigkeit, nach Dennis et al. (1973). Mit freundlicher Genehmigung von Macmillan Journals Limited und John Cerella. Abbildung 2.6. Anatomische Variabilität. (Pearson und Goodman 1979; Macagno et al. 1973; Rámon y Cajal 1904). Abbildung 2.6 A. Mit freundlicher Genehmigung von Alan R. Liss, Inc. Abbildung 2.6 B. Mit freundlicher Genehmigung von Eduardo R. Macagno. Abbildung 3.1. Abhängigkeit zweier Formen der Erkennungsfunktion von der Anzahl N der Elemente in einem Repertoire, berechnet anhand eines einfachen Modells. Aus Schmitt und Worden *The Neurosciences: 4th Study Program.* Mit freundlicher Genehmigung von MIT Press. Abbildung 3.2. Zwei extreme Fälle von Repertoires mit eindeutigen (nichtdegenerierten) und vollständig degenerierten Elementen. Aus Schmitt und Worden, *The Neurosciences: 4th Study Program.* Mit freundlicher Genehmigung von MIT Press. Abbildung 3.3. Vergleich der theoretischen und der experimentellen Erkennungsfunktionen in Darwin I. Aus Schmitt et al., *The Organization of the Cerebral Cortex.* Mit freundlicher Genehmigung von MIT Press. Abbildung 4.6. N-CAM an der motorischen Endplatte und Häufigkeitsänderungen im Muskel nach Denervierung. In *Journal of Cell Biology*, Bd. 103, 1986, Abbildung 2, S. 934. Mit Abdruckerlaubnis von Rockefeller University Press. Abbildung 5.1. Schematische Zeichnung von vier radialen Gliazellen und Gruppen mit ihnen assoziierter wandernder Neurone. Mit freundlicher Genehmigung von Elsevier Publications und Pasko Rakic. Abbildung 5.5. Zeitliche Veränderungen in somatosensorischen Karten nach Läsionen (Merzenich et al. 1983 b). Mit freundlicher Genehmigung von International Brain Research Organisation. Abbildung 5.6. Veränderungen der rezeptiven Felder im somatosensorischen Kortex nach einer peripheren Läsion (Merzenich et al. 1983 b). Mit freundlicher Genehmigung von International Brain Research Organisation. Abbildung 5.7. Eine thalamische Afferenz zu Area 3b bei der Katze, sichtbar gemacht durch Injektion von Meerrettichperoxidase (Landry und Deschênes 1981). Mit freundlicher Genehmigung von Alan R. Liss, Inc. Abbildung 5.8. Augendominanzsäulen (Hubel und Wiesel 1977). Mit freundlicher Genehmigung der Royal Society und von David H. Hubel. Abbildung 6.1. Das visuelle Netzwerk von *Pseudemys*, eine echte Herausforderung für die evolutionäre Analyse (Ulinski 1980). Mit freundlicher Genehmigung von Milton Fingerman, Chefredakteur von *American Zoologist*. Abbildung 6.2. Die Parzellierungstheorie von Ebbesson (1980). Mit freundlicher Genehmigung des Springer-Verlags und von Sven O. E. Ebbesson. Abbildung 8.1. Vergleich der elektromyographischen Aktivität der Kiefermuskulatur und der Kieferbewegungen vonPercidae und Cichlidae (Liem 1974). Mit freundlicher Genehmigung von Gary D. Schnell, Herausgeber von *Systematic Zoology*, und K. F. Liem. Abbildung 8.2. Wie Bernstein (1967) zeigte, werden Kreisbewegungen des gestreckten Arms bei gleichartigen Trajektorien von gänzlich verschiedenen Innervationsschemata ausgeführt. Mit freundlicher Genehmigung von Pergamon Press, Ltd. Abbildung 8.3. Gangarten beim Laufen in unterschiedlichen Altersstufen nach Bernstein (1967). Mit freundlicher Genehmigung von Pergamon Press, Ltd. Abbildung 8.4. »Topologie« nach Bernstein (1967). Mit freundlicher Genehmigung von Pergamon Press, Ltd. Abbildung 9.1. Experiment von Herrnstein (1982) zur Diskrimination von Bäumen. Mit freundlicher Genehmigung von Matthew Wayner, Herausgeber von *Neuroscience and Biobehavioral Review*, und Richard J. Herrnstein. Abbildung 9.2. Beispiele für die Darbietungen, die Kellman und Spelke (1983) benutzten, um die Wahrnehmung teilweise verdeckter Objekte durch vier Monate alte Kinder zu testen. Mit freundlicher Genehmigung von Academic Preess und Philip J. Kellman. Abbildung 10.2. Vereinfachter Konstruktionsplan von Darwin II. Mit freundlicher Genehmigung der New York Academy of Sciences. Abbildung 10.3. Reaktionen einzelner Repertoires ($E$, $E$ von $E$ und $E_B$). Mit freundlicher Genehmigung der New York Academy of Sciences. Abbildung 10.4. Histogramme der Reaktionshäufigkeit. Mit freundlicher Genehmigung der New York Academy of Sciences. Abbildung 10.6. Reaktionen einzelner $E$ von $E$-Gruppen in einem assoziativen Erinnerungstest. Mit freundlicher Genehmigung der New York Academy of Sciences.

# Register

Abhängige synaptische Regeln 263
Abstimmung von Zentrum und Peripherie: in der Entwicklung 174 f.
Adaptation: somatische Selektion neuronaler Gruppen 35, 52, 113-115, 451
Adulte Kartenbildung: an kritische Phasen gebunden 201-205; stabilisierte Konkurrenz in fixierten Schaltungen 188-205
Afferenzenausschaltung: partielle 240
Aktivierungssystem: Funktionen 104
Alberch, P. 42, 209, 229, 310 ff., 429
Alexander, R. M. 302 f., 306 f.
Altman, J. S. 70
Amnesie-Syndrom 459
Amphioxus 311
Amygdalakomplex 380
Anatomische Variabilität 68, 75
Andersen, P. O. 381
Anderson, J. A. 54, 409
Anish, D. S. 355
Armstrong, P. M. 313
Armstrong, S. L. 348, 350, 367
Arthur, W. 209
Aslin, R. 358, 361, 363
Assoziatives Erinnerungsvermögen: Test mit Darwin II 404-406
Assoziatives Lernen: Generalisierung und 63
Attardi, D. G. 182
Atwood, H. L. 276
Auditorische Schablonen 423
Auditorisches Erkennen: beim Kleinkind 361-363
Auerbach, L. 260
Augendominanzsäulen 202 f.

Baldwin, J. M. 38
Banker, G. A. 172
Baranyi, A. 269

Bartlett, F. C. 377, 459
Basalganglien: funktionale Aspekte 324 f.; Verknüpfung mit dem Kortex 313, 324
Bastiani, M. J. 179
Baudry, M. 262, 381
Baumwachstum 198-201, 245-248
Bekoff, A. 229, 301
Bernstein, N. 107, 302, 304 f., 315 f., 318, 321 f., 327 f., 331
Bertolotti, R. 139
Bewegung: Analyse der 303; Rolle in der Selektion 301, 328, 338, 448; durch Synergien bestimmt 327 f.
Bewegung: Schulterfunktion in der 310; spezielle Sinnesorgane und 311
Bewegungsformen: Topologie nach Bernstein 321
Bewegungsmuster siehe Gesten
Bilaterale Symmetrie 214, 216
Bilateralität 227
Bindman, L. 99
Bindra, D. 52, 340
Biologische Frage: in der Neurowissenschaft 442
Blough, P. M. 354
Bongard, M. 370
Bonner, J. T. 42, 209
Bornstein, M. H. 362
Bower, T. G. R. 358
Boyd, R. 114, 437, 461
Brackenbury, R. 129
Brainerd, C. J. 358
Brindley, G. S. 262
Brodal, A. 77, 108, 160
Brooks, V. 300, 303
Bryan, J. S. 276
Bullock, T. H. 73, 75, 212, 217
Burgess, P. R. 304
Burnet, F. M. 44, 47 f.
Burns, B. D. 99
Buskirk, D. R. 139
Butters, N. 344 f.

Caelli, T. 62
CAM 70; Bindungsweise 126; molekulare Variation 154; neuronale Variation 155; -Paare 150, 152; Regulator-Hypothese 147-152; Rolle in der Morphogenese 232 f.; sekundäre Induktion 155; Spezifität 158, 452; Störungen 153; im Zentralnervensystem 136
CAM-Antikörper: Auswirkungen auf die Topographie retinotektaler Projektionen 186 f.
CAM-Expression: epigenetische Regeln 146; Expressionssequenzen 131-138; Kontrolle der 129; Korrelation mit der Zellbewegung 155; Modulation 145-146; Orte der 140; Regulation 139; Regulator-Hypothese 147
CAM-Funktion 122; embryonale Induktion 142; Grenzbildung 142, 147; kausale Bedeutung der 138-144; Morphogenese 121-131; Rolle der 120; Störung der 139; Unterbrechungen 139
CAM-Modulation 137, 172, 236, 445; Bindungseigenschaften 129; differentielle 179; Mechanismen der 129-131; Modi 145 f.; Veränderungen der 140; der Zelloberflächen 178
CAM-Regulatorgene 149, 158; Expression 231; Veränderungen der 234
CAM-Zyklus 235; evolutionäre Änderungen 236; neuronale Lenkung 178 f.; Regulatorgene 236
Carew, T. J. 263
Catterall, W. A. 267
Cerella, J. 63, 352, 354 ff., 366
Chan-Palay, V. 75, 98 f., 218

Changeux J.-P. 43, 45, 262, 306, 449
Chemoaffinitätsmodell *siehe* Chemospezifitätstheorie
Chemospezifitätstheorie 154, 157, 167, 182, 449
Cheney, D. L. 435
Chomsky, N. 74, 369
Chun, L. L. Y. 173
Chuong, C.-M. 130, 134, 137ff., 147, 156, 170, 172
Clarke, E. 260
Coghill, G. E. 229, 301
Cohen, A. H. 322
Cooper, L. N. 409
Coren, S. 62
Cowan, W. M. 83, 89, 154, 161, 167ff., 172ff., 180, 182
Cowey, A. 72, 332
Crossin, K. L. 125, 132, 134, 137, 145f., 231
Cunningham, B. A. 124

D'Eustachio, P. 128
Damsky, C. H. 124
Danchin, A. 43, 45, 306, 449
Daniloff, J. K. 130, 136f., 140f.
Darwin I: Automat 90; degeneriertes Erkennen 93; Kreuz-Reaktion durch Vergleich verwandter Reize 93-95; Statistik der selektiven Erkennung 93f.; Vergleich der theoretischen und experimentellen Erkennungsfunktion 91f.
Darwin II: Anzahl der Gruppen in jedem Repertoire 389f.; assoziativer Erinnerungstest 403-405; Automat 97, 385-409; Darwin-Netzwerk 391f.; Erkenner-Repertoire 391f.; Erkenner von Erkennern 392f., 396f.; Grundregeln für den Bau 387; Gruppenstruktur 387f.; Klassifikation 399; Klassifikationspaare 400f.; Kreuzverbindungen 401f.; Kriterien für gelungene Leistung 395; Leistungsgrenzen und Aussichten 407-409; Reaktion auf individuelle Repertoires 394f.; Reaktionen von

395-406; Reaktionsfunktion 389; schematische Darstellung 402; Systembeschreibung 387-395; vereinfachter Konstruktionsplan 392; Verstärkungsfunktion 390; Wallace-Netzwerk 391f.; wesentliche Merkmale 407f.
Darwin III: Automat 408f.
Darwin, Ch. 37, 48, 56, 111, 460
de Lacoste-Utamsing, C. 99
de Nó, L. 242
de Peyer, J. E. 267
de Villiers, P. A. 355
Degenerierte Systeme: Leistungsgrenze im Ausbau 97
Degeneriertheit 31, 110, 112, 163, 260; anatomische Grundlage der 99f.; angenommene 98; Disjunktionen und 371f.; in einem Erkennungsautomaten 90f.; evolutionäre Konstanz der in verteilten Systemen 237-239; Gesten und 322; von Innervationsmustern 317; in lokalen Karten 164; der Mechanismen des Verhaltens 421; Notwendigkeit der 88f.; Populationseigenschaft 89; des sekundären Repertoires 90; Ursprung der 237
Dekin, M. S. 322, 455
Dekussation: von Bahnen in der Evolution 214, 217
Demokrit 67
den Boer, P. J. 257
Dendritenlänge 173
Dendritische Verzweigung 180
Dennett, D. C. 38f., 79
Dennis, I. 64f., 371
Depression: synaptische 276-279; 381
Deregowski, J. B. 62
Deschênes, M. 71, 198f.
Desmond, N. L. 262
Devor, M. 197, 240
Dichter, M. A. 172
Dickenson, A. 416
Differenzierung 172f., 227f.
Direkte Wahrnehmung 334
Distributive Systeme 209f.

Dobson, V. G. 329
Dodwell, P. C. 62
Dörfl, J. 202f.
Dornbildung: auf Dendriten 173
Dorsale Rückenmarkskerne: Evolution langer, reziproker Fasern 218
Douglas, R. M. 262
Dullemeijer, P. 212, 302f.

Easter, S. S. jr. 68, 74, 131, 154, 162, 174, 184f.
Ebbesson, S. O. E. 212, 215, 217, 223ff.
Ebner, F. T. 219
Eccles, J. C. 79, 260, 262, 443
Edelman, G. M. 29, 42f., 46f., 49f., 57, 68, 71, 74, 77, 81ff., 86, 90, 101, 103f., 111, 124f., 127, 129ff., 137ff., 147, 152, 154, 158, 160ff., 167, 169, 182, 197f., 209, 213, 222, 229f., 233, 239, 261ff., 280, 286, 311, 386, 407
Eggers, M. D. 197
Eimas, P. D. 361ff.
Einbahn-Dogma 49
Einheitliche Erfahrung: der externen Welt 78
Einprägung 423
Ektopische Zellen: in der Entwicklung 172
Embryogenese: CAM-Expressionssequenzen in der 131-138
Embryonale Induktion 141-143, 152f.
Entwicklung: neuronaler Strukturen 67-76; Rolle der Primärprozesse in der 121
Epigenetische Regeln 144-153
Epstein, R. 347
Erfahrungsphase: der Selektion 109
Erkennung: von lokalen Merkmalen 365; selektive in einem Computermodell 94; durch Vergleich 95
Erkennungsautomat: Grundregeln für den Bau 387; *siehe auch* Darwin I; Darwin II; Darwin III

Erkennungsfunktionen: Abhängigkeit von der Mannigfaltigkeit der Repertoires 85 f.; Definition der 85 f.; kritischer Wert von N 86; Vergleich der theoretischen und experimentellen 92 f.
Erwartung: Rolle der im Lernen 415–418
Estes, W. K. 413
Ethologie 41
Ethologische Frage: in der Neurowissenschaft 442 f.
Evarts, E. V. 303, 306, 314, 323 f., 336, 338, 431
Evolution 47; Struktur und Themen 208, 342
Ewer, R. F. 425
Expression: von Afferenzen in rezeptiven Feldern 250 f.

Faber, D. S. 54, 101, 217
Fagan, J. F. III 351, 362
Faszilitation: synaptische 276, 278
Faß-Repräsentationen im somatosensorischen Kortex von Nagern: kritische Phasen 201–205; Überschneidungen 198–201
Federinduktion 141–144, 150
Fehér, O. 269
Ferber, R. 358
Fifková, E. 262
Finkel, L. 23, 29, 46, 49, 68, 71, 81, 83, 101, 164, 197 f., 239, 261, 263, 280, 286
Fischbach, G. D. 172
Fixiertes motorisches Programm 423
Formbildende Bewegungen: in der Entwicklung 139
Foster, M. 260
Fraser, S. E. 139, 183, 186
Frazzetta, T. H. 310
Friedlander, D. R. 136
Funktion: Änderung der in einer Struktur 213; Aufteilung der globalen 210; Entwicklung von durch Verknüpfung von Klassifikationspaaren 219; kortikale rezeptive Felder 222; Lokalisierung 209 f.; phänotypische 210

Funktionalistischer Ansatz: der Psychologie 55
Funktionelle Karten 238,252; Heterochronie und 253 bis 258; Variabilität der 189 bis 198
Funktionelle Komplexe 315, 339; *siehe auch* Synergien
Fuster, J. M. 379

Gall, E. W. 23
Gallin, W. J. 128, 141, 144, 153, 358
Gallistel, C. R. 303 f., 313 f., 320, 340
Gamzu, E. 413
Gangarten: bei unterschiedlichen Altersstufen 318
Gans, C. 322
Garcia, J. 413
Gaze, R. M. 184
Gedächtnis 377–384; Definition des 344, 371; deklaratives 383; dynamische Kontinuität 380; Einschränkungen und Definitionen 345–348; Grundlagen des 344; kategoriales 294 f.; Klassifikation des 344 f.; Kurzzeit- 380–383; Langzeit- 381 f.; rekategoriales 344; als Rekategorisierung 345, 348, 377, 383, 446; Verhältnis zur synaptischen Änderung 293–295; Verhältnis zwischen Information und Speicherung 378; Verknüpfung mit Wahrnehmung, Kategorisierung und Generalisierung 377; als verteiltes System 383; Wahrnehmungsbasis 377 f.
Gehirn: Funktion des: selektionistische Theorie 110–112; somatische Adaptation muskuloskeletaler Veränderungen 307
Gekoppelte Karten 239–253
Gekoppelte Netzwerke 337; Informationsverarbeitung und 433–437
Gekoppelte Schleifen 325, 330
Gekoppelte Systeme: Auftreten von 216; multiple 336 f.;

parallele 222; Selektion zwischen Gesten und 301 f.
Gelade, G. 62
Gelfand, I. M. 305
Gene: historegulatorische 149, 158, 231; morphoregulatorische 229–231
Generalisierung 58–67, 73, 111; assoziatives Lernen und 63; Charakterisierung der 64 f.; im Erkennungsautomaten 401; in der Kategorisierung 348; neuronale Organisation und 369–376; perzeptuelle 62 f., 66; von Reizen 366; somatische Selektion und 443 f.; strukturelle Mindestbedingungen 331 f.; bei Tauben 352–357
Genexpression: Kaskadenkontrolle der 152
Genprodukte: regulierte Expression der 234
Georgopoulos, A. P. 317, 336
Gesetz des Effekts (Thorndike) 39 f.
Gesten: Definition 323 f.; funktionelle Grundlage von 315–323; funktionelle Komplexe für 339; und Globalkartierung 324 f.; Kategorisierung und 323, 338; Klassen von 302; prototypische 327; als Quelle der Merkmalskorrelation 328; Selektion neuronaler Gruppen und 323–329
Getting, P. A. 322, 455
Ghiselin, M. T. 347
Gibson, J. J. 67, 334, 360
Gilbert, C. D. 71, 101, 199
Girgus, J. S. 62
Gleitman, L. R. 412
Glia: radiales 137 f.
Gliedmaßenbewegungen: Biomechanik von 320
Globale Funktionen: Definitionen der 299
Globale Hirntheorien 51–53
Globalkartierung 293 f., 299, 336, 446; bei Darwin III 408; differentielle Selektion von 340; Funktion der 338, 420; Gesten und 324 f.; als Grund-

lage für situationsabhängige Reaktionen 338; Kategorisierung und 329 f.; Klassifikationspaare in der 414; Komponenten der 324; Kopplungsschleifen und 330; lokale Kartierungen und 300 f.; Parallelität von 343; polymorphe Mengen und 375; Rolle des motorischen Systems 366; Rolle des rekategorialen Gedächtnisses 344; Schaffung und Ausgestaltung der 328; sensomotorische Ensembles 421; Verknüpfung und 332; Verknüpfungen von 430; Verschaltungsmuster 447.
Goodman, C. S. 68, 70
Gottlieb, G. 36, 38, 41 f.,
Gould, S. J. 36, 38, 42, 66, 230, 352, 375, 410, 435
Granit, R. 260
Graziadei, P. P. C. 181, 216
Greenberg, M. E. 129, 139
Greene, P. H. 315, 322
Greengard, P. 279
Griffin, D. R. 36
Grillner, S. 303, 311 f., 322
Große Schleife der Evolution 436; *siehe auch* Kleine Schleife
Grumet, M. 125, 134 f., 137
Gruppe *siehe* Neuronale Gruppe
Gruppenübergreifende Selektion 257
Gustafsson, B. 290

Haas, H. L. 272
Haeckel, E. 38
Hall, W. C. 219
Halpern, M. 216
Hamburger, V. 45, 98, 120, 173, 229, 301, 306, 418, 424, 429
Hand, P. J. 200
Harris, P. 358
Harris, W. A. 202
Harrison, L. G. 320
Harrison, R. G. 120
Hassler, S. 23
Hatta, K. 125
Hawkins, R. D. 272

Hayek, F. A. 41, 62, 68, 260, 263
Head, H. 300, 366, 377
Hearst, E. 413
Hebb, D. O. 40, 51, 260, 262 f., 289, 340
Hebbs Theorie der Zellverbände 51 f.
Hebbsche Regel 289 f., 453
Hedonistische Steuerung: und Werte beim Lernen 421, 428, 432
Held, H. 260
Held, R. 335
Hemperly, J. J. 128
Herrnstein, R. J. 59, 63, 352 f., 355, 357, 366
Heterochronie 229 f., 429; Kartenfunktion und 253–258; Verhältnis zur Regulator-Hypothese 230–237
Heterosynaptische Inputs 269, 272
Heterosynaptische Modifikation: vs. monosynaptische Modifikation 263
Heterosynaptische Wechselwirkungen 454
Hinchliffe, J. R. 312
Hinton, G. E. 409
Hippocampus 380–384
Historegulatorische Gene 149, 158, 231
Hodgkin-Huxley-Modell 272
Hoffman, S. 127, 130, 139, 156, 170, 174
Holloway, R. L. 99
Holtfreter, J. 156
Homosynaptische Inputs 267–269
Homosynaptische Modifikation: vs. heterosynaptische Modifikation 263
Homunkulus 78, 112
Honig, W. 355
Horridge, G. A. 54, 101
Huang, L.-Y. M. 267
Hubel, D. H. 153, 165, 202, 329, 425
Huganir, R. L. 267
Hull, C. L. 39
Hunt, R. K. 154, 182
Hypothese gleitender Verbindungen: in retinotektalen Karten 184

Immelmann, K. 425
Informationsverarbeitung: echte 434 f., 443 f., 448; selektive gekoppelte Netzwerke und 433–437
Informationsverarbeitungsmodelle 54 f., 73–79; und *a priori* definierte Informationen 80; Darstellung 74; und das Fehlen von Verdrahtung 73 f.; Hauptschwierigkeiten 80; stumme Synapsen und 77 f.; ungelöste strukturelle und funktionelle Probleme in den 76 f.
Ingram, V. M. 75, 98, 218
Inputsignale: Erkennungsfunktion und Abhängigkeit von der Repertoire-Vielfalt 85 f.
Instruktion: in globalen Hirntheorien 51–53
Instruktionistische Modelle 76–78; Rolle der Komplexität auf der nächsthöheren Ebene 77; ungelöste strukturelle und funktionelle Probleme 76
Integration: höhere Ebenen 75
Interneurone: sich kreuzende 217
Intraspezifische Variabilität 223–230
Ipsilaterale Bahnen 216 f.
Isaacson, R. L. 381
Ito, M. 290, 313, 324 f., 381

Jackson, H. 40
Jacobson, A. G. 145
James, W. 20
Jansen, J. K. S. 306
Jeannerod, M. 328
Jenkins, H. M. 39, 412 f., 426
Jerne, N. K. 44, 449
John, E. R. 430
Johnson, D. R. 312
Johnson, M. 173
Jones, E. G. 200
Julesz, B. 62, 72, 78, 330, 334
Juscyk, P. W. 51, 361, 363

Kaas, J. H. 71 f., 75, 78, 189, 197, 240, 250
Kamin, L. J. 413

Kanalpopulationsverteilung: postsynaptische Regel 267
Kandel, E. R. 260, 262
Karten: Abstraktion geringeren Grades 165 f.; Bereich 166; Definition 162; degenerierte Anatomie 275; dynamischer Prozeß 197 f.; Entwicklung 70; fundamentale Asymmetrie von 336; funktionale Aspekte von 163; Grenzdefinitionen und 250, 455–457; kortikale 75, 101; motorische 336; multimodaler Input in 445; Ordnung 162, 181–188; Organisation von Klassifikationspaaren in 429; Punkt-zu-Gebiet-Beziehung 165; Reorganisation 189–198; retinotektale 185 f., 205, 220; retinotektale Projektionen 181–188; rezeptive Felder und 274 f.; topographische Kontinuität 239; Übersetzung erster Ordnung 165 f.; Verfeinerung 185; Wichtigkeit der Funktion 174; zelluläre Dynamik von 160–163;
Karten(ab)bildung 110, 161; des Inputs 302; Modell der 239; Neotenie und 253; parallele Kanäle in der 446; periphere phänotypische Strukturen und 256; Repräsentation und 163–167; Rolle der postsynaptischen Regel in der 266–276; sukzessive 166; synaptische Variation in der 181; topographische Projektionen und Signalaustausch 455–457; uneindeutige 318 f., 364 f.
Kartenformation: Abstimmung von Zentrum und Peripherie 174 f.; Ausbildung von Verbindungen 174; entwicklungsbedingte Beschränkungen 167–176; Komponenten der 242 f.; neuronale Zytodifferenzierung 172; selektive Zell-Aggregation 172; Zelltod in der 173; Zellvermehrung 169; Zellwanderung 169–172
Kaskadenkontrolle: der Genexpression 152
Kategoriales Gedächtnis 293–295
Kategorie: Definition 347
Kategorisierung 58 f., 253 f., 348–351; begriffliche 350, 371 f.; Bildung von Kategorien 75; Disjunktivität der 350, 382; Erforschung der 348 f.; Einschränkungen und Definitionen 345–348; Funktion der 365; von Gesten 323 f., 339; Grundlage für adaptive 336; klassische Konditionierung 421; Koordination der Bewegungsmuster 314; kritische Zusammenfassung der 365–369; Lernen 418; Mechanismen 113 f.; und Objektdefinition 331; parallele Arrangements verschiedener Modalitäten 209; polymorphe Regel 65; Probleme in Verbindung mit der 55 f., 112; Rolle der Globalkartierung 330 f.; von Sprache und Sprechgeschwindigkeit 361–363; Wahrheitsgehalt der Beschreibung 369; der Wahrnehmung 351 f., 369–371; wirkliches Lernen und 442; *siehe auch* Perzeptuelle Kategorisierung
Kaufman, T. C. 42, 122, 209
Kellman, P. J. 331, 358 ff., 366
Kelso, J. A. S. 304, 315, 317 f.
Kerne: Evolution der 208 f., 223–230
Kiefermuskeln: elektromyographische Aktivität bei Barschen und Buntbarschen 307–309
Klassifikation: durch Automaten (Darwin II) 399; durch das Gedächtnis 343; Schwierigkeiten der 370
Klassifikationspaare 105, 216,; Bildung von 254; von Darwin II 401; Funktion der 379 f.; in globalen Abbildungen 414; Kontinuität zwischen den 382; und Lernen 427; Kurzzeitgedächtnis 382; Organisation der 429; Rekategorisierung 377; (reziproke) Kopplung 295, 374, 427; sekundäre Verbindungen 381; Sukzessionsordnung und Verknüpfung 380; Verknüpfung von 219, 382 f., 427–430
Klassische Konditionierung: und Lernen 414, 416–419
Klein, R. M. 51
Kleine Schleife der Evolution 436
Kleinhirn: Funktion 324 f.; lokale Organisation 214 f.; sequentielle Verknüpfungen von Synergien 381
Kleinkind: Objekterkennung und auditorisches Erkennen 358–364
Klonale Selektion: Theorie der 44 f.
Koartikulation: beim Sprechen 365
Koch, C. 262
Kohonen, T. 409
Konditionierung: klassische 413, 416–418; operante 413, 417 f.; unwillkürliche 429; und Verhalten 418–422
Konishi, M. 352, 422
Konnerth, A. 272
Kontext: in der Wahrnehmung 59 f.
Kontinuität 328, 340
Konzeptualisten 41
Koordinatensysteme 333
Kopräsentation 365
Korn, H. 54, 101, 217
Korneliusen, H. 306
Korrelierte Aktivität: in der Gruppenselektion 248
Kortex: Funktionen 324–327; gekoppelte Verknüpfungen zwischen Basalganglien und 314, 324; überlappende Afferenzen im 247; vorhergesagte pathologische Folgen von Änderungen im 456
Kortikale Karten: Variabilität 75, 101, 189–198

Kortikale Neurone: als Merkmalsdetektoren 329
Kortikale Repräsentation: darwinistische Konkurrenz um 249
Kortikale rezeptive Felder 222
Kortikotektale Projektionen 222
Kosar, E. 200
Kramer, A. P. 70
Kreuz-Reaktion 93–95
Kubovy, M. 62, 360
Kuhl, P. K. 363
Kuo, J. F. 279
Kupfermann, I. 272
L-CAM: Anti-L-CAM-Antikörper 139, 142 f., 153; Bindung 124 f.; lineare Kettenstruktur 122 f.; überlappende Verteilung 148; Verteilung 133, 148; Vorkommen vor der Gastrulation 131 f.
Lamport, L. 103
Lander, D. 355
Landry, P. 71, 198 ff.
_Large domain_-Polypeptid: von N-CAM 128, 136
Lashley, K. S. 162, 210, 383
Laskin, S. E. 195
Le Douarin, N. M. 133, 173
Lee, K. J. 201
Lernen 293, 411; adaptives 442, 458; Definition des 415; echtes 411 f., 416, 425; Einzelfall-Lernen 367; Erwartung und 415–418; Hauptziele der Theorie 427; Klassifikationspaare und 427; klassische Lerntheorie 412; Kommunikation und 434; konditionierbare Subsysteme beim Lernen 431; Kontext-Korrelation und 413; Kriterien für das 415; lernenden Systemen dienende Netzwerke 432; Modell des 428–430; moderne Interpretation von Lernexperimenten 412–414; neotenisches 425–429; neuronale Basis des 411 f.; Organisation der Klassifikationspaare in Abbildungen 429; Pawlowsche

Konditionierung und 412 f., 416–419; perzeptuelle Kategorisierung und 414, 417, 442, 457–459; perzeptuell-motorische Kategorisierung beim 349; Rolle der Überraschung im 415–418; Selektion neuronaler Gruppen und 426–433; Selektionshierarchien beim 422–426; selektives 423, 426–428; Theorie des 412 f., 415; und Leistung 413; Verknüpfung mit globalen Abbildungen 430; verstärktes 420
Levy, W. B. 262
Lewontin, R. 66
Liberman, A. M. 302, 321, 340, 363 f., 369
Lichtman, J. W. 161, 167, 169, 174 ff., 184, 235
Liem, K. F. 303, 306 f., 309
Limbisches System 428
Lindner, J. 170
Lippold, O. 99
Llinás, R. 262
Lloyd, B. B. 66, 347 f.
Locurto, C. 413
Lokale Karten 166 f.; funktionale Bedeutung 166; Globalkartierung und 300; Kontinuitätseigenschaften 166
Loveland, D. 355
Lumsden, C. 86 f., 255
Lynch, G. S. 262, 381
Lythgoe, J. N. 36

Macagno, E. R. 68, 70, 172
MacArthur, R. 257
MacDonald, J. 364
Mackintosh, N. J. 39, 412, 418
Macmillan, N. A. 349
MacPhail, E. M. 36, 412
Magleby, K. L. 262, 276, 278
Marder, E. E. 455
Marler, P. 42, 55, 58, 66, 181, 350, 352, 368, 375, 410, 413, 422 ff., 426, 429, 435
Marr, D. 73 f., 262, 332, 335
Mason, W. A. 425
Masterton, R. B. 214
Matthews, P. C. 304
Mattingly, I. G. 302, 321, 340, 363 f., 369

Maunsell, J. H. R. 72
Mauthner-Zellen 54, 217
Mayr, E. 36, 43, 47 f., 57, 81, 111
McCormmach, R. 56
McGurk, H. 362, 364
Mediale temporale Regionen 380
Medin, D. L. 65 f., 349 f.
Mengenzugehörigkeit: polymorphe Regel 65
Merkmalsdetektion: lokale 368; Spezifität und Variabilität 375
Merkmalsextraktion 335; in der Wahrnehmung 328–336
Merkmalsgestaltung 370
Merkmalskorrelation: globale 368; in der Wahrnehmung 328–336; und Erkennungsautomat 393
Mervis, C. 348, 356
Merzenich, M. M. 101, 162, 189, 191 f., 240, 275
Messer, A. 174
Metamerie: in der Evolution 214
Metathoraxganglion: bei _Locusta migratoria_ 68
Meyer, R. L. 101
Michaelis-Menten-Gleichung 270
Middlebrooks, J. C. 101
Miller, C. L. 361 f.
Miller, J. D. 363
Mills, W. C. 37
Milner, B. 347, 380
Minsky, M. 407
Mishkin, M. 380, 382
Mnemon-Konzept 43 f.
Mobbs, C. V. 37
Modell der Beschränkung, Selektion und Konkurrenz 455 f.; Gruppenbeschränkung 244–246; Gruppenkonkurrenz 241 f., 249–253; Gruppenselektion 245–248
Modulationstheorie 156–158
Monti Graziadei, G. A. 181
Moonen, G. 172
Morgan, C. L. 37
Morphogenese: CAMs und die Modulation der Zelloberfläche 121–131; Re-

gulation der 153; Variationen des Entwicklungsvorgangs 255
Morphogenetische Theorien 154
Morphoregulatorische Gene: Rolle in CAM-Zyklen und Entwicklung 230 f.
Motorische Aktivität: und ihre Auswirkungen auf sensorische Oberflächen 329–336
Motorische Funktion: Selektion neuronaler Gruppen und 317, 321
Motorische Karte: Konstruktion der 336
Motorisches Ensemble: Definition des 339, 343
Motorisches Feld 327
Motorisches System 300, 303–305; Aufgaben des 107; Globalkartierung und 340; Verbindung mit dem sensorischen System 300
Motter, B. C. 324, 332
Mountcastle, V. B. 109, 163, 165, 208, 210 f., 213, 237, 241 f., 301, 324, 328, 332, 337
Müller-Zellen 217
Murdock, B. B. jr. 409
Murray, B. A. 122, 128, 130, 136
Muskelsehnenrezeptoren 304
Muskuloskeletale Strukturen: entwicklungsbedingte Zwänge 311; Evolution der 305–315; gesonderte Anpassung der 303; Koordination der 313; Kovarianz der Aktivität 317; Veränderungen während der Ontogenese 307
Muster: Klassen von 322
Mustergeneratoren: zentrale 313, 321 f.

N cadherin 125
N-CAM: Anti-N-CAM-Antikörper 139, 186 f.; Ausbildung 139, 143, 234; Bildung von Faserbündeln 175; Bindungsmechanismus 124–128; chemische Modulation 127; E-zu-A-

Konversion 127, 132, 140, 234; Expression 140 f., 235; Gene für 127 f.; Kontrolle der Expression in der Entwicklung 129; lineare Kettenstruktur des 122 f.; Modulation von 128, 155, 172; an der motorischen Endplatte 141; Präsenz vor der Gastrulation 132; an den Ranvierschen Schnürringen 141; in Schwann-Zellen 141; Typ A 126 f.; Typ E 127; überlappende Verteilung von 148; Verteilung 133, 148
Nachahmung: beim Lernen 423
Nadel, L. 333, 347
Natürliche Selektion: in bezug auf das Verhalten 37 f., 410–412
Neale, E. A. 172
Neisser, U. 344 f., 420
Neokortikales Äquivalent: in der Evolution 236
Neotenie 253
Neotenisches Lernen: Definition des 427
Nervensystem: evolutionäre Strukturthemen 213 f.; muskuläre Synergie und Adaptation des 317
Nervenwachstumsfaktor (NGF) 136
Nervenzentren: spezialisierte 425
Netsky, M. G. 212, 214, 217 f., 313
Neumann, J. v. 89
Neurale Induktion 132–134; Oberflächenmodulation 154
Neuralwulstzelle: Position der 173
Neuralzellen-Adhäsionsmolekül *siehe* N-CAM
Neuriten: Einwachsen von 180; Pfadwahl der 179 f.
Neuroanatomie: Konstanz der 160; Vielfalt der 452 f.
Neurobiologie: selektionistische Vorstellungen 35 f.
Neurogenese: CAM-Expressionssequenzen während der 131–138

Neuron-Zell-Glia-Adhäsionsmolekül *siehe* $N_g$-CAM
Neuronale Codierung 73–75
Neuronale Differenzierung 172 f.
Neuronale Gruppen: Beschränkung von 242 f.; Bildung von 273; Definition der 84 f.; als Degeneriertheit brechende Strukturen 275 f.; Dynamik von 241; funktionelle Definition von 241; funktionelle Eigenschaften 274; Gliederungen von 372; Klassen von Verbindungen 281–284; Konkurrenz zwischen 241 f., 249–253; Mannigfaltigkeit des Repertoires und 85; multiple, mit unterschiedlichen Strukturen 88; nichtisomorphe Selektion und 372
Neuronale Musterbildung 155 f.; epigenetische Basis der 163; evolutionäre Basis der Konstanz der 158; Kriterien zur Erklärung der 176; Phasen der Entwicklung 168; Rolle der Selektivität 168; selektive und kompetitive Modelle 173; Zelloberflächen-Modulation in CAM-Zyklen 178 f.
Neuronale Netzwerke: evolutionärer Wandel in 212–219; Generalisierung 58; Organisation von 56 f., 75
Neuronale Netzwerke: Lernen und 294 f.; Populationseffekte, die sich aus den beiden Regeln in ergeben 280–284
Neuronale Organisation: Generalisierung und 369–376
Neuronale Potenzierung 321
Neuronale Struktur 56; evolutionäres Erscheinen der 257, 305 f.; und phänotypische Funktion 210; Überlappung 71 f.; Variabilität und Konstanz von Mustern in 82 f., 154–159; Vielfalt in 67–73

Neuronale Unwissenheit: Doktrin der 110, 452
Neuronale Verknüpfungen: überlappende und degenerierte 163
Neuronales Substrat: Rolle in der perzeptuellen Kategorisierung 432 f.
Neuronales System: paralleles dyadisches 216
Neurone: synaptisches Input-Schema 264; Variabilität der 98 f.; variierende Formen von 236
Neurophysiologie: Populationsgedanke in der 52
$N_g$-CAM: Anti-$N_g$-CAM-Antikörper 139; Bildung von Faserbündeln 174; Bindung 125; Expression 152, 235; lineare Kettenstruktur 122; Mikrosequenzen von Vorkommen 135–137; Modulation von 155, 170–172; an den Ranvierschen Schnürringen 140 f.; Schwann-Zellen-Expression von 141; Verteilung 148, 234
Nguyen, C. 128
Nieuwkoop, P. D. 144
Nilsson, L.-G. 344
Norman, D. A. 20, 54, 344
Northcutt, R. G. 215, 223, 230
Nottebohm, F. 181, 423
Nunes-Cardozo, J. 262

O'Farrell, P. H. 152
O'Keefe, J. 333, 347
O'Leary, D. D. M. 235
O'Malley, C. D. 260
Oakley, D. A. 431
Objektdetektion 367
Objekterkennung: beim Kleinkind 358–364
Obrink, B. 124
Ökonische: ambivalente 27 f.; in der Entwicklung 443
Oldfield, R. C. 300, 366, 377
Operante Konditionierung: und Lernen 413, 418 f.
Optik des Gesichtsfelds: Bereich 182
Orbach, J. 210

Osse, J. W. M. 309
Owings, D. W. 351
Owings, S. C. 351
Oxnard, C. E. 303, 307, 310

P cadherin 125
Paar: Definition des 85; Schwellenwert 91 f.; Signal zur Gruppe in Darwin I 90 f.
Paarungsregel: Definition in Darwin I 91 f.
Palmer, L. A. 162
Pantin, C. F. A. 66, 369
Papert, S. 407
Parallele Muster: und Klassifizierung 305–336
Parallelschaltungen: Evolution der 223–230
Parallelverarbeitung 214
Parzellierung: Ereignisse im Laufe der Evolution 228; und Evolution 223–225; Grad der 225; horizontale 228; Hypothese der (Ebbesson) 220; Mechanismen der 226; retinotektale Projektion und 228; Unterschied zur Regulator-Hypothese 236; vertikale 228
Pasternak, J. F. 200
Patterson, P. H. 173
Pawlow, I. P. 39, 419
Pawlowsche Konditionierung: und Lernen 412 f., 418 f.
Peacock, J. H. 172
Pearson, J. C. 273
Pearson, K. G. 68, 70
Perzeptuell-motorische Kategorisierung 349
Perzeptuelle Kategorisierung 56–67, 114, 348–364, 411, 434; adaptive 300; Bedeutung für das Lernen 416, 458; Definition der 444; Fähigkeit zur 427; und Generalisierung bei Tauben 351–357; Gesten 332; Kontext-Abhängigkeit 62; neuronale Basis der 340; neuronales Substrat 378, 433; relative und kontextabhängige Natur 58–62; Theorie der Selektion neuronaler Gruppen und 31 f.;

als Vorbedingung für konventionelles Lernen 113 f., 414, 442; und Zusammenspiel zwischen lokalen sensorischen und motorischen Karten 301
Pfaff, D. W. 428
Phänotypische Funktion: neuronale Struktur und 210 f.
Phasischer Signalaustausch 33 f.; *siehe auch* Signalaustausch
Phillips, C. G. 72
Pierce, J. R. 80, 378
Pitcher, G. 64, 347
Plastizität: von adulten Karten 188–191
Polymorphe Mengen 443 f.; Definition der 371; Globalkartierung 375
Polymorphe Regel: für Mengenzugehörigkeit 65
Pomerantz, J. R. 62, 360
Pons, T. 200
Poole, J. 355
Popper, K. R. 79, 443
Populationsgedanke 35–37, 56, 81; in der Neurophysiologie 52; in bezug auf das Verhalten 37 f.; Voraussetzung für den 113
Populationsmodell: postsynaptische Regel 272; präsynaptische Regel 276 f.; synaptisches 260–266; das den zwei Regeln gehorcht 284–290
Postganglionäre Fasern 175
Postsynaptische Effizienz 286
Postsynaptische Modifikation 454; kurzfristige 280, 294; zeitliche Randbedingungen 270
Postsynaptische Regel 266–276, 453 f., 457 f.; allgemeinste Formulierung 266; Aussage 265; Computermodell der 273; heterosynaptische Auswirkungen und 286; heterosynaptische Eigenschaft 274; Mechanismen der 266–268; Populationseffekte in Netzwerken 280–284; Transmitterlogik und 290–292;

Unabhängigkeit 445; vereinfachte mathematische Version 281; Zwei-Zustände-Modell 269
Postsynaptische Verteilung 175
Postsynaptische Zellen: Modifikationen von 262 f.
Potenzierung: Langzeit- 381
Präattentive Wahrnehmung 78
Präganglionäre Neurone 175
Präsynaptische Effizienz 286
Präsynaptische Modifikation 454; langfristige 280, 294
Präsynaptische Regel 276, 453, 458 f.; Aussage 265; Gleichung 278; langfristige Änderung 287; Populationseffekte in Netzwerken 280–284; Unabhängigkeit 445; zentrale Annahmen 278
Präsynaptische Stärke 278
Präsynaptische Zellen: Modifikationen in 262 f.
Pressley, M. 358
Prestige, M. C. 173
Preyer, W. 229
Pribram, K. H. 381
Primäres Repertoire 30 f., 109; Definition des 85; degeneriertes 181, 241 f.; Entstehung 448; Funktion 210; lokale Anatomie von 83; Rolle der Adhäsionsmoleküle im 120; somatische Selektion und 256; somatische Vielfalt im 158; und Variationsprozesse 147; variierende Zellgruppen im 163
Primärprozesse: der Entwicklung 121; und Selektion 177–181
Projektionen: funktionelle Organisation der 109 f.
Prototypizität: in der Kategorisierung 367 f.
Pseudemys: visuelles System von 219–223
Psychologische Frage: in der Neurowissenschaft 442
Purkinje-Zellen 140
Purves, D. 161, 167, 169, 174 ff., 184, 235

Pyramidenzellen 245

Quine, W. V. 347

Radial-Glia 170 f.
Raff, R. A. 42, 122, 209
Rakic, P. 155, 170, 172, 174, 202, 242
Ramón y Cajal, S. 68, 71, 120, 180, 260
Räumliche Konfiguration: Topologie 321
Reduktionistische Sichtweise 55
Redundanz 45, 89, 163
Reed, E. S. 41
Reeke, G. N. jr. 23, 29, 82, 90, 103, 111, 386, 407
Regulator-Hypothese 32 f., 120, 144–153, 158, 445, 450–452; CAM-Regulationszyklus 147–153; in induktiven Systemen 234; Parzellierungs-Hypothese und 236; Regulation der Morphogenese 152; Rolle der SAM-Expression 147 f.; Theorie der Selektion neuronaler Gruppen und 230–233; Verhältnis zur Heterochronie 230–237; angewandt auf die ZNS-Entwicklung 234; siehe auch CAM-Expression
Regulatorgene: Veränderungen von 229
Regulatorische Theorien: in der Morphogenese 154
Rekategoriales Gedächtnis: Rolle der Globalkartierung 344
Rekategorisierung 283 f.; assoziative 457; Gedächtnis als 344, 348, 377, 383, 446; klassische Konditionierung und 421; Rolle von parallelen Inputs 337
Reorganisation von Karten 189–198
Repertoires 444; Größe des 90; Grundlagen für funktionelle Reaktionen 210; Vergleich zwischen nichtdegenerierten und vollständig degenerierten 88 f.;

Zusammensetzung des 89; siehe auch Darwin I; primäres Repertoire; sekundäres Repertoire
Repetitive Strukturen 218
Repräsentation: Kartierung und 163–167; Verhältnis zu topographischen oder räumlichen Karten 164; siehe auch Karten
Rescorla, R. A. 413, 416
Retina-X-, Y- und W-Zellen 329
Retinotektale Karten: Ausbildung der 204; Auswirkungen von CAM-Antikörpern auf 186 f.; topologische Kontinuität 220
Retinotektale Projektionen: und Ordnung von Karten 181–188; Parzellierung und 226
Rezeptive Felder: Karten der 274; Überschneidung 249, 456
Rezeptoroberflächen: simultane Erregung 335
Reziproke anatomische Verbindungen 33
Reziproke Konnektivität 332; adaptive Bedeutung der 219; dynamische vertikale und horizontale 251 f.; in Erkennungsautomaten 394; Evolution der 218; zwischen Kortex und Basalganglien 313; sensorisches System 329
Reziproke Kopplungen 457
Richardson, G. P. 134
Richerson, P. J. 114, 437, 461
Rieger, F. 130, 138, 140 f.
Rockel, A. J. 244
Rohde-Zellen 217
Rohon-Beard-Zellen 217
Roland, P. E. 304, 324
Romanes, G. J. 37
Rortblatt, H. L. 384
Rosch, E. 66, 347 ff., 356
Rose, D. 329
Rose, J. E. 189
Rothbard, J. B. 127
Ryle, G. 64, 347

S-R-Paradigma 38, 41
Sahin, K. E. 103

SAM 125; Funktionsstörung
140; Genexpression 231;
Rolle in der Morphogenese
232–234; Spezifität 452;
Zelloberflächenmodula-
tion und 178
SAM-Expression 137–139;
und Regulator-Hypothese
153
Sarnat, H. B. 212, 214, 217 f.,
313
Schablonentheorie: für die
Kategorisierung 355
Schichten: Evolution im ZNS
208 f., 223–230
Schicksalskarte 145
Schlundkieferknochen 307
Schmalhausen, I. I. 43
Schmidt, J. T. 101, 184 f., 205
Schmitt, F. 160, 164, 182
Schneider, G. E. 216, 366
Schnurrhaar-Repräsenta-
tionen: *siehe* Faß-Reprä-
sentationen
Scholes, J. 184
Schulter: Evolution und
Funktion in der Bewegung
310
Schwann-Zellen 141
Schwartz, B. 413
Scott, B. E. 172
Scott, M. P. 152
Segmentierung: in der Spra-
che 365
Sekundäres Repertoire 30,
32, 84, 461; Bildung des
188, 445; Degeneriertheit
90; Grundlagen der Selek-
tion des 259–261; Selek-
tion des 109, 163, 181, 445;
Selektionsmechanismen
für das 83 f.; somatische Selektion des 255–257; syn-
aptische Regeln und 265
Selektion neuronaler Gruppen 241, 245–248, 334 f.;
adaptive 111–115, 418; allgemeine Implikationen
459–462; Diversifikation
durch 29, 50; epigenetische
Entwicklung von Variabilität und Individualität 81;
funktionelle Variabilität
83; Gesten und 323–329;
grundlegende
Behauptungen der Theorie

der 29 f.; und Information
334; kohärente zeitliche
Koordination der Reaktio-
nen 30; Koordination und
Verstärkung 33; Korrela-
tion und 324; ontogeneti-
sche Vielfalt 53; perzeptuelle Kategorisierung und
33 f.; Populationsgedanke
und 35–37; positive und
negative Selektion 50;
Randbedingungen 52; Re-
gulator-Hypothese und
32 f.; in der retinotektalen
Projektion 185; Stärke der
synaptischen Verbindun-
gen 29 f.; synaptische Regeln zur 82; synaptische Selektion in der 49 f.; und
Synergiewahl 323; Über-
schneidung rezeptiver Felder 195; und die Verände-
rung der Wirksamkeit von
Synapsen 32; Verdrahtung
und 49; Vorteile 82 f.;
Wettbewerb und Selektion
83 f.; wichtigste experimentelle Fragen 50; Wider-
spruchsfreiheit 34; Zwei-
Regel-Modell (Modell der
synaptischen Selektion)
32; *siehe auch* Theorie der
Selektion neuronaler
Gruppen; Populationsge-
danke
Selektion: *a posteriori*-Infor-
mation und 80 f.; Entwick-
lungs- und Primärprozesse
177–181; und globale
Hirn-Theorien 51–53
Selektionistische Theorien:
allgemeine Anforderungen
an 46 f.; Niedergang und
erneuter Aufschwung von
38–42; wichtige Unter-
schiede zwischen 46–50
Selektive Zellaggregation 172
Sensomotorische Kanäle 445
Sensomotorische Komponen-
ten: Rolle bei der Globalkartierung 432
Sensorische Karten: Kon-
struktion von 336 f.
Sensorische Oberflächen:
Auswirkung motorischer
Aktivität auf 329–336

Sensorische Systeme: Par-
allelismus 332; reziproke
Konnektivität 329; Verbin-
dung mit motorischen Sy-
stemen 299 f.
Seyfarth, R. M. 435
Sharma, S. C. 184
Sherman, S. M. 101
Sherrington, C. S. 40, 189,
260, 300, 304
Shimbel, A. 260, 262
Shinoda, Y. 101, 175
Shirayoshi, Y. 132
Shubin, N. H. 311 f.
Sidman, R. L. 155, 174
Siegel, R. 355
Siegelbaum, S. A. 267
Signalaustausch: anatomi-
sche Anordnung und 108 f.;
Entwicklung dorsaler tha-
lamischer Strukturen 218;
Klassifikationspaare und
105, 374; Konnektivität
und 109 f.; Korrelation des
mit kartierten Mustern
102 f.; Netzwerke 107 f.;
Notwendigkeit für Struktur
und Funktion 102–108;
parallele Kanäle und 446;
in Reflexbögen 219; rezi-
proke Kopplung und 106;
in sensorischen Systemen
107; sukzessive Abbildun-
gen und 166; topographi-
sche Projektionen und
455–457; Verknüpfung
neuronaler Repräsenta-
tionen 104; Verstärkung
durch motorische Aktivität
107
Signaleigenschaften 365
Singer, L.T. 362
Situations-Reaktions-(oder
Stimulus-Reaktions-)Para-
digma 38, 41
Skinner, B. F. 40, 413, 419
Skucy, J. C. 413
Slack, J. M. W. 144
*Small domain*-Polypeptide:
von N-CAM 128 f.
*Small surface domain*-Popy-
peptid: von N-CAM 128
Smith, D. M. 174
Smith, E. E. 65 f., 349 f.
Smith, S. J. 262, 278
Sober, E. 416

Somatische Selektion 42–46, 238

Somatisches Selektionssystem 47

Somatosensorische Karten: stumme Gebiete nach Läsionen 194–197; Variationen in 191; Verschiebung von Grenzen in 192; zeitliche Veränderung nach Läsionen 192 f.

Somatosensorischer Kortex: Überschneidung rezeptiver Felder im 195; Variabilität der Karten im 78; Veränderungen rezeptiver Felder nach peripherer Läsion 195 f.

Somatosensorisches System: subkortikale Reorganisation und 240

Somatotopie 214

Spannungsabhängige Kanäle: funktionale Zustände 267; im Gleichgewicht befindlicher Anteil 269 f.; Modifikation der 267–271; Veränderung des lokalen Stroms 271

Spelke, E. S. 331, 358 ff., 366

Spemann, H. 120

Spencer, W. A. 195

Sperry, R. W. 77, 120, 131, 154, 167, 182, 300, 443

Spitzer, J. L. 217

Spitzer, N. C. 217

Sprossung: aberrante Verbindungen und 228 f.; nach Nervendurchtrennung und Ligatur 197; von Zellfortsätzen 181

Squire, L. A. 380, 383

Squire, L. R. 344 f.

Stabilitätseigenschaften 278

Staddon, J. E. R. 39, 59, 347, 411 f., 414 ff., 418 ff.

*Staggerer*-Mutation: bei der Maus 174

Stanfield, B. B. 235

Stebbins, G. L. 212

Stein, R. B. 304

Steinmetz, M. A. 324, 332

Stent, G. S. 70

Stevens, W. 66

Stone, J. 329

Strauss, H. S. 362, 367

Straznicky, C. 183

Stryker, M. P. 202

Studdert-Kennedy, M. 363 f., 369

Stuermer, C. A. O. 185

Stumme Synapsen 77, 111

Substratadhäsionsmolekül: *siehe* SAM

Sur, M. 101, 189, 195, 244

Synapsen: funktionelle Modifikation 260; Mechanismen 259 f.; Modifikation von 247; Plastizität der 205; als Populationen 260 f.; räumliche Verteilung der 272; Reduzierung von Verbindungen 174; Variabilität der 81; Veränderungen von 109; zeitliche Änderung 293; Zusammenhang zwischen Änderung der und Gedächtnis 293–295

Synaptische Regeln 32, 83, 265; *siehe auch* Postsynaptische Regel; Präsynaptische Regel

Synaptische Selektion 481 f.

Synaptische Stärke: Veränderungen der 390; *siehe auch* Postsynaptische Regel; Präsynaptische Regel

Synergien 315 f.; neuronale Interaktionen und 327 f.; als Quelle der Merkmalskorrelation 328; sensomotorische Komponenten der 325; Wahl und Selektion neuronaler Gruppen 323 f.; *siehe auch* Gesten

Szentágothai, J. 245

Tauben: Generalisierung bei 352–357

Taylor, I. J. 40

Telencephalische Regionen: Evolution der 227

Terrace, H. S. 36, 41, 55, 58, 413

Tetrodotoxin 185

Textoretik: Felder der 409

Thalamische Afferenzen: in Karten 199, 244, 247

Thalamische Neurone: als Merkmalsdetektoren 329

Theorie der Selektion neuro-

naler Gruppen 28–34; Angemessenheit der 449–451; Ausdehnung auf verschiedene Bereiche 459 f.; als Bestandteil des Lernens 426–433; echtes Lernen und 434 f.; Erklärungskraft der 109–112; essentielle Komponenten der 449; Forderungen an 445–448; funktionelle Komplexe 339; Generalisierung und 373; Hauptaussagen 82; motorische Funktion und 320; Regulator-Hypothese und 230–237; reziproke Verbindungen 219; Rückführung der 81; sekundäres Repertoire 198; Selektionsmechanismen und 452–454; topographische Projektionen und Signalaustausch 455–457; Vorhersagen 451–459

Thiery, J.-P. 124, 132 ff., 136

Thompson, R. F. 344, 411, 429, 431

Thorndike, E. L. 38 f., 51

Tinbergen, N. 410

Topologische Eigenschaften 331

Transmitterfreisetzung: Regulation der 276

Transmitterlogik: Definition der 290 f.; Verhältnis zu den synaptischen Regeln 291, 455

Treismann, A. 62

Tsukahara, N. 431

Tucker, D. 216

Tuller, B. 304, 315, 317 f.

Turing, A. 49

Turvey, M. T. 334

Tusa, R. J. 162

Tyrer, N. M. 70

Überlappende rezeptive Felder 248, 456

Überraschung: Rolle der beim Lernen 415–418, 458

Ulinski, P. S. 209, 219 f., 303, 313

Ullman, S. 67, 332, 334

Ultraviolett-Katastrophe 56

Umverteiltes System 238

Unabhängige synaptische Regeln: Definition 263
Underwood, G. U. 54
Unzuverlässigkeit: Beherrschung der in verteilten Systemen 163
Uttal, W. R. 165

Van der Loos, H. 202 f.
Van Essen, D. C. 33, 43, 45, 72, 110, 306, 332
van Harreveld, A. 262
Variabilität 70; anatomische 69; Beziehung zur Funktion 101; Ebenen der 100; intraspezifische 223–230; in kortikalen Karten 101; neuronale Orte der 98–102; Populationsverteilung der 101
Varianz: lokale 75; in repetitiven Strukturen 71; Ursachen der 68
Verbindungen: aberrante 228 f.; anatomische und funktionale: assoziative höherer Ordnung 375; Ausbildung von 174 f.; funktionale Uneindeutigkeit 317 f.; horizontale 242; Klassen von zwischen Gruppen 282–284; lokale Kohärenz 253; Umverteilung von 226; unterschwellige 275
Verbindungen: Einbahn-Dogma 390; funktionale 444; siehe auch Reziproke Verbindungen
Verhalten: globales Modell 432; und Grundlage von Gesten 315–323; und Konditionierung 418–422; Rolle der Variabilität und Selektion für das 420
Vernon, M. D. 58, 62
Verzweigung und Überschneidung: anatomische Grenzen von 248; dendritisch und axonal 73, 89, 198–201, 214, 456; gekoppelte Karten und 239–253; Lage und Verteilung der Synapsen 453; und Mehrheit der synaptischen Kontakte 71

Verzweigungsmuster: axonal und dendritisch 172 f., 178 f.
Vielfalt 109; anatomische 120; Fähigkeit zur Strukturdiversifikation 310; Grundlagen der entwicklungsbedingten 119; in neuronalen Strukturen 158; der Neurotransmitter 457; des primären Repertoires 156; von Transmittern und Rezeptoren 292; Variationsprozesse führen zu 147; siehe auch Parzellierung
Visuelle Täuschung 60 f.
Vogelgesang und Lernen 422–426
Vrensen, G. 262

Wachstumskegel 179
Wagner, A. R. 413
Wahrnehmung 411; als Bestandteil der Taxonomie 58; Definition der 58; kritische Perioden in der 424; Verbindung mit dem motorischen Ensemble 339; Zusammenspiel mehrerer Mechanismen 75
Wall, P. D. 197, 240
Walley, A. C. 363
Walshe, F. M. R. 189
Wann, J. R. 203
Wechselseitige Signalgebung 342
Weiskrantz, L. 381
Weiss, P. 120, 144, 304, 418
Wenger, E. 173
Wertheimer, M. 360, 367
Whiting, H. T. A. 315
Wiesel, T. N. 71, 101, 153, 165, 199, 202, 329, 425
Wigstrom, H. 263, 290
Wilson, D. 257
Winfield, D. A. 245
Winograd, S. 89
Wittgenstein, L. 64 f., 347, 371
Wolff, P. H. 358
Woolsey, T. A. 189, 200 ff.
Wright, S. 257
Wundt-Heringsche Täuschung 60

Xenopus: retinotektale Karte von 183

Young, J. Z. 43 ff., 55, 449

Zangwill, O. L. 300, 366, 377
Zeki, S. M. 33, 72, 109, 165, 332
Zelladhäsion: Modulations-Mechanismen der 177
Zelladhäsions-Molekül siehe CAM
Zellaggregation: selektive 172
Zelloberflächen-Modulation 136, 178; in der Morphogenese 121–131
Zelltod 173, 180; Heterochronie 253; Verknüpfungen, Wettbewerb und 206
Zellverbände: Theorie der 51 f.
Zellvermehrung 169
Zellwanderung 169–172
Zengel, J. E. 262, 276, 278
Zentrale motorische Programme 423
Zentrale Mustergeneratoren 313; rhythmische Bewegung 322
Zentralnervensystem siehe ZNS
Zephalisation 215 f.
Zerebrale Karte: primäre 165; Variation der 71
Zervikalganglion: oberstes 175
ZNS: CAM-Verteilung im 135 f.; Entwicklung während der induktiven Phase 234; funktionale Veränderungen im 302
Zook, J. M. 101
Zwei-Regel-Modell 32, 280–284, 453 f.; Transmitterlogik und 290 f.
Zytoarchitektonik 189
Zytodifferenzierung 172, 236
Zytotactin 125, 137; Anti-Zytotactin 139; in der Bewegung der Neurone 155; Expression in Schwann-Zellen 141–143; Modulation 155, 172; an den Ranvierschen Schnürringen 141